高等学校教材

环境生物化学

赵景联　主编
崔进　王淑伟　参编

化学工业出版社
·北京·

本书基于环境科学和工程专业的特点，系统地阐明了环境污染及其工程处理中的生物化学原理，旨在培养学生对环境污染工程技术的理解与认识，充实环境科学和工程应用的生化基础理论，促进环境污染治理和整个环境科学的发展。全书广泛参考国内外有关书籍及该领域的最新进展，注重理论基础与应用技术相结合。

本书内容由生物化学基础和环境污染物净化的生物化学两部分组成。全书囊括了生物分子化学、酶化学、新陈代谢、现代环境生物技术原理、环境污染控制与治理中的生物化学、微生物修复及环境毒理生物化学等内容。

本书适合作为高等院校师生的教材及教学参考书，并可供从事环境保护、环境科学、环境工程、环境微生物学、环境化学以及生命科学的研究人员、工程设计人员阅读和参考。

图书在版编目（CIP）数据

环境生物化学/赵景联主编. —北京：化学工业出版社，2007.7(2024.8重印)
高等学校教材
ISBN 978-7-122-00527-4

Ⅰ. 环… Ⅱ. 赵… Ⅲ. 环境化学：生物化学-高等学校-教材 Ⅳ. X13 Q5

中国版本图书馆CIP数据核字（2007）第077553号

责任编辑：满悦芝　　文字编辑：汲永臻
责任校对：洪雅姝　　装帧设计：尹琳琳

出版发行：化学工业出版社（北京市东城区青年湖南街13号　邮政编码100011）
印　　装：涿州市般润文化传播有限公司
787mm×1092mm　1/16　印张18¼　字数488千字　2024年8月北京第1版第8次印刷

购书咨询：010-64518888　　售后服务：010-64518899
网　　址：http://www.cip.com.cn
凡购买本书，如有缺损质量问题，本社销售中心负责调换。

定　　价：55.00元

前　言

环境生物化学是一门介于环境污染化学与生物化学之间的新兴前沿学科，也是当今环境科学研究的热点领域。从广义上来讲，该学科主要研究天、地、生物相互作用中的基本化学反应，特别是人与生物对外来物质和能量所做的应答，以及人类生产、生活活动对环境影响的化学基础。从狭义上来讲，它主要研究环境中的污染物质在生物体内的代谢转化规律。从环境保护角度出发，它主要是研究生物对污染物质降解与转化的能力，讨论生物代谢污染物质的途径。

环境生物化学是一门年轻的科学，迄今为止尚未有严格而公认的定义与概念。近年来，在环境科学的发展中，逐渐形成了环境化学、环境微生物学和环境生物学等分支并渐成体系，但目前对这方面内容的探讨多半单纯从化学或生物学的角度出发；而涉及工程方面问题的工程生物化学，其内容则又多半局限于与发酵工业相关的生物及生物化学原理。总体观之，虽然一些论著中也涉及环境生物化学问题，但尚欠缺全面而系统的阐述，适合环境科学和环境工程专业的参考内容也仍显不足。在本书中，我们希望通过对环境污染及其工程处理中的生物化学基础理论、原理的系统阐述，以及对该领域最新成果的介绍与讨论，使读者能够对这方面知识有较全面的了解，进而促进环境污染治理工程技术的改进和提高，推动环境污染治理乃至整个环境科学的发展。

自20世纪末以来，环境生物化学的发展甚为迅速。我国目前已有200多所院校开设环境科学和环境工程专业，我校与国内众多高等院校都将环境生物化学作为环境科学与工程专业的主干必修课程。在教学实践中，作者深感相关教材的缺乏。为提高该课程的教学水平，一本系统的教材是必不可少的。为此，作者以针对本科生和研究生的授课提纲为骨架，参考国内外相关书籍和文献编写了本书，以满足环境生物化学课程教学之所需。

本书由西安交通大学赵景联教授主持编写，研究生崔进和王淑伟同学参与编写，李厚宝和苏慈同学参与了图表的绘制。

本书在编写过程中参考了相关领域的著作，在此致以诚挚的谢意！

由于环境生物化学是一门新兴学科，可供参考的图书资料尚比较匮乏。限于编者的水平，书中不完善之处，恳请读者予以批评指正。

赵景联

2007年7月于西安交通大学

目 录

1 绪 论

1.1 生物化学概述

1.1.1 生物化学的涵义

生物化学（biochemistry）是介于生物与化学之间的一门边缘科学。它是用化学的理论和方法作为主要手段来研究生命现象，从而揭示生命的奥秘。其任务主要有两个方面：一方面研究构成生物体的基本物质（糖类、脂类、蛋白质、核酸）及对体内的生物化学反应起催化和调节作用的酶、维生素和激素的结构、性质和功能，这部分内容通常称为静态生物化学；另一方面研究构成生物体的基本物质在生命活动过程中进行的化学变化，也就是新陈代谢及在代谢过程中能量的转换和调节规律，这部分内容通常称为动态生物化学。

可以说，生物化学研究的是生命现象的化学本质，一切与生命有关的化学现象都是生物化学的研究对象。从研究对象分类，可分为动物生物化学及植物生物化学。前者以人体及动物为研究对象，后者以植物为研究对象。如果研究对象不局限于动物、植物和一般生物，则称普通生物化学。如果以生物（特别是动物）的不同进化阶段为化学特征（包括化学组成和代谢方式）为研究对象，则称进化生物化学或比较生物化学。以生理为研究对象者称生理化学。此外，根据不同的研究对象和目的，生物化学还可有许多分支，如微生物生物化学、医学生物化学、农业生物化学和工业生物化学等。

1.1.2 生物化学研究的主要内容

生物化学研究的内容可大体分为三个部分，即研究体内的物质组成（叙述生物化学）、研究体内物质代谢（动态生物化学）、研究生物大分子的结构与功能（分子生物学）。这三个部分是紧密联系的。

（1）生物体的物质组成

生物体是由许多物质按严格的规律组建起来的。在生物体内除水外，每一类物质又包括很多种化合物。如人体蛋白质就有 10 万种以上。各种蛋白质的结构不同，因而也就有各种不同的功能。此外，人体内还含有核酸、激素、微量元素等，它们占体重的分量虽少，但也是维持正常生命活动不可缺乏的物质。所有这些物质不是杂乱堆积在一起的，它们彼此之间有一定组成规律，从而构成能够体现多种生物功能的生物学结构。

蛋白质和核酸是实现生命活动的主要物质基础，而且分子量很大，通常称为生物高分子(biomacromolecule)。这些生物高分子化合物由较简单的小分子物质构成，常将这些小分子称为构件分子。这些构件分子除构成生物大分子发挥作用外，它单独存在时也有某些特殊的作用。

研究生物体物质组成的另一个重要方面，是用人工方法来合成生物大分子，其目的不仅是验证对体内物质进行化学分析的结果，更重要的是在于深入认识分子结构与生物功能的关系，探索生命现象的奥秘，追溯生命的起源，还可制备极难获得的生物活性物质。我国科学家在 1965 年首先人工合成了胰岛素，1981 年合成了酵母丙氨酸 tRNA，这些都是国际上的首创成果，为人类做出的重大贡献。

(2) 物质代谢及其调控

生物体不断与外界环境进行着物质交换，生物体内时时刻刻都在进行着极其有规律的化学反应，将这些过程总的称为物质代谢或新陈代谢（metabolism）。生物体通过消化吸收新摄取的营养物质，在体内一部分被转变成其组成成分，以保证生长发育和组织更新的需要，另一部分被氧化分解释放能量以维持生命活动。

体内进行的物质代谢叫做中间代谢，中间代谢的化学反应绝大多数都在细胞内进行。从分子大小变化来分，由小分子物质变成大分子物质的过程叫做合成代谢，反之，由大分子物质变成小分子物质的过程叫做分解代谢。从生物学意义上来分，将从外界吸收来的物质转变成体内组成成分的过程叫做同化作用，反之，使体内组成成分转变成可排出体外的形式的过程叫做异化作用。一般来说，同化作用以合成代谢为主，异化作用以分解代谢为主。

中间代谢中的化学反应绝大多数是连锁反应，将这种连锁反应叫做代谢途径。它在许多种酶的催化下进行。一个细胞内有近 2000 种酶，在同一时间内催化着各种不同代谢途径中的各种化学反应，这些化学反应彼此密切配合并与机体的需要精确地对应，构成非常协调的统一体系。生物体内的化学反应为什么能如此巧妙地进行呢？这是由于多种调节因素进行调节控制来实现的。首先，酶的催化作用有严格专一性和可调控性，又有区域分布和多酶体等特点。这些是在一个细胞内各条代谢途径能有序进行的基础。此外，动物和人体内还有神经系统、激素及其他调节物质，通过调节酶的活力来调节代谢途径的方向和强度。

(3) 物质的分子结构与功能的关系

组成生物体的各种物质都与其生理功能密切相关，尤其是生物高分子显得格外突出，可以说，结构是功能的基础，功能是结构的体现。一切生命现象都是从具体的物质结构和物质代谢的基础上体现出来的。

1953 年，两名年轻的科学家 Watson、Crick 发表了 DNA 分子结构的双螺旋模型。这个卓越的成就，首次从分子水平上揭开了遗传的秘密，开创了分子生物学（molecular biology）时代，几乎与之同时 Sanger 发表了胰岛素分子中氨基酸残基的排列顺序，揭示出蛋白质分子中氨基酸残基排列顺序是其空间结构与生物功能的重要基础。从那时以来，研究人员又相继阐明 DNA 半保留复制机理，破译了遗传密码，证实了反转录作用，从而提出了遗传中心法则的现代见解，这些都是分子生物学的辉煌成就，在此基础上发展起来的基因重组技术，为改造生物性状、揭开生命奥秘又向前跨进了一大步。因此，生物高分子的结构与功能的研究是生物化学-分子生物学中最引人注目的内容。

1.1.3 生物化学与其他科学的关系

(1) 生物化学与化学的关系

在 19 世纪末期以前，生物化学的问题主要由化学（特别是有机化学）及生理学分别研究，在 19 世纪末和 20 世纪初，生物化学才成为一门独立科学。研究生物体的化学成分必须应用化学的方法把它分离出来，加以纯化，确定它的性质，认识它的结构，并把它合成出来，因此，生物化学的发展与有机化学及分析化学的发展有密切的关系。此外，近年来在生物化合物的结构、性质、功能以及物质代谢的研究上已经广泛应用了物理化学的理论及技术。应用物理学、化学及生物学的方法而发展起来的生物物理化学，也是解决生命现象问题的非常有用的科学。

(2) 生物化学与其他生物科学的关系

生物化学是在生理学基础上发展起来的一门科学。生物化学的一个目的就是通过体内的化学变化来认识生物体的生理机能，找出其化学依据。因此生物化学的研究工作不能脱离生理学，生理学的研究也离不开生物化学。微生物学的研究更需要广泛应用生物化学的原理与技术，例如微生物的生理活动、病毒的本质、免疫的化学程序、抗体的生成机制等均与生物化学有密切关系。此外，细胞生物学、遗传学、胚胎学、组织学、进化论甚至分类学的研究都离不开生物化学。

生物化学与有机化学、生理学、物理化学、分析化学等虽然有密切的联系，但是作为一门独立的科学，生物化学本身具有独特的研究对象和研究方法。今天人们根据一定的研究对象和目的以及人类生活的需要，把生物化学分为植物生物化学、动物生物化学、人体生物化学、微生物生物化学、病理生物化学、临床生物化学、工业生物化学、农业生物化学、环境生物化学、生物物理化学等，因此生物化学的研究和发展是多方面的。

1.1.4 生物化学的应用和发展前景

生物化学向其他学科的渗透越来越明显，它几乎渗透到了一切生命科学的领域，绝大多数生物学问题都需要从生物化学角度和用生物化学方法才可能较深入地得到了解。可以说，生物化学的原理与技术是研究现代生物科学的重要手段之一。

生物化学的原理和技术在生产实践中也得到了广泛的应用。如食品、发酵、制药及皮革工业，预防医学、治疗医学等都与生物化学有着密切的关系。

生物化学是农业科学的重要理论基础之一，如研究植物的新陈代谢的各种过程，就有可能控制植物的发育，如能明确糖、脂类、蛋白质、维生素、生物碱以及其他化合物在植物体内合成规律，就有可能创造一定的条件，以获得优质高产的某种农作物。或在了解了某种作物的遗传特性之后，可利用基因重组技术，培育出优良的作物新品种。此外，农产品的储藏与加工，植物病虫害的防治，除草剂和植物激素的应用，家畜的营养问题和畜牧业生产率的提高，土壤微生物学，土壤的肥力提高和养分的吸收等都需要应用生物化学的理论和技术手段。

生物化学在 20 世纪 80 年代发展了生物工程或生物高技术的崭新领域，包括遗传工程或基因工程，蛋白质工程和酶工程，以及细胞培养、组织培养等体外技术，用于改造物种和生产对人类有用的产物。以生物化学的理论和技术为基础的生物工程具有广阔的前景。首先，利用生物工程的方法和技术可以改造物种，培育高抗逆性、具有特殊品质的转基因植物。其次，人们正在试图利用植物建造“植物工厂”，生产对人类有用的特殊生物化学物质。利用生物工程来生产新型的药物和疫苗，对于治疗疾病、维护人类健康有着重要的意义，将会大大提高劳动生产率、降低生产成本。生物化学理论还可以与工业技术领域学科相结合，在材料工业、污水和废物处理方面发挥作用。目前已产生了生物化学和电子学的边缘学科——分子生物电子学，研究生物芯片和生物传感器，对电子计算机制造、疾病防治和生物模拟都有重要的推动作用。因此，生物工程产业的崛起将会极大地改变社会产业结构和人们的劳动生产方式。

1.2 环境生物化学概述

1.2.1 环境生物化学定义

环境科学向化学提出的基本问题已经从早期的分析监测方法和环境治理方法转向环境过程研究。

从广义来讲，环境生物化学（environmental biochemistry）主要研究天、地、生物相互作用的基本化学反应，特别是人和生物对外来物质和能量所做的应答以及人类生活生产活动对环境影响的化学基础。

从狭义来讲，环境生物化学是介于环境污染化学与生物化学之间的一门科学。它研究环境中的污染物质在生物体内的代谢转化规律。

从环境保护角度出发，环境生物化学主要是研究生物对污染物质降解与转化的能力，讨论生物代谢污染物质的途径。

1.2.2 环境生物化学的研究对象与任务

① 产能物质糖类、脂类和蛋白质的化学、代谢规律和基本理论，这是生活污水中有机物生物处理的基本原理；

② 生物催化剂酶的化学、作用机理和应用技术，这是环境生物技术的核心；

③ 遗传物质核酸的化学、作用机理和应用技术，这是将分子生物学应用于环境生物技术的基础理论；

④ 酶工程、基因工程、微生物细胞工程和发酵工程四大现代环境生物技术原理、作用机理及应用技术，这是提高污染物降解效率、拓宽降解途径及工业化应用的未来趋势；

⑤ 研究烃、有机农药、石油及环境激素等不易降解物质的生物代谢与转化规律及其生物降解的分子机制；

⑥ 研究有毒污染物的生物积累与生物转化与有毒物质的生物化学效应，这是环境医学及毒理力学研究的基础。

环境生物化学是一门年轻的科学，我们希望通过系统地阐明环境污染及其工程处理中的生物化学基础理论、原理和对目前这一领域的最新成果的介绍和讨论，促进环境污染工程技术的改进和提高，促进环境污染的治理和整个环境科学的发展。

1.2.3 环境生物化学的由来

环境生物化学是生物化学的一个分支学科，迄今为止，还没有一个完整的定义和概念。近年来，随着环境科学的发展，逐渐形成了环境化学、环境微生物学和环境生物学等分支，而且正在形成独立的体系。但目前这方面的内容多半是单纯从化学或生物学的角度讨论较多，在工程方面还出现了工程生物化学，内容多半局限于发酵工业方面的生物与生物化学原理，尽管有的论著中也涉及一些环境生物化学问题，但仍欠全面系统，特别是在适合环境科学和环境工程专业参考内容方面更显不足。

1.2.4 环境生物化学的学习方法

生物化学虽然与化学，特别是有机化学密切相关，但性质毕竟有所不同，主要区别是生物化学反应是在生物体内进行的，反应的环境比体外复杂，一般由生物催化剂（酶）参加。有些在体外发生的反应，在体内就不一定照样进行，因此，不能简单地根据体外的化学反应去理解体内的反应。

生物化学分为动态（代谢）和静态（结构）两大部分，两部分之间是互相联系的。结构是代谢的基础，而在学习结构时，往往也涉及一些代谢的知识。学完代谢之后，如果再复习一下结构的知识，会有更深刻的理解。

学习生物化学时，应对教师指定的教材内容做全面了解，分析比较，明确概念；对糖类、脂类、蛋白质、核酸以及其他有关化学物质的学习，要从化学本质和结构特点出发，联系它的性质和功能。

生物化学有许多需要记忆的知识，也有许多需要理解的知识，既需要记忆，又不能完全死记硬背。

在学习环境生物化学过程中应与先修和并修课程（例如有机化学、微生物学、环境科学、环境工程等）内容相联系，以促进理解、加强记忆。

复 习 题

1. 什么叫生物化学？生物化学研究的内容、对象和任务是什么？

2. 什么叫环境生物化学？环境生物化学研究的内容、对象和任务是什么？
3. 应该如何学习环境生物化学？

参考文献

[1] 郑集．普通生物化学．第三版．北京：人民教育出版社，1990.
[2] 沈同．生物化学（上册）第二版．北京：人民教育出版社，1990.
[3] 大连轻工业学院．生物化学（工业发酵专业用）．北京：轻工业出版社，1980.
[4] 王建龙，文湘华．现代环境生物技术．北京：清华大学出版社，2001.
[5] 孔繁翔．环境生物学．北京：高等教育出版社，2000.

2

细胞内的生物分子化学

2.1 生物分子概论

2.1.1 概述

自然界所有的生命物体都由三类物质组成：水、无机离子和生物分子，各自所占的比例如图 2-1 所示。

(1) 生物分子是生物特有的有机化合物

生物分子（biomolecule）泛指生物体特有的各类分子，它们都属于所谓的有机化合物。典型的细胞含有 10000～100000 种生物分子，其中近半数是小分子，分子量（本书中特指“相对分子质量”）一般在 500 以下。其余都是生物小分子的聚合物，分子量很大，一般在 10000 以上，有的高达 10^{12}，因而称为生物大分子。构成生物大分子的小分子单元，称为构件。氨基酸、核苷酸、单糖和脂肪酸分别是组成蛋白质、核酸、多糖和脂肪的构件。

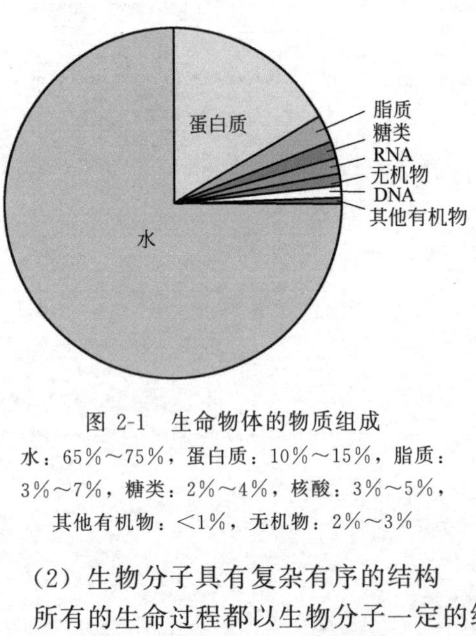

图 2-1 生命物体的物质组成

水：65%～75%，蛋白质：10%～15%，脂质：3%～7%，糖类：2%～4%，核酸：3%～5%，其他有机物：<1%，无机物：2%～3%

虽然自然界存在着千千万万不同的生物，但是组成这些生物体的生物分子类型并不多，主要是蛋白质、核酸、糖和脂这四类生物大分子以及某些特殊的小分子化合物，如维生素、辅酶和激素等，它们是构成生物体和维持生命现象最基本的物质基础和功能基础。

(2) 生物分子具有复杂有序的结构

所有的生命过程都以生物分子一定的结构为基础。种类繁多的生物分子都有自己特有的结构。尤其是生物大分子，它们的分子量都很大，构件种类多，数量大，排列顺序千变万化，因而其结构十分复杂。估计仅蛋白质就有 10^{10}～10^{12} 种。生物分子又是有序的，每种生物分子都有自己的结构特点，所有的生物分子都以一定的有序性（组织性）存在于生命体系中。

(3) 生物结构具有特殊的层次

生物用少数几种生物元素（C、H、O、N、S、P）构成小分子构件，如氨基酸、核苷酸、单糖、脂肪酸等，再用简单的构件构成复杂的生物大分子，由生物大分子构成超分子集合体，进而形成细胞器、细胞、组织、器官、系统和生物体（图 2-2）。生物的不同结构层次有着质的区别：低层次结构简单，没有种属专一性，结合力强；高层次结构复杂，有种属专一性，结合力弱。生物大分子是生命的物质基础，生命是生物大分子的存在形式。生物大分子的特殊运动体现着生命现象。

(4) 生物分子都行使专一的功能

每种生物分子都具有专一的生物功能。糖能提供能量，分子量极大的核酸能储存和携带遗传信息，种类繁多的蛋白质分子行使专一的催化、调节、运输、换能、运动等功能。任何生物分子的存在，都有其特殊的生物学意义。人们研究某种生物分子，就是为了了解和利用它的功能。

(5) 代谢是生物分子存在的条件

代谢不仅产生了生物分子，而且使生物分子以一定的有序性处于稳定的状态中，并不断得到自我更新。一旦代谢停止，稳定的生物分子体系就要向无序发展，在变化中解体，进入非生命世界。

(6) 生物分子体系有自我复制的能力

遗传物质 DNA 能自我复制，其他生物分子在 DNA 的直接或间接指导下合成。生物分子的复制合成，是生物体繁殖的基础。

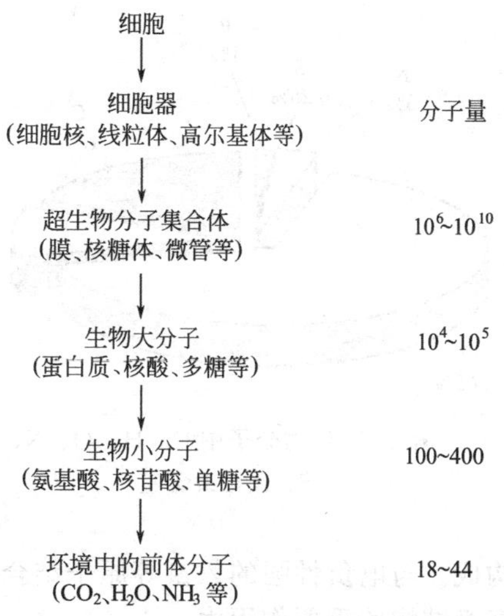

图 2-2 生物分子的层次

(7) 生物分子能够人工合成和改造

自然界的生物分子是通过漫长的进化产生的。随着生命科学的发展，人们已能在体外人工合成各类生物分子，包括合成复杂的生物大分子蛋白质、核酸等，以合成和改造生物大分子为目标的生物技术方兴未艾。

2.1.2 生物元素

在生物体中能维持生命活动的必需元素称为生命元素，它们的重要性、数量和分布方式相差很大。有些可以叫做基本元素，因为在所有的生物体中都有；有些元素却只存在于某种生物中。迄今为止，在生物体中发现的元素有 60 多种。其中有 27 种是细胞中所具有的，也是生物体所必需的，称为生物元素。

在这 27 种元素中有 6 种，即 C、H、O、N、P 和 S 对生命起着特别重要的作用，大部分有机物是由这 6 种元素构成的。Ca、K、Na、Mg 和 Cl5 种元素在生物体内虽然较少，但也是必需的。此外 Mn、Fe、Co、Cu、Zn、Se、I、Cr、Si、V、F、B、Mo、Sn、Ni 和 Br16 种微量元素也是生命不可缺少的。构成生物体的元素具有下列特点。

(1) 生物元素都是环境中存在的丰度较高的元素

生物体是在地球上产生的，并同环境变化一起沿着生态系统的稳定性，有选择地取舍环境中的物质而进化发展的，所以生物体采用的构成自身的元素都是环境中存在的，是经过长期的选择确定的。生物元素都是在自然界丰度较高，容易得到，又能满足生命过程需要的元素。

(2) 主要生物元素都是轻元素

生物体所必需的元素绝大多数为轻元素，如周期表中开头的 34 个元素中即有 21 个元素是动物生活所必需的，这样就使生物体有较轻的重量。

主要生物元素 C、H、O、N 占生物元素总量的 95%以上，其原子序数均在 8 以内。它们和 S、P、K、Na、Ca、Mg、Cl 共 11 种元素，构成生物体全部质量的 99%以上，称为常量元素，其原子序数均在 20 以内。另外 16 种元素称为微量元素，包括 B、F、Si、Se、As、I、V、Cr、Mn、Fe、Co、Ni、Cu、Zn、Sn、Mo，原子序数在 53 以内。

(3) 碳氢氧氮硫磷是生物分子的基本素材

图 2-3 是生物分子中 C、H、O、N、S、P 元素含量。

① C、H 是生物分子的主体元素　碳元素是构成生物分子的主要基础元素。它是Ⅳ主族中最轻的元素，位于典型金属元素和非金属元素中间，价电子数为 4。碳原子的原子核对

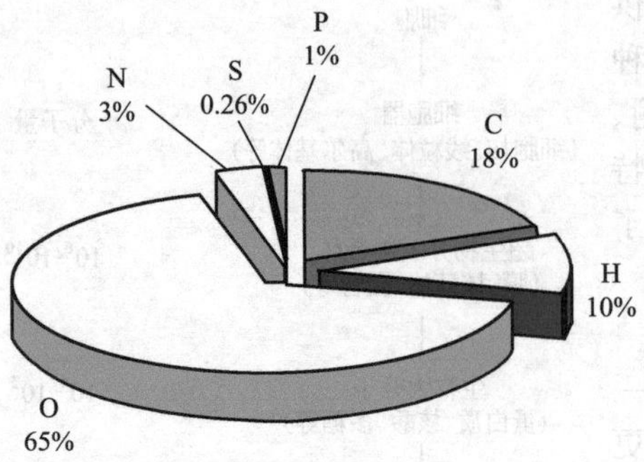

图 2-3 生物分子中C、H、O、N、S、P元素含量

其价电子有一定的控制能力，既难得到电子，又难失去电子，最适于形成稳定的共价键。碳原子非凡的成键能力和它的四面体构型，使它可以自相结合，形成结构各异的生物分子骨架。碳原子又可通过共价键与其他元素结合，形成化学性质活泼的官能团。

氢是Ⅰ主族，也是一切元素中最轻的元素，它作为另一种生物元素，借稳定的共价键与碳原子结合，构成生物分子的骨架。生物分子的某些氢原子具有还原能力，它们被氧化时可放出能量。生物分子含氢量的多少（以 H/C 表示）与它们的供能价值直接相关。氢原子还参与许多官能团的构成。与电负性强的氧氮等原子结合的氢原子还参与氢键的构成。氢键是维持生物大分子的高级结构的重要作用力。

② 氧氮硫磷构成官能团　氮、磷和氧、硫分别是Ⅴ和Ⅵ主族最轻的元素。它们是除碳以外仅有的能形成多价共价键的元素，可形成各种官能团和杂环结构，对决定生物分子的性质和功能具有重要意义。

此外，硫磷还与能量交换直接相关。生物体内重要的能量转换反应，常与硫磷的某些化学键的形成及断裂有关。一些高能分子中的磷酸苷键和硫酯键是高能键。

(4) 微量无机生物元素大多为过渡元素

表 2-1 是生物体内的微量元素及其原子序数。

表 2-1　生物体内的微量元素及其原子序数

元素	原子序数	元素	原子序数	元素	原子序数	元素	原子序数
硼	5	氯	17	锰	25	硒	34
氟	9	钾	19	铁	26	钼	42
钠	11	钙	20	钴	27	锡	50
镁	12	钒	23	铜	29	碘	53
硅	14	铬	24	锌	30		

生物体所必需的微量元素大多为过渡元素，这与它们核外的原子轨道中有未被填满的 d 轨道有关。过渡元素具有空轨道，能与具有孤对电子的原子以配位键结合。不同过渡元素有不同的配位数，可形成各种配位结构，如三角形、四面体、六面体等。过渡元素的络和效应在形成并稳定生物分子的构象中，具有特别重要的意义。

过渡元素对电子的吸引作用，还可导致配体分子的共价键发生极化，这对酶的催化很有用。已发现三分之一以上的酶含有金属元素，其中仅含锌酶就有百余种。

Fe^{2+}(Fe^{3+})和 Cu(Cu^{2+}) 等多价金属离子还可作为氧化还原载体，担负传递电子的作用。在光系统Ⅱ中，四个锰原子构成一个电荷累积器，可以累积失去四个电子，从而一次氧化两分子水，释放出一分子氧，避免有害中间产物的形成。细胞色素氧化酶中的铁-铜中心也有类似功能。

(5) 常量离子具有电化学效应

K^+、Na^+、Cl^-、Ca^{2+}、Mg^{2+} 等常量离子，在生物体的体液中含量较高，具有电化学效应。它们在保持体液的渗透压、酸碱平衡、形成膜电位及稳定生物大分子的胶体状态等方面有重要意义。

各种生物元素对生命过程都有不可替代的作用，必须保持其代谢平衡。

某些非生物元素进入体内，能干扰生物元素的正常功能，从而表现出毒性作用。如镉能置换锌，使含锌酶失活，从而使人中毒。某些非生物元素对人体有益，如有机锗可激活小鼠腹腔巨噬细胞，后者能诱导细胞分泌白细胞介素和干扰素，从而发挥免疫监视、防御和抗肿瘤作用。

2.1.3 生物分子中的作用力

(1) 两类不同水平的作用力

物质间的相互作用是电磁力，引力与斥力都起作用。原子、分子与生物高层次结构，都是引力和斥力的统一体。原子与原子、分子与分子，相互结合形成高一级层次结构时，体系的能量降低，伴随能量的释放，所释放的能量称为结合能（binding energy）。不同物质层次的相互作用不同，结合能的大小不一。一般来说，物质的层次越低，尺度越小，其相互作用力越强。物质层次越高，尺度越大，相互作用力越弱。不同水平的作用力在不同的结构层次上起着不同的作用。

生物体系有两类不同的作用力：一类是生物元素借以结合成为生物分子的强作用力——共价键；另一类是决定生物分子高层次结构和生物分子之间借以相互识别、结合、作用的弱作用力——非共价相互作用。

(2) 共价键是生物分子的基本形成力

共价键（covalent bond）是两个电负性相差不大的原子，借共用电子对所形成的化学键。具有自旋反平行的单电子的两个原子，接近到一定距离时，两者之间的作用为相互吸引。体系的能量随核间距离的缩小而减低，核间距离缩小到引力与斥力达到平衡时，体系的能量最低，即形成稳定的共价键。这时两原子的成键电子云重叠，电子运动主要集中到核间，把两个带正电荷的原子紧紧地结合在一起。通过共价键，分子中的各个原子结合成为具有一定共价结构的分子。只有通过化学反应，破坏一些共价键和形成一些共价键，才能改变分子的共价结构。

共价键的属性由键能、键长、键角和极性等参数来描述，这些参数决定着分子的基本结构和性质。

① 键能　两个原子借共价键相结合时，体系的能量降低，放出能量（结合能）。要破坏这个键，就必须供给相应的能量。键能（bond energy）就等于破坏某一共价键所需的能量。键能越大，键越稳定。生物分子中常见的共价键的键能一般在300～800kJ/mol之间（表2-2）。

② 键长　两个成键原子相互接近到一定程度时，价电子云相互重叠程度最佳，密度最大，体系的能量最低，键最稳定。如果两原子再靠近，就会受到核间斥力而被推开。在引力与斥力的共同作用下，成键原子核间距离保持不变，这一距离就是键长（bond length）。一般讲，键长越长，键能越弱，容易受外界电场的影响发生极化，稳定性也越差。生物分子中键长多在0.1～0.18nm之间（表2-2）。

表 2-2　常见共价键的键能与键长

键	键能/(kJ/mol)	键长/nm	键	键能/(kJ/mol)	键长/nm
C—H	414	0.109	C=C	607	0.140
N—H	389	0.103	C≡C	803	0.121
O—H	464	0.097	C—O	335	0.143
S—H	347		C=O	694	0.120
C—C	347	0.154	C—S	272	0.182
			C—N	284	0.147

③ 键角　共价键具有方向性，一个原子和另外两个原子所形成的键之间的夹角即为键角（bond angle）。根据键长和键角，可了解分子中各个原子的排列情况和分子的极性。

④ 键的极性　共价键的极性是指两原子间电子云的不对称分布。极性大小取决于成键原子电负性的差。多原子分子的极性状态是各原子电负性的矢量和。常见共价键极性大小的顺序是

$$\overset{\delta^+}{H}—\overset{\delta^-}{O}>C—O>N—H>C—N>C—H$$

在外界电场的影响下，共价键的极性会发生改变。这种由于外界电场作用引起共价键极性改变的现象称为键的极化。键的极性与极化，同化学键的反应性有密切关系。

⑤ 配位键对生物分子有特殊意义　配位键（coordinate bond）是特殊的共价键，它的共用电子对是由一个原子提供的。在生物分子中，常以过渡元素为电子受体，以化学基团中的O、N、S、P等为电子供体，形成多配位络合物。过渡元素都有固定的配位数和配位结构。

在生物体系中，形成的多配位体，对稳定生物大分子的构象，形成特定的生物分子复合物具有重要意义。由多配位体所产生的立体异构现象，甚至比手性碳所引起的立体异构现象更为复杂。金属元素的络合效应，因能导致配体生物分子内键发生极化，增强其反应性，而与酶的催化作用有关。

（3）非共价相互作用是生物高层次结构主要作用力

① 非共价作用力对生物体系意义重大　非共价相互作用是生物高层次结构的主要作用力。非共价作用力包括氢键、静电作用力、范德瓦耳斯力和疏水作用力。这些力属于弱作用力，其强度比共价键低一两个数量级。这些力单独作用时，的确很弱，极不稳定，但在生物高层次结构中，许多弱作用力协同作用，往往起到决定生物大分子构象的作用。可以毫不夸张地说，没有对非共价相互作用的理解，就不可能对生命现象有深刻的认识。

各种非共价相互作用结合能的大小也有差别，在不同级别生物结构中的地位也有不同。结合能较大的氢键，在较低的结构级别（如蛋白质的二级结构），较小的尺度间，把氢受体基团与氢供体基团结合起来。结合能较小的范德瓦耳斯力则主要在更高的结构级别、较大的尺度间把分子的局部结构或不同分子结合起来。

② 氢键　氢原子与半径小、电负性大的原子形成共价键时，共用电子对偏离氢原子，使氢原子核几乎裸露出来。当另一个电负性强的原子与之接近时，即可与之结合形成氢键（hydrogen bond）。

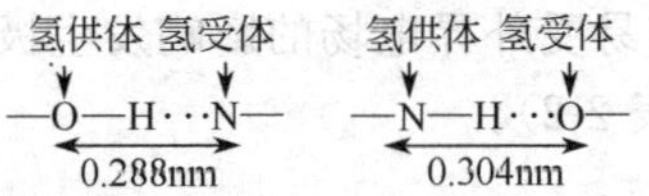

氢键是一种弱作用力，键能只相当于共价键的1/30～1/20（12～30kJ/mol），容易被破坏，并具有一定的柔性，容易弯曲。氢原子与两侧的电负性强的原子呈直线排列时，键能最大，当键角发生20°偏转时，键能降低20%。氢键的键长比共价键长，比范德瓦耳斯距离短，约为0.26～0.31nm。

氢键对生物体系有重大意义，特别是在稳定生物大分子的二级结构中起主导作用。

③ 范德瓦耳斯力　范德瓦耳斯力是普遍存在于原子和分子间的弱作用力，是范德瓦耳斯引力与范德瓦耳斯斥力的统一。引力和斥力分别和原子间距离的6次方和12次方成反比。二者达到平衡时，两原子或原子团间保持一定的距离，即范德瓦耳斯距离，它等于两原子范德瓦耳斯半径的和。每个原子或基团都有各自的范德瓦耳斯半径。

范德瓦耳斯力的本质是偶极子之间的作用力，包括定向力、诱导力和色散力。极性基团或分子是永久偶极，它们之间的作用力称为定向力。非极性基团或分子在永久偶极子的诱导

下可以形成诱导偶极子，这两种偶极子之间的作用力称为诱导力。非极性基团或分子，由于电子相对于原子核的波动，而形成的瞬间偶极子之间的作用力称为色散力。

范德瓦耳斯力比氢键弱得多。两个原子相距范德瓦耳斯距离时的结合能约为 4kJ/mol，仅略高于室温时平均热运动能（2.5kJ/mol）。如果两个分子表面几何形态互补，由于许多原子协同作用，范德瓦耳斯力就能成为分子间有效引力。范德瓦耳斯力对生物多层次结构的形成和分子的相互识别与结合有重要意义。

④ 荷电基团相互作用　荷电基团相互作用，包括正负荷电基团间的引力，常称为盐键（salt bond）和同性荷电基团间的斥力。力的大小与荷电量成正比，与荷电基团间的距离平方成反比，还与介质的极性有关。介质的极性对荷电基团相互作用有屏蔽效应，介质的极性越小，荷电基团相互作用越强。例如，$—COO^-$ 与$—NH_3^+$ 间在极性介质水中的相互作用力，仅为在蛋白质分子内部非极性环境中的 1/20，在真空中的 1/80。

⑤ 疏水相互作用　疏水相互作用（hydrophobic interaction）比范德瓦耳斯力强得多。例如，一个苯丙氨酸侧链由水相转入疏水相时，体系的能量降低约 40kJ/mol。

生物分子有许多结构部分具有疏水性质，如蛋白质的疏水氨基酸侧链、核酸的碱基、脂肪酸的烃链等。它们之间的疏水相互作用，在稳定蛋白质、核酸的高层次结构和形成生物膜中发挥着主导作用。

2.1.4 生物分子低层次结构的同一性

(1) 碳架是生物分子结构的基础

碳架是生物分子的基本骨架，由碳、氢构成。生物分子碳架的大小组成不一，几何形状结构各异，具有丰富的多样性。生物小分子的分子量一般在 500 以下，包括 2～30 个碳原子。碳架结构有线形的，有分支形的，也有环形的；有饱和的，也有不饱和的。变化多端的碳架与种类有限的官能团，共同组成形形色色的生物分子的低层次结构——生物小分子。

(2) 官能团限定分子的性质

① 官能团是易反应基团　官能团（functional group）是生物分子中化学性质比较活泼，容易发生化学反应的原子或基团。含有相同官能团的分子，具有类似的性质。生物小分子常按官能团进行分类命名，官能团限定生物分子的主要性质。然而，在整个分子中，某一官能团的性质总要受到分子其他部分电荷效应和立体效应的影响。任何一种分子的具体性质，都是其整体结构的反应。

② 主要的官能团　生物分子中的主要官能团和有关的化学键如下。

羟基（hydroxyl group，—OH），是醇（alcohol）的定义基团。有极性，一般不解离，能与酸生成酯，可作为氢键供体。

羰基$\left(\text{carbonyl group，} \rangle C{=}O\right)$，是醛（aldehyde）或酮（ketone）的定义基团，有极性，可作为氢键受体。

羧基（carboxyl group，—COOH），是羧酸（acid）的定义基团，有极性，能解离，一般显弱酸性。

氨基（amino group，$—NH_2$），是胺（amine）的定义基团，有极性，可结合质子生成铵阳离子。

酰氨基$\left(\text{amido group，} -\overset{\displaystyle O}{\overset{\|}{C}}-\overset{\displaystyle H}{\overset{|}{N}}- \right)$，由羧基与氨基缩水结合成酰胺（amide），有极性，其中的 $\rangle C{=}O$ 、$\rangle NH$ 都可作为氢键供体。肽链中连接氨基酸的酰胺键称为肽键。

巯基（sulfhydryl group，—SH），是硫醇的定义基团，有极性，在中性条件下不解离，易氧化成二硫键——S—S。

胍基（guanidino group，$—NH—C(=NH)—NH_2$），强碱性基团，可结合质子。胍基磷酸键是高能键。

双键（double bond，$>C=C<$），由一个σ键和一个π键构成，其中π键键能小，电子流动性很大，易发生极化断裂而产生反应。双键不能旋转，有顺反异构现象。

生物小分子大多是双官能团或多官能团分子，如糖是多羟基醛（酮），氨基酸、羟酸、酮酸分别是含有氨基、羧基、酮基的羧酸。官能团在碳链中的位置和在碳原子四周的空间排布的不同，进一步丰富了生物分子的异构现象。

焦磷酸键（pyrophosphate bond，$O^-—P(=O)(O^-)—O—P(=O)(O^-)—O^-$），由磷酸缩合而成，是高能键。1molATP 水解成 ADP 可放出 30.5kJ 能量，而葡萄糖-6-磷酸只有 13.8kJ。

氧酯键（ester bond，$—C(=O)—O—C—$）和硫酯键（thioester bond，$—C(=O)—S—C—$），分别由羧基与羟基和巯基缩水而成。硫酯键是高能键。

磷酸酯键（phosphoester bond，$—C—O—P(=O)(O^-)—O^-$），由磷酸与羟基缩水而成。磷酸与两个羟基结合时，称为磷酸二酯键。这两种键中的磷酸羟基可解离成阴离子。

生物小分子大多是双官能团或多官能团分子，如糖是多羟基醛（酮），氨基酸是含有氨基的羧酸。官能团在碳链中的位置和在碳原子四周的空间排布的不同，进一步丰富了生物分子的异构现象。

（3）杂环集碳架和官能团于一体

杂环（heterocycle）是碳环中有一个或多个碳原子被氮氧硫等杂原子取代所形成的结构。由于杂原子的存在，杂环体系有了独特的性质。生物分子大多有杂环结构，最常见的杂环是五元杂环、六元杂环和稠杂环。如氨基酸中有咪唑、吲哚，核苷酸中有嘧啶、嘌呤，糖结构中有吡喃和呋喃。

（4）异构现象丰富了分子结构的多样性

① 生物分子有复杂的异构现象　异构体（isomer）是原子组成相同而结构或构型不同的分子。

a. 结构异构　由于原子之间连接方式不同所引起的异构现象称为结构异构。结构异构包括：(a) 由碳架不同产生的碳架异构；(b) 由官能团位置不同产生的位置异构；(c) 由官能团不同而产生的官能团异构。如丙基和异丙基互为碳架异构体，α-丙氨酸和β-丙氨酸互为位置异构体，丙醛糖和丙酮糖互为官能团异构体。

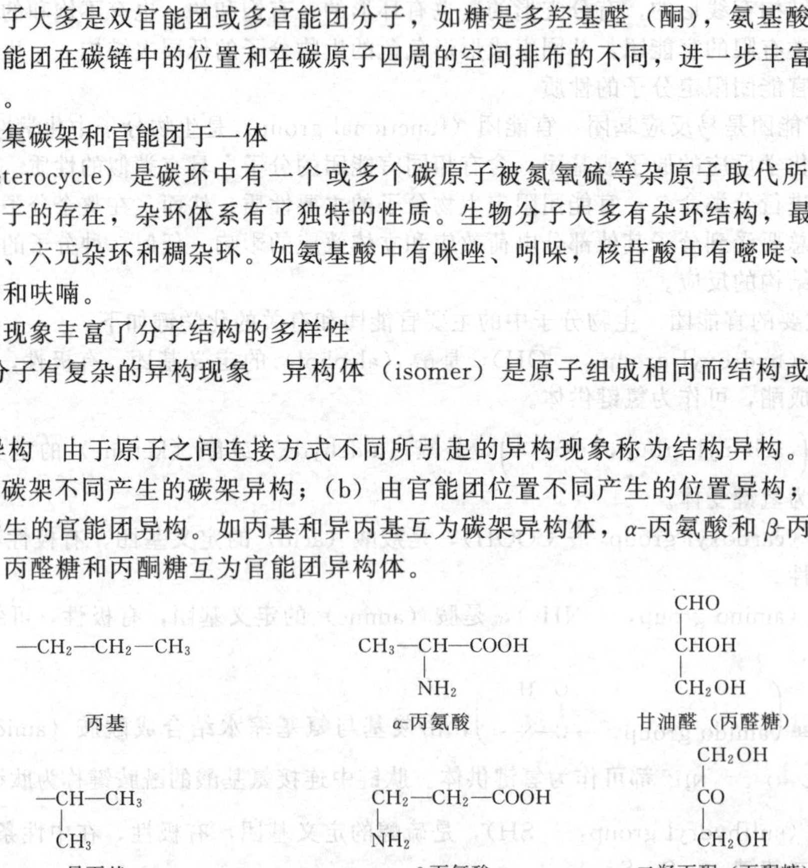

b. 立体异构 同一结构异构体，由于原子或基团在三维空间的排布方式不同所引起的异构现象称为立体异构现象（stereoisomerism）。立体异构可分为构型异构和构象异构。通常将分子中原子或原子团在空间位置上一定的排布方式称为构型（configuration）。构型异构是结构相同而构型不同的异构现象。构型异构又包括顺反异构和光学异构。构型相同的分子，可由于单键旋转产生很多不同立体异构体，这种现象称为构象异构。

c. 互变异构 两种异构体互相转变，并可达到平衡的异构现象。

各种异构现象丰富了生物分子的多样性，扩充了生命过程对分子结构的选择范围。

② 手性碳原子引起的光学异构 左手与右手互为实物与镜像的关系，不能相互重合。分子与其镜像不能相互重合的特性称为手性（chirality），生物分子大多具有手性。结合 4 个不同原子或基团的碳原子，与其镜像不能重合，称为手性碳原子，又称不对称碳原子。手性碳原子具有左手与右手两种构型。

具有手性碳原子的分子，称为手性分子。具有 n 个手性碳原子的分子，有 2^n 个立体异构体。两两互有实物与镜像关系的异构体，称为对映体（enantiomer）。彼此没有实物与镜像关系的，称为非对映体。对映体不论有几个手性碳原子，每个手性碳原子的构型都对应相反。非对映体有两个或两个以上手性碳原子，其中只有部分手性碳原子构型相反。其中只有一个手性碳原子构型相反的，又称为差向异构体（epimer）。手性分子具有旋光性，所以又称为光学异构体。

手性分子构型表示法：有 L-D 系统和 R-S 系统两种。生物化学中习惯采用前者，按系统命名原则，将分子的主链竖向排列，氧化度高的碳原子或序号为 1 的碳原子放在上方，氧化度低的碳原子放在下方，写出费歇尔投影式。规定：分子的手性碳处于纸面，手性碳的四个价键和所结合的原子或基团，两个指向纸面前方，用横线表示，两个指向纸面后方，用竖线表示。例如，甘油醛有以下两个构型异构体

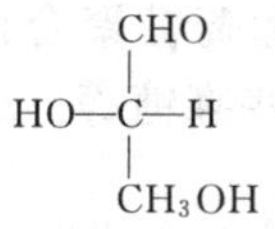

L-(−)-甘油醛

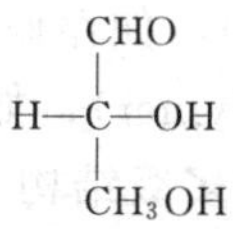

D-(+)-甘油醛

人为规定羟基在右侧的为 D-构型，在左侧是 L-构型。括号中的“+”，“−”分别表示右旋和左旋。构型与旋光方向没有对应关系。具有多个手性碳原子的分子，按碳链最下端手性碳的构型，将它们分为 D,L-两种构型系列。在糖和氨基酸等的命名中，普遍采用 L,D-构型表示法。

③ 双键引起顺反异构 双键也是手性因素。由于碳碳双键的旋转受到限制，从而限定了以单键结合于双键的两个烯碳原子的 4 个基团或原子的空间取向。这种由于双键所产生的构型异构，称为顺反异构（cistransisomerism）。

顺反异构表示法规定：用“顺”（cis）表示两个相同或相近的原子或基团在双键同侧的异构体，“反”（trans）表示相同的原子或基团分别在双键两侧的异构体。

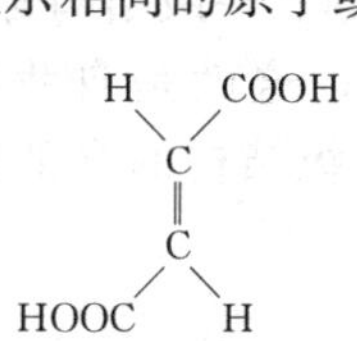

反-丁烯二酸

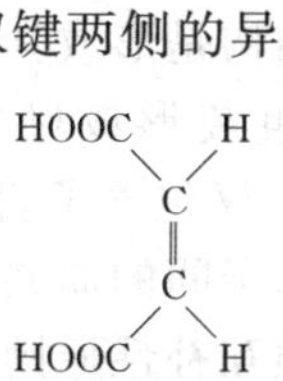

顺-丁烯二酸

④ 单键旋转引起构象异构 结合两个多价原子的单键的旋转，可使分子中的其余原子或基团的空间取向发生改变，从而产生种种可能的有差别的立体形象，这种现象称为构象异构（comformational isomerism）。

构象异构赋予生物大分子的构象柔顺性。与构型相比，构象是对分子中各原子空间排布情况的更深入的探讨，以阐明同一构型分子在非键合原子间相互作用的影响下，所发生的立体结构的变化。

⑤ 互变异构　两种异构体同时存在，又能相互转变而处于动态平衡状态的现象，称为互变异构（tautomerism）。生物分子中常见的互变异构体系主要是酮-烯醇互变异构（keto-enol tautomerism）。这种互变异构是由氢原子在 α-碳和羰基氧原子之间进行重排造成的。

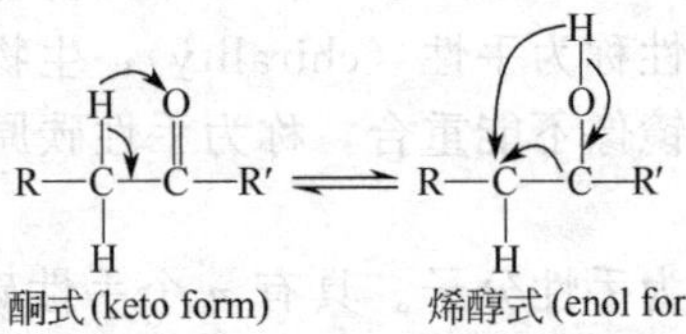

互变异构有一定的平衡常数。25℃下，丙酮在水中平衡时，烯醇式仅占 $(1\sim2)\times10^{-6}$。互变异构现象具有重要生物学意义。DNA 中碱基的互变异构与自发突变有关，酶的互变异构与催化有关，在代谢过程中也常发生代谢物的互变异构。

2.1.5　生物分子高层次结构的同一性

（1）生物大分子又称生物多聚物

生物大分子都是低分子量构件分子的线形多聚物，又称生物多聚物（biopolymer）。构件都是双官能团或多官能团分子。通过官能团缩水结合，将构件分子连接起来。在生物大分子中，构件的保留部分称为残基（residue）。残基的相对质量等于构件分子量减去 18（水的分子量）。残基在生物大分子小的线性顺序称为序列（sequence）。由同一种构件聚合而成的叫同聚物（homopolymer），如糖原、淀粉、纤维素由葡萄糖聚合而成。由不同构件聚合而成的叫杂聚物（heteropolymer），如蛋白质、核酸和某些寡糖等。

（2）生物大分子具有多级结构

作为生物结构一个重要层次的生物大分子本身又有多级结构。构件按一定顺序连成一级结构（primary structure）。一级结构在空间的走向是二级结构（secondary structure）。二级结构再盘绕组合形成三级结构（tertiary structure）。有的再由一定数目的三级结构单元（最小共价单位，称为亚基，subunit）缔合而成四级结构（quaternary structure）。

（3）一级结构按照模板指导组装原则合成

生物大分子的一级结构是在生物遗传信息的直接或间接指导下合成的。如 DNA 指导 DNA 和 RNA 合成，RNA 指导蛋白质合成。这种以先在分子为模板的组装过程，称为模板指导组装（template directed assembly）。

（4）高级结构按照自我组装原则形成

生物大分子的一级结构是形成其高级结构的基础。一级结构合成以后，根据确定的一级结构，就能自发地依次组装形成确定的高级结构，这就是自我组装原则（self assembly principle）。一级结构中不仅包含了自我组装形成高级结构的全部信息，还能提供自我组装所需的能量，即非键合原子间的非共价作用力。

（5）生物大分子按照互补性原则相结合

在形成生物大分子高级结构和超分子集合体时，相互结合的分子表面间往往有互补性（complementary）。这种互补性关系包括：a. 分子接触面的几何学凹凸相依互补关系，借以达到两者之间的最大范德瓦耳斯接触；b. 位于分子表面的亲水区与亲水区、氢键供体与氢键受体、正电荷基团与荷负电基团的匹配对应关系（图 2-4）。

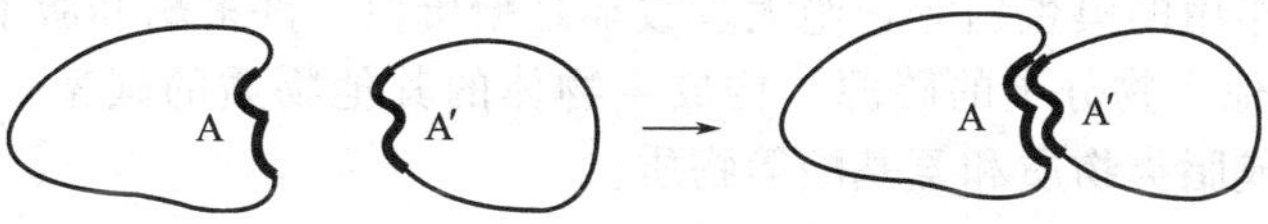

图 2-4 分子间互补性表面的结合

通过分子互补面间的各种非共价相互作用，最大限度地降低了体系的能量水平，这是形成稳定复合结构的动力。分子结合的互补性规定了分子相互结合的专一性，也规定了各个分子在复合结构中的定位和取向以及所形成的结构整体面貌。必须强调指出：生物分子间的互补性结合完全不同于锁-钥之间的那种僵硬的机械结合，而是一个诱导契合（induced fit）的过程，即在结合过程中，彼此诱导对方发生构象变化，通过结合-诱导-结合的过程，最后才达到两者间的完全契合。

2.2 糖类化学

2.2.1 糖的概述

（1）糖的概念

糖类统称碳水化合物，是多羟基醛或多羟基酮及其缩聚物和某些衍生物的总称。糖类主要由 C、H、O 三种元素组成，常以 $C_n(H_2O)_n$ 表示。

（2）糖的分类

糖可以按照它们所含有的单体的数目分为单糖、寡糖和多糖三大类。

① 单糖（monosaccharide） 单糖是糖结构的单体，不能水解为更小分子的糖。所有单糖都可以用一个经验公式 $(CH_2O)_n$ 表示。其中 n 为 3 或大于 3（n 通常为 5 或 6，但也可达到 9）。葡萄糖、果糖都是常见单糖。根据羰基在分子中的位置，单糖可分为醛糖和酮糖。根据碳原子数目，可分为丙糖、丁糖、戊糖、己糖和庚糖。

② 寡糖（oligosaccharide） 寡糖由 2～10 个单糖分子构成，其中以双糖最普遍。常见的二糖有：麦芽糖、蔗糖和乳糖等，它们的分子式为 $C_{12}H_{22}O_{11}$。三糖有：棉籽糖。寡糖和单糖都可溶于水，多数有甜味。

③ 多糖（polysacharide） 多糖由多个单糖聚合而成，水解后产生原来的单糖或其衍生物。又可分为同聚多糖和杂聚多糖。同聚多糖由同一种单糖构成，如由葡萄糖构成的淀粉、糖原和纤维素等，由果糖构成的菊粉等，它们的分子通式为 $(C_6H_{10}O_5)_n$；杂聚多糖由两种以上单糖构成，如半纤维素、果胶和黏多糖等。

（3）糖的分布与功能

① 分布 糖类广泛分布于动物、植物和微生物中，是生物界最重要的有机化合物之一。其中以存在于植物体中最多，一般约占植物体干重的 80%。微生物的含糖量占菌体干重的 10%～30%；人和动物体中含糖量较少，一般不超过其干重的 2%，它们以糖或与蛋白质、脂类结合成结合糖的形式存在。

② 功能 糖在生命活动中的主要作用如下。

a. 作为能源物质 糖是机体最容易得到，最经济，也是最重要的能源物质。一般情况下，人体所需能量的 70%来自糖的氧化，每克葡萄糖在体内完全氧化可以产生 17.15kJ 的热。动物和微生物也是以糖类作为主要能源物质。

b. 作为结构成分 糖蛋白和糖脂是细胞膜的重要成分，蛋白聚糖是结缔组织如软骨、骨的结构成分。

c. 参与构成生物活性物质 核酸中含有糖，有运输作用的血浆蛋白，有免疫作用的抗体，有识别、转运作用的膜蛋白等，绝大多数都是糖蛋白，许多酶和激素也是糖蛋白。

d. 作为合成其他生物分子的碳源　构成生物体的其他物质的碳架，大多数是由糖转化来的，如可用来合成脂类物质和氨基酸等物质。

2.2.2　单糖

2.2.2.1　单糖的结构

（1）单糖的链式结构

单糖是多羟醛或多羟酮，又因葡萄糖被钠汞齐和 HI 还原后生成正己烷，被浓 HNO_3 氧化产生糖二酸，而多羟醛、多羟酮、正己烷和糖二酸等都是开链化合物，所以单糖的结构也必然是链状的，可用下列通式表示醛糖和酮糖：

醛糖　　　酮糖

最简单的醛糖是甘油醛（$n=1$），最简单的酮糖是二羟基丙酮（$n=0$）。任何单糖的构型，都是由甘油醛及二羟丙酮派生的（图 2-5，图 2-6）。

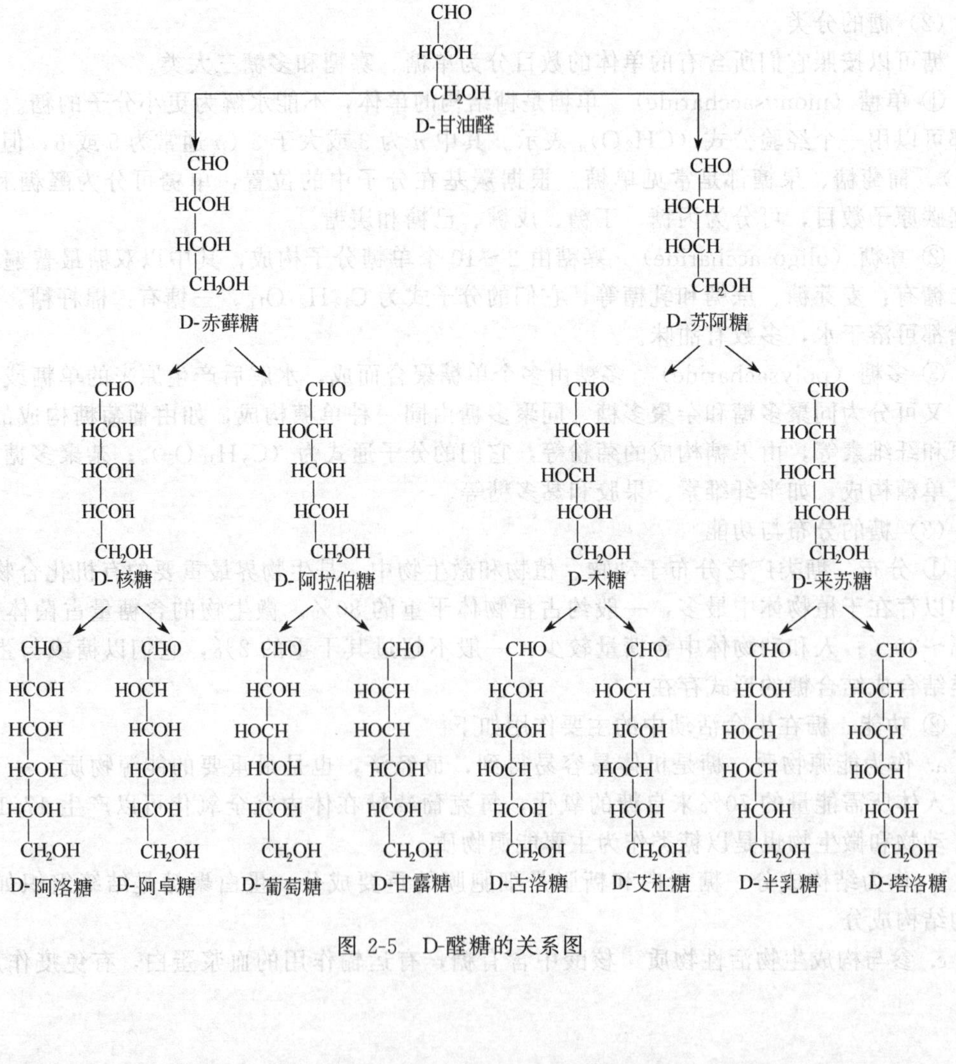

图 2-5　D-醛糖的关系图

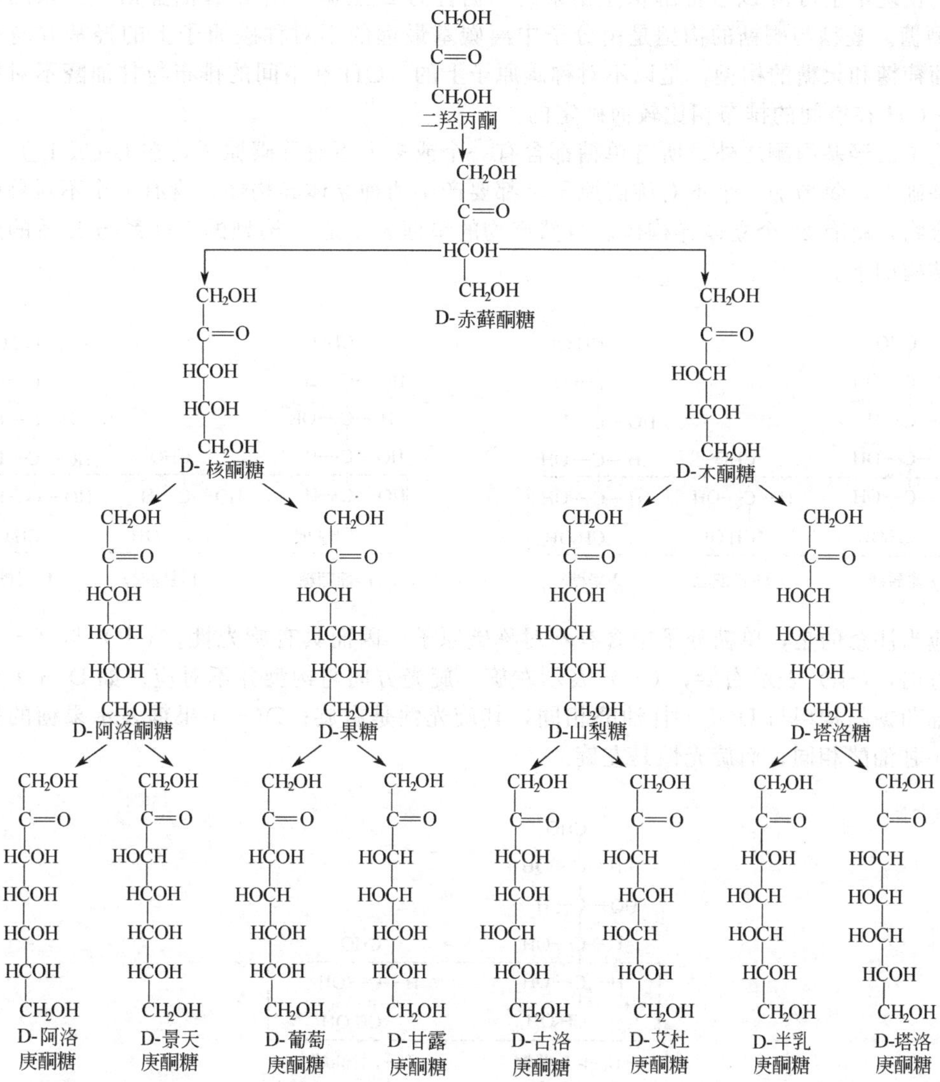

图 2-6 D-酮糖的关系图

(2) 单糖的构型

构型是指一个分子由于不对称碳原子上各原子或原子团特有的固定的空间排列，使该分子具有的特定的立体化学形式。当这种分子从一种构型转变为另一种构型时，需要通过共价键断裂和再生。不对称碳原子是指连接四个不同原子或基团的碳原子。分子中因有不对称碳原子，可形成互为镜像关系的两种异构体，被称为一对“对映体”，这两种构型分别用 D 型和 L 型来表示，通常以具有一个不对称碳原子的最简单的单糖——甘油醛为标准，将单糖与其比较来确定构型。甘油醛的 D 型和 L 型最初是随意规定的，—OH 在甘油醛的不对称碳原子右边的被称为 D 型，在左边者为 L 型。人体中的糖绝大多数是 D-糖。

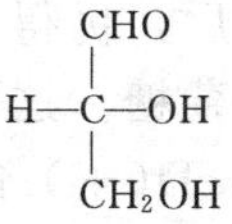

D-甘油醛

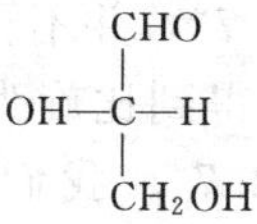

L-甘油醛

凡在理论上可由D-甘油醛衍生出来的单糖皆为D型糖，由L-甘油醛衍生出来的单糖皆为L型糖。醛糖与酮糖的构型是由分子中离碳基最远的不对称碳原子上的羟基方向来决定的。葡萄糖和果糖的构型，是以不对称碳原子上的—OH在空间的排布与甘油醛不对称碳原子的—OH在空间的排布相比较而确定的。

除了二羟基丙酮之外，所有单糖都含有一个或多个不对称碳原子，在D-(或L-)甘油醛分子基础上，每增加一个不对称碳原子，都要产生两种立体异构体，含有n个不对称碳原子的化合物，就有2^n个立体异构体。自然产物的单糖大多是D构型的，D系与L系的醛糖和酮糖结构如下。

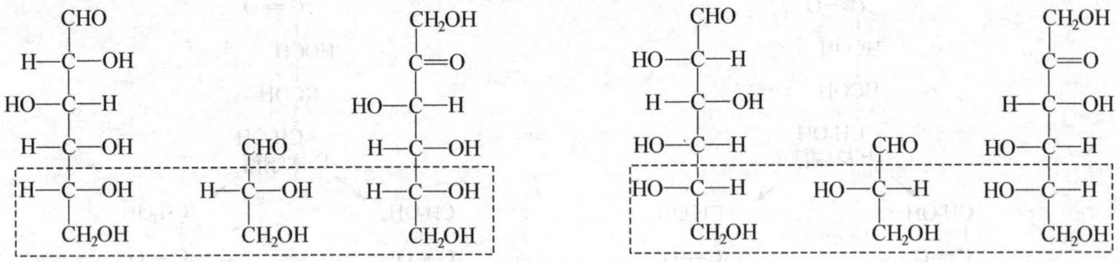

D-葡萄糖　D-甘油醛　D-果糖　L-葡萄糖　L-甘油醛　L-果糖

应当注意的是，单糖分子中含有不对称碳原子，因而具有旋光性。(+)与(−)表示旋光方向，(+)表示右旋，(−)表示左旋。旋光方向与构型并不对应。如D(+)-葡萄糖表示葡萄糖的构型与D(+)-甘油醛相同，其旋光性是右旋；D(−)-果糖表示果糖的构型与D(+)-甘油醛相同，而旋光性是左旋。

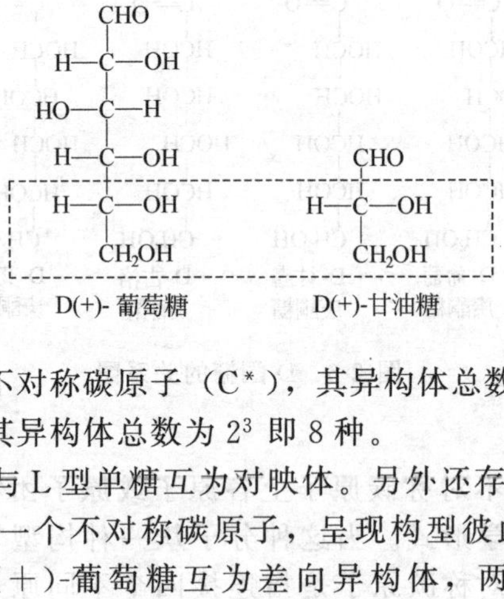

D(+)-葡萄糖　D(+)-甘油糖

己醛糖分子中含有4个不对称碳原子（C*），其异构体总数为2^4即16种；己酮糖分子中含有3个不对称碳原子，其异构体总数为2^3即8种。

在这些异构体中，D型与L型单糖互为对映体。另外还存在一定的特殊情况，即某两个糖分子结构间，仅围绕着一个不对称碳原子，呈现构型彼此不同，称它们为差向异构体，如D(+)-甘露糖和D(+)-葡萄糖互为差向异构体，两者相互转化叫差向异构化作用。

(3) 单糖的环式结构及构象

① 单糖的环式结构　研究发现，葡萄糖的一些理化性质与其开链分子结构不符，如葡萄糖不能发生醛的$NaHSO_3$加成反应；葡萄糖不能和醛一样与两分子醇形成缩醛，只能与一分子醇反应；葡萄糖溶液有变旋现象，当新制的葡萄糖溶解于水时，最初的比旋是+112°，放置后变为+52.7°，并不再改变。溶液蒸干后，仍得到+112°的葡萄糖。把葡萄糖浓溶液在110°结晶，得到比旋为+19°的另一种葡萄糖。这两种葡萄糖溶液放置一定时间后，比旋都变为+52.7°。我们把+112°的叫做α-D(+)-葡萄糖，+19°的叫做β-D(+)-葡萄糖。

Fischer 认为这些现象都是由葡萄糖的环式结构引起的。葡萄糖分子中的醛基可以和 C_5 上的羟基缩合形成六元环的半缩醛。这样原来羰基的 C_1 就变成不对称碳原子，并形成一对非对映旋光异构体。一般规定半缩醛碳原子上的羟基（称为半缩醛羟基）与决定单糖构型的碳原子（C_5）上的羟基在同一侧的称为 α-葡萄糖，不在同一侧的称为 β-葡萄糖。半缩醛羟基比其他羟基活泼，糖的还原性一般指半缩醛羟基。

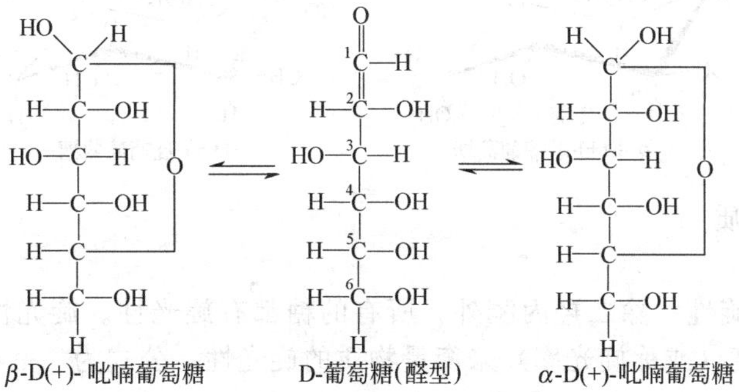

葡萄糖的醛基除了可以与 C_5 上的羟基缩合形成六元环外，还可与 C_4 上的羟基缩合形成五元环。五元环化合物不甚稳定，天然糖多以六元环的形式存在。五元环化合物可以看成是呋喃的衍生物，叫呋喃糖；六元环化合物可以看成是吡喃的衍生物，叫吡喃糖。因此，葡萄糖的全名应为 α-D(＋)-吡喃葡萄糖或 β-D(＋)-吡喃葡萄糖。

α-糖和 β-糖互为端基异构体，也叫异头物。D-葡萄糖在水介质中达到平衡时，β-异构体占 63.6%，α-异构体占 36.4%，以链式结构存在者极少。

为了更好地表示糖的环式结构，哈瓦斯（Haworth，1926）设计了单糖的透视结构式。规定碳原子按顺时针方向编号，氧位于环的后方；环平面与纸面垂直，粗线部分在前，细线在后；将费歇尔式中左右取向的原子或基团改为上下取向，原来在左边的写在上方，右边的写在下方；D 型糖的末端羟甲基在环上方，L 型糖在下方；半缩醛羟基与末端羟甲基同侧的为 β-异构体，异侧的为 α-异构体。葡萄糖 Haworth 透视式如图 2-7 所示。

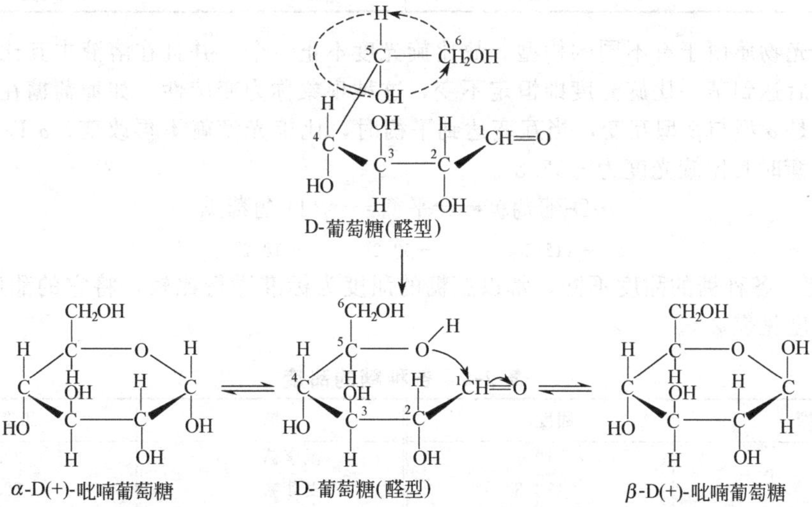

图 2-7 葡萄糖 Haworth 透视式

② 构象 按照 Haworth 结构式，单糖的环是一个平面。这种平面结构是不符合实际情

况的，葡萄糖的环在溶液中折叠形成两种不同的构象，即船式和椅式，椅式构象比船式稳定。在葡萄糖分子的椅式构象中，醇羟基都在平伏键上，氢原子在直立键上；而α-半缩醛羟基在直立键上，β-半缩醛羟基则在平伏键上，平伏键比直立链稳定，所以，在水溶液中β-D-葡萄糖所占比例最大。

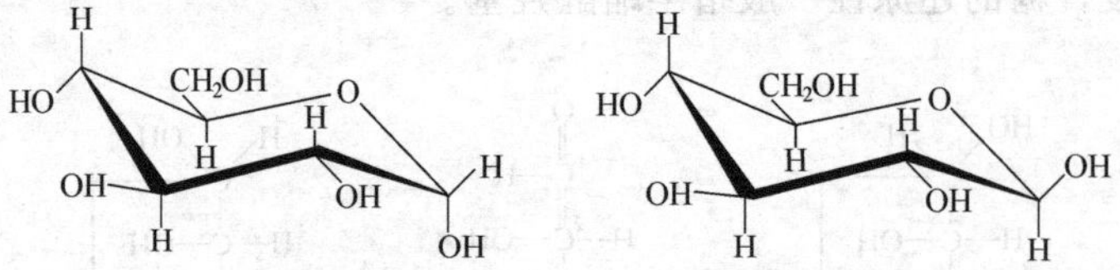

α-D(+)-吡喃葡萄糖　　β-D(+)-吡喃葡萄糖

2.2.2.2 单糖的性质

(1) 物理性质

① 旋光性和变旋性　除二羟丙酮外，所有的糖都有旋光性。旋光性是鉴定糖的重要指标。一般用比旋光度（或称旋光率）来衡量物质的旋光性。公式为

$$[\alpha]^{t}_{ad}=\alpha^{t}_{ad}\times 100/(L\times C)$$

式中 $[\alpha]^{t}_{ad}$是比旋光度；α^{t}_{ad}是在钠光灯（D线，λ为589.6nm与589.0nm）为光源；温度为t；旋光管长度为L(dm)；浓度为c(g/100mL)时所测得的旋光度。在比旋光度数值前面加“＋”号表示右旋，加“－”表示左旋。

旋光性是鉴定糖的一个重要指标，每种糖都有特征性的比旋光度（表2-3）。

表 2-3　各种糖的比旋光度

单　糖	[α]	寡糖、多糖	[α]
D-阿拉伯糖	－105°	麦芽糖	＋130.4°
L-阿拉伯糖	＋104.5°	蔗糖	＋66.5°
D-木糖	＋8.8°	转化糖	－19.8°
D-葡萄糖	＋52.5°	糊精	＋195°
D-果糖	－92.4°	乳糖	＋55.5°
D-半乳糖	＋80.2°	淀粉	≥196°
D-甘露糖	＋14.2°	糖原	＋196°～＋197°

一种旋光物质由于有不同的构型，故比旋光度不止一个，并且在溶液中其比旋光度可发生改变，最后达到某一比旋光度即恒定不变，这种现象称为变旋性，如葡萄糖在水溶液中的变旋现象就是α型与β型互变，当互变达到平衡时，比旋光度就不再改变，α-D-葡萄糖与β-D葡萄糖平衡时其比旋光度为＋52.5°。

$$\alpha\text{-D-葡萄糖}\rightleftharpoons\text{平衡}\rightleftharpoons\beta\text{-D-葡萄糖}$$

＋112.2°　　＋52.2°　　＋18.7°

② 甜度　各种糖的甜度不同，常以蔗糖的甜度为标准进行比较，将它的甜度定为100。各种糖的甜度见表2-4。

表 2-4　各种糖的甜度

糖	甜度/%	糖	甜度/%
蔗糖	100	鼠李糖	32.5
果糖	173.3	麦芽糖	32.5
转化糖	130	半乳糖	32.1
葡萄糖	74.3	棉籽糖	22.6
木糖	40	乳糖	16.1

③ 溶解度 单糖分子中有多个羟基，增加了它的水溶性，尤其在热水中溶解度极大。但不溶于乙醚、丙酮等有机溶剂。

(2) 化学性质 单糖是多羟基醛或酮，因此具有醇羟基和羰基的性质，如具有醇羟基的成酯、成醚、成缩醛等反应和羰基的一些加成反应，又具有由于它们互相影响而产生的一些特殊反应。单糖的主要化学性质见表 2-5。

表 2-5 单糖的主要化学性质

分类	化学性质	反应	重要的例子
由醛酮基产生的	氧化(或还原性)	还原金属离子，氧化成糖酸	一些弱氧化剂能使其氧化，用以定性或定量鉴别
	还原成醇	醛、酮基可以被还原成醇	植物成分中所含的醇，如山梨醇、甘露醇可由此生成
	成脎	与苯肼作用成脎	可用于鉴别单糖
	异构化	醛糖和酮糖在稀碱中可相互转化	为单糖转化的基础
由羟基产生的	成酯	形成磷酸糖酯，硫酸糖酯	硝酸糖酯是糖代谢中间物，细胞膜吸收糖也先生成磷酸酯
	成苷	单糖 C_1 上—OH 的 H 被烷基或其他基团取代的衍生物	有些糖苷为药物
	脱水	戊糖与浓 HCl 加热生成糠醛，己糖生成羟甲基糠醛	可用于鉴别醛糖和酮糖，生成化工产品
	氨基化	C_2、C_3 上羟基可以被 NH_2 取代生成氨基糖	氨基糖为糖蛋白的组分
	脱氧	经脱氧酶作用生成脱氧糖	脱氧核糖为核酸成分

① 与酸反应 戊糖与强酸共热，可脱水生成糠醛（呋喃醛）。己糖与强酸共热分解成甲酸、二氧化碳、乙酰丙酸以及少量羟甲基糠醛。

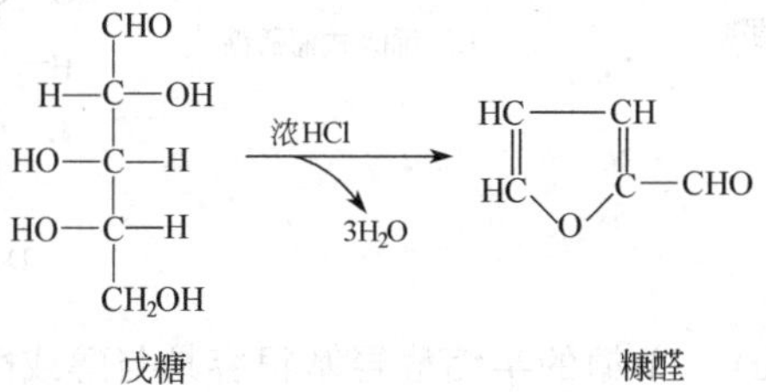

戊糖 糠醛

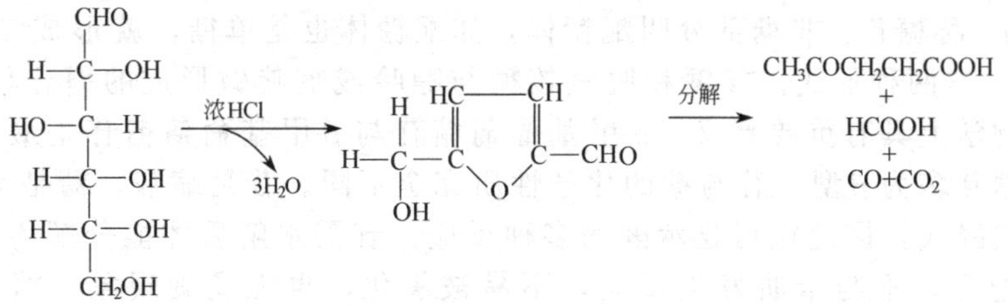

己糖 羟甲基糠醛

糠醛和羟甲基糠醛能与某些酚类作用生成有色的缩合物。利用这一性质可以鉴定糖。如 *α*-萘酚与糠醛或羟甲基糠醛反应呈紫色。这一反应用来鉴定糖的存在，叫莫利西试验。间苯二酚与盐酸遇酮糖呈红色，遇醛糖呈很浅的颜色，这一反应可以鉴别醛糖与酮糖，称西利万诺夫试验。

② 酯化作用 单糖可以看作多元醇，可与酸作用生成酯。生物化学上较重要的糖酯是磷酸酯，它们代表了糖的代谢活性形式及糖代谢的中间产物。重要的己糖磷酸酯如下

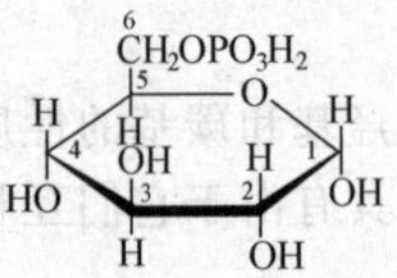
α-D-葡萄糖-6-磷酸

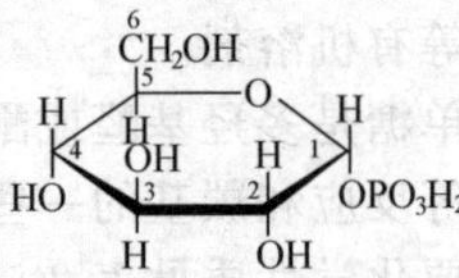
α-D-葡萄糖-1-磷酸

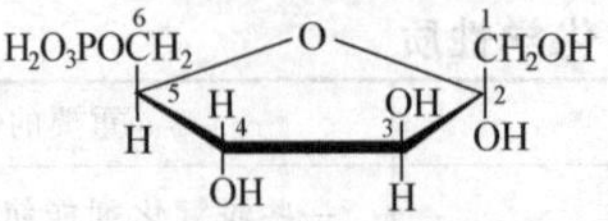
α-D-果糖-6-磷酸

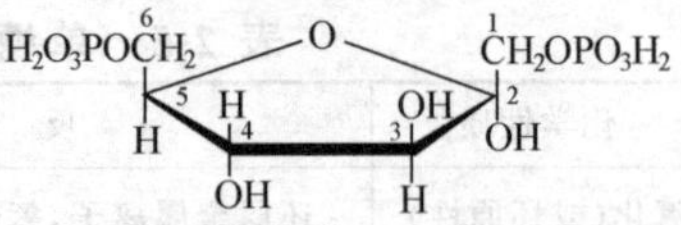
α-D-果糖-1,6-二磷酸

③ 碱的作用　醇羟基可解离，是弱酸。单糖的解离常数在 10^{13} 左右。在弱碱作用下，葡萄糖、果糖和甘露糖三者可通过烯醇式而相互转化，称为烯醇化作用。在体内酶的作用下也能进行类似的转化。单糖在强碱溶液中很不稳定，分解成各种不同的物质。

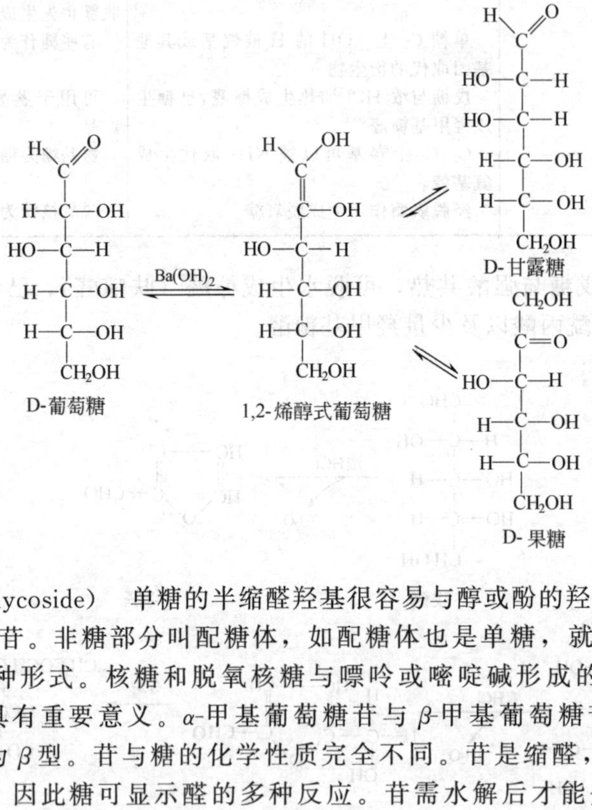

④ 形成糖苷（glycoside）　单糖的半缩醛羟基很容易与醇或酚的羟基反应，失水而形成缩醛式衍生物，称糖苷。非糖部分叫配糖体，如配糖体也是单糖，就形成二糖，也叫双糖。糖苷有α、β两种形式。核糖和脱氧核糖与嘌呤或嘧啶碱形成的糖苷称核苷或脱氧核苷，在生物学上具有重要意义。α-甲基葡萄糖苷与β-甲基葡萄糖苷是最简单的糖苷。天然存在的糖苷多为β型。苷与糖的化学性质完全不同。苷是缩醛，糖是半缩醛。半缩醛很容易变成醛式，因此糖可显示醛的多种反应。苷需水解后才能分解为糖和配糖体。所以苷比较稳定，不与苯肼发生反应，不易被氧化，也无变旋现象。糖苷对碱稳定，遇酸易水解。

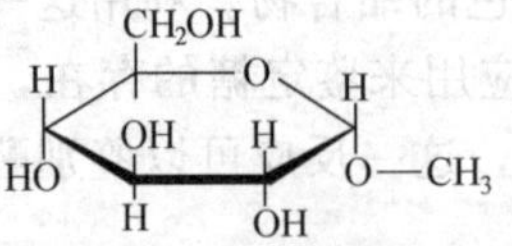
α-甲基-D-葡萄糖苷

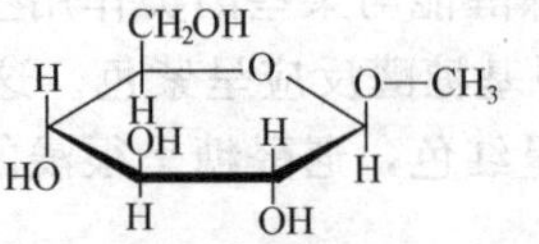
β-甲基-D-葡萄糖苷

⑤ 糖的氧化作用　单糖含有游离羟基，因此具有还原能力。某些弱氧化剂（如铜的氧

化物的碱性溶液）与单糖作用时，单糖的羰基被氧化，而氧化铜被还原成氧化亚铜。测定氧化亚铜的生成量，即可测定溶液中的糖含量。实验室常用的费林（Fehling）试剂就是氧化铜的碱性溶液。Benedict 试剂是其改进型，用柠檬酸作络合剂，碱性弱，干扰少，灵敏度高。单糖与费林试剂反应如下

$$CuSO_4 + 2NaOH \longrightarrow Cu(OH)_2 + Na_2SO_4$$

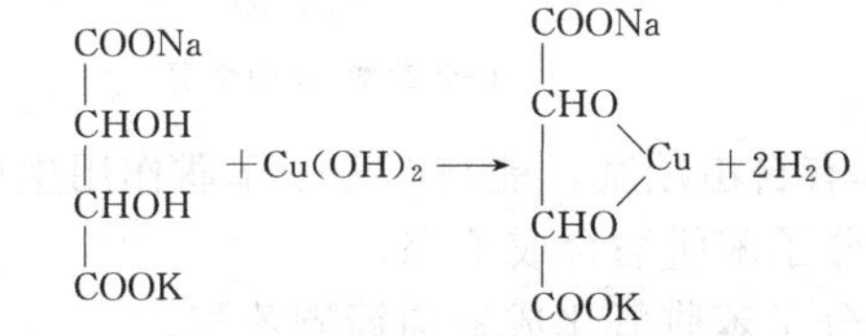

酒石酸钾钠　　　可溶性的氧化铜络合物

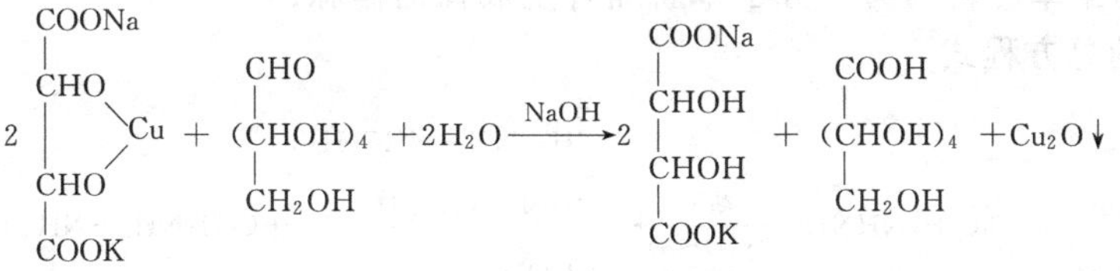

葡萄糖　　　酒石酸钾钠　葡萄糖酸

除羰基外，单糖分子中的羟基也能被氧化。在不同的条件下，可产生不同的氧化产物。醛糖可用三种方式氧化成相同原子数的酸：(a) 在弱氧化剂，如溴水作用下形成相应的糖酸；(b) 在较强的氧化剂，如硝酸作用下，除醛基被氧化外，伯醇基也被氧化成羧基，生成葡萄糖二酸；(c) 有时只有伯醇基被氧化成羧基，形成糖醛酸。酮糖对溴的氧化作用无影响，因此可将酮糖与醛糖分开。在强氧化剂作用下，酮糖将在羰基处断裂，形成两个酸。以果糖为例

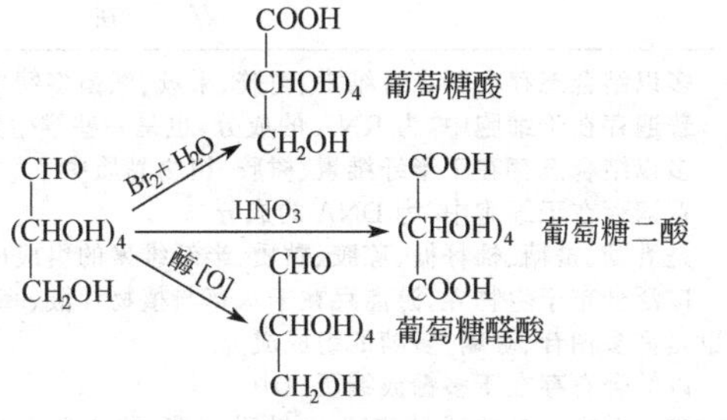

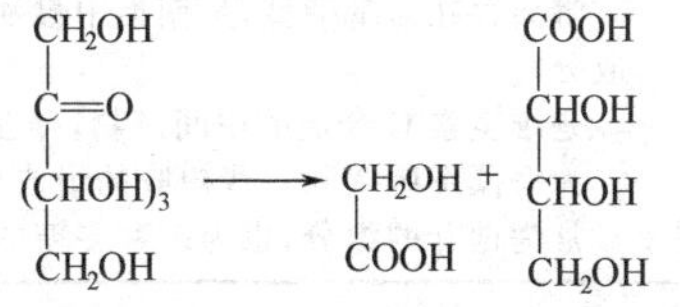

果糖　　　乙醇酸　三羟基丁酸

单糖在碱性溶液中，醛基、酮基烯醇化变成非常活泼的烯二醇，具还原性，能还原金属离子，如 Cu^{2+}、Hg^{2+}、Ag^{+} 等，而其本身则被氧化成为相应的糖酸。酮糖有还原性而普通酮类无还原性，这是因为酮糖在碱性溶液中经烯醇化作用可变成烯二醇。糖类在碱性溶液中的还原性常被利用来作为还原糖的定性与定量分析的依据，常用的试剂为含 Cu^{2+} 的碱性溶液。

⑥ 还原作用　单糖有游离羰基，所以易被还原。在钠汞齐及硼氢化钠类还原剂作用下，醛糖还原成糖醇，酮糖还原成两个同分异构的羟基醇。如葡萄糖还原后生成山梨醇。

D-葡萄糖 $\xrightarrow{[H]}$ D-葡萄醇（山梨醇）

D-甘露糖 $\xrightarrow{[H]}$ D-甘露醇

D-果　糖 $\xrightarrow{[H]}$ {D-甘露醇, D-葡萄醇}

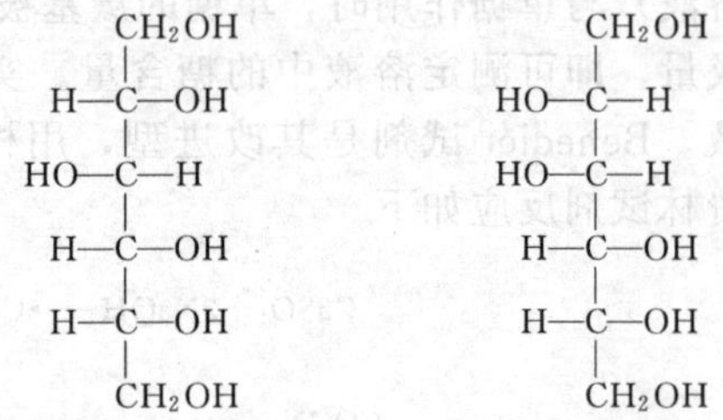

D-葡萄醇（D-山梨醇）　　D-甘露醇

⑦ 糖脎的生成　单糖具有自由羰基，能与 3 分子苯肼作用生成糖脎。反应步骤：

(a) 一分子葡萄糖与一分子苯肼缩合成苯腙；

(b) 葡萄糖苯腙再被一分子苯肼氧化成葡萄糖酮苯腙；

(c) 葡萄糖酮苯腙再与另一分子苯肼缩合生成葡萄糖脎；

成脎反应的总方程式

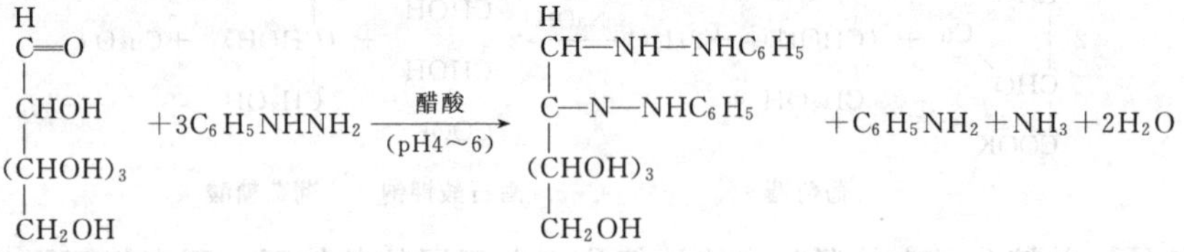

己醛糖　　苯肼　　苯脎　　苯胺

糖脎是黄色结晶，难溶于水。各种糖生成的糖脎形状与熔点都不同，因此常用糖脎的生成来鉴定各种不同的糖。

2.2.2.3　重要单糖

生物体中常见的重要单糖见表 2-6。

表 2-6　单糖的重要代表物

糖名	溶点/℃	$[\alpha]_D^{20}$	存　在
L-阿拉伯糖	160	+105°	多以结合态存在于半纤维素、树胶、果胶、细菌多糖中
D-核糖	87	−29.7°	普遍存在于细胞中，为 RNA 的成分，也是一些维生素、辅酶的组成成分
D-木糖	145	+19°	多以结合态存在于半纤维素、树胶、植物黏质中
D-脱氧核糖	92.5	−58°	普遍存在于细胞中，为 DNA 的成分
D-半乳糖	167	+80°	是乳糖、蜜糖、棉籽糖、琼胶、黏质、半纤维素的组成成分
D-葡萄糖	146	+52.7°	广泛分布于生物界，游离存在于水草与植物汁液、蜂蜜、血液、淋巴液、尿等中，同时也是许多糖苷、寡糖、多糖的组成成分
D-甘露糖	152	+14.2°	以结合态存在于多糖或糖蛋白中
D-果糖	162～164	−92.4°	游离存在为吡喃型，是糖类中最甜的糖，结合态为呋喃型，是蔗糖、果聚糖的组成成分
L-山梨糖	159～161	−43°	是维生素 C 合成的中间产物，存在于槐树浆果中
L-岩藻糖	145	−76°	为海藻细胞壁和一些树胶的组成成分，也是动物多糖的普遍成分
L-鼠李糖	93～94	+8.9°	常为糖苷的组分，也为多种多糖的组成成分。在常春藤花及叶中游离存在

(1) 丙糖

重要的丙糖有 D-甘油醛和二羟丙酮，它们的磷酸酯是糖代谢的重要中间产物。

(2) 丁糖

自然界常见的丁糖有 D-赤藓糖和 D-赤藓酮糖。它们的磷酸酯也是糖代谢的中间产物。

(3) 戊糖

自然界存在的戊醛糖主要有 D-核糖、D-2-脱氧核糖、D-木糖和 L-阿拉伯糖。它们大多以多聚戊糖或以糖苷的形式存在。戊酮糖有 D-核酮糖和 D-木酮糖，均是糖代谢的中间产物。

① D-核糖（ribose）　D-核糖是所有活细胞的普遍成分之一，它是核糖核酸的重要组成

成分。在核苷酸中，核糖以其醛基与嘌呤或嘧啶的氮原子结合，而其2、3、5位的羟基可与磷酸连接。核糖在衍生物中总以呋喃糖形式出现。它的衍生物核醇是某些维生素（B_2）和辅酶的组成成分。D-核糖的比旋光度－23.7°。

细胞核中还有D-2-脱氧核糖，它是DNA的组分之一。它和核糖一样，以醛基与含氮碱基结合，但因2位脱氧，只能以3、5位的羟基与磷酸结合。D-2-脱氧核糖的比旋光度－60°。

② L-阿拉伯糖　阿拉伯糖在高等植物体内以结合状态存在。它一般结合成半纤维素、树胶及阿拉伯树胶等。最初是在植物产品中发现的。熔点160℃，比旋光度＋104.5°。酵母不能使其发酵。

③ 木糖　木糖在植物中分布很广，以结合状态的木聚糖存在于半纤维素中。木材中的木聚糖达30%以上。陆生植物很少有纯的木聚糖，常含有少量其他的糖。动物组织中也发现了木糖的成分。熔点143℃，比旋光度＋18.8°。酵母不能使其发酵。

(4) 己糖

重要的己醛糖有D-葡萄糖、D-甘露糖、D-半乳糖，重要的己酮糖有D-果糖、D-山梨糖。

① 葡萄糖（glucose，Glu）　葡萄糖是生物界分布最广泛最丰富的单糖，多以D型存在。它是人体内最主要的单糖，是糖代谢的中心物质。在绿色植物的种子、果实及蜂蜜中有游离的葡萄糖，蔗糖由D-葡萄糖与D-果糖结合而成，糖原、淀粉和纤维素等多糖也是由葡萄糖聚合而成的。在许多杂聚糖中也含有葡萄糖。

D-葡萄糖的比旋光度为＋52.5°，呈片状结晶。酵母可使其发酵。

② 果糖（fructose，Fru）　植物的蜜腺、水果及蜂蜜中存在大量果糖。它是单糖中最甜的糖类，比旋光度为－92.4°，呈针状结晶。42%果糖糖浆的甜度与蔗糖相同（40℃），在5℃时甜度为143，适于制作冷饮。食用果糖后血糖不易升高，且有滋润肌肤作用。游离的果糖为β-吡喃果糖，结合状态呈β-呋喃果糖。酵母可使其发酵。

③ 甘露糖（Man）　是植物黏质与半纤维素的组成成分。比旋光度＋14.2°。酵母可使其发酵。

④ 半乳糖（Gal）　半乳糖仅以结合状态存在。乳糖、蜜二糖、棉籽糖、琼脂、树胶、黏质和半纤维素等都含有半乳糖。它的D型和L型都存在于植物产品中，如琼脂中同时含有D型和L型半乳糖。D-半乳糖熔点167℃，比旋光度＋80.2°。可被乳糖酵母发酵。

⑤ 山梨糖　酮糖，存在于细菌发酵过的山梨汁中，是合成维生素C的中间产物，在制造维生素C工艺中占有重要地位，又称清凉茶糖。其还原产物是山梨糖醇，存在于桃李等果实中。其熔点159～160℃，比旋光度－43.4°。

(5) 庚糖

庚糖在自然界中分布较少，主要存在于高等植物中。最重要的有D-景天庚酮糖和D-甘露庚酮糖。前者存在于景天科及其他肉质植物的叶子中，以游离状态存在。它是光合作用的中间产物，呈磷酸酯态，在碳循环中占重要地位。后者存在于樟梨果实中，也以游离状态存在。

(6) 单糖的重要衍生物

① 糖醇　糖的羰基被还原（加氢）生成相应的糖醇，如葡萄糖加氢生成山梨醇。糖醇溶于水及乙醇，较稳定，有甜味，不能还原费林试剂。常见的有甘露醇和山梨醇。甘露醇广泛分布于各种植物组织中，熔点106℃，比旋光度－0.21°。海带中含有占干重的5.2%～20.5%的甘露醇，是制取甘露醇的原料。山梨醇在植物中分布也很广，熔点97.5℃，比旋光度－1.98°。山梨醇积存在眼球晶状体内引起白内障。山梨醇氧化时可形成葡萄糖、果糖

或山梨糖。

糖的羟基被还原（脱氧）生成脱氧糖。除脱氧核糖外还有两种脱氧糖：L-鼠李糖和 6-脱氧-L-甘露糖（岩藻糖），它们是细胞壁的成分。

② 糖醛酸 单糖具有还原性，可被氧化。糖的醛基被氧化成羧基时生成糖酸；糖的末端羟甲基被氧化成羧基时生成糖醛酸。重要的有 D-葡萄糖醛酸、半乳糖醛酸等。葡萄糖醛酸是肝脏内的一种解毒剂，半乳糖醛酸存在于果胶中。

③ 氨基糖 单糖的羟基（一般为 C_2）可以被氨基取代，形成糖胺或称氨基糖。自然界中存在的氨基糖都是氨基己糖。D-葡萄糖胺是甲壳质（几丁质）的主要成分。甲壳质是组成昆虫及甲壳类结构的多糖。D-半乳糖胺是软骨类动物的主要多糖成分。糖胺是碱性糖。糖胺氨基上的氢原子被乙酰基取代时，生成乙酰氨基糖。

④ 糖苷 主要存在于植物的种子、叶子及皮内。在天然糖苷中的糖苷基有醇类、醛类、酚类、固醇和嘌呤等。它大多极毒，但微量糖苷可作药物。重要糖苷有：能引起溶血的皂角苷，有强心剂作用的毛地黄苷，以及能引起葡萄糖随尿排出的根皮苷。苦杏仁苷也是一种毒性物质。配糖体一般对植物有毒，形成糖苷后则无毒。这是植物的解毒方法，也可保护植物不受外来伤害。

⑤ 糖酯 单糖羟基还可与酸作用生成酯。糖的磷酸酯是糖在代谢中的活化形式。糖的硫酸酯存在于糖胺聚糖中。

2.2.3 寡糖

天然存在的寡糖由 2～6 个单糖结合而成，大多数来自植物，一般有甜味，可结晶。重要的寡糖有双糖和三糖。双糖是由两个单糖分子以糖苷键连接而成的，因此，双糖水解后可得到两分子单糖。自然界中存在的重要双糖有蔗糖、麦芽糖和乳糖。三糖是由三个单糖分子以糖苷键连接而成的，棉籽糖是已知的广泛存在于自然界中的重要三糖。

2.2.3.1 双糖

双糖是由两个单糖分子缩合而成。双糖可以认为是一种糖苷，其中的配基是另外一个单糖分子。在自然界中，仅有三种双糖（蔗糖、乳糖和麦芽糖）以游离状态存在，其他多以结合状态存在（如纤维二糖）。蔗糖是最重要的双糖，麦芽糖和纤维二糖是淀粉和纤维素的基本结构单位。三者均易水解为单糖。

(1) 麦芽糖

麦芽糖（maltose）大量存在于发酵的谷粒，特别是麦芽中。它是淀粉的组成成分。淀粉和糖原在淀粉酶作用下水解可产生麦芽糖。麦芽糖是 D-吡喃葡萄糖-α(1→4)-D-吡喃葡萄糖苷，因为有一个醛基是自由的，所有它是还原糖，能还原费林试剂。支链淀粉水解产物中除麦芽糖外还含有少量异麦芽糖，它是 α-D-吡喃葡萄糖-(1→6)-D-吡喃葡萄糖苷。

麦芽糖在水溶液中有变旋现象，比旋光度为＋136°，且能成脎，极易被酵母发酵。右旋 $[\alpha]_D^{20}$ ＝＋130.4°。麦芽糖在缺少胰岛素的情况下也可被肝脏吸收，不引起血糖升高，可供糖尿病人食用。

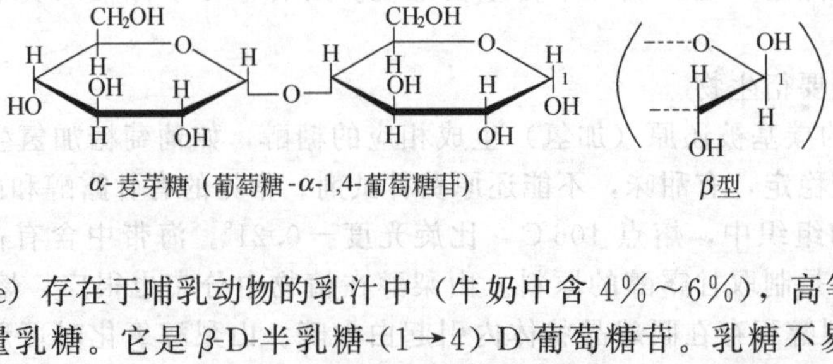

α-麦芽糖（葡萄糖-α-1,4-葡萄糖苷）　β型

(2) 乳糖

乳糖（lactose）存在于哺乳动物的乳汁中（牛奶中含 4%～6%），高等植物花粉管及微生物中也含有少量乳糖。它是 β-D-半乳糖-(1→4)-D-葡萄糖苷。乳糖不易溶解，味不甚甜

(甜度只有16)，有还原性，且能成脎，纯酵母不能使它发酵，能被酸水解，右旋 $[\alpha]_D^{20}=+55.4°$。

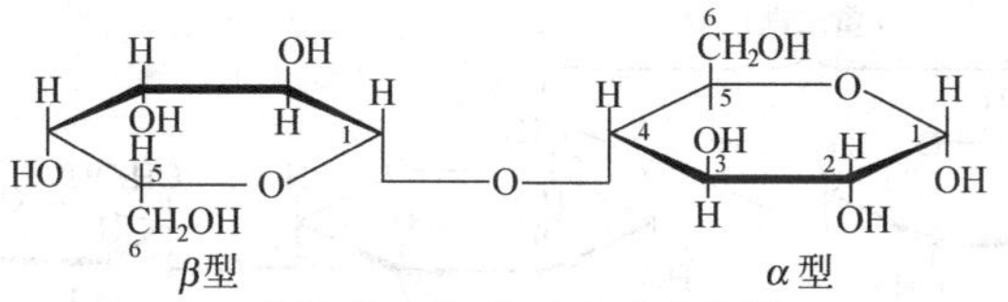

乳糖[葡萄糖-β(1→4)-半乳糖苷]

乳糖的水解需要乳糖酶，婴儿一般都可消化乳糖，成人则不然。某些成人缺乏乳糖酶，不能利用乳糖，食用乳糖后会在小肠积累，产生渗透作用，使体液外流，引起恶心、腹痛、腹泻。这是一种常染色体隐性遗传疾病，从青春期开始表现。其发病率与地域有关，在丹麦约3%，泰国则高达92%。可能是从一万年前人类开始养牛时成人体内才出现了乳糖酶。

(3) 蔗糖

蔗糖(sucrose)是主要的光合作用产物，也是植物体内糖储藏、积累和运输的主要形式。在甜菜、甘蔗和各种水果中含有较多的蔗糖。日常食用的糖主要是蔗糖。

蔗糖很甜，易结晶，易溶于水，但较难溶于乙醇。若加热到160℃，便成为玻璃样的晶体，加热至200℃时成为棕褐色的焦糖。它是α-D-吡喃葡萄糖-(1→2)-β-D-呋喃果糖苷。它是由葡萄糖的半缩醛羟基和果糖的半缩酮羟基之间缩水而成的，因为两个还原性基团都包含在糖苷键中，所有没有还原性，是非还原性杂聚二糖。右旋，$[\alpha]_D^{20}=+66.5°$。

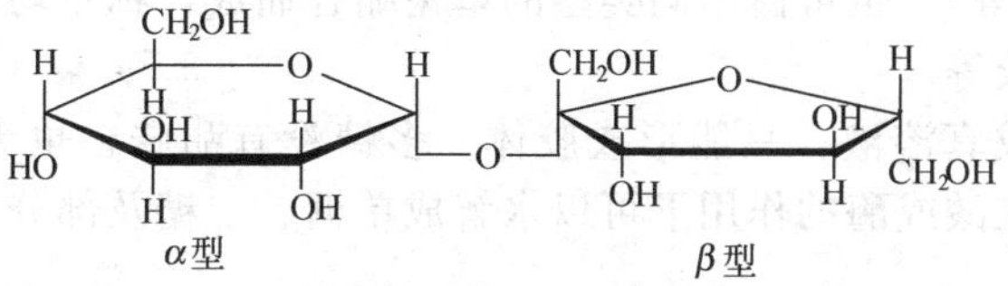

蔗糖(葡萄糖-α,β-果糖苷)

蔗糖极易被酸水解，其速度比麦芽糖和乳糖大1000倍。水解后产生等量的D-葡萄糖和D-果糖，这个混合物称为转化糖，甜度为160。蜜蜂体内有转化酶，因此蜂蜜中含有大量转化糖。因为果糖的比旋光度比葡萄糖的绝对值大，所以转化糖溶液是左旋的。在植物中有一种转化酶催化这个反应。口腔细菌利用蔗糖合成的右旋葡聚糖苷是牙垢的主要成分。

(4) 纤维二糖

纤维二糖是纤维素的基本构成单位。可由纤维素水解得到。由两个β-D-葡萄糖通过 $C_1—C_4$ 相连，它与麦芽糖的区别是后者为α-葡萄糖苷。

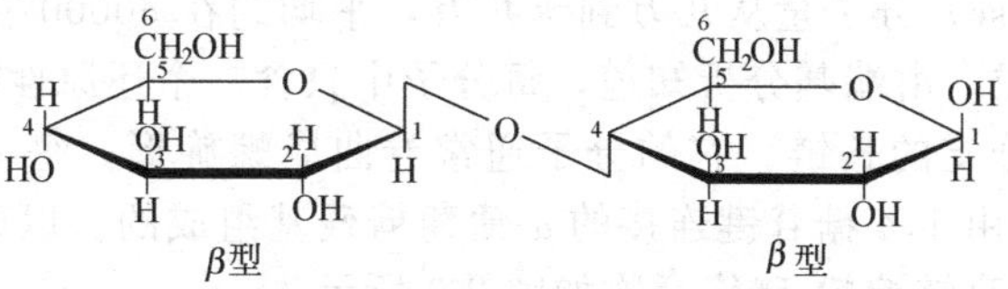

纤维二糖[葡萄糖-β(1→4)-葡萄糖苷]

(5) 海藻糖

α-D-吡喃葡萄糖-(1→1)-α-D-吡喃葡萄糖苷。在抗干燥酵母中含量较多，可用做保湿。

2.2.3.2　三糖

自然界中广泛存在的三糖只有棉籽糖，主要存在于棉籽、甜菜、大豆及桉树的干性分泌物(甘露蜜)中。它是α-D-吡喃半乳糖-(1→6)-α-D-吡喃葡萄糖-(1→2)-β-D-呋喃果糖苷。

棉籽糖的水溶液比旋光度+105.2°，不能还原费林试剂。蔗糖酶作用下分解成果糖和蜜二糖；在α-半乳糖苷酶作用下分解成半乳糖和蔗糖。

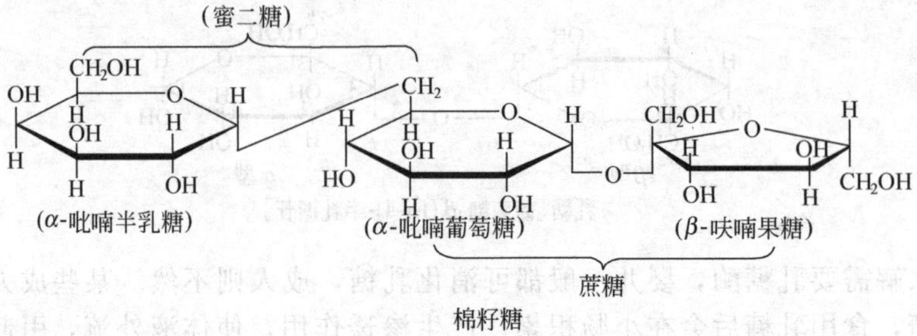

此外，还有龙胆三糖、松三糖、洋槐三糖等。

2.2.4 多糖

多糖由20个以上的单糖缩合而成。多糖完全水解时，糖苷键断裂而变成单糖。它是自然界中分子结构复杂且庞大的糖类物质。多糖不像蛋白质，蛋白质的一级结构是有基因编码的，有特定的长度，多糖的生成没有模板，是由特定的单糖和寡糖残基聚合而成的。多糖按功能可分为两大类：一类是结构多糖，如构成植物细胞壁的纤维素、半纤维素，构成细菌细胞壁的肽聚糖等；另一类是储藏多糖，如植物中的淀粉、动物体内的糖原等。还有一些多糖具有更复杂的生理功能，如黏多糖、血型物质等，它们在生物体内起着重要的作用。

多糖可由一种单糖缩合而成，称均一多糖，如戊糖胶（木糖胶、阿拉伯糖胶）、己糖胶（淀粉、糖原、纤维素等），也可由不同类型的单糖缩合而成，称不均一多糖，如半乳糖甘露糖胶、阿拉伯胶和果胶等。

多糖在水中不形成真溶液，只能形成胶体。多糖没有甜味，也无还原性。多糖有旋光性，但无变旋现象。在酸或酶的作用下可以水解成单糖、二糖及部分非糖物质。

2.2.4.1 淀粉

淀粉（starch）是植物中最重要的储藏多糖，在植物中以淀粉粒状态存在，形状为球状或卵形。淀粉是由麦芽糖单位构成的链状结构，可溶于热水的是直链淀粉，不溶的是支链淀粉。支链淀粉易形成浆糊，溶于热的有机溶剂。玉米淀粉和马铃薯淀粉分别含27%和20%的直链淀粉，其余为支链淀粉。有些淀粉（如糯米）全部为支链淀粉，而有的豆类淀粉则全是直链淀粉。

淀粉与酸缓和地作用时（如7.5% HCl，室温下放置7d）即形成所谓“可溶性淀粉”，在实验室内常用。淀粉在工业上可用于酿酒和制糖。

（1）直链淀粉

直链淀粉（amylose）分子量从几万到十几万，平均约在60000左右，相当于300～400个葡萄糖分子缩合而成。由端基分析知道，每分子中只含一个还原性端基和一个非还原性端基，所以它是一条不分支的长链。它的分子通常卷曲成螺旋形，每一转有六个葡萄糖分子（图2-8）。直链淀粉是由1,4糖苷键连接的α-葡萄糖残基组成的。以碘液处理产生蓝色，光吸收在620～680nm。直链淀粉-碘络合物如图2-9所示。

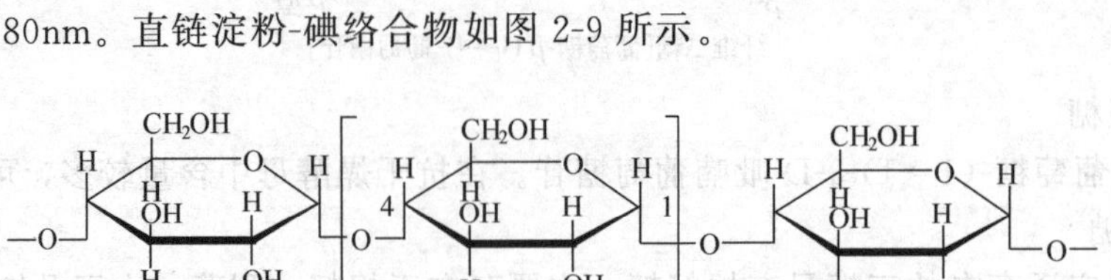

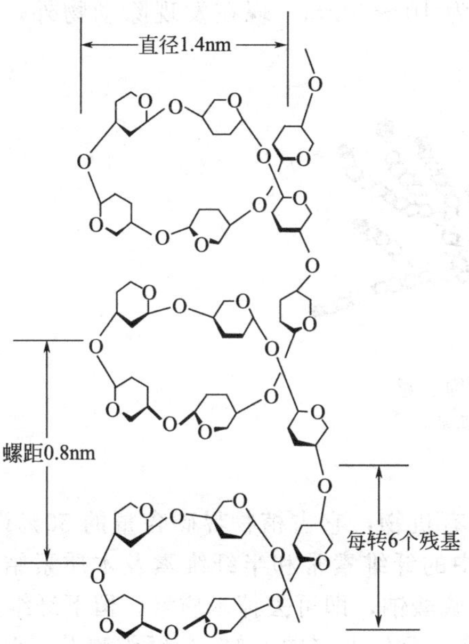

图 2-8 直链淀粉的螺旋结构

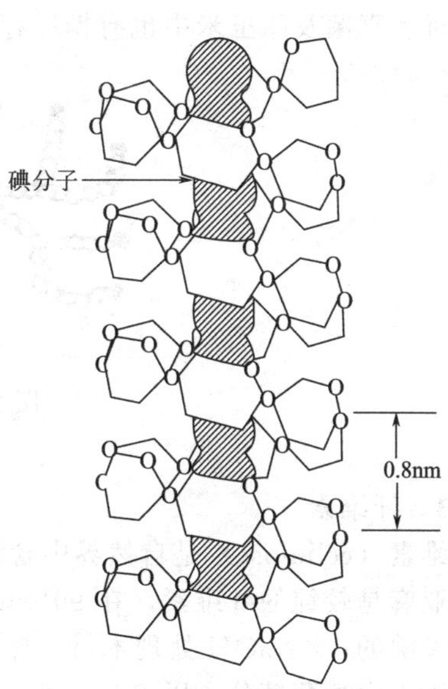

图 2-9 直链淀粉-碘络合物

(2) 支链淀粉

支链淀粉（amylopectin）的分子量在 20 万以上，含有 1300 个葡萄糖或更多。与碘反应呈紫色，光吸收在 530～555nm。端基分析指出，每 24～30 个葡萄糖单位含有一个端基，所以它具有支链结构，每个直链是α-1,4 连接的链，而每个分支是α-1,6 连接的链（图 2-10，图 2-11）。由不完全水解产物中分离出了以α-1,6 糖苷键连接的异麦芽糖，证明了分支的结构。据研究，支链淀粉至少含有 300 个α-1,6 糖苷键。

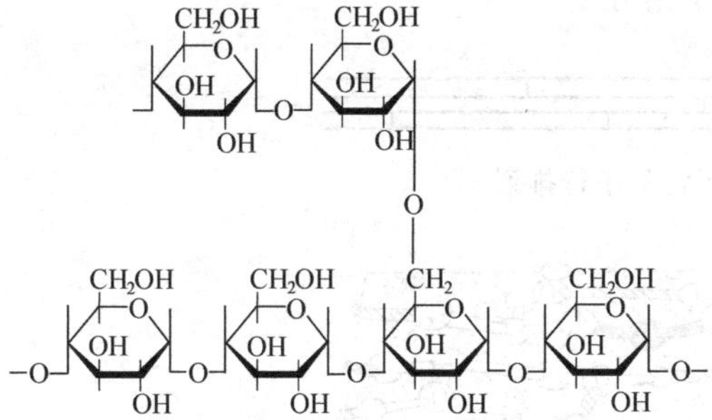

图 2-10 支链淀粉

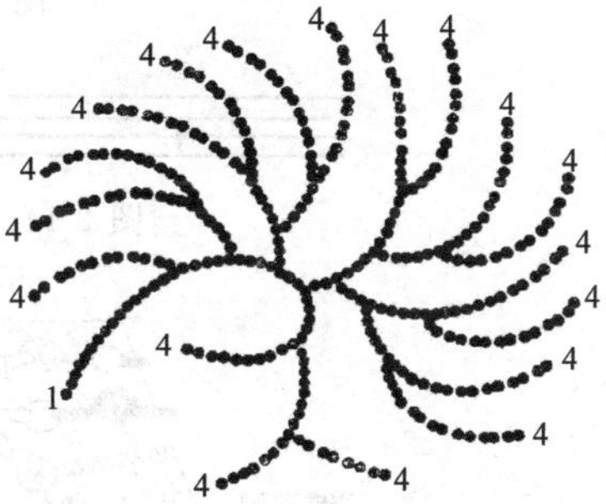

图 2-11 支链淀粉结构示意图

2.2.4.2 糖原

糖原（glycogen）是动物中的主要多糖，是葡萄糖的极容易利用的储藏形式。糖原分子量约为 500 万，端基含量占 9%，而支链淀粉为 4%，所以糖原的分支程度比支链淀粉高一倍多。糖原的结构与支链淀粉相似，但分支密度更大，平均链长只有 12～18 个葡萄糖单位（图 2-12）。每个糖原分子有一个还原末端和很多非还原末端。与碘反应呈紫色，光吸收在 430～490nm。

糖原的分支多，分子表面暴露出许多非还原末端，每个非还原末端既能与葡萄糖结合，也能分解产生葡萄糖，从而迅速调整血糖浓度，调节葡萄糖的供求平衡。所以糖原是储藏葡萄糖的理想形式。糖原主要储藏在肝脏和骨骼肌，在肝脏中浓度较高，但在骨骼肌中总量较多。糖原在细胞的胞液中以颗粒状存在，直径约为10～40nm。现在发现除动物外，在细菌、酵母、真菌及甜玉米中也有糖原存在。

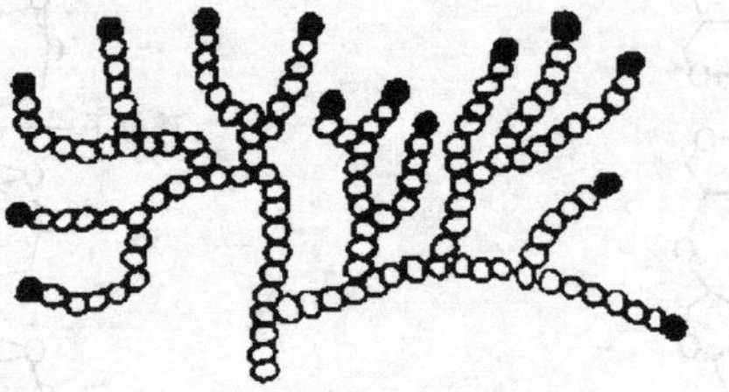

图 2-12 糖原结构示意
（小圈代表葡萄糖基）

2.2.4.3 纤维素

纤维素（cellulose）是自然界中含量最丰富的有机物，它占植物界碳含量的50%以上。棉花和亚麻是较纯的纤维素，在90%以上。木材中的纤维素常和半纤维素及木质素结合存在。用煮沸的1%NaOH处理木材，然后加氯及亚硫酸钠，即可去掉木质素，留下纤维素。

纤维素由葡萄糖分子以β-1,4-糖苷键连接而成，无分支（图2-13）。纤维素分子量在5万到40万之间，每分子约含300～2500个葡萄糖残基。纤维素是直链，100～200条链彼此平行，以氢键结合，所以不溶于水，但溶于铜盐的氨水溶液，可用于制造人造纤维。纤维素分子排列成束状，和绳索相似，纤维就是由许多这种绳索集合组成的（图2-14，图2-15）。

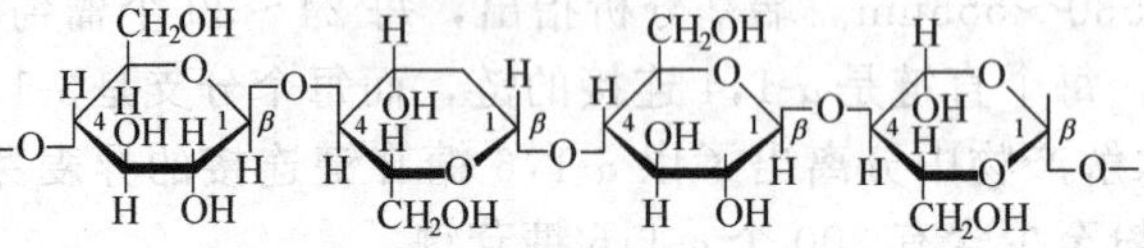

图 2-13 纤维素结构式

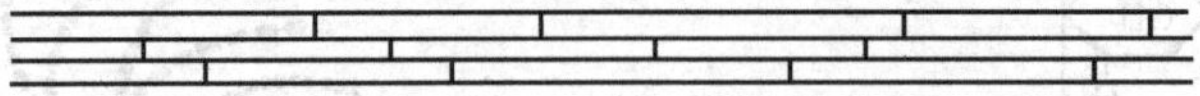

图 2-14 纤维素分子链的平行排列

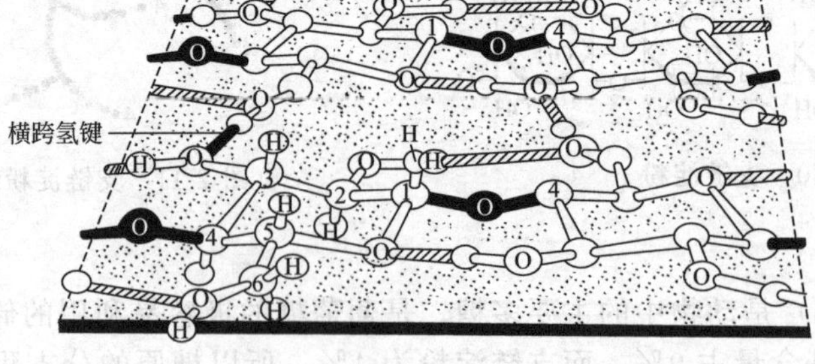

图 2-15 纤维素的平行分子间氢键

纤维素经弱酸水解可得到纤维二糖。在浓硫酸（低温）或稀硫酸（高温、高压）下水解木材废料，可以产生约20%的葡萄糖。纤维素的三硝酸酯称为火棉，遇火迅速燃烧。一硝酸酯和二硝酸酯可以溶解，称为火棉胶，用于医药、工业。

纯净的纤维素是无色无臭、无味的物质。人和动物体内没有纤维素酶，不能分解纤维素。反刍动物和一些昆虫体内的微生物可以分解纤维素，为这些动物提供营养。

2.2.4.4 其他多糖

(1) 果胶

一般存在于初生细胞壁中，也存在于水果中。它是果胶酸的甲酯。果酱就是利用水果的果胶制成的。

(2) 菊糖

菊糖也叫菊粉，主要存在于菊科植物的根部，是多缩果糖。

(3) 琼脂

某些海藻（如石花菜属）所含的多糖物质，主要成分是多缩半乳糖，含有硫和钙。琼脂不易被微生物分解，可作微生物培养基成分，也可作为电泳支持物。食品工业中常用来制造果冻、果酱等。1%～2%的琼脂在室温下就能形成凝胶。

(4) 几丁质

N-乙酰葡萄糖胺以*β*-1,4 糖苷键相连，是甲壳动物的结构多糖，也叫甲壳素，是水中含量最大的有机物。

2.3 脂类化学

2.3.1 脂类概述

(1) 脂类的概念

脂类（lipids）是脂肪及类脂的总称，泛指不溶于水，易溶于有机溶剂的各类生物分子。脂类都含有碳、氢、氧元素，有的还含有氮和磷。脂类所包括的物质范围很广，结构差异也大。它们的共同特征是以长链或稠环脂肪烃分子为母体。脂类分子中没有极性基团的称为非极性脂；有极性基团的称为极性脂。极性脂的主体是脂溶性的，其中的部分结构是水溶性的。脂类不仅是生物体重要能源物质，而且参与机体的多种重要的生理功能。脂类也是构成生物膜的重要成分，细胞内的磷脂几乎都集中在生物膜中。另外还有一些脂类物质具有特殊生理活性，如某些维生素和激素等。

(2) 脂类的分类

脂类按其化学结构可分为单脂、复脂和其他脂。

① 单脂　单脂是由各种高级脂肪酸与甘油或高级一元醇所生成的酯。

a. 脂肪　脂肪是由甘油与三分子脂肪酸结合所成的三酰甘油或称甘油三酯。一般室温时为固态的脂肪称为脂，或中性脂；一般室温时为液态的脂肪，称为油，或脂性油。就化学本质来说，脂含较多饱和脂肪酸，油含较多不饱和脂肪酸和低分子脂肪酸。

b. 蜡　蜡是由高级脂肪酸和高级脂肪醇所生成的酯，如虫蜡、蜂蜡。

c. 固醇酯　固醇酯是由脂肪酸和胆固醇所生成的酯。

② 复脂　复脂是指分子中除了含有脂肪酸和各种醇以外，还含有其他物质的脂，包括以下两种。

a. 磷脂　分子中含有磷酸和有机碱，包括磷脂酸和各种磷脂。

b. 糖脂　分子中含有糖类及其他物质，有脑苷脂（水解产物为脂肪酸、鞘氨醇和糖）和神经节苷脂（由脂肪酸、硝氨醇、糖和神经氨酸组成）。

磷脂是主要的复脂。复脂又称类脂，含有极性基团，是极性脂。

③ 其他脂　其他脂包括不含脂肪酸及非皂化的脂、衍生脂、结合脂类。

a. 非皂化脂包括类固醇、萜类和前列腺素类。不含脂肪酸，不能被碱水解，称为非皂化脂。类固醇又称甾醇，是以环戊烷多氢菲为母核的一种脂类。胆固醇是人体内最重要的类固醇，它因有羟基而属于极性脂。萜类是异戊二烯聚合物，前列腺素是二十碳酸衍生物。

b. 衍生脂　指非皂化脂的衍生产物，如甘油、脂肪酸及其氧化产物，乙酰辅酶 A。

c. 结合脂类　脂与糖或蛋白质结合，形成糖脂和脂蛋白。

(3) 脂类物质的生理意义

脂类物质具有重要的生理作用，可归纳如下。

① 储存能量和氧化供能　脂类物质最重要的功能之一就是储能和供能。在体内储存的脂类物质 90%以上是甘油三酯，其氧化产生的能量比糖和蛋白质多一倍以上，根据计算，脂肪组织储存的能量约占人体可动用能量的 85%，主要分布在皮下组织、腹腔大网膜及肠系膜等处，是机体最主要的储存能源。

② 提供必需脂肪酸，协助和促进脂溶性维生素的吸收　必需脂肪酸（亚油酸、亚麻酸）是维持机体正常代谢的营养素，是构成磷脂的重要组成成分。花生四烯酸是合成前列腺素、血栓素和白三烯的原料。脂类物质也可促进脂溶性维生素 A、维生素 D、维生素 E、维生素 K 和胡萝卜素的吸收，这些物质在调节细胞代谢上均有重要作用。

③ 保温和保护作用　人体皮下脂肪可以防止热量的散失而起保温作用，以维持正常体温。另外，以液态的甘油三酯为主要成分的脂肪组织具有防震和防撞击作用，可起缓冲作用而保护内脏和肌肉免受损伤。

④ 机体的主要结构成分　类脂特别是磷脂和胆固醇，是所有生物膜的重要组分。这些膜能维持细胞的完整，间隔细胞内部的不同部分。这些类脂的量是恒定的，不因肥胖而增加，不因饥饿而减少。

⑤ 参与机体代谢调节　胆固醇在体内可以转化成多种激素类物质，如肾上腺皮质激素和性激素等，因此具有广泛的调节代谢作用。脂类代谢产生的多种中间产物，如甘油二酯、三磷酸肌醇等广泛参与细胞内信号的传递，是重要的第二信使。

2.3.2 单脂

2.3.2.1 脂肪酸

脂肪酸为无分支的具有偶数碳原子的饱和和不饱和脂肪酸族羧酸。按碳原子数目不同，可分为短链（2～4 个碳原子）、中链（6～10 个碳原子）及长链（12～26 个碳原子）脂肪酸。按是否含双键分为饱和、不饱和脂肪酸。不饱和脂肪酸又按所含双键的数目分为单不饱和脂肪酸和多不饱和脂肪酸。自然界的脂肪酸达 100 多种。常见的脂肪酸列于表 2-7。

表 2-7　某些天然存在的脂肪酸

简写符号		普通名称	结构简式
饱和脂肪酸	14:00	豆蔻酸	$C_{13}H_{27}COOH$
	16:00	软脂酸	$C_{15}H_{31}COOH$
	18:00	硬脂酸	$C_{17}H_{35}COOH$
	20:00	花生酸	$C_{19}H_{39}COOH$
	22:00	山禽酸	$C_{21}H_{43}COOH$
	24:00	掬焦油酸	$C_{23}H_{47}COOH$
	26:00	蜡酸	$C_{25}H_{51}COOH$
不饱和脂肪酸	$16:1\triangle^{9}$	棕榈油酸	$C_{15}H_{29}COOH$
	$18:1\triangle^{9}$	油酸	$C_{17}H_{33}COOH$
	$18:2\triangle^{9,12}$	亚油酸	$C_{17}H_{31}COOH$
	$18:3\triangle^{9,12,15}$	α-亚麻酸	$C_{17}H_{29}COOH$
	$18:3\triangle^{6,9,12}$	γ-亚麻酸	$C_{17}H_{29}COOH$
	$18:3\triangle^{9,11,13}$	棕榈酸	$C_{17}H_{29}COOH$
	$20:3\triangle^{5,8,11,14}$	花生四烯酸	$C_{19}H_{31}COOH$

油酸是哺乳动物中常见的不饱和脂肪酸。哺乳动物本身不能合成亚油酸和亚麻酸这两种不饱和脂肪酸，必须从食物中获得，因此，称它们为“必需脂肪酸”。植物能合成亚油酸和亚麻酸，所以植物是这两种脂肪酸的最初来源。

(1) 特性

动物体中的脂肪酸通常比较简单，都是直链的，可含至多六个双键，而细菌的脂肪酸最多只有一个双键，到目前为止细菌不饱和脂肪酸中还未发现有两个或两个以上双键的不饱和脂肪酸，碳链长度为 12～18 个碳原子。此外，细菌中还含有支链（带甲基）的、含羟基的和环丙基的脂肪酸，如结核酸就是饱和支链脂肪酸。

植物脂肪酸中也有含炔键、环氧基、羟基和酮基或环丙烯基的。通常，在高等植物和低温生活的动物中，不饱和脂肪酸的含量高于饱和脂肪酸。

人体及高等动物体内的脂肪酸有以下特点。

a. 是由偶数碳原子构成的一元酸，最多见的是 C_{16}、C_{18}、C_{22} 等长链脂肪酸。

b. 碳链无分支。

c. 分为饱和脂肪酸和不饱和脂肪酸。不饱和脂肪酸的双键都呈顺式构型，有多个双键的脂肪酸称为高度不饱和脂肪酸或多不饱和脂肪酸。相邻双键之间都插入亚甲基，不构成共轭体系。

(2) 分类和命名

① 脂肪酸的俗名、系统名和缩写　脂肪酸的俗名主要反映其来源和特点。系统名反映其碳原子数目、双键数和位置。如硬脂酸的系统名是十八烷酸，用 18：0 表示，其中“18”表示碳链长度，“0”表示无双键；油酸是十八碳烯酸，用 18：1 表示，“1”表示有一个双键。反油酸用 18：1$\triangle^{9,\mathrm{trans}}$表示。

② 双键的定位　双键位置的表示方法有两种，原来用△编号系统，近来又规定了 ω 或 (n) 编号系统。前者按碳原子的系统序数（从羧基端数起），用双键羧基侧碳原子的序数给双键定位。后者采用碳原子的倒数序数（从甲基端数起），用双键甲基侧碳原子的（倒数）序数给双键定位。这样可将脂肪酸分为代谢相关的 4 组，即 ω^3、ω^6、ω^7、ω^9，在哺乳动物体内脂肪酸只能由该族母体衍生而来，各族母体分别是软油酸（16：1，ω^7）、油酸（18：1，ω^9）、亚油酸（18：2，ω^6）和 α-亚麻酸（18：3，ω^3）。

哺乳动物体内能合成饱和脂肪酸和单不饱和脂肪酸，不能合成多不饱和脂肪酸，如亚油酸、亚麻酸等。我们把维持哺乳动物正常生长所必需的而体内又不能合成的脂肪酸称为必需脂肪酸。

2.3.2.2 脂肪

(1) 脂肪的结构

脂肪是由一分子甘油与 1～3 分子脂肪酸所形成的酯。根据脂肪酸数量，可分为单酰甘油、二酰甘油和三酰甘油（过去称为甘油三酯）。前两者在自然界中存在极少，而三酰甘油是脂类中含量最丰富的一类。通常所说的脂肪就是指三酰甘油。脂肪的化学结构通式如下

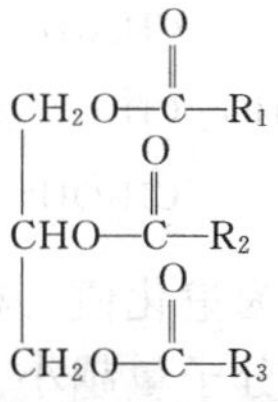

或

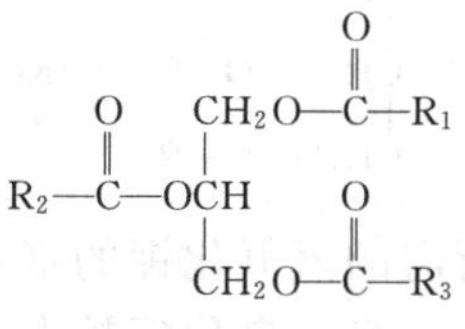

式中 R_1、R_2 及 R_3 为各种脂肪酸的烃基，若 R_1、R_2、R_3 相同，则成为单纯甘油酯，命名时称三某脂酰甘油，如三硬脂酰甘油，三油酰甘油等；若 R_1、R_2、R_3 完全不相同，则成为混合甘油酯，命名时以 α、β 和 γ 分别表示不同脂肪酸的位置。

大多数植物脂肪如豆油、花生油等，因所含的不饱和脂肪酸比例较高（超过70%），具有较低的凝固点（或熔点）且在常温时为液体，故通称为油。动物脂肪中不饱和脂肪含量低，凝固点比较高，在常温下呈固态，一般称为脂。生物体内的脂肪酸主要是十六个碳和十八个碳的饱和或不饱和脂肪酸。脂肪含不饱和脂肪酸的多少，一般可以用碘值、饱和度以及油酸与亚油酸占总脂肪酸的百分比来表示，如表 2-8 所示。表中的数值并非常数，它随动植物的品种或生长状况的差异而有不同。

表 2-8　天然油脂成分的主要指标

种类	碘值/(g/100g)	饱和度/%	油酸/%	亚油酸/%
豆油	135.8	14.0	22.9	55.2
猪油	66.5	37.7	49.4	12.3
花生油	93.0	17.7	56.5	25.8
棉籽油	105.8	26.7	25.7	47.5
玉米油	126.8	8.8	35.3	55.7
可可油	36.6	60.1	37.0	2.9
向日葵油	144.3	5.7	21.7	72.6

(2) 脂肪的性质

① 物理性质　脂肪一般无色、无味、无臭，呈中性。天然脂肪因含杂质而常具有颜色和气味。脂肪相对密度皆小于1（固体脂类的比重约为0.8，液体之类的比重约为0.915～0.94），不溶于水而溶于有机溶剂（如苯、石油醚、乙醚、丙酮、四氯化碳、汽油、氯仿等）。低分子脂肪酸（自 C_6 以下）组成的脂肪略溶于水。在乳化剂如胆汁酸、肥皂等存在的情况下，脂肪能在水中形成乳浊液。在人体和动物的消化道内，胆汁酸盐使脂肪乳化形成乳糜微粒，有利于脂肪的消化吸收。

因为不饱和脂肪酸的熔点比相应的饱和脂肪酸低，所以一般三酰甘油中，不饱和脂肪酸含量较高者在室温时为液态，俗称油，如棉籽油的不饱和脂肪酸占75%。而饱和脂肪酸含量高的三酰甘油在室温时通常为固态，俗称脂，如牛脂中饱和脂肪酸占60%～70%。天然脂肪都是多种脂肪的混合物，没有固定的熔点和沸点，通常简称为脂肪。硬脂酸熔点为70℃，油酸熔点为14℃。相应的，三硬脂酸甘油酯的熔点是60℃，而三油酸甘油酯的熔点是0℃。

脂肪是脂肪酸的储备和运输形式，也是生物体内的重要溶剂，许多物质是溶于其中而被吸收和运输的，如各种脂溶性维生素（A、D、E、K）、芳香油、固醇和某些激素等。

② 化学性质　脂肪的化学性质与组成它的脂肪酸、甘油以及酯键有关。

a. 水解和皂化　脂肪能在酸、碱、蒸汽及脂酶的作用下水解，生成甘油和脂肪酸。当用碱水解脂肪时，生成甘油和脂肪酸盐。脂肪酸的钠盐和钾盐就是肥皂。因此把脂肪的碱水解称为皂化。

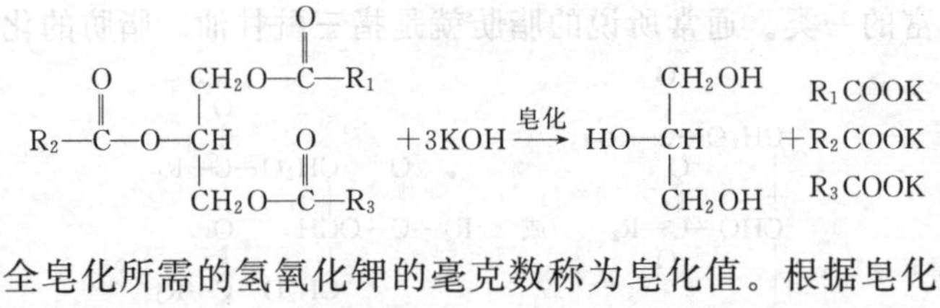

使1克脂肪完全皂化所需的氢氧化钾的毫克数称为皂化值。根据皂化值的大小可以判断脂肪中所含脂肪酸的平均分子量。皂化值越大，平均分子量越小。

$$脂肪酸平均分子量=3\times56\times1000\div皂化值$$

式中56是KOH的相对分子质量，因为三酰甘油中含三个脂肪酸，所以乘以3。

肥皂是高级脂肪酸钠（或钾），既含有极性的—COO^-Na^+基团，易溶于水，又含有非极性的烃基，易溶于脂类，所以肥皂是乳化剂，可使油污分散在水中而被除去。当用含较多钙、镁离子的硬水洗涤时，由于脂肪酸钠转变为不溶的钙盐或镁盐而沉淀，肥皂的去污能力就大大降低。

b. 加成反应　含不饱和脂肪酸的脂肪，分子中的 C═C 可以与氢、卤素等进行加成反应。

(a) 氢化　在高温、高压和金属镍催化下，碳碳双键与氢发生加成反应，转化为饱和脂肪酸。氢化的结果使液态的油变成半固态的脂，所以常称为“脂肪的硬化”。人造黄油的主要成分就是氢化的植物油。某些高级糕点的松脆油也是适当加氢硬化的植物油。棉籽油氢化后形成奶油。油容易酸败，不利于运输，海产品的脂肪有臭味，氢化也可解决这些问题。

(b) 卤化　卤素中的溴、碘可与双键加成，生成饱和的卤化脂，这种作用称为卤化。通常把 100 克脂肪所能吸收的碘的克数称为碘值。碘值大，表示脂肪中不饱和脂肪酸含量高，即不饱和程度高。由于碘和碳碳双键的加成反应较慢，所以在实际测定中，常用溴化碘或氯化碘代替碘，其中的溴或氯原子能使碘活化。碘值大于 130 的称为干性油，小于 100 的为非干性油，介于二者之间的称半干性油。

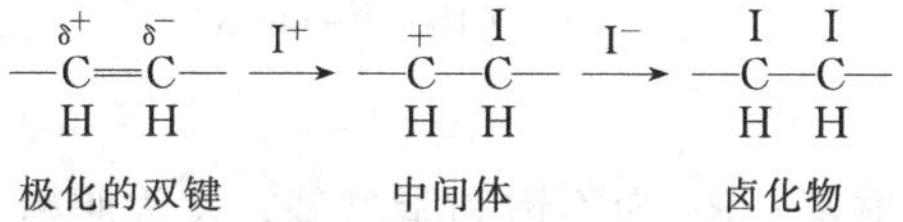

c. 乙酰化反应　含羟脂肪酸（如蓖麻油酸）的油脂可与乙酸酐或其他酰化剂作用形成乙酰化油脂或其他酰化油脂。油脂的羟基化程度一般用乙酰化值（价）表示。乙酰化值指中和从 1 克乙酰化产物中释放的乙酸所需的氢氧化钾毫克数。从乙酰化值的大小，即可推知样品中所含羟基的多少。

d. 酸败　脂肪在空气中放置过久，会腐败产生难闻的臭味，这种变化称为酸败。酸败是由空气中氧、水分或霉菌的作用而引起的。阳光可加速这个反应。酸败的化学本质是脂肪水解放出游离的脂肪酸，不饱和脂肪酸氧化产生过氧化物，再裂解成小分子的醛或酮。脂肪酸 β-氧化时产生短链的 β-酮酸，再脱酸也可生成酮类物质。低分子量的脂肪酸（如丁酸）、醛和酮常有刺激性酸臭味。

酸败程度的大小用酸价（酸值）表示。酸价就是中和 1 克脂肪中的游离脂肪酸所需的氢氧化钾毫克数。酸价是衡量脂肪质量的指标之一。

e. 干化　某些油在空气中放置，表面能生成一层干燥而有韧性的薄膜，这种现象叫做干化。具有这种性质的油称为干性油。一般认为，如果组成脂肪的脂肪酸中含有较多的共轭双键，油的干性就好。桐油中含桐油酸［$CH_3(CH_2)_3CH═CH—CH═CH—CH═CH—(CH_2)_7COOH$］达 79%，是最好的干性油，不但干化快，而且形成的薄膜韧性好，可耐冷、热和潮湿，在工业上有重要价值。

(3) 蜡　蜡是不溶于水的固体，是由高级脂肪酸和长链脂肪族一元醇或固醇构成的酯。比较常见的蜡有蜂蜡、白蜡、鲸蜡。它们的主要成分如下。

蜂蜡，$C_{15}H_{31}COOC_{30}H_{61}$ 软脂酸蜂蜡酯（十六酸三十醇酯）。

白蜡，$C_{25}H_{51}COOC_{26}H_{59}$ 醋酸蜡酯（二十六酸二十六醇酯）。

鲸蜡，$C_{15}H_{31}COOC_{16}H_{33}$ 软脂酸鲸蜡酯（十六酸十六醇酯）。

蜡酸，如月桂酸（C_{12}）、豆蔻酸（C_{14}）、蜡酸（C_{26}）、蜂花酸（C_{30}）等，通式为 $CH_3(CH_2)_nCOOH$。

蜡醇，通式为 $CH_3(CH_2)_nCH_2OH$，如 C_{16}、C_{30} 等。

蜡一般为固体，光滑不透水，故有润泽作用。存在于皮肤、毛发、羽毛、树叶、果皮和昆虫外骨骼中，可防止水分侵蚀，起保护作用。蜡在工业上主要用作上光剂、防水剂、涂料、添加剂及制造蜡纸、鞋油、发蜡等。

温度较高时，蜡是柔软的固体，温度低时变硬。蜂蜡是软脂酸（C_{16}）和有 26～34 个碳的蜡醇形成的酯。羊毛脂是脂肪酸和羊毛固醇形成的酯。

2.3.3 复合脂

复合脂是由简单脂和一些非脂物质如磷酸、含氮碱基等共同组成的。

2.3.3.1 磷脂

磷脂又称磷酸甘油酯，是广泛存在于动植物和微生物中的一类含磷酸的复合脂类。甘油磷脂是细胞膜结构的重要组分之一，在动物的脑、心、肾、肝、骨髓、卵以及植物的种子和果实中含量较丰富。

磷脂是由甘油、脂肪酸、磷酸及含氮碱性化合物或其他成分组成，其结构如下

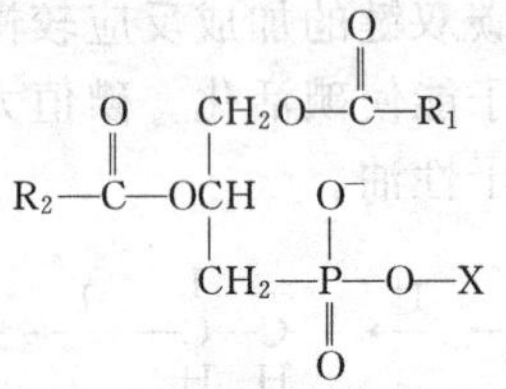

式中 R_1 通常为饱和脂酰基；R_2 为不饱和脂酰基；X 为胆碱、胆胺（乙醇胺）、丝氮酸、肌醇等。因 X 不同，它们可分别形成磷脂酰胆碱、磷脂酰丝氨酸及磷脂酰肌醇等，结构如表 2-9 所示。

表 2-9 几种主要的磷脂酰化合物

X 基团	化合物名称
$-H$	磷脂酸
$-\overset{H_2}{C}-\overset{H_2}{C}-\overset{+}{N}(CH_3)_3$	磷脂酰胆碱（卵磷脂）
$-\overset{H_2}{C}-\overset{H_2}{C}-\overset{+}{N}H_3$	磷脂酰乙醇胺（脑磷脂）
$-\overset{H_2}{C}-CH(\overset{+}{N}H_3)-COO^-$	磷脂酰丝氨酸
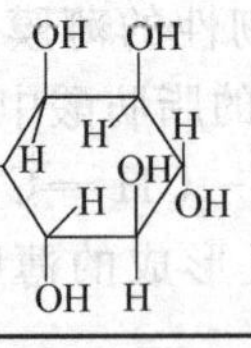	磷脂酰肌醇

从甘油磷脂的结构可知，甘油分子中两个羟基被脂肪酸基酯化，成为疏水性的非极性尾；第三个羟基与磷酸结合，并带有一个亲水性的有机碱，因此成为亲水性的极性头。因此甘油磷脂为两性脂类分子，在构成生物膜结构中具有重要作用。

（1）鞘磷脂

鞘磷脂或神经鞘磷脂是鞘脂类的一种典型复合脂类，高等动物组织中含量丰富的鞘脂类。鞘磷脂经水解可以得到磷酸、胆碱、鞘氨醇及脂肪酸。鞘氨醇是一个有 18 个碳原子的氨基二醇，已发现的鞘氨醇有几十种，它们的碳原子和羟基数目均有变化。鞘氨醇的氨基可

与1条长链脂肪酸（18～26个碳原子）结合形成神经酰胺。在神经酰胺分子中，鞘氨醇第一个碳原子上的羟基与磷脂酰胆碱或磷脂酰乙醇胺形成鞘磷脂。鞘磷脂有两条长的烃链，一条是鞘氨醇的烃链（14～18个碳原子），另一条为连接在氨基上的脂肪酸，因此它们在结构上类似于磷酸甘油酯。

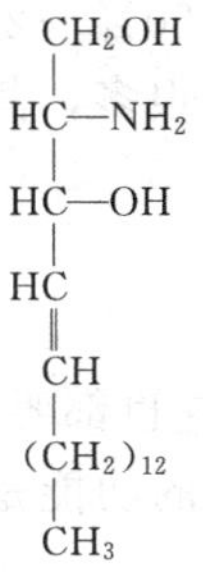

鞘氨醇

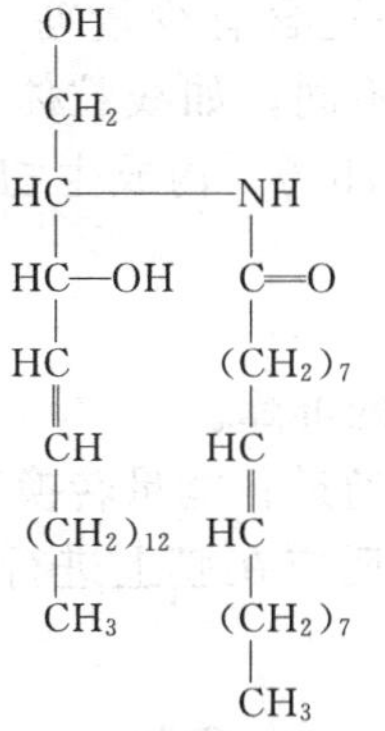

神经酰胺

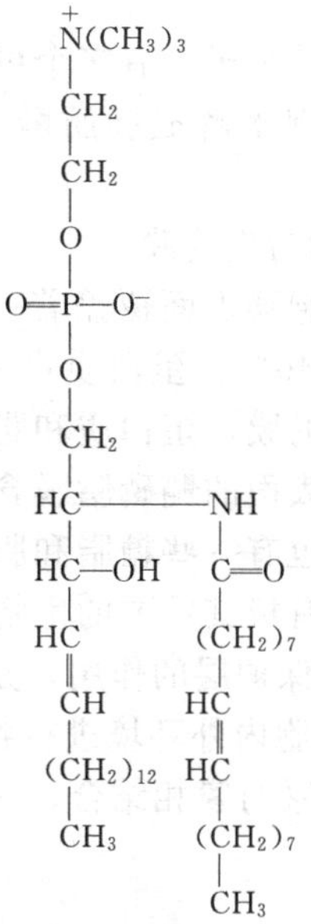

神经酰胺

(2) 甘油磷脂类

甘油磷脂又称磷酸甘油酯，是磷脂酸的衍生物。甘油磷脂种类繁多。甘油磷脂中最常见的是卵磷脂和脑磷脂。在动物的心、脑、肾、肝、骨髓以及禽蛋的卵黄中，含量都很丰富。大豆磷脂是卵磷脂、脑磷脂和心磷脂等的混合物。

① 卵磷脂　即胆碱磷酸甘油酯 其结构如下

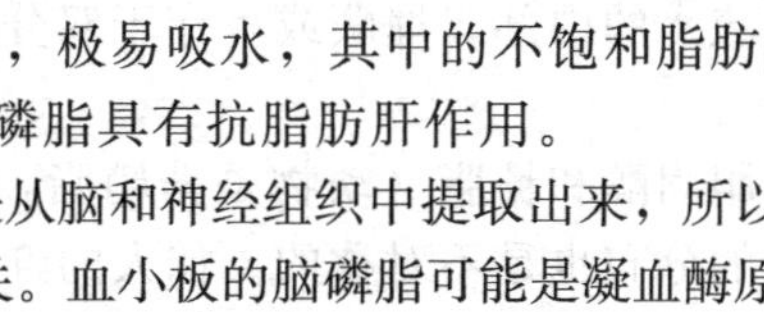

其中，R_1 是饱和烃基，常见的有软脂酸、硬脂酸；R_2 是不饱和烃基，常见的有油酸、亚油酸、亚麻酸、花生四烯酸等。

卵磷脂是白色脂肪状物质，极易吸水，其中的不饱和脂肪酸很容易被氧化，卵黄中卵磷脂的含量高达8%～10%，卵磷脂具有抗脂肪肝作用。

② 脑磷脂　脑磷脂最先是从脑和神经组织中提取出来，所以称为脑磷脂。脑磷脂的结构与卵磷脂相似，它与血液凝固有关。血小板的脑磷脂可能是凝血酶原激活剂的辅基。其结构如下

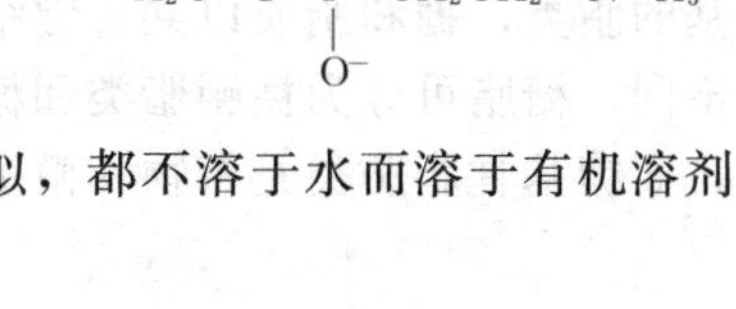

脑磷脂和卵磷脂的性质相似，都不溶于水而溶于有机溶剂，但卵磷脂可溶于乙醇而脑磷

脂不溶，故可用乙醇将二者分离。二者的新鲜制品都是无色的蜡状物，有吸水性，在空气中放置易变为黄色进而变成褐色，这是由于分子中不饱和脂肪酸受氧化所致。

磷脂中的脂肪酸常见的是软脂酸、硬脂酸、油酸以及少量不饱和程度高的脂肪酸。通常 α 位的脂肪酸是饱和脂肪酸，β 位的是不饱和脂肪酸。天然磷脂常是含不同脂肪酸的几种磷脂的混合物。

磷脂是兼性离子，有多个可解离基团。在弱碱下可水解，生成脂肪酸盐，其余部分不水解。在强碱下则水解成脂肪酸、磷酸甘油和有机碱。磷脂中的不饱和脂肪酸在空气中易氧化。

2.3.3.2　磷脂与生物膜

细胞及细胞器表面覆盖着一层极薄的膜，统称生物膜。生物膜主要由脂类和蛋白质组成，脂类约占40%，蛋白质占60%。此外还含有少量糖（糖蛋白和糖脂）以及金属离子、水分等。不同的膜，蛋白质和脂类的比例不同，如线粒体内膜只含20%～25%的脂类，而有些神经细胞表面的髓磷脂膜含脂类高达75%。构成生物膜的脂类很多，其中最主要的是甘油磷脂类，也有一些糖脂和胆固醇。

生物膜具有极其重要的生物功能。

a. 它具有保护层的作用，是细胞表面的屏障。

b. 它是细胞内外环境进行物质交换的通道；能量转换和信息传递也都要通过膜进行。

c. 许多酶系与膜相结合，一系列生化反应在膜上进行。生物膜的功能是由它的结构决定的。

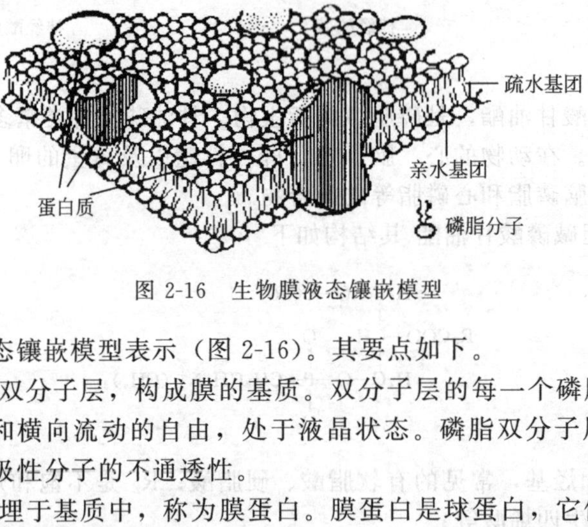

图 2-16　生物膜液态镶嵌模型

膜的结构可用液态镶嵌模型表示（图2-16）。其要点如下。

① 膜磷脂排列成双分子层，构成膜的基质。双分子层的每一个磷脂分子既规则地排列着，又有转动、摆动和横向流动的自由，处于液晶状态。磷脂双分子层具有流动性、柔韧性、高电阻性和对高极性分子的不通透性。

② 多种蛋白质包埋于基质中，称为膜蛋白。膜蛋白是球蛋白，它们的极性区伸出膜的表面，而非极性区埋藏在膜的疏水的内部。埋藏或贯穿于双分子层者称内在蛋白，附着于双分子层表面的称表在蛋白。

膜中的脂类主要是磷脂、胆固醇和糖脂（动物是糖鞘脂，植物和微生物是甘油酯）。膜是不对称的，膜中的脂和蛋白的分布也是不对称的。如人的红细胞，外层含卵磷脂和糖鞘脂较多，而内层含磷脂酰丝氨酸和磷脂酰乙醇胺较多。两层的电荷、流动性不同，蛋白也不同。这种不对称性由细胞维持。膜的相变温度可达几十度。

2.3.3.3　糖脂

糖脂是指含一个或多个糖基的脂类，糖和脂质以共价键结合成的复合物。根据与脂肪酸酯化的醇（鞘氨醇或甘油）的不同，糖脂可分为糖鞘脂类和糖基甘脂肪类。糖鞘脂类主要是动物细胞膜的结构和功能物质，而糖基甘脂肪类是植物和微生物的重要结构成分，动物中含量甚微。

糖鞘脂是 N-脂酰鞘氨醇的糖苷，由脂肪酸、鞘氨醇和糖三部分组成。糖鞘脂与鞘磷脂相似，也是亲水脂两性分子，具有亲脂性的两条脂链长尾和亲水性的糖基极性头部。糖鞘脂可按所含糖基的种类分为中性糖鞘脂类（仅含中性糖基）和酸性糖鞘脂类（含有 N-乙酰神经氨酸，即唾液酸）。

中性糖鞘脂是指含有一个或多个中性糖基作为极性头，它的极性头不带电荷，如脑苷脂。最简单的脑苷脂是在神经酰胺的伯羟基上，以 β 糖苷键连接一个半乳糖或葡萄糖。由于所含糖基、脂酰基的脂肪酸组分和鞘氨醇不同而有不同的中性鞘糖脂。脑苷脂中的半乳糖残基 3-羧基与硫酸形成的酯，称为硫苷脂或脑硫脂，它主要存在于动物体内，尤其是神经组织髓鞘的重要成分。

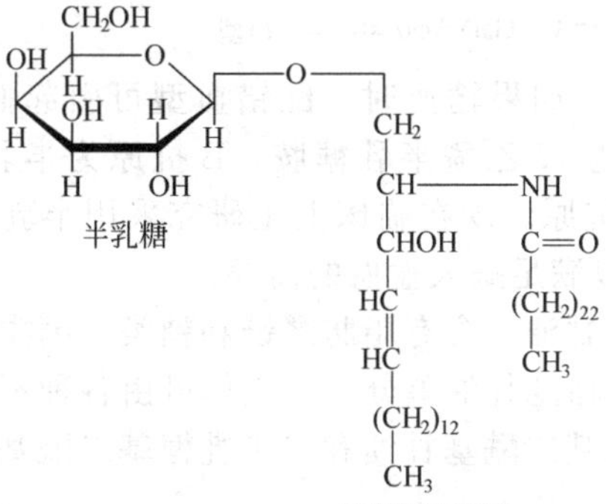

半乳糖脑苷脂

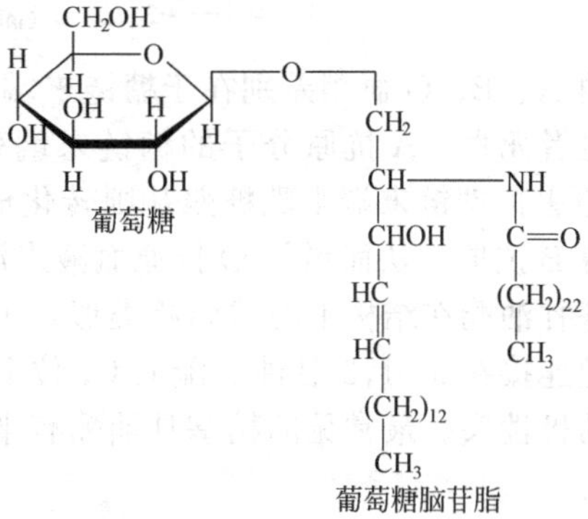

葡萄糖脑苷脂

酸性糖鞘脂是指含有唾液酸残基的糖鞘脂类，总称为神经节苷脂。神经节苷脂脑组织含量最多，这是一类很复杂的脂质。神经节苷脂除含有脂肪酸、鞘氨醇、寡糖外，还含有唾液酸。唾液酸在生理 pH 值下带负电荷，绝大多数糖脂都含有唾液酸，每个唾液酸带一个负电荷而且分布在寡糖链的远心端使细胞膜表面呈电负性。

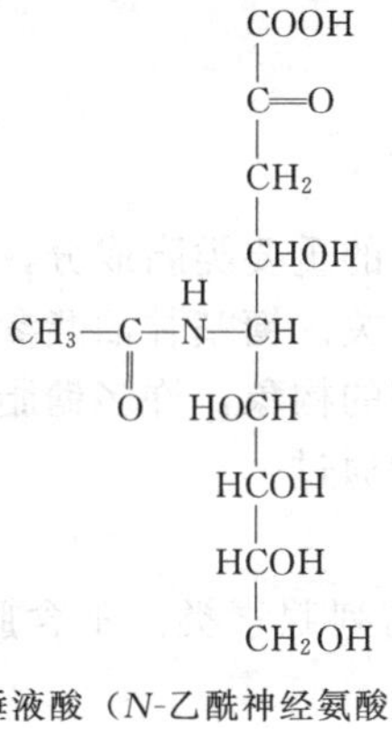
唾液酸（N-乙酰神经氨酸）

不同种类的细胞既能合成共有的细胞表面糖鞘脂，又能合成各自独特的细胞表面糖鞘脂。糖脂虽然是细胞膜中的少量组成成分，但与许多重要的生理功能有关，例如神经节苷脂在神经末梢中的含量特别丰富，并参与乙酰胆碱和其他神经递质的受体组成，可能在神经传导中起重要作用。有的神经节苷脂已发现能专一地和病毒受体结合，例如流感病毒的特异受体和神经节苷脂中的某一个唾液酸结合，因而能和细胞膜黏着。

细胞表面的糖鞘脂，可与其他细胞表面相互识别，是细胞相互作用和分化的重要基础，它还参与细胞生长的调节。许多膜表面抗原是糖鞘脂，糖鞘脂抗原的特异性决定簇可以是糖链的一个糖基、部分糖基或整个糖链，神经节苷酯还是免疫反应的介体，调节体内的免疫反应过程。

各种细胞癌变，都会使膜表面糖脂发生改变。肿瘤细胞膜糖脂的变化，可能是细胞发育和分化进程受阻的结果。肿瘤细胞具有与正常细胞不同的糖脂，使肿瘤细胞许多生物学功能发生了深刻的变化。

糖脂和糖脂间的糖链互补作用也可能导致细胞间的黏着。

人的血型A、B、O是由糖鞘脂决定的。这些糖脂的寡糖链具有如下的决定簇。

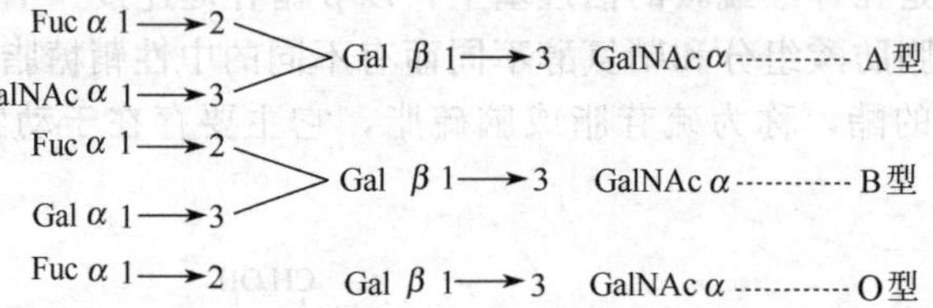

人的A、B、O血型差别在于糖链末端残基。如果输血时，配错血型可引起血液凝结，导致受血者死亡。A抗原分子的糖链末端残基为*N*-乙酰半乳糖胺，B抗原为半乳糖残基。若B抗原去掉糖链末端半乳糖残基则转化成O抗原。现在临床上正研究采用半乳糖苷酶促作用降解B抗原，从而增加O抗原血液来源，以满足病人输血的需要。

糖基甘油酯在结构上与磷脂相类似，主链是甘油，含有脂肪酸链和糖类。糖类残基是通过糖苷键连接在sn-1,2-甘油二酯的C_3位上构成糖基甘油酯分子，它们可由各种不同的糖类构成它的极性头。最常见的糖基甘油酯有半乳糖基二酰基甘油和二半乳糖基二酰基甘油，其结构式为

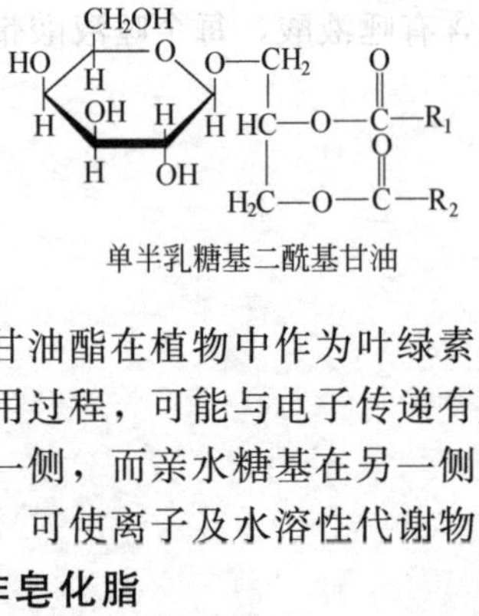

单半乳糖基二酰基甘油

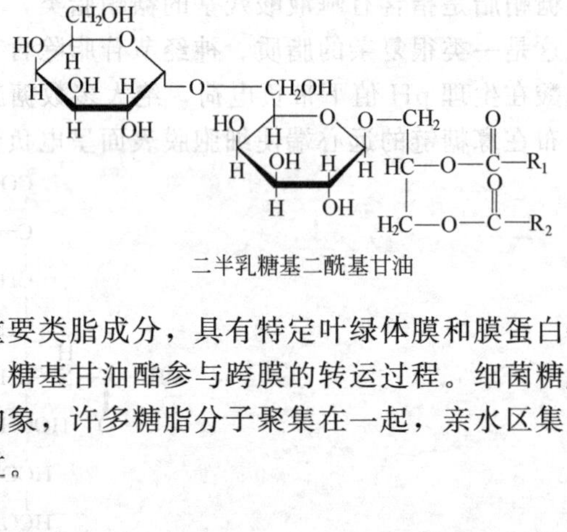

二半乳糖基二酰基甘油

糖基甘油酯在植物中作为叶绿素的重要类脂成分，具有特定叶绿体膜和膜蛋白作用，参与光合作用过程，可能与电子传递有关。糖基甘油酯参与跨膜的转运过程。细菌糖脂形成亲脂成分在一侧，而亲水糖基在另一侧的构象，许多糖脂分子聚集在一起，亲水区集中在一起形成微孔，可使离子及水溶性代谢物通过。

2.3.4 非皂化脂

非皂化脂包括类固醇、萜类和前列腺素类。不含脂肪酸，不能被碱水解，故称为非皂化脂。

2.3.4.1 类固醇类

类固醇化合物不含脂肪酸，其基本骨架结构是环戊烷多氢菲，它是由三个六元环和一个五元环稠合而成，四个环分别以A、B、C、D表示。

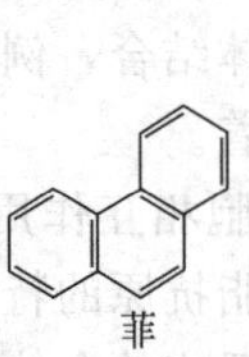

菲

环戊烷多氢菲

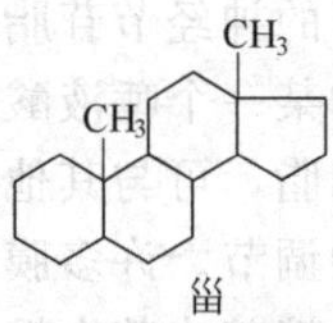

甾

由于含有醇类，所以命名为固醇。一般都含有三个侧链，在 C_{10} 和 C_{13} 位置上通常是甲基，称为角甲基。带有角甲基的环戊烷多氢菲称“甾”，因此固醇也称为甾醇。在 C_{17} 位置上有一烃链。根据甾核上羟基的变化，又可分为固醇和固醇衍生物。

（1）固醇

根据固醇的不同来源，可将其分为动物固醇、植物固醇和真菌固醇。所有固醇都具有相似的理化性质，都不溶于水而易溶于亲脂溶剂和脂肪中。各种固醇的差别，首先在于 C_{17} 上的侧链不同，其次在于四环基架的双键数目不等。最常见的固醇是胆固醇，也称胆甾醇，为动物固醇类的重要代表。固醇的典型结构一般以胆烷（甾）醇为代表。

胆烷醇在 5、6 位脱氢后的化合物是胆固醇。胆固醇主要在肝脏中合成，是生物膜脂质中的一个成分，在血浆、胆汁和蛋黄内，尤其脑组织、肾上腺内胆固醇含量特别丰富。

胆固醇分子的一端有一极性头部基团羟基，因而亲水，分子的另一端具有烃链及固醇的环状结构而疏水，因此固醇与磷脂类化合物相似，也属两性分子。胆固醇存在于许多动物细胞的质膜和血浆脂蛋白中，是动物组织中许多其他类固醇的前身物，胆固醇可与不同的脂肪酸制成各种胆固醇脂。

胆固醇在氯仿溶液中与乙酸酐及浓硫酸作用产生蓝绿色，可作为固醇类的定性试验。胆固醇与毛地黄皂苷容易结合生成沉淀，利用这一特性可以测定溶液中胆固醇的含量。血清胆固醇含量过高是引起动脉硬化及心肌梗死的一种危险因素。

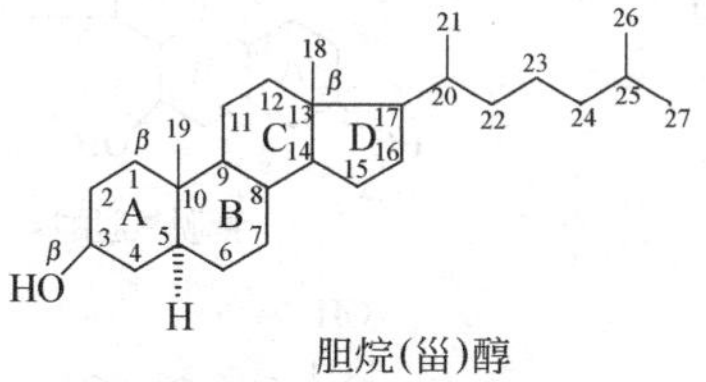

胆烷(甾)醇

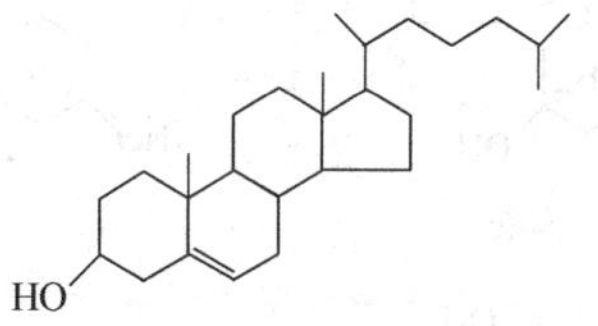

胆固醇

胆固醇在 7、8 位上脱氢后的化合物是 7-脱氢胆固醇，存在于人类和动物组织内，其在皮肤内经太阳光照射可转变成维生素 D_3。

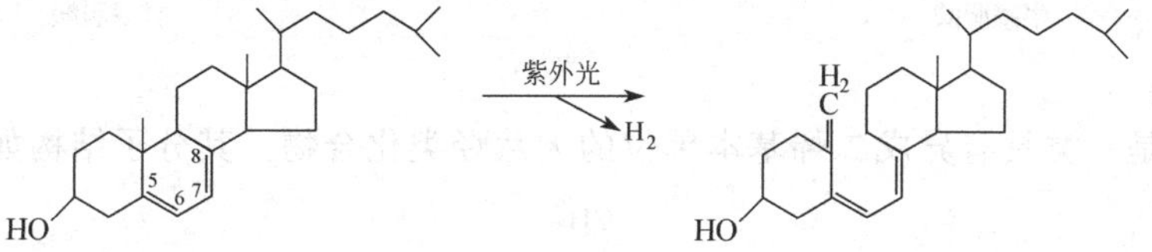

7-脱氢胆固醇　　　　维生素 D_3

在酵母和麦角菌中，含有麦角固醇。它的 B 环上有两个键，17 位上侧链是 9 个碳的烯基，麦角固醇经紫外光照射能转化为维生素 D_2。

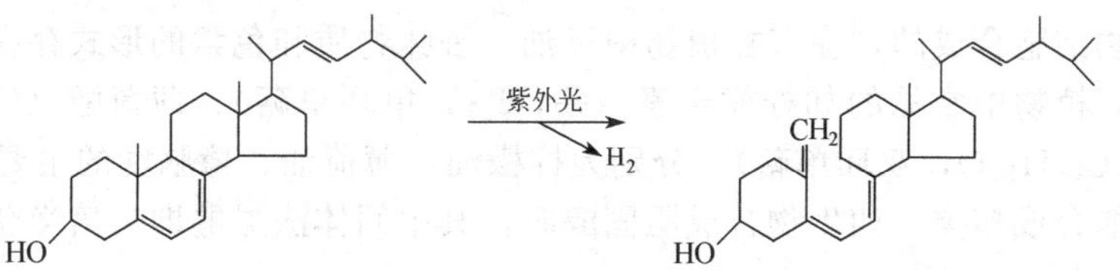

麦角固醇　　　　维生素 D_2

固醇类也存在于植物中，是植物细胞的重要组分，不能为动物吸收利用。以豆固醇、麦固醇含量最多，它们分别存在于大豆、麦芽中。植物固醇能抑制胆固醇的吸收，从而降低血清胆固醇水平，它还能减少胆固醇在血液中的积蓄。

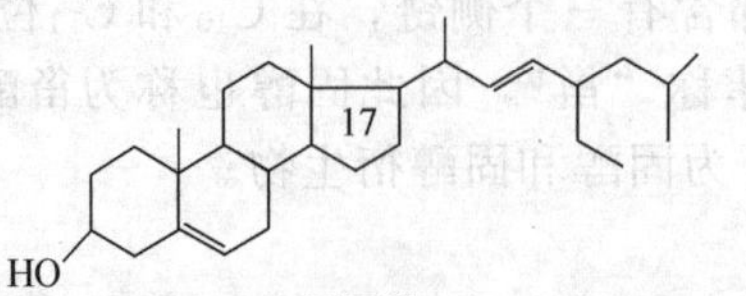

豆固醇

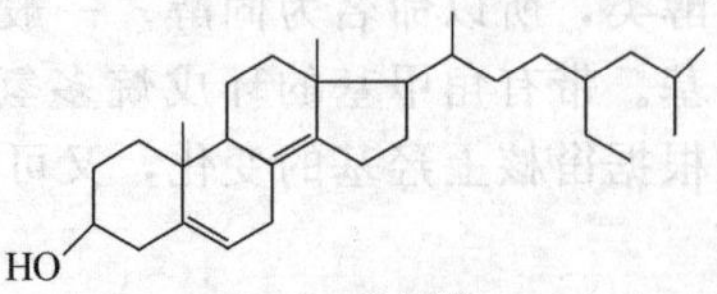

谷固醇

(2) 类固醇

人体中许多激素和胆汁中的胆酸、昆虫的蜕皮激素、植物中的皂素和强心糖苷配基等，这些生理功能各不相同的化合物，都有环戊烷多氢菲的甾体碳架，这甾体化合物统称为类固醇。不同的类固醇生理功能不同，含碳数和含氧基团都有所差异。典型代表是胆汁酸，具有重要的生理意义。胆汁酸在肝中合成，可从胆汁分离得到。人胆汁含有三种不同的胆汁酸。胆酸在3、7、12位上各有一羟基，胆酸失去一个羟基，可得到脱氧胆酸（3、12位上有二个羟基）和鹅脱氧胆酸（3、7位上仍有二个羟基）。胆汁酸盐是胆酸的衍生物，由胆酸与牛磺酸或甘氨酸结合，分别生成牛磺胆酸和甘氨胆酸。

胆汁酸和胆汁酸盐都是乳化剂，能够把肠道中的脂肪、胆固醇和脂溶性维生素乳化，还能使分解脂肪的脂肪酶活化，因此有促进对脂质类营养物的消化和吸收作用。

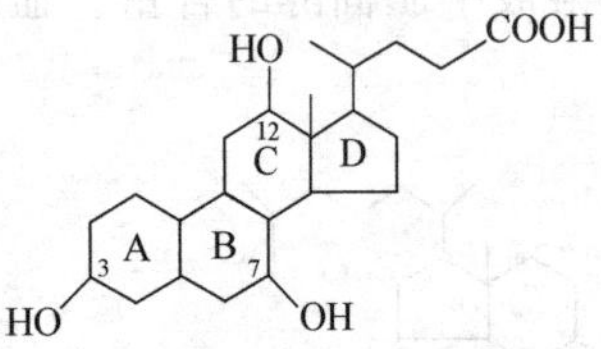

胆酸

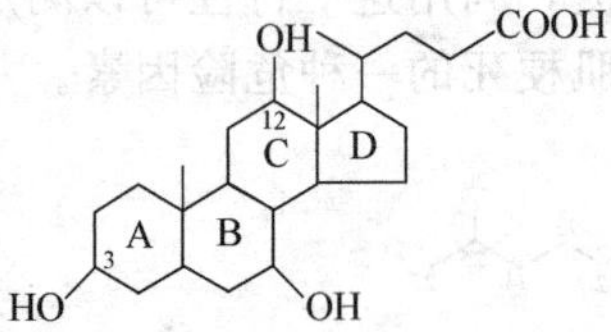

脱氧胆酸

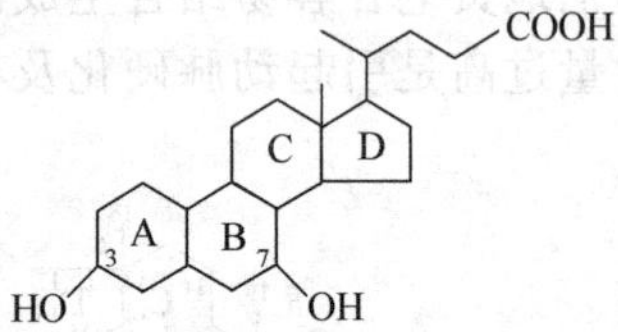

鹅脱氧胆酸

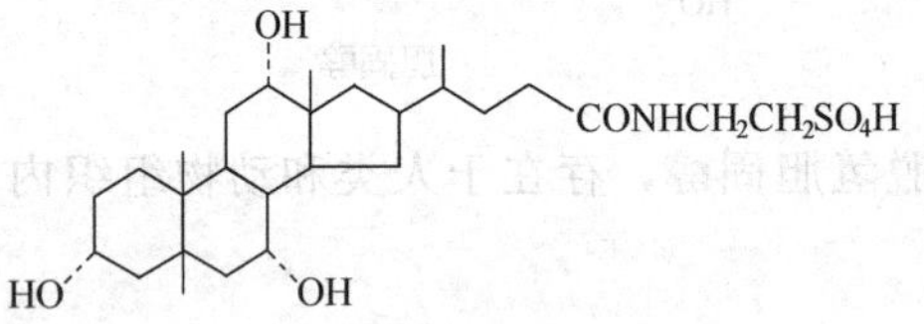

牛磺胆酸

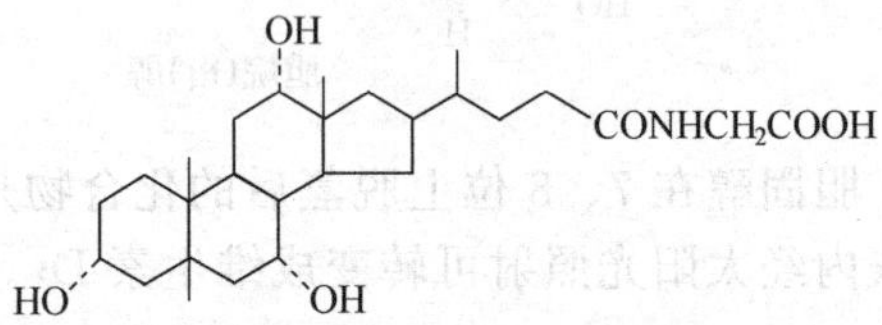

甘氨胆酸

2.3.4.2 萜类

萜类物质是一类具有异戊二烯基本单位的天然烃类化合物。其分子结构如下

$$头(H)\rightarrow H_2C{=}\underset{}{\overset{CH_3}{\overset{|}{C}}}{-}\underset{\underset{H}{|}}{C}{=}CH_2\leftarrow(T)尾$$

分子中含有两个异戊二烯单位的称为单萜，含有三个异戊二烯单位的称为倍半萜，以此类推，含有4个、5个、6个、8个异戊二烯单位的，分别称为二萜、二半萜、三萜、四萜。

萜类是植物细胞合成的，在多数植物中以油、香味物质和色素的形式存在，也有的萜类具有特殊臭味，植物中常见的如柠檬苦素（$C_{10}H_{16}$，单环单萜）、薄荷醇（$C_{10}H_{18}O$，单环单萜）、樟脑（$C_{10}H_{16}O$，双环单萜），分别为柠檬油、薄荷油、樟脑油的主要成分。

动物体也能合成萜类，如生物合成胆固醇时，其中间体法尼醇即为倍半萜，另一种中间体鲨烯为一种三萜。

萜类在生物体内往往具有特殊重要的生理功能，如植物叶绿素的重要组分叶绿醇即是一种二萜，而β胡萝卜素是一种三萜。

人体必需的重要脂溶性维生素A、E、K都是萜的衍生物，β胡萝卜素在体内可转变为维生素A_1，维生素E、K的侧链也都是由萜类构成的。

2.4 蛋白质化学

2.4.1 蛋白质概述

蛋白质（protein）普遍存在于一切生物体内，是生命的物质基础。它是由氨基酸通过肽键连接而成的生物高分子含氮化合物，其种类繁多，且各自具有复杂的分子结构和特定的生物学作用，是生物遗传性状表达的主要物质基础。

蛋白质是自然界中一切生物体的重要组成成分。细菌按菌体干重计算，含蛋白质50%～80%；人体的蛋白质含量按总量干重计算占45%。自然界中蛋白质的种类极为繁多，据估计一个大肠杆菌内就有3000余种蛋白质，人体约含有数万种蛋白质，整个生物界大约存在着100亿种以上不同的蛋白质。由于这些种类繁多的蛋白质，并各自表现出千差万别的生物学功能，才使自然界中存在着种类繁多的各种生物体。

2.4.1.1 蛋白质的生物学作用

蛋白质与生命活动息息相关，没有蛋白质存在，就没有生命。蛋白质是维持细胞正常结构和机能活动的重要化学成分，在体内体现着生命活动中的多种生物学功能。

（1）结构功能

蛋白质是人体高度结构化的物质基础，是构成细胞原生质的主要成分。如胶原蛋白是人体胶原纤维的主要成分，存在于皮肤、肌腱以及软骨和骨组织中，成为身体中起支持功能的主要物质。

（2）活性功能

① 催化功能　生命的基本特征是新陈代谢，而新陈代谢的全部化学反应，几乎都是在酶（enzyme）的催化下进行的。酶的化学本质是蛋白质。

② 调节功能　生物体的一切生物化学反应能有条不紊的进行，是由于有调节蛋白在起作用，调节蛋白如激素（hormone）、受体（receptor）、毒蛋白（toxoprotein）等。

③ 运输和储存功能　一些蛋白质在血液中起运载工具的作用，如血红蛋白运输氧和二氧化碳，血浆脂蛋白是脂类的运输形式等。合成后的甲状腺素以甲状腺球蛋白的形式储存在腺泡腔内，肝脏内的铁蛋白复合物也是一种储存形式等。

④ 运动功能　肌肉的收缩运动是靠肌动蛋白（action）和肌球蛋白（myosin）等来完成的，这是躯体运动、心肌收缩、胃肠蠕动及呼吸机能的基础。草履虫、绿眼虫的运动由纤毛和鞭毛完成，纤毛和鞭毛都是蛋白质。

⑤ 防御功能　生物机体产生的用以防御致病微生物或病毒的抗体（antibody），就是一种高度专一的免疫蛋白（immunoglobulin），它能识别外源性生命物质，并与之接合，起到防御作用，免受伤害。

⑥ 凝血功能　机体的止血功能是由许多凝血因子协同完成的。凝血因子中除Ca^{2+}外，多属蛋白质类物质。

⑦ 基因的调控功能　核酸虽然是遗传的物质基础，但核酸的合成，遗传信息的储存、传递及表达都会受到蛋白质的调节和控制。

此外，蛋白质在调节细胞膜的通透性以及高等动物的记忆、识别功能等方而都起着重要作用。

以上表明，蛋白质的生物学作用是极其广泛的，表现出许多复杂的生命现象。

2.4.1.2 蛋白质的分类

蛋白质种类繁多，功能各异，化学结构大多尚未阐明，还不能按其化学结构分类，目前主要依据其分子形状、组成和溶解性来分类。

(1) 按分子形状分类

① 球状蛋白（globular protein） 外形近似球体，多溶于水，大都具有活性，如酶、转运蛋白、蛋白激素、抗体等。球状蛋白的长度与直径之比一般小于10。

② 纤维状蛋白（fibrous protein） 外形细长，分子量大，大都是结构蛋白，如胶原蛋白、弹性蛋白、角蛋白等。纤维蛋白按溶解性可分为可溶性纤维蛋白与不溶性纤维蛋白。前者如血液中的纤维蛋白原、肌肉中的肌球蛋白等，后者如胶原蛋白、弹性蛋白、角蛋白等结构蛋白。

(2) 按分子组成分类

① 简单蛋白（simple proteins） 完全由氨基酸组成，不含非蛋白成分，如血清蛋白等。根据溶解性的不同，可将简单蛋白分为以下7类：清蛋白、球蛋白、组蛋白、精蛋白、谷蛋白、醇溶蛋白和硬蛋白。

② 结合蛋白（conjugated proteins） 由蛋白质和非蛋白成分组成，后者称为辅基。根据辅基的不同，可将结合蛋白分为以下7类：核蛋白、脂蛋白、糖蛋白、磷蛋白、血红素蛋白、黄素蛋白和金属蛋白。

(3) 按溶解度分类

① 清蛋白（albumins） 又称白蛋白，是溶于水的，如血清白蛋白、乳清白蛋白等。

② 精蛋白（spermatins） 溶于水及酸性溶液，含碱性氨基酸多，呈碱性，如鲑精蛋白。

③ 组蛋白（histones） 溶于水及稀酸溶液，含碱性氨基酸较多，故呈碱性，它们常是细胞核染色质组成成分。

④ 球蛋白（albumins） 微溶于水而溶于稀中性盐溶液，如血清球蛋白、肌球蛋白和大豆球蛋白等。

⑤ 谷蛋白（glutebins） 不溶于水、醇及中性盐溶液，但溶于稀酸、稀碱，如米、麦蛋白。

⑥ 醇溶蛋白（prolamines） 不溶于水，溶于70%~80%乙醇，如玉米蛋白。

⑦ 硬蛋白（scleroproteins） 不溶于水、盐、稀酸、稀碱溶液，如胶原蛋白、丝蛋白及毛发、蹄甲等角蛋白和弹性蛋白。

2.4.1.3 蛋白质的化学组成

(1) 元素组成

所有的蛋白质都含有C、H、O、N四种元素，有些蛋白质还含有硫、磷和一些金属元素。

蛋白质平均含碳50%、氢7%、氧23%、氮16%。其中氮的含量较为恒定，这是蛋白质的一个特点。而且在糖和脂类中不含氮，所以常通过测量样品中氮的含量来测定蛋白质含量。如常用的凯氏（Kjedahl）定氮法。

$$蛋白质含量 = 蛋白氮 \times 6.25$$

其中6.25是100/16，为1g氮所代表的蛋白质质量（克）。

(2) 蛋白质的分子量

蛋白质是分子量很大的生物分子。对任一种给定的蛋白质来说，它的所有分子在氨基酸的组成和顺序以及肽链的长度方面都应该是相同的，即所谓均一的蛋白质。蛋白质分子量的上下限是人为规定，蛋白质的分子量变化范围很大，从6000到100万或更大。一般将分子量小于6000的称为肽。不过这个界限不是绝对的，如牛胰岛素分子量为5700，一般仍认为是蛋白质。蛋白质煮沸凝固，而肽不凝固。较大的蛋白质如烟草花叶病毒，分子量达4000万。某些蛋白质是由两个或更多个蛋白质亚基（多肽链）通过非共价结合而成的，称寡聚蛋白质（oligomerio protein）。有些寡聚蛋白质的分子量可高达数百万甚至数千万。例如烟草花叶病毒（TMV），是由许多蛋白质亚基和核糖核酸组成的超分子复合物（supramolecular complex），“分子量”约为 4×10^7。这些寡聚蛋白质或复合物虽然不是由共价键连接成的整体分子，而在一定条件下可以解离成它们的亚基，但是它们在生物体内是相当稳定的，可以从细胞或组织中以均一的甚至结晶的形式分离出来，并且有一些蛋白质只有以这种寡聚蛋白质的形式存在，其活性才能得到或充分得到表现。

对于那些不含辅基的简单蛋白质，用 110 除它的分子量即可约略估计其氨基酸残基的数目。蛋白质中 20 种氨基酸的平均分子量约为 138，但在多数蛋白质中较小的氨基酸占优势。因此平均分子量接近 128。又因每形成一个肽键将除去一分子水（分子量 18），所以氨基酸残基的平均分子量约为 128－18＝110。表 2-10 中给出各种蛋白质的分子量及氨基酸残基数目。

表 2-10 一些蛋白质的分子量及氨基酸残基数目

蛋 白 质	分子量	残基数目	肽链数目
胰岛素(牛)	5733	51	2
核糖核酸酶(牛胰)	12640	124	1
溶菌酶(卵清)	1393	129	1
肌红蛋白(马心)	16890	153	1
糜蛋白酶(牛胰)	22600	241	1
血红蛋白(人)	64500	574	4
血清蛋白(人)	68500	约 500	1
己糖激酶(酵母)	102000	约 800	2
γ-球蛋白(马)	149900	约 1250	4
谷氨酸脱氢酶(牛肝)	1000000	约 8300	约 40

(3) 蛋白质的水解

蛋白质可以被酸、碱或蛋白酶催化水解，在水解过程中，逐渐降解成分子量越来越小的肽段（peptide fragment），直到最后成为氨基酸的混合物。根据蛋白质的水解程度，可分为完全水解和部分水解两种情况。完全水解或称彻底水解，得到的水解产物是各种氨基酸的混合物。部分水解即不完全水解，得到的产物是各种大小不等的肽段和氨基酸。

蛋白质的水解主要有三种方法。

① 酸水解　用 6mol/L 的盐酸或 4mol/L 的硫酸，105℃回流 20h 即可完全水解。酸水解不引起氨基酸的消旋作用（racemization），得到的是 L-氨基酸。但缺点是色氨酸完全被破坏，丝氨酸和苏氨酸部分破坏，天冬酰胺和谷氨酰胺的酰氨基被水解。如样品含有杂质，在酸水解过程中常产生腐黑质，使水解液变黑。用 3mol/L 对甲苯磺酸代替盐酸，得到色氨酸较多，可像丝氨酸和苏氨酸一样用外推法求其含量。

② 碱水解　用 5mol/L 的 NaOH，水解 10～20h 可水解完全。碱水解使氨基酸消旋，许多氨基酸被破坏，得到的产物是 D 型和 L 型氨基酸的混合物，称消旋物。此外，碱水解引起精氨酸脱氨生成鸟氨酸和尿素。但色氨酸不被破坏，常用于测定色氨酸含量。可加入淀粉以防止氧化。

③ 酶水解　酶水解既不破坏氨基酸，也不引起消旋。但酶水解时间长，反应不完全。一般用于部分水解，若要完全水解，需要用多种酶协同作用。常用的蛋白酶有胰蛋白酶（trypsin）、糜蛋白酶（ohymotrypsin）以及胃蛋白酶（pepsin）等，它们主要用于蛋白质一级结构分析以获得蛋白质的部分水解产物。

2.4.2 氨基酸化学

2.4.2.1 氨基酸的结构

氨基酸，顾名思义，它是含有氨基的酸，分子量低，通用结构形式如下。

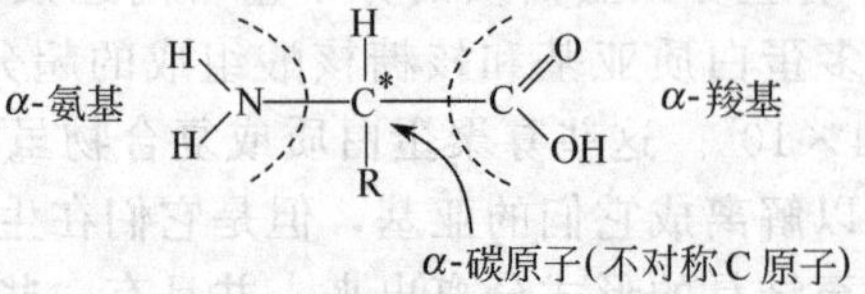

天然氨基酸主要是α-氨基酸，β-氨基酸极少，如β-丙氨酸，存在于维生素泛酸（又名遍多酸）中。

除脯氨酸、羟脯氨酸分子略有特点（R基团同时与C原子及氨基相连）外，所有氨基酸的通式为 $R—CH(NH_2)—COOH$，不同点在于它们的R基团不同。

由于氨基酸分子中有不对称C原子，它的构型有D系统与L系统之分。

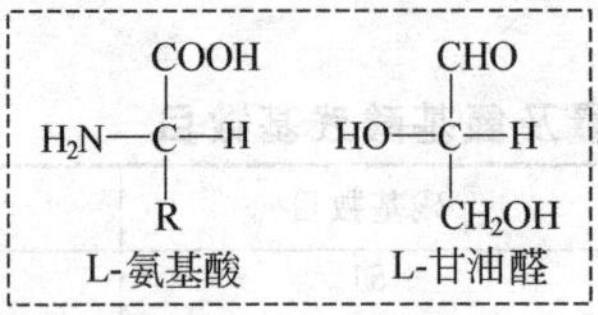

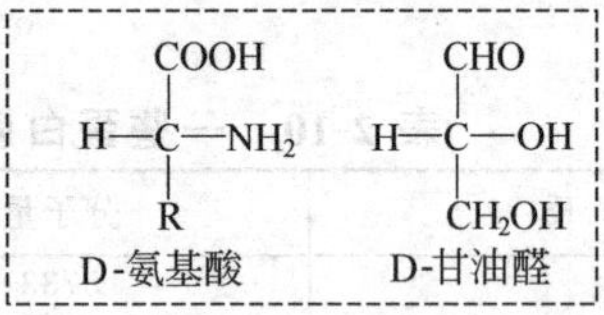

L型氨基酸是自然界存在的主要形式，且仅L型异构体参与任一个代谢反应（例外甚少）。某些氨基酸的旋光度见表2-11。

表2-11 某些氨基酸的旋光度 $[\alpha]_D^{25}$

氨基酸	旋光率	氨基酸	旋光率
L-丙氨酸	+1.8	L-组氨酸	−38.5
L-精氨酸	+12.5	L-赖氨酸	+13.5
L-异亮氨酸	+12.4	L-丝氨酸	−7.5
L-苯丙氨酸	−34.5	L-脯氨酸	−86.2
L-谷氨酸	+12.0	L-苏氨酸	−28.5

2.4.2.2 氨基酸的分类

蛋白质分子中存在的20种左右的氨基酸按R基团结构可分为脂肪族氨基酸、芳香族氨基酸和杂环氨基酸三大类。在脂肪族氨基酸中，根据所含氨基、羧基的多寡及是否含硫或含羟基，又可分为中性（一氨基，一羧基）、酸性（一氨基，二羧基）、碱性（二氨基，一羧基）、含硫及含羟基氨基酸等几小类（表2-12）。

表2-12 天然氨基酸的分类

类别		名称	英文名	代号 英	代号 中	氨基酸R基团
脂肪族氨基酸	中性氨基酸	甘氨酸	Glycine	Gly(G)	甘	—
		丙氨酸	Slanine	Ala(A)	丙	$H_3C—$
		缬氨酸①	Valine	Val(V)	缬	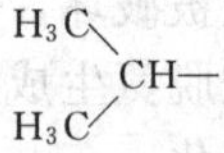
		亮氨酸①②	Leucine	Leu(L)	亮	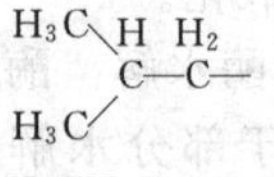
		异亮氨酸①	Isoleucine	Ile(I)	异亮	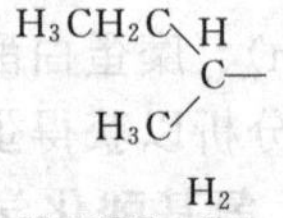
		天冬酰胺	Aspargine	Asu(N)	天-NH_3	$H_2NOC—\overset{H_2}{C}—$
		谷氨酰胺	Glutamine	Gla(Q)	谷-NH_3	$H_2NOC—\overset{H_2}{C}—\overset{H_2}{C}—$

续表

类别		名称	英文名	代号		氨基酸R基团
				英	中	
脂肪族氨基酸	酸性氨基酸	天冬氨酸	Aspartic acid	Asp(D)	天	$HOOC-CH_2-$
		谷氨酸	Glutamic acid	Glu(E)	谷	$HOOC-CH_2-CH_2-$
	碱性氨基酸	精氨酸	Arginine	Arg(R)	精	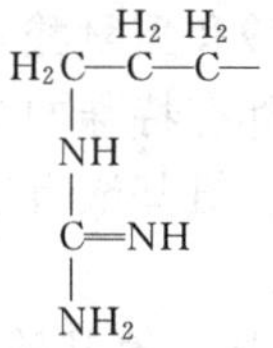
		赖氨酸①	Lysine	Lya(K)	赖	$H_2N-CH_2-CH_2-CH_2-CH_2-$
	硫基氨基酸	胱氨酸	Cyatine	Cys	胱	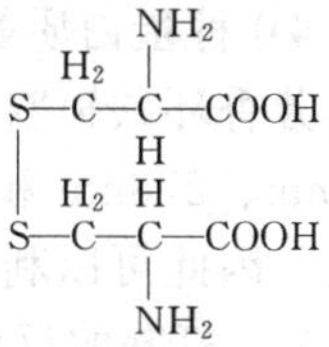
		半胱氨酸	Cyateine	Cysh(C)	半胱	$HS-CH_2-$
		蛋氨酸①②	Methionine	Met(M)	蛋	$H_3C-S-CH_2-CH_2-$
	羟基氨基酸	丝氨酸	Serine	Ser(S)	丝	$HO-CH_2-$
		苏氨酸①	Threonine	Thr(T)	苏	$H_3C-CH(OH)-$
芳香族氨基酸		苯丙氨酸	Phenylalanine	Phe(F)	苯丙	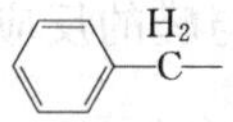
		酪氨酸	Tyrosine	Tyr(Y)	酪	
杂环氨基酸及亚氨基酸		组氨酸	Biscidine	His(H)	组	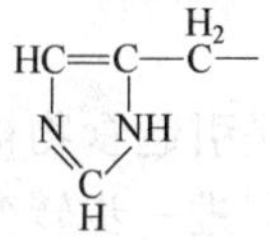
		色氨酸①	Tryptophane	Trp(W)	色	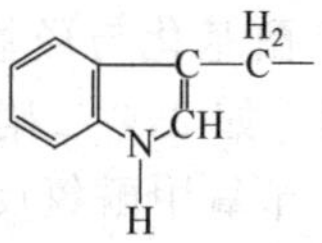
		脯氨酸③	Proline	Pro(P)	脯	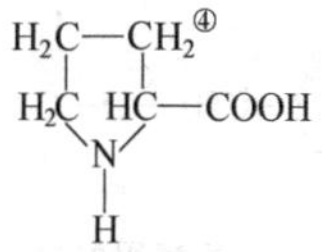
		羟脯氨酸③	Bydroxpro line	Hyp	羟脯	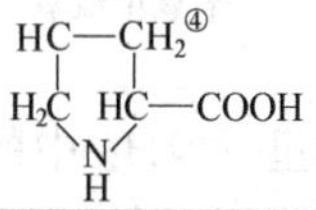

① 人必需氨基酸，其中组氨酸和精氨酸人体虽能合成，但不敷机体需要。

② 亮氨酸亦称白氨酸，蛋氨酸亦称甲硫氨酸。

③ 脯氨酸和羟脯氨酸是亚氨基酸。

④ 非R基团，是脯氨酸和羟脯氨酸结构式。

从营养学角度氨基酸可分为必需氨基酸和非必需氢基酸两类。前者是某种生命机体不能合成，或合成量少，不足以维持合适生长和氮平衡，必须由食物提供的，不同机体的必需氨基酸有所不同；后者是动物机体能自身合成的。

2.4.2.3 氨基酸的重要性质

(1) 物理性质

① α-氨基酸都是无色晶体，熔点极高，一般在200℃以上。在水中的溶解度差别很大，除胱氨酸和酪氨酸外，都能溶于水中，并能溶解于稀酸或稀碱中，但不溶于有机溶剂。每种氨基酸都有特殊的结晶形状，可以用来鉴别各种氨基酸。脯氨酸和羟脯氨酸还能溶于乙醇或乙醚中。氨基酸有些味苦、有些味甜、有些无味，谷氨酸的单钠盐有鲜味，是味精的主要成分。

② 从α-氨基酸的结构通式可以看出，除甘氨酸外，其他α-氨基酸碳原子具有手性，因此具有旋光性。

③ 20种蛋白质氨基酸在可见光区域都无光吸收，在近紫外（220～300nm）区，侧链基团含有芳香环共轭双键系统的色氨酸、酪氨酸和苯丙氨酸具有光吸收能力。其最大吸收分别在279nm、278nm和259nm波长处。蛋白质由于含有这些氨基酸，一般最大吸收在280nm波长处，因此可以利用分光光度法方便地测定蛋白质的含量。

(2) α-氨基的反应

① 与亚硝酸的反应　氨基酸的α-氨基在室温下定量地与亚硝酸作用产生羟基羧酸和N_2，所生成的N_2可用气体分析仪器加以测定，这是Van Slyke氨基氮测定法的原理。

$$R—CH(NH_2)—COOH + HNO_3 \longrightarrow R—CH(OH)—COOH + N_2\uparrow + H_2O$$

α-NH_2作用3～4min即反应完全。除α-NH_2外，赖氨酸的δ-NH_2也能与亚硝酸反应但速度较慢。

② 与醛的反应　氨基酸的α-氨基能与醛类物质反应，生成西佛碱。

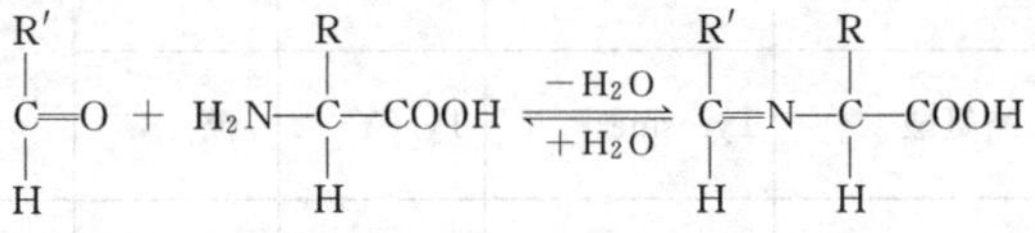

醛　　氨基酸　　西佛碱

这是引起食物褐变的反应之一。食物中的氨基酸与葡萄糖醛基发生所谓羰氨反应，生成西佛碱，进一步转变成有色物质，这是非酶促褐变的一种机制。

③ 酰基化与羟基化反应　氨基酸氨基的一个H可被酰化试剂（如酰氯或酸酐）或羟基化试剂［如2,4-二硝基氟苯（DNFB）］在弱碱性溶液中取代，氨基即被酰基化或羟基化。

a. 苄氧甲酰氯反应

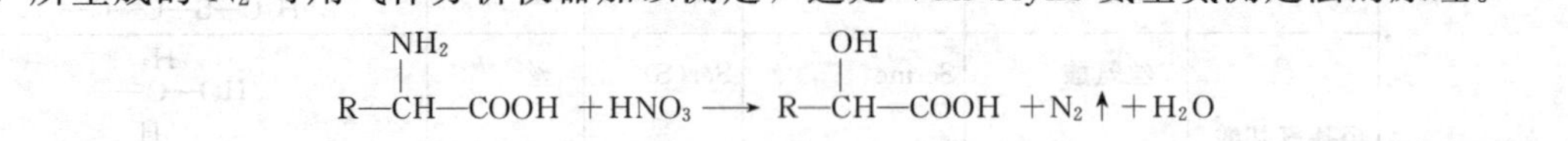

苄氧甲酰氯　　苄氧酰氨基酸

这里—NH_2中的一个H被苄氧甲酰基取代生成 $Cbz—NH—CH(R)—COOH$ ，除苄氧甲酰氯外，酰化试剂还有叔丁氧甲酰氯，对甲苯磺酰氯以及邻苯二甲酸酐等。这些酰化试剂在多肽和蛋白质的人工合成中作氨基的保护试剂。

b. 2,4-二硝基氟苯反应　氨基酸与2,4-二硝基氟苯（DNFB）在弱碱性溶液中作用生成二硝基苯基氨基酸（DNP氨基酸）。这一反应是定量转变的，产物黄色，可经受酸性100℃

高温。

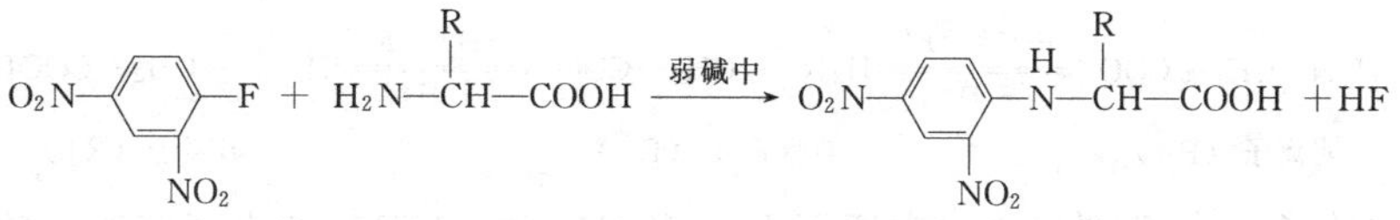

DNP 氨基酸（黄色）

该反应曾被英国的 Sanger 用来测定胰岛素的氨基酸顺序，也叫桑格尔试剂，现在应用于蛋白质 N 末端测定。

④ 脱氨反应　在转氨酶的催化下，氨基酸可脱去氨基，变成相应的酮酸。

$$H-\underset{COOH}{\overset{R}{C}}-NH_2 + [O] \longrightarrow \underset{COOH}{\overset{R}{C}}{=}O + NH_3$$

这一反应是生物体内氨基酸分解代谢的重要方式之一。

（3）α-羧基的反应

① 成盐和成酯反应　氨基酸与碱作用即生成盐，例如与氢氧化钠反应得氨基酸钠盐，其中重金属盐不溶于水。氨基酸的羧基被醇酯化后，形成相应的酯。例如氨基酸在无水乙醇中通入干燥氯化氢气体或加入二氯亚砜，然后回流，生成氨基酸乙酯的盐酸盐。氨基酸酯是制备氨基酸的酰胺或酰肼的中间物。

$$R-\underset{NH_2}{CH}-COOH + C_2H_5OH \xrightarrow[\text{回流}]{\text{干燥 HCl}} R-\underset{NH_2\cdot HCl}{CH}-COOC_2H_5 + H_2O$$

当氨基酸的羧基变成甲酯、乙酯或钠盐后，羧基的化学反应性能即被掩蔽或者说羧基被保护，而氨基的化学反应性能得到加强或者说氨基被活化，容易和酰基或烃基结合，这就是为什么氨基酸的酰基化和烃基化需要在碱性溶液中进行的原因。

② 酰氯化反应　氨基酸的氨基如果用适当的保护基，例如苄氧甲酰基保护后，其羧基可与二氯亚砜或五氯化磷作用生成酰氯

$$R-\underset{NH-\text{保护基}}{CH}-COOH + PCl_5 \longrightarrow R-\underset{NH-\text{保护基}}{CH}COCl + POCl_3 + HCl$$

这个反应可使氨基酸的羧基活化，使它容易与另一氨基酸的氨基结合，因此在多肽人工合成中是常用的。

③ 脱氨基反应　在生物体内氨基酸经氨基酸脱羧酶作用，放出二氧化碳并生成相应的一级胺

$$R-\overset{COOH}{CH}-NH_2 \xrightarrow{\text{脱羧酶}} \underset{\text{一级胺}}{R-CH_2-NH_2} + CO_2$$

④ 叠氮反应　氨基酸的氨基通过酰化加以保护，羧基经酯化转变为甲酯，然后与肼和亚硝酸反应即变成叠氮化合物。此反应使氨基酸的羧基活化。氨基酸叠氮化合物常用于肽的人工合成。

$$\underset{\text{酰化氨基酸甲酯（Y 为酰基）}}{YHX-\overset{R}{CH}-COOCH_3} \xrightarrow{NH_2NH_2} \underset{\text{酰化氨基酸酰肼}}{YHN-\overset{R}{CH}-CO-NH-NH_2} \xrightarrow{HNO_2} \underset{\text{酰化氨基酸叠氮}}{YHN-\overset{R}{CH}-CON_3} + 2H_2O$$

（4）α-氨基和 α-羧基共同参加的反应

① 氨基酸的两性解离与等电点　氨基酸的同一分子中含有氨基和羧基，是两性电解质，在水溶液或结晶内基本上均以兼性离子或偶极离子的形式存在。氨基酸的兼性离子在酸性溶

液中可接受质子形成阳离子，在碱性溶液中则释放质子形成阴离子。以甘氨酸为例

$$\underset{\text{阴离子（}R^-\text{）}}{H_2N{-}CH_2{-}COO^-} \underset{-H^+}{\overset{+H^+\quad K'_2}{\rightleftharpoons}} \underset{\text{兼性离子（}R^\pm\text{）}}{H_3N^+{-}CH_2{-}COO^-} \underset{-H^+}{\overset{+H^+\quad K'_1}{\rightleftharpoons}} \underset{\text{阳离子（}R^+\text{）}}{H_3N^+{-}CH_2{-}COOH}$$

上式中 K'_1 和 K'_2 分别代表 α 碳原子上—COOH 和—NH_3^+ 的表观解离常数，

$$K'_1=\frac{[H^+][R^\pm]}{[R^+]},\ K'_2=\frac{[H^+][R^-]}{[R^\pm]}$$

若以 pH 表示 $[H^+]$，上式可以写成

$$pH=pK'_2+\lg\frac{[R^\pm]}{[R^+]}\text{和 } pH=pK'_2+\lg\frac{[R^-]}{[R^\pm]}$$

通常可用酸和碱分别滴定氨基酸，根据滴定曲线求得 pK'_1 和 pK'_2，例如 1mol 甘氨酸溶于水时，溶液 pH 为 5.97，分别用标准 NaOH 和 HCl 滴定，以溶液 pH 为纵坐标，加入 HCl 和 NaOH 的摩尔为横坐标作图，得到滴定曲线（图 2-17）。

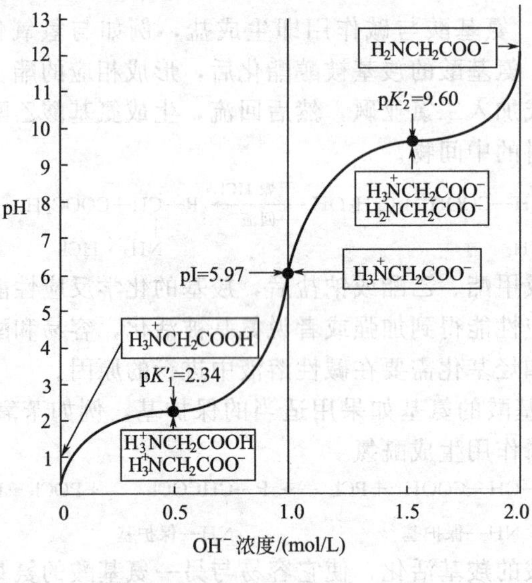

图 2-17 甘氨酸的滴定曲线

甘氨酸的滴定曲线十分重要的特点就是在 pH＝2.34 和 pH＝9.60 处有两个“拐点”，分别为其 pK'_1 和 pK'_2。可以看出氨基酸的解离状态与溶液的 pH 值有关：当 pH＜1 时，甘氨酸基本上以质子化的阳离子形式（R^+）存在，随着 pH 值增大，$[R^+]$ 减小，$[R^\pm]$ 增加，$pH=pK'_1$ 时 $[R^+]=[R^\pm]$；pH＝5.97 时，甘氨酸基本上以兼性离子的形式（$R^\pm$）存在，或者少量的 R^+ 与 R^- 浓度相等，氨基酸的净电荷为零，这个 pH 值称为等电点（isoelectric，pI）；溶液的 pH 值继续增大，$[R^\pm]$ 逐渐减小，$[R^-]$ 顺之增大，当 $pH=pK'_2$ 时，$[R^\pm]=[R^-]$；pH＞12 时，甘氨酸则全部以阴离子（R^-）的形式存在。各种氨基酸的 pK' 和 pI 值见表 2-13。

氨基酸的 pI 与 pK' 之间存在如下的联系。

侧链没有可解离基团的中性氨基酸　$pI=\frac{1}{2}(pK'_1+pK'_2)$

酸性氨基酸　$pI=\frac{1}{2}(pK'_1+pK'_R)$

碱性氨基酸　$pI=\frac{1}{2}(pK'_2+pK'_R)$

表 2-13 氨基酸的 pK' 和 pI 值

氨基酸	pK'_1	pK'_2	pK'_R	pI
甘氨酸	2.34	9.60		5.97
丙氨酸	2.34	9.69		6.02
缬氨酸	2.32	9.62		5.97
亮氨酸	2.36	9.60		5.98
异亮氨酸	2.36	9.68		6.02
天冬氨酸	2.09	9.82	3.86(β-COOH)	2.97
天冬酰胺	2.02	8.80		5.41
谷氨酸	2.19	9.67	4.25(γ-COOH)	3.22
谷氨酰胺	2.17	9.13		5.65
精氨酸	2.17	9.04	12.48(胍基)	10.76
赖氨酸	2.18	8.95	10.53(ζ-NH'_3)	9.74
半胱酰胺	1.71	10.78	8.33(β- SH)	5.02
蛋酰胺	2.28	9.21		5.75
丝氨酸	2.21	9.15		5.68
苏氨酸	2.63	10.43		6.53
苯丙胺酸	1.83	9.13		5.48
酪氨酸	2.20	9.11	10.07(酚基)	5.66
组氨酸	1.82	9.17	6.00(咪唑基)	7.59
色氨酸	2.38	9.39		5.89
脯氨酸	1.99	10.60		6.30

注：半胱氨酸为 30℃时测定的数值，其余氨基酸均为 25℃下的测定数值。

氨基酸的两性解离是其最重要的性质。各解离基团的 pK 值也十分重要，据此可以计算出任一 pH 条件下氨基酸各种解离形成的相对浓度及其 pI 值。

② 茚三酮反应 在氨基酸的分析化学中，具有特殊意义的是氨基酸与茚三酮（ninhydrin）的反应。茚三酮在弱酸性溶液中与 α-氨基酸共热，引起氨基酸氧化脱氨、脱羧反应，最后茚三酮与反应产物氨和还原茚三酮发生作用，生成紫色物质。其反应如下

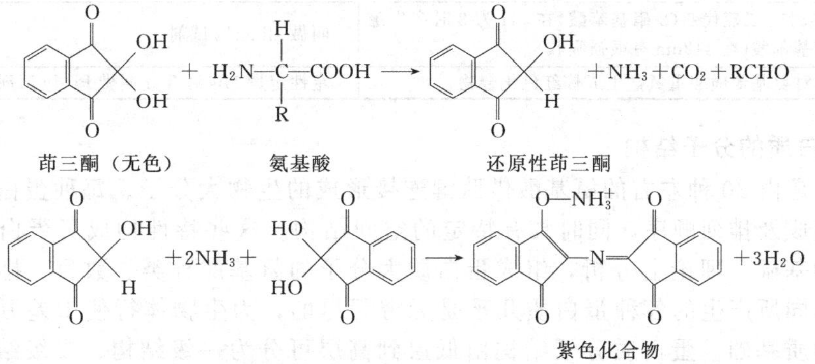

用纸层析或柱层析把各种氨基酸分开后，利用茚三酮显色可以定性或定量测定各种氨基酸。定量释放的 CO_2 可用测压法测量，从而计算出参加反应的氨基酸量。

两个亚氨基酸——脯氨酸和羟脯氨酸与茚三酮反应并不释放 NH_3，而直接生成黄色化合物，其结构式如下所示

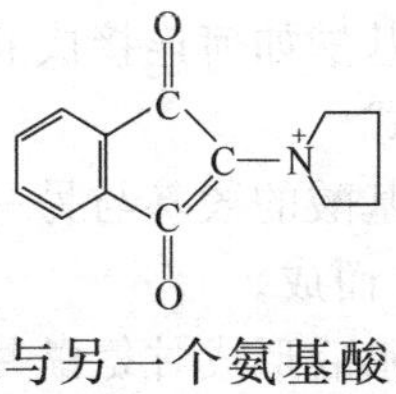

③ 成肽反应 一个氨基酸的氨基与另一个氨基酸的羧基可以缩合成肽，形成的键称肽键。例如甘氨酸在乙二醇中加热缩合，生成二酮吡嗪或称甘氨酸酐。

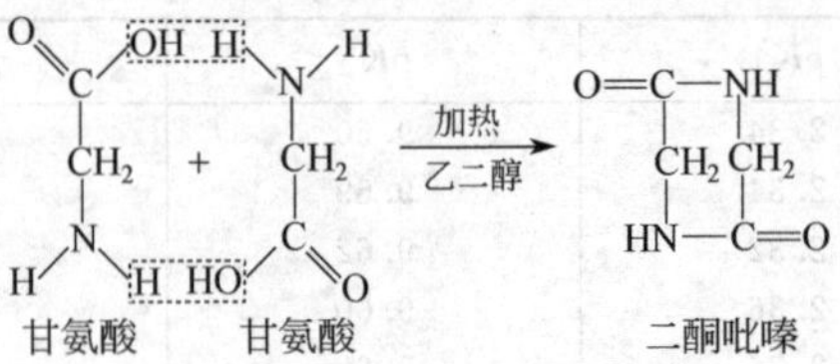

多个氨基酸可按此反应方式生成长链状的肽化合物。

(5) 侧链R基参加的反应

氨基酸侧链具有功能团时也能发生化学反应。这些功能团有羟基、酚基、巯基（包括二硫键）、吲哚基、咪唑基、胍基、甲硫基以及非α-氨基和非α-羧基等。每种功能团都可以和多种试剂起反应。其中有些反应是蛋白质化学修饰的基础。所谓蛋白质的化学修饰就是在较温和的条件下，以可控制的方式使蛋白质与某种试剂（称化学修饰剂）起特异反应，以引起蛋白质中个别氨基酸侧链或功能团发生共价化学改变。化学修饰在蛋白质的结构与功能的研究中是很有用的。部分侧链基团的显色反应见表2-14。

表 2-14 部分侧链基团的显色反应

R基	氨基酸的化学反应	反应名称及重要性
苯环	与浓硫酸作用生成黄色物质	可作为蛋白质定性试验
酚基	(1) $HgNO_3$、$Hg(NO_3)_2$ 和 HgO_2 作用成红色 (2)能还原磷钼酸、磷钨酸成钼蓝和钨蓝	为米伦反应的基团，可供测Tyr用，是folin反应基础，可作蛋白质定性定量
吲哚基	(1)与乙醛酸及浓硫酸作用呈紫红色 (2)能还原磷酸钼、钨酸成钼蓝和钨蓝	为蛋白质定性试验和测定Trp用的，称亚达姆切维奇氏反应 为蛋白质定性和测定Trp所用的
胍基	与α-萘酚和次溴酸盐作用，在碱性溶液中生成红色物质	可作为蛋白质定性及测定Arg的胍基（定量），也叫做坂口反应
巯基	与5,5′-二硫代双(2-硝基苯酸)在pH为8时产生巯基硝基苯酸(在412nm有很强吸收)	叫做ellmn's试剂
咪唑基	与对氨基苯磺酸重氮盐生成棕红色化合物	定性定量His和Tyr叫做Pauly试剂

2.4.3 蛋白质的分子结构

蛋白质是由20种左右的氨基酸借肽键连接形成的生物大分子。每种蛋白质都有自己的氨基酸组成及排列顺序，同时具有特定的空间结构。这些特性构成了蛋白质独特生理功能的结构基础。理论上分析，组成蛋白质大分子的氨基酸种类、数目、排列顺序及空间结构的不同所产生的各种蛋白质几乎是无穷无尽的，为生物体行使千差万别的功能需要提供了物质基础。蛋白质分子结构由低层到高层可分为一级结构、二级结构、三级结构和四级结构四个层次，后三者统称为空间结构、高级结构或空间构象。蛋白质的空间结构涵盖了蛋白质分子中的每一原子在三维空间的相对位置，它们是蛋白质特有性质和功能的结构基础。

2.4.3.1 蛋白质的一级结构

一级结构也称初级结构，是指氨基酸如何连接成肽以及氨基酸在肽链中的排列顺序。

(1) 肽链中氨基酸的基本连接方式

肽链中氨基酸间的连接是一个氨基酸的羧基与另一个氨基酸的氨基缩合失去一分子水形成共价键，称为肽键（peptide bond）而成。

例如两分子甘氨酸脱去1分子的水后形成甘氨酰甘氨酸，生成肽键，反应继续进行，可生成含有许多氨基酸残基的多肽。

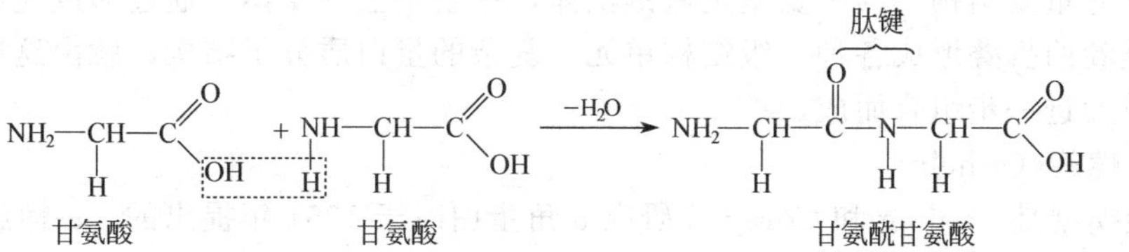

最简单的肽由两个氨基酸组成，称为二肽（dipeptide），其中包含一个肽键。含有三、四、五个氨基酸的肽分别称为三肽、四肽、五肽等。肽链中的氨基酸由于形成肽键时脱水，已不是完整的氨基酸，所以称为氨基酸残基（amino acid residne）。多肽链中每一个氨基酸单位在形成肽键时丢失一分子水。严格地说每形成一个肽键丢失一分子水，因此丢失的水分子数应比氨基酸残基数少一个。一条多肽链通常在一端含有一个游离的末端氨基，在另一端含有一个游离的末端羧基。这两个游离的末端基团有时连接而成环状肽（cyclic peptide）。肽的命名是根据组成肽的氨基酸残基来确定的。一般从肽的氨基端开始，称为某氨基酰某氨基酰某氨基酸。肽的书写也是从氨基端开始。例如，具有下列化学结构的五肽命名为丝氨酰甘氨酰酪氨酰丙氨酰亮氨酸，简写为 Ser-Gly-Tyr-Ala-Leu。应指出，肽链也像氨基酸一样具有极性，通常总是把—NH_2 末端氮基酸残基放在左边，—COOH 末端氨基酸残基放在右边，除特别指明者外。上面举例的五肽丝氨酸残基侧为—NH_2 末端，亮氨酸残基侧为—COOH 末端。注意，反过来书写的 Leu-Ala-Tyr-Gly-Ser 是一个不同的五肽。

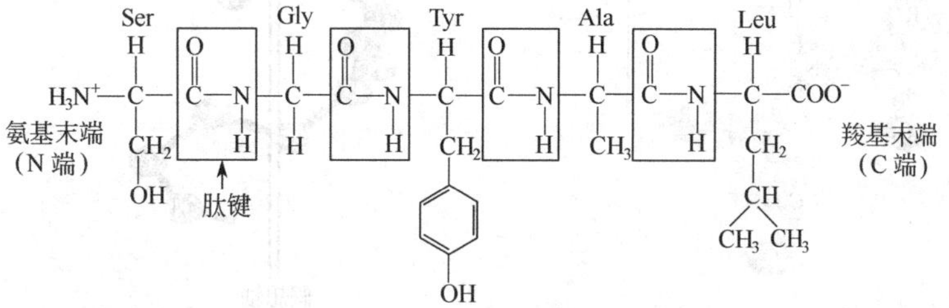

从上面的五肽化学结构中可以看出，肽链中的骨干是由 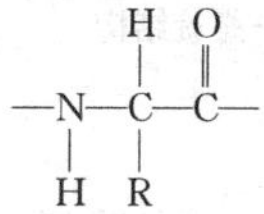 单位规则的重复排列而成，称之为共价主链（main chain 或 backbone）。各种肽键的主链结构都是一样的，但侧链 R 基的顺序及氨基酸残基顺序不同。

（2）肽链中氨基酸的排列顺序

蛋白质的种类和生物活性皆与肽链的氨基酸排列次序有关。蛋白质一级结构测定就是氨基酸排列顺序测定。一般是用两种以上专一性水解方法，分别将肽链切断，各自得到大小不同的肽段，然后将这些肽段分离提纯，测定它们的氨基酸排列顺序，得到的两套肽段的氨基酸排列顺序拼接起来，就可得到该蛋白质肽链的一级结构即全部氨基酸排列顺序。测定蛋白质一级结构的步骤虽然繁多，但方法并不复杂。(a) 提纯蛋白质样品；(b) 测定分子量和氨基酸组成；(c) 测定肽链末端的氨基酸；(d) 折开二硫键，得伸展的肽链。如有几条链，则把它们分开；(e) 用化学和酶法，把肽链进行专一性水解，得到分子量大小不等的一系列肽段；(f) 分离提纯这些肽段，并测定各个肽段的氨基酸排列顺序；对一些大的肽段还需要两种以上专一性水解法，得到几套小肽段，分别测定它们的氨基酸排列顺序，最后把所得到全部结果，联合起来拼凑，就可排出肽链的氨基酸顺序。

2.4.3.2 蛋白质的二级结构

蛋白质的二级结构是指肽链主链的空间走向（折叠和盘绕方式），是有规则重复的构象。

肽链主链具有重复结构，其中氨基是氢键供体，羰基是氢键受体。通过形成链内或链间氢键可以使肽链卷曲折叠形成各种二级结构单元。复杂的蛋白质分子结构，就由这些比较简单的二级结构单元进一步组合而成。

(1) α-螺旋（α-helix）

α-螺旋模型是 Pauling 和 Corey 等研究 α 角蛋白时于 1951 年提出的。α-螺旋结构如图 2-18 所示。

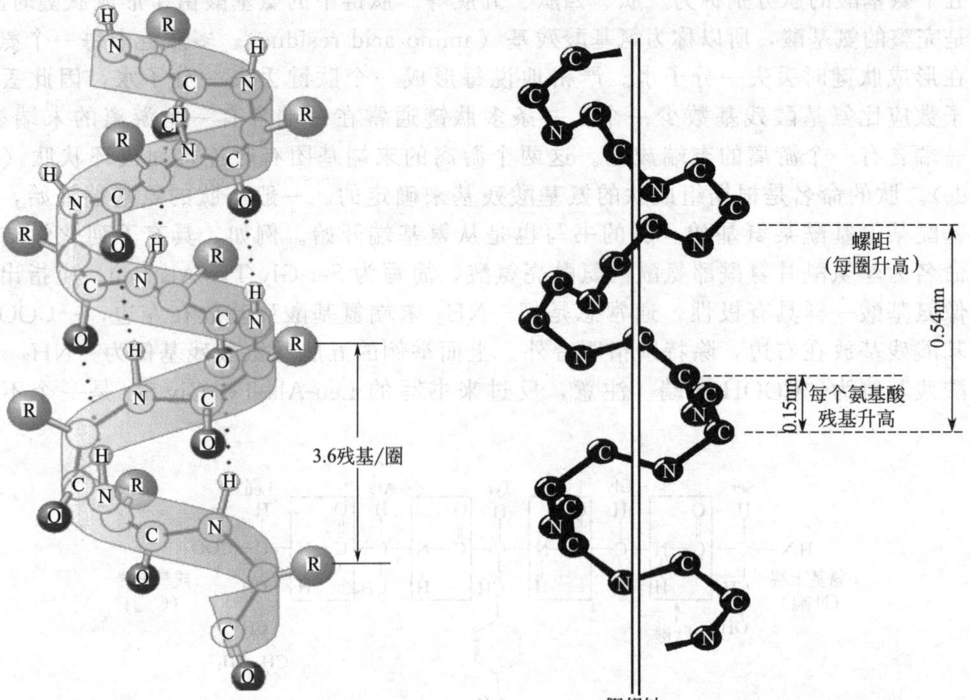

(a) α-螺旋结构　　(b) α-螺旋中N-C_α-C骨架结构

图 2-18　右手 α-螺旋

其要点如下：(a) 多肽链中的各个肽平面围绕同一轴旋转，形成螺旋结构，螺旋一周，沿轴上升的距离即螺距为 0.54nm，含 3.6 个氨基酸残基，两个氨基酸之间的距离 0.15nm；(b) 肽链内形成氢键，氢键的取向几乎与轴平行，第一个氨基酸残基的酰胺基团的—CO 基与第四个氨基酸残基酰胺基团的—NH 基形成氢键；(c) 蛋白质分子为右手 α-螺旋。

(2) β-折叠（β-pleated sheet）

β-折叠也叫 β-片层，也是 Pauling 和 Corey 等提出的，是一种肽链相当伸展的结构，这种结构除了纤维状蛋白质中有，也存在于球状蛋白质中，在这种结构中肽链按层排列，它依靠相邻的肽链上的 >C=O 与 >N—H 形成氢键以维持其结构的稳定性。如图 2-19 所示。

其要点如下：(a) β-折叠是由两条或多条几乎完全伸展的肽链平行排列，通过链间的氢键交联而形成的，肽链的主链呈锯齿状折叠构象；(b) 在 β-折叠中，α-碳原子总是处于折叠的角上，氨基酸的 R 基团处于折叠的棱角上并与棱角垂直，两个氨基酸之间的轴心距为 0.35nm；(c) β-折叠结构的氢键主要是由两条肽链之间形成的，也可以在同一肽链的不同部分之间形成，几乎所有肽键都参与链内氢键的交联，氢键与链的长轴接近垂直；(d) β-折叠有两种类型，一种为平行式，即所有肽链的 N 端都在同一边，另一种为反平行式，即相邻两条肽链的方向相反。

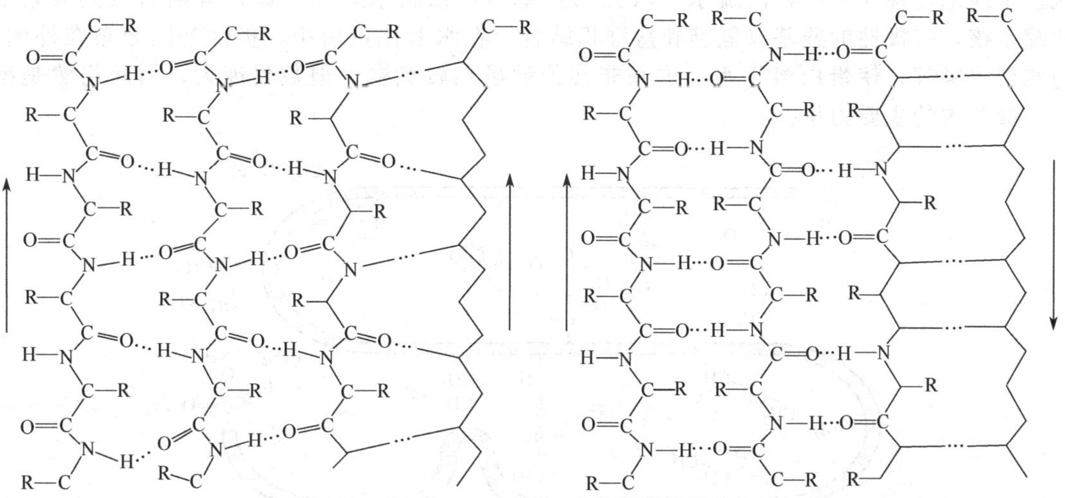

(a) 平行的β-折叠片　　(b) 反平行的β-折叠片

图 2-19 β-折叠结构的类型

2.4.3.3 蛋白质的三级结构

蛋白质分子在二级结构的基础上进一步卷曲折叠，构成一个很不规则的具有特定构象的蛋白分子。这种由α-螺旋、β-折叠等二级结构之间互相配置而构成的构象称为三级结构。

其要点如下：(a) 蛋白质的三级结构是指在二级结构基础上，肽链的不同区段的侧链基团相互作用，在空间进一步盘绕、折叠形成的包括主链和侧链构象在内的特征三维结构；(b) 维系这种特定结构的力主要有氢键、疏水键、离子键和范德瓦耳斯力等。尤其是疏水键，在蛋白质三级结构中起着重要作用。

哺乳动物肌肉中的肌红蛋白整个分子由一条肽链盘绕成一个中空的球状结构，全链共有8段α螺旋，各段之间以无规则卷曲相连。在α螺旋肽段间的空穴中有一个血红素基(图 2-20)。

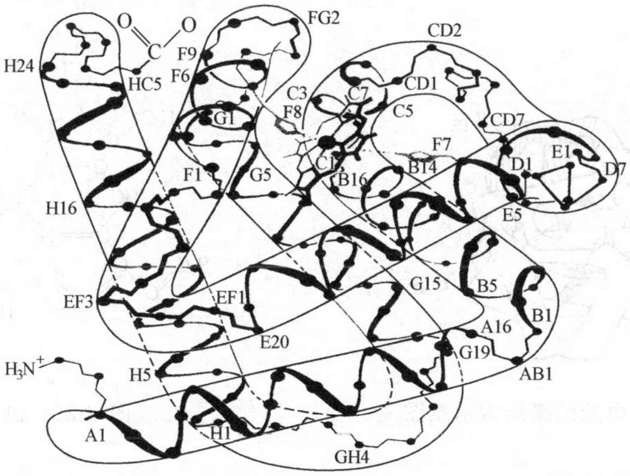

图 2-20 抹香鲸肌红蛋白的构象

蛋白质三级结构的形成和稳定主要依靠次级键——疏水键、离子键（盐键）、氢键和范德瓦耳斯力等（图 2-21）。在三级结构中，多肽链的盘曲折叠是由分子中各氨基酸残基的侧链相互作用来维持的。二硫键是维持三级结构唯一的一种共价键，能把肽链的不同区段牢固地连接在一起，而疏水性较强的氨基酸则借疏水力和范德瓦耳斯力聚集成紧密的疏水核，有极性的残基以氢键和盐键相结合。在水溶性蛋白中，极性基团分布在外侧，与水形成氢键，使蛋白溶于水。这些非共价键虽然较微弱，但数目庞大，因此仍然是维持三级结构的主要力量。

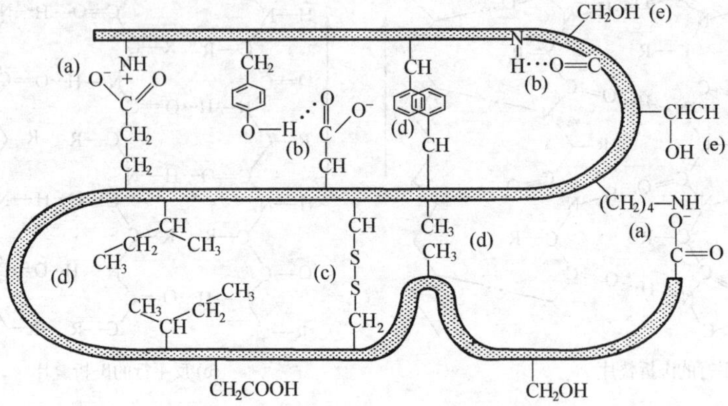

图 2-21 维持蛋白质构象的作用力

(a) 盐键；(b) 氢键；(c) 二硫键；(d) 疏水的相互作用；(e) 外侧极性基团，与水形成氢键

2.4.3.4 蛋白质的四级结构

由两条或两条以上的具有三级结构的多肽链聚合而成特定的构象的蛋白质分子叫蛋白质的四级结构。其中每一条多肽链称为亚基，每个亚基都有自己的一、二、三级结构。亚基单独存在时无生物活性，只有相互聚合成特定构象时才具有完整的生物活性。

最简单的寡聚蛋白是血红蛋白（图 2-22)，(图 2-23)。它是由两条 α 链和两条 β 链构成的四聚体，分子量 65000。分子外形近似球状，每个亚基都和肌红蛋白类似。血红蛋白与氧结合时，α 链和 β 链都发生了转动，引起四个亚基间的接触点上的变化。两个 α 亚基相互接近，两个 β 亚基则离开。

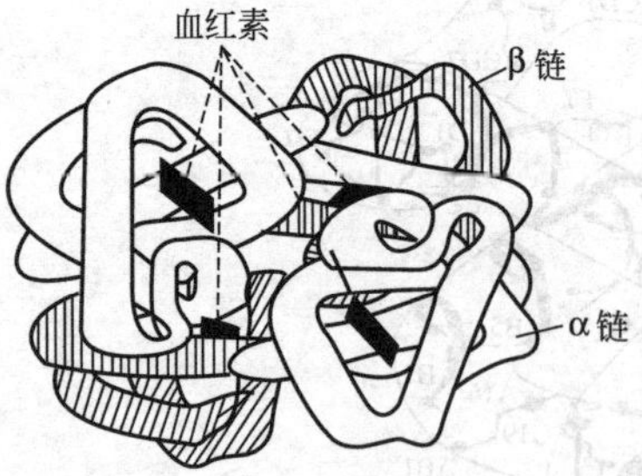

图 2-22 血红蛋白的四级结构示意图

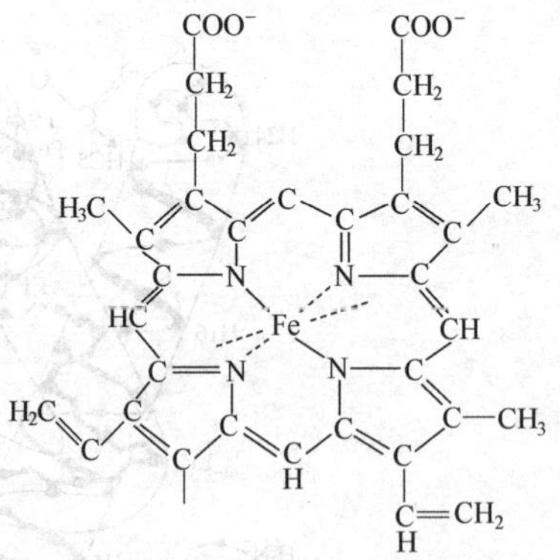

图 2-23 血红素结构

2.4.4 蛋白质的重要性质

蛋白质是由氨基酸组成的，它的理化性质与氨基酸的性质有些相似，但是，多种氨基酸构成蛋白质，从量变到质变，与氨基酸已有质的区别，因而表现出一些特有的性质。

2.4.4.1 蛋白质的分子量

蛋白质是分子量很大的生物大分子，分子量一般在 10000000 之间，如表 2-15 所示。

表 2-15　一些蛋白质的分子量

蛋白质名称	分子量/ku	亚基数	蛋白质名称	分子量/ku	亚基数
胰岛素	5.734	2	天冬酰胺酶	255.0	2
细胞色素 C	12.398	1	天冬氨酸转胺甲酰酶	310.0	12
血清蛋白	68.5	1	核糖核酸酶	12.64	1
烟草花叶病毒蛋白	40000.0	2130	RNA 聚合酶	880.0	2
溶菌酶	14.3	1	脲酶	483.0	6
淀粉酶	97.6	1			

注：1Da＝0.9921ku。

蛋白质的分子量测定的主要方法有渗透压法、超速离心法、凝胶过滤法、聚丙烯酰胺凝胶电泳法等。更常用的是凝胶过滤法和聚丙烯酰胺凝胶电泳法。以上方法所测定的蛋白质分子量都有一定误差，可选择几种不同方法测定后进行比较，计算出较可靠的分子量数值。

蛋白质（包括核酸）分子量常用 S 表示，这是超速离心法测定结果的一种表示方法，它是指单位离心场强度的沉降速度，称沉降系数。一个 S 单位为 1×10^{13}s，S 值随分子量增大而增大。

2.4.4.2　蛋白质的酸碱性

蛋白质与多肽一样，能够发生两性离解，也有等电点，表 2-16 是几种蛋白质的等电点。

表 2-16　几种蛋白质的等电点

蛋白质	等电点(pI)	蛋白质	等电点(pI)	蛋白质	等电点(pI)
胃蛋白酶	1.0	胰岛素	5.3	核糖核酸酶	9.5
卵清蛋白	4.6	血红蛋白	6.7	细胞色素 C	10.7
血清蛋白	4.7	α-糜蛋白酶	8.3	溶菌酶	11.0
β-乳清蛋白	5.2	α-糜蛋白酶原	9.1		

蛋白质在等电点时净电荷为零，因此没有同种电荷的排斥，所以不稳定，溶解度最小，易聚集沉淀。同时其黏度、渗透性、膨胀性以及导电能力均为最小。

在不同的 pH 环境下，蛋白质的电学性质不同。在等电点偏酸性溶液中，蛋白质粒子带负电荷，在电场中向正极移动；在等电点偏碱性溶液中，蛋白质粒子带正电荷，在电场中向负极移动。这种现象称为蛋白质电泳（electrophoresis），可用电泳来分离提纯蛋白质。

2.4.4.3　蛋白质的胶体性质

蛋白质是大分子，在水溶液中的颗粒直径在 1～100nm 之间，是一种分子胶体，具有胶体溶液的性质，如布朗运动、丁达尔现象、电泳、不能透过半透膜及吸附能力等。蛋白质形成的胶体颗粒在溶液中是相当稳定的，因为它具有两个因素：一是蛋白质颗粒在一定的 pH 条件下带有相同的电荷，因而颗粒有静电排斥力；二是蛋白质颗粒表面具有很多极性基团，可与极性水分子缔合，形成所谓水膜层。由于这两种因素，阻止了蛋白质颗粒相互凝聚下沉的作用，见图 2-24。

利用半透膜如玻璃纸、火胶棉、羊皮纸等可分离纯化蛋白质，称为透析。蛋白质有较大的表面积，对许多物质有吸附能力。多数球状蛋白表面分布有很多极性基团，亲水性强，易吸附水分子，形成水化层，使蛋白溶于水，又可隔离蛋白，使其不易沉淀。一般每克蛋白可吸附 0.3～0.5g 水。分子表面的可解离基团带相同电荷时，可与周围的反离子构成稳定的双电层，增加蛋白质的稳定性。蛋白质能形成稳定胶体的另一个原因是不在等电点时具有同种电荷，互相排斥。因此在等电点时易沉淀。

2.4.4.4　蛋白质的沉淀反应

蛋白质由于带电荷和水膜，因此在水溶液中是稳定的胶体。如在蛋白质溶液中加入适当的试剂，就破坏了蛋白质水化膜并中和掉它的电荷，则蛋白质溶液就不稳定而出现沉淀。

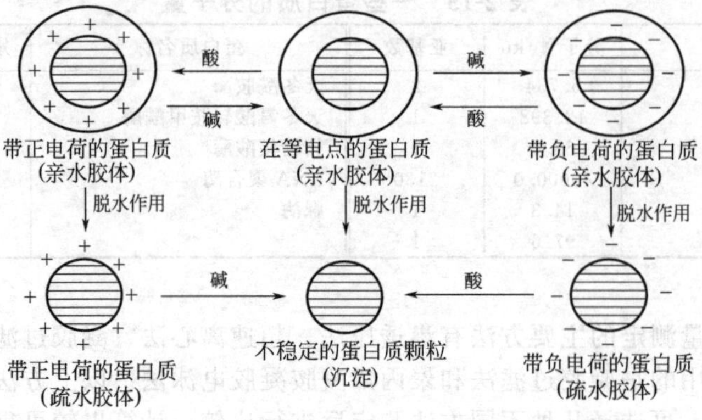

图 2-24 蛋白质的胶体颗粒模式

(1) 盐析法

向蛋白质溶液中加入大量的中性盐（硫酸铵、硫酸钠或氯化钠等），使蛋白质脱去水化层而聚集沉淀。盐析沉淀一般不引起蛋白质变性。

(2) 有机溶剂沉淀法

向蛋白质溶液中加入一定量的极性有机溶剂（甲醇、乙醇或丙酮等），因引起蛋白质脱去水化层以及降低介电常数而增加带电质点间的相互作用，致使蛋白质颗粒容易凝集而沉淀。有机溶剂沉淀法，如果控制在低温下操作并且尽量缩短处理时间则可使变性速度减慢。

(3) 重金属盐沉淀法

当溶液 pH 大于等电点时，蛋白质颗粒带负电荷，这样它就容易与重金属离子（Hg^{2+}、Pb^{2+}、Cu^{2+}、Ag^{+}等）结成不溶性盐而沉淀。误服重金属盐的病人可口服大量牛乳或豆浆等蛋白质进行解救就是因为它能和重金属离子形成不溶性盐，然后再服用催吐剂排出体外。

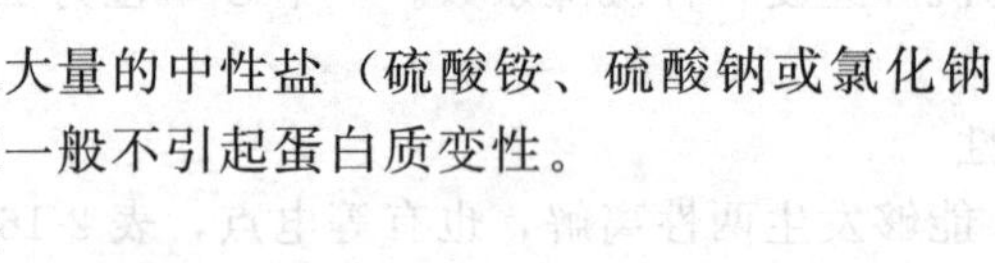

(4) 生物碱试剂和某些酸类沉淀法

生物碱试剂是指能引起生物碱沉淀的一类试剂，如鞣酸或称单宁酸、苦味酸即 2,4,6-三硝基酚、钨酸和碘化钾等。某些酸类指的是三氯醋酸、磺酰水杨酸和硝酸等。当溶液 pH 小于等电点时，蛋白质颗粒带正电荷，容易与生物碱试剂和酸类的酸根负离子发生反应生成不溶性盐而沉淀。这类沉淀反应经常被临床检验部门用来除去体液中干扰测定的蛋白质。

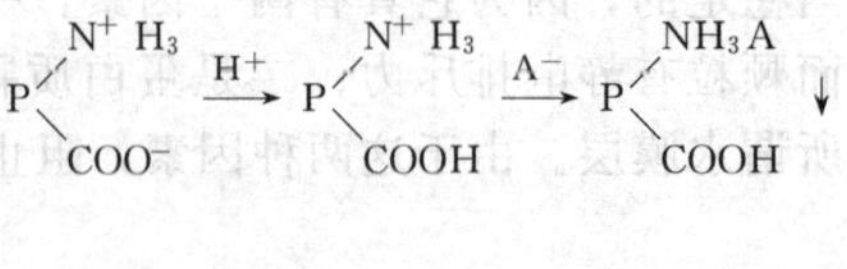

(5) 加热变性沉淀法

几乎所有的蛋白质都因加热变性而凝固。少量盐类促进蛋白质加热凝固。当蛋白质处于等电点时，加热凝固最完全和最迅速。加热变性引起蛋白质凝固沉淀的原因可能是由于热变性使蛋白质天然结构解体，疏水基外露，因而破坏了水化层，同时由于蛋白质处于等电点也破坏了带电状态。

2.4.4.5 蛋白质的变性

天然蛋白因受物理或化学因素影响，高级结构遭到破坏，致使其理化性质和生物功能发生改变，但并不导致一级结构的改变，这种现象称为变性，变性后的蛋白质称为变性蛋白（denatured protein）。二硫键的改变引起的失活可看作变性。能使蛋白质变性的因素很多，如强酸、强碱、重金属盐、尿素、胍、去污剂、三氯乙酸、有机溶剂、高温、射线、超声波、剧烈振荡或搅拌等。但不同蛋白对各种因素的敏感性不同。

蛋白质变性后分子性质改变，黏度升高，溶解度降低，结晶能力丧失，旋光度和红外光谱、紫外光谱均发生变化。变性蛋白易被水解，即消化率上升。同时包埋在分子内部的可反应基团暴露出来，反应性增加。蛋白质变性后失去生物活性，抗原性也发生改变。

这些变化的原因主要是高级结构的改变。氢键等次级键被破坏，肽链松散，变为无规则卷曲。由于其一级结构不变，所以如果变性条件不是过于剧烈，在适当条件下还可以恢复功能。如胃蛋白酶加热至 80～90℃时，失去活性，降温至 37℃，又可恢复活力，称为复性(renaturation)。但随着变性时间的增加，条件加剧、变性程度也加深，就达到不可逆的变性。

变性现象也可加以利用，如用酒精消毒，就是利用乙醇的变性作用来杀菌。在提纯蛋白时，可用变性剂除去一些易变性的杂蛋白。工业上将大豆蛋白变性，使它成为纤维状，就是人造肉。

2.4.4.6 蛋白质的颜色反应

(1) 双缩脲反应

双缩脲是由两分子尿素缩合而成的化合物。将尿素加热到 180℃，则两分子尿素缩合，放出一分子氨。双缩脲在碱性溶液中能与硫酸铜反应生成红紫色络合物，称为双缩脲反应。蛋白质中的肽键与之类似，也能起双缩脲反应，形成红紫色络合物。此反应可用于定性鉴定，也可在 540nm 下比色，定量测定蛋白质含量。

(2) 黄色反应

含有芳香族氨基酸特别是酪氨酸和色氨酸的蛋白质在溶液中遇到硝酸后，先产生白色沉淀，加热则变黄，再加碱颜色加深为橙黄色。这是因为苯环被硝化，产生硝基苯衍生物。皮肤、毛发、指甲遇浓硝酸都会变黄。

(3) 米伦反应

米伦试剂是硝酸汞、亚硝酸汞硝酸和亚硝酸的混合物，蛋白质加入米伦试剂后即产生白色沉淀，加热后变成红色。酚类化合物有此反应，酪氨酸及含酪氨酸的化合物都有此反应。

(4) 乙醛酸反应

在蛋白溶液中加入乙醛酸，并沿试管壁慢慢注入浓硫酸，在两液层之间就会出现紫色环，凡含有吲哚基的化合物都有此反应。不含色氨酸的白明胶就无此反应。

(5) 坂口反应

精氨酸的胍基能与次氯酸钠（或次溴酸钠）及 α 萘酚在氢氧化钠溶液中产生红色物质。此反应可用来鉴定含精氨酸的蛋白质，也可定量测定精氨酸含量。

(6) 费林反应（Folin-酚）

酪氨酸的酚基能还原费林试剂中的磷钼酸及磷钨酸，生成蓝色化合物。可用来定量测定蛋白质含量。它是双缩脲反应的发展，灵敏度高。

2.4.5 蛋白质的分离提纯

(1) 选材及预处理

① 选材　主要原则是原料易得，蛋白含量高。蛋白质的主要来源包括动物、植物和微生物。由于种属差异及培养条件和时间的差别，其蛋白含量可相差很大。植物细胞含纤维素，坚韧，不易破碎，且多含酚类物质，易氧化产生有色物质，难以除去。其液泡中常含有酸性代谢物，会改变溶液的 pH。微生物因为容易培养而常用，但也需要破碎细胞壁。动物细胞易处理，但不经济。

② 细胞破碎　如目的蛋白在细胞内，需要进行细胞破碎，使蛋白释放出来。动物细胞可用匀浆器、组织捣碎机、超声波、丙酮干粉等方法破碎。植物可用石英砂研磨或纤维素酶

处理。微生物的细胞壁是一个大分子，破碎较难。有超声振荡、研磨、高压、溶菌酶、细胞自溶等方法。

③ 抽提 一般用缓冲液保持 pH。可溶蛋白常用稀盐提取，如 0.1mol/L NaCl。脂蛋白可用稀 SDS 或有机溶剂抽提，不溶蛋白用稀碱处理。抽提的原则是少量多次。要注意防止植物细胞液泡中的代谢物改变 pH，可加入碱中和；为防止酚类氧化可加 5mmol/L 维生素 C。加 DFP 或碘乙酸可抑制蛋白酶活力，防止蛋白被水解。

(2) 粗提

主要目的是除去糖、脂类、核酸及大部分杂蛋白，并将蛋白浓缩。常用以下方法。

① 沉淀法

核酸沉淀剂：$MnCl_2$、硫酸鱼精蛋白、链霉素、核酸酶等。

蛋白沉淀剂：醋酸铅、单宁酸、SDS 等，也可除多糖，沉淀后应迅速盐析除去沉淀剂，以免目的蛋白变性。

选择变性：用加热、调节 pH 或变性剂选择性地变性杂蛋白。如提取胰蛋白酶或细胞色素 C 时，因其稳定性高，可用 2.5%三氯乙酸处理，使杂蛋白变性沉淀。

② 分级法 常用盐析或有机溶剂分级沉淀蛋白。

③ 除盐和浓缩 盐析后样品中含大量盐类，应透析除去。也可用分子筛，如 Saphadex G25 层析除盐。如样品过稀，可用反透析、冻干、超滤等方法浓缩。

(3) 精制

以上方法得到的制剂可供工业应用。如需高纯样品，应精制。常用方法有各种层析、电泳、等电聚焦、结晶等。蛋白结晶不等于无杂质，但变性蛋白不能结晶，所以可说明其具有生物活性。

2.5 核酸化学

2.5.1 核酸概述

核酸（nucleic acid）是生物体内极为重要的根本性的基本组成物质，是一类重要的生物大分子。核酸水解后产生多个分子的核苷酸，因此，核酸是单核苷酸的多聚体，呈酸性，最初从细胞核中发现，故称核酸。任何有机体，包括病毒、细菌、动物和植物，无例外地都含有核酸。核酸占细胞干基的 5%～15%。生物体内的一些根本现象如个体的生育、生长、繁殖、遗传和变异等生命过程，核酸都起着极为重要的作用。天然核酸常常与蛋白质结合，称为核蛋白。

2.5.1.1 核酸的类别与生物功能

核酸可分为脱氧核糖核酸（desoxyribonucleic acid，简称 DNA）和核糖核酸（ribonucleic acid，简称 RNA）两大类。RNA 中又分为信使 RNA（messenger RNA，简称 m-RNA）、转运 RNA（transfer RNA，简称 t-RNA）和核糖体 RNA（ribosomal RNA，简称 r-RNA）三种。

(1) 脱氧核糖核酸（DNA）是遗传物质

DNA 分腺嘌呤-胸腺嘧啶型（A—T 型）和鸟嘌呤-胞嘧啶型（G—C 型）前者含腺嘌呤和胸腺嘧啶较多，后者含鸟嘌呤和胞嘧啶较多。

生物体内 DNA 的数量虽然极少，但却是细胞内最重要的生物大分子，它作为遗传物质携带着主宰生命过程的全部信息。DNA 既决定着细胞的组成、形态和功能，又决定着细胞的生长、繁殖、分化和变异。

真核生物 DNA 主要存在于细胞核内由 DNA 与简单的碱性蛋白（组蛋白）构成的染色

质（chromatin）中，线粒体和叶绿体中也含有。原核生物的遗传物质也都是DNA。

(2) 核糖核酸（RNA）参与蛋白质的合成

90% 的RNA存在于细胞质中，10%存在于细胞核中。r-RNA主要存在于核糖体内。

RNA是DNA的转录产物，它们的主要功能是参与蛋白质的合成。只有一些简单的RNA病毒，以RNA为遗传物质。

① 信使RNA（m-RNA） m-RNA约占细胞总RNA的5%左右，为单链结构，不同细胞的m-RNA的链长和分子量的差异很大。原核细胞m-RNA一般很不稳定，其代谢活跃，寿命较短，如细菌m-RNA的半衰期只有几分钟或几秒钟；真核细胞m-RNA一般寿命较长。m-RNA的功能是"转录"DNA上的遗传信息并指导蛋白质的生物合成。每一种蛋白质都有一种相应的m-RNA，因此细胞中含有多种不同的m-RNA。各种m-RNA分子大小也很不一致，其沉降系数为8～30*S*，分子量 $0.2\sim2.0\times10^8$，m-RNA常与细胞质中核糖体结合。

② 转运RNA（t-RNA） t-RNA约占细胞总RNA的10%～15%，也称之为"受体RNA"。它的主要功能是在蛋白质生物合成过程中作为氨基酸的受体，携带活化的氨基酸到生长中肽链的正确位置，起转运氨基酸的作用。t-RNA有许多种，每种t-RNA专门转运一种特定的氨基酸。t-RNA根据它转运的氨基酸而命名。如转运苯丙氨酸的t-RNA叫苯丙氨酸t-RNA（或 $\text{t-RNA}^{\text{Pbc}}$）。t-RNA分子的大小很相似，链长一般在73～88个核苷酸之间，最长的有93个核苷酸（大肠杆菌Ser-t-RNA），沉降系数约为4*S*，分子量23000～28000，主要存在于细胞质的非颗粒部分。

③ 核糖体RNA（r-RNA） r-RNA约占细胞总RNA的80%，是核糖体的核酸。其结构为单链结构，是RNA分子量较大的，比较稳定。核糖体大约含有40%的蛋白质和60%的RNA。由两个大小不同的亚基组成，是蛋白质合成的场所。大肠杆菌核糖体的沉降系数是70*S*。它由30*S*亚基和50*S*亚基构成的。这两个亚基中所包含的RNA的分子是分别为 0.6×10^6（16*S*RNA）和 1.1×10^6（23*S*RNA）。哺乳动物的核糖体约为80*S*，具有40*S*和60*S*两个亚基。它们也有相当的两种类型r-RNA。小r-RNA的分子量一般是 0.7×10^6（18*S*RNA），而较大r-RNA的分子量是 1.8×10^6（28*S*RNA）。此外还有两种低分子量RNA-5*S*RNA和5.8*S*RNA同核糖体大亚基结合在一起。其中5.8*S*RNA是真核生物核糖体特有的成分。核糖体和r-RNA的关系可概括于表2-17中。

表 2-17 核糖体和所含的r-RNA

原核生物		真核生物	
核糖体	r-RNA	核糖体	r-RNA
30*S*	16*S*	40*S*	18*S*
50*S*	5*S*、23*S*	60*S*	5*S*、5.8*S*、28*S*

2.5.1.2 核酸的基本化学组成

(1) 核酸水解产物

核酸进行不完全水解时，可得到低聚多核苷酸和核苷酸。低聚多核苷酸为分子量较小的多核苷酸片段，又称寡聚核苷酸，一般由20个以下核苷酸组成，它可进一步水解成核苷酸。稀碱条件下，RNA可水解成4种含不同碱基的核糖核苷酸。用酶法可将DNA水解成含不同碱基的脱氧核糖核苷酸，每种核苷酸由等分子的核糖（或脱氧核糖）磷酸和某种碱基组成。

核酸（DNA、RNA）在强酸作用下完全水解，得到磷酸、戊糖和碱基3种组分。DNA中戊糖是D-2-脱氧核糖，RNA中的戊糖是D-核糖。DNA中碱基是腺嘌呤（Ade）、鸟嘌呤

(Gua)、胞嘧啶（Cyt）和胸腺嘧啶（Thy）。RNA 中碱基是腺嘌呤（Ade)、鸟嘌呤（Gua)、胞嘧啶（Cyt）和尿嘧啶（Ura)。因此 RNA 和 DNA 在化学组成上区别是 DNA 含有 D-脱氧核糖和 Thy 碱基。而 RNA 含有 D-核糖和 Ura 碱基。表 2-18 是 DNA、RNA 的基本化学组成。

表 2-18　DNA、RNA 的基本化学组成

组　分	DNA	RNA
磷酸	磷酸	磷酸
戊糖	D-2 脱氧核糖	D-核糖
碱基	腺嘌呤(Ade) 鸟嘌呤(Gua) 胞嘧啶(Cyt) 胸腺嘧啶(Thy)	腺嘌呤(Ade) 鸟嘌呤(Gua) 胞嘧啶(Cyt) 尿嘧啶(Ura)

(2) 碱基

核酸中含有 5 种主要的碱基，两种主要的嘌呤碱腺嘌呤（A）和鸟嘌呤（G）和 3 种主要的嘧啶碱胞嘧啶（C)、尿嘧啶（U）和胸腺嘧啶（T)。DNA 和 RNA 都含有腺嘌呤、鸟嘌呤和胞嘧啶，但是不同的是 RNA 含有的是尿嘧啶，而 DNA 含有的却是胸腺嘧啶。有时尿嘧啶也存在于 DNA 中，而胸腺嘧啶也存在于 RNA 中，但很少见。

核酸是一类含氮杂环化合物，具弱碱性，核酸中碱基有两类，即嘌呤和嘧啶的衍生物。

① 嘧啶　DNA、RNA 中最常见的嘧啶衍生物有 3 种，即胞嘧啶、尿嘧啶和胸腺嘧啶。其结构如下

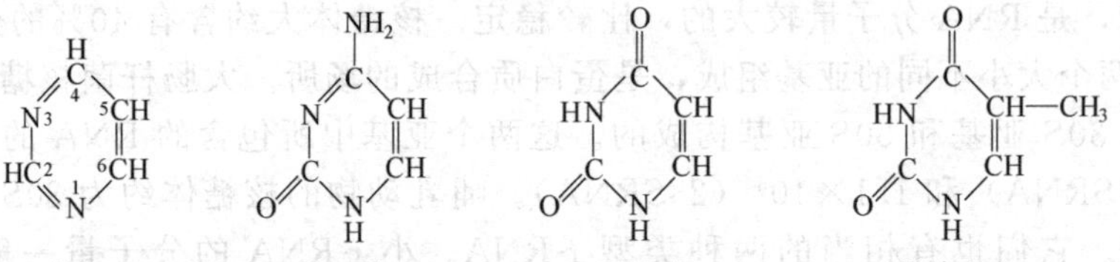

嘧啶　胞嘧啶 (2-酮基-4-氨基嘧啶)　尿嘧啶 (2,4-二酮基嘧啶)　胸腺嘧啶 (5-甲基尿嘧啶)

在核酸中还有少数修饰嘧啶碱基，它们种类很多。

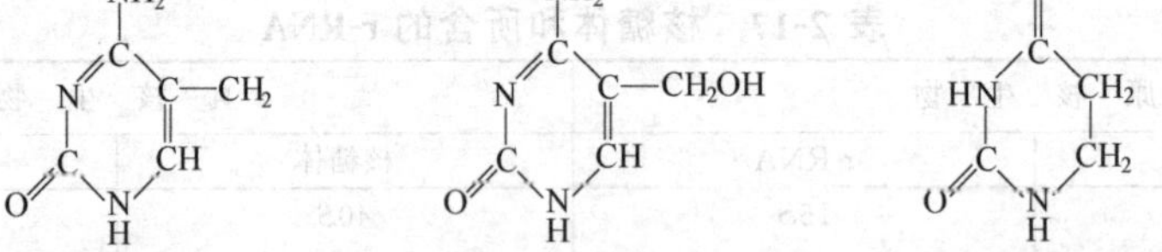

5-甲基胞嘧啶　5-羟甲基胞嘧啶　5,6-双氢尿嘧啶

有酮基的嘧啶碱或嘌呤碱，在溶液中可发生酮式或烯醇式互变异构现象。结晶时为两异构体混合物。在生物细胞中一般以酮式存在，这对核酸中氢键形成非常重要。尿嘧啶的互变异构如下

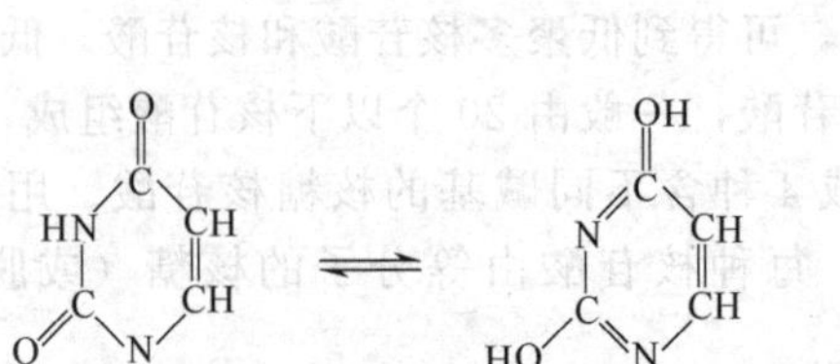

酮式(2,4-二氧嘧啶)　烯醇式(2,4-二羟基嘧啶)

② 嘌呤 DNA、RNA 中主要的嘌呤衍生物为腺嘌呤和鸟嘌呤。其结构如下

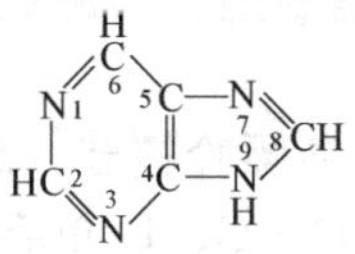
嘌呤

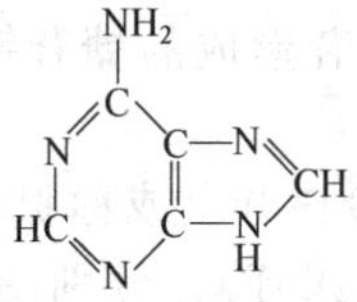
腺嘌呤
(6-氨基嘌呤)

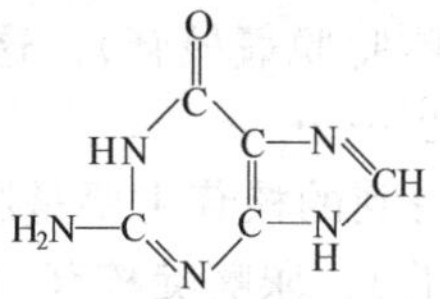
鸟嘌呤
(2-氨基-6-酮基嘌呤)

核酸中还发现有多种修饰的嘌呤碱。

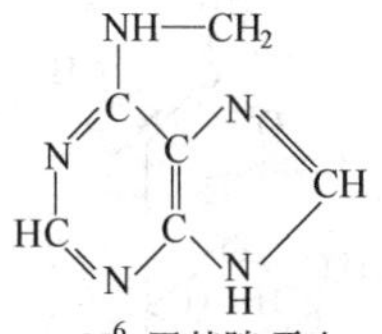
N^6-甲基腺嘌呤

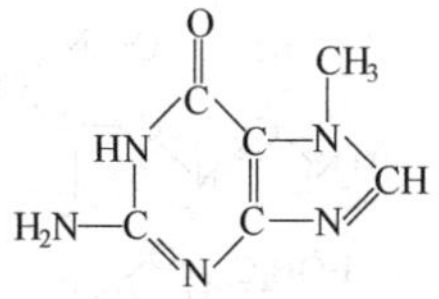
7-甲基鸟嘌呤

生物体内还有其他一些嘌呤衍生物，如次黄嘌呤、黄嘌呤和尿酸等，为某些动物的代谢物。一些植物的生物碱如咖啡碱也属嘌呤衍生物。

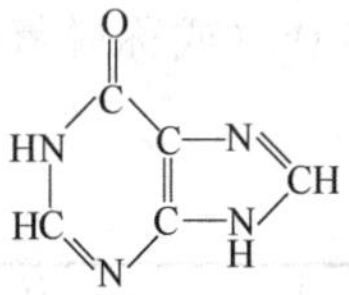
次黄嘌呤

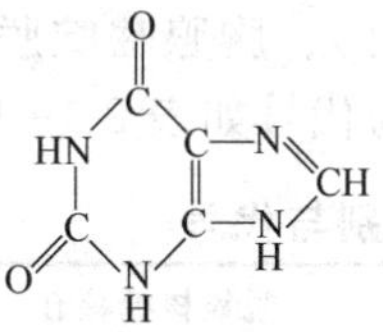
黄嘌呤

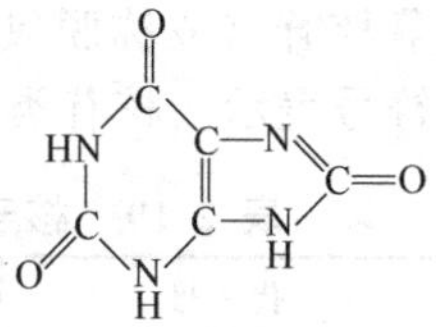
尿酸

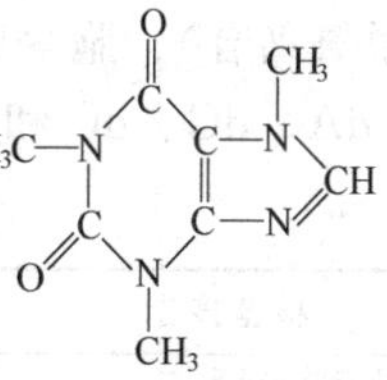
咖啡酸

核酸中的嘌呤碱和嘧啶碱是无色的固体，熔点在 200～300℃。在有机溶剂中溶解度很小，在水中溶解度也不大，一般能溶于稀酸稀碱。

③ 核糖 RNA 中含 β-D-核糖，DNA 中含 β-D-2-脱氧核糖。在某些 RNA 中还有少量的 β-D-2-氧-甲基核糖。其结构如下

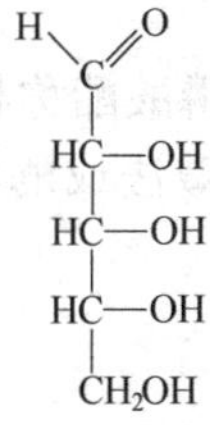
D-核糖
(直链式)

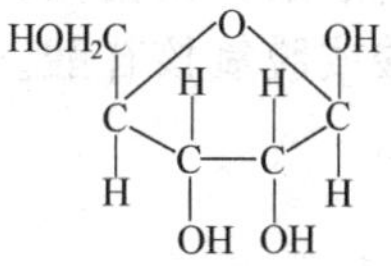
β-D-核糖
(呋喃式)

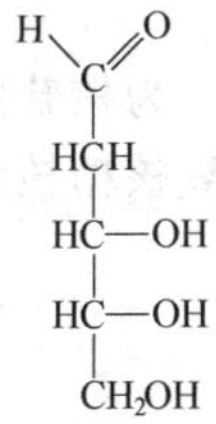
D-2-脱氧核糖
(直链式)

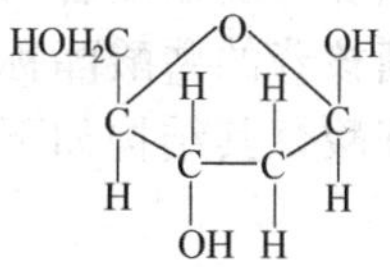
β-D-2-脱氧核糖
(呋喃式)

④ 磷酸 DNA 和 RNA 都含有一定量磷酸，每一个核苷酸都含有一个磷原子。磷酸是个三元酸，它有三级解离，$pK_1=1.97$，$pK_2=6.82$，$pK_3=12.44$。当磷酸生成单酯或二酯后，酸性增强。

2.5.2 核苷与核苷酸

2.5.2.1 核苷

由碱基和核糖（或脱氧核糖）缩合而成，RNA 中的核苷称核糖核苷（或称核苷）。

DNA 中的核苷称脱氧核糖核苷（或脱氧核苷）。它们是由核糖（或脱氧核糖）的第 1 位碳原子与嘧啶的第 1 位氮原子相连成嘧啶核苷（或嘧啶脱氧核苷），与嘌呤的第 9 位氮原子相连成嘌呤核苷（或嘌呤脱氧核苷）。这些核苷形成的糖苷键都是 β 型。为避免混淆把糖环上的碳原子标为 1′、2′……

从 RNA 中得到的核苷主要是腺嘌呤核苷（或称腺苷）、鸟嘌呤核苷（或称鸟苷）、胞嘧啶核苷（或称胞苷）、尿嘧啶核苷（或称尿苷），分别用 A、G、C、U 单字符号表示。它们的结构式如下

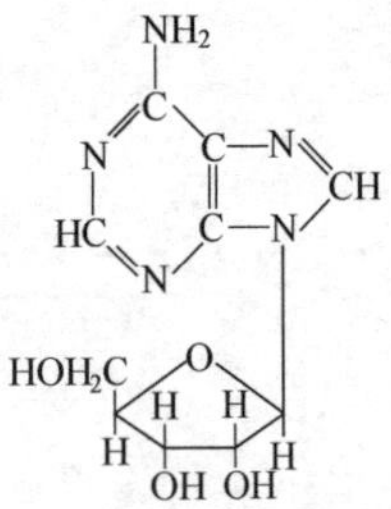

腺嘌呤核苷 A (9-β-D-核糖腺嘌呤)

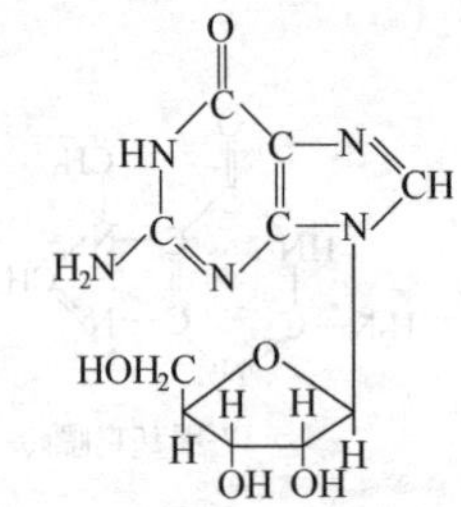

鸟嘌呤核苷 G (9-β-D-核糖鸟嘌呤)

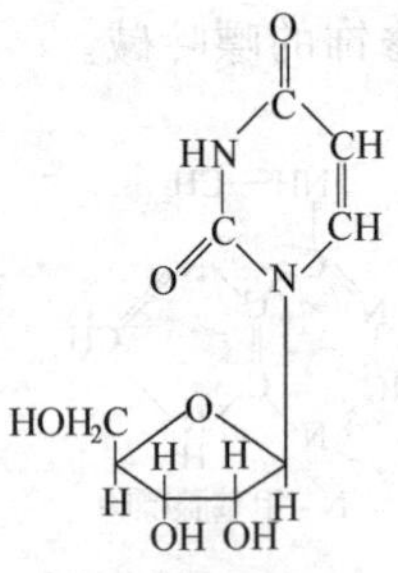

尿嘧啶核苷 U (1-β-D-核糖尿嘧啶)

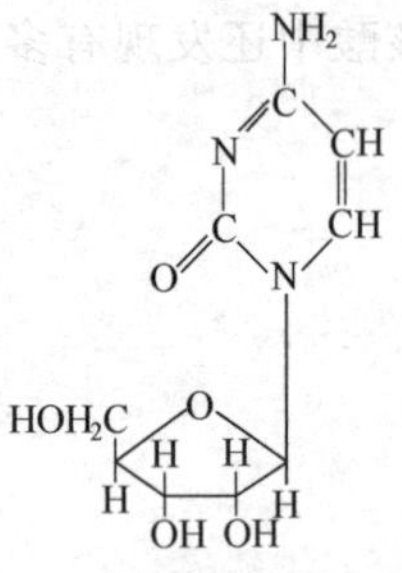

胞嘧啶核苷 C (1-β-D-核糖胞嘧啶)

从 DNA 得到的脱氧核苷主要有腺嘌呤脱氧核苷（或称脱氧腺苷）、鸟嘌呤脱氧核苷（或称脱氧鸟苷）、胞嘧啶脱氧核苷（或称脱氧胞苷）、胸腺嘧啶脱氧核苷（或称脱氧胸苷），分别用 dA、dG、dC 和 dT 符号表示。核苷类别与代号如表 2-19 所示。

表 2-19 核苷类别与代号

核糖核苷	代 号	脱氧核糖核苷	代 号
腺嘌呤核苷	A	腺嘌呤脱氧核苷	dA
鸟嘌呤核苷	G	鸟嘌呤脱氧核苷	dG
胞嘧啶核苷	C	胞嘧啶脱氧核苷	dC
尿嘧啶核苷	U	胸腺嘧啶脱氧核苷	dT

核苷为无色晶体，熔点很高，不溶于有机溶剂，嘧啶核苷在水中溶解度比嘌呤核苷大，在核苷中 C—N 键对碱较稳定，而对酸不稳定，易被酸水解，而各种核苷被酸水解程度不同，脱氧核糖核苷比核糖核苷容易水解，嘌呤核苷比嘧啶核苷容易水解。

2.5.2.2 核苷酸

核苷酸由核苷与磷酸缩合而成，为核苷的磷酸酯。核糖核苷的磷酸酯称核糖核苷酸或核苷酸，脱氧核糖核苷的磷酸酯称脱氧核糖核苷酸或脱氧核苷酸。用碱法或酶法水解 RNA 得到四种核糖核苷酸，其结构如下

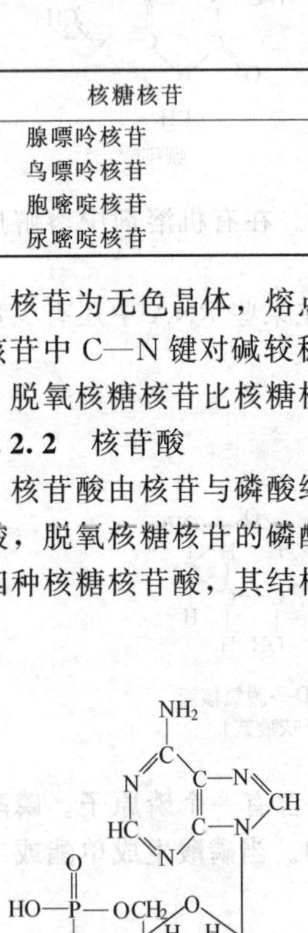

5′-腺苷酸 (5′-AMP)

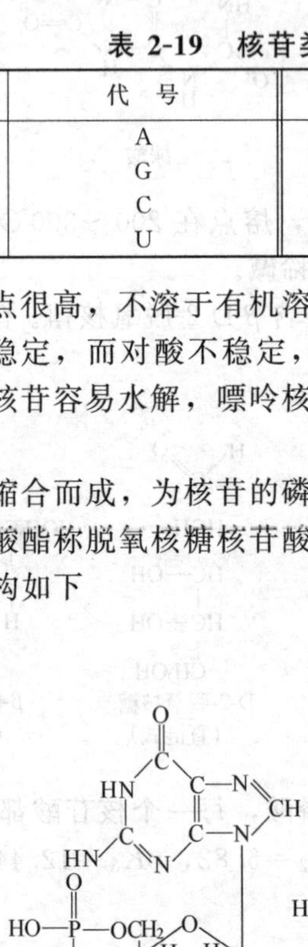

5′-鸟苷酸 (5′-GMP)

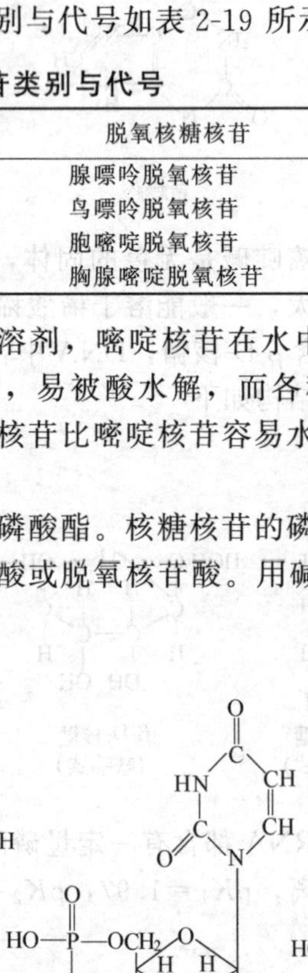

5′-尿苷酸 (5′-UMP)

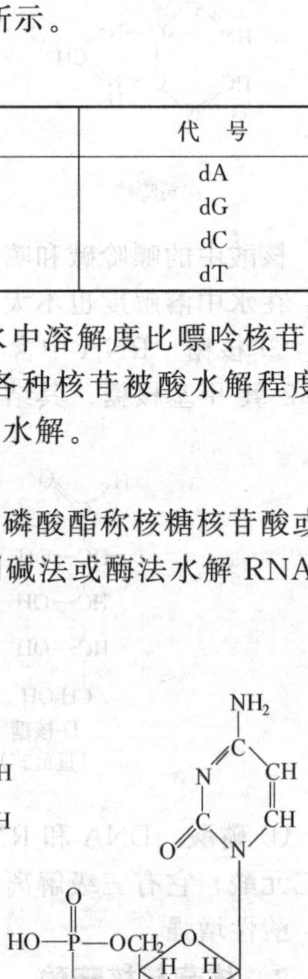

5′-胞苷酸 (5′-CMP)

DNA 用酶法水解得到 4 种脱氧核苷酸，它们的名称与代号如表 2-20 所示。

表 2-20 各类核苷酸名称与代号

核糖核苷酸	代 号	脱氧核糖核苷酸	代 号
腺嘌呤核糖核苷酸	AMP	腺嘌呤脱氧核糖核苷酸	dAMP
鸟嘌呤核糖核苷酸	GMP	鸟嘌呤脱氧核糖核苷酸	dGMP
胞嘧啶核糖核苷酸	CMP	胞嘧啶脱氧核糖核苷酸	dCMP
尿嘧啶核糖核苷酸	UMP	胸腺嘧啶脱氧核糖核苷酸	dTMP

RNA 的核糖在 2′、3′、5′位上都有自由羟基，能各自与磷酸缩合以酯键相连，形成三种磷酸酯。如腺苷可形成 5′-AMP、3′-AMP、2′-AMP。而 DNA 的脱氧核糖 2′位无羟基只能形成两种即 3′-脱氧核苷酸、5′-脱氧核苷酸。核苷酸结构也可用下面简式表示

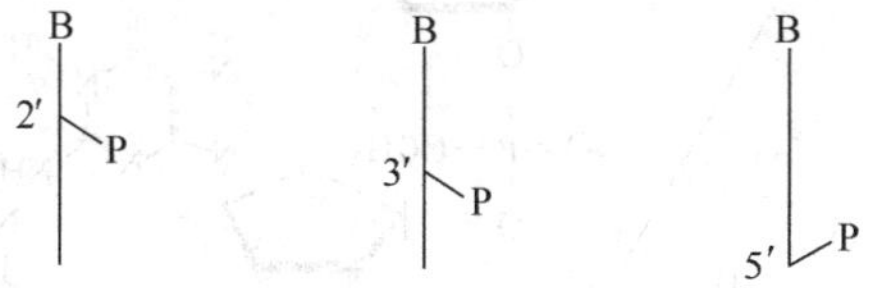

以 B 代表碱基
直线表示核糖
P 代表磷酸

2.5.2.3 细胞内游离核苷酸及其衍生物

在生物体内，核苷酸除了作核酸组成基本单位外，还有一些核苷酸自由存在于细胞内，具有重要生理功能，5′-腺苷酸又称腺苷磷酸，可进一步磷酸化产生腺苷二磷酸和腺苷三磷酸，分别用 ADP、ATP 表示。其结构如下

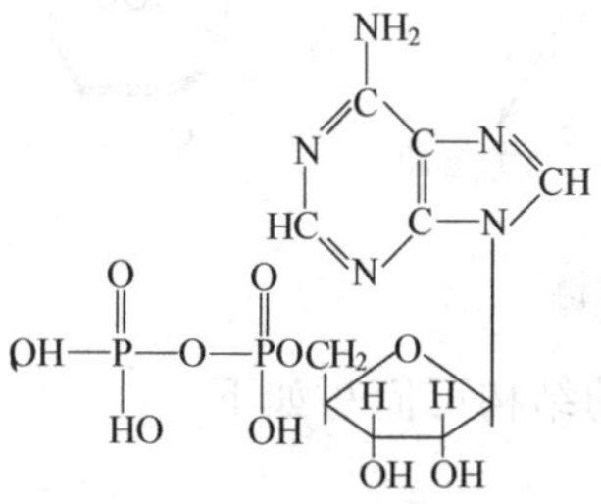

腺嘌呤核苷二磷酸(ADP)

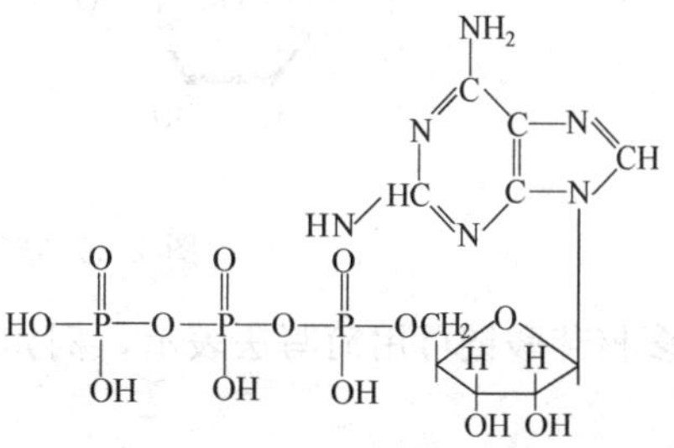

腺嘌呤核苷三磷酸(ATP)

同样其他 5′-核苷酸也可进一步磷酸化生成 5′-核苷二磷酸和 5′-核苷三磷酸。其名称如表 2-21 所示。

表 2-21 核苷二磷酸和核苷三磷酸

核苷磷酸	核苷二磷酸	核苷三磷酸
5′-腺苷磷酸(AMP)	5′-腺苷二磷酸(ADP)	5′-腺苷三磷酸(ATP)
5′-鸟苷磷酸(GMP)	5′-鸟苷二磷酸(GDP)	5′-腺苷三磷酸(GTP)
5′-尿苷磷酸(UMP)	5′-尿苷二磷酸(UDP)	5′-腺苷三磷酸(UTP)
5′-腺胞苷磷酸(CMP)	5′-胞苷二磷酸(CDP)	5′-腺苷三磷酸(GTP)

ATP 作为能量通用载体在生物体的能量转化中起中心作用，UTP、GTP 和 CTP 则在某些专门的生化反应中起传递能量的作用。另外，各种三磷酸核苷及脱氧三磷酸核苷是合成 RNA 与 DNA 的活性前体。生物得到能量转化成 ATP，生物需要能量时，ATP 分子上高能键水解释放能量供生物活动，GTP 参与蛋白质和腺嘌呤的生物合成，UDP 参与糖的互变作用；GTP 在磷酯的生物合成中起主要作用。生物体内还有一些参与代谢作用的辅酶和辅基，如烟酰胺腺嘌呤二核苷酸、烟酸胺腺嘌呤二核苷酸磷酸酯、黄素单核苷酸、黄素腺嘌呤二核苷酸和辅酶 A 等都是核苷酸的衍生物。

2.5.3 核酸的结构

2.5.3.1 核酸的一级结构

有很多实验证明在 RNA 和 DNA 分子中核苷酸之间的连接皆是磷酸二酯键，而且是由一个核苷酸的核糖或脱氧核糖第 5′位的磷酸与另一核苷酸的核糖或脱氧核糖第 3′位的—OH 基相连成 3′,5′-磷酸二酯键，简称 C′3—O—P—O—C′5 键。RNA 和 DNA 的多核苷酸皆无支链。图 2-25 中二式表示两类多聚核苷酸链的部分结构。

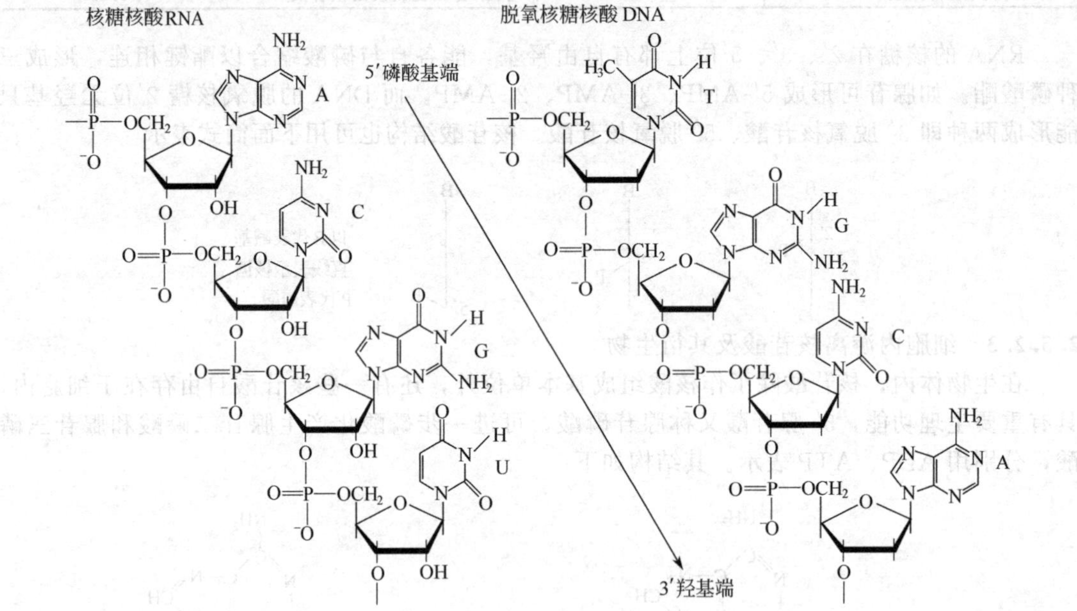

图 2-25 多聚核苷酸链

核酸的多核苷酸链可用简写法表示，例如 DNA 的结构可简写如下

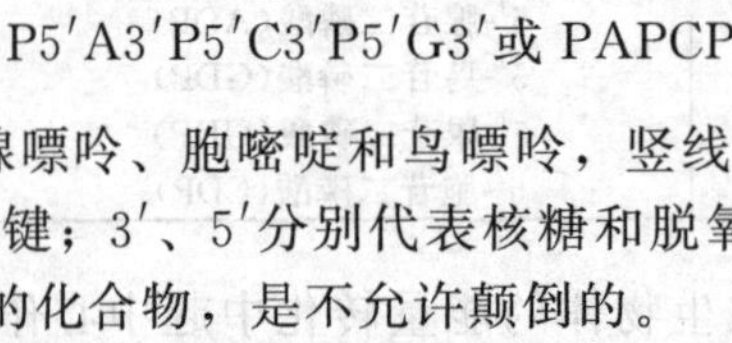

简式的读向是由左向右，上面的简式应读为

$$\cdots P5'A3'P5'C3'P5'G3' \text{或 } PAPCPG$$

式中 A、C、G 分别代表腺嘌呤、胞嘧啶和鸟嘌呤，竖线代表戊糖；对角线中间的Ⓟ代表连接两个核苷酸的磷酸二酯键；3′、5′分别代表核糖和脱氧核糖的 3′OH 基和 5′OH 基。碱基顺序是 5′→3′，代表特定的化合物，是不允许颠倒的。

新近在动植物和细菌 DNA 中发现有 3 个脱氧胞嘧啶核苷酸和 4～5 个胸腺嘧啶核苷酸连续排列在一起的事实，可见不同种 DNA 的多核苷酸链的核苷酸排列次序各有不同。

测定核酸的核苷酸排列顺序，与测定肽链的氨基酸顺序相似，一般须将核酸部分水解、分离和纯化，取得合适大小的核苷酸链片段，然后再测定每一片段链的末端碱基。通过逐步降解和分析末端，从而测得每一片段核苷酸链的排列顺序，最后从各段的结构可推算出整个多核苷酸链的核苷酸顺序。

2.5.3.2 核酸的二级、三级结构

(1) DNA 的二级、三级结构

① DNA 的二级结构（双螺旋结构）

1953 年，J. Watson 和 F. Crick 在前人研究工作的基础上，根据 DNA 结晶的 X 衍射图谱和分子模型，提出了著名的 DNA 双螺旋结构模型（图 2-26），并对模型的生物学意义做出了科学的解释和预测。

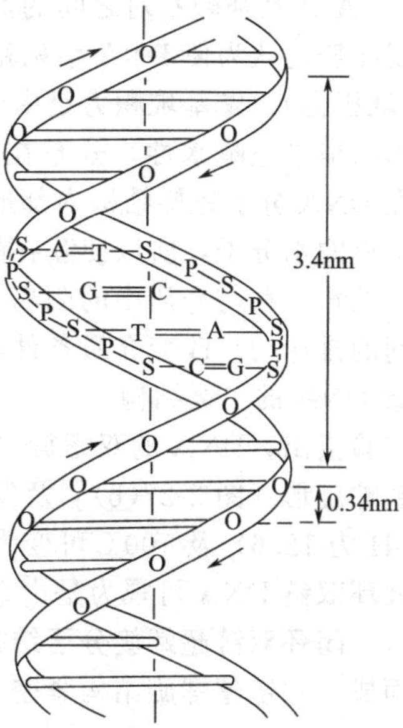

图 2-26 右手螺旋 DNA 双螺旋结构（二级结构）示意

P—磷酸二酯；S—脱氧核糖；A ═T—腺嘌呤-胸腺嘧啶配对； G≡C —鸟嘌呤-胞嘧啶配对

（纵线表示中心轴，箭头表示螺旋方向）

DNA 双螺旋结构的特点是：DNA 分子由两条 DNA 单链组成；DNA 的双螺旋结构是分子中两条 DNA 单链之间基团相互识别和作用的结果；双螺旋结构是 DNA 二级结构的最基本形式。

DNA 双螺旋结构的要点如下。

(a) DNA 分子由两条多聚脱氧核糖核苷酸链（简称 DNA 单链）组成。两条链沿着同一根轴平行盘绕，形成右手双螺旋结构。螺旋中的两条链方向相反，即其中一条链的方向为 5′→3′，而另一条链的方向为3′→5′。

(b) 嘌呤碱基和嘧啶碱基位于螺旋的内侧，磷酸基和脱氧核糖基位于螺旋外侧。碱基环平面与螺旋轴垂直，糖基环平面与碱基环平面成 90°角。

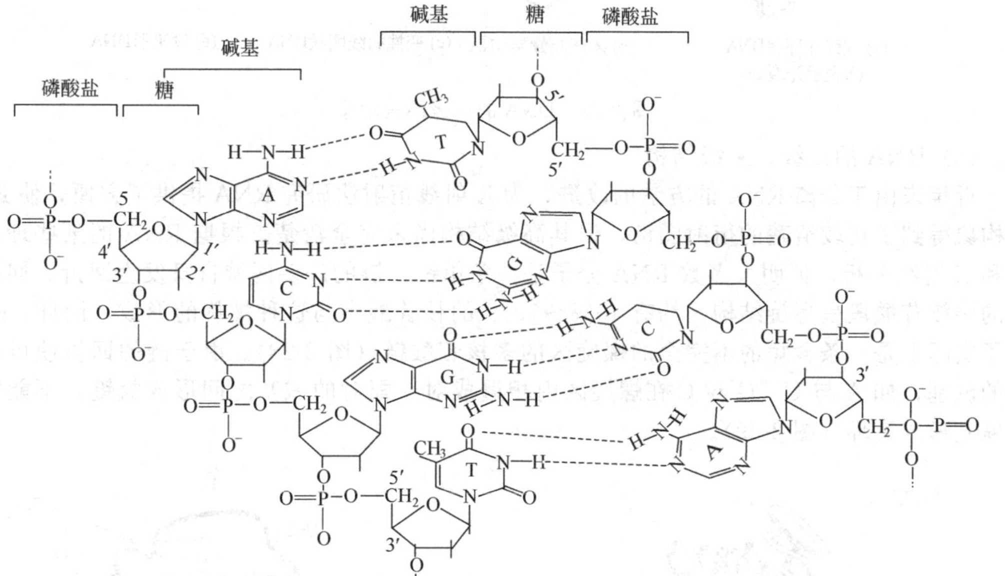

(c) 螺旋横截面的直径约为 2nm，每条链相邻两个碱基平面之间的距离为 0.34nm，每 10 个核苷酸形成一个螺旋，其螺矩（即螺旋旋转一圈）高度为 3.4nm。

(d) 两条 DNA 链相互结合以及形成双螺旋的力是链间的碱基对所形成的氢键。碱基的相互结合具有严格的配对规律，即腺嘌呤（A）与胸腺嘧啶（T）结合，鸟嘌呤（G）与胞嘧啶（C）结合，这种配对关系，称为碱基互补。A 和 T 之间形成两个氢键，G 与 C 之间形成三个氢键。在 DNA 分子中，嘌呤碱基的总数与嘧啶碱基的总数相等。

DNA 双螺旋结构在生理条件下是很稳定的，维持这种稳定性的因素主要有 3 种。一是

两条 DNA 链互补碱基对之间的氢键，大量的氢键显然可以稳定 DNA 的结构，但是氢键太弱。现在普遍认为使 DNA 结构稳定的第二种力，也是主要的力，是堆积碱基间的疏水作用（碱基堆积力）。碱基堆积力是由于芳香族碱基的 π 电子之间相互作用而引起的。嘌呤碱和嘧啶碱形状扁平呈疏水性，分布在双螺旋内侧，大量碱基层层堆积，两相邻碱基平面十分贴近，在 DNA 分子螺旋结构内部形成了一个较大疏水区，与介质中水分子隔开，核心内几乎没有游离的水分子，所以使互补的碱基之间形成氢键。第三种使 DNA 分子稳定的力是磷酸残基上的负电荷与介质中的阳离子（如 Na^+、K^+ 和 Mg^{2+}）之间形成离子键，降低了 DNA 链之间的排斥力。改变介质条件和环境温度，将影响双螺旋的稳定性。

② DNA 的三级结构

实验指出，DNA 的双螺旋二级结构在某些情况下可进一步变为开环形［图 2-27(a)］、闭环超螺旋形［图 2-27(b)］及发夹（hair pin）形［图 2-27(d)］的三级结构。超螺旋在碱性（pH 为 12.6）及 100℃可变为线团结构［图 2-27(c)］。

开环双链 DNA 可视为是由直线双螺旋 DNA 分子的两端连接而成，其中一条链留有一个缺口。闭环双链超螺旋分子结构则可能由于双链环形 DNA 结构因某种分子力学上的关系扭曲而成。双链超螺旋结构紧密，当其链上出现裂口，即可变为松散的开环双链 DNA。

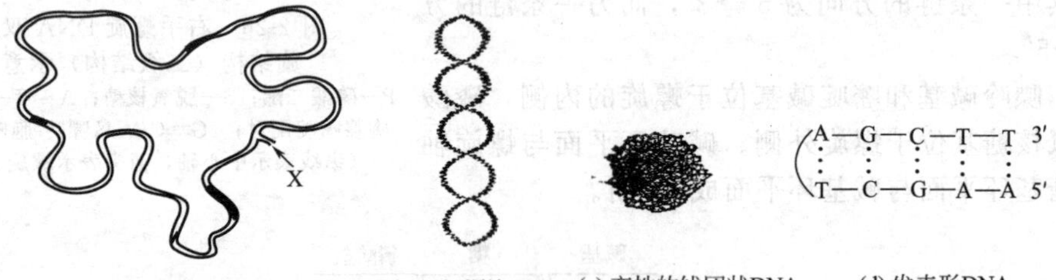

(a) 双链开环状DNA (X表示开裂处)　(b) 闭环超螺旋DNA　(c) 变性的线团状DNA　(d) 发夹形DNA

图 2-27　DNA 的三级结构示意

(2) RNA 的二级、三级结构

近年来由于分离 RNA 的方法的改进，为 X 射线衍射法研究 RNA 提供了方便，使 RNA 的构象得到了比较清楚的衍射图谱，但其高级结构尚未完全清楚。根据 RNA 的某些理化性质和 X 射线分析，证明大多数 RNA 分子是一条单链，链的许多区域自身发生回折。回折区内的多核苷酸段呈螺旋结构。约有 40%～70% 的核苷酸参与这种螺旋的形成，因此，RNA 分子实际上是一条含短的不完全的螺旋区的多核苷酸链（图 2-28）。由于链的回折使可以配对的碱基，如 A 与 U、G 与 C 在螺旋区内相遇成对。配对的碱基之间形成氢键，不能配对的碱基形成突环（图 2-29）。

图 2-28　RNA 的二级结构，表示在一条多核苷酸链中有几个螺旋区（仿 Spirin）

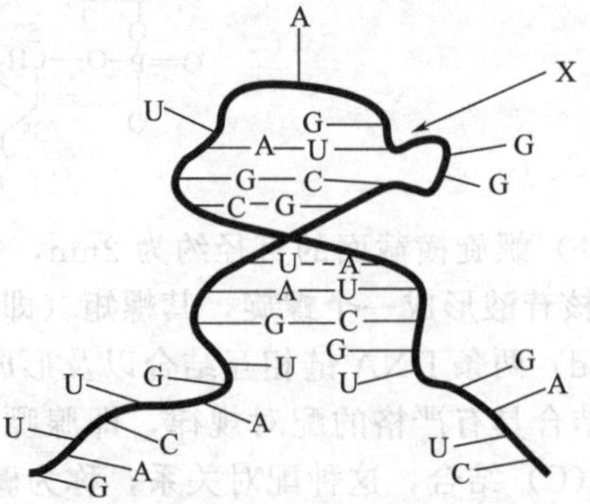

图 2-29　RNA 的二级结构，表示具有互补的碱基配对的螺旋区，X 处表示螺旋的突环部分（仿 Fresco）

① tRNA 的二级、三级结构　tRNA 的碱基配对与图 2-29 所述的有些特殊，它的每一个碱基可有一个以上（1～3 个）的配对碱基。大肠杆菌、小麦和酵母菌的 tBHA 结构都已弄清楚。根据碱基排列顺序的测定和碱基配对原则，R. W. Holley 建议下列的酵母菌 tRNA（$tRNA^{Ala}$）的空间结构模型如图 2-30 所示。

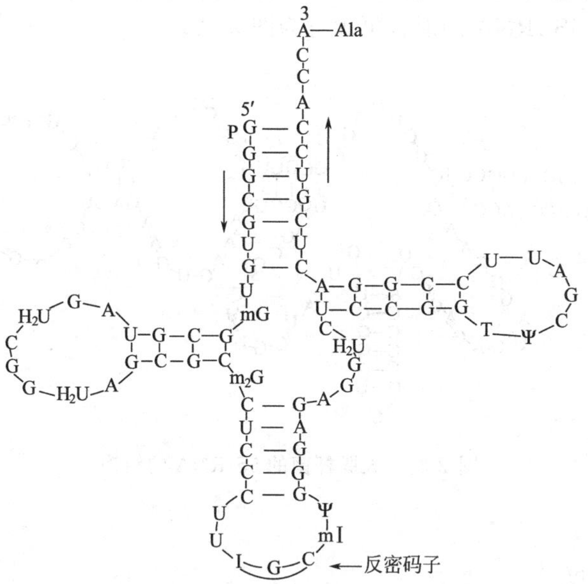

图 2-30　酵母丙氨酸 tRNA（$tRNA^{Ala}$）的三叶形二级结构

1—次黄嘌呤核苷（inosine）；m_2G—2,2-二甲基鸟苷（2,2-dimethy lquanosine）；

T—胸腺嘧啶脱氧核苷（ribothymidine）；mG—1-甲基鸟苷（1-methylguanosine）；

H_2U—5,6-二氢尿苷（5,6-dihydrouridine）；IGC—反密码子；

Ψ—假尿苷（pseudouridine）；mI —甲基次黄嘌呤核苷（methylinosine）

除单链 RNA 结构外，也有证据证明某些病毒 RNA 是双螺旋结构，例如植物伤瘤病毒和水稻矮缩病毒，也都是双链结构。新近（1974 年）在 0.3nm 分辨率电子密度图的基础上，S. H Kim. 等测得酵母 tRNA（$tRNA^{Phe}$）的三级结构为倒 L 形（图 2-31 ）。

图 2-31　酵母 tRNA（$tRNA^{Phe}$）的三级结构

② mRNA 的结构　mRNA 是在细胞核及线粒体内产生，然后进入细胞质及核糖体。mRNA 有很多种类，每一种 mRNA 的分子量及碱基顺序都不相同。真核细胞 mRNA 的 3′ 末端有一条大约由 200 个腺苷酸残基连续组成的多聚腺苷酸链，称为“尾结构”。5′ 末端有

一个甲基化的鸟苷酸，称为“帽结构”。此种多聚腺苷酸链与 mRNA 从细胞核转移到核糖体的过程有关。

③ rRNA 的二级结构　rRNA 的二级结构为三叶形。从大肠杆菌核糖体分离出来的有 23S、16S 和 5S 三种。从真核细胞分离出来的 rRNA 有 5S、7S、18S 和 28S 四种。不同 rRNA 的碱基比例和碱基顺序各不相同。分子结构基本上是由部分双螺旋和部分突环相间排列而成。大肠杆菌的 5S rRNA 的形状可示意为图 2-32。

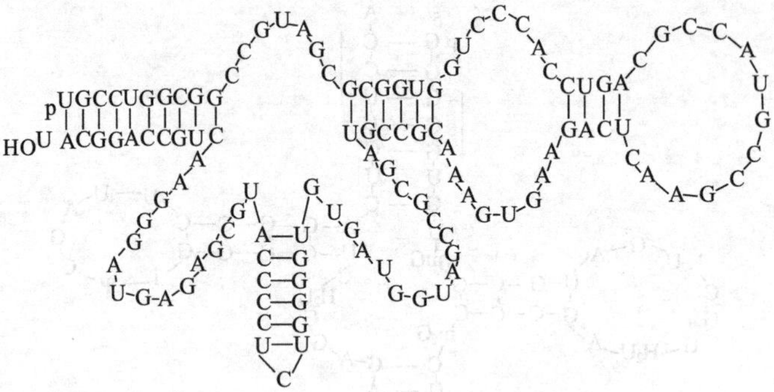

图 2-32　大肠杆菌的 5SrRNA 的结构

2.5.4　核酸的性质

（1）性状和溶解度

DNA 为白色纤维状固体，RNA 为白色粉末，都微溶于水，它们的钠盐在水中溶解度较大，都能溶于 2-甲氧基乙醇，但不溶于一般有机溶剂如乙醇、乙醚、氯仿、戊醇和三氯乙酸。DNA 能被乙醇和异丙醇沉淀。

（2）分子大小

DNA 和 RNA 的分子量都很大，DNA 的分子量比 RNA 的分子量大。RNA 的分子量大约从几万到几百万或更大一些；DNA 的分子量约在 $(1.6\times10^{6})\sim(2.2\times10^{9})$ 之间。DNA 分子大多是不对称的。

（3）紫外吸收性质

核酸中的嘌呤、嘧啶环的共轭体系强烈吸收 260～290nm 波段紫外光，其最高吸收峰接近 260nm（图 2-33）。

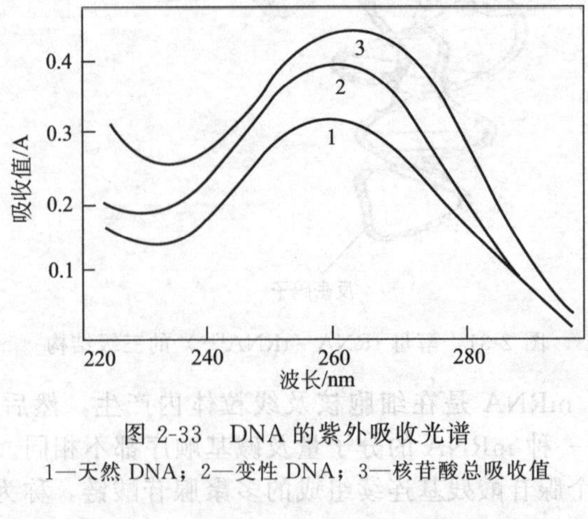

图 2-33　DNA 的紫外吸收光谱

1—天然 DNA；2—变性 DNA；3—核苷酸总吸收值

蛋白质最大吸收值在 280nm 处，利用这一特性可以鉴别核酸样品中的蛋白质杂质，也可以利用这一性质测定嘌呤或嘧啶衍生物在纯溶液中的含量。

DNA 的紫外吸收光谱与 RNA 的吸收光谱差别不大。核酸的光吸收值比其各核苷酸成分的光吸收值之和少 30%～40%，双链 DNA 的光吸收值比单链 DNA 的光吸收值也少，这是在有规律的双螺旋结构中碱基紧密地堆积在一起造成的。核酸紫外吸收值是：单核苷酸＞单链 DNA＞双链 DNA。当核酸变性或降解时，其紫外光吸收强度即显著增高，因此，可根据核酸溶液的紫外光吸收光谱来判断其是否变性。

(4) 核酸的变性、复性和杂交

天然的双螺旋 DNA 和具有双螺旋区的 RNA 溶液加入过量碱、酸或加热可分离成两条无定形的多核苷酸单链，这一过程叫做变性。变性后，核酸的紫外吸收值急剧增加，还发生黏度下降，比旋光值降低，生物活性丧失等变化。因此，可利用这些性质来判断核酸是否变性。变性主要是二级结构的改变引起的，而一级结构并不发生破坏。当变性因素去除后，变性的单链 DNA 在链内或链间会形成局部氢键结合区。在一定条件下，原来互补的两条单链可以完全可逆重新结合恢复到原来的 DNA 的双螺旋结构，这个过程称复性，如图 2-34 所示。

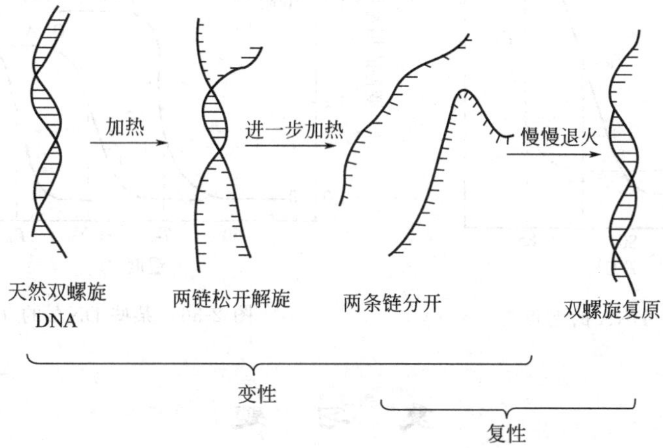

图 2-34 天然 DNA 变性和复性过程简单示意

由于双螺旋结构主要靠氢键和疏水键维持，故凡能破坏氢键和疏水键的因素都能引起变性，如加热、酸碱、有机溶剂（乙醇、胍、尿素等），此外还与 DNA 分子本身的稳定性有关。如（G—C）百分含量高的 DNA 分子较稳定，因 G—C 对中有三个氢键，而 A—T 只有两个氢键。故（A—T）百分含量高的 DNA 易变性。此外环状 DNA 又比线状 DNA 稳定。

DNA 水溶液加热变性时，双螺旋两条链分开，如果溶液迅速冷却，两条单链继续保持分开，但如果缓慢冷却，则两条链可能发生特异的更新组合而恢复成双螺旋，用电子显微镜照片令人信服地证明了这一点。RNA 变性与 DNA 变性的变化类似，但其变化的程度不及 DNA 大，因为 RNA 分子中只有部分螺旋区。

仅当缓慢冷却时，才能随着“复性”DNA 的形成而发生螺旋—线团转变的逆转，因为互补的链首先必须相遇，并在盘绕于一起而形成双螺旋之前将互补区联系起来，相同来源两个 DNA 样品容易通过这种过程形成“杂种”，不同来源的 DNA 如果彼此间的核苷酸排列顺序互补，也可形成杂种，甚至也可在多核糖核苷酸与多脱氧核糖核苷酸链之间形成杂种，这种形成杂种的过程叫分子“杂交”，分子杂交的技术是研究核酸功能的重要手段。

DNA 的加热变性一般在较窄的温度范围内发生，很像固体结晶物质在其熔点突然熔化的情况。因此，通常把 DNA 的双螺旋结构失去一半时的温度称为该 DNA 的“熔点”或熔解温度（T_m），见图 2-35。

DNA 的鸟嘌呤和胞嘧啶含量越多，其 T_m 值越高，反之则越低。如图 2-36 所示。这是因为 G—C 碱基对中含有 3 个氢键，而 A—T 碱基中只含有两个氢键，因而这两类碱基对稳定核酸结构的作用不同。

核酸变性不涉及核苷酸间共价键的断裂，因而并不引起分子量的降低，多核苷酸链的磷酸二酯键断裂叫做降解。DNA 和 RNA 变性或降解时其紫外吸收值增加（图 2-32），这种现象叫增色效应，它是由堆积碱基的电子间互相变化作用引起的，与增色效应相反的效应叫减色效应，变性核酸发生复性时发生减色效应。紫外吸收值测定简便易行，所以常用核酸溶液紫外吸收值的变化作为变性或复性的指标。

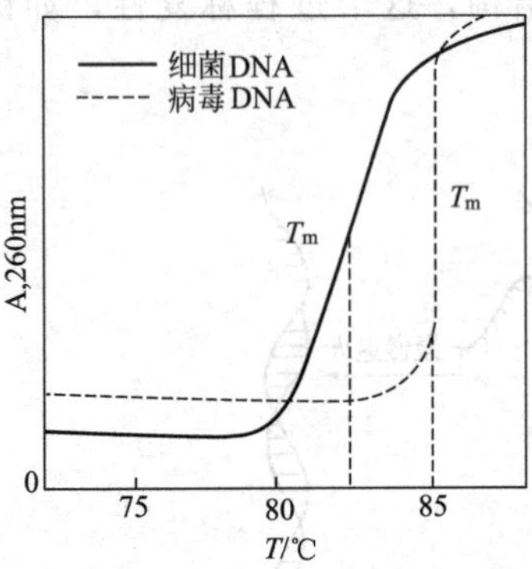

图 2-35 DNA 的熔点

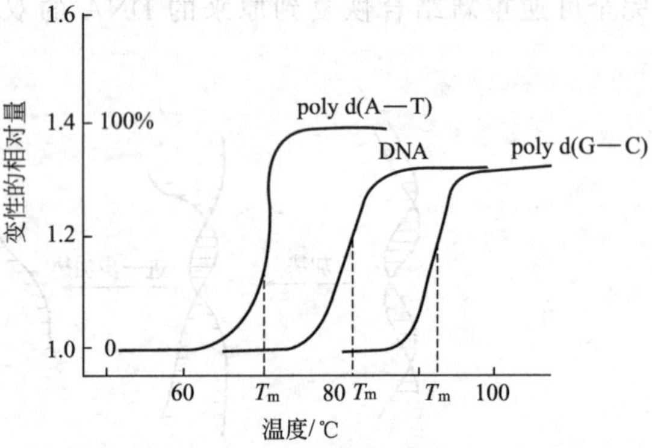

图 2-36 某些 DNA 的 T_m 值

复 习 题

1. 简述生物分子的特点及生物分子中的作用力。
2. 简述糖的概念与分类。
3. 在糖的名称之前附有“D”或“L”、“+”或“−”，以及“α”或“β”，它们有何意义？什么叫变旋现象？什么叫旋光度，什么叫比旋光度？如何测定？
4. 概述葡萄糖的各种化学性质。常用哪些化学性质鉴别糖？
5. 蔗糖、乳糖和麦芽糖的化学组成、结构特点和鉴定方法有哪些？
6. 淀粉、糖原和纤维素的化学组成如何？其结构和性质有何异同？
7. 简述脂类物质的概念与分类。
8. 酰基甘油有哪些物理性质、化学性质？
9. 概述蛋白质的各种化学性质及它们各自的用途？
10. 试述 α 螺旋的要点。何为蛋白质的高级结构？维持蛋白质高级结构的化学键有哪些？
11. 概述蛋白质的各种颜色反应及它们各自的用途。
12. 阐述蛋白质分离提纯过程。
13. DNA 和 RNA 在化学组成、大分子结构及细胞内分布上、生物功能上各有何特点？
14. 简述 DNA 分子的二级结构特点，并指出稳定其二级结构的作用力。
15. DNA 的热变性有何特点？T_m 值表示什么？

参考文献

[1] 段金生．生物化学．北京：中国中医药出版社，1993.
[2] 沈同，王镜岩．生物化学（上册）．第二版．北京：高等教育出版社，1991.
[3] 郑集．生物化学．第二版．北京：高等教育出版社，2002.
[4] B. D. Hames et al. Instant notes in biochemistry（影印版）．北京：科学出版社，2002.
[5] 赵文恩．生物化学．北京：化学工业出版社，2005.
[6] 李忠义．简明基础生物化学．大连：大连理工大学出版社，1993.
[7] 李建武．生物化学．北京：北京大学出版社，1990.
[8] 朱玉贤，李毅．现代分子生物学．第二版．北京：高等教育出版社，2002.
[9] 聂剑初．生物化学简明教程．第三版．北京：1999.

3

新陈代谢催化剂——酶化学

3.1 酶的概述

3.1.1 酶的概念

生物体内进行着许多复杂而有规律的化学反应，例如，氧化、还原、合成与分解等。这些化学反应如果在体外进行，则大都需要剧烈的物理或化学条件和较长的时间才能完成。但在体内温和条件下，即在体温 37℃，接近中性的体液环境中，却能迅速而有规律地进行，这是因为体内含有催化新陈代谢中各种反应的酶。

酶（enzyme）是一类具有高度催化效能和高度专一性的生物催化剂，它由活细胞产生，并可在细胞内外起催化作用。绝大部分酶的主要化学成分是蛋白质，所以酶具有蛋白质的一切典型性质。例如，酶和蛋白质都能形成大分子胶体溶液，不能透过半透膜；酶的沉降速度与蛋白质相似，可用沉降法测定其分子量；酶和蛋白质都具有两性电解质的性质，故每种酶都有一定的等电点；酶水解后产生各种氨基酸的混合物，和蛋白质相似，有些酶也具有辅基；在多种理化因素作用下，酶也容易发生变性而失去催化活性。

生物体内一切化学反应，几乎都是在酶催化下进行的，酶是生物体内代谢过程必不可少的物质，没有酶就不能进行新陈代谢，也就没有生命。

3.1.2 酶催化作用的特点

3.1.2.1 酶和一般催化剂的共性

（1）用量少而催化效率高

酶与一般催化剂一样，用量虽少但能使一个慢速反应变为快速反应。

（2）不改变化学反应的平衡点

和一般催化剂一样，酶仅能加快化学反应的速度，缩短达到平衡所需的时间，但不能改变反应的平衡点。酶本身在反应前后也不发生变化。这意味着一个酶对正、逆反应按同一倍数加速。考虑 A 和 B 之间互相转化。假设在没有酶的情况下。正向反应的速率 k_F 为 10^{-4} s^{-1}，而逆向反应速率 k_R 为 $10^{-6}s^{-1}$。平衡常数 K 可通过正、逆反应速率之比给出

$$A \underset{10^{-6}s^{-1}}{\overset{10^{-4}s^{-1}}{\rightleftharpoons}} B \qquad K=\frac{[B]}{[A]}=\frac{k_F}{k_R}=\frac{10^{-4}}{10^{-6}}=100$$

不论有没有酶起作用，B 的平衡浓度为 A 的 100 倍。但没有酶时达成平衡需要几个小时，而在有酶起作用的情况下，可能不到 1s 就能达到平衡，因此，酶加速达成平衡，但并不移动平衡的位置。

（3）可降低反应的活化能

在有酶和一般催化剂参与反应时，由于催化剂能短暂地与反应物结合成过渡态，因而降低了反应所需的活化能，只要较低的能量就可使反应物进入活化状态，活化分子数大大增加，故加快了反应速度。

3.1.2.2　酶作为生物催化剂的特性

（1）作用条件温和

酶是由生物细胞所产生，对周围环境很敏感，不耐高温、高压，遇强酸、强碱、重金属盐或紫外光等因素影响易失去催化活性。因此在酶催化下的一切反应几乎都是在比较温和的常温、常压和接近中性条件下进行的。

（2）催化效率高

在相同条件下，酶的存在可以使一个反应的速度大大加快。然而，要把一个酶催化的反应和一个其他催化剂催化的反应，或非催化反应做定量比较，却是十分困难的，许多比较往往只能估计出一个下限。这一方面是由于它们的反应历程不同；另一方面，一些反应在酶的催化下可以顺利进行，但在没有酶存在时则其反应速度几乎难以测出。从尿素的水解反应来看，这个反应，在水溶液中是一个假一级反应，在 100℃时，是不受 pH 值影响的。其一级反应速度常数为 $4.15\times10^{-5}s^{-1}$，活化能为 136.817kJ/mol。而尿素被脲酶催化水解时，在 20.8℃，pH 值 8.0，其一级反应速度常数为 $3\times10^{4}s^{-1}$，活化能为 46.024kJ/mol。换算到非酶促反应在 28℃时的一级反应速度常数，应该是 $3\times10^{-10}s^{-1}$，其活化能相差 92.048kJ/mol。因此，酶促反应比非酶促反应至少要快 10^{14} 倍。一般来讲，如果催化效率用分子比表示，则酶催化反应的反应速度比非催化反应高 $10^{8}\sim10^{20}$ 倍，若用转换数［turnover number，每秒钟每个酶分子能催化多少个微摩尔（μmol）的底物发生变化］表示，大部分酶为 1000，最大的可达 100 万以上。

（3）高度专一性

酶作用的专一性（specificity）是指酶对催化底物有严格的选择性，对催化的反应类型，也有严格的规定性。和普通催化剂相比，酶的专一性较高，但在不同酶之间，仍有程度上的差别。根据酶对其底物结构选择的严格程度不同，酶的专一性可大致分为以下三种类型。

① 绝对专一性　有的酶只能作用于特定结构的底物，进行一种专一的反应，生成一种特定结构的产物，这种专一性称为绝对专一性。例如，脲酶仅能催化尿素水解生成 CO_2 和 NH_3，琥珀酸脱氢酶仅能催化琥珀酸脱氢生成延胡索酸，碳酸酐酶仅能催化碳酸生成 CO_2 和 H_2O。

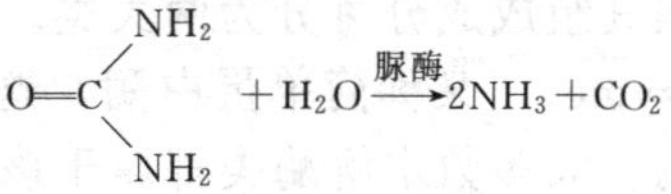

尿素

② 相对专一性　有些酶的专一性相对较低，这类酶作用于一族类化合物或一种化学键，这种不太严格的选择性称为相对专一性。相对专一性分为两种。

a. 键专一性　仅选择性要求底物的化学键，不要求其键的两侧基团。例如，对酯酶来说，只要求底物分子中的酯键，而对构成酯键的有机酸和醇（或酚）则无严格要求。这种键专一性是一种较低的专一性。又如，淀粉酶仅要求 α-1,4 糖苷键，对两侧糖链的长短不要求，故对不同大小分子质量的淀粉都可催化分解。

b. 基团专一性　具有基团专一性的酶除了需要有“正确”的化学键以外，还需要键的一侧必须是特定的基团。如胰蛋白酶作用于蛋白质的肽键，此肽键羰基必须由赖氨酸或精氨酸等碱性氨基酸所提供，而对肽键的氨基部分则要求不严。胰蛋白酶的作用见下式

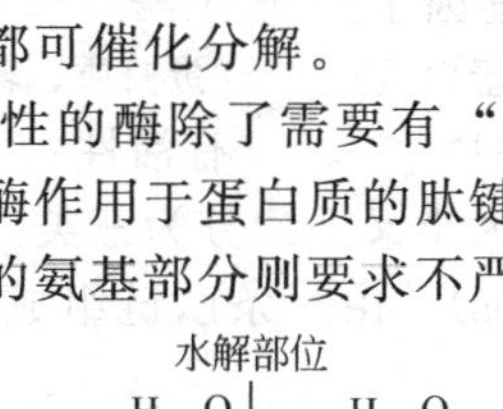

③ 立体异构专一性　一种酶仅作用于立体异构体中的一种，这类酶对立体异构的选择性要求成为立体异构专一性。根据旋光异构和几何异构的要求可分为旋光异构专一性和几何异构专一性。

a. 旋光异构专一性　例如，精氨酸酶只催化水解 L-精氨酸，不能催化 D-精氨酸水解；乳酸脱氢酶只作用于 L-乳酸脱氢酶，不作用于 D-乳酸。

L-乳酸　　丙酮酸

b. 几何异构专一性　例如，延胡索酸酶仅催化反丁烯二酸（延胡索酸）生成苹果酸，而对顺丁烯二酸（马来酸）无作用。

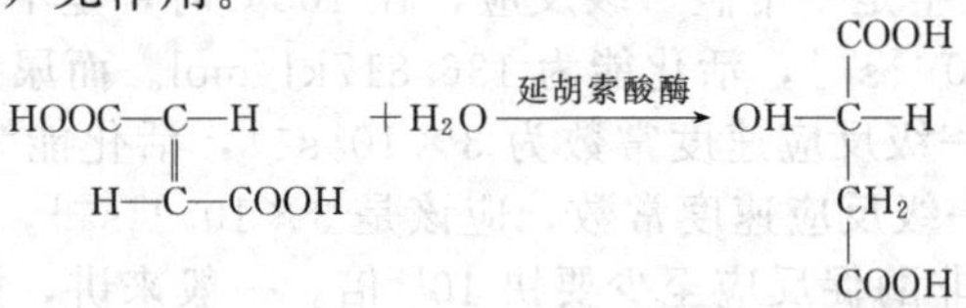

反丁烯二酸　　L-苹果酸

(4) 受调控

酶的催化活性在体内受到多种因素调节控制。这是酶区别于一般催化剂的重要特征。细胞和生物机体为执行各种生理功能和适应外界条件的变化，往往需要自我调节，即通过代谢调控来达到整体的平衡与外界的统一。从根本上讲就是通过对酶的调控包括酶活性的调节和酶合成速度的调节来达到的。细胞内酶的调控方式多种多样，有的从不同水平来调节和控制酶的合成和降解；有的通过调节酶的活性，例如有的通过共价修饰、酶原激活、抑制剂以及反馈作用等多种方式来调控酶的活性。有关这方面的问题后面还要做较详细的讨论。高效率、专一性以及温和的作用条件使酶在生物体内新陈代谢中发挥强有力的作用，酶催化活性的调控使生命活动中各个反应得以有条不紊地进行。

3.1.3　酶的组成

酶和其他蛋白质一样，根据其组成成分可分为两大类。

① 单纯蛋白酶（simple enzyme）　又称简单蛋白酶，这类酶除蛋白质外不含其他成分。其活性只取决于它的蛋白质结构。大多数水解酶类都属于该类酶，例如蛋白酶、脂肪酶、核糖核酸酶、脲酶等。

② 结合蛋白酶（conjugated enzyme）　生物体内大多数酶都属于结合蛋白酶类。这类酶由蛋白质部分与非蛋白质部分相结合而成，前者称为酶蛋白或脱辅基酶蛋白（apoenzyme），后者称为辅助因子（cofactor）。由酶蛋白和辅助因子结合而成的有活性的复合物叫全酶（holoemzyme），全酶的蛋白质部分及辅助因子单独存在都没有催化活性。

酶蛋白	＋辅助因子	⟶ 全酶
（蛋白质）	（非蛋白质）	（蛋白质、辅助因子复合物）
无活性	无活性	有活性

根据酶蛋白分子的特点和分子大小又把酶分为三类。

① 单体酶（monomeric enzymes）　由一条肽链组成的酶称为单体酶如胃蛋白酶、胰蛋白酶、核糖核酸酶等。

② 寡聚酶（oligomeric enzymes）　由两条或两条以上肽链（称为亚基）组成的酶称为寡聚酶如 3-磷酸甘油醛脱氢酶（二聚体）、L-乳酸脱氢酶（四聚体）等。

③ 多酶体系（multienzyme enzymes）　体内有些参与链锁反应的多种酶常常联结在一起，构成所谓多酶体系，如丙酮酸脱氢酶系、脂肪酸合成酶系等。

酶的辅助因子包括辅酶（coenzyme，简称为 Co）和辅基（prosthetic group）。与酶蛋白的结合疏松，可用透析方法将之与蛋白质分离的辅助因子称辅酶；与酶蛋白的结合牢固，不能用透析方法分离的辅助因子称辅基，两者并无本质区别。通常一种酶蛋白必须与某一特定的辅助因子结合，才能成为有活性的全酶，如果用另一种替换则不表现出活力。反之，一种辅助因子常可与多种不同的酶蛋白结合而组成具有不同专一性的全酶。例如，NAD^+（或 $NADP^+$）可与不同的酶蛋白结合，组成如乳酸脱氢酶、苹果酸脱氢酶和 3-磷酸甘油醛脱氢酶等多种酶。由此可见，决定酶催化专一性的是酶的蛋白质部分。

按化学本质不同辅助因子可分为三类。

① 金属离子，如 Cu^{2+}、Zn^{2+}、Fe^{2+}、Mg^{2+}、Mn^{2+}、K^-、Na^+ 等，它们在酶分子中的作用有维持酶分子特定活性构象，参与活性中心构成，参与氧化还原的电子传递；在酶与底物连接中起桥梁作用；利用离子的电荷如中和电荷等影响酶活性。

② 小分子有机物，如维生素、铁卟啉等。已知几乎所有 B 族维生素都参与辅酶和辅基的组成，在酶作用中或参与氧化还原反应，或作为基团载体。

③ 还有一类是蛋白类辅酶，如硫氧还蛋白、铁氧还素等，也参与基团转移或氧化还原反应。一些酶的辅助因子及其作用见表 3-1。

表 3-1 一些酶的辅助因子及其作用

类 别	酶	辅 助 因 子	辅助因子的作用
含金属离子辅基	酪氨酸、细胞色素氧化酶、漆酶、抗坏血酸氧化酶	Cu 或 Cu^{2+}	连接作用或传递电子
	碳酸酐酶、羧肽酶、醇脱氢酶	Zn^{2+}	连接作用
	精氨酸酶、磷酸转移酶、肽酶	Mn^{2+}	连接作用
	磷酸水解酶、磷酸激酶	Mg^{2+}	
含铁卟啉辅基	过氧化物酶、过氧化氢酶、细胞色素、细胞色素氧化酶	铁卟啉	传递电子
含维生素辅酶	多种脱氢酶	NAD 或 NADP	传递氢
	各种黄酶	FMN 或 FAD	传递氢
	转氨酶、氨基酸脱羧酶	磷酸吡哆醛	转移氨基
	α-酮酸脱羧酶	焦磷酸硫胺素	催化脱羧反应
	乙酰化酶	辅酶 A	转移酰基
	α-酮酸脱氢酶	二硫辛酸	氧化脱羧
	羧化酶	生物素	传递 CO_2
其他	磷酸基转移酶	ATP	转移磷酸基
	磷酸葡萄糖变位酶	1,6-二磷酸葡萄糖	转移磷酸基
	UDP 葡萄糖异构酶	二磷酸尿苷葡萄糖	异构化作用

3.1.4 酶的分类

国际上通用的系统分类法是以酶所催化的反应为基础的，共分为六大类。

（1）氧化还原酶类

氧化还原酶类（oxido-reductars）用于催化氧化还原反应，在生物获取能量过程中起着极为重要的作用。生物体内的氧化还原反应多以脱氢加氢的方式进行，脱氢为氧化，加氢为还原；氧化还原酶包括氧化酶（oxidase）和脱氢酶（dehydrogenase）。一般说来，氧化酶催化的反应都有氧分子直接参与，H 转移到 O_2 上，例如，葡萄糖氧化酶催化葡萄糖氧化成葡萄糖酸的反应中，氧是受氢体

$$\begin{array}{c} CH_2OH \\ | \\ (CHOH)_4 \\ | \\ CHO \end{array} + O_2 \xrightleftharpoons{\text{葡萄糖氧化酶}} \begin{array}{c} COOH \\ | \\ (CHOH)_4 \\ | \\ CHO \end{array} + H_2O$$

而脱氢酶催化的反应中 H 转移到一个不是 O_2 的受体中。例如，细胞内乙醇氧化为乙醛的反应，是在乙醇脱氢酶的催化下进行的，从底物氧化脱下的氢并不直接转给氧，而是使乙醇脱氢酶的辅酶 NAD 还原为 $NADH_2$。

$$CH_3CH_2OH \xrightarrow[\text{乙醇脱氢酶}]{NAD \quad NADH_2} CH_3CHO$$

(2) 转移酶类

转移酶类（transferases）用于催化功能基团的转移反应（一为供体，一为受体）。例如，谷丙转氨酶是催化氨基转移的酶，是氨基酸代谢中一个重要的酶。

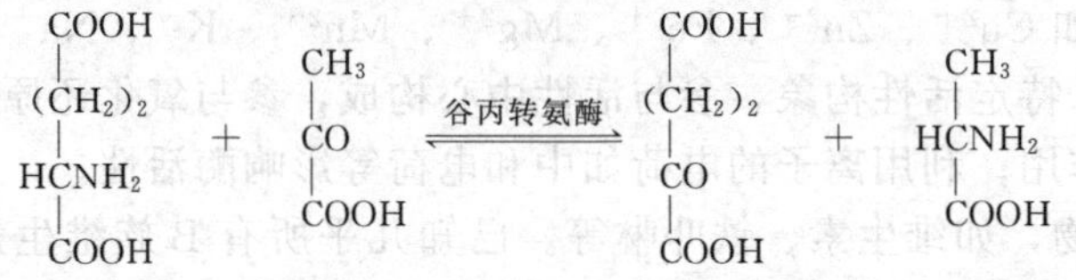

谷氨酸　　丙氨酸　　α-酮戊二酸　　丙氨酸

如果分子间所转移的基团是高能基团，基团的转移就伴随着能量的转移。催化这类反应的转移酶特称为激酶。最常见的是底物分子与 ATP 分子间进行的高能磷酸基团的转移反应：ATP 分子上的高能磷酸基团转移到底物分子上，提高了底物分子的能量，可看作是消耗 ATP 分子而活化了底物；或者是底物分子上的高能磷酸基团转移到 ADP 分子上，可看作 ADP 分子的磷酸化，即 ATP 分子的合成，例如，葡萄糖分子分解时首先被活化为 6-磷酸葡萄糖的反应就是由已糖激酶催化的。

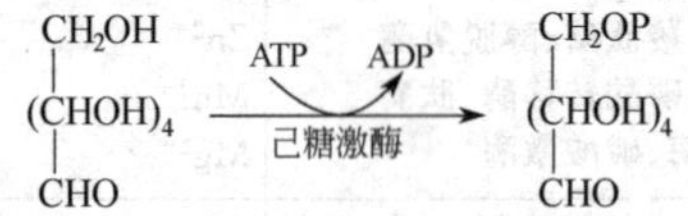

(3) 水解酶类

水解酶类（hydrolases）用于催化底物发生水解。如淀粉酶、蛋白酶、脂肪酶等能分别将淀粉、蛋白质、脂肪等大分子水解为糖、氨基酸、脂肪酸等小分子。在体内担负降解的作用。此类酶的应用与日俱增，是目前应用最广泛的一种酶。下式为淀粉酶水解淀粉为葡萄糖的反应式

$$(C_5H_{10}O_5)_n + nH_2O \xrightarrow{\text{淀粉酶}} nC_6H_{12}O_6$$

(4) 裂解酶类

裂解酶类（lyases）用于催化底物进行非水解性、非氧化性分解。这类反应在代谢中起着重要作用，其特点是分离出 H_2O、NH_3、CO_2 及醛等小分子而留下双键，或反过来催化底物双键的加成。例如

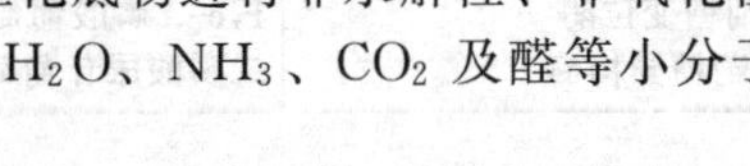

天冬氨酸

(5) 异构酶类

异构酶类（isomerases）用于催化底物分子的异构化反应，包括旋光（或立体）异构、顺反异构、分子内氧化还原以及分子内转移等。例如，葡萄糖异构酶催化葡萄糖异构为果糖的反应

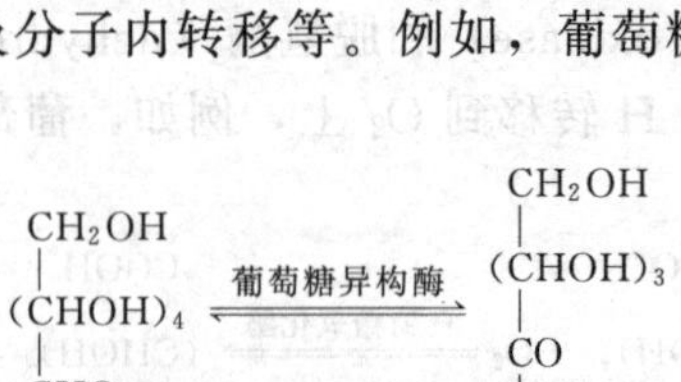

(6) 合成酶类

合成酶 (synthetases) 又称连接酶 (ligases)，可催化两个底物连接成一个分子。这类合成反应关联着许多重要生命物质，如蛋白质、脂肪等的合成，一般为吸能过程，因而通常有 ATP 等高能物质参加反应，其通式可写为

$$X+Y+ATP \rightleftharpoons X-Y+ADP+Pi$$

丙酮酸羧化酶利用 ATP 分解释放的能量催化丙酮酸与 CO_2 合成草酰乙酸的反应就属于这类反应。

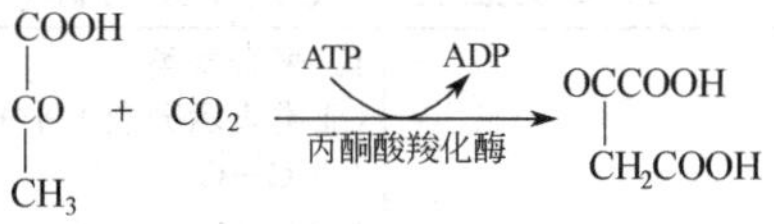

在六类酶中，根据酶的更具体的性质可进一步将每一类酶分成若干亚类、亚亚类，例如，在氧化还原酶类中，根据氢或电子供体的性质可将此类酶分成 20 个亚类，每个亚类又分成若干个亚亚类。

3.1.5 酶的命名

(1) 习惯命名法

1961 年以前使用的酶的名称都是习惯沿用的，称为习惯名。习惯命名的原则如下。

① 绝大多数酶依据其底物来命名，如催化水解淀粉的称为淀粉酶，催化水解蛋白质的称为蛋白酶。

② 某些酶根据其所催化的反应性质来命名，如水解酶催化底物分子水解，转氨酶催化一种化合物上的氨基转移至另一化合物上。

③ 有的酶结合上述两个原则来命名，例如琥珀酸脱氢酶是催化琥珀酸脱氢反应的酶。

④ 在这些命名的基础上有时还加上酶的来源或酶的其他特点，如胃蛋白酶及胰蛋白酶碱性磷酸酯酶及酸性磷酸酯酶等。

习惯命名比较简单。应用历史较长，但缺乏系统性，有时出现一酶数名或一名数酶的情况，为了适应酶学发展的新情况，避免命名的重复，国际酶学会议于 1961 年提出了一个新的系统命名及系统分类的原则，已为广泛采用。

(2) 国际系统命名法

国际酶学委员会规定了一套系统的命名规则，使每一种酶都有一个名称，包括酶的系统名及四个数字的分类编号(表 3-2)。系统名称中应包括底物的名称及反应的类型，若有两种底物，它们的名称均应列出，并用冒号“:”隔开；若底物之一为水则可略去，例如催化下述乳酸脱氢反应中的乳酸脱氢酶。

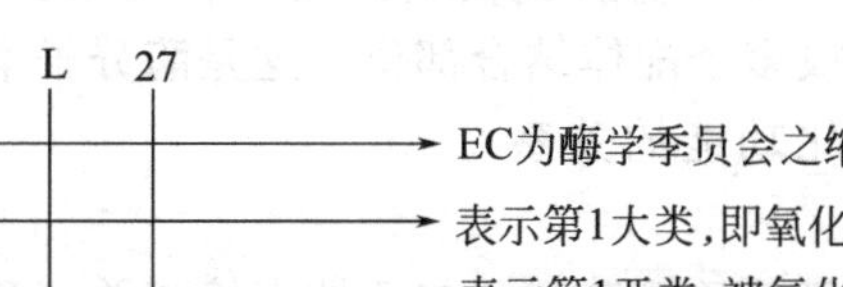

其编号可解释如下

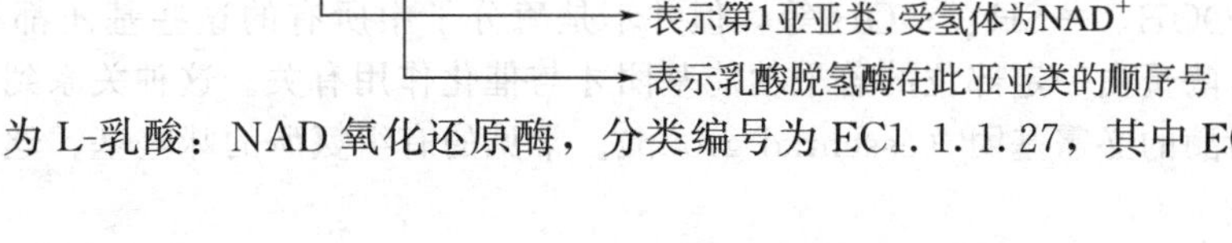

系统命名为 L-乳酸：NAD 氧化还原酶，分类编号为 EC1. 1. 1. 27，其中 EC 为国际酶学

委员会的缩写，前三个数字分别表示所属大类、亚类、亚亚类，根据这三个标码可判断酶的催化类型和催化性质，第四个数值则表示该酶在亚亚类中占有的位置，根据这四个数字可以确定具体的酶。

系统命名法根据酶的催化反应的特点，每一种酶都有一个名称，不至于混淆不清，一般在国际杂志、文献及索引中采用，但名称烦琐，使用不便，故在工作中及相当多的文献中仍沿用习惯命名法。

表 3-2 酶的国际分类表——大类及亚类（表示分类名称，编号，催化反应的类型）

1 氧化还原酶类 （亚类表示底物中发生氧化的性质） 1.1 作用在 —CH—OH 上 1.2 作用在 —C═O 上 1.3 作用在 —OH═CH 上 1.4 作用在 —CH—NH_3 上 1.5 作用在 —CH—NH 上 1.6 作用在 NADH,NADPH 上	4 聚合酶类 （亚类表示分裂下来的基团与残余分子间的键的类型） 4.1 C—C 4.2 C—O 4.3 C—N 4.4 C—S
2 移换酶类 （亚类表示底物中被转移基团的性质） 2.1 一碳基团 2.2 醛或酮基 2.3 酰基 2.4 糖苷基 2.5 除甲基之外的烃基或酰基 2.6 含氮基 2.7 磷酸基 2.8 含硫基	5 异构酶类 （亚类表示异构的类型） 5.1 消旋及差向异构酶 5.2 顺反异构酶
3 水解酶类 （亚类表示被水解的键的类型） 3.1 酯键 3.2 糖苷键 3.3 醚键 3.4 肽键 3.5 其他 C—N 键 3.6 酸酐键	6 合成酶类 （亚类表示新形成的键的类型） 6.1 C—O 6.2 C—S 6.3 C—N 6.4 C—C

3.2 酶的化学本质及结构功能特点

酶分子本质多是蛋白质，但蛋白质分子都不具有催化功能。一个蛋白质分子的表面具有可以可逆地结合小的溶质分子或离子的区域，借用有机金属化学的概念，这些溶质分子被称为配体（ligand），包括酶的底物、辅酶或辅基以及各种调节因子等，都可以成为配体，所以每一个酶蛋白通常有一个或多个配体结合部位，这是酶分子本身的结构决定的。

3.2.1 酶的一级结构与催化功能的关系

（1）必需基团

酶分子中只有少数几个氨基酸侧链基团与活性直接相关。酶分子中有各种功能基团，如—NH_2、—COOH、—SH、—OH 等，但并不是酶分子中所有的这些基团都与酶活性直接相关，而只是酶蛋白一定部位的若干功能基团才与催化作用有关。这种关系到酶催化作用的化学基团称为酶的必需基团（essential group）。常见的有组氨酸的咪唑基、丝氨酸和苏氨酸的羟基、半胱氨酸的巯基、赖氨酸的δ-氨基、精氨酸的胍基、天冬氨酸和谷氨酸的羧基以及游离的氨基和羟基等。

必需基团可分为两类：能与底物结合的必需基团称为结合基团（binding group）；能促进底物发生化学变化的必需基团称为催化基团（catalytic group）。有的必需基团兼有结合基团与催化基团的功能。

（2）酶原激活

切去部分片段是酶原激活的共性。有的酶，当其肽链在细胞内合成之后，即可自发盘曲折叠成一定的三维结构，一旦形成了一定的构象，酶就立即表现出全部酶活性，例如溶菌酶。然而有些酶（大多为水解酶）在生物体内首先合成出来的只是它的无活性的前体，即酶原（zymogen）。常见的几种酶原激活情况见表 3-3。

表 3-3 酶原的激活

酶原的名称	激活条件	活性的酶	无活性的肽及氨基酸基
胃蛋白酶原	H^+ 或胃蛋白酶 →	胃蛋白酶	六个多肽碎片
胰蛋白酶原	肠激酶或胰蛋白酶 →	胰蛋白酶	六肽
胰凝乳蛋白酶原	胰蛋白酶 →	胰凝乳蛋白酶	两个二肽
羧基肽酶原 A	胰蛋白酶 →	羧基肽酶 A	几种碎片
弹性蛋白酶原	胰蛋白酶 →	弹性蛋白酶	几种碎片

酶原的激活过程是通过去掉分子中的部分肽段，引起酶分子空间结构的变化，从而形成或暴露出活性中心，转变成为具活性的酶。不同的酶原在激活过程中去掉的肽段数目及大小不同。使酶原激活的物质称为激活剂（activator）。虽然不同酶原的激活剂不完全相同，但有的激活剂可激活多种酶原，例如胰蛋白酶原可以激活动物消化系统的多种酶原(图 3-1)。

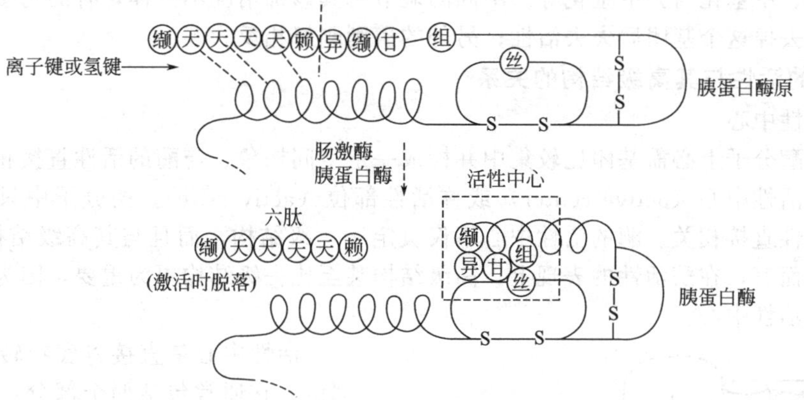

图 3-1 胰蛋白酶原激活示意图

（3）共价修饰

改变一定基团可使酶活性改变。应用一些化学试剂可与某些氨基酸侧链基团发生结合、氧化或还原等反应，生成一共价修饰物，使酶分子的一些基团可用几种修饰剂修饰。常用于修饰氨基的修饰剂有顺丁烯二酸酐、乙酸酐、二硝基氟苯等；用于修饰组氨酸咪唑基的有溴丙酮、二乙基焦磷酸盐以及光氧化；修饰精氨酸的胍基常用丙二醛、2,3-丁二酮或环己二酮；修饰半胱氨酸巯基用碘乙酸、对氯汞苯甲酸、磷碘苯甲酸等；修饰丝氨酸羟基常用二异丙基氟磷酸（DFP）。

酶共价修饰的基本要求如下。

① 修饰剂的要求　在选择修饰剂时要求修饰剂具有较小的分子量，对蛋白质的吸附有良好的生物相容性和水溶性，修饰剂分子表面有较多的反应活性基团，考虑修饰剂上反应基团的活化方法和活化条件，以及修饰后酶科学研究的半衰期越长越好。

② 酶的要求　要熟悉酶反应的最适宜条件和稳定性条件，酶的活性部位的情况以及酶分子侧链基的化学性质以及反应的活泼性等。

③ 反应条件的确定　修饰反应一般要选择在酶稳定的条件下进行，尽可能少破坏酶活性必需基团，反应的最后结果得到酶的修饰剂的结合率和酶活回收率都较高的反应条件。例如，对反应体系中酶与修饰剂的分子比例、反应温度、pH、时间、溶剂性质和盐浓度等在确定反应条件时必须要考虑。因修饰剂不同，反应条件必须通过大量的实验才能确定。

酶的一级结构是酶的基本化学结构，是催化功能的基础。一级结构的改变使酶的催化功能发生相应的改变。肽键是酶蛋白的主键，不同的酶蛋白，不同氨基酸数目，催化功能就不同。例如，核糖核酸酶由 124 个氨基酸残基组成，只有一条肽链，当用枯草杆菌蛋白酶在限制水解的条件下，使它的第 20 号和第 21 号氨基酸之间的肽键断裂，这样就形成了含 20 个残基的 S 肽和含 104 个残基的 S 蛋白。两个部分单独测试都无活性，若要它们在中性溶液中，将两个肽段合在一起时，则酶的活性又恢复。同样，核糖核酸酶在其 C 末端用羧肽酶去掉 3 个氨基酸时，对酶的活性几乎没有影响，但用胃蛋白酶去掉 C 末端的 4 个氨基酸时，则酶活性全部丧失。

许多酶都存在着二硫键。一般二硫键的断裂将使酶变性而丧失其催化功能，但是某些情况下，二硫键断开，而酶的空间构象不受破坏时，酶的活性并不完全丧失，如果使二硫键复原，酶又重新恢复其原有的生物活性。

在细胞内有一些酶存在天然的共价修饰，从而实现酶的活性态与非活性态的互相转变。这种酶大多与调节代谢的速度有关，称为调节酶。细胞内酶的共价修饰包括磷酸化、乙酰化与去乙酰化、甲基化与去甲基化等。不同的调节酶其修饰情况不一样，有的酶接上一个基团后有活性，去掉这个基团后失去活性；另外的酶则刚好相反。

3.2.2　酶的活性与其高级结构的关系

(1) 活性中心

通常把酶分子上必需基团比较集中并构成一定空间构象、与酶的活性直接相关的结构区域称为酶的活性中心（active center）或称活性部位（active site）。酶分子中只有很小的结构区域与活性直接相关。酶的活性中心不仅决定于一级结构，而且与其高级结构紧密相关。就某种程度而言，在酶活性的表现上，高级结构甚至比一级结构更为重要，因为只有高级结构才能形成活性中心。

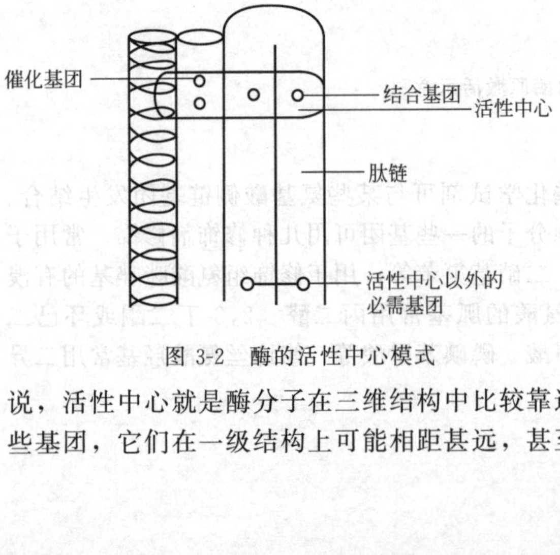

图 3-2　酶的活性中心模式

活性中心是直接将底物转化为产物的部位，它通常包括两个部分：与底物结合的部分称为结合中心（binding center）；促进底物发生化学变化的部分称为催化中心（catalytic center），如图 3-2 所示。前者决定酶的专一性，后者决定酶所催化反应的性质；有些酶的结合中心和催化中心是同一部位。

不同的酶构成活性中心的基团和构象均不同，对不需要辅酶的酶（单纯酶）来说，活性中心就是酶分子在三维结构中比较靠近的少数几个氨基酸残基或是这些残基上的某些基团，它们在一级结构上可能相距甚远，甚至位于不同肽链，通过肽链的折叠盘绕而在空间构象上相互靠近；对需要辅酶的酶（结合酶）来说，活性中心主要就是辅酶分子，或辅酶分子上的某一部分结构，以及与辅酶分子在结构上紧密偶联的蛋白的结构区域。

酶分子的活性中心一般只有一个，有的有数个，催化中心常常只有一个，包括 2～3 个氨基酸残基。结合中心则随酶而异，有的仅有一个，有的有数个。每个结合中心的氨基酸数目也很不一致。

（2）牛胰核糖核酸酶折合实验——二、三级结构与酶活性的关系

酶的二、三级结构是所有酶都必须具备的空间结构，是维持酶的活性部位所必需的构象。当酶蛋白的二级和三级结构彻底改变后，就可使酶的空间结构遭受破坏从而使其丧失催化功能，这是以蛋白质变性理论为依据的。另一方面，有时使酶的二级和三级结构发生改变，能使酶形成正确的催化部位从而发挥其催化功能。由于底物的诱导而引起酶蛋白空间结构发生某些精细的改变，与适应的底物相互作用，从而形成正确的催化部位，使酶发挥其催化功能，这就是诱导契合学说的基础。

牛核糖核酸酶（RNaseI）的活性中心主要由第 12 位和第 119 位两个组氨酸残基构成，这两个残基在一级结构上相隔 107 个氨基酸残基，但是它们在高级结构中相距很近，两个咪唑基之间约 0.5nm，这两个氨基酸就构成了酶的活性中心。这一结果是由 RNaseI 的片段重组得出的。

用枯草杆菌蛋白酶（subtilisin）水解 RNase 分子中的丙$_{20}$与丝$_{21}$间的肽键，其产物仍具有活性，称为 RNaseS。产物中含有两个片段：一个小片段，含有 20 个氨基酸残基（1～20），称为 S 肽；一个大片段，含有 104 个氨基酸残基（21～124），称为 S 蛋白。S 肽具有组$_{12}$，S 蛋白含有组$_{119}$。肽与 S 蛋白单独存在时，均无活性，但若将二者按 1∶1 的比例混合，则恢复酶活性，虽然此时第 20 与第 21 之间的肽键并未恢复。这是因为 S 肽通过氢键及疏水作用与 S 蛋白结合，使组$_{12}$和组$_{119}$在空间位置上相互靠近而重新形成了活性中心。可见，只要酶分子保持一定的空间构象，使活性中心必需基团的相对位置保持恒定，一级结构中个别肽键的断裂，乃至某些区域的小片段的去除，并不影响酶的活性。

（3）聚合与解聚——四级结构与酶活性的关系

具有四级结构的酶，按其功能可分为两类：一类与催化作用有关，另一类与代谢调节关系密切。

只有与催化作用有关的具有四级结构的酶，由几个相同或不同的亚基组成，每个亚基都有一个活性中心。四级结构完整时，酶的催化功能才会充分发挥出来，当四级结构被破坏时，亚基被分离，若采用的分离方法适当，被分离的亚基仍保留着各自的催化功能。例如，天冬氨酸转氨甲酰酶的亚基是具有催化功能的，当用温和的琥珀酸使四级结构解体时，分离的亚基仍各自保持催化功能；当用强烈的条件如酸、碱、表面活性剂等破坏其四级结构时，得到的亚基就没有催化活性。

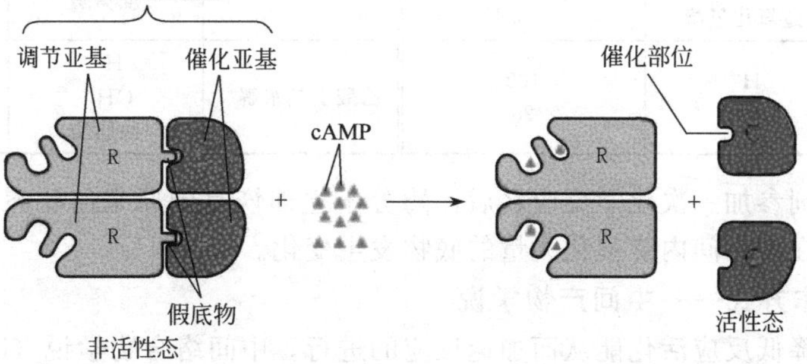

图 3-3　cAMP 依赖型蛋白激酶亚基解聚激活过程示意图

在一些调节酶中，其分子结构常常是寡聚蛋白，酶的活性通过亚基的聚合与解聚来调节。有的酶呈聚合态时是有活性的，解聚成亚基后为非活性态。如催化脂肪酸合成的一个重要酶乙酰 CoA 羧化酶为聚合态时是具活性的；相反，有的酶呈解聚态时为活性态，聚合体则是无活性态。又如 cAMP 依赖型蛋白激酶含有两个催化亚基、两个调节亚基的四聚体，当聚合在一起时是无活性的，当有 cAMP 存在时，两类亚基解聚，游离出催化亚基，则成为活性态，如图 3-3 所示。

3.3 酶作用的机制

3.3.1 酶的催化作用实质

在一个化学反应体系中，活化分子越多，反应就越快，因此，设法增加活化分子数，就能提高反应速率。要使活化分子增多，有两种可能的途径：一种是加热或光照射，使一部分分子获得能量而活化，直接增加活化分子的数目，以加速化学反应的进行；另一种是降低活化能的高度（即能阈，energy barrier），间接增加活化分子的数目。催化剂的作用就是能够降低活化能（activation energy）。活化能愈低，反应物分子的活化愈容易，反应也就愈容易进行。

酶的催化作用的实质就在于它能降低化学反应的活化能，如图 3-4 和表 3-4 所示。酶使反应在较低能量水平上进行，从而使化学反应加速。

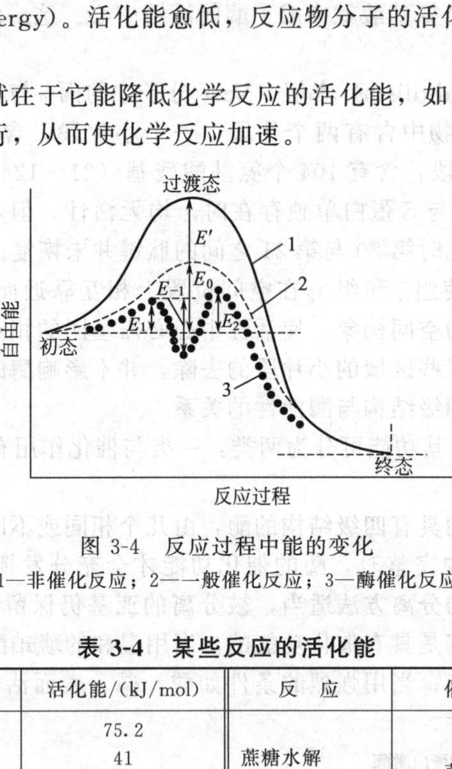

图 3-4 反应过程中能的变化

1—非催化反应；2——般催化反应；3—酶催化反应

表 3-4 某些反应的活化能

反 应	催化剂	活化能/(kJ/mol)	反 应	催化剂	活化能/(kJ/mol)
H_2O_2 分解	无 Fe^{2+} 过氧化氢酶	75.2 41 <8.4	蔗糖水解	H^+ 蔗糖酶	104.5 33.4
尿素水解	H^+ 脲酶	103 28	乙酸丁酯水解	H^+ OH^- 胰脂酶	66.9 42.6 18.8

酶作为催化剂参加一次化学反应之后，酶分子立即恢复到原来的状态，继续参加反应，所以一定量的酶在短时间内能催化大量的底物发生变化。

3.3.2 酶的工作方式——中间产物学说

关于酶如何降低反应活化能从而加速反应的进行，中间络合物学说（interinediate theory）认为，在酶促反应中，底物先与酶结合成不稳定的中间络合物，然后再分解释放出酶与

产物。可用下式表示

$$E+S \rightleftharpoons ES \longrightarrow P+E$$

式中 S 代表底物（substrate）；E 代表酶（enzyme）；ES 为中间物；P 为反应产物（product）。由于 E 与 S 结合，致使 S 分子内的某些化学键发生极化，呈不稳定状态（或称活化状态），故反应能阈降低。

对有两种底物参加的酶催化反应，该学说可用下式表示

$$E+S_1 \rightleftharpoons ES_1$$

$$ES_1+S_2 \longrightarrow P+E$$

即在有辅酶参加的催化反应中，则是辅酶与 S_1 分子的一部分结合，并将这一部分转移给 S_2 而形成新产物。

根据中间络合物学说，酶催化反应分两步（或多步）进行，每一步反应的活化能都较低，因而总的活化能也较低。这可由图 3-4 看出，酶催化反应的表观活化能 E（活化能以斜体 E 表示）为

$$E=E_1+E_2-E_{-1}$$

通常 E_1、E_2 等数值均很小，所以酶催化反应的表观活化能 E 就比一般催化反应的活化能 E_0 小得多。

由图还可以看出，要 E 小，必须 E_1、E_2 都小，E_1 小说明酶易于与底物作用，E_2 小说明中间 ES 不太稳定，即 ES 要易于进一步分解产生最终产物 P 同时释放出 E。

中间络合物学说能否成立，其关键在于能否证实确有中间络合物的形成，目前已经获得可靠的实验证据。例如，过氧化物酶 E 可催化 H_2O_2 与另一还原型底物 AH_2 进行反应。按中间络合物学说，其反应历程如下

$$E+H_2O_2 \longrightarrow E—H_2O_2$$
$$E—H_2O_2+AH_2 \longrightarrow E+A+2H_2O$$

在此过程中，可用光谱分析法证明中间络合物 $E—H_2O_2$ 的存在。首先对酶液进行光谱分析，发现过氧化物酶在 645nm、587nm、548nm、498nm 处有四条吸收光带，接着向酶液中加进 H_2O_2，此时发现酶的四条光带消失，而在 561nm、530nm 处出现两条吸收光带，而且溶液颜色由褐变红，这说明酶已与过氧化氢结合而生成了一种新的中间产物。然后加进另一还原型底物 AH_2（如没食子酸），则过氧化物酶立即恢复其原来的四条吸收光带，这表明过氧化物酶重新游离。近年来，观察凝乳蛋白酶催化对硝基苯乙酸酯的水解反应时，能直接分离出中间产物（乙酰凝乳蛋白酶复合物），也可证明酶与底物生成的中间络合物是确实存在的。

底物具有一定的活化能，当底物和酶结合成过渡态的中间络合物时，要释放一部分结合能，这部分能量的释放，使得过渡态的中间物处于比 E+S 更低的能级，因此使整个反应的活化能降低，使反应大大加速。

底物同酶结合成中间复合物是一种非共价结合，依靠氢键、离子键、范德瓦耳斯力等次级键来维系。

3.3.3 酶作用专一性的机制——诱导契合学说

一种酶为什么只能催化一定的物质发生反应，即一种酶只能同一定的底物结合，酶对底物的这种选择特异性的机制曾经提出过几种不同的假说。如锁钥学说（lock-key theory）、诱导契合学说（induced-fit theory）、结构性质互补假说（structure-property complemention theory），目前公认的诱导契合学说，可以较好地解释这种选择特异性的机制。Koshland 在

解释酶的作用专一性机制时提出了诱导契合学说，他认为酶和底物在接触以前，二者并不是完全契合的，只有在底物和酶的结合部位结合以后，产生了相互诱导，酶的构象发生了微妙的变化，催化基团转入了有效的作用位置，酶与底物才完全契合，酶才能高速地催化反应。如图 3-5 所示。

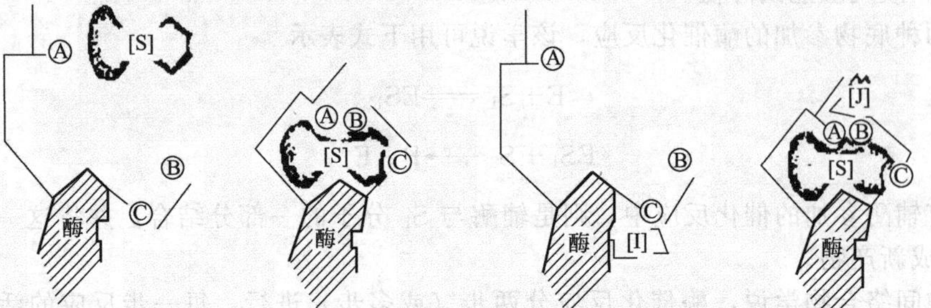

(a) 酶蛋白活性中心原有的构象和底物　(b) 底物引入后，酶蛋白构象改变，使催化基团Ⓐ、Ⓑ并列，有利于Ⓒ与底物结合　(c) 抑制剂引起酶分子构象改变，使Ⓒ固定，底物失去酶分子上Ⓐ、Ⓑ的协调而不能与酶络合，酶活性抑制　(d) 当有激活剂时，酶与底物络合的自由能更低，因此催化效率更高

图 3-5 “诱导契合”模式图

Ⓐ，Ⓑ—酶分子上的催化基团；Ⓒ—酶分子上的结合基团；[S]—底物；[J]—激活剂；[I]—抑制剂

诱导契合学说认为：

① 酶分子具有一定的柔顺性；

② 酶的作用专一性不仅取决于酶和底物的结合，也取决于酶的催化基团有正确的取位。

正因为如此，诱导契合学说认为催化部位要诱导才能形成，而不是“现成的”，因此可以排除那些不适合的物质偶然“落入”现成的催化部位而被催化的可能。诱导契合学说也能很好的解释所谓“无效”结合，因为这种物质不能诱导催化部位形成。迄今为止已有许多实例支持诱导契合学说。

3.3.4 酶作用高效性的机制

(1) 共价催化

有一些酶以共价催化（covalent catalysis）来提高其催化反应的速率，在催化时，亲核催化剂或亲电子催化剂能分别放出电子或汲取电子并作用于底物的缺电子中心或负电中心，迅速形成不稳定的共价中间络合物，这个中间物很容易变成转变态，因此，反应的活化能大大降低，底物可以越过较低的能阈而形成产物。

通常在这些酶的活性中心都含有亲核基团（nucleophilic group），如丝氨酸的羟基、半胱氨酸的巯基、组氨酸的咪唑基等，这些基团都有公用的电子对作为电子的供体和底物的亲电子基团以共价键结合。此外，许多辅酶也有亲核中心。

酶的亲核基团主要包括以下几种。

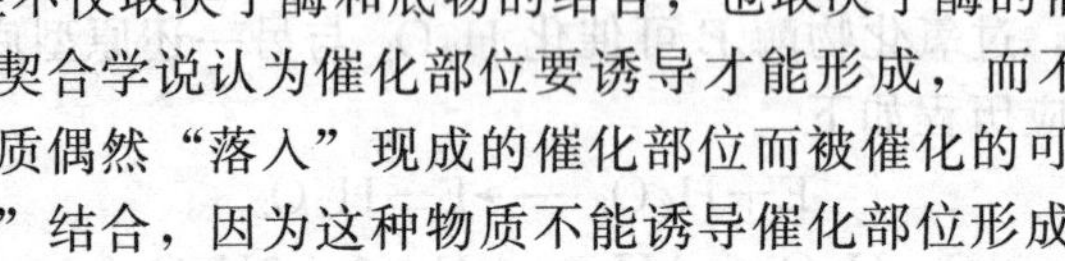

丝氨酸的羟基　半胱氨酸的巯基　组氨酸的咪唑基

以酰基（如脂肪酰和磷酸）移换反应为例来说明共价催化的原理。这类酶分子活性中心的亲核基团首先与含酰基的底物（如脂类分子）以共价结合，形成酰化酶中间产物，接着酰基从中间产物转移到另一酰基受体（醇或水）分子中。这可用下列反应式表示。

含亲核基团的酶E催化的反应（R为酰基）

$$\text{第一步：}\underset{\text{酰基供体(底物)}}{RX} + \underset{\text{酶}}{E} \xrightarrow{\text{快}} \underset{\text{酰化酶}}{RE} + X^-$$

$$\text{第二步：}RE + H_2O \xrightarrow[\text{最终酰基受体}]{\text{快}} ROH + E + H^+$$

$$\text{总反应：}RX + H_2O \xrightarrow{\text{酶,快}} ROH + X^- + H^+$$

$$\text{非催化反应：}RX + H_2O \xrightarrow{\text{慢}} ROH + X^- + H^+$$

在酶催化的反应中，第一步是有酶参加的反应，因而比没有酶时对底物与酰基受体的反应快一些；第二步反应，因酶含有易变的亲核基团，因而形成的酰化酶与最终的酰基受体的反应也必然要比无酶的最初的底物与酰基受体的反应要快一些。合并两步催化的总速度要比非催化反应大得多，因此，形成不稳定的共价中间物可以大大加速反应。

（2）酸碱催化

酸碱催化（acid-base catalysis）是通过瞬时地向反应物提供质子或从反应物接受质子以稳定过渡态，加速反应的一类催化机制。酸碱催化剂是催化有机反应的最普通、最有效的催化剂，有两种酸碱催化剂：一种是狭义的酸碱催化剂，即 H^+ 及 OH^-，由于酶反应的最适pH一般接近于中性，因此 H^+ 与 OH^- 的催化在酶反应中的意义是比较有限的；另一种是广义的酸碱催化剂，即质子受体和质子供体的催化，它们在酶反应中的重要性大得多，发生在细胞内的许多类型的有机反应都是受广义的酸碱催化的，例如将水加到羰基上，羧酸酯及磷酸酯的水解以及许多取代反应等。

酶蛋白中含有好几种可以起广义酸碱催化作用的功能基，如氨基、羧基、巯基、酚羟基及咪唑基等（见表3-5），其中组氨酸的咪唑基值得注意，因为它既是一个很强的亲核基团，又是一个有效的广义酸碱功能基。

表3-5　酶蛋白中可作为广义酸碱的功能基

广义酸基团(质子供体)	广义碱基团(质子受体)	广义酸基团(质子供体)	广义碱基团(质子受体)
$—COOH$ $—NH_3^+$ $—SH$ 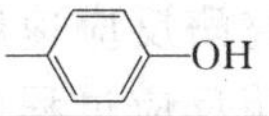	$—COO^-$ $—NH_2$ $—S^-$ 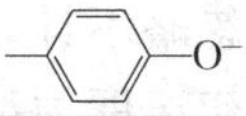	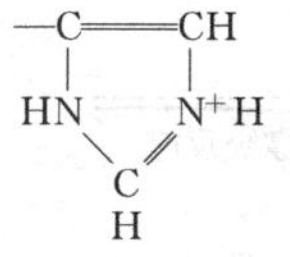	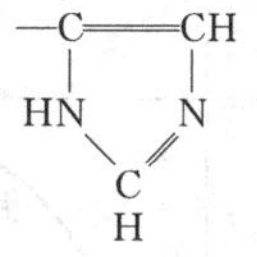

影响酸碱催化反应速度的因素有两个。第一个因素是酸碱的强度。这些功能基中，组氨酸咪唑基的解离常数约为6.0，这意味着由咪唑基上解离下来的质子的浓度与水中的氢离子浓度相近，因此，它在接近于生理体液的pH条件下（即在中性条件下），有一半以酸形式存在，另一半以碱形式存在，也就是说，咪唑基既可以作为质子供体，又可以作为质子受体在酶促反应中发挥催化作用。

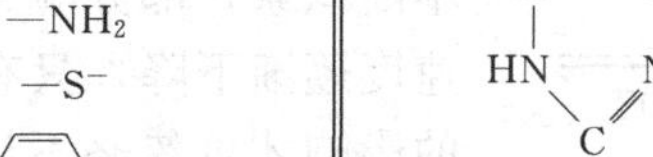

酸形式　　碱形式

因此，咪唑基是催化中最有效、最活泼的一个催化功能基。第二个因素是这些功能基供出质子或接受质子的速度。在这方面咪唑基又有其优越性，它供出或接受质子的速度十分迅速，其半衰期小于 10^{-10}s，而且，供出质子或接受质子的速度几乎相等。由于咪唑基有如此优点，所以，组氨酸在大多数蛋白质中虽然含量很少，却很重要。推测很可能在生物进化过程中，它不是作为一般的蛋白结构成分，而是被选择作为酶分子中的催化成员而存留下来的。实际上，组氨酸是许多酶的活性中心的构成成分。

由于酶分子中存在多种供质子或受质子的基团，因此，酶的酸碱催化效率比一般酸碱催化剂高得多。例如，肽键在无酶存在下进行水解时需要高浓度的 H^+ 或 OH^- 及长的作用时间（10～24h）和高温（100～120℃），而以胰凝乳蛋白酶作为酸碱催化剂时，在常温、中性下很快就可使肽键水解。

3.4 酶促反应的动力学

酶促反应动力学（Kinetics of enzyme-catalyzed reactions）是研究酶促反应速度及其影响因素的科学。酶促反应速度指的是反应初速度，此时反应速度与酶的浓度呈正比关系，避免反应产物及其他因素的影响。影响酶促反应速度的因素有酶的浓度、底物浓度、pH、温度、抑制剂、激活剂等。研究某一因素对酶促反应速度的影响时，应保持其他因素不变，单独改变待研究的因素。

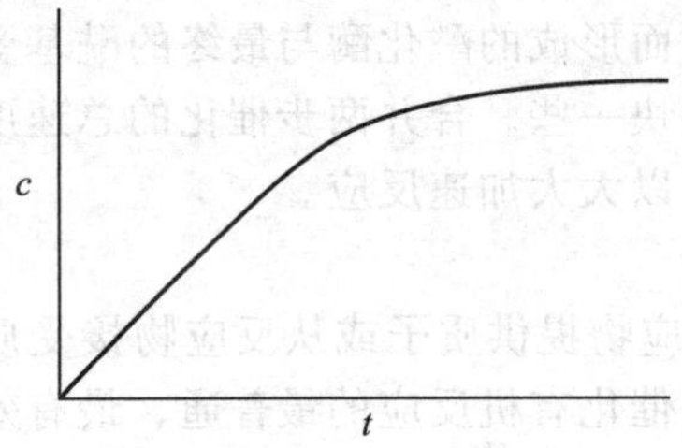

图 3-6 酶的反应过程曲线

酶的结构与功能关系以及酶作用机理的研究需要动力学的实验数据，为了了解酶在代谢中的作用和了解污染物降解的作用机理，需要掌握酶促反应的速度规律。因此酶促反应动力学的研究具有重要的理论和实践意义。

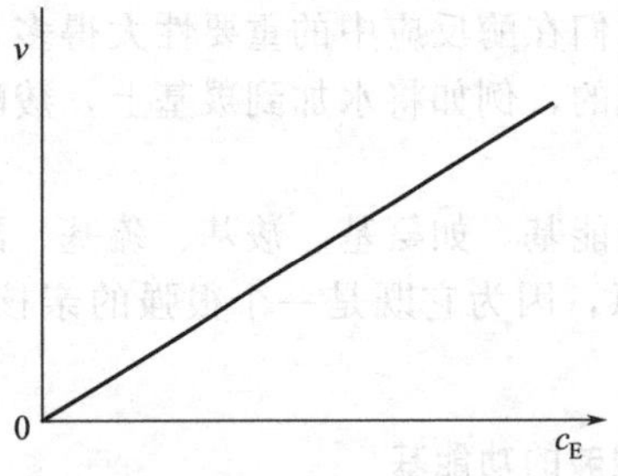

图 3-7 酶浓度对反应速度的影响

3.4.1 酶促反应的速度

不同时间测定反应体系中产物的生成量，以产物的生成量对时间作图，可得到如图 3-6 的反应进程曲线。不同时间的反应速度就是时间为不同值时曲线的斜率。

随着酶反应时间的增加，底物浓度降低，产物不断积累，部分酶失活，这些结果都将导致酶反应速度逐渐下降，只有在反应的初始阶段，上述因素的影响才可忽略不计，所以，研究酶反应速度通常都以反应的初速度为准。通常以酶反应过程曲线的直线部分（一般底物浓度的变化在 5%以内）来计算酶反应的初速度。酶反应的初速度愈大，说明酶的催化活力愈高。

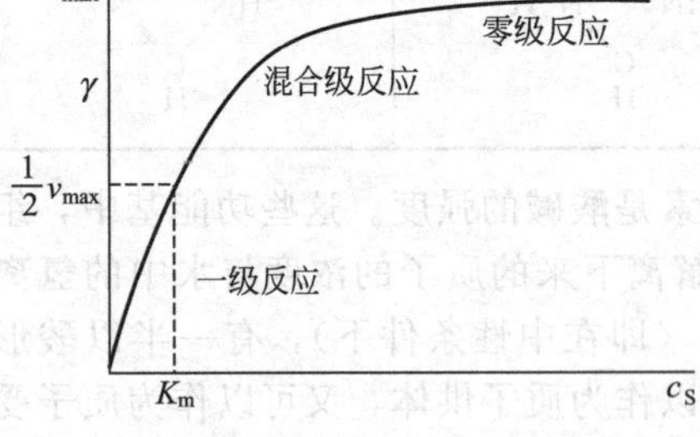

图 3-8 酶反应速度与底物浓度的关系（K_m 代表米氏常数）

3.4.2 影响酶促反应速度的因素

3.4.2.1 酶浓度对反应速度的影响

当底物浓度大大超过酶的浓度即 $c_S \gg c_E$ 时，酶的浓度与反应速度呈正比关系（图 3-7）。其关系式为 $v=Kc_E$，其中 K 是比例常数。

3.4.2.2 底物浓度对反应速度的影响

酶和底物是构成酶反应系统最基本的因素，它们决定了酶反应的基本性质，其他各种因素必须通过它们才能产生影响，因此，酶和底物之间的动力学关系是整个酶反应动力学的基础。

实验发现随着底物浓度的增加，反应速度的上升呈双曲线，即在低浓度时，反应速度 v 与底物浓度 c_S 呈正比，表现为一级反应。如果底物浓度很大时，反应速度逐渐接近恒定值（最大反应速度）而与底物浓度无关，表现为零级反应。典型的酶反应速度曲线如图 3-8 所示。

（1）米氏方程的导出

解释上述现象可用中间络合物学说，即

$$E+S \underset{k_{-1}}{\overset{k_1}{\rightleftharpoons}} ES \xrightarrow{k_2} P+E$$

1923 年 Michaelisl 和 Menten 根据这一假设，对酶催化反应进行了动力学分析，推导出酶催化反应速度与底物之间关系的基本公式，这就是著名的米氏方程。它是酶学研究中最基本，也是最重要的公式之一。

反应产物 P 的生成速度决定于中间络合物 ES 的分解速度，即

$$v=\frac{dc_P}{dt}=k_2 c_E c_S \tag{3-1}$$

式中 v——面反应速度；

k_2——速度常数；

$c_E c_S$——酶与底物形成的中间络合物浓度。

根据稳态原理，中间物 ES 的浓度开始由零逐渐增加到一定数值后到动态平衡（稳态），此时 ES 的生成速度等于其分解速度，即

$$k_1 c_E c_S=(k_{-1}+k_2)c_E c_S \tag{3-2}$$

而

$$c_E=c_{E0}-c_E c_S \tag{3-3}$$

式中 c_{E0} 为初始时加入的酶的总浓度。于是

$$k_1(c_{E0}-c_E c_S)c_S=(k_{-1}+k_2)c_E c_S \tag{3-4}$$

故

$$c_E c_S=\frac{k_1 c_{E0} c_S}{k_{-1}+k_2+k_1 c_S} \tag{3-5}$$

于是

$$v=k_2 c_E c_S=\frac{k_1 k_2 c_{E0} c_S}{k_{-1}+k_2+k_1 c_S}=\frac{k_2 c_{E0} c_S}{\frac{k_{-1}+k_2}{k_1}+c_S} \tag{3-6}$$

即

$$v=\frac{v_{max} c_S}{K_m+c_S} \tag{3-7}$$

其中

$$v_{max}=k_2 c_{E0}$$

$$K_m=\frac{k_{-1}+k_2}{k_1}$$

式中 v_{max}——酶反应的最大反应速度（或极限速度）；

K_m——米氏常数。

这就是酶催化反应的米氏方程，简称 M-M 方程。这个方程定量地关联了反应速度 v 与底物浓度 c_S 之间的关系学。该式能很好地说明图 3-8 的动力学曲线，当底物浓度低时，c_S 比 K_m 小得多，此时 $v=\frac{v_{max} c_S}{K_m}$，即反应速率与底物浓度成正比，反应呈一级。而当底物浓度很高

时，c_S 比 K_m 大得多，$v=v_{max}$，表明酶活性部位已全部被底物占据，反应速度达到最大值，反应呈零级。

(2) 米氏方程参数的确定

动力学参数一般都是根据动力学实验求得。通过实验数据拟合出米氏方程中的 v_{max} 及 K_m。采用作图法更方便，在 c_{E0} 一定的条件下，改变底物浓度 c_S，测量反应速度 v，以 v 对 c_S 作图，如图 3-8 所示。当 c_S 很大，反应速度趋于一个极限值，这个值就是 v_{max}，而在 $v=1/2v_{max}$ 处有

$$\frac{1}{2}=\frac{c_S}{K_m+c_S} \tag{3-8}$$

此时的 $c_S=K_m$，即 K_m 为反应速度是最大反应速度一半时的底物浓度。因此，K_m 的单位与浓度单位相同。

由于根据实验点很难拟合出误差最小的曲线（底物浓度 c_S 很高时，通常很难测定 v_{max} 的渐近值），故得到的 K_m 不易准确，因此，往往要进行线性化处理。这里仅介绍比较常用的双倒数作图法。

将米氏方程两边取倒数可得下列形式

$$\frac{1}{v}=\frac{K_m}{v_{max}}\times\frac{1}{c_S}+\frac{1}{v_{max}} \tag{3-9}$$

以 $1/v$ 对 $1/c_S$ 作图可得一直线，其斜率为 K_m/v_{max}，纵轴截距为 $1/v_{max}$，据此便可求出 v_{max} 和 K_m。也可由 $1/v=0$ 时的 $1/c_S=-1/K_m$ 求出 K_m，如图 3-9 所示。

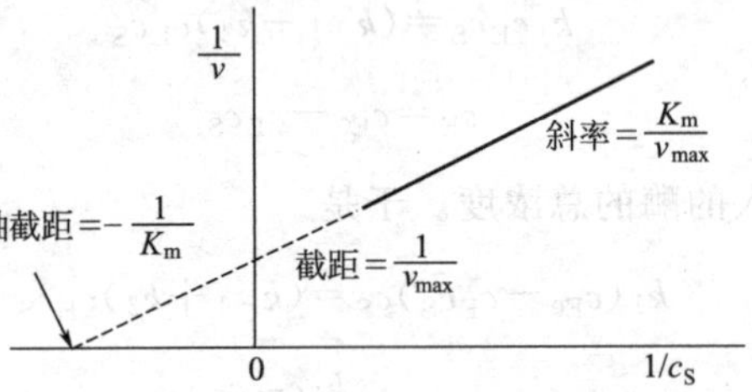

图 3-9 双倒数法求 v_{max} 和 K_m

这种作图法的两个坐标分别是 v 和 c_S 的倒数，故称双倒数作图法。要想得到比较准确的结果，实验所用底物的浓度要大些。最好在设计底物浓度时，将 $1/c_S$ 而非 c_S 配成等差级数，这样可使点的距离比较平均，再配以最小二乘回归，就可以等待较准确的结果。

【例】 用已糖激酶催化以下反应

$$\text{葡萄糖}+\text{ATP}\xrightarrow{\text{已糖激酶}}\text{6-磷酸葡萄糖}+\text{ADP}$$

反应在 ATP 的浓度为 5×10^{-3} mol/L、$MgCl_2$ 浓度为 5×10^{-3} mol/L 的溶液下进行。在不同的葡萄糖浓度下测定每分钟生成的 6-磷酸葡萄糖的速度如表 3-6 所示。

表 3-6 不同的葡萄糖浓度下测定每分钟生成的 6-磷酸葡萄糖的速度

葡萄糖浓度/(10^6 mol/L)	33	40	50	66	100
生成 6-磷酸葡萄糖速度/(单位/min)	0.025	0.027	0.030	0.033	0.040

求 v_{max} 和 K_m。

解：将已知数据化为 $1/c_S$ 和 $1/v$，见表 3-7。

表 3-7　$1/c_S$ 对应 $1/v$ 数据

$(1/c_S)\times10^{-3}$/(L/mol)	30	25	20	15	10
$1/v$/(min/单位)	40	37	33	30	25

以 $1/c_S$ 对 $1/v$ 作图，见图 3-10，得横轴的截距为 $-1/K_m = -26$，故

$$K_m=\frac{10^{-3}}{26}=38\times10^{-6}\ (\text{mol/L})$$

在纵轴的截距为 $1/v_{max}=19$，故

$$v_{max}=0.053\ (\text{单位/min})$$

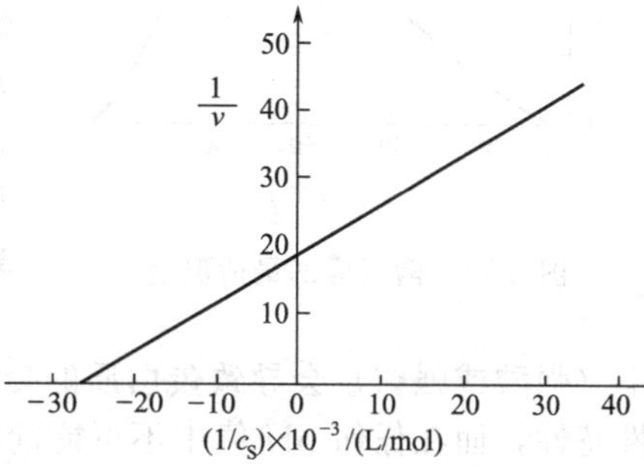

图 3-10　$1/c_S$ 对 $1/v$ 作图

(3) 米氏方程的意义

① 定量地关联了反应速度与底物浓度的关系。

由米氏方程可知，当 $c_S \ll K_m$ 时，则

$$v=\frac{v_{max}c_S}{K_m} \tag{3-10}$$

显示出一级反应特征，即是说底物浓度低时，酶的活性中心未被饱和，因此，反应速度随底物浓度上升而呈正比关系。

当 $c_S \gg K_m$ 时，则

$$v=v_{max}$$

即反应速度达到最大值，而与底物浓度无关。表明酶活性部位已全部被底物占据，达到饱和状态，反应呈零级特征。

当 c_S 接近于 K_m 时，反应系统则随底物浓度而变动于零级和一级之间，由此可见，酶反应速度和底物浓度直接相关，衡量这种关系的尺度是 K_m。

② 提供了一个极为重要的酶催化反应的动力学参数 K_m。

通过 K_m 表达了酶催化反应的性质、反应条件和酶催化反应速度之间的关系（K_m 是各速度常数的函数，而各速度常数又决定于反应性质、反应条件）。

K_m 是酶的特征常数，酶不同，K_m 值不同，一般在 $1\times10^{-8}\sim1$ 之间。如一种酶能与多种底物作用，则每种底物有一特定的 K_m 值。其中 K_m 值最小的底物称为该酶的最适底物（optimum substrate）或天然底物。不同底物有不同的 K_m 值这一点说明同一种酶对不同底物的亲和力不同。一般近似地以 $1/K_m$ 来表示亲和力。K_m 值愈小，$1/K_m$ 则大，表明亲和力大，酶催化反应易于进行。

③ 反映了酶反应速度与酶浓度间的关系。

由米氏方程可知，当 $c_S \gg K_m$ 时，$v=k_2c_{E0}$ 具有线性关系，即反应速度与酶浓度成正比。这是一个重要而实用的结论。在测定酶活性时一般选择此条件，此时，酶活力正比于酶浓度而与底物浓度无关。

3.4.2.3　温度对酶催化反应速度的影响

温度对酶催化反应速度的影响包括两方面：一方面当温度升高时，与一般化学反应一样，反应速度加快，其温度系数（temperature coefficient，即温度提高 10℃，其反应速度与原反应速度之比）为 1～2；另一方面，随着温度的升高而使酶蛋白逐步变性，反应速度随之下降（见图 3-11）。因此，酶反应的最适温度是这两种过程平衡的结果。在低于最适温度时，以前一种影响为主，在高于最适温度时，则以后一种影响为主。大多数酶的最适温度在 30～60℃之间，少数酶能耐受较高的温度，如细菌淀粉酶在 93℃活力最高，牛胰核糖核酸酶加热到 100℃仍不失活。

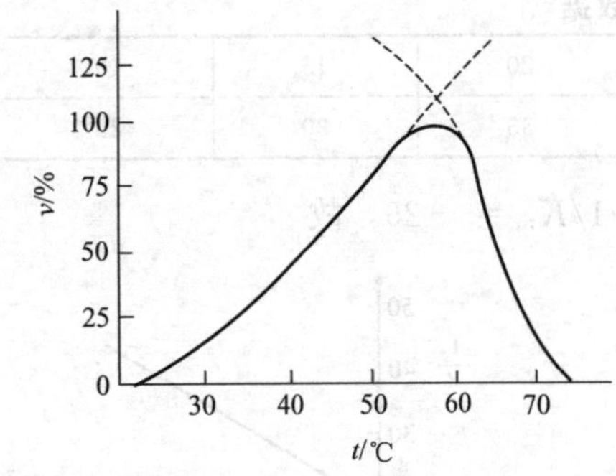

图 3-11 酶反应的最适温度

最适温度不是酶的特征物理常数，它会受到酶的纯度、底物、激活剂、抑制剂等因素的影响，因此对某一酶而言，必须说明是在什么条件下的最适温度；最适温度还与作用时间有关，酶可以在短时间内耐受较高的温度；酶在干燥状态下比潮湿状态下对温度的耐受力要高，这一点已用于指导酶的保藏，例如制成冰冻干粉的酶制剂能放置几个月甚至更长时间，而未制成这种干粉的酶溶液在冰箱中只能保存几周，甚至几天就会失活。

3.4.2.4 pH 值对酶催化反应速度的影响

大多数酶的活性受 pH 值影响较大。在极端的情况下（强酸或强碱）会导致蛋白质的变性，使酶永远失活。在一般情况下，由于酶蛋白质的两性特性，而在任何 pH 值中不可能同时含有带正电荷或负电荷的基团，这种可离子化的基团常常是酶活性部位的一部分。为了完成催化作用，酶必须以一种特定的离子化状态存在，这就要求系统应具有与之相适应的 pH 值。在一定条件下，能使酶发挥最大活力的 pH 值称为酶的最适 pH 值。大多数酶的最适 pH 值在 5～8 之间，但也有例外，如胃蛋白酶的最适 pH 值为 1.5，肝中的精氨酸酶的最适 pH 值为 9.7，胃蛋白酶和葡萄糖-6-磷酸酶的 pH 值活性曲线如图 3-12 所示。

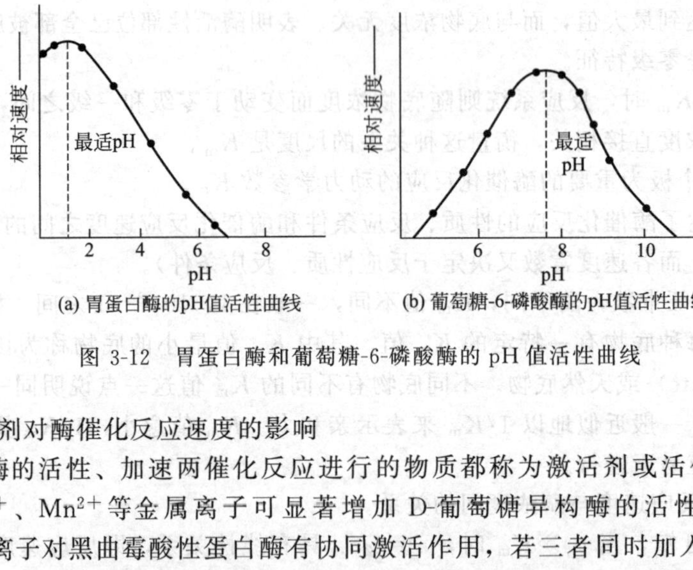

图 3-12 胃蛋白酶和葡萄糖-6-磷酸酶的 pH 值活性曲线

3.4.2.5 激活剂对酶催化反应速度的影响

凡能提高酶的活性、加速两催化反应进行的物质都称为激活剂或活化剂（activator）。如 Co^{2+}、Mg^{2+}、Mn^{2+} 等金属离子可显著增加 D-葡萄糖异构酶的活性；Cu^{2+}、Mn^{2+}、Al^{3+} 三种金属离子对黑曲霉酸性蛋白酶有协同激活作用，若三者同时加入酶活性可提高两倍。一般认为，这里金属离子的激活作用是金属离子使底物更有利于同酶的活性部位相结合而加速反应进行，金属离子在其中起了搭桥作用。有些酶的激活剂是无机阴离子及诸如半胱氨酸、维生素 C 等小分子有机化合物。

3.4.2.6 抑制剂对酶催化反应速度的影响

酶在不变性的情况下，由于必需基团或活性中心化学性质的改变而引起酶活性的降低或丧失，称为抑制作用（inhibition）。引起抑制作用的物质称为抑制剂（inhibitor），抑制剂可能是外来物，也可能是反应产物（产物抑制）或底物（底物抑制）。

在酶催化反应中抑制作用相当普遍，是酶催化与非酶催化反应之间一个重要的区别。生物体内新陈代谢过程之所以能如此有条不紊地进行，均归功于酶的这一特性，即抑制剂在生物体内起到了调节、控制代谢速率的作用。

酶的抑制作用可以是不可逆的，也可以是可逆的。不可逆抑制作用（irreverisible inhibition）通常是抑制剂以共价键与酶蛋白中的必需基团结合，结合较牢固（不能用透析、超滤等方法除去），逐步使酶活性丧失而不能恢复。例如，常用的有机磷农药，它们能与害虫体内的乙酰胆碱酯酶的丝氨酸的—OH 基结合而使酶的活性丧失，导致神经中毒死亡。可逆抑制作用（reversible inhibition）是指抑制剂与酶蛋白以非共价键结合，具有可逆性，可以通过加入某些能解除抑制的物质而恢复酶的活力。此处将重点介绍可逆抑制。根据抑制剂与底物的关系，可逆抑制又可分为竞争性抑制（comprtitive inhibition）、非竞争性抑制（non-competitive inhibition）和反竞争抑制（uncompetitive inhibition）等。

（1）竞争性抑制

抑制剂可同底物竞争与酶的活性中心结合阻止底物与酶的结合，降低酶反应速度（图 3-13）。可以通过增加底物浓度解除这种抑制作用。

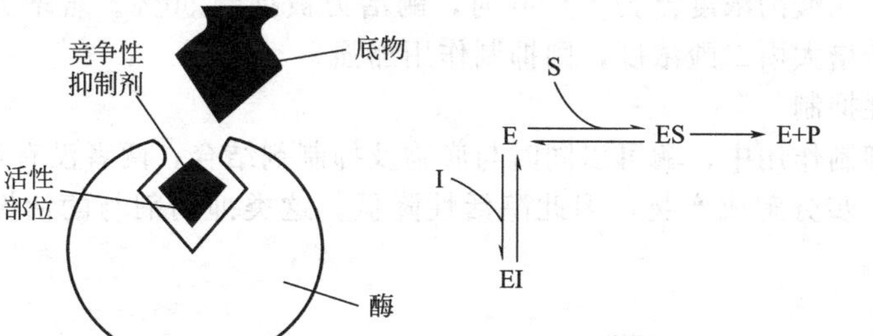

(a) 抑制剂与底物竞争与酶活性部分结合

(b) 酶既能与底物结合，又能与抑制剂结合，但不能同时与两者结合

图 3-13 竞争性抑制作用特点

酶不能同时与底物（S）、抑制剂（I）结合

$$ES + I \not\rightarrow ESI$$

$$EI + S \not\rightarrow ESI$$

所以，有 ES，有 EI，而没有 ESI。

$$c_E = c_{Ef} + c_{ES} + c_{EI} \tag{3-11}$$

式中 c_{Ef}——游离酶浓度；

c_E——酶的总浓度。

根据米-门学说原理，可导出

$$\frac{1}{v} = \frac{K_m}{v_{max}}\left(1 + \frac{c_I}{K_1}\right)\frac{1}{c_S} + \frac{1}{v_{max}} \tag{3-12}$$

式中 K_1——EI 的解离常数。

以 v 对［S］及以 $1/v$ 对 $1/c_S$ 作图，如图 3-14 所示。该反应的 v_{max} 不变，但 K_m 增大。

竞争性抑制物往往在化学结构上与底物相似，因而能与底物相互竞争，在酶的同一活性部位结合而产生抑制作用。典型的例子是丙二酸（或戊二酸）对丁二酸（琥珀酸）脱氢酶的抑制作用。丙二酸像丁二酸一样有两个可与活性中心相结合的羧基。但却没有两个可失去 H 而形成双键的亚甲基，因此，不能进行下列只有丁二酸才能进行的脱氢反应

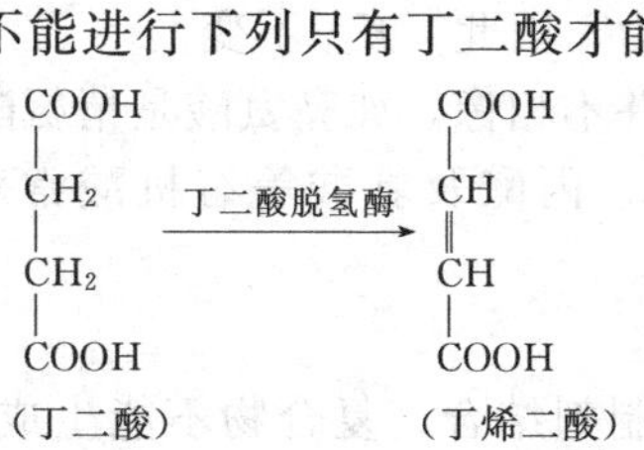

（丁二酸）　（丁烯二酸）

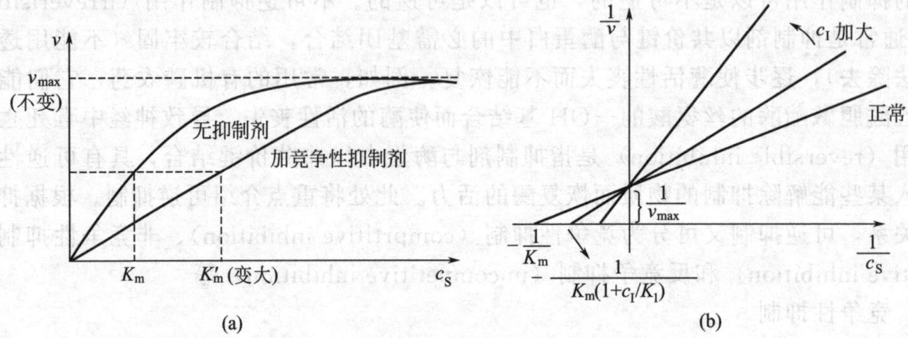

图 3-14 竞争性抑制曲线

当丙二酸与丁二酸的浓度比为 1∶50 时，酶活力被抑制 50%。若增大丁二酸浓度，则抑制作用减弱，若增大丙二酸浓度，则抑制作用加强。

(2) 非竞争性抑制

在非竞争性抑制作用中，酶可以同时与底物及抑制剂结合，两者没有竞争作用。但中间产物 ESI 不能进一步分解成产物，因此酶活性降低。这类抑制剂与酶活性中心以外的基团相结合（图 3-15）。

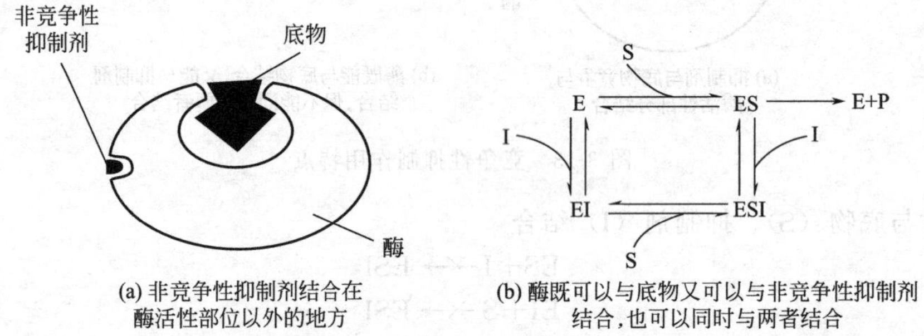

(a) 非竞争性抑制剂结合在酶活性部位以外的地方　(b) 酶既可以与底物又可以与非竞争性抑制剂结合，也可以同时与两者结合

图 3-15 非竞争性抑制作用特点

酶与底物结合后，可再与抑制剂结合；酶与抑制剂结合后，也可以再与底物结合。所以这种抑制有 ES、EI 及 EIS（EIS＝ESI）。

$$c_E = c_{E_f} + c_{ES} + c_{EI} + c_{EIS} \tag{3-13}$$

经过推导可得

$$\frac{1}{v} = \frac{K_m}{v_{max}}\left(1+\frac{c_I}{K_1}\right)\frac{1}{c_S} + \frac{1}{v_{max}}\left(1+\frac{c_I}{K_1}\right) \tag{3-14}$$

式中 K_1——ESI 的解离常数。

非竞争性抑制作用曲线如图 3-16 所示。

增加底物浓度不能解除这种非竞争性抑制作用，因此反应的 v_{max} 减小。由于非竞争性抑制作用不改变酶与底物的亲和力，因此，K_m 不变。

这类抑制物的结构与底物并不相像，如亮氨酸是精氨酸酶的非竞争性抑制物，亮氨酸与精氨酸的结构并不相像。乙酸、丙酸及乳酸等有机酸常对一些水解酶发生非竞争性抑制作用。

(3) 反竞争抑制

酶与底物结合后才能与抑制剂结合，复合物不能生成产物。反竞争性抑制剂使 K_m 和

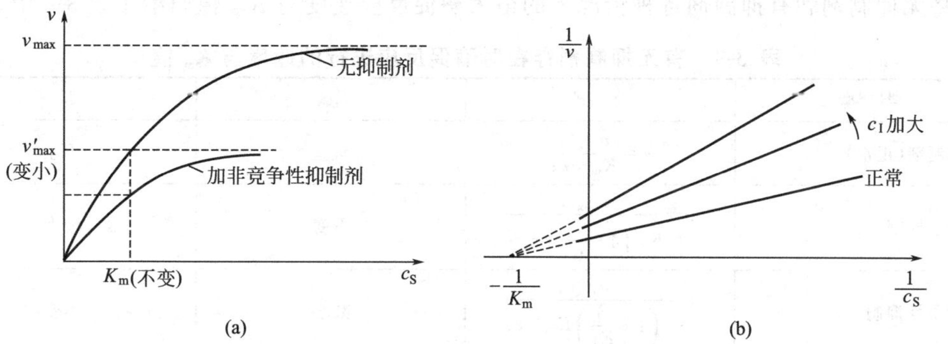

图 3-16 非竞争性抑制作用曲线

v_{max}都变小。这种抑制存在着以下的平衡

$$
\begin{array}{c}
E+S \overset{K_m}{\rightleftharpoons} ES \longrightarrow P \\
+ \\
I \\
\Big\Updownarrow K_I \\
ESI
\end{array}
$$

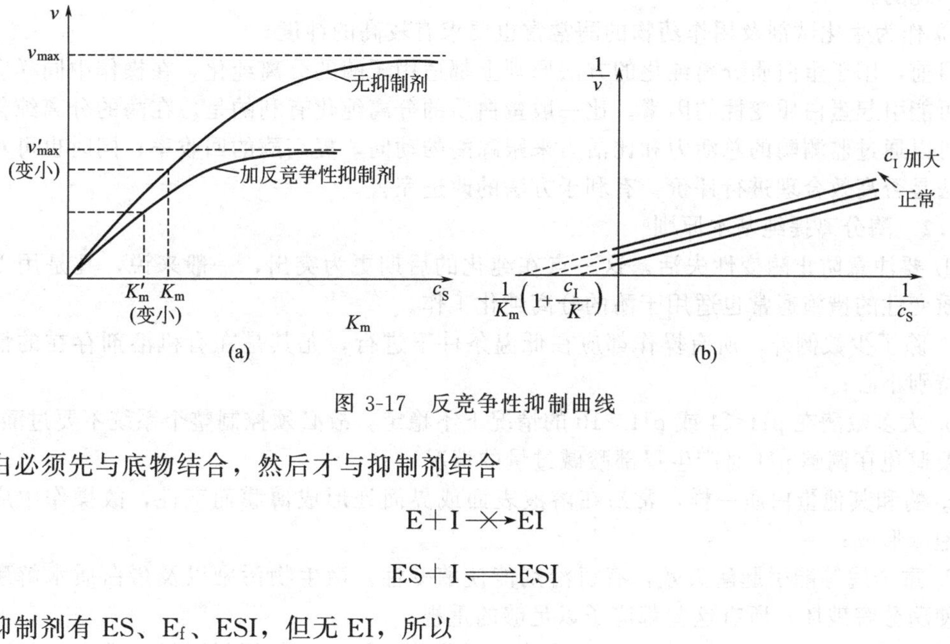

图 3-17 反竞争性抑制曲线

酶蛋白必须先与底物结合，然后才与抑制剂结合

$$E+I \not\longrightarrow EI$$

$$ES+I \rightleftharpoons ESI$$

这种抑制剂有 ES、E_f、ESI，但无 EI，所以

$$c_E = c_{E_f} + c_{ES} + c_{EIS} \tag{3-15}$$

代入$\frac{v_{max}}{v}=\frac{c_E}{c_{ES}}$，再经推导后得到下式

$$\frac{1}{v}=\left(\frac{K_m}{v_{max}}\right)\frac{1}{c_S}+\frac{1}{v_{max}}\left(1+\frac{c_I}{K_I}\right) \tag{3-16}$$

可见，在反竞争抑制作用下，K_m 及 v_{max}都变小。反竞争性抑制曲线如图 3-17 所示。

将无抑制剂和有抑制剂各种情况下的最大酶促反应速度与 K_m 值归纳于表 3-8 中。

表 3-8 有无抑制剂存在时酶促反应进行的速度与 K_m 值

类型	公式	v_{max}	K_m
无抑制剂(正常)	$v=\frac{v_{max}c_S}{K_m+c_S}$	v_{max}	K_m
竞争性抑制	$v=\frac{v_{max}c_S}{K_m\left(1+\frac{c_I}{K_I}\right)+c_S}$	不变	增大
非竞争性抑制	$v=\frac{v_{max}c_S}{\left(1+\frac{c_I}{K_I}\right)K_m+c_S}$	减小	不变
反竞争性抑制	$v=\frac{v_{max}c_S}{K_m+\left(1+\frac{c_I}{K_I}\right)c_S}$	减小	减小

3.5 酶的分离纯化与酶活力测定

3.5.1 酶的分离纯化

3.5.1.1 酶分离提纯的目的

① 为了研究酶的理化特性（包括结构与功能、性质及生物学作用等），对酶进行鉴定，必须用纯酶。

② 作为生化试剂及用作药物的酶常常也要求有较高的纯度。

目前，用于蛋白质分离纯化的方法原则上都适用于酶的分离纯化，在操作中同样应避免一切可能引起蛋白质变性的因素。比一般蛋白质的分离纯化有利的是，在酶的分离纯化过程中，可以通过监测酶的总活力和比活力来跟踪酶的动向，提高酶的回收率；同时也可对设计的方法是否高效合理进行评价，有利于方法的改进完善。

3.5.1.2 酶分离提纯基本原则

① 要注意防止酶变性失活，这一点在纯化的后期更为突出，一般来说，凡是用以预防蛋白质变性的措施通常也适用于酶的分离纯化工作。

a. 除了少数例外，所有操作都应在低温条件下进行，尤其是在有机溶剂存在的情况下更应特别小心；

b. 大多数酶在 pH＜4 或 pH＞10 的情况下不稳定，故必须控制整个系统不要过酸过碱；同时要避免在调整 pH 时产生局部酸碱过量的情况；

c. 酶和其他蛋白质一样，常易在溶液表面或界面处形成薄膜而变性，故操作中应尽量减少泡沫形成；

d. 重金属等能引起酶失效，有机溶剂能使酶变性，微生物污染以及蛋白质水解酶的存在能使酶分解破坏，所有这些都应予以足够的重视。

② 从理论上来说，凡是用于蛋白质分离纯化的一切方法都同样适用于酶。由于酶分离纯化的最终目的是要将酶以外的一切杂质（包括其他酶）尽可能的除去，因此，允许在不破坏“目的酶”的限度内，使用各种手段。此外，由于酶和它作用的底物及它的抑制剂等具有亲和性，当这些物质存在时，酶的理化性质和稳定性又往往会发生一些变化，这样，酶的分离纯化工作又可以采用更多，更有效的方法与条件。

③ 酶具有催化活性，检测酶活性可以跟踪酶，为酶的抽提、纯化以及制剂制备过程中选择适当的方法与条件提供直接的依据。实际上，从原料开始，整个过程的每一步始终都应贯穿酶活力的测定与比较，因为只有这样，才能知道在某一步骤中采用的各种方法与条件分

别使酶的活力提高了多少，酶回收了多少，从而决定它们的取舍。

3.5.1.3 酶分离提纯基本步骤

某一种酶的具体制备方案一般根据其来源、性质及纯度要求来确定。并在每一操作过程中都进行酶活力测定，以便了解酶的纯化情况及计算酶的产率。酶的分离纯化一般包括抽提和纯化两个基本步骤。

(1) 酶的抽提

抽提就是用溶剂将酶分离出来。不同的酶采用不同的抽提方法。对于在细胞内产生后分泌到细胞外进行作用的一类胞外酶，如为固体培养，则加水或缓冲液浸泡过滤即得。如为液体培养，则不需要经过抽提，只要将发酵液过滤，除去菌体后，其滤液即可供进一步纯化用。对于在细胞内起催化作用的胞内酶，就必须先收集固体，然后用适当方法将细胞结构破坏（主要是破坏细胞膜），使酶释放出来，然后用适当的溶剂进行抽提。

① 破碎细胞　动物细胞较易破碎，通过一般的研磨器、匀浆器、捣碎机等就可达到目的。细菌和植物细胞具有较厚的细胞壁，较难破碎，需用超声波、细菌磨、溶菌酶、某些化学溶剂（如甲苯、三氯乙烯、氯仿）或冻融等方法加以破碎。微生物酶制剂生产常用菌体自溶方法，自溶就是细胞死亡后本身结构的自我消化。在自溶过程中常采用保温等办法以提高效果。同时用缓冲剂维持 pH 值的稳定，以防自溶过程中产生的乳酸等对 pH 的影响。

② 抽提　在 0℃以下，用适当的溶液（如水、稀盐溶液、缓冲液等）将酶溶解出来，再用离心法除去不溶物，得到粗提取液。抽提液和抽提条件的选择取决于酶的溶解度和稳定性等。

(2) 酶的纯化

粗提液中往往含有很多杂质蛋白（非酶蛋白及一些其他酶）、核酸、黏多糖及无机盐等成分。纯化的目的就是分离除杂，以提高酶的纯度及其活力。

常用的纯化方法以下几种。

① 盐析法　即在不影响酶稳定性前提下，严格调节 pH 使接近酶的等电点，用中性盐将酶沉淀出来。

② 有机溶剂沉淀法　用 30%～60%低浓度有机溶剂如乙醇，在低温下将酶沉淀纯化，并立即分离的方法。

③ 选择性变性沉淀法　如利用蛋白质对加热变性的差异，严格控制温度，将杂蛋白变性沉淀去除。

④ 层析法　以柱层析最有效，发展最快，有吸附层析、离子交换层析、分子筛过滤层析等。

酶的纯化过程是一种严密的分离技术，应特别注意酶的特性。多数酶对热很不稳定，而且随着酶的逐渐提纯，非酶蛋白的除去，蛋白质之间相互保护作用也就逐渐减少，酶的稳定性也就越差。因此，在纯化过程中应尽可能保持低温，在过滤或搅拌等操作中要防止产生大量泡沫而使酶蛋白表面变性。同时，溶液的 pH、离子强度和蛋白质浓度都要严格控制，以防酶变性失活。

3.5.2 酶活力的测定

酶活力（enzyme activity）也称为酶活性，是指酶催化一定化学反应的能力。

检查酶的含量及存在，不能直接用质量或体积来表示，常用它催化某一特定反应的能力来表示，即用酶的活力来表示。酶活力的高低是研究酶的特性、进行酶制剂的生产及应用时的一项必不可少的指标。

(1) 酶活力与酶反应速度

酶活力的大小可以用在一定条件下它所催化的某一化学反应的反应速度（reaotion veloeity 或 reaetion rate）来表示，即酶催化的反应速度愈快，酶的活力就愈高，速度愈慢，酶的活力就愈低。所以测定酶的活力（实质上就是酶的定量测定）就是测定酶促反应的速度（用 v 表示）。

酶反应速度可用单位时间内、单位体积中底物的减少量或产物的增加量来表示，所以反应速度的单位是：浓度/单位时间。

将产物浓度对反应时间作图，反应速度即图 3-18 中曲线的斜率。从图中可知，反应速度只在最初一段时间内保持恒定，随着反应时间的延长，酶反应速度逐渐下降。引起下降的原因很多，如底物浓度的降低、酶在一定的 pH 及温度下部分失活、产物对酶的抑制、产物浓度增加而加速了逆反应的进行等。因此，研究酶反应速度应以酶促反应的初速度为准。这时上述各种干扰因素尚未起作用，速度保持恒定不变。

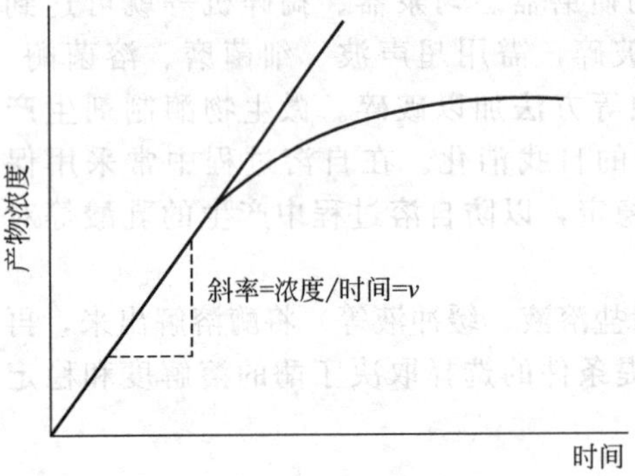

图 3-18 酶反应的速度曲线

测定产物增加量或底物减少量的方法很多，常用的方法有化学滴定、比色、比旋光度、气体测压、测定紫外吸收、电化学法、荧光测定以及同位素技术等。选择哪一种方法，要根据底物或产物的物理化学性质而定。在简单的酶反应中，底物减少与产物增加的速度是相等的，但一般以测定产物为好，因为测定反应速度时，实验设计规定的底物浓度往往是过量的，反应时底物减少的量只占其总量的一个极小部分，测定时不易准确；而产物则从无到有，只要方法足够灵敏，就可以准确测定。

(2) 酶的活力单位

酶的活力大小，也就是酶量的大小，用酶的活力单位（U，active unit）来度量。

1961 年国际酶学会议规定：1 个酶活力单位，是指在特定条件下，在 1min 内能转化 1 微摩尔（μmol）底物的酶量，或是转化底物中 1μmol 的有关基团的酶量。特定条件：温度选定为 25℃，其他条件（如 pH 及底物浓度）均采用最适条件。这是一个统一的标准但使用起来不如习惯用法方便。

被人们普遍采纳的习惯用法使用较方便。例如，α-淀粉酶，可用每小时催化 1g 可溶性淀粉液化所需要的酶量来表示，也可以用每小时催化 1mL 2%可溶性淀粉液化所需要的酶量作为一个酶单位，不过这些表示法不够严格，同一种酶有好几种不同的单位，也不便于对酶活力进行比较。

(3) 酶的比活力

比活力（specific activity）的大小，也就是酶含量的大小，即每毫克酶蛋白所具有的酶活力，一般用酶活力单位/毫克蛋白质（U/mg 蛋白质）来表示。也有时用每克酶制剂或每毫升酶制剂含有多少个活力单位来表示（酶活力单位/g 或酶活力单位/mL）。它是酶学研究及生产中经常使用的数据，可以用来比较每单位质量酶蛋白的催化能力。对同一种酶来说，比活力愈高，表明酶愈纯。

(4) 酶的转换数

转换数 k_{cat} 为每秒钟每个酶分子转换底物的微摩尔（μmol）。它相当于一旦产物-酶（ES）中间物形成后，酶将底物转换为产物的效率。在数值上 $k_{cat}=k_3$，此处的 k_3 即米氏方程导出部分中的 k_3，是由 ES 形成产物的速度常数，例如表 3-9。

表 3-9 某些酶的最大转换数

酶	k_{cat}转换数/(μmol/s)	酶	k_{cat}转换数/(μmol/s)
碳酸酐酶	600000	胰凝乳蛋白酶	100
乙酰胆碱酯酶	25000	DNA 聚合酶	15
青霉素酶	2000	色氨酸合成酶	2
乳糖脱氢酶	1000	溶菌酶	0.5

复 习 题

1. 酶的化学本质是什么？它作为生物催化剂有何特点？
2. 试述酶的分类及国际命名法。
3. 概述酶的结构与功能的关系。
4. 何谓酶的专一性？酶的专一性有哪几类（举例说明）？如何解释酶作用的专一性？
5. 影响酶促反应速度的因素有哪些？用曲线表示并说明它们各有什么影响。
6. 说明米氏常数（K_m）及最大反应速度（v_{max}）的意义及应用。
7. 阐述酶活性中心的概念。
8. 实现酶反应高效率的因素是哪些？它们是怎样提高酶反应速度的？
9. 何谓竞争性和非竞争性抑制作用？
10. 解释下列名词概念

全酶　活力、比活力　必需基团　中间产物学说
酶原的激活　诱导契合学说　温度系数　酶的转换数

参 考 文 献

[1] 郑集．普通生物化学．第三版．北京：人民教育出版社，1990.
[2] 沈同．生物化学（上册）．第二版．北京：人民教育出版社，1990.
[3] 大连轻工业学院．生物化学（工业发酵专业用）．北京：轻工业出版社，1980.
[4] 王建龙，文湘华．现代环境生物技术．北京：清华大学出版社，2001.
[5] 刘志国．新编生物化学．北京：中国轻工业出版社，2003.
[6] 崔耀宗．生物化学教程．合肥：中国科学技术大学，1992.
[7] 李再资．生物化学工程基础．第二版．北京：化学工业出版社，2006.
[8] B. D. Hames，N. M. Hooper&J. D. Houghton，Biochemistry，北京：科学出版社，1999.
[9] 郭勇．酶工程．北京：中国轻工业出版社，1994.
[10] 罗九甫．酶和酶工程．上海：上海交通大学出版社，1996.

4 细胞内生物分子的新陈代谢

4.1 新陈代谢概论

生物在生命活动过程中，一方面不断地从外界环境中吸收营养物质，另一方面又不断地排出废物。这种生物体与外界环境的物质交换作用，就是生物的新陈代谢，或称为物质代谢。生物体的各种生命活动，如生长、发育、繁殖、遗传、变异乃至运动、思维等都是通过新陈代谢来实现的。因此，没有新陈代谢，就没有生命。

在自然界中，从低等的微生物到高等的动植物，尽管它们的形态、大小、结构千差万别，但它们的代谢途径都大同小异，因此新陈代谢是生命的基本特征之一。

人体和动物从环境中取得氧气、清水和食物，又把二氧化碳、水和其他废物排泄到环境中去。绿色植物从环境中取得二氧化碳和水，并利用太阳能，通过光合作用，合成机体的糖，并放出氧，又从环境中取得氮、磷、钾等盐类，合成糖、脂类、蛋白质和核酸等（见图4-1）。

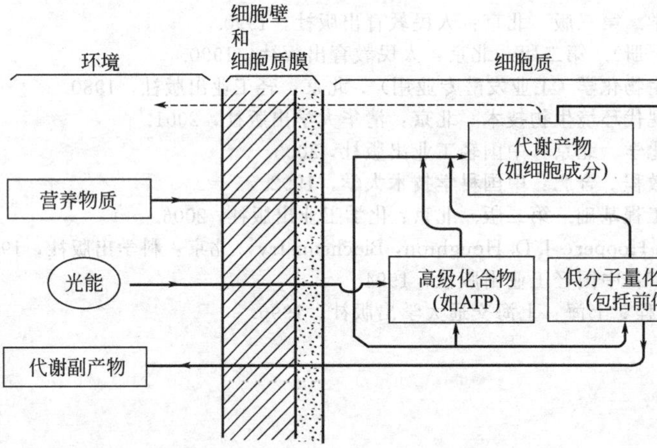

图 4-1 微生物代谢流程简图

微生物的生活方式是多种多样的，有的是自养的，有的是异养的，微生物也和它周围的环境进行不断的物质交换。

4.1.1 同化作用和异化作用

生物机体的新陈代谢可以区分为同化作用和异化作用两个不同方向的代谢变化。生物机体从环境中取得物质，转化为体内的新物质，这个过程叫同化作用。生物机体内的旧有物质，转化为环境中的物质，这个过程叫异化作用。生物机体的新陈代谢又可区分为物质代谢和能量代谢两个方面。

生物体通过新陈代谢所产生的生命现象，是建立在合成代谢与分解代谢矛盾对立和统一的基础上的，它们之间是互相联系，互相依存，而且是互相制约的，一个合成代谢过程，常常包括许多分解反应；一个分解过程也常常包括许多合成反应。在能量代谢的放能与吸能两方面上也是相互联系，相互制约的，如三磷酸腺苷（ATP）在反应中既能供应能量，而它本身合成时又需消耗能量，因此它的合成又受能量供应限制。总之，合成为分解准备了物质前提，外部物质变为内部物质；同时，分解为合成提供必需的能量，内部物质又能转变为外部物质。在机体的生命过程中合成代谢（同化作用）与分解代谢（异化作用）的主次关系也是互相转化的，这种转化使生物个体的发展呈现出生长、发育和衰老等不同阶段。

各种生物都具有各自特异的新陈代谢类型，此特异方式决定于遗传，环境条件也有一定影响。各种生物的新陈代谢过程虽然复杂，但却有共同的特点，生物体内的绝大多数代谢反应是在温和条件下，由酶所催化进行的；生物体内反应与步骤虽然繁多，但相互配合，有条不紊，彼此协调而有严格的顺序性；生物体对内外环境条件有高度的适应性和灵敏的自动调节性，新陈代谢实质上就是错综复杂的化学反应相互配合，彼此协调，对周围环境高度适应而成的一个有规律的总过程。

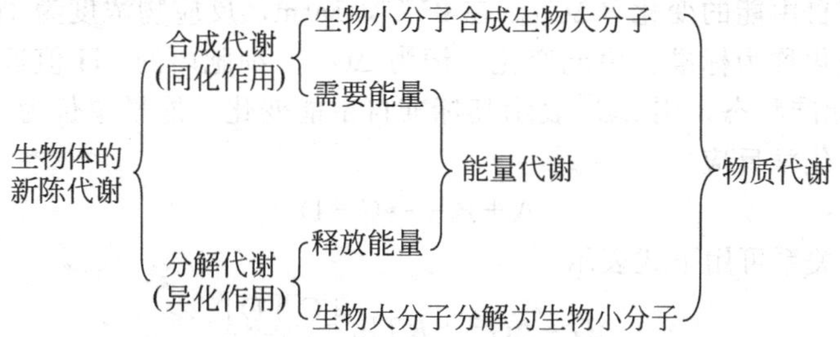

4.1.2 中间代谢

新陈代谢过程包括营养物质的吸收、中间代谢以及代谢产物的排泄等阶段。就微生物而言，营养物质的吸收和代谢产物的排泄是物质透过细胞膜的过程，当某营养物质（A）进入微生物细胞，要面临着一系列的化学变化，它将被代谢成终点产物（E），其间可以形成一种或多种化合物（B～D），称为中间产物。由A～E的反应序列，A→B→C→D→E，称为代谢途径，其中每个反应都由专一的酶催化。物质在细胞内发生的这一系列化学变化、能量转变等则称为中间代谢。

中间代谢是复杂的物质转化过程。一种营养物质有时可以被代谢成不止一种终点产物，而有分支的代谢途径，如

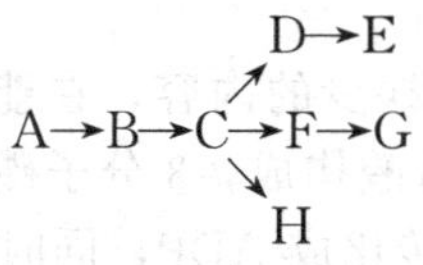

通常将分支点上的化合物（C）称为各终点产物（E，G，H）的共同前体。所谓前体是指能被代谢成某种终点产物的任何化合物，可以是在细胞内生成的（如中间产物C），也可以是由外界供给的。

中间代谢依其不同方向的代谢变化，可以分为合成代谢与分解代谢。伴随着合成代谢和分解代谢而发生在生物体内的化学能、热能、机械能等能量的相互转化和代谢变化称为能量代谢。

合成代谢是指一种或数种物质合成较大、较复杂的分子的过程，一般是消耗能量的反应。在合成代谢过程中，也常伴有某些物质的分解反应。分解代谢是指一种物质变为较小、较简单分子的过程，一般是释放能量的反应。在分解代谢过程中，也常伴有某些物质的合成反应。例如，生物体内各种氨基酸合成为复杂大分子蛋白质的过程是合成代谢，这是需要供

给能量的代谢过程；又如糖原在生物体内分解为葡萄糖，最终又分解为二氧化碳和水，是分解代谢，这是释放能量的代谢过程。

将中间代谢分为合成与分解两种过程，绝不是意味着这两种过程在生物体的生命活动过程中是单独分别进行的。合成与分解是一对矛盾，共处于一个统一体中，它们既是对立的，又是统一的。两者相互联结，相互依赖，相互渗透，相互贯通，互为条件，相辅相成。合成过程中所要的物质和能量由分解过程提供，分解过程产生的物质和释放的能量又用于合成过程。由于能量和物质的相互依存，从而维持了生物体内物质的动态平衡以及能量供给与消耗的动态平衡，构成了新陈代谢的统一性。

4.1.3 自由能与高能化合物

(1) 自由能

一切化学反应都伴有能量的变化，而且遵循热力学定律，生物体内的反应也不例外。对生化反应来说，最有用的热力学函数是状态函数自由能。自由能是指一个反应体系中能够做功的那一部分能量。在没有做功的条件时，自由能转化为热能而散失。在恒温恒压下一个系统进行反应必伴有自由能的变化（ΔG）。在 25℃，1atm，反应物浓度为 1mol/L 时，这个反应系统的自由能变化称为标准自由能变化，记为 $\Delta G^{\ominus}$。细胞内的 pH 值近于 7。生化反应中规定 pH=7 为其标准状态，用 $\Delta G^{\ominus}$ 表示其标准自由能变化。能量单位为 kJ/mol。

对于任何一个化学反应

$$A+B \longrightarrow C+D \tag{4-1}$$

ΔG 和 $\Delta G^{\ominus}$ 的关系可用下式表示

$$\Delta G=\Delta G^{\ominus}+RT\ln\frac{[C][D]}{[A][B]} \tag{4-2}$$

可见某一反应能否进行取决于 ΔG，而 ΔG 又取决于反应物质的本质（表现在 $\Delta G^{\ominus}$）及反应物和产物的浓度，反应体系的温度。$\Delta G<0$ 时，反应可以自发进行，为放能反应；但并不意味着这个反应一定发生或以可以觉察的速度进行。$\Delta G>0$ 时，反应不能自发进行，必须由外界供给能量，才能推动反应进行，为吸能反应。$\Delta G=0$ 时，表明体系已处于平衡状态，由式(4-2) 得

$$\Delta G^{\ominus}=-RT\ln\frac{[C][D]}{[A][B]}=-RT\ln K(K\text{ 为平衡常数}) \tag{4-3}$$

这种从已知平衡常数，计算反应自由能变化的方法，在生物化学中有很大的实际意义，值得一提的是自由能是状态函数，故 ΔG 只与反应前后物质的状态有关，与反应历程无关。

(2) 高能化合物

能量代谢是新陈代谢过程中不可缺少的内容，在能量代谢中，起关键作用的是 ATP 循环。ATP 由腺嘌呤、核糖和 3 分子磷酸构成，3 分子磷酸通过 2 个磷酸酐键相连。当此磷酸酐键水解或此磷酸基团转移时 ATP 转化成 ADP，同时释放出能量用于那些吸能反应，如小分子前体合成较大分子的化合物；对抗浓度梯度的离子转运等，形成的 ADP 又能接受代谢物中所形成的一些高能化合物的一个磷酸基团和一部分能量转变成 ATP。也可以在呼吸链氧化过程中直接获取能量，用无机磷酸合成 ATP，此为 ATP—ADP 循环。

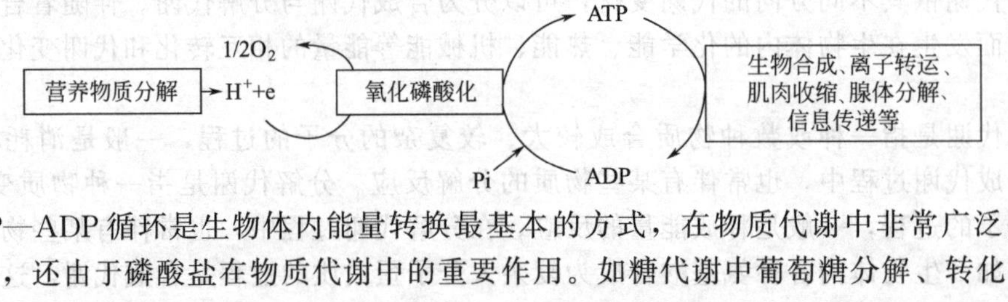

ATP—ADP 循环是生物体内能量转换最基本的方式，在物质代谢中非常广泛。除了能量交换外，还由于磷酸盐在物质代谢中的重要作用。如糖代谢中葡萄糖分解、转化中的一些

中间代谢产物很多是磷酸酯。酶的共价修饰调节主要也是酶蛋白的磷酸化和去磷酸化。在这些反应中，伴随着磷酸基的转移，也有能量的转换。

像 ATP 等有机化合物在水解时可释放出大量自由能，通常称为高能化合物。换言之，所谓高能化合物是指化合物进行水解反应时伴随的标准自由能变化（$\Delta G^{\ominus}$）等于或大于 ATP 水解生成 ADP 的标准自由能变化的化合物。在标准状态下，ATP 水解为 ADP 和磷酸时，其 $\Delta G^{\ominus}=-30.5$kJ/mol。在生理条件下，由于受 pH 值、离子强度、2 价金属离子以及反应物浓度的影响，体内 ATP 水解时的 ΔG 为-51.6kJ/mol。

高能化合物一般对酸、碱和热都不稳定。许多高能化合物都含有可水解的磷酸基团，这些高能化合物称为高能磷酸化合物，高能磷酸化合物如 ATP、ADP 等，它们水解时所以能释放出大量的自由能与它们的分子结构有关。这类分子很不稳定，在生理条件下（pH＝7.4），ATP 分子的磷酸基完全解离成负离子，带 4 个负电荷，相互之间有排斥力，同时在这些磷酸基的 P═O 中，由于氧原子电负性大，带有部分负电荷（δ^-），而磷原子又带有部分正电荷（δ^+），这就使 P—O—P 键处于不稳定状态，其结构表示如下

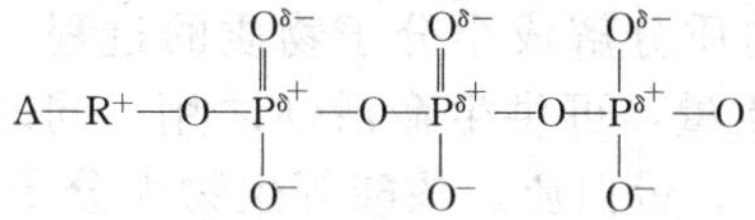

表 4-1 常见的高能化合物类型

高能化合物类型		高能化合物举例	水解释放出标准自由能 $\Delta G^{\ominus}$/(kJ/mol)
磷酸化合物	焦磷酸 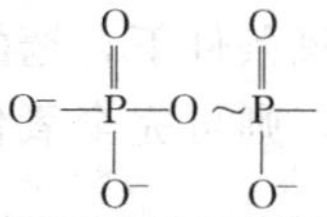	ATP、GTP、ADP、UTP	-30.5
	烯醇磷酸 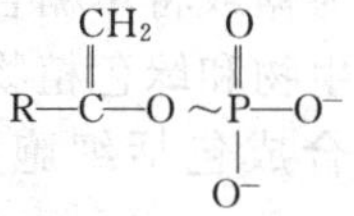	磷酸烯醇式丙酮酸	-61.9
	酰基磷酸 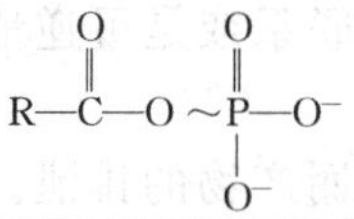	甘油酸 1,3-二磷酸	-49.3
	硝酸胍类 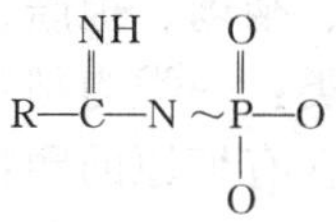	磷酸肌酸 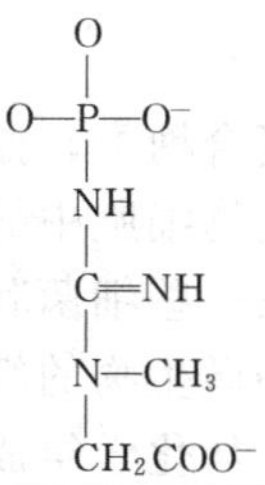	-43.9
非磷酸化合物	硫酯键化合物 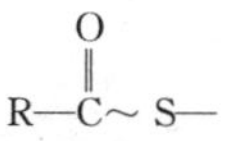	乙酰辅酶 A $CH_3CO\sim SCoA$	-31.4
	甲硫键化合物 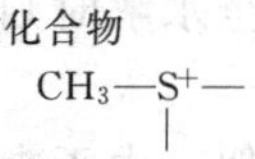	活性甲硫氨酸 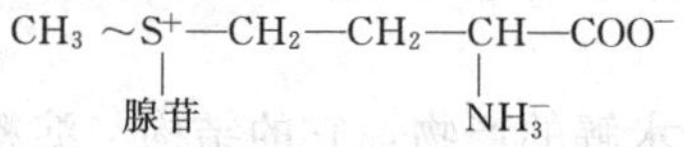	-41.8

因ATP分子中相邻磷酸基团的磷原子都带有部分正电荷，相互间静电斥力较大，因此ATP分子必须具有较高的内能来克服相邻的同种电荷间的静电斥力。当磷酸酐键水解时，这部分能量就释放出来。体内较重要的高能化合物在水解时释放的自由能在30kJ/mol以上，高能化合物大多数是磷酸化合物，但不是所有的磷酸化合物都是高能化合物。一般的磷酸酯水解时，$\Delta G^{\ominus}$为$-12\sim-8$kJ/mol，如1-磷酸葡萄糖水解时，$\Delta G^{\ominus}$只有-20kJ/mol，与ATP相比，它们属于低能化合物。常见的高能化合物类型见表4-1。

4.2 糖分解代谢

4.2.1 糖代谢概述

糖类是生物体的基本营养物质和重要组成成分。糖类的代谢，即糖类物质在生物体内所起的一切生物化学变化，包括分解和合成两个方面。不同生物的代谢各有其特殊性，但它们的基本过程则相类似。

糖的分解代谢是指糖类物质分解成小分子物质的过程。糖在生物体内经过一系列的分解反应后，便释放出大量能量，可供生命活动之用。同时，糖分解过程中形成的某些中间产物，又可作为合成脂类、蛋白质、核酸等生物大分子物质的原料（作为碳架）。例如葡萄糖分解代谢的中间产物丙酮酸可以转化成丙氨酸，作为合成蛋白质的原料；丙氨酸又可转化为乙酸（以乙酰辅酶A形式），从乙酸可以合成高级脂肪酸，它是合成脂肪的原料。由此可见，糖类物质是大多数微生物、动物及人类在生命活动过程中的主要能源和碳源。

糖的分解代谢可分为无氧分解和有氧分解两类。在无氧条件下，糖的分解常不完全，此时释放的能量较少，并产生各种代谢产物。在有氧条件下，则可完全氧化，最终生成二氧化碳和水，并释放出大量能量。

糖的合成代谢是指生物体将某些小分子非糖物质转化为糖或将单糖合成低聚糖及多糖的过程。这是需要供给能量的过程。例如某些光能自养型微生物和绿色植物能以二氧化碳作为碳源，日光作为能源合成糖类；大多数微生物能以单糖合成包括细胞壁多糖在内的各种多糖。

糖的分解代谢和合成代谢并不孤立地进行，而是互有联系或是可逆地变化的，同时，在糖类代谢过程中需要酶（包括辅酶）及无机离子参加。

必须指出，糖的代谢还包括生物体对糖的吸收以及代谢产物的排泄。就微生物而言，这些过程是通过细胞膜来完成的。

4.2.2 多糖和双糖的分解

多糖是由很多单糖组成的复合糖类，如淀粉、纤维素、菊糖、琼脂、半纤维素、果胶质等，大量存在于植物体内。微生物细胞中的多糖可分为两类：一类为细胞的储藏物质，在细胞内呈不溶性颗粒。如酵母菌及一些细菌和霉菌的细胞中含有糖原的颗粒。另一类参与细胞结构，如组成细菌的荚膜和各种微生物的细胞壁等。

多糖的分子结构都很复杂，从化学组成分析，多糖是由大量单糖分子脱水缩合而成，分子很大，所以不能透过细胞膜。多糖作为微生物营养时，必须在微生物细胞外被相应的酶水解为单糖或双糖，才能被吸收和利用。

4.2.2.1 淀粉的水解

淀粉可用酸水解，水解的最终产物是葡萄糖。淀粉不完全水解时则生成糊精。淀粉酶也可催化淀粉的水解。

糊精是淀粉不完全水解的产物，它的结构与淀粉结构相似。由于糊精是在淀粉水解过程中产生的，它的分子大小没有一定，可以是比淀粉稍小一点的分子，也可以是只包含 4～5 个葡萄糖单位的小分子。

由于淀粉分子很大，所以它不能透过微生物细胞膜进入细胞内。某些能利用淀粉的微生物，可以向细胞外分泌淀粉酶，使淀粉水解成葡萄糖后才被吸收入细胞内做进一步降解。而另一些不能分泌淀粉酶的微生物，则必须用酸或借助于其他来源的淀粉酶水解淀粉成葡萄糖后，才能被其吸收利用。

淀粉酶是催化水解淀粉分子中糖苷键的一类酶的总称。酶对淀粉分子中两种糖苷键的水解反应如下。

α-D-1,4-葡糖苷键的水解

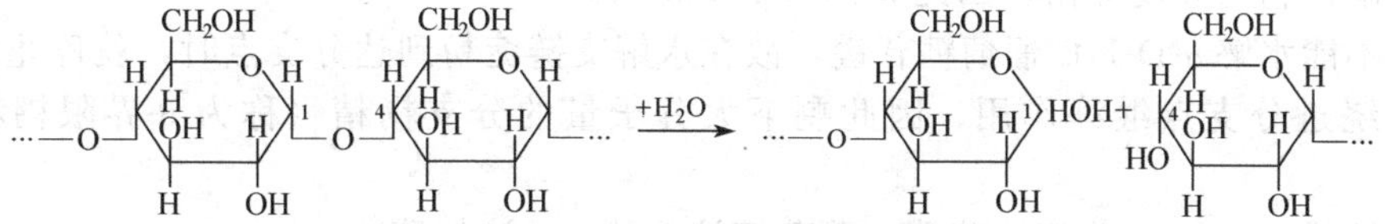

α-D-1,6-葡糖苷键的水解

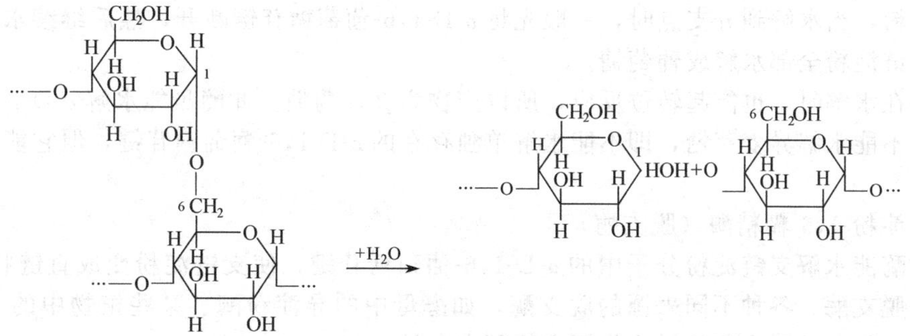

各种生物产生的淀粉酶的性质不同，它对两种糖苷键的水解能力及反应产物也各不相同。根据其作用特点大致可分为四类（表 4-2）。

表 4-2 淀粉酶分类表

酶 名	来 源	作用的键	反应主要产物
淀粉-1,4-糊精酶	动物（唾液、内脏） 植物（麦芽等） 细菌霉菌、酵母	α-D-1,4-葡糖苷键	糊精
淀粉-1,4-麦芽糖苷酶	植物（甘蔗、大麦） 细菌	α-D-1,4-葡糖苷键	麦芽糖、糊精
淀粉-1,4/1,6-葡萄糖苷酶	霉菌	α-D-1,4-葡糖苷键与 α-D-1,6-葡糖苷键	葡萄糖
淀粉-1,6-糊精酶	酵母、马铃薯	α-D-1,6-葡糖苷键	糊精

（1）淀粉-1,4-糊精酶（α-淀粉酶、液化型淀粉酶）

此酶能在淀粉链的内部水解 α-D-1,4-葡糖苷键，生成小分子糊精及少量麦芽糖和葡萄糖，淀粉链越长，水解的速度越快，淀粉溶液的黏度迅速下降。当淀粉被水解成为短链糊精时，水解速度就很慢，要使糊精进一步水解则需很长时间，所以此酶的主要作用是使淀粉水解生成糊精，故称液化型淀粉酶或糊精化酶。

此酶虽然能水解淀粉链的α-D-1,4-葡萄糖苷键，但它不能水解麦芽糖，它的最小作用底物是麦芽三糖。

此酶水解淀粉生成的麦芽糖及葡萄糖即是α型，所以又称为α-淀粉酶。此酶不能水解α-D-1,6-葡萄糖苷键，所以它作用于支链淀粉时，有异麦芽糖产生。

(2) 淀粉-1,4-麦芽糖苷酶（β-淀粉酶）

此酶作用于淀粉时，从淀粉链的非还原性端开始，水解它的α-D-1,4-葡萄糖苷键，水解时沿着淀粉链每次水解掉两个葡萄糖单位，产物为麦芽糖。由于它只能从淀粉链的外部开始依次进行水解，故水解速度较慢，不能像淀粉酶那样使淀粉溶液黏度迅速降低。

此酶在水解淀粉的α-D-1,4-葡萄糖苷键的同时，起了一个转位反应，将D型转变为β型，即水解产物为β-麦芽糖，因此又称为β-淀粉酶。

此酶不能水解α-D-1,6-葡萄糖苷键，故在水解支链淀粉到达分支点时，就停止作用，而且也不能绕过分支点继续作用，因此剩下大分子量的分支糊精（称为β-界限糊精）不能被水解。

(3) 淀粉-1,4/1,6-葡萄糖苷酶（葡萄糖淀粉酶、γ-淀粉酶）

这类淀粉酶能水解淀粉的α-D-1,4-葡萄糖苷键和α-D-1,6葡萄糖苷键。它作用于淀粉时从淀粉的非还原性端开始，顺次水解α-D-1,4-葡萄糖苷键，将葡萄糖一个一个水解下来。对于支链淀粉，当水解到分支点时，一般先将α-D-1,6-葡萄糖苷键断开，然后继续水解，所以能够将支链淀粉全部水解成葡萄糖。

此酶在水解时，也能起转位反应，所以产物为β-葡萄糖。此酶虽能水解α-D-1,6-葡萄糖苷键，但不能水解异麦芽糖，即不能水解单独存在的α-D-1,6-葡萄糖苷键，但它能水解β-界限糊精。

(4) 淀粉-1,6-糊精酶（脱支酶）

这类酶能水解支链淀粉分子中的α-D-1,6-葡萄糖苷键，使支链淀粉变成直链状的糊精，所以称为脱支酶。各种不同来源的脱支酶，如酵母中的异淀粉酶、某些植物中的R酶均有脱支能力，但各种脱支酶的最小作用底物稍有差异。

4.2.2.2 纤维素的水解

纤维素分子也是分子很大的多糖，分子量可达数十万，甚至数百万，不能为微生物细胞所直接吸收利用。天然纤维素可用无机酸水解成葡萄糖。有些微生物能够产生纤维素酶。纤维素酶是水解纤维素的一类酶的总称。它至少包括三种类型，即破坏天然纤维素晶状结构的C_1酶，水解游离（直链）纤维素分子的C_X酶和水解纤维二糖的β-葡萄糖苷酶。三类纤维素酶的作用顺序如下

$$\text{天然纤维素} \xrightarrow{C_1\text{酶}} \text{直链(游离)纤维素} \xrightarrow{C_X\text{酶}} \text{纤维二糖} \xrightarrow{\beta\text{-葡萄糖苷酶}} \text{葡萄糖}$$

纤维素酶的存在有两种方式：胞外酶，溶解游离于培养基中，霉菌中产生的纤维素酶属于这种形式；细胞表面酶，结合存在于细胞表面上，如黏细菌的纤维素酶存在于细胞壁内。

产生纤维素酶的微生物，在真菌中有木霉、漆斑霉、黑曲霉、青霉、根霉等；在细菌中有纤维黏菌属、生胞纤维黏菌属和纤维杆菌属。在放线菌中有黑红旋丝放线菌、玫瑰色放线菌、纤维放线菌及白玫瑰放线菌等。总的说来，在已发现的产生纤维素酶的菌株中，分解天然纤维素的能力较弱，即C_1酶活力不高。因此在应用方面受到一定的限制。

4.2.2.3 双糖的水解

许多双糖可被微生物利用。例如蔗糖、麦芽糖、乳糖等。微生物利用这些双糖时，首先将其水解或磷酸解，然后再进入单糖降解途径。

分解双糖的酶大多为胞外酶，也有在细胞表面或细胞内的。

(1) 蔗糖的分解 蔗糖由葡萄糖和果糖构成，广泛分布于自然界，如植物的叶、种子、果实和根内。

蔗糖可被蔗糖酶（又称转化酶）水解为葡萄糖和果糖。

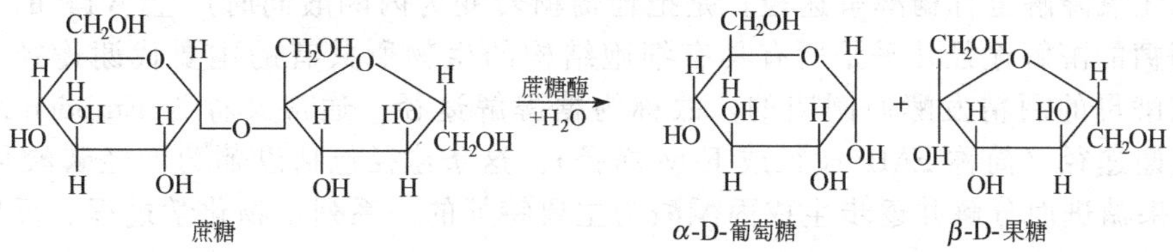

在某些微生物体内含有蔗糖磷酸化酶，可催化蔗糖磷酸解反应，生成1-磷酸葡萄糖和果糖。

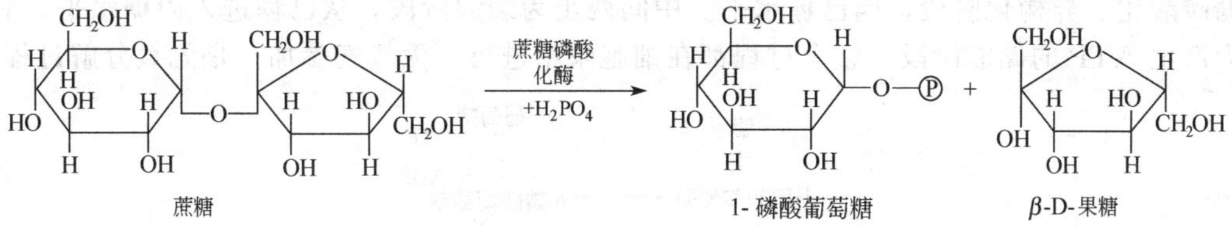

(2) 麦芽糖的分解 麦芽糖由两分子葡萄糖构成，大量存在于发芽的谷粒中，特别是麦芽中。

麦芽糖可由麦芽糖酶催化水解为两分子葡萄糖。

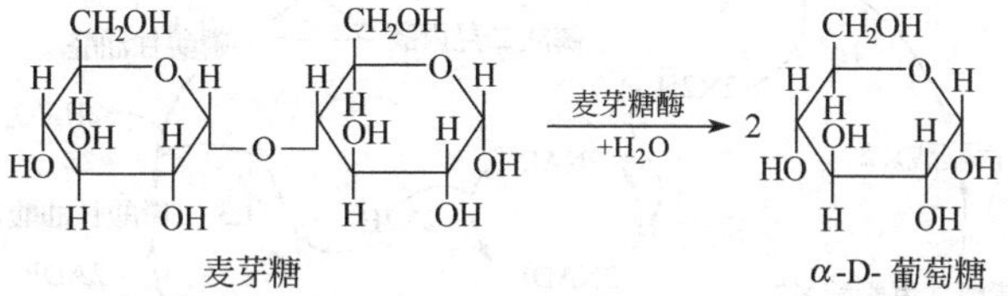

在某些微生物体内有麦芽糖磷酸化酶可催化麦芽糖磷酸解反应，生成1-磷酸葡萄糖和葡萄糖。

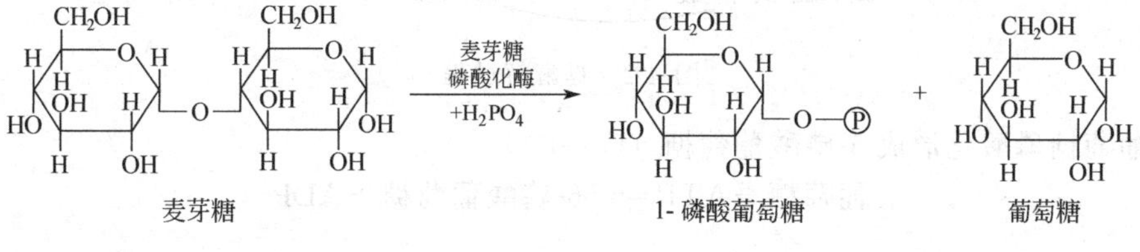

(3) 乳糖的水解 乳糖是哺乳动物乳汁内主要的糖，由半乳糖和葡萄糖构成。

乳糖可由乳糖酶（又称为β-半乳糖苷酶）催化水解，生成半乳糖和葡萄糖。

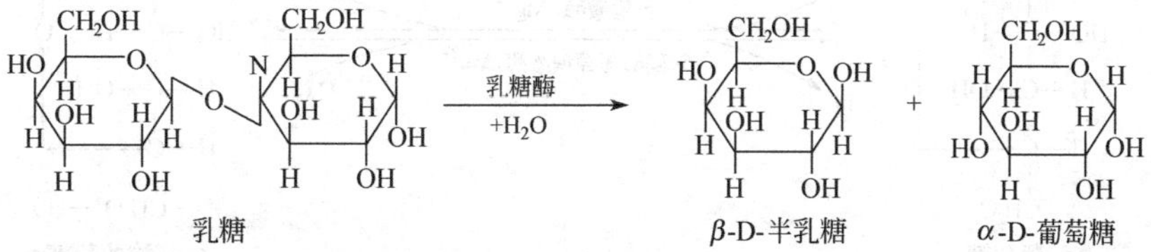

4.2.3 葡萄糖的分解

在单糖中以葡萄糖为最重要，它是大多数异养微生物都能利用的碳源和能源。其他糖类的分解也同葡萄糖的代谢有密切关系。葡萄糖的分解代谢途径较多，不同的微生物及在不同的条件下，它的分解代谢途径也有不同。本节介绍几种主要的降解途径。

4.2.3.1 葡萄糖的无氧降解

糖的无氧降解也称糖酵解途径，是把葡萄糖转变为丙酮酸同时产生 ATP 的一系列反应。葡萄糖的酵解途径几乎是所有具有细胞结构的生物所共有的主要代谢途径。它最初是从研究酵母的酒精发酵而阐明的，故称为糖酵解途径。通常又称为 Embden-Meyerhof-Parnas 代谢途径（简称 EMP 途径或 E-M 途径）。这条途径包括以葡萄糖经磷酸化生成 1，6-二磷酸果糖进而分解并逐步生成丙酮酸为主要特征的一系列生物化学过程。反应发生于细胞质中。

(1) 糖酵解途径的生物化学过程

从葡萄糖开始，糖酵解途径全过程分为 11 步（图 4-2），可分为三个阶段。前三步为葡萄糖磷酸化、异构化阶段，属已糖水平。中间两步为裂解阶段，从已糖进入丙糖水平。后六步为产生 ATP 的储能阶段。整个过程都在细胞浆中进行，无氧气参加，是无氧分解过程。

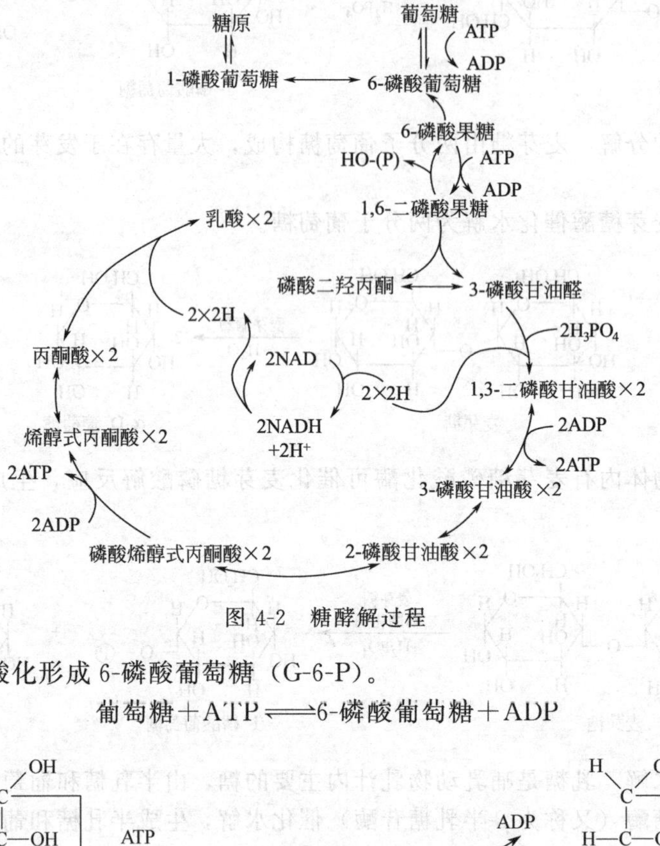

图 4-2 糖酵解过程

① 葡萄糖磷酸化形成 6-磷酸葡萄糖（G-6-P）。

$$葡萄糖 + ATP \rightleftharpoons 6\text{-}磷酸葡萄糖 + ADP$$

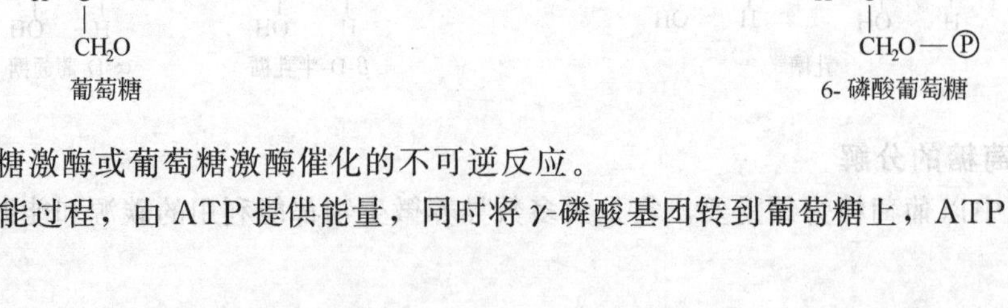

a. 由已糖激酶或葡萄糖激酶催化的不可逆反应。

b. 是耗能过程，由 ATP 提供能量，同时将 γ-磷酸基团转到葡萄糖上，ATP 变成 ADP。

c. 是糖酵解途径中的限速步骤之一。

d. Mg^{2+}是必需的阳离子。

磷酸化有三方面作用：首先磷酸基团的极性，可阻止中间产物透过细胞膜，以维持较高的细胞内浓度；其次在形成酶-底物复合物时，底物上的磷酸基团有利于识别或结合酶；最后有利于保存积聚糖酵解各步骤的能量，并将此能量最终连同磷酸基团一起转移到 ATP 中去。

② 6-磷酸葡萄糖转化成 6-磷酸果糖（F-6-P）。

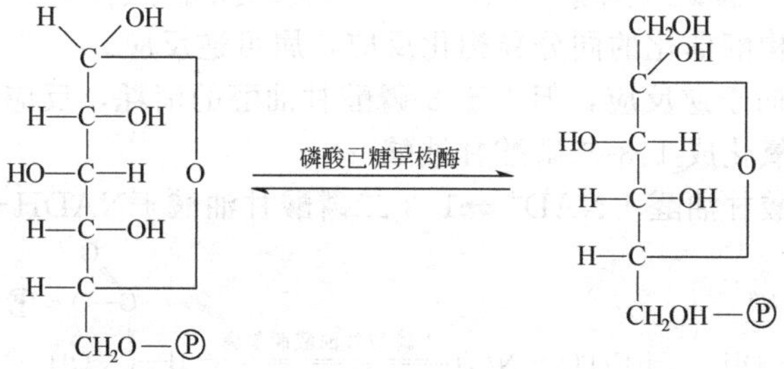

6-磷酸葡萄糖　　　　6-磷酸果糖

a. 由磷酸葡萄糖异构酶催化的同分异构化反应，属可逆反应。

b. 反应平衡时趋向于逆反应的，但因为下一步反应以及以后的某些反应是不可逆的，因此整个反应朝着正反应方向进行。

③ 6-磷酸果糖磷酸化成 1,6-二磷酸果糖（F-1，6-2P）。

6-磷酸果糖＋ATP⟶1,6-二磷酸果糖＋ADP

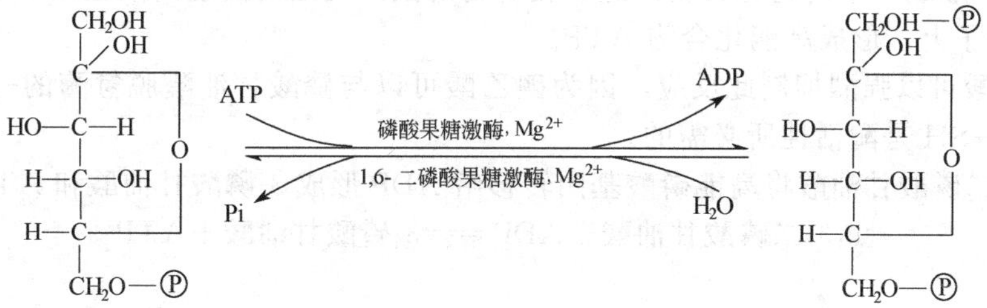

a. 由磷酸果糖激酶催化的不可逆反应。

b. 是耗能过程，由 ATP 提供能量。

c. 是糖酵解途径中的限速步骤之二。

d. Mg^{2+}是必需的阳离子。

④ 1,6-二磷酸果糖裂解成 3-磷酸甘油醛和磷酸二羟丙酮（DHAP）

1,6-磷酸果糖⟶磷酸二羟丙酮＋3-磷酸甘油醛

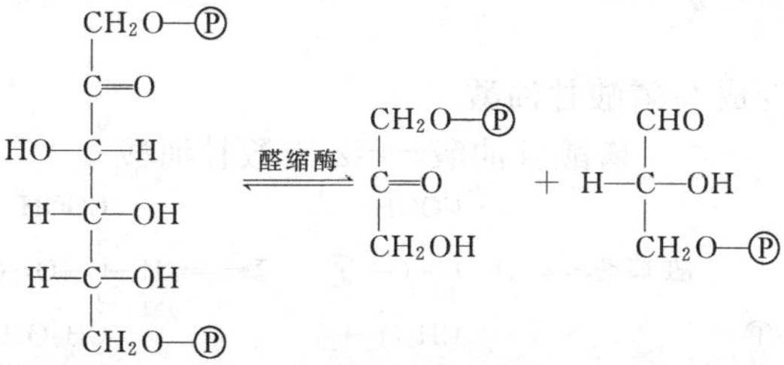

1,6-二磷酸果糖　　磷酸二氢丙酮　　3-磷酸甘油醛

a. 由 1,6-二磷酸果糖醛缩酶催化的裂解反应，在 1,6-磷酸果糖 C_3 与 C_4 之间断裂。

b. 属可逆反应。而且平衡有利于逆向反应方向，醛缩酶由此命名。

c. 在正常的生理条件下，由于3-磷酸甘油醛不断被转化，大大降低了细胞内3-磷酸甘油醛的浓度，从而驱动反应向裂解方向进行。

⑤ 磷酸二羟丙酮与3-磷酸甘油醛的异构化。

$$磷酸二羟丙酮 \rightleftharpoons 3\text{-}磷酸甘油醛$$

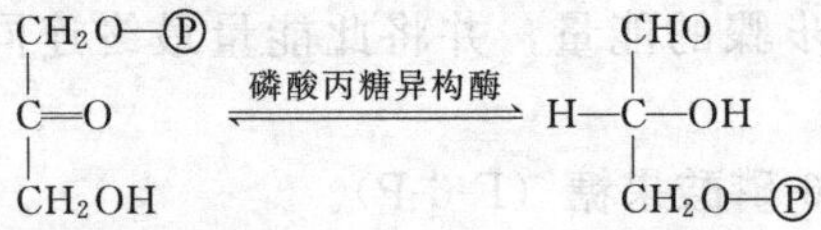

磷酸二羟丙酮（96%）　　3-磷酸甘油醛（4%）

a. 由磷酸丙糖异构酶催化的同分异构化反应，属可逆反应。

b. 反应平衡时趋向于逆反应，但由于3-磷酸甘油醛的消耗，反应仍能向正方向进行。

⑥ 3-磷酸甘油醛氧化成1,3-二磷酸甘油酸

$$3\text{-}磷酸甘油醛 + NAD^+ \rightarrow 1,3\text{-}二磷酸甘油酸 + NADH + H^+$$

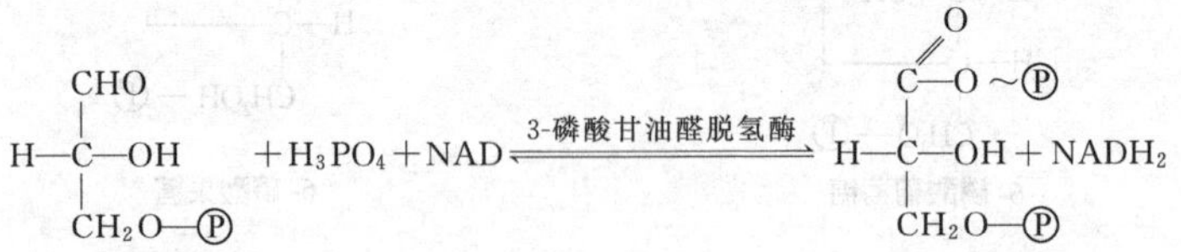

3-磷酸甘油醛　　1,3-二磷酸甘油酸

a. 由磷酸甘油醛脱氢酶催化的可逆反应。磷酸甘油醛脱氢酶是一种巯基酶，它的半胱氨酸残基的—SH基是活性部位。

b. 是脱氢反应，脱下的氢则由NAD^+所接受，生成$NADH + H^+$。

c. 又是磷酸化反应，有无机磷酸参加反应，将反应放出的能量储存到产物1,3-磷酸甘油酸分子内，形成一个高能化合物。这一化合物的酸酐键上的高能磷酸基团可以伴随能量转移到ADP分子上，形成高能化合物ATP。

d. 碘乙酸可以强烈抑制此反应，因为碘乙酸可以与磷酸甘油醛脱氢酶的—SH基反应，这也是证明—SH是酶活性所必需的。

⑦ 1,3-二磷酸甘油酸将高能磷酸基团转移给ADP形成3-磷酸甘油酸和ATP。

$$1,3\text{-}二磷酸甘油酸 + ADP \rightleftharpoons 3\text{-}磷酸甘油酸 + ATP$$

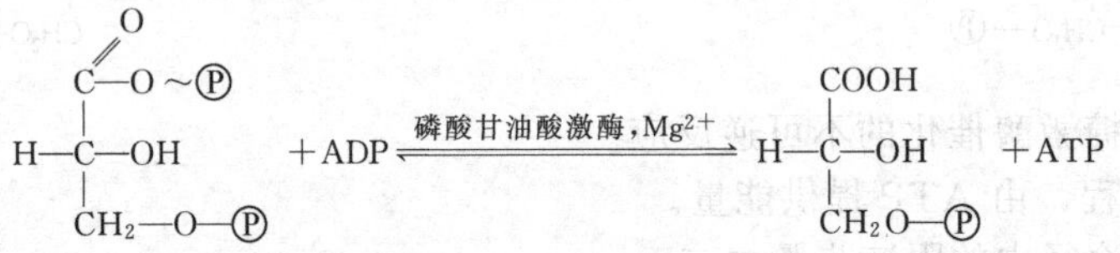

1,3-二磷酸甘油酸　　3-磷酸甘油酸

a. 由磷酸甘油酸激酶催化的可逆反应；

b. Mg^{2+}是必需的阳离子。

c. 是放能反应，是糖酵解途径过程中第一次产生ATP的反应，属于底物水平的磷酸化反应。

⑧ 3-磷酸甘油酸转变成2-磷酸甘油酸

$$3\text{-}磷酸甘油酸 \rightleftharpoons 2\text{-}磷酸甘油酸$$

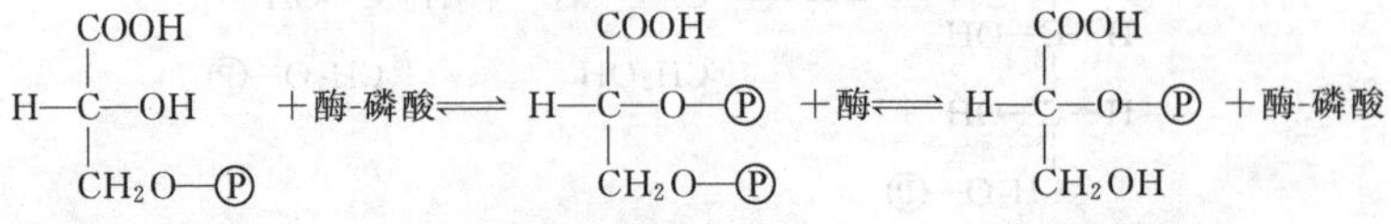

3-磷酸甘油酸　　2,3-二磷酸甘油酸　　2-磷酸甘油酸

a. 由磷酸甘油酸变位酶催化的可逆反应。

b. Mg^{2+}是必需的阳离子。

c. 用^{32}P的化合物示踪，证明有2,3-二磷酸甘油酸中间产物形成。

⑨ 2-磷酸甘油酸脱水形成磷酸烯醇式丙酮酸。

$$2\text{-磷酸甘油酸} \rightleftharpoons \text{磷酸烯醇式丙酮酸} + H_2O$$

2-磷酸甘油酸　　2-磷酸烯醇式丙酮酸

a. 由烯醇酶催化的可逆反应。

b. Mg^{2+}或Mn^{2+}是必需的阳离子。

c. 脱去一分子水时，发生了分子内的氧化还原反应，放出的能量集中在磷酸烯醇式丙酮的磷酸键内。

d. 氟化物对烯醇酶有抑制作用。

⑩ 磷酸烯醇式丙酮酸将高能磷酸基团转移给ADP形成ATP和丙酮酸

$$\text{磷酸烯醇式丙酮酸} + ADP \longrightarrow \text{丙烯式丙酮酸} + ATP$$

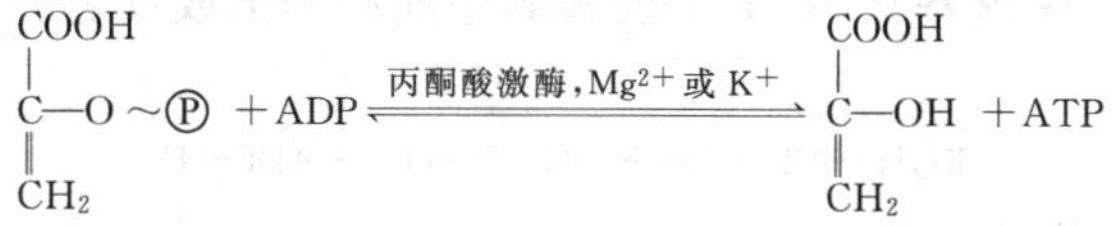

2-磷酸烯醇式丙酮酸　　烯醇式丙酮酸

a. 由丙酮酸激酶催化的反应。

b. K^+、Mg^{2+}或Mn^{2+}是必需的阳离子。

c. 是放能反应，是糖酵解途径中第二次产生ATP的反应，也是底物水平的磷酸化反应。

d. 是糖酵解途径中的限速步骤之三。

⑪ 烯醇式丙酮酸形成丙酮酸

$$\text{烯醇式丙酮酸} \rightleftharpoons \text{丙酮酸}$$

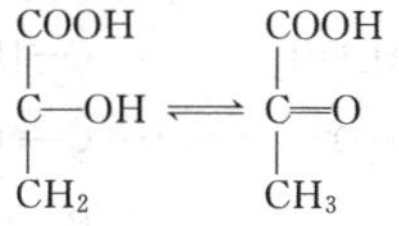

烯醇式丙酮酸　　丙酮酸

a. 分子内重排反应。

b. 非酶促反应。

从葡萄糖到丙酮酸的糖酵解途径总反应式为

$$\text{葡萄糖} + 2NAD^+ + 2ADP + 2Pi \longrightarrow 2\,\text{丙酮酸} + 2H_2O + 2NADH + 2H^+ + 2ATP$$

（2）丙酮酸的去路

① 乳酸的生成　例如某些厌氧乳酸菌或肌肉由于剧烈运动而造成暂时缺氧状态，或由于呼吸、循环系统机能障碍暂时供氧不足时，丙酮酸接受甘油醛-3-磷酸脱氢酶形成的NADH上的H，在乳酸脱氢酶的催化下还原为乳酸，这是糖酵解的最终产物。

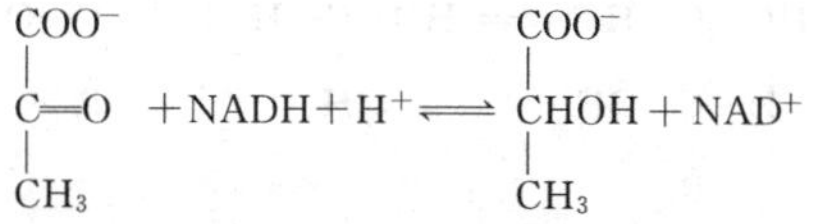

乳酸

② 生成乙醇　丙酮酸在酵母细胞内脱羧酸的催化下，以TPP为辅酶，脱羧转变为乙醛。然后在乙醇脱氢酶催化下，由NADH还原而生成乙醇。

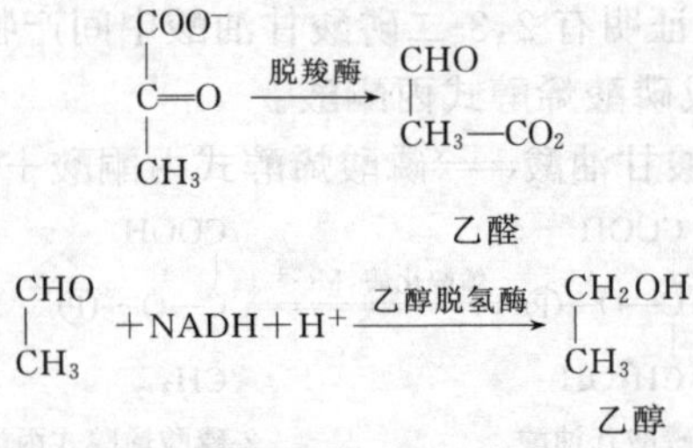

由葡萄糖在无氧或缺氧条件下生成乳酸、酒精的过程也称为发酵。NAD^+ 再生维持着糖酵解继续不断地运转，如果 NAD^+ 不能再生出来，那么糖酵解到甘油醛磷酸就不能往下进行，就意味着没有 ATP 产生。

糖酵解是生物或生物的某些组织获取能量的最基本方式，因为它能保证生物在无氧或缺氧的情况下维持生命活动必需的能量供应。

(3) 糖酵解的反应类型

在酵解过程中有以下几种类型的反应。

① 磷酰基的转移　磷酰基从 ATP 上转移到中间产物上或反之。

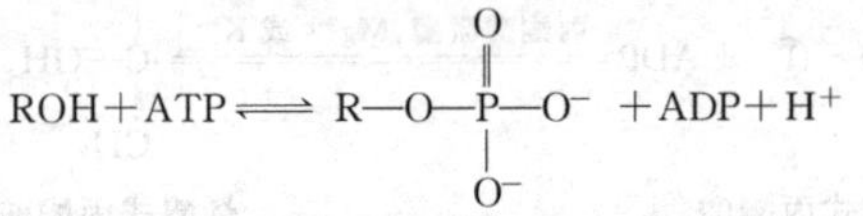

② 磷酰基的移位　磷酰基在分子内从一个氧原子移到另一个氧原子。

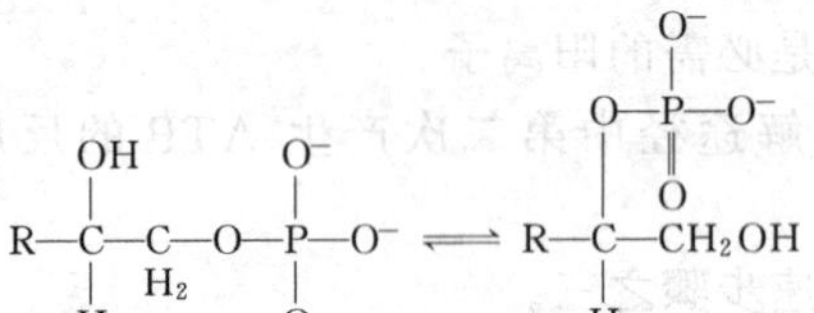

③ 异构化作用　酮糖转变为醛糖或反之。

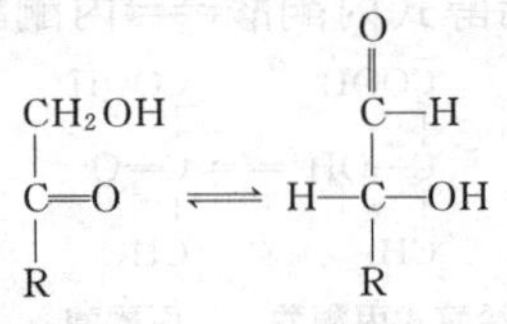

酮糖　　　醛糖

④ 脱去一分子水。

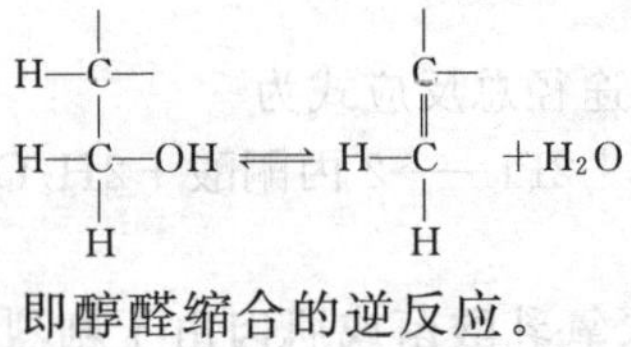

⑤ 醛醇裂解　碳-碳键断裂，即醇醛缩合的逆反应。

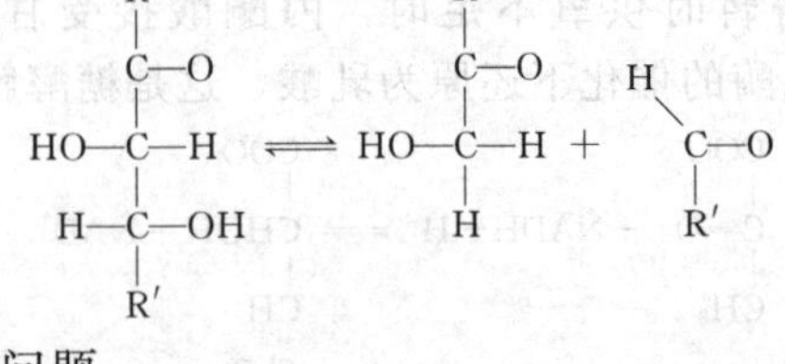

(4) 葡萄糖酵解的能量问题

在无氧条件下进行的 EMP 途径，因最终产物的不同，所释放的能量及形成的 ATP 数各不相同。以酒精发酵为例，每 1 分子葡萄糖通过底物磷酸化产生 4 分子 ATP，但在葡萄糖磷酸化过程中消耗 2 分子 ATP，净得 2 分子 ATP。

酒精发酵时，总反应释放的自由能为 238.3kJ 。

$$C_6H_{12}O_6 \longrightarrow CH_3CH_2OH + 2CO_2 + 238.3\text{kJ}$$

发酵过程中产生 2 分子 ATP，其储存的能量可供生命活动之用。

$$\text{能量利用率} = \frac{2\times 31.4\text{kJ}}{238.3\text{kJ}} \times 100\% = 26\%$$

(5) 糖酵解的调控

糖酵解反应速度主要受以下 3 种酶活性的调控。

① 果糖磷酸激酶是控制糖酵解速率的最关键部位。这是糖酵解途径中最重要的调节之处，该酶是由四个亚基组成的别构酶，受许多别构效应物的影响，ATP 和柠檬酸是别构抑制剂。它能被 AMP 激活，被 ATP 和柠檬酸抑制。1,6-二磷酸果糖可被 1,6-二磷酸酯酶水解去磷酸生成 F-6-P 而失去调节作用。AMP 可以取消 ATP 对磷酸果糖激酶的抑制作用。当细胞内消耗能量多，ATP/AMP 比例降低，磷酸果糖激酶被激活，反之细胞内有足够的 ATP 储备时，ATP/AMP 比值高，磷酸果糖激酶被抑制，使糖酵解减慢。

② 己糖激酶活性的调控。这是游离葡萄糖进入酵解序列的第一个反应。催化此步反应的己糖激酶是一种别构酶，它的活性受其本身反应产物 G-6-P 的抑制。当细胞内 G-6-P 浓度升高时，酶活性即受到抑制，这样阻止葡萄糖的继续磷酸化，直到过剩的 G-6-P 被应用消耗，己糖激酶活性又恢复正常。另一方面，肝脏存在有葡萄糖激酶，此酶不受 G-6-P 的抑制，因此，当血糖浓度大幅度升高使细胞内葡萄糖增多时，G-6-P 也必相应升高，这样己糖激酶的活性受到抑制，但葡萄糖激酶仍处于活性状态，这样可保证葡萄糖在肝内转变，既降低血糖浓度，又保证过多的葡萄糖以糖原形式储存起来。

③ 丙酮酸激酶活性的调节。此酶也是一种别构酶，ATP 是其别构抑制剂。此外，1,6-二磷酸果糖对丙酮酸激酶有激活作用，这有利于糖酵解的进行。

(6) 糖酵解的生物学意义

糖酵解是生物界普遍存在的功能途径，从单细胞生物到高等动植物都存在。糖酵解过程释放的能量虽不多，但在某些情况下，却有特殊的生理意义，例如，激烈运动时，能量的需要增加，糖分解加快，此时即使呼吸循环加快以增加氧的供应量，但仍不能满足需要，肌肉处于相对缺氧状态，这是糖酵解加强的结果。可见，糖酵解能保证机体在缺氧情况下仍能进行生命活动。酵解过程的中间产物可为机体提供碳骨架。

4.2.3.2 葡萄糖的有氧分解代谢

糖的有氧氧化是葡萄糖在有氧条件下，通过丙酮酸生成乙酰 CoA，再经三羧酸循环氧化成水和二氧化碳的过程。

$$\text{葡萄糖} \longrightarrow \text{丙酮酸} \longrightarrow \text{乙酰 CoA} \xrightarrow{\text{三羧酸循环}} CO_2 + H_2O$$

有氧氧化分为三个阶段：a. 葡萄糖→丙酮酸，与糖酵解过程相同；b. 丙酮酸→乙酰 CoA；c. 三羧酸循环及氧化磷酸化。

(1) 丙酮酸氧化脱羧生成乙酰 CoA

在有氧条件下，丙酮酸进入线粒体，在丙酮酸脱氢酶系催化下脱氢脱羧，反应不可逆。丙酮酸脱氢酶系由 3 种酶组成，即丙酮酸脱羧酶、硫辛酸乙酰转移酶、二氢硫辛酸脱氢酶；另外还有 5 种辅酶参与反应，即 NAD^+、FAD、硫辛酸、TPP 和 CoA。氧化脱羧反应式如下

$$CH_3COCOOH + HS\text{-}CoA + NAD^+ \xrightarrow{\text{丙酮酸脱氢酶系}} CH_3CO\text{—}SCoA + CO_2 + NADH + H^+$$

参与反应的各种酶以乙酰转移酶为核心，依次进行紧密相关的连锁反应，使丙酮酸脱羧、脱氢及形成高能硫酯键等反应迅速完成，提高了催化效率，反应机制如图 4-3 所示。

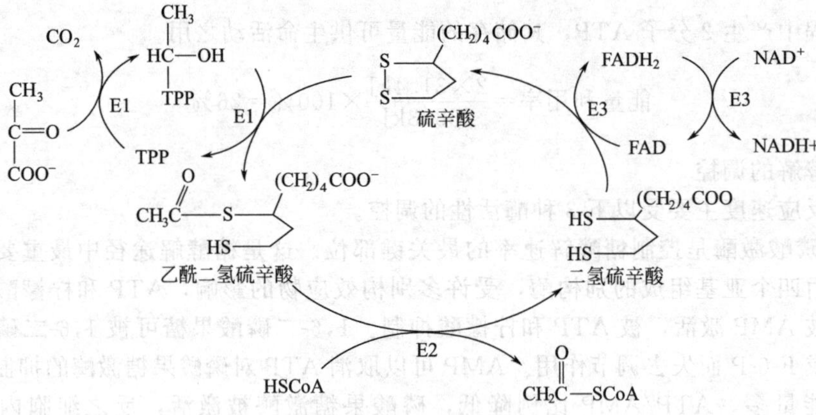

图 4-3　丙酮酸脱氢酶系的反应机制

E1—丙酮酸脱羧酶；E2—硫辛酸乙酰转移酶；E3—二氢硫辛酸脱氢酶

(2) 三羧酸循环途径

三羧酸循环（TCA cycle）是 H. Krebs 于 1937 年发现的，故又称为 Krebs 循环，因为循环中第一个中间产物是柠檬酸，故又称为柠檬酸循环。三羧酸循环不仅是糖有氧分解的代谢途径，也是机体内一切有机物碳骨架氧化为 CO_2 的必经途径，它包括一系列酶促反应，现分述如下。

① 乙酰辅酶 A 与草酰乙酸缩合成柠檬酸。

反应由柠檬酸合成酶催化，所需能量来自乙酰 CoA 的高能硫酯键。反应不可逆，它是三羧酸循环的重要调节点。

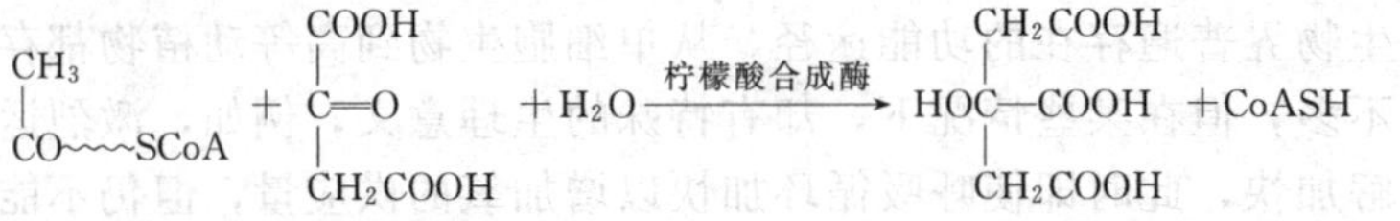

乙酰辅酶 A　草酰乙酸　柠檬酸　辅酶 A

② 异柠檬酸的生成。

柠檬酸脱水生成顺乌头酸，然后加水生成异柠檬酸。

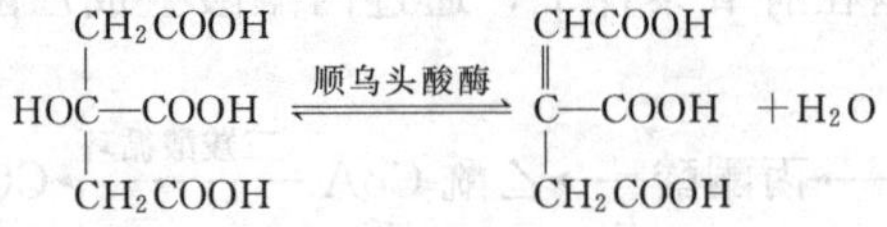

柠檬酸　顺乌头酸

顺乌头酸　异柠檬酸

③ 异柠檬酸氧化脱羧生成 α-酮戊二酸。

反应分两步：首先异柠檬酸在异柠檬酸脱氢酶的催化下脱去两个 H，生成中间产物草酰琥珀酸；随后草酰琥珀酸在同一酶催化下迅速脱羧生成 α-酮戊二酸。

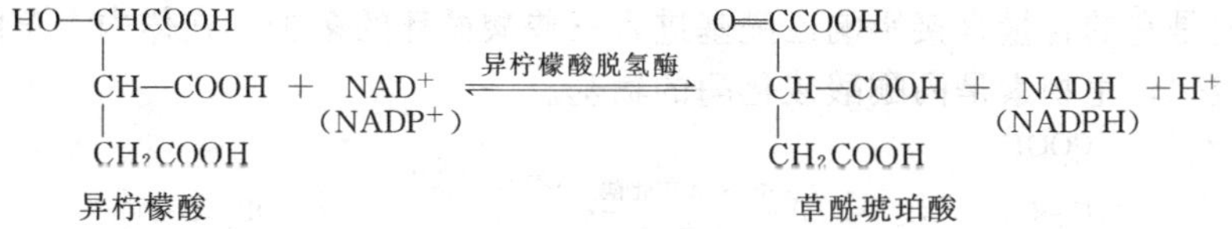

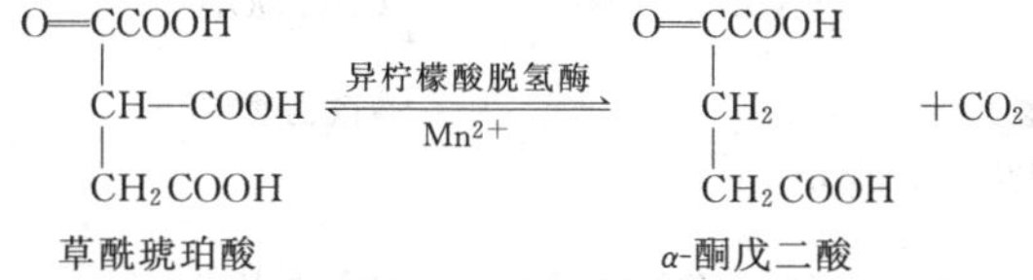

已发现有两种异柠檬酸脱氢酶：一种以 NAD^+ 和 Mn^{2+} 为辅酶，存在于线粒体中，其主要功能是参与三羧酸循环；另一种以 $NADP^+$ 和 Mn^{2+} 为辅酶，存在于线粒体和胞质中，其主要功能是提供还原剂 NADPH。

④ α-酮戊二酸的脱羧反应。

这是三羧酸循环中第二次氧化脱羧。α-酮戊二酸脱氢酶系也是多酶复合体，其组成和反应方式都与丙酮酸脱氢酶系相似。组成复合体的三种酶分别是：α-酮戊二酸脱氢酶（需 TPP）、硫辛酸琥珀酰基转移酶（需硫辛酸和 CoA）、二氢硫辛酸脱氢酶（需 FAD 和 NAD^+）。

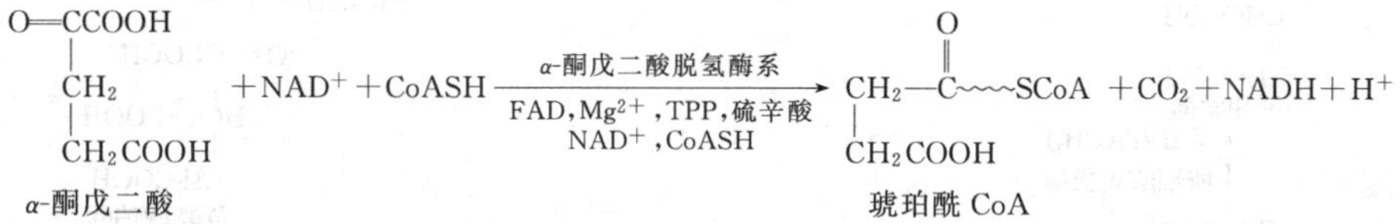

在反应中，琥珀酰 CoA 分子内部的能量重排，形成一个高能硫酯键。此反应不可逆，并且是三羧酸循环中的重要调节点。

⑤ 琥珀酰 CoA 生成琥珀酸。

此反应是循环中唯一直接产生 ATP 的反应。

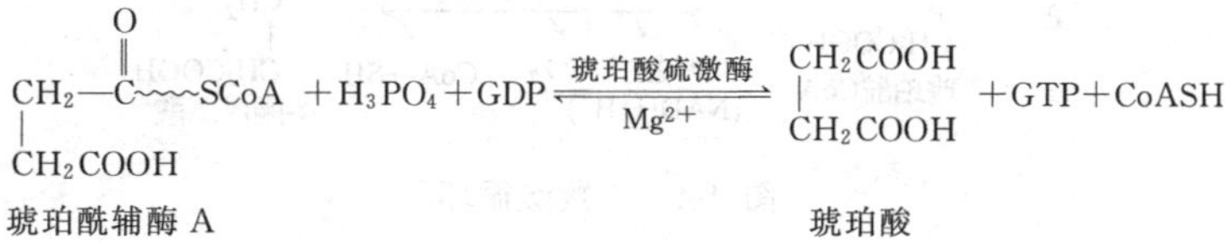

$$GTP + ADP \rightleftharpoons ATP + GDP$$

⑥ 琥珀酸被氧化成延胡索酸。

琥珀酸脱氢酶是一种黄素蛋白，辅基是 FAD。

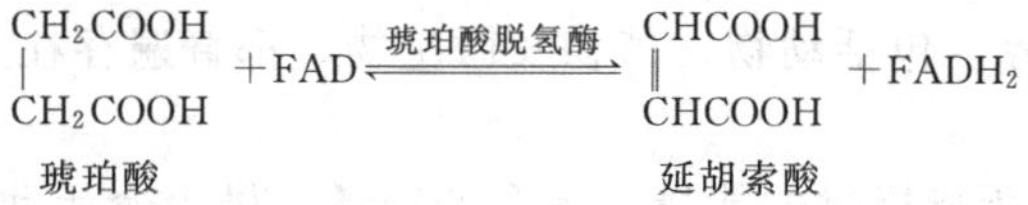

⑦ 延胡索酸加水生成苹果酸。

⑧ 苹果酸被氧化成草酰乙酸。

苹果酸脱氢酶催化苹果酸脱氢生成草酰乙酸，该酶的辅酶是 NAD^+。这步反应可逆。

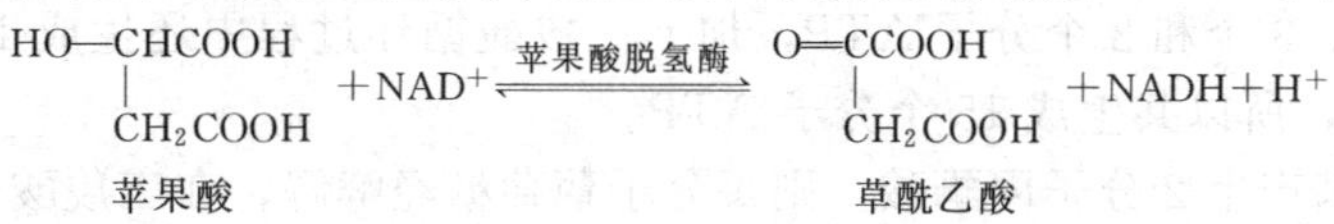

至此，草酰乙酸重新生成。在循环中，草酰乙酸既是起始物，又是终产物，其本身并无

量的变化，但是它的含量直接影响乙酰基进入三羧酸循环的多少。在体内，草酰乙酸主要来自丙酮酸的羧化，生物素是丙酮酸羧化酶的辅基。

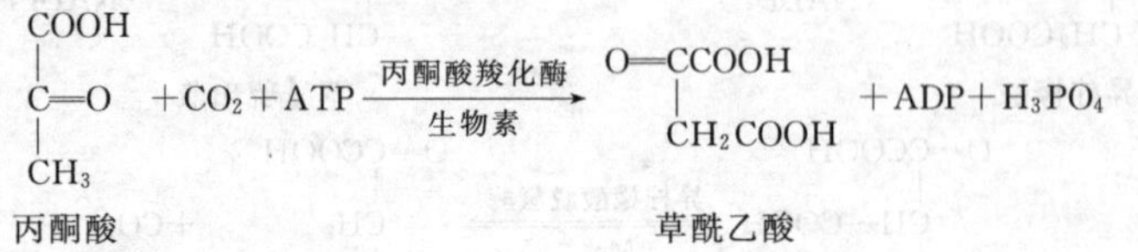

三羧酸循环的总反应如图 4-4 所示。

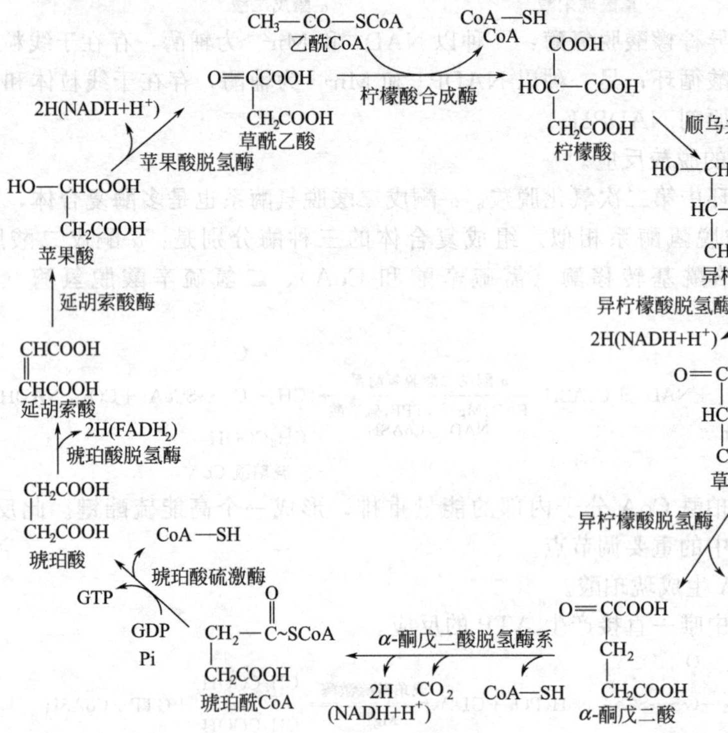

图 4-4　三羧酸循环

三羧酸循环在线粒体中进行，循环中多步反应是可逆的，但由于柠檬酸的合成和α-酮戊二酸的氧化脱羧是不可逆反应，因此循环单方向进行。

(3) 三羧酸循环的生物学意义

三羧酸循环在生物界，包括动物、植物及微生物，都普遍存在，因此它具有普遍的生物学意义。

① 提供远比糖酵解所能提供的能量大得多的能量，供生命活动的需要。

糖酵解过程中，1 分子葡萄糖形成 2 分子 ATP，加上在有氧情况下，由酵解产生两分子 $NADH+H^+$，它通过呼吸链尚可产生 6 分子 ATP。因此，在酵解过程中，由葡萄糖变成丙酮酸共产生 8 分子 ATP。

三羧酸循环中，丙酮酸经三羧酸循环脱氢作用共形成 3 分子 $NADH+H^+$、1 分子 $NADPH+H^+$ 和 1 分子 $FADH_2$，它们在有氧条件下，通过呼吸链分别能产生 3×3、1×3 和 1×2，即 9 个、3 个和 2 个分子 ATP，加上三羧酸循环过程中还生成 1 分子 GTP，它相当于 1 分子 ATP，所以共生成 15 个分子 ATP。

每分子葡萄糖产生 2 分子丙酮酸，则每分子葡萄糖经酵解，在三羧酸循环，氧化磷酸化阶段共产生 38 分子 ATP。每分子葡萄糖共有 1193kJ 的能量转变为 ATP，完全氧化产生的总能量大约为 2876kJ。这样有氧氧化利用能量的效率大约是 42%，这远比糖酵解产生的 ATP 分子数大得多，能量利用率也高得多。

② 三羧酸循环是多种物质的共同代谢途径。

三羧酸循环的起始物乙酰 CoA，不但是糖氧化分解的产物，也可由来自脂肪的甘油、脂肪酸和来自蛋白质的氨基酸代谢生成，因此三羧酸循环实际上是三大有机物质在体内氧化供能的共同主要途径。

③ 三羧酸循环中间产物可作为合成某些成分的碳骨架。

三羧酸循环可为其他合成代谢提供小分子前体，乙酰 CoA 是合成脂肪酸及胆固醇的原料，许多氨基酸的碳骨架是三羧酸循环的中间产物。例如糖和甘油代谢生成的 α-酮戊二酸及草酰乙酸等三羧酸循环的中间产物可以转变成某些氨基酸。

（4）三羧酸循环的代谢调节

三羧酸循环是机体获得能量的主要方式，机体对能量的需求变动很大，因此必须加以调节。三羧酸循环速度主要受三种酶活性的调控。

第一个调节点是柠檬酸合成酶。它是柠檬酸循环的起始酶。它的速度决定于乙酰 CoA 和草酰乙酸的量。ATP 是柠檬酸合成酶的别构抑制剂。ATP 的效应是增加此酶对乙酰 CoA 的 K_m 值。所以当 ATP 浓度升高时，只有很少的酶被乙酰 CoA 所饱和，因而也只有少量的柠檬酸生成。

第二个调节点是异柠檬酸脱氢酶。ADP 是该酶的别构激活剂，ADP 的作用是增加酶对底物的亲和力。NADH、ATP 均抑制异柠檬酸脱氢酶的活性。

第三个调节点是 α-酮戊二酸脱氢酶复合体，该酶复合体的活性调节类似于丙酮酸脱氢酶复合体，其活性可被酶反应产物琥珀酰 CoA 及 NADH 所抑制，ATP 也对此酶复合体有抑制作用。由此可见，柠檬酸循环中几个点都受到 ATP 的抑制。

总之，当细胞内 ATP 浓度较高时，即能量储存丰富时，乙酰 CoA 进入三羧酸循环的速度受到调节而减慢，从而调节有氧氧化供能的速度，以适应机体的需要。

4.2.3.3 乙醛酸循环——三羧酸循环支路

在许多微生物和植物中除具有三羧酸循环的氧化途径外，还存在另一条称为乙醛酸循环途径。这些微生物如乙酸杆菌、大肠杆菌、固氮菌等能够利用乙酸作为碳源，这些微生物细胞内除有三羧酸循环的各种酶以外，还有另外两种特异的酶，即苹果酸合成酶与异柠檬酸裂解酶，异柠檬酸可以通过异柠檬酸裂解酶的催化作用分解为琥珀酸与乙醛酸。乙醛酸可以通过苹果酸合成酶的催化作用与乙酰 CoA 结合生成苹果酸。在这里异柠檬酸走了一个捷径，跳过三羧酸循环中的草酰琥珀酸、α-酮戊二酸、琥珀酰 CoA，形成一个与三羧酸循环相联系的小循环。因以乙醛酸为中间代谢物，故称乙醛酸循环（图 4-5）。

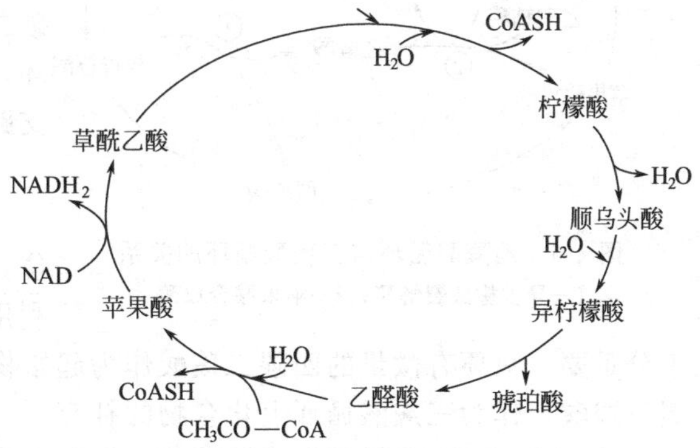

图 4-5　乙醛酸循环

通过乙醛酸循环可以由乙酰 CoA 经草酰乙酸生成葡萄糖。乙醛酸循环绕过了柠檬酸循环中生成两个 CO_2 的步骤。

在乙醛酸循环中，重要的酶是异柠檬酸裂解酶和苹果酸合成酶。异柠檬酸在异柠檬酸裂解酶催化下，生成琥珀酸与乙醛酸。

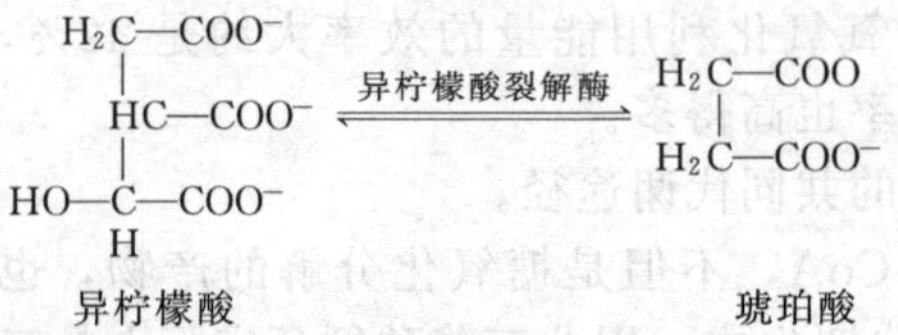

乙醛酸又在乙酰辅酶 A 参与下，由苹果酸合成酶催化，生成苹果酸。

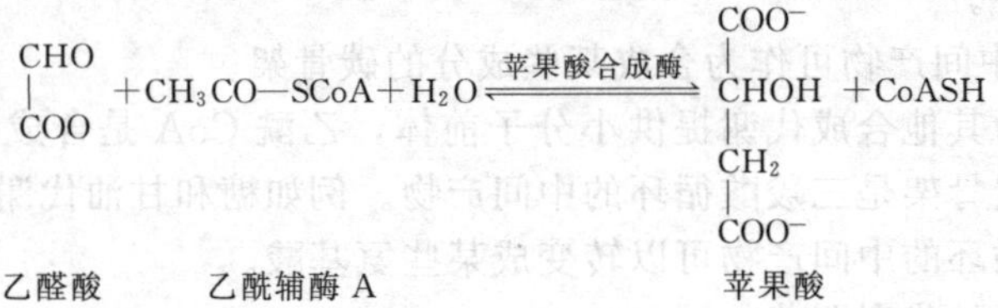

苹果酸再脱氢生成草酰乙酸。

乙醛循环的总反应如下

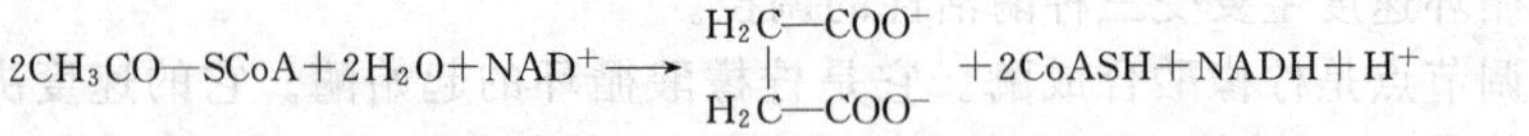

有些微生物细胞内没有乙酰 CoA 合成酶，不能利用乙酸作为营养物，无法使乙酸变成乙酰 CoA 而进入乙醛酸循环。而有些微生物具有乙酰 CoA 合成酶，可以利用乙酸作为营养物，使乙酸变成乙酰 CoA 而进入乙醛酸循环，即

$$CH_3COO—CoASH+ATP \xrightarrow{\text{乙酰辅酶 A 合成酶}} CH_3CO—SCoA+H_2O+AMP+PPi$$

从乙酸开始的乙醛酸循环总反应如下

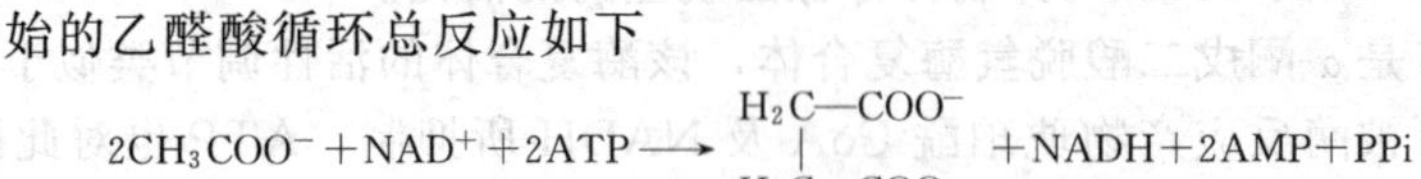

比较乙醛酸循环与三羧酸循环可知，三羧酸循环的综合效果是乙酸（或乙酰 CoA）彻底氧化成水和二氧化碳，而乙醛酸循环的综合效果是乙酸（或乙酰 CoA）转变成四碳二羧酸（琥珀酸、苹果酸等）。乙醛酸循环中生成的四碳二羧酸、琥珀酸、苹果酸仍可返回三羧酸循环，所以乙醛酸循环可以看作是三羧酸循环的支路。两个循环的关系如图 4-6 所示。

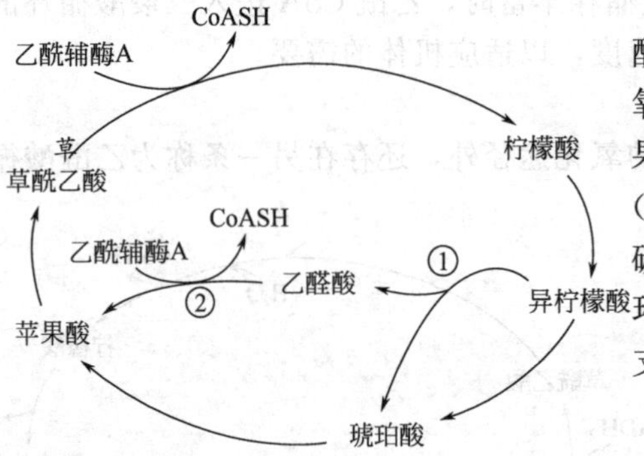

图 4-6 乙醛酸循环与三羧酸循环的关系
1—异柠檬酸裂解酶；2—苹果酸合成酶

乙醛酸循环的生物学意义。

① 乙醛酸循环在微生物代谢中占有重要地位，对三羧酸循环起着协助的作用。它对某些利用乙酸作为唯一碳源和能源的微生物的生长十分重要。只要有微量的四碳二羧酸作为起始物，乙酸就可以不断地转变为四碳二羧酸和六碳三羧酸，作为三羧酸循环上化合物的补充。

② 可以沿 EMP 逆行生成葡萄糖，继而合成多糖，也可以利用外加的氮源从有关酮酸转变成氨基酸再合成蛋白质。乙酸通过乙酰 CoA 还可合成脂肪酸。这样可以从乙酸出发合成细胞的主要成分，满足生长的需要。

4.2.3.4 磷酸戊糖途径

磷酸戊糖途径也称磷酸己糖旁路，它是葡萄糖氧化分解的又一途径。在动物体内的多种组织中，如肝脏、脂肪组织、泌乳期的乳腺、肾上腺皮质、性腺及红细胞等都存在这一途径。植物组织也普遍能进行此种氧化方式。

（1）磷酸戊糖途径的化学反应过程

① 第一阶段　6-磷酸葡萄糖生成 5-磷酸核糖，同时生成 2 分子 NADPH 及 1 分子 CO_2。6-磷酸葡萄糖在 6-磷酸葡萄糖脱氢酶催化下脱氢生成 6-磷酸葡萄糖酸内酯，$NADP^+$ 作为受氢体，平衡趋向于生成 NADPH 方向，反应需 Mg^{2+} 参与。

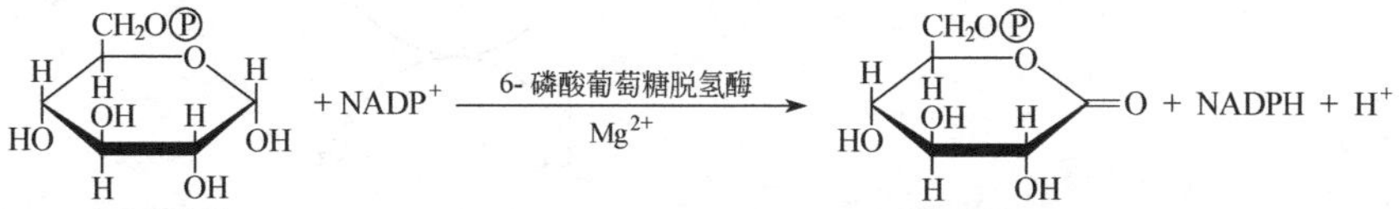

6-磷酸葡萄糖　　6-磷酸葡萄糖酸内酯

6-磷酸葡萄糖酸内酯在内酯酶的作用下水解为 6-磷酸葡萄糖酸。

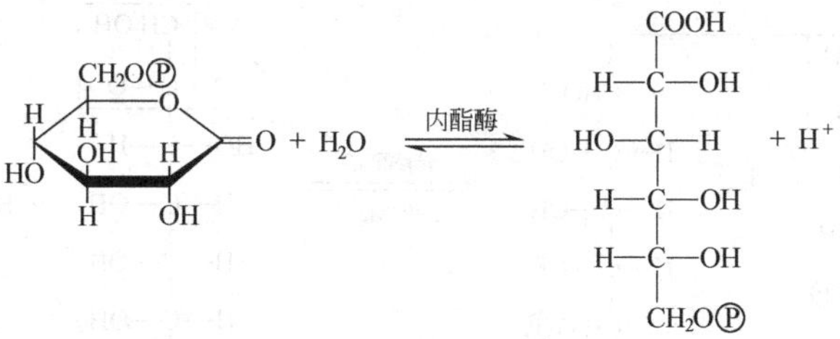

6-磷酸葡萄糖酸内酯　　6-磷酸葡萄糖酸

6-磷酸葡萄糖酸在 6-磷酸葡萄糖酸脱氧酶的作用下，再次脱氢并自发脱羧而转变为 5-磷酸核酮糖，同时生成 NADPH 及 CO_2。

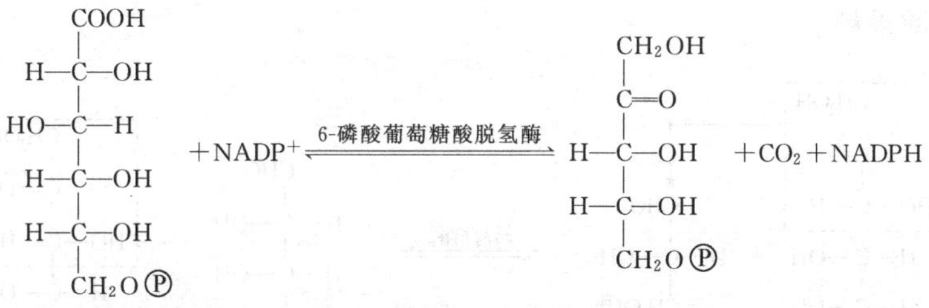

6-磷酸葡萄糖酸　　5-磷酸核酮糖

5-磷酸核酮糖在异构酶的作用下，转变为 5-磷酸核糖，或者在差向异构酶的作用下，转变为 5-磷酸木酮糖。

第一阶段中脱氢两次，故每分子葡萄糖转变为磷酸戊糖的过程中生成两分子 NADPH。

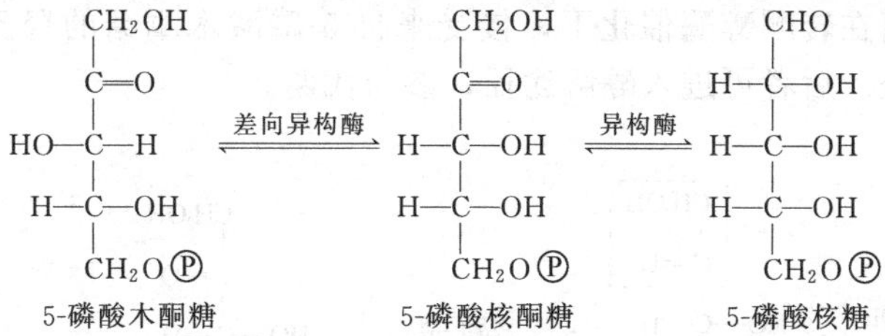

5-磷酸木酮糖　　5-磷酸核酮糖　　5-磷酸核糖

② 第二阶段　基团转移反应。在上述反应中生成的磷酸戊糖主要用于合成核苷酸，而生成的 NADPH 则可用于许多化合物的合成代谢。但细胞中合成代谢消耗的 NADPH 远大于磷酸戊糖的消耗，因此，葡萄糖经此途径生成多余的磷酸戊糖。第二阶段反应的意义就在于通过一系列基团转移反应，将核糖转变成 6-磷酸果糖和 3-磷酸甘油醛而进入酵解途径。

这些反应的结果可概括为：3 分子磷酸戊糖转变成 2 分子磷酸己糖和 1 分子磷酸丙糖。这些基团转移反应可分为两类：一类是转酮醇酶反应，转移二碳单位的酮醇基团；另一类是转醛醇酶反应，转移三碳单位，接受体都是醛糖。现分述如下。

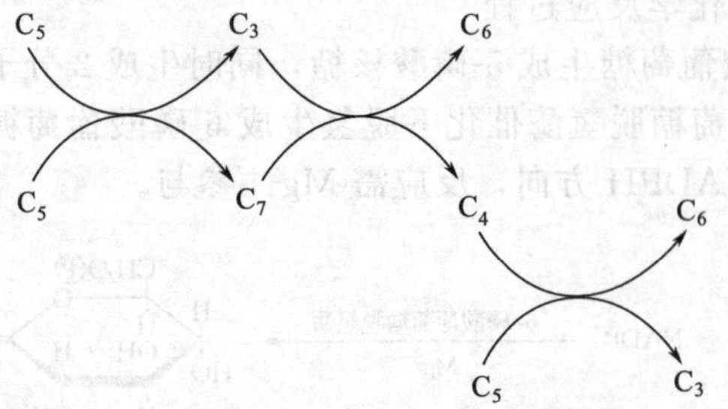

a. 由转酮醇酶催化，将 5-磷酸木酮糖的一个二碳单位（羟乙醛）转移给 5-磷酸核糖，产生 7-磷酸景天糖和 3-磷酸甘油醛，反应需 TPP 作为辅酶，并需 Mg^{2+} 参与。

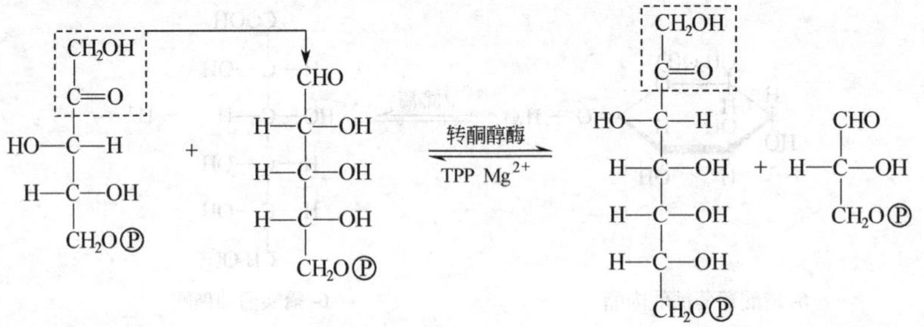

5-磷酸木酮糖　5-磷酸核糖　7-磷酸景天糖　3-磷酸甘油醛

b. 由转醛醇酶催化，将 7-磷酸景天糖的二羟丙酮基转移给 3-磷酸甘油醛，生成 4-磷酸赤藓糖和 6-磷酸果糖。

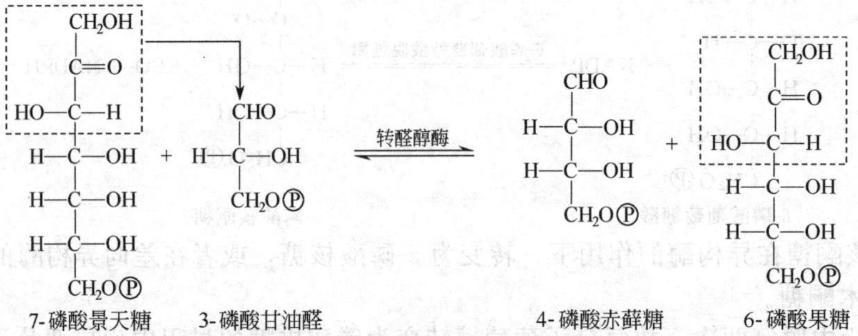

7-磷酸景天糖　3-磷酸甘油醛　4-磷酸赤藓糖　6-磷酸果糖

c. 4-磷酸赤藓糖在转酮醇酶催化下，接受来自 5-磷酸木酮糖的羟乙醛基，生成 6-磷酸果糖和 3-磷酸甘油醛。后者可进入醇解途径，参与代谢。

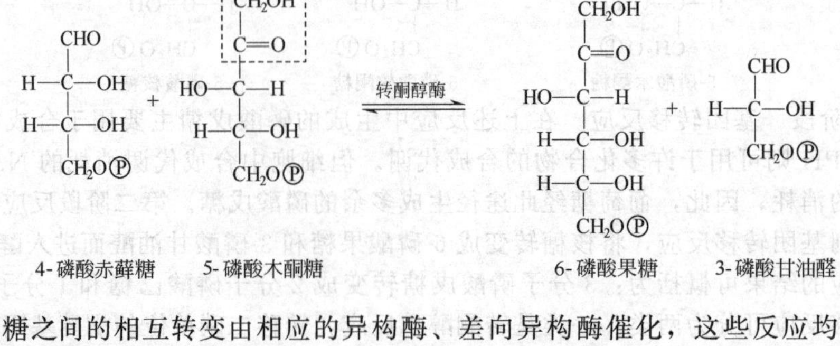

4-磷酸赤藓糖　5-磷酸木酮糖　6-磷酸果糖　3-磷酸甘油醛

磷酸戊糖之间的相互转变由相应的异构酶、差向异构酶催化，这些反应均为可逆反应。磷酸戊糖途径的反应可归纳为图 4-7。

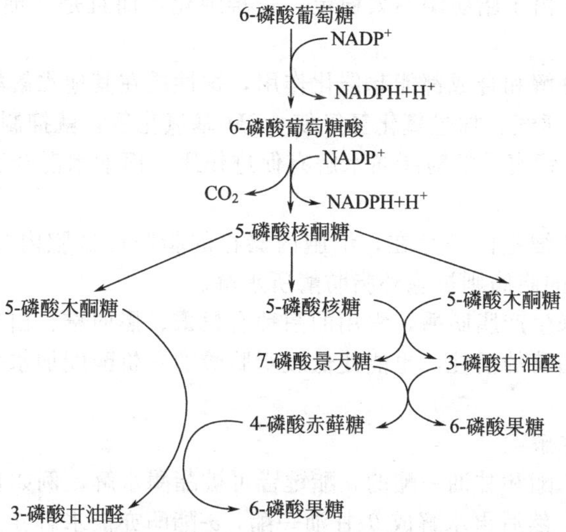

图 4-7　磷酸戊糖途径

磷酸戊糖途径的主要特点是葡萄糖直接脱氢和脱羧，不必经过糖酵解途径，也不必经过三羧酸循环。整个反应中，脱氢酶的辅酶是 $NADP^+$，而不是 NAD^+。

（2）磷酸戊糖途径的生物学意义

磷酸戊糖途径是普遍存在的糖代谢的一种方式，在不同的生物以及生物的不同组织器官所占的比例不同。该代谢途径生成的 NADPH 作为供氢体参与多种代谢反应，如参与脂肪酸，胆固醇的合成以及用于维持谷胱甘肽的还原状态；保护一些含—SH 基的蛋白质或酶免受氧化剂（尤其是过氧化物）的损害；在红细胞中还原型谷胱甘肽更具有重要作用，它可以保护红细胞膜蛋白的完整性。

磷酸戊糖途径同时也为核酸的生物合成提供核糖。核糖是核酸生物合成的必需原料，体内的核糖并不依赖于从食物输入，可以从葡萄糖通过磷酸戊糖途径生成。葡萄糖既可经磷酸戊糖途径产生磷酸核糖，也可通过酵解途径的中间产物 3-磷酸甘油醛和 6-磷酸果糖经过前述的基团转移反应而生成磷酸核糖。这两种方式的相对重要性因不同动物而异，人类主要通过前一方式生成核糖，肌肉组织缺乏 6-磷酸葡萄糖脱氢酶，磷酸核糖靠基团转移反应生成。

磷酸戊糖途径与糖的有氧、无氧分解途径相关联。3-磷酸甘油醛是糖分解的 3 种途径的枢纽点，如果磷酸戊糖途径由于某种因素的影响，而出现代谢受阻，可通过 3-磷酸甘油醛这一枢纽点进入无氧或有氧代谢途径，以保证糖的分解仍能继续进行。这从代谢的角度反映出生物对环境的适应性。

4.3　脂肪分解代谢

4.3.1　脂肪的酶促水解

脂肪在进行分解代谢之前，须经脂肪酶水解成脂肪酸及甘油，然后按不同途径进行代谢。

（1）脂肪酶

脂肪酶的正式名称是甘油酯水解酶，广泛存在于胰脏、蓖麻油及各种微生物中。不同来源的脂肪酶对脂肪酸碳链的长短有选择性，有的脂肪酶主要作用于短碳链（如 C_4～C_{10}）的脂肪酸甘油酯（此酶应用于乳品工业可增强产品的芳香性）；有的主要作用于长碳链（C_{14} 以上）的脂肪酸甘油酯。由于脂肪酶不太稳定，较难纯化，而且是在油水不匀系统中反应的，因此研究也较为困难。

脂肪酶对基质的分解和合成都能起催化作用，这性质在其他水解酶中很少有。多数脂肪酶同—SH 基有关，当通气、加过氧化氢等使—SH 基氧化后，就抑制水解而进行合成反应。维生素 C、半胱氨酸、钙离子等对脂肪水解有促进作用，而油水混合系的乳化程度对酶反应有重要影响。

真菌中的脂肪酶在细胞内外存在，细胞内储存的脂肪可被胞内的脂肪酶所水解，外源（外部供给的称外源）的脂肪则被胞外脂肪酶所水解。

不少微生物可用来生产脂肪酶，常用的菌种有根霉、黑曲霉、白地霉、青霉等。许多商品脂肪酶制剂都具有酯酶的活性，也能使低级脂肪酸的一价醇酯加水分解。不同来源的脂肪酶，其性质也不相同。

（2）脂肪的酶促水解

甘油三酯、甘油二酯和甘油一酯的 α 酯键皆可被酯酶水解，例如甘油三酯首先被 α-酯酶水解成 α,β-甘油二酯，然后再水解成 β-甘油一酯，α-酯酶亦能水解 β-甘油一酯的 β 酯键（即 C_2 上的酯键），但作用很慢。β 酯键是由另一酯酶水解成脂肪酸和甘油的，反应过程如下

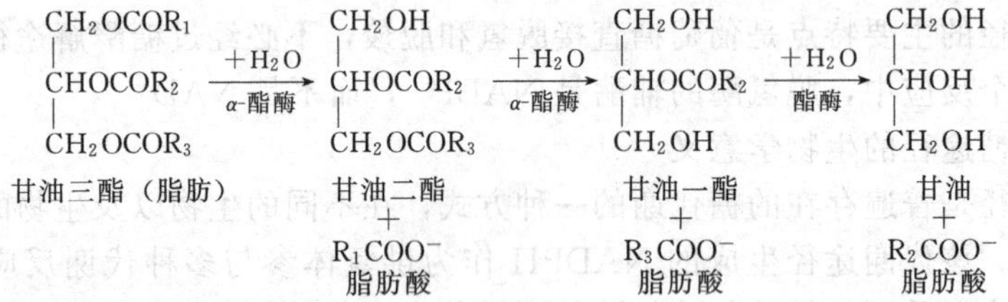

反应生成的脂肪酸与甘油，再分别进行降解。

4.3.2 脂肪的分解代谢

4.3.2.1 甘油的分解代谢

① 甘油在磷酸甘油激酶的催化下，进行磷酸化作用，生成 α-磷酸甘油。

② α-磷酸甘油在 β-磷酸甘油脱氢酶的催化下，生成磷酸二羟丙酮。

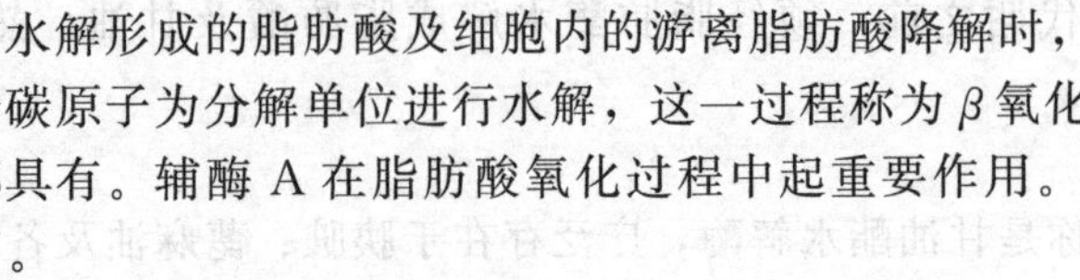

反应生成的磷酸二羟丙酮可以进入 EMP 途径及 TCA 循环进一步氧化。也可以逆 EMP 途径生成葡萄糖。

4.3.2.2 脂肪酸的分解——β-氧化作用

生物体内由脂肪水解形成的脂肪酸及细胞内的游离脂肪酸降解时，是从脂肪酸的 β 碳原子开始，依次以 2 个碳原子为分解单位进行水解，这一过程称为 β 氧化。此过程所需要的各种酶和辅酶线粒体都具有。辅酶 A 在脂肪酸氧化过程中起重要作用。今以硬脂酸为例，其反应的具体步骤如下。

（1）脂肪酸的活化

脂肪酸在进行 β-氧化作用前，必须经过激活。激活反应是在脂酰硫激酶（简称硫激酶，

又名脂酰辅酶A合成酶）的催化下分两步进行的。第一步由ATP中转移一磷酸腺苷（AMP）来激活脂肪酸的羧基，并同时释放出无机焦磷酸（PPi）。第二步是被激活了的羧基和辅酶A（CoA—SH）的—SH基起反应生成脂酰辅酶A和AMP。

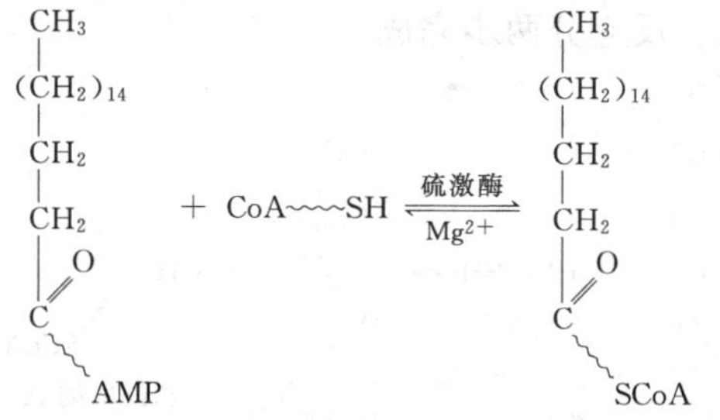

硬脂酰-磷酸腺苷　　硬脂酰辅酶A

（2）脂酰辅酶A脱氢

脂酰CoA在脂酰CoA脱氢酶的作用下，于C_2和C_3（即α位和β位）碳原子上脱氢氧化生成一个双键，称α,β-烯脂酰CoA。脂酰脱氢酶像硫激酶一样，对具有碳链长短不同的底物的专一性各不相同，因此可分别催化各种脂酰辅酶A脱氢。它们需要FAD作辅基，是一种不需氧脱氢酶。

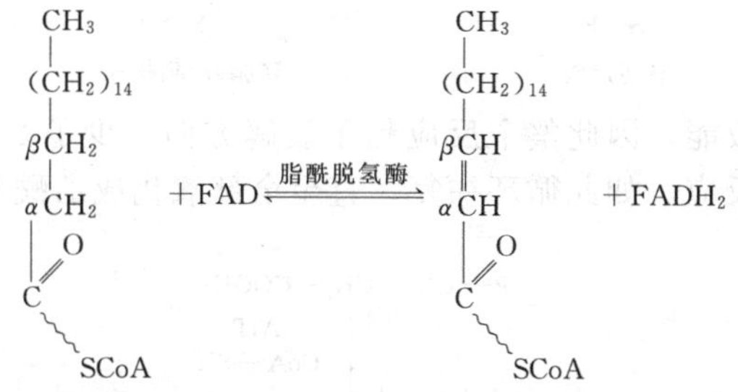

硬脂酰辅酶A　　α,β-烯硬脂酰辅酶A

（3）α,β-烯脂酰辅酶A的水化

α,β-烯脂酰辅酶A在烯脂酰CoA水化酶的作用下水化，生成β-羟脂酰CoA。

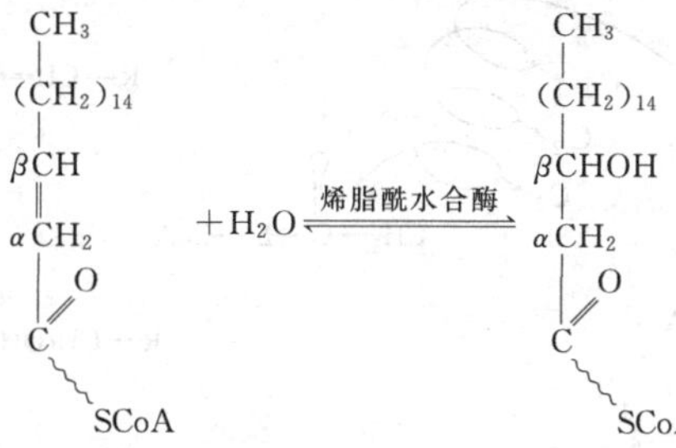

α,β-烯硬脂酰辅酶A　　β-羟硬脂酰辅酶A

（4）β-羟脂酰辅酶A的脱氢

β-羟脂酰辅酶A在β-羟脂酰脱氢酶的催化下，C_3位脱氢，生成β-酮脂酰辅酶A。

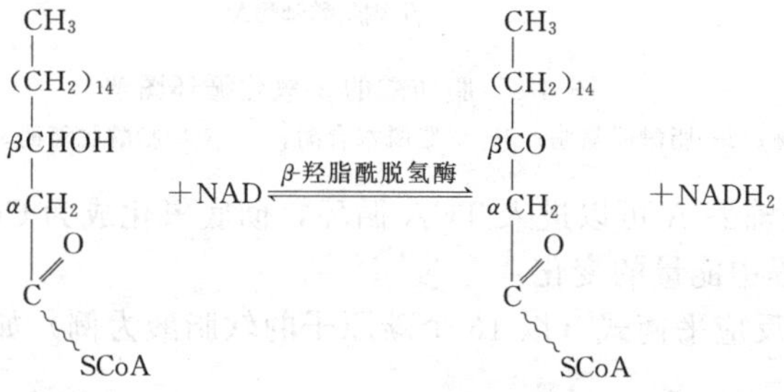

β-羟硬脂酰辅酶A　　β-酮硬脂酰辅酶A

脂肪酸变为β-酮酸，便于从脂肪酸碳链上切除两个碳原子。

(5) 酮脂酰辅酶A的硫解

β-酮脂酰 CoA 在硫解酶的作用下，同时需要有辅酶A存在，裂解为乙酰 CoA 和比原来少了 2 个碳原子的脂酰 CoA。反应分两步完成。

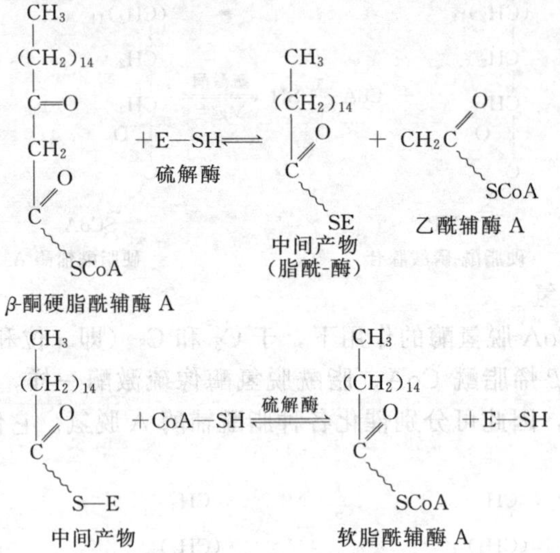

由于此步反应高度放能，因此整个反应趋于裂解方向。少了 2 个碳原子的酯酰 CoA 继续重复以上(2)～(5)步反应，如此循环往复，直至全部氧化成乙酰 CoA，如图 4-8 所示。

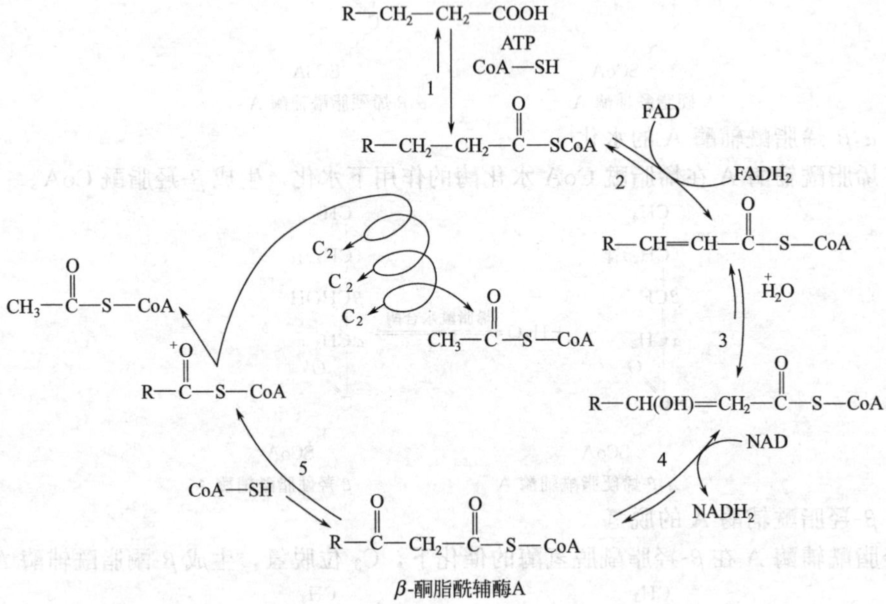

图 4-8 脂肪酸的β-氧化循环图解

1—脂酰硫激酶；2—脂酰脱氢酶；3—烯脂酰水合酶；4—β-羟脂酰脱氢酶；5—β-酮脂酰硫解酶

反应产生的乙酰辅酶A可以进入 TCA 循环，彻底氧化成为 CO_2 与 H_2O。

4.3.2.3 β-氧化过程中能量的变化

β-氧化过程的总反应平衡式（以 16 个碳原子的软脂酸为例）如下：

软脂酰 CoA$+7$HS-CoA$+7$FAD$+7NAD^+ +7H_2O \longrightarrow 8$ 乙酰 CoA$+7FADH_2+7NADH+7H^+$

1mol 软脂酸彻底氧化需经 7 次循环，产生 8 个乙酰 CoA，每摩尔乙酰 CoA 进入三羧酸循环产生 12molATP，这样共产生 96molATP；7mol$FADH_2$ 进入电子传递链共产生 14molATP；7molNADH 进入电子传递链共产生 21molATP；脂肪酸的活化需消耗 2 个高能磷酸键。这样彻底氧化 1mol 软脂酸净产生 129molATP（96＋1＋21－2），由此可见，脂肪酸是生物体能量的主要来源。

脂肪分解的途径可总结如下

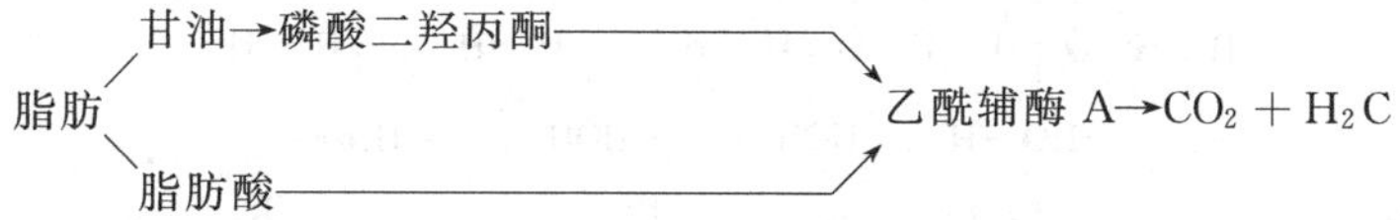

4.4 蛋白质代谢

4.4.1 概述

蛋白质是细胞的首要结构物质，又是酶的基本组成成分。生物体的一切生命现象，无不与蛋白质的活动密切相关。蛋白质的新陈代谢是生物体生长、发育、繁殖和一切生命活动的基础。

体内的蛋白质总是在不断地自我更新，不断地进行分解与合成。生物机体必须从环境中摄取合成蛋白质的原料——氨基酸，再合成自身的蛋白质，体内的蛋白质也不断地分解成氨基酸，再分解成终产物，所以氨基酸代谢是蛋白质代谢的基础。

蛋白质分子中最主要是碳和氮。机体内合成蛋白质时，除了必需的碳源外，还必须有合适的氮源。各种微生物合成蛋白质所需氮源不相同。有些自养微生物如固氮菌能利用空气中的游离 N_2，有些自养微生物和异养微生物能利用无机氮，如硝酸盐、铵盐；另一些异养微生物只能利用有机氮，如蛋白质的分解产物、胨、肽和氨基酸。

体内的氨基酸也始终处于动态平衡中，既不断从细胞蛋白质分解下来，又可从食物和微生物的培养基中摄取或经细胞合成。氨基酸可以分解成酮基酸及氨。糖和脂肪的分解产物也可合成氨基酸（图 4-9）。

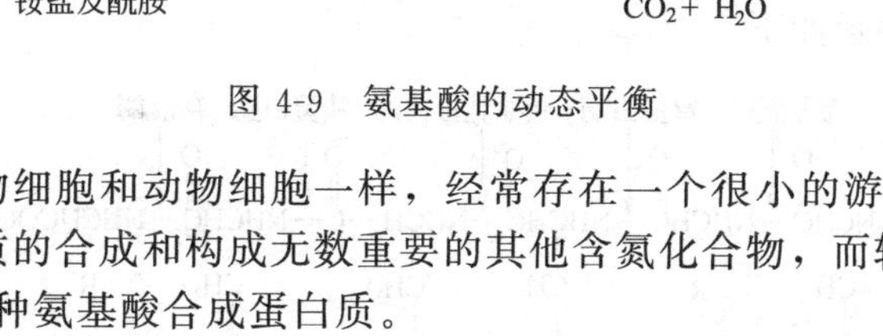

图 4-9 氨基酸的动态平衡

微生物和高等植物细胞和动物细胞一样，经常存在一个很小的游离氨基酸“库”。这些氨基酸主要用于蛋白质的合成和构成无数重要的其他含氮化合物，而较少用于降解，细胞中经常可以同时供应 20 种氨基酸合成蛋白质。

4.4.2 蛋白质的酶解

各种生物体各有其特殊的蛋白质，这些蛋白质是由 20 种不同的氨基酸相互连接而组成的巨大分子。其分子量最大约 1 万至数百万，构造极其复杂。蛋白质不能进入细胞内部，必须分解成氨基酸后，才能被细胞或微生物菌体利用。

（1）蛋白质的水解

蛋白质的水解是在酶的催化下，通过加水分解，使蛋白质中的肽键断裂，最后生成氨基酸的生物化学过程。

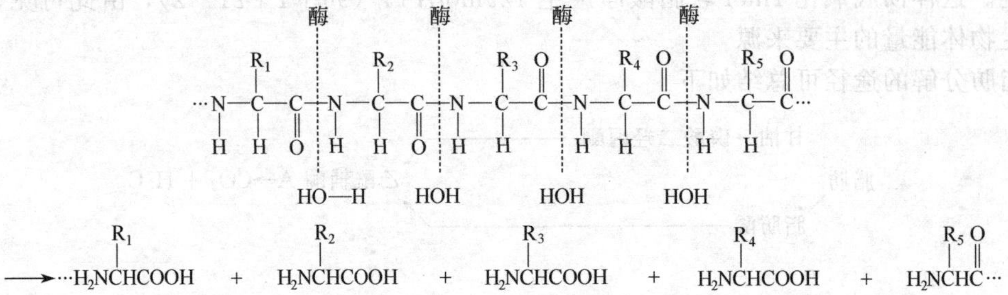

蛋白质水解是放能反应。平衡偏向生成氨基酸的方向。反应生成的能量不能被机体直接利用，而以热的形式放出。

大分子的蛋白质必须经蛋白质水解酶类的共同作用，多肽生成氨基酸。

动物可利用蛋白质作食物，食物中的蛋白质必须水解成氨基酸小分子，才能消除特异性，进入细胞，再合成机体本身的特有的蛋白质。

微生物的营养类型与动物不同，一般不能直接利用蛋白质作为营养，但微生物细胞内的蛋白质在代谢时都需要先行水解才能被利用。有些细菌能分解天然蛋白质如短芽孢杆菌、马铃薯芽孢杆菌、弯组织梭菌，它们能产生胶原蛋白酶，可分解动物的腱、皮肤和结缔组织的胶原蛋白。真菌水解天然蛋白质的能力强，如青霉菌能分解牛奶蛋白质，很多真菌都能水解结晶卵蛋白。细菌中能水解蛋白质的还有变形杆菌、甲型肉毒芽孢杆菌等。放线菌也有分解蛋白质的能力。

（2）蛋白质水解酶类

蛋白质水解酶是水解蛋白质肽链的一类酶总称。动物的蛋白水解酶，又称肽酶，其作用使肽键断开。肽酶有肽链内切酶、肽链外切酶和二肽酶三类。肽链内切酶能水解肽链内部的肽键，如胃蛋白酶、胰蛋白酶和糜蛋白酶。肽链外切酶只水解肽链两端氨基酸形成的肽键，如羧肽酶、氨肽酶。二肽酶只水解二肽，这些肽酶对不同氨基酸形成的肽键有专一性。

肽链内切酶 { 胃蛋白酶：水解芳香氨基酸的—NH_2 形成肽键；胰蛋白酶：水解碱性氨基酸—COOH 形成的肽键；胰凝乳蛋白酶：水解芳香氨基酸—COOH 形成的肽键 } ⟶ 小肽

肽链外切酶 { 氨肽酶：水解靠近肽链 H 端的肽键；羧肽酶：水解靠近肽链 C 端的肽键 } 生成氨基酸

二肽酶：水解一切二肽。

肽酶的特异性可表示如下

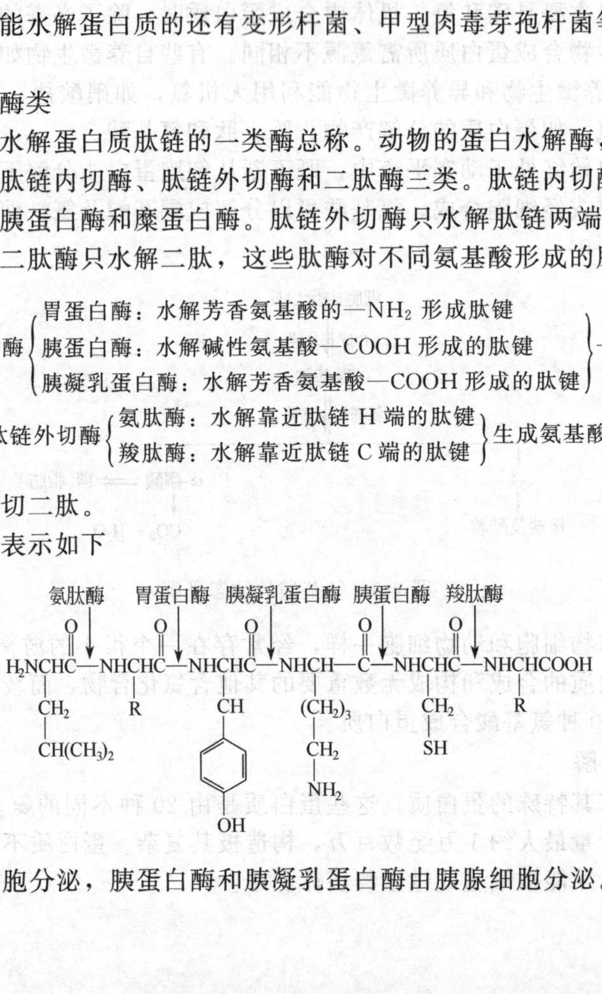

胃蛋白酶由胃细胞分泌，胰蛋白酶和胰凝乳蛋白酶由胰腺细胞分泌。这 3 种酶在分泌出

时是无活性的酶原。

胃蛋白酶原遇胃酸激活，胰蛋白酶原由肠激酶激活，胰凝乳蛋白酶原由胰蛋白酶激活。

肽链外切酶一般为金属酶，金属离子的作用可能是连接底物肽链与酶之间的媒介。

小肠内的二肽酶与氨肽酶各有好几种。

植物体中也含蛋白酶类，如种子和幼苗内皆含有活性蛋白酶，叶和幼芽中含有肽酶等。植物组织中蛋白质的酶水解作用，以种子萌芽时最为旺盛。

微生物中也含蛋白酶，能将蛋白质水解为氨基酸，游离氨基酸再进一步脱氢，最后生成氨和酮酸。

人与动物体内，氨基酸被小肠黏膜吸收后即通过黏膜微血管进入血液运到肝脏及其他器官进行代谢，也有少量氨基酸由淋巴系统进入血液。

(3) 蛋白酶对蛋白质的水解作用

蛋白酶水解蛋白质的过程

$$\text{蛋白质}\xrightarrow[\text{(内肽酶)}]{\text{蛋白酶}}\text{脲、胨}\xrightarrow[\text{(内肽酶)}]{\text{蛋白酶}}\text{多肽}\xrightarrow[\text{(外肽酶)}]{\text{肽酶}}\text{二肽}\xrightarrow{\text{二肽酶}}\text{氨基酸}$$

总结以上所述蛋白质水解是经过蛋白酶和肽酶的催化作用。蛋白质水解为蛋白胨、脲、多肽，再继续水解为氨基酸。这就成为可以被吸收的物质。蛋白酶和肽酶的联合催化作用是水解蛋白质、蛋白胨及其他肽类成为氨基酸的必要条件。水解生成的氨基酸可供微生物代谢活动的需要。

4.4.3 氨基酸分解的共同途径

蛋白质经水解后生成的氨基酸或微生物从培养基中直接吸收的氨基酸都可以通过共同的途径进行分解代谢。

在 α-氨基酸的分子结构中，除 R 基团因氨基酸种类不同而有差异外，其余部分则是一切 α-氨基酸（脯氨酸是唯一例外）所共有的，这正是 α-氨基酸的分解代谢都具有共同途径的基础。

4.4.3.1 脱氨基作用

氨基酸失去氨基的作用称为脱氨基作用，是机体氨基酸分解代谢的第一个步骤。脱氨基作用有氧化脱氨基和非氧化脱氨基作用两类。氧化脱氨基作用普遍存在于动植物中。动物脱氨基作用主要在肝脏中进行。非氧化性脱氨基反应多在厌氧，或兼性厌氧微生物中发现。各种微生物具有不同的脱氨方式，说明它们适应不同环境而具有不同的代谢类型。

(1) 氧化脱氨基作用

① 氧化脱氨基的过程　氧化脱氨基作用可表示如下

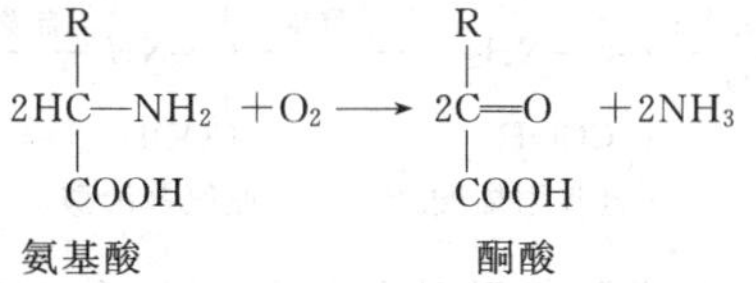

其机制为脱氨水解两步

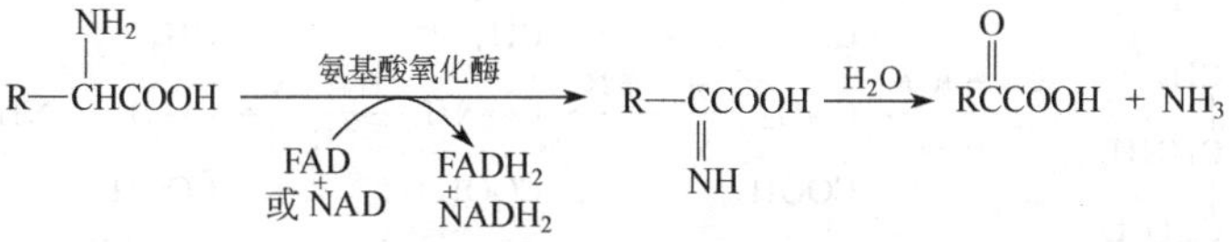

氧化酶是一种黄素蛋白以 FAD 或 FMN 为辅酶。从氨基酸脱去的氢，直接与氧化合生成过氧化氢。

$$FADH_2 + O_2 \longrightarrow FAD + H_2O_2$$

过氧化氢在过氧化氢酶作用下，分解成氧和水，无过氧化氢酶时，过氧化氢把酮酸氧化成少一个碳原子的脂肪酸。

$$RC(=O)—COOH + H_2O_2 \longrightarrow RCOOH + CO_2 + H_2O$$

② 氧化脱氨酶　氧化脱氨酶，有L-氨基酸氧化酶，它分为两类：一类以黄素腺嘌呤二核苷酸（FAD）为辅酶，另一类以黄素单核苷酸（FMN）为辅酶。人与动物的L-氨基酸氧化酶属于后一类。L-氨基酸氧化酶能使十几种氨基酸起脱氨基作用。但对甘氨酸、L-丝氨酸、L-苏氨酸、二羧氨基酸（L-谷氨酸和L-天冬氨酸）和二氨一羧氨基酸（赖氨酸、精氨酸、鸟氨酸）无催化作用，这些氨基酸由特殊的、专一性强的氨基酸氧化酶催化脱氨。

L-氨基酸氧化酶在机体分布不广、活性弱，因而它对氨基酸脱氨不重要。

还有氧化专一氨基酸的酶，它只是催化一种氨基酸氧化的酶。如甘氨酸氧化酶、L-谷氨酸脱氢酶，D-天冬氨酸氧化酶。L-谷氨酸脱氢酶是唯一能使氨基酸直接脱去氨基的活力最强的酶，在动植物和微生物中都存在。它以NAD为辅酶。

还有D-氨基酸氧化酶，D-氨基酸氧化酶以FAD为辅酶的黄素蛋白，对脊椎动物D-氨基酸只存在于肝、肾中。有些霉菌细胞也有此酶。

(2) 氨基酸非氧化脱氨基作用

非氧化脱氨基作用在大多数微生物中进行。非氧化脱氨基有以下几种。

① 还原脱氨基作用　在严格无氧条件下，某些含有氢化酶的微生物，能用还原脱氨基方式使氨基酸脱去氨基。

$$\underset{\text{氨基酸}}{R—CH(NH_2)COOH} + 2H \xrightarrow{\text{氢化酶}} \underset{\text{脂肪酸}}{R—CH_2COOH} + NH_3$$

② 水解脱氨基作用　氨基酸在水解酶作用下，生成羟基和氨

$$\underset{\text{氨基酸}}{R—CH(NH_2)COOH} + H_2O \xrightarrow{\text{水解酶}} \underset{\text{羟基酸}}{R—CH(OH)COOH} + NH_3$$

③ 脱水脱氨基作用　L-丝氨酸和L-苏氨酸脱氨基是利用脱水方式完成的。催化该反应的酶以磷酸吡哆醛为辅酶。

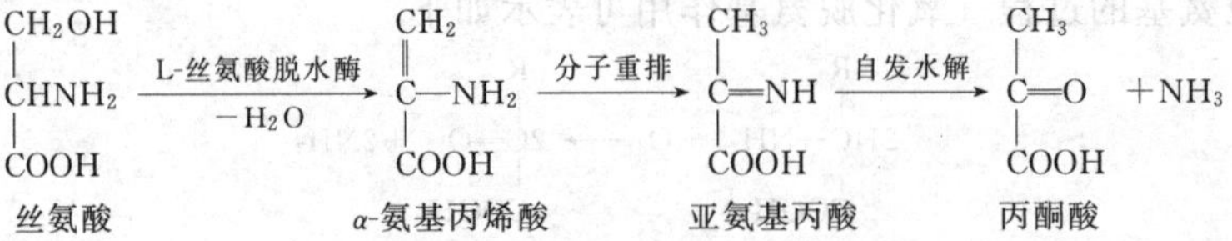

④ 脱硫氢基脱氨基作用　L-半胱氨酸的脱氨作用是由脱硫氢基酶作用催化的。

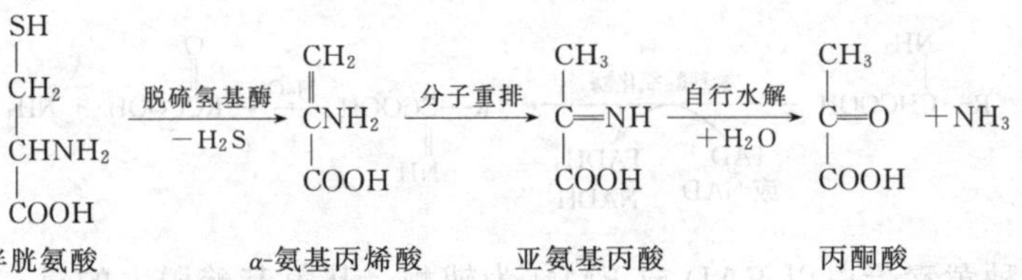

⑤ 氧化还原脱氨基作用　两个氨基酸可以互相发生氧化还原反应，分别形成有机酸和酮酸及氨。

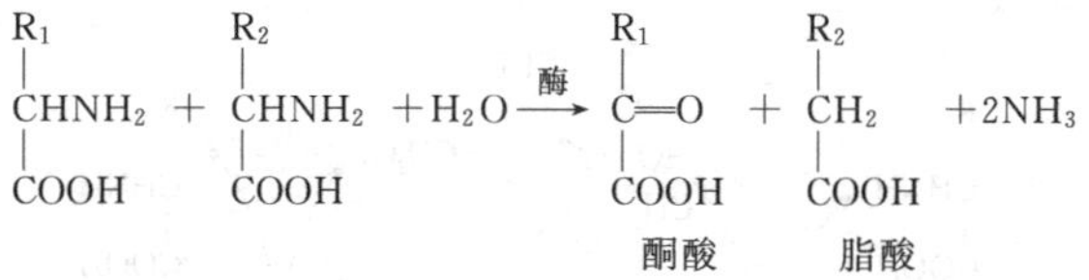

一个氨基酸是氢的供体，另一个氨基酸为氢的受体。

(3) 氨基酸的脱酰胺作用

谷氨酰胺和天冬酰胺可在谷氨酰胺酶和天冬酸胺酶的作用下分别发生脱酰氨基作用而生成相应的氨基酸。

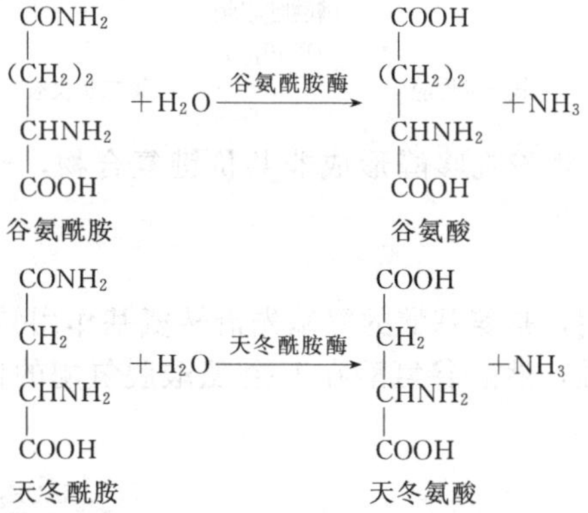

此二酶广泛存在于微生物和动植物组织中，有相当高的专一性。

4.4.3.2 氨基酸的转氨基作用

转氨基作用是氨基酸脱去氨基的一种重要方式，转氨基作用是 α-氨基酸的氨基通过酶促反应，转移到 α-酮酸的酮基位置上，生成与原来 α-酮酸相应的 α-氨基酸，原来的 α-氨基酸转变成相应的 α-酮酸。如

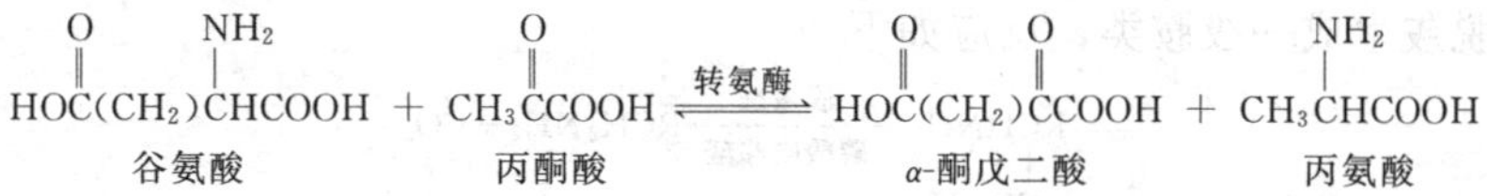

同样

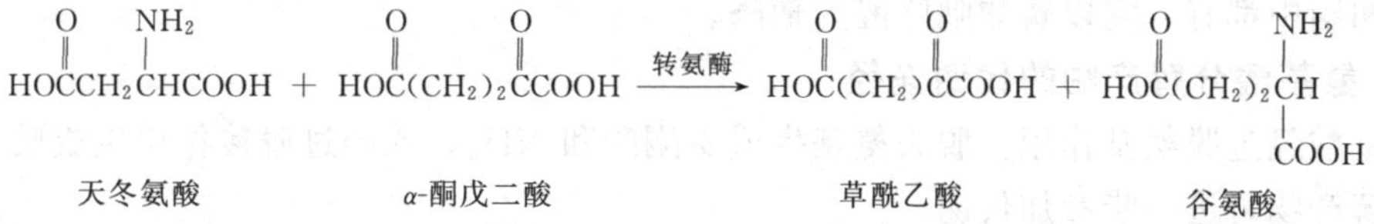

转氨酶是催化转氨基的酶，这些酶在动植物和微生物中广泛存在。在动物的心、肝肾、脑和睾丸含量很高。大多数转氨酶要以 α-酮戊二酸作为氨基的受体，因此它们对与之相偶联的两个底物中的一个底物。即 α-酮戊二酸或是谷氨酸是专一的，而对另一个底物则无严格专一性。虽然某种酶对某种氨基酸有较大的活力，但对其他氨基酸也有一定作用。

动物和高等植物的转氨酶一般都只催化 L-氨基醛的转氨基作用。转氨酶催化的反应都是可逆的，它们的平衡常数为 1.0 左右，所以反应可向两方向进行，但在生物体内，与转氨作用紧接着进行的反应是氨基酸的氧化分解作用，因而促使氨基酸转氨作用向一个方向进行。

真核细胞的线粒体和胞质都可进行转氨作用。所有的转氨酶都以磷酸吡哆醛为辅酶，而且有共同的催化机制。其反应如下

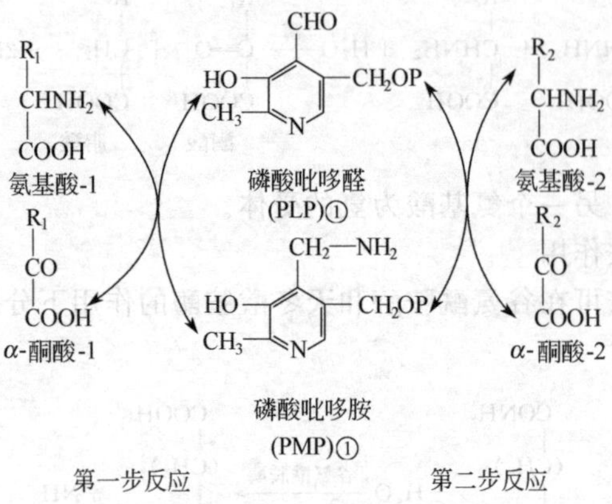

反应开始以酶（E）与磷酸吡哆醛形成非共价键复合物，然后按第一步和第二步反应进行。

4.4.3.3 联合脱氨作用

氨基酸的联合脱氨作用，是氨基酸的氨基先借转氨基作用转移到α-酮戊二酸的分子上，生成相应的α-酮酸和谷氨酸，然后谷氨酸在L-谷氨酸脱氢酶的作用下，脱去氨基又生成α-酮戊二酸。如

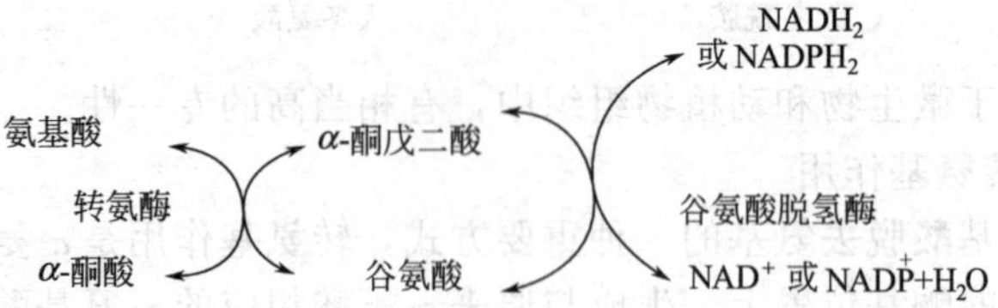

4.4.3.4 氨基酸的脱羧作用

氨基酸脱羧生成一级胺类，反应如下

$$\underset{\displaystyle COOH}{RCHNH_2} \xrightarrow[\text{磷酸吡哆醛}]{\text{脱羧酶}} RCH_2NH_2 + CO_2$$

氨基酸脱羧酶活性大，专一性强。这类酶普遍存在于微生物、高等动植物组织中，如在肝、肾和脑中都有。它以磷酸吡哆醛为辅酶。

4.4.4 氨基酸分解产物的代谢途径

氨基酸经过脱氨基作用。脱去氨基生成α-酮酸和NH_3，或经过脱羧作用生成胺和CO_2，这些分解产物可进一步参加代谢。

$$\text{氨基酸} \xrightarrow{\text{脱氨作用}} \alpha\text{-酮酸} + NH_3$$
$$\text{氨基酸} \xrightarrow[\text{脱羧作用}]{} \text{胺} + CO_2$$

（1）α-酮基酸的代谢

氨基酸脱氨基后所产生的α-酮酸进一步代谢。可有下列三种代谢途径：合成新氨基酸；氧化成二氧化碳和水；转变成糖和脂肪。

① 合成新氨基酸　α-酮酸可经还原氨基化作用或转氨基作用形成新的氨基酸。

② 氧化成CO_2及水　氨基酸脱氨后形成的酮基酸，以几种不同的途径进入三羧酸循环，最后氧化成CO_2和H_2O。大部分氨基酸可通过形成丙酮酸转变成乙酰CoA，再参加三羧酸循环（如丙氨酸、半胱氨酸、甘氨酸、丝氨酸、苏氨酸等氨基酸）；有些直接形成乙酰CoA再参加三羧

酸循环（如异亮氨酸、亮氨酸、色氨酸等氨基酸）；有些氨基酸可转变为三羧酸循环的中间产物如α-酮戊二酸，琥珀酰CoA和草酰乙酸等然后参加三羧酸环（如谷氨酸变成α-酮戊二酸，天冬氨酸转变成草酰乙酸）。现将氨基酸生成的酮基酸进入三羧酸循环的途径表示如图4-10。

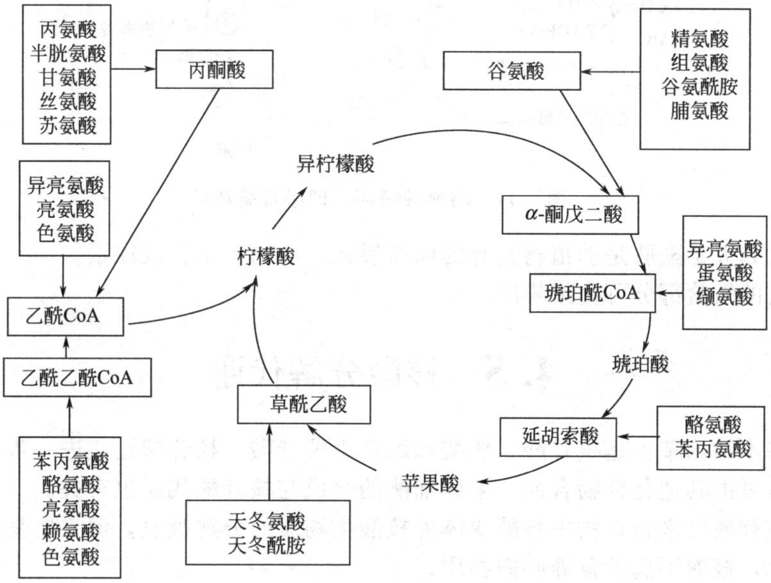

图4-10 氨基酸的碳链进入三羧酸循环的途径

在植物及酵母中，一部分酮基酸还可先脱羧变成醛，经氧化成脂肪酸，最后分解成CO_2和水。

③ 转变成糖及脂肪 大多数氨基酸脱氨后生成的α-酮酸，能通过生成丙酮酸，再经糖原异生的过程合成糖。少数氨基酸生成的α-酮酸能氧化成乙酰CoA然后合成脂肪。

（2）氨的代谢

自由氨对人体及动物来说是有毒的，因此，机体内氨基酸脱氨放出的氨必须做适当处理才行。处理氨的方法，各种生物有所不同，就动物而论，水生动物中除个别种类外，一般将氨直接排出体外；两栖类不是排氨而是将氨变为尿素再排出；鸟类及爬行动物（如龟）则将氨转变为尿酸排出；陆栖高等动物主要将脱出的氨在肝脏合成尿素，一部分则用来合成其他含氮物质（包括氨基酸、铵盐），另一部分则以谷氨酰胺及天冬酰胺形式储存。

① 尿素的生物合成（鸟氨酸循环） 尿素的生物合成需要NH_3、CO_2（或H_2CO_3）、鸟氨酸、天冬氨酸、ATP、Mg^{2+}和一系列的酶参加作用。全部反应过程可分为三个阶段。

a. CO_2、NH_3与鸟氨酸作用合成瓜氨酸。

b. 瓜氨酸与天冬氨酸作用产生精氨酸。

c. 精氨酸被精氨酸水解酶水解后放出尿素，并形成鸟氨酸成一循环（称鸟氨酸循环又称尿素循环）。这个循环的反应途径可表示如图4-11。

② 酰胺的形成

以谷氨酰胺为例

$$\underset{\text{谷氨酸}}{\begin{array}{l}\text{COOH}\\ |\\ (\text{CH}_2)_2\\ |\\ \text{CH—NH}_2\\ |\\ \text{COOH}\end{array}} + NH_3 + ATP \rightleftharpoons \underset{\text{谷氨酰胺}}{\begin{array}{l}\text{CO—NH}_2\\ |\\ (\text{CH}_2)_2\\ |\\ \text{CH—NH}_2\\ |\\ \text{COOH}\end{array}} + ADP + H_2PC$$

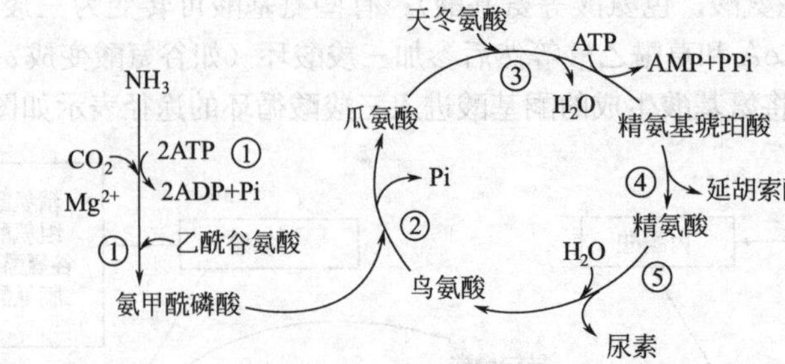

图 4-11 鸟氨酸循环（即尿素循环）

谷氨酰胺和天冬酰胺是动植物共有的储氮形式。植物体不合成尿素。

动物体内的铵盐部分可由尿排出。

4.5 核酸分解代谢

核酸的基本结构单位是核苷酸。核酸降解产生核苷酸，核苷酸还能进一步分解。在生物体内，核苷酸可由其他化合物合成，某些辅酶的合成与核苷酸代谢也有关。

体内的核苷酸可来自食物中核酸或体外核酸类物质的分解吸收，但主要是由机体细胞自身合成。因此，核酸不属于营养必需物质。

动物和异养型微生物可以分泌消化核酸的酶类得到各种核苷酸，核苷酸水解脱去磷酸生成核苷，核苷再分解生成嘌呤碱基或嘧啶碱基和糖。核苷酸和它的水解产物均可被细胞吸收和利用。

所有生物体的细胞都含有与核酸代谢有关的酶类，能够分解细胞内各种核酸，促使核酸分解更新。在体内核酸水解产物戊糖可以参加戊糖代谢，嘌呤和嘧啶还可进一步分解。核酸分解过程如下

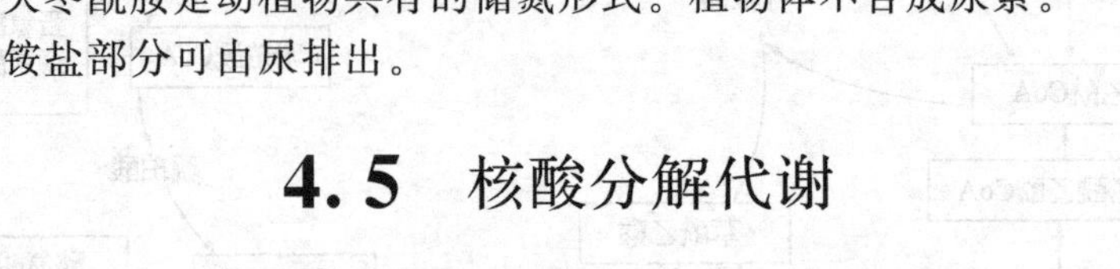

4.5.1 核酸的分解

核酸分解的第一步是水解连接核苷酸之间的磷酸二酯键，生成核苷酸片段或单核苷酸。在生物体内有许多磷酸二酯酶，称为核酸酶。水解 RNA 的酶叫做核糖核酸酶（RNase），水解 DNA 的酶叫做脱氧核糖核酸酶（DNase）。能够水解核酸分子内的磷酸二酯键的酶称为核酸内切酶。从核酸的 5′端或 3′端把核苷酸一个一个水解下来的酶叫做核酸外切酶。如蛇毒磷酸二酯酶是从核酸 3′端开始，逐个水解下 5′-核苷酸。牛脾磷酸二酯酶则相反，从游离 5′端开始，逐个水解下 3′-核苷酸。如图 4-12 所示。

在细菌体内存在核酸限制性内切酶，它是水解外源 DNA 的核酸内切酶，专一性强。

4.5.2 核苷酸的降解

生物体内广泛存在核苷酸酶可使核苷酸水解成核苷和磷酸。核苷酸酶无特异性，它对一切核苷酸都能水解。某些特异性核苷酸酶，如 3′-核苷酸酶只能水解 3′-核苷酸，5′-核苷酸酶只能水解 5′-核苷酸。

使核苷分解的酶有两类：一类是核苷磷酸化酶，使核苷磷酸分解成含氮碱和戊糖磷酸。

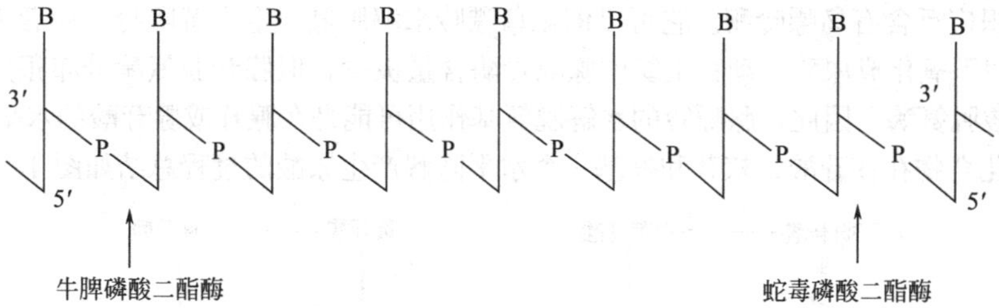

图 4-12 核酸外切作用示意图
(B代表嘌呤或嘧啶碱基 P代表核糖或脱氧核糖)

另一类是核苷水解酶，使核苷分解成为含氮碱和戊糖。反应如下

$$核苷+磷酸 \xrightleftharpoons{核苷磷酸化酶} 嘌呤(或嘧啶)+磷酸戊糖$$

$$核苷+H_2O \xrightarrow{核苷水解酶} 嘌呤(或嘧啶)+戊糖$$

核苷磷酸化酶分布比较广，它催化的反应是可逆的。核苷水解酶主要存在于植物和微生物，它所催化的反应是不可逆的，而且只对核苷酸起作用，对脱氧核糖核苷无作用。

4.5.3 嘌呤的分解

不同种类生物分解嘌呤的能力不一样，因而代谢产物也各不相同。人和猿类及一些排尿酸的动物（如鸟类，某些爬虫类和昆虫等）以尿酸作为嘌呤代谢的最终产物。其他的多种生物还能进一步分解尿酸，形成不同代谢产物，直到最后分解成为 CO_2 和氨，见表 4-3。

表 4-3 嘌呤代谢的最终产物

最终产物	排出动物
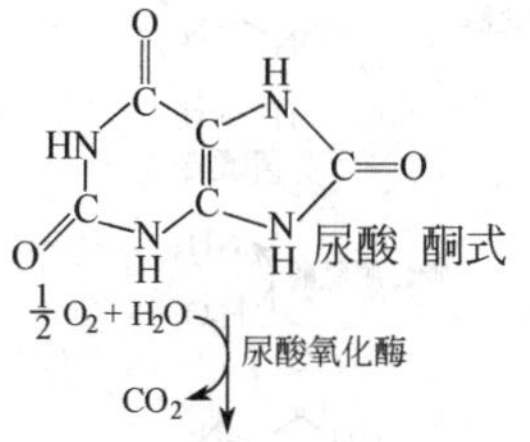	灵长类 鸟类 排尿酸爬虫类 昆虫
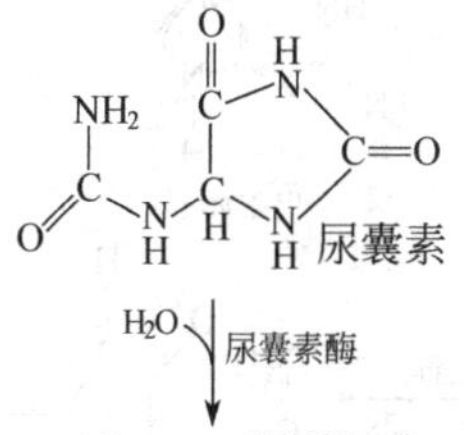	哺乳动物(灵长类除外) 腹足类
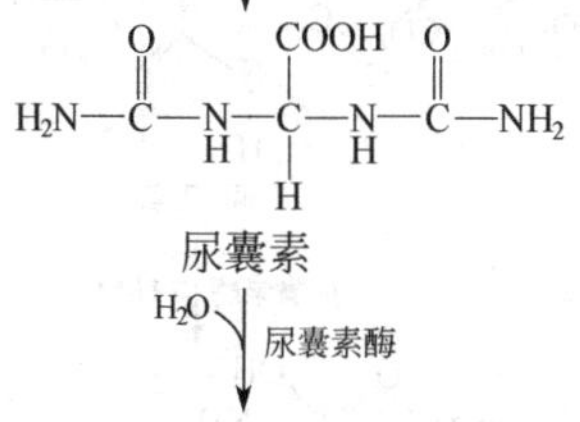	硬骨鱼
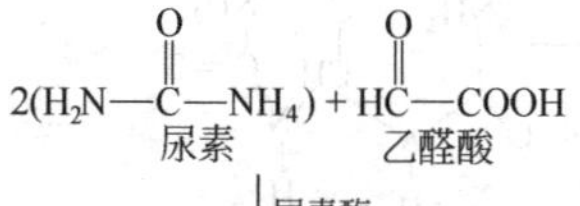	大多数鱼类 两栖类 淡水瓣鳃类
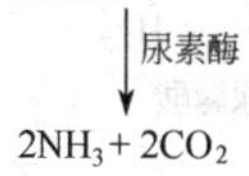	甲壳类 咸水瓣鳃类

动物组织广泛含有鸟嘌呤酶。它可以催化鸟嘌呤水解脱氢，生成黄嘌呤，后者进一步在黄嘌呤氧化酶作用下氧化成尿酸。动物组织中腺嘌呤酶含量极少，但腺苷脱氮酶分布很广。有的组织还含有腺苷酸脱氨酶。因此，腺嘌呤的水解脱氨基作用可能是在腺苷或腺苷酸的水平上发生。

嘌呤类化合物在核苷酸、核苷和碱基三个水平降解产生尿酸的过程总结如图 4-13 所示。

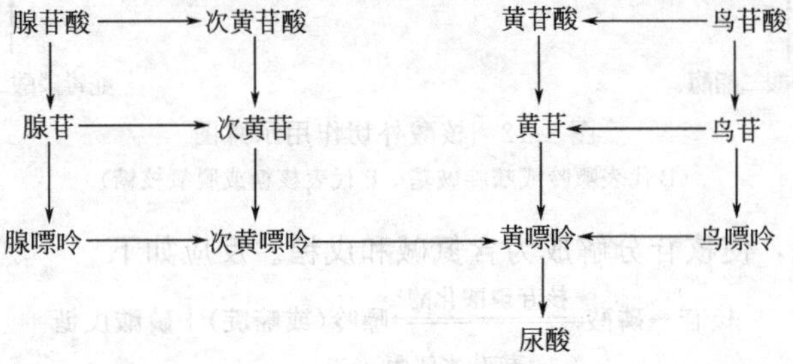

图 4-13　嘌呤在核苷酸、核苷和碱基三个水平上的降解

人和猿类缺乏分解尿酸的能力。鸟类等排尿酸动物不仅把嘌呤分解成尿酸，还可以把大量其他含氮代谢物转化成尿酸排出体外。大多数生物能继续分解尿酸。在尿酸氧化酶作用下，尿酸脱去 CO_2 生成尿囊素。尿囊素是人和猿类以外其他哺乳类嘌呤代谢排泄物，其他多种生物含有尿囊素酶，使尿囊素水解成尿囊酸。尿囊酸是某些硬骨鱼嘌呤代谢产物。在尿囊酸酶作用下，尿囊酸生成尿素和乙醛酸，尿素是多数鱼类和两栖动物嘌呤代谢的排出物，还有某些低级动物分解尿素成 CO_2 和 NH_3 排出体外。如图 4-14 所示。

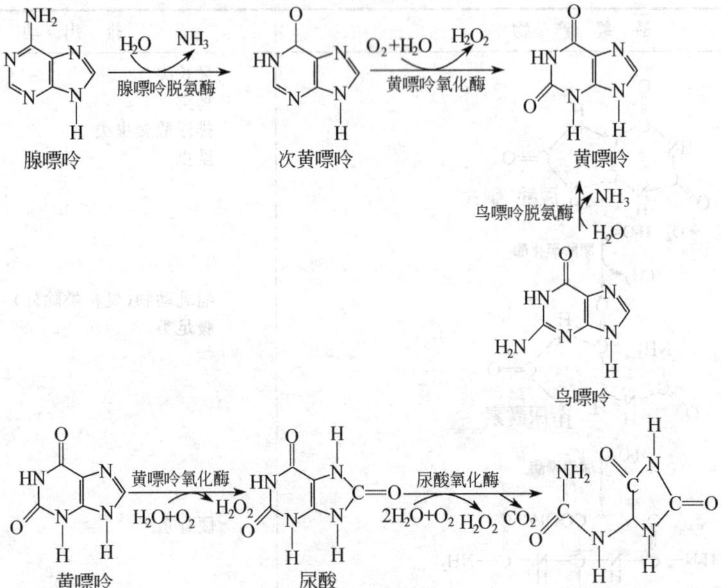

图 4-14　嘌呤的分解

4.5.4 嘧啶的分解

在不同种类的生物体内，嘧啶分解的过程不一样。在动物体内，嘧啶通过还原作用分解，在哺乳动物的肝脏中进行嘧啶的分解，在微生物体内通过氧化作用分解嘧啶。

(1) 还原作用分解过程

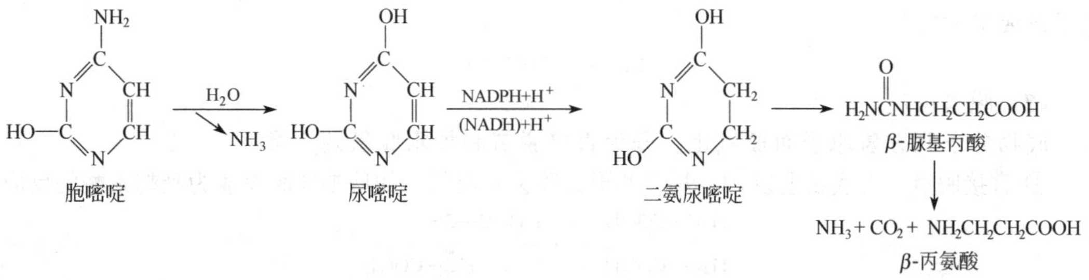

胞嘧啶脱氨在人和动物体内的脱氨过程也可能是在核苷或核苷酸水平上进行的。

(2) 通过氧化作用分解过程

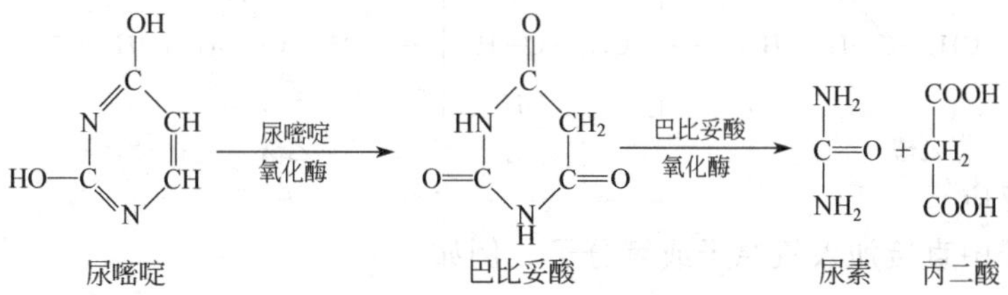

胸腺嘧啶的分解过程如下

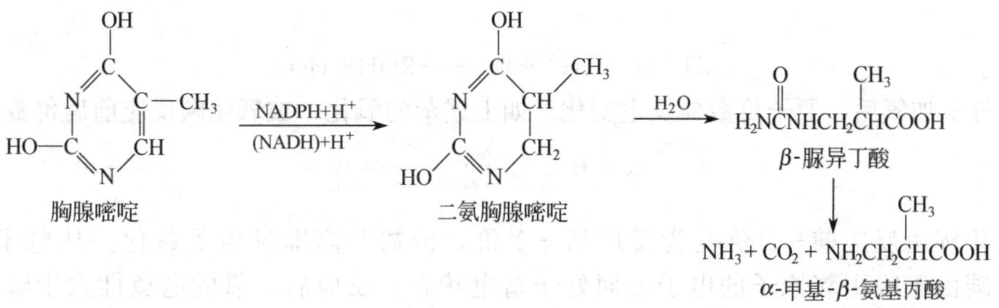

4.6 生物氧化与能量代谢

4.6.1 生物氧化概述

4.6.1.1 生物氧化的概念

生物体内一切代谢物的氧化称为生物氧化，即有机物在生物体内氧化分解为二氧化碳和水并释放能量合成 ATP 的过程。生物氧化可分为三个阶段，首先是有机物的氧化脱氢；接着氢以 $H^+ + e^-$ 形式进入呼吸电子传递链而被传递给氧生成水，同时释放能量；最后 ATP 合成系统利用这些能量催化合成 ATP。

上述内容是生物氧化的广义概念，既包括有机物氧化的各种生物氧化反应，又包括呼吸链电子传递和 ATP 的合成过程。一般意义上的生物氧化是指后两个阶段，即电子传递和 ATP 合成。

4.6.1.2 生物氧化的方式

生物氧化是在一系列氧化-还原酶催化下分步进行的。每一步反应，都由特定的酶催化。在生物氧化过程中，主要包括如下几种氧化方式。

(1) 脱电子反应

从作用底物上脱去电子（e），如细胞色素类氧化时，其辅基血红素所含的 Fe^{2+} 则失去电子形成 Fe^{3+}。

$$Fe^{2+} \rightleftharpoons Fe^{3+} + e^-$$

(2) 脱氢反应

底物分子脱去氢原子而被氧化。分为直接脱氢和加水脱氢两大类。

① 直接脱氢　在底物上以 $H^+ + e^-$ 的形式脱去一对氢，如琥珀酸脱氢成为延胡索酸的反应

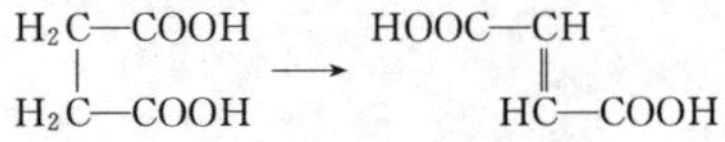

琥珀酸　　延胡索酸

② 加水脱氢　向底物分子中加入水分子后，脱去两个氢原子（$2H^+ + 2e^-$），结果是底物分子加上了一个来自于水的氧原子。如乙醛加水脱氢成为乙酸

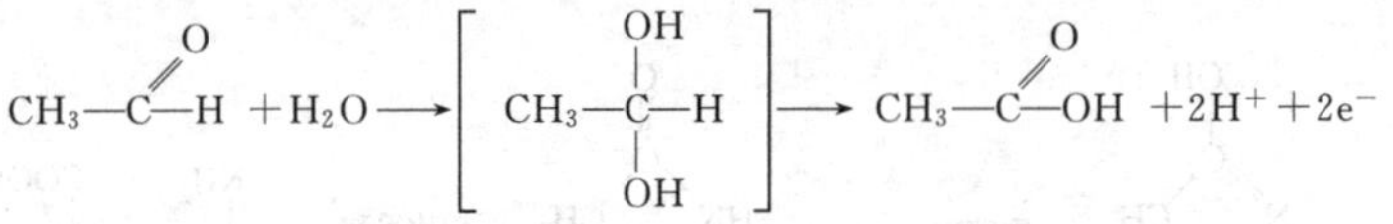

乙醛　　乙酸

(3) 加氧反应

向底物分子中直接加入氧原子或氧分子。例如

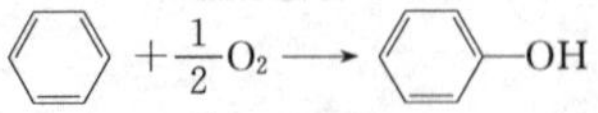

加氧反应也是氧化还原反应，在分子加氧的同时，常伴有氧接受质子和电子还原成水的反应。

$$RH + O_2 + 2H^+ + 2e^- \longrightarrow ROH + H_2O$$

此外分子加氧后，原子价数要发生变化。如上述苯的氧化，被氧化碳反应前后价数变化如下

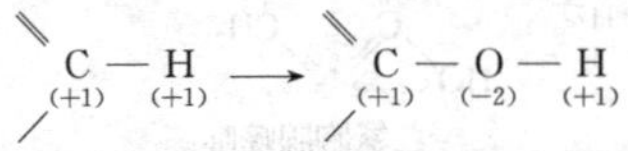

被氧化碳由反应前－1 价变为反应后＋1 价，价数升高即发生了氧化。从电子理论讲，反应前，碳由于吸引氢原子的电子云而处于富电状态；反应后，氧的电负性大于碳，碳原子的电子云被氧所吸引，碳处于缺电状态。所以反应中虽无分子间的电子转移，却发生了电子云在分子内的重新分布，因而是氧化还原反应。氧化还原反应实质上是电子或质子与电子的转移反应。

高等动物通过肺进行呼吸，吸入氧气，排出二氧化碳。吸入的氧气用以氧化摄入体内的营养物质，获得能量，所以生物氧化也称呼吸作用。微生物则以细胞直接进行呼吸，又称细胞呼吸。吸入氧气，排出二氧化碳，是呼吸的现象，它的本质是物质在生物体内的氧化作用。19 世纪，人们发现微生物不仅能在有氧条件下生存，许多微生物在无氧条件下也能进行氧化作用。因此，根据生物氧化（呼吸作用）是否有分子氧参加，而将其分为两种方式。

① 有氧氧化　有氧氧化也称为有氧呼吸，许多好气和兼性厌气的微生物能利用空气小的分子氧来氧化底物，最终生成二氧化碳和水，这种方式氧化彻底，释放的能量多。

② 无氧氧化　无氧氧化也称为无氧呼吸，这是指以非分子氧物质氧化底物的方式，又可分为两种情况。

a. 兼性厌气的微生物能利用体内的有机物来氧化底物，最终生成氧化不完全的产物，

常称为“发酵作用”。这种方式氧化不彻底，释放的能量少。

b. 许多厌气微生物能以无机物氧化底物，这种情况下的氧化较为彻底，但释放的能量不如有氧氧化方式多。

4.6.1.3 生物氧化的特点

生物氧化与体外燃烧虽然起始和结果是相同的，如都消耗氧气，都生成二氧化碳和水，释放的能量相等，但作用的条件、方式、过程却迥然不同。与体外燃烧相比，生物氧化具有以下特点。

① 生物氧化是在细胞内的生理条件下进行，条件温和，近似恒温恒压。如植物体内生物氧化是在环境温度下进行的，恒温动物的生物氧化是在体温下进行的。而有机物体外燃烧需高温或高压以及在干燥条件下进行。

② 生物氧化是复杂的酶催化的、辅酶和电子传递体参与的多步反应。如葡萄糖氧化为二氧化碳，需经过十九个酶（多酶复合体），分为两个酶系催化，21 步反应才完成。体外燃烧是自发进行，并且是自由基反应。

③ 生物氧化时，有机分子的能量是逐步释放的。这种逐步分次的放能方式，不会引起体温的突然升高，而且有利于放出能量的捕获、转化。体外燃烧时，有机分子的能量是一次性以光和热的形式以爆发式释放的。

④ 生物氧化过程产生的能量一般储存于一些特殊化合物中，主要是 ATP，供应生化反应、生理活动需要。体外燃烧释放的能量无储存形式。

⑤ 生物氧化受细胞的精确调节控制，有很强的适应性，可随环境和生理条件变化而改变呼吸强度和代谢方向。

4.6.2 生物氧化体系和酶类

4.6.2.1 生物氧化体系

生物氧化作用主要是通过脱氢反应来实现的，一般包括脱氢、递氢、受氢三个环节。这就是说，底物上脱下的氢大多数情况下不是直接交给受氢体，而是经过一些递氢体进行传递，最终交给受氢体。对于不同的微生物来说，所含有的氧化还原酶类不同， 因此它们的氧化方式不同，脱氢、递氢、受氢过程也不相同，于是构成各种不同的生物氧化体系。现就生物氧化过程中底物上的氢如何脱下，以及在有氧与无氧的情况下氢的去路问题，分别讨论如下。

（1）有氧氧化体系

以分子氧为最终受氢体的有氧氧化中，根据是否有传递体进行递氢过程，可分为不需传递体体系和电子传递体系。

① 不需传递体体系　这是最简单的一种体系，该体系中没有递氢过程，底物上脱下的氢与分子氧的结合只需一种酶参与催化。根据所催化的酶的不同，又可分为氧化酶类型和需氧脱氢酶类型。

a. 氧化酶类型　该类型的反应模式如下。

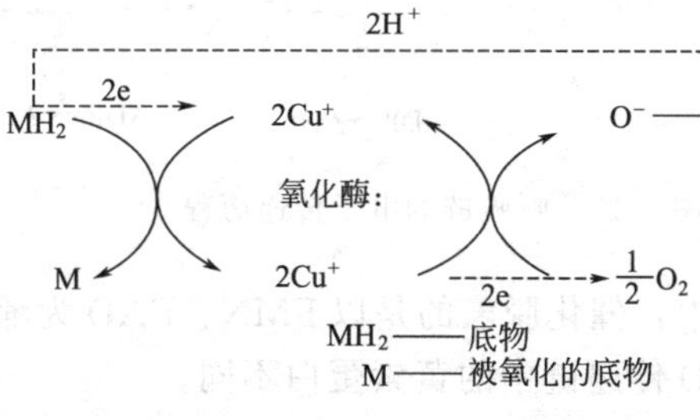

氧化酶不能激活底物上的氢，当底物的氢解离成氢离子（H^+）和电子（e）时，氧化酶分子中的金属离子（例如 Cu^{2+}）取得电子，并将电子传给分子氧，使之活化成 O^{2-}，O^{2-} 与氢离子结合成水。

由氧化酶催化的反应不能在无氧的情况下进行，没有任何其他的受氢体可以代替氧。

b. 需氧脱氢酶类型　此类反应的模式为

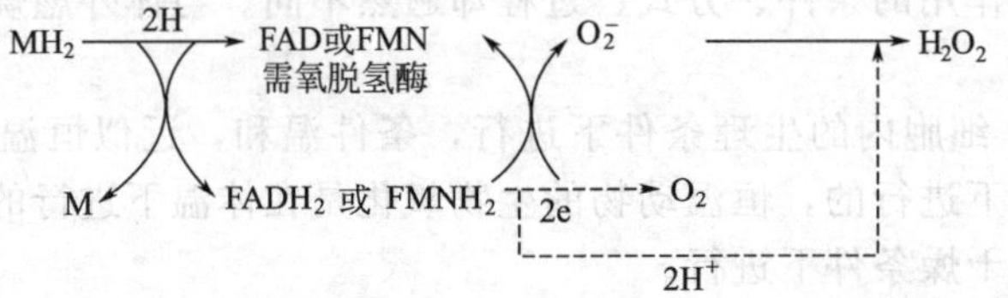

需氧脱氢酶能激活底物上的氢，使之脱下，其辅酶（FAD 或 FMN）能将氢（H_2）释放出的两个电子传给分子氧，使之活化成为 O^{2-}，O^{2-} 与氢离子结合生成过氧化氢。以此种类型进行氧化的生物体内往往具有过氧化氢酶，可将 H_2O_2 分解，以避免它对机体的毒害。

在无氧的情况下，甲烯蓝或醌可代替氧作为受氢体，而使反应进行。

c. 不需传递体体系中两种类型的比较　氧化酶不能从底物上脱氢，而需氧脱氢酶能脱氢；最终电子受体为氧时，氧化酶类型中氧化的最终产物是水，而需氧脱氢酶类型中氧化的终产物是过氧化氢；氧化酶类型只能以氧作为最终电子受体，而需氧脱氢酶类型在无氧的情况下，可以以甲烯蓝或醌代替氧作为最终电子受体。

② 电子传递体系　这是生物体主要的生物氧化体系，这种体系的成员包括：以 NAD 为辅酶的不需氧脱氢酶，以 FAD 或 FMN 为辅基的黄素蛋白（FP），泛酸（UQ），细胞色素（Cyt）b、c_1、c 及细胞色素氧化酶（细胞色素 $a+a_3$）。在此体系中，底物脱下的氢不是直接交给氧，而是经由一系列传递体，最终传给氧。该体系通常称为电子传递体系或电子传递链，也称为呼吸链。

具有线粒体的生物中，典型的电子传递链有两种，按接受底物上脱下的氢的初始受体不同，分为 NAD 传递链和 FAD 传递链。

a. NAD 传递链　以 NAD^+ 为辅酶的各种不需要脱氢酶类催化产生的还原型辅酶（$NADH+H^+$）都要经线粒体内膜上的 NADH 脱氢酶汇入呼吸链。先传给 CoQ，生成还原型 $CoQH_2$，然后质子对与电子对分离。质子对游离，电子则由细胞色素依次传递，直至激活分子氧。被激活的氧负离子与游离的质子对结合，生成水。

因为该传递体系是从汇集还原型辅酶（$NADH+H^+$）的氢原子对开始的，故称其为 NAD 呼吸链。这是目前已知传递过程最长的一条呼吸链。其传递反应历程如图 4-15 所示。

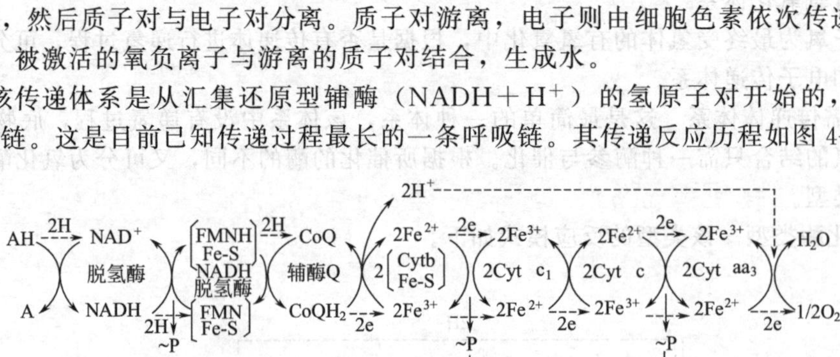

图 4-15　呼吸链的电子传递历程

b. FAD 呼吸链　该传递链中，催化脱氢的是以 FMN、FAD 为辅基的，不需氧脱氢酶，它也是一种黄素蛋白，但与 NAD 传递链中的黄素蛋白不同。

琥珀酸脱氢酶（FP_2）、磷酸甘油脱氢酶（FP_3）、脂酰 CoA 脱氢酶（FP_4）等不需氧脱氢酶的氢原子对都要经过 CoQ 汇入呼吸链。但反应历程不尽相同，FP_2、FP_3 皆为膜上蛋白，可直接与自由移动的 CoQ 反应。FP_4 不在膜上，需要由膜上的电子传递黄素蛋白（ETF-FAD）将氢原子对传给 CoQ，以下的传递机制与 NAD 呼吸链相同，其传递反应历程如图 4-14 所示。

因为上述电子传递体系是由汇集黄素不需氧脱氢酶的氢原子对开始的，故称为 FAD 呼吸链。FAD 呼吸链比 NAD 呼吸链的传递历程短，产能也少。

c. 其他传递链　无线粒体的细菌的电子传递链与上述典型的传递链大致相似，不同的菌类中传递链的传递体组成有所不同，如草分枝杆菌中没有泛醌，而以维生素 K 代替泛醌的作用，各种菌含有的细胞色素也有所差异。另外在一个细菌中常常不止含有一种细胞色素作为传递链入端的氧化酶。

细菌可能的几种传递链如图 4-16 所示。

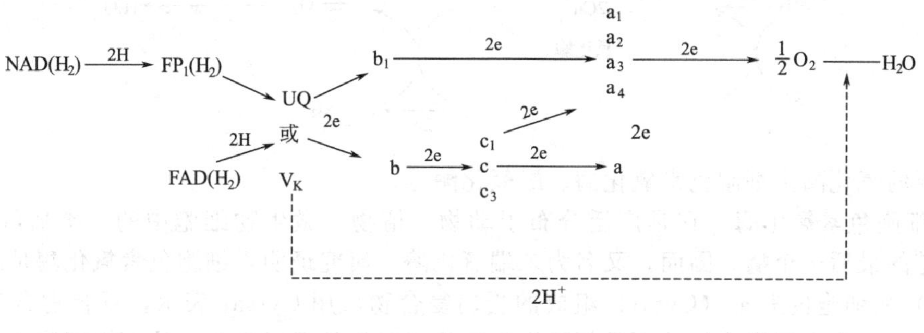

图 4-16　细菌中可能的几种传递链

（2）无氧氧化体系

这是指在无氧情况下，以有机物或无机物为最终受氢体的生物氧化体系，分述如下。

① 以有机物为最终电子（氢）受体的氧化体系（即发酵作用的氧化体系）。

在此体系中，作为最终电子（氢）受体的有机物通常是代谢物质中间分解产物。绝大多数情况下，底物上脱下的氢交给了 NAD(P)，使之还原成为 NAD(P)H_2，再由 NAD(P)H_2 将氢转交给另一有机物。如酵母利用葡萄糖进行酒精发酵过程中

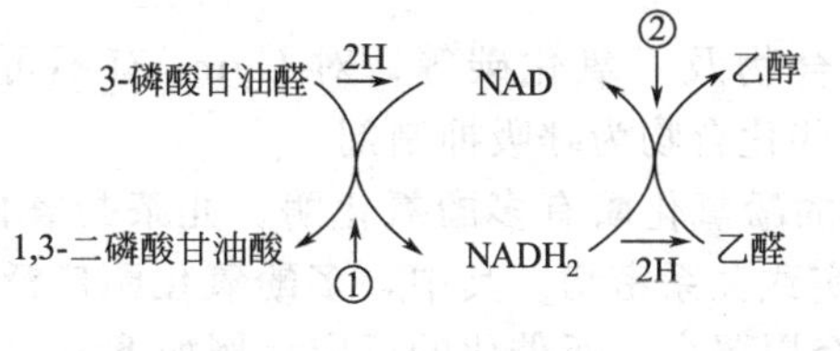

3-磷酸甘油醛被 3-磷酸甘油醛脱氢酶脱氢，氧化成为 1,3-二磷酸甘油酸，脱下的氢交给 3-磷酸甘油醛脱氢酶的辅酶 NAD 使其还原成 $NADH_2$。而乙醛则作为最终氢（电子）受体，在乙醇脱氢酶（辅酶也为 NAD）的催化下，通过 $NADH_2$ 把 2H 转移给乙醛生成乙醇。

② 以无机氧化物为电子（氢）受体的无氧氧化体系。

此体系借以 NO_3^-、NO_2^-、SO_4^{2-}、$S_2O_3^{2-}$、CO_2 等无机氧化物为最终电子（氢）受体。氢（电子）的传递过程不仅有 NAD，还有细胞色素参与。根据最终电子（氢）受体的不同，传递体的组成也有所不同。如脱磺脱硫弧菌（*Desulfouibrio desulfuricans*）的无氧氧化体系大致为

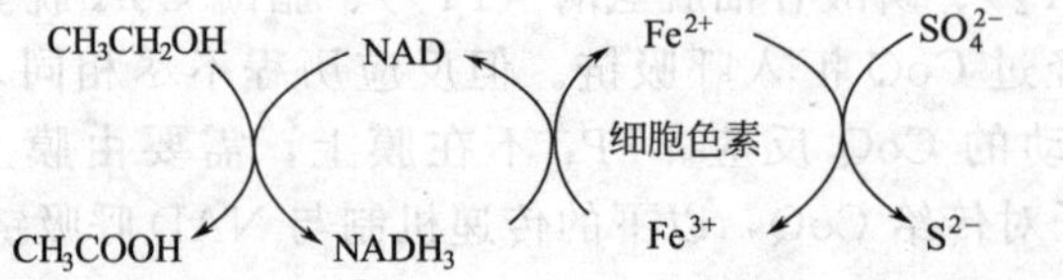

4.6.2.2 生物氧化酶类

在生物体内，氧化作用都是由酶催化的，下面讨论几种有关的氧化酶类及传递体。

(1) 氧化酶类

氧化酶类是指含有铜或铁的金属蛋白，不能从底物上脱氢，只能夺取底物上的电子对，用于激活分子氧，从而促进氧与底物的化合。氧化酶只能以分子氧为受体，无氧条件下不能起催化作用，反应历程如下

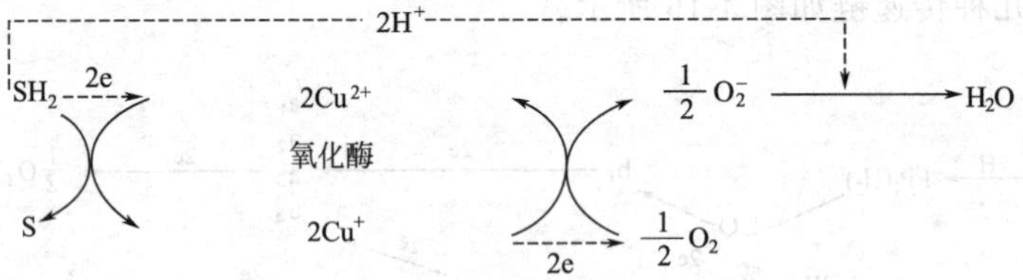

重要的氧化酶由细胞色素氧化酶、酚氧化酶等。

① 细胞色素氧化酶　它是广泛分布于动物、植物、微生物细胞中的一类血红素蛋白，是呼吸链的最后一个酶，因而，又名为末端氧化酶。研究证明，细胞色素氧化酶是细胞色素 a（Cyta）和细胞色素 a_3（$Cyta_3$）组成的蛋白复合物，用 $Cytaa_3$ 表示，复合物含有两分子血红素 A，每个血红素中的铁原子都可发生二价与三价的可逆变化，从而将细胞色素传递来的电子转移给最终受体分子氧，反应如下

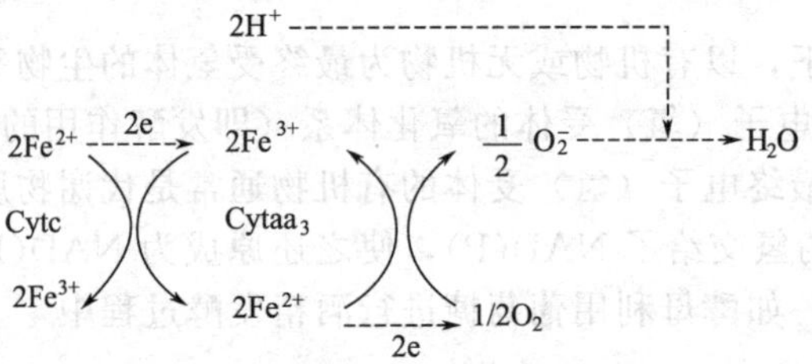

氰化物、硫化物、叠氮化合物及一氧化碳等，对 $Cyta_3$ 有不可抑制作用，能阻断电子由 $Cyta_3$ 向氧的传递。故而这些化合物为呼吸抑制剂。

② 酚氧化酶　较重要的酚氧化酶有多酚氧化酶、儿茶酚氧化酶等。这些酶在能量代谢中都没有意义，但与生产实践关系密切。其中，多酚氧化酶广泛分布于高等植物及细菌中，是以二价铜离子为辅基的金属蛋白。所催化的反应示例如下

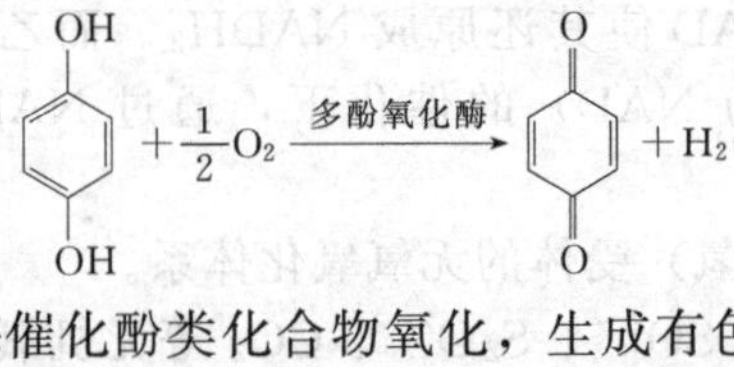

在有氧条件下，酚氧化酶催化酚类化合物氧化，生成有色的醌类化合物，导致果蔬食品和饮料发生生物褐变，使产品质量降低。所以，在果蔬食品加工中都力戒酚氧化酶起作用。

(2) 脱氢酶类

催化脱氢的酶类，根据其是否直接将脱下的氢交给分子氧，分为需氧脱氢酶和不需氧脱

氢酶。

① 需氧脱氢酶　这类酶的分子也是以 FMN 或 FAD 为辅基的黄素蛋白，它也催化底物分子脱氢氧化；但与不需氧脱氢酶类不同，这类酶需要用分子氧作为直接受氢体，反应生成过氧化氢。因此，需氧脱氢酶类是既能催化底物脱氢，又直接激活分子氧的黄素蛋白，兼具不需氧脱氢酶和氧化酶类两者的作用特点，故而有时将其归入脱氢酶类，有时又称其为氧化酶。反应过程如下

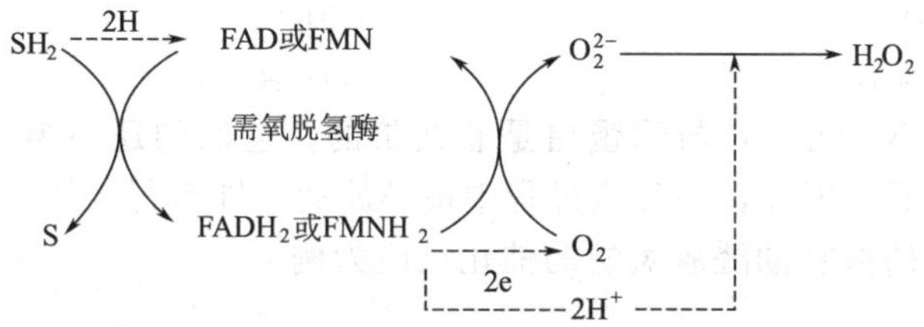

反应生成的过氧化氢对机体有毒害，需要有过氧化氢酶催化将其分解

$$2H_2O_2 \xrightarrow{\text{过氧化氢酶}} 2H_2O + O_2$$

在无氧条件下，需氧脱氢酶也可用人工染料，如甲烯蓝等作为受氢体，反应发生的颜色变化可用于酶活性测定

$$\text{E-FADH}_2 + \underset{\text{（蓝色）}}{\text{甲烯蓝}} \longrightarrow \text{E-FAD} + \underset{\text{（无色）}}{\text{甲烯白}}$$

② 不需氧脱氢酶　凡直接作用于底物分子，使之脱氢氧化，又不以氧作为直接受氢体的酶，称为不需氧脱氢酶。这类酶是能量代谢中催化底物分子氧化的主要酶类。其作用特点是，只能激活底物分子，夺取其电子对（$2e^-$）和质子对（$2H^+$）使之氧化，酶分子的辅酶接受电子对被还原。可是，还原型的辅酶分子不能激活分子氧，不能以 O_2 为其电子受体。不需氧脱氢酶在有氧或无氧条件下都能催化代谢底物分子氧化。有氧条件下，还原型辅酶的电子由氧化性的传递体接受并最终传递给分子氧。无氧条件下，可由氧化型的代谢中间产物分子作为受体。只要有足够的氧化型受体使还原型辅酶随时氧化，不需氧脱氢酶的催化作用就可以持续进行。反应过程为

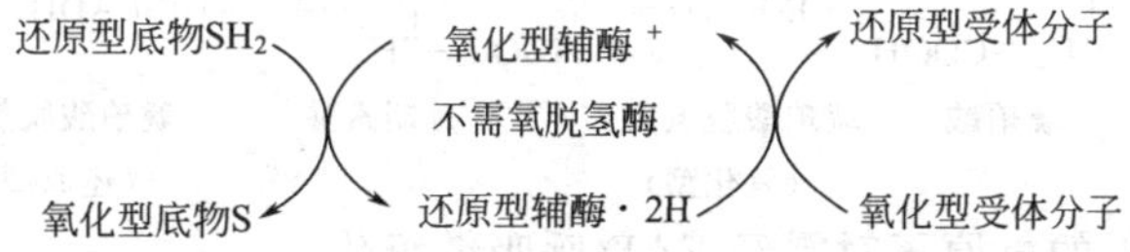

不需氧脱氢酶成员很多，底物专一性很强，但辅酶主要有 NAD^+、$NADP^+$、FMN、FAD 四种。据此，可将不需氧脱氢酶分为两类。

a. 以 NAD^+ 或 $NADP^+$ 为辅酶的不需氧脱氢酶类　目前所知，已有 200 多种，大都以 NAD^+ 为辅酶，以 $NADP^+$ 为辅酶相对少些。有的酶，NAD^+、$NADP^+$ 都可用。如 L-谷氨酸脱氢酶的同功酶中，催化 L-谷氨酸氧化分解者用 NAD^+ 作辅酶；催化逆反应 α-酮戊二酸还原氨基化合成谷氨酸者，用 NADPH 作辅酶；肝脏细胞和细菌中的 L-谷氨酸脱氢酶，NAD^+、$NADP^+$ 都可用。

辅酶 NAD^+ 和 $NADP^+$ 的生化功能有所不同，一般而言，以 NAD^+ 为辅酶，从底物分子脱下的氢原子对主要是通过呼吸链发生氧化磷酸化反应合成 ATP。以 $NADP^+$ 为辅酶脱下的氢原子对则主要为生物合成提供还原力。

在糖、脂分解代谢中，脱氢酶类催化仲醇基团的脱氢反应和氨基酸 α 碳原子的氨甲基基团上的脱氢反应都是由 NAD^+ 或 $NADP^+$ 作为辅酶。例如

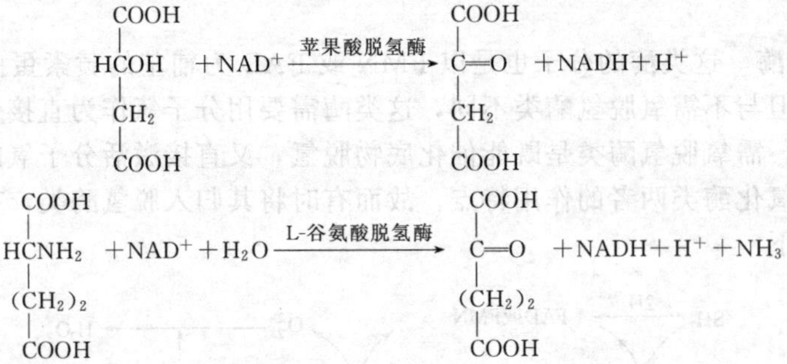

辅酶（NAD^+或$NADP^+$）与酶蛋白是非共价的。它们的还原型（NAD^+或$NADP^+$）与酶蛋白的亲和力更低。因此，在反应过程中被还原后，即自行与反应基质中的氧化型辅酶交换。此现象可用3-磷酸甘油醛脱氢酶的催化反应为例

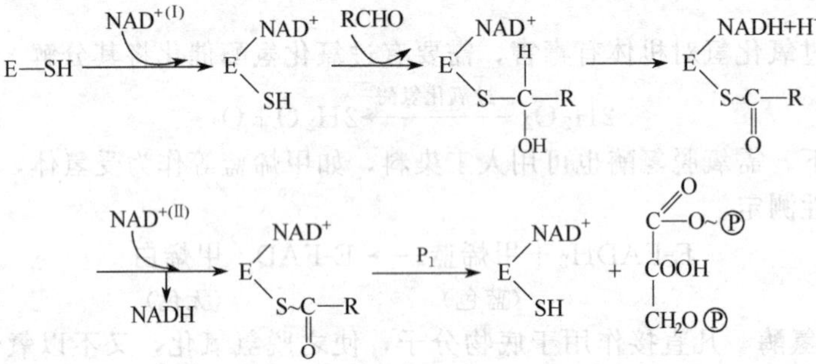

式中E-SH代表酶蛋白；RCHO代表3-磷酸甘油醛；Ⅰ、Ⅱ分别代表NAD^+的不同分子。生成的还原型辅酶（NADH）游离于细胞的反应基质中。

b. 以FMN或FAD为辅基的不需氧脱氢酶

这类酶分子中，FMN或FAD与酶蛋白结合牢固，故称为辅基。因为FMN及FAD是核黄素的衍生物，所以，这类酶的纯化制品呈黄色，故又称为黄酶或黄素蛋白，专一性催化链烃中相邻亚甲基“$—CH_2—CH_2—$”基团的脱氢，底物分子中产生双键。例如

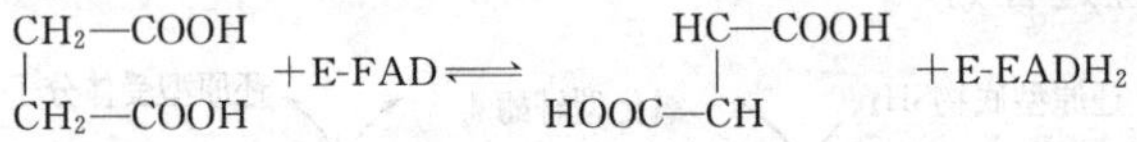

琥珀酸　琥珀酸脱氢酶（氧化型）　延胡索酸　琥珀酸脱氢酶（还原型）

还原型黄素蛋白上的氢原子对需经FAD呼吸链氧化。

这类酶成员不多，但很重要。常见的有β-磷酸甘油脱氢酶、琥珀酸脱氢酶、酯酰CoA脱氢酶、二氢硫辛酸脱氢酶等都是以FAD为辅基的黄酶。此外。还有NADH脱氢酶，辅基是FMN，该酶位于线粒体内膜上，专门从事汇集线粒体基质中还原型辅酶Ⅰ（$NADH+H^+$）的氢原子对进入呼吸链氧化。琥珀酸脱氢酶和β-磷酸甘油脱氢酶也位于线粒体内膜上，它们的还原型辅基是以辅酶Q为受氢体。

4.6.2.3 生物氧化体系中的电子传递体

传递体分为氢传递体及电子传递体两类。

（1）氢传递体

氢传递体能从底物上接受氢原子（$H^+ + e^-$），并把它传递给另一个适当的受氢体。氢传递体可分为以下几种。

① 烟酰胺核苷酸类　它们都是不需氧脱氢酶的辅酶，有NAD（辅酶Ⅰ）和NADP（辅酶Ⅱ）两种。它们的氧化型和还原型互相转变时起了递氢作用。

$$NAD(P)H_2 \rightleftharpoons NAD(P)+2H$$

还原型　　　　　　　氧化型

② 异咯嗪核苷酸类　它们是黄素蛋白的辅基，有 FAD 和 FMN 两种。它们也是以氧化型和还原型之间的相互转变起递氢作用。

$$FADH_2(FMNH_2) \rightleftharpoons FAD(FMN)+2H$$

还原型　　　　　　　氧化型

③ 泛醌（UQ）　泛酯又称为辅酶 Q，它是小分子化合物，氢传递到 UQ 后，被解离成氢离子和电子，UQ 将电子传给细胞色素，在呼吸链中，UQ 的分子数往往比细胞色素多好几倍。

（2）电子传递体

电子传递链中，由细胞色素专门传递电子，它们那是以铁叶啉为辅基的色蛋白。按各种细胞色素处于还原态时吸收光带的不同，将它们分为 a、b、c 三大类。不同的细胞色素，蛋白质部分和铁叶啉的侧链都不相同。其传递电子的机制是借辅基铁叶啉上铁原子价的可逆变化而进行的。

$$\text{细胞色素}(Fe^{3+}) \underset{-e}{\overset{+e}{\rightleftharpoons}} \text{细胞色素}(Fe^{2+})$$

氧化型　　　　　　还原型

4.6.3 生物氧化过程中能量的转移和利用

生物氧化的功能是为生物体的生命活动提供能量，生物体只能利用化学能和光能（植物和某些光合细菌）。本节将讨论生物氧化过程中化学能的释放、转移和利用。

4.6.3.1 氧化还原电位及自由能的变化

（1）氧化还原电位

在生物氧化反应中，通过研究各种化合物对电子的亲和力，可以了解它们容易被氧化（作为电子供体）还是容易被还原（作为电子受体）。通常用氧化还原电位相对地表示各种化合物对电子亲和力的大小。

许多重要的生化物质氧化还原体系的氧化还原电位已被测定。表 4-4 列出生物体中某些重要的氧化还原体系的氧化还原电势 E'_0。

表 4-4　生物体中某些重要的氧化还原体系的氧化还原电势 E'_0（pH7.0，25～30℃）

氧化还原体系(电极式)	标准电位 E'_0/V	氧化还原体系(电极式)	标准电位 E'_0/V
乙酸 $+2H^+ +2e^- \rightleftharpoons$ 乙醛	−0.58	2 细胞色素 $bFe^{3+} +2e^- \rightleftharpoons$ 2 细胞色素 Fe^{2+} （氧化型）（还原型）	+0.03
$2H^+ +2e^- \rightleftharpoons H_2$	−0.42		
α-酮戊二酸 $+CO_2+2H^+ +2e^- \rightleftharpoons$ 异柠檬酸	−0.38	辅酶 Q $+2H^+ +2e^- \rightleftharpoons$ 还原型辅酶 Q	+0.10
乙酰乙酸 $+2H^+ +2e^- \rightleftharpoons$ β-羧丁酸	−0.346	2 细胞色素 $CFe^{3+} +2e^- \rightleftharpoons$ 2 细胞色素 CFe^{2+} （氧化型）（还原型）	+0.235
$NAD^+ +2H^+ +2e^- \rightleftharpoons NADH+H^+$	−0.32		
$NADP^+ +2H^+ +2e^- \rightleftharpoons NADPH+H^+$	−0.197	2 细胞色素氧化酶 $Fe^{3+} +2e^- \rightleftharpoons$ 2 细胞色素氧化酶 Fe^{2+} （氧化型）（还原型）	+0.385
丙酮酸 $+2H^+ +2e^- \rightleftharpoons$ 乳酸	−0.185		
草酰乙酸 $+2H^+ +2e^- \rightleftharpoons$ 苹果酸	−0.166		
$FAD+2H^+ +2e^- \rightleftharpoons FADH_2$	−0.06	$\frac{1}{2}O_2+2H^+ +2e^- \rightleftharpoons H_2O$	+0.816
延胡索酸 $+2H^+ +2e^- \rightleftharpoons$ 琥珀酸	−0.031		

从表中所列的数据，可以预期任何两个氧化还原体系如果发生反应时，其氧化还原反应朝哪个方向进行。因为氧化还原电势较高的体系，其氧化能力也较强。反之，氧化还原电势较低的体系，其还原能力也强。从表 4-4 中可看出 $1/2O_2/H_2O$ 系统可能氧化所有在它以下的各个体系，反过来说，这些体系也都可使 $1/2O_2/H_2O$ 体系还原。

氧化还原体系对生物体之所以重要，不只是因为生物体内许多重要反应属于氧化还原反应，更重要的是生物体的能量来源于体内所进行的氧化还原反应。要了解氧化还原体系和能量之间的关系必须弄清有关能量的一些基本概念。

(2) 生物氧化中自由能的变化

对于生化过程能量变化的描述，热力学概念中最有说明意义的是自由能 G。生物氧化反应近似于在恒温恒压状态下进行，过程中发生的能量变化可以用自由能变化 ΔG 表示。ΔG 表达了不包括体积功在内，反应所提供的最大的可利用的能量。按照惯例，反应是自发进行的，ΔG 具有负值，表示过程中有能量释放；如果反应是被动进行的，则 ΔG 具有正值，表示反应必须从外界获得能量才能进行。ΔG 的符号表达了反应发生的方向；而 ΔG 的数值则表达了自由能变化的量的大小。

在实验的基础上，总结出反应的自由能变化与两个体系的氧化还原电位之差有如下关系

$$\Delta G = -nF\Delta E$$

式中 n——迁移的电子数；

F——法拉第常数（23063cal❶/V）；

ΔE——发生反应的两个氧化还原体系之电位差。

利用这个式子对于任何一对氧化还原反应都可由 ΔE 方便地计算出 ΔG。

例如，NAD 传递链中 NAD/NADH+H^+ 的氧化还原标准电位为−0.32V，而 $1/2O_2/H_2O$ 的氧化还原标准电位为+0.82V，则一对电子自 $NADH_2$ 传递至氧原子的反应中，标准的自由能变化可按下式得到。

反应中电位差

$$\Delta E = 0.816 - (-0.32) = 1.136(\mathrm{V})$$

自由能变化

$$\Delta G = -2 \times 23063 \times 1.136 = -52.4(\mathrm{kcal})$$

4.6.3.2 氧化磷酸化

在生物氧化过程中，氧化放能反应常常有吸能的磷酸化反应偶联发生。偶联反应将氧化释放的一部分自由能用于无机磷参加的高能磷酸键生成反应。这种氧化放能反应与磷酸化吸能反应的偶联，可在两种水平上发生，分别称为底物水平磷酸化和电子传递磷酸化。

(1) 底物水平磷酸化

在底物氧化过程中，形成某些高能中间产物或某种高能状态，再通过酶的作用促使其将能量转给 ADP 生成 ATP，称为底物水平磷酸化。

$$\text{X-P} + \text{ADP} \longrightarrow \text{ATP} + \text{X}$$

式中的 X-P 代表底物在氧化过程中形成的高能中间化合物或某种高能状态，例如，糖酵解途径中，3-磷酸甘油醛脱氢氧化生成 ATP 的反应

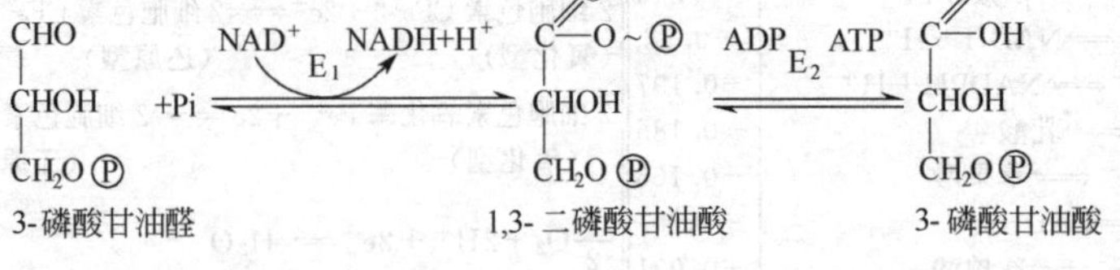

反应底物被脱氢氧化时，分子内能重新分布，集中较高的自由能，利用无机磷合成了高能磷酸键。然后，又将高能磷酸基团转移给 ADP 合成 ATP。

底物水平磷酸化的能量来自底物分子中能量的重新分布与集中，这也是捕获能量的一种方式，在糖酵解作用中，它是进行生物氧化取得能量的唯一方式。底物水平磷酸化与氧是否

❶ 1cal=4.1868J。

存在无关。

(2) 电子传递磷酸化

这是生成ATP的一种主要方式，往往就简称为氧化磷酸化。在传递链中，底物上脱下的氢进入电子传递体系，最终传给了氧。人们发现这个过程正常进行时，只要有ADP和Pi存在，就有ATP生成，也就是说电子传递过程和磷酸化作用是相偶联的。

① 氧化磷酸化的偶联部位　电子对在呼吸链递体间的每一次传递都是氧化放能方式，但是并非都能发生偶联反应。电子对经NAD呼吸链传递时。电位变化、自由能变化及偶联部位如图4-17所示。

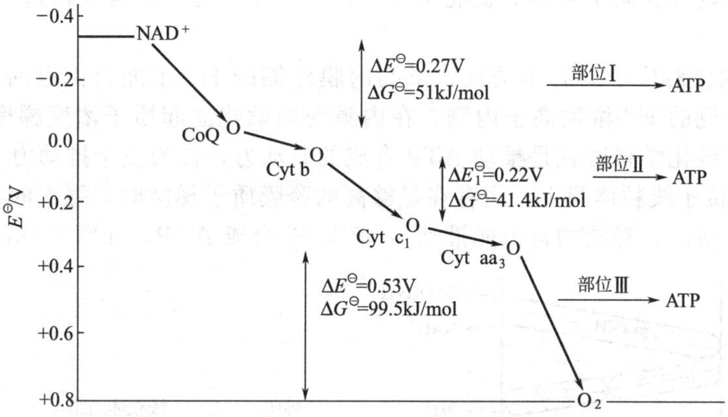

图4-17　电子对经呼吸链传递到分子氧时的自由能变化及偶联部位

三个$\Delta G^{\ominus}$大的部位都能驱动偶联反应，合成ATP。因为电子传递过程中既能消耗Pi，又能消耗O_2，一定时间内耗Pi的物质的量与耗氧原子物质的量的比值称为磷/氧比值，用“P/O”表示。测定P/O比可以了解电子传递机制及偶联反应的次数，NAD呼吸链P/O=3，FAD呼吸链P/O=2。

使用专一性呼吸抑制剂可中断电子传递。解偶联剂可阻止偶联反应，使ATP不能合成。二者都可以帮助了解偶联发生的部位。例如抗霉素A专一性阻止电子从CoQ到Cytc，在抗霉素A存在下，加入人工电子受体高铁氰化物（Fe^{3+}）测得P/O=1，证明NADH-CoQ是第一个偶联部位，生成一分子ATP。类似的方法证明CoQ-Cytc是第二个偶联部位；$Cytaa_3$-O_2是第三个偶联部位。

从图4-16中可知，NAD呼吸链有三个部位$\Delta G^{\ominus}$较大，部位Ⅰ在NADH和CoQ之间，部位Ⅱ在Cytb和Cytc之间，部位Ⅲ在$Cytaa_3$和分子氧之间。三个部位所产生的自由能都足够驱动磷酸化偶联反应，合成ATP。所以，1mol电子对经NAD呼吸链传递可合成3molATP。

3mol高能磷酸键储能：$-30.5\times3=-91.5$kJ

1mol电子对经NAD链氧化：$\Delta G^{\ominus}=-220.3$kJ

能量利用率$=91.5/220.3\times100\%=41.5\%$

其余能量以热能形式散发到环境之中。

对于FAD呼吸链，因为少了NADH到CoQ的偶联部位，所以，每传递一对电子，只能生成2分子ATP。

② 氧化磷酸化的偶联机理　虽然我们已经知道氧化磷酸化生成ATP与电子传递相偶联这一事实，但是，关于传递链中的电子怎样在从一个中间载体传递到另一个中间载体的过程中促使ATP的生成，以及这种电子传递与ATP生成之间的偶联方式仍然是有争议的，是

尚未完全解决的问题。迄今有 3 种假说来解释氧化磷酸化的机理，化学偶联假说、构象偶联假说及化学渗透假说，其中得到较多支持的是化学渗透假说。

化学渗透假说于 1961 年由 P. Mitchell 首先提出，并因此获得 1978 年的诺贝尔化学奖。该假说认为，在电子的传递和 ATP 的合成之间，起偶联作用的既不是中间络合物，也不是蛋白质的高能构想，而是质子电化学梯度。其基本观点如下。

a. 呼吸链中的电子传递体在线粒体内膜中有着特定的、不对称的分布，氢传递体和电子传递体是间隔交替排列的，催化反应是定向的。

b. 电子在进行传递过程中，电子传递复合体起质子泵作用，将 H^+ 从线粒体内膜基质侧，定向地泵至内外膜间空隙侧，而将电子（$2e^-$）传给其后的电子传递体，如图 4-18(a) 所示。

c. 线粒体内膜对质子具有不透性，泵到内膜外侧的 H^+ 不能自由返回到膜内侧，因而使线粒体内膜外侧的 H^+ 浓度高于内侧，在内膜两侧就建立起质子浓度梯度，形成膜电位。这种跨膜的质子电化学梯度就是推动 ATP 合成的原动力，称为质子推动力（PMF）。

d. ATP 酶位于线粒体膜上，当存在足够高的跨膜质子梯度时，强大的质子流通过 ATP 酶进入线粒体基质时，释放的自由能推动 ADP 与 Pi 合成 ATP，如图 4-18(b) 所示。

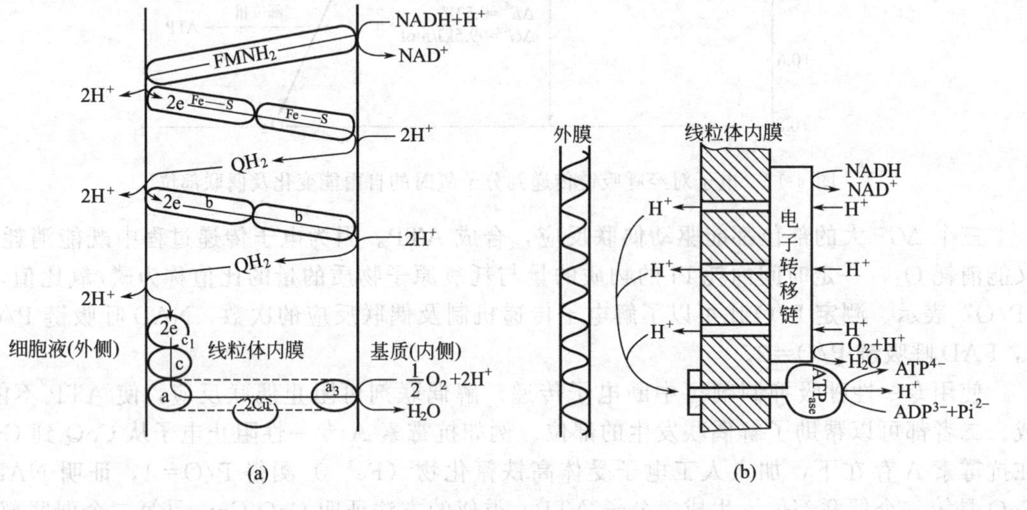

图 4-18　电子传递体在线粒体内膜的分布

化学渗透假说已被大量的实验结果验证，但目前也遇到了严峻的挑战，成为生物能研究中大家关注的问题。

复　习　题

1. 什么叫新陈代谢？试述微生物新陈代谢的特点。
2. 微生物怎样分解双糖和多糖？
3. 试述葡萄糖的酵解过程。
4. 什么叫三羧酸循环？它对生物有何重要意义？
5. 什么叫磷酸戊糖途径？它的生物学意义何在？
6. 何谓 β-氧化作用？脂肪酸的 β-氧化主要由哪几步化学反应组成？其最终产物为何物？
7. 蛋白质是怎样水解成氨基酸的？
8. 氨基酸是怎样脱氨基的？脱下的氨如何进行代谢？
9. 酮基酸有哪些代谢途径？

10. 试述核酸降解有关的酶及其作用机制。
11. 生物氧化作用对于生物体有何意义？
12. 试述生物氧化的主要方式。
13. 何谓为电子传递体系？在具有线粒体的生物中，有哪些典型的电子传递链？
14. 何谓氧化磷酸化？何谓磷氧比（P/O），有什么生物意义？

参考文献

[1] 大连轻工业学院．生物化学（工业发酵专业用）．北京：轻工业出版社，1980.
[2] 沈同，王镜岩．生物化学（上册）．第二版．北京：高等教育出版社，1991.
[3] 郑集．生物化学．第二版．北京：高等教育出版社，2002.
[4] Hames B D et al. Instant notes in biochemistry（影印及翻译版）．北京：科学出版社，2002.
[5] 赵文恩．生物化学．北京：化学工业出版社，2005.
[6] 李忠义．简明基础生物化学．大连：大连理工大学出版社，1993.
[7] 李建武．生物化学．北京：北京大学出版社，1990.
[8] 朱玉贤，李毅．现代分子生物学．第二版．北京：高等教育出版社，2002.
[9] 聂剑初．生物化学简明教程．第三版．北京：高等教育出版社，1999.
[10] 罗纪盛，张丽萍，杨建雄等．生物化学简明教程．第三版．北京：高等教育出版社出版，1999.

5

现代环境生物技术原理

5.1 现代生物技术概述

5.1.1 现代生物技术定义

1986年国家科委制定《中国生物技术政策纲要》时，将生物技术定义为：以现代生命科学为基础，结合先进的工程技术手段和其他基础学科的科学原理，按照预先的设计改造生物体或加工生物原料，为人类生产出所需产品或达到某种目的。

先进的工程技术手段是指基因工程、酶工程、细胞工程和发酵工程等新技术。

改造生物体是指获得优良品质的动物、植物或微生物品系。

生物原料则是指生物体的某一部分或生物生长过程中所能利用的物质，如淀粉、糖蜜、纤维素等有机物，也包括一些无机化合物，甚至某些矿石。

为人类生产出所需的产品包括粮食、医药、食品、化工原料、能源、金属等各种产品。

达到某种目的则包括疾病的预防、诊断与治疗，环境污染的检测与治理等。

5.1.2 现代生物技术及应用

现代生物技术主要包括：基因工程、酶工程、细胞工程和发酵工程。这些技术并不是各自独立的，而是相互联系、相互渗透的（图5-1）。其中基因工程技术是核心技术，它能带动其他技术的发展，如通过基因工程对细菌或细胞改造后获得的工程菌或细胞，必须通过发酵工程或细胞工程来生产有用物质。

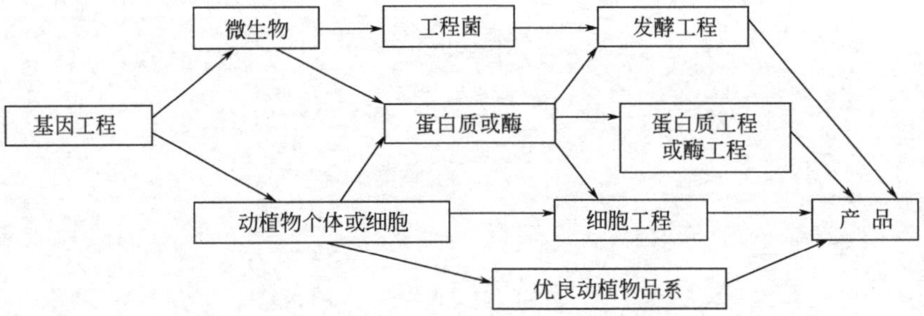

图5-1 基因工程、酶工程、细胞工程与发酵工程之间的关系

生物技术已广泛应用于农业、医药、化工、食品、环境保护等众多领域。生物技术的应用过程示意图如图5-2所示。

5.1.3 现代环境生物技术

（1）环境生物技术的产生

人类社会的发展创造了前所未有的文明，但同时也带来许多生态环境问题。由于人口的快速增长，自然资源的大量消耗，全球环境状况目前正在急剧恶化：水资源短缺、土地荒漠

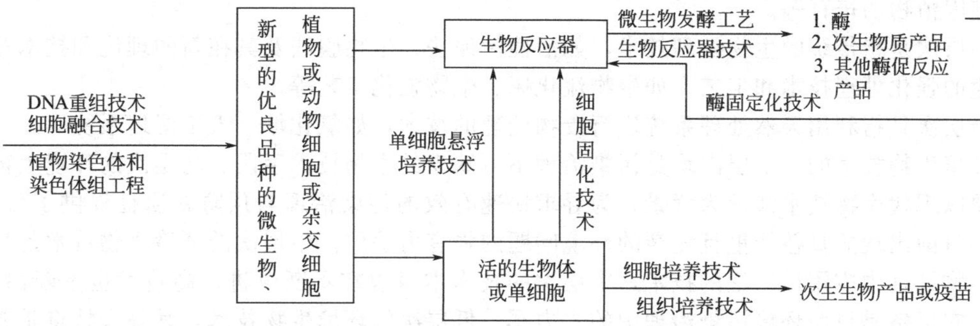

图 5-2 生物技术的应用过程示意图

化、有毒化学品污染、臭氧层破坏、酸雨肆虐、物种灭绝、森林减少等。人类的生存和发展面临着严峻的挑战，迫使人类进行一场“环境革命”来拯救人类自身。在这场环境革命中，环境生物技术担负着重大使命，并且作为一种行之有效、安全可靠的手段和方法，起着核心的作用。

现代环境生物技术是现代生物技术应用于环境污染防治的一门新兴边缘学科。它诞生于20世纪80年代末期，以高新技术为主体，并包括对传统生物技术的强化与创新。环境生物技术涉及众多的学科领域，主要由生物技术、工程学、环境学和生态学等组成。它是由生物技术与环境污染防治工程及其他工程技术紧密结合形成的，既具有较强的基础理论，又具有鲜明的技术应用特点。

由于环境生物技术是一门新兴学科，因此，对环境生物技术的定义也有多种。广义上讲，凡是自然界中涉及环境污染控制的一切与生物技术有关的技术，都可称为环境生物技术。

德国国家生物技术研究中心的 K. Timmis 博士认为以下三方面的内容属于环境生物技术：

① 在环境中应用的生物技术，这是相对于一些在高度控制条件下的密闭反应器中进行的生物技术而言；

② 涉及环境中某些可以看作一个生物反应器部分的生物技术；

③ 作用于一些必定要进入环境的材料的生物技术。

他将环境生物技术定义为应用生物圈的某些部分使环境得以控制，或治理预定要进入生物圈的污染物的生物技术。

美国密歇根州立大学的 J. M. Tiedje 教授认为，环境生物技术的核心是微生物学过程。

近年来，环境生物技术发展极其迅猛，已成为一种经济效益和环境效益俱佳的、解决复杂环境问题的最有效手段。

国际上认为21世纪生物技术产业化的十大热点中，环境污染监测、有毒污染物的生物降解和生物降解塑料三项属于环境生物技术的内容。

严格地说，环境生物技术指的是直接或间接利用生物或生物体的某些组成部分或某些机能，建立降低或消除污染物产生的生产工艺，或者能够高效净化环境污染，同时又生产有用物质的工程技术。

环境生物技术作为生物技术的一个分支学科，它除了包括生物技术所有的基础和特色之外，还必须与污染防治工程及其他工程技术相结合。

环境生物技术可分为高、中、低三个层次。

高层次是指以基因工程为主导的现代污染防治生物技术，如基因工程菌的构建、抗污染型转基因植物的培育等。

中层次是指传统的生物处理技术，如活性污泥法、生物膜法及其在新的理论和技术背景下产生的强化处理技术和工艺，如生物流化床、生物强化工艺等。

低层次是指利用天然处理系统进行废物处理的技术，如氧化塘、人工湿地系统等。

环境生物技术的三个层次均是污染治理不可缺少的生物技术手段。高层次的环境生物技术需要以现代生物技术知识为背景，为寻求快速有效的污染治理与预防新途径提供了可能，是解决目前出现的日益严重且复杂的环境问题的强有力手段。中层次的环境生物技术是当今废物生物处理中应用最广泛的技术，中层次的技术本身也在不断改进，高技术也不断渗入，因此，它仍然是目前环境污染治理中的主力军。低层次的环境生物技术，其最大特点是充分发挥自然界生物净化环境的功能，投资运行费用低，易于管理，是一种省力、省费用、省能耗的技术。

各种工艺与技术之间可能存在相互渗透或交叉应用的现象，有时难以确定明显的界限。

某项环境生物技术可能集高、中、底三个层次的技术于一身。例如，废物资源化生物技术中，所需的高效菌种可以采用基因工程技术构建，所采用的工艺可以是现代的发酵技术，也可以是传统的技术。这种三个层次的技术集中于同一环境生物技术的现象并不少见。

为了解决日益严重的环境污染问题，需配合使用高、中、低三个层次的技术，针对不同的问题，采用不同的技术或不同技术的组合。

(2) 环境生物技术的研究范围

现代环境生物技术应用现代生物技术服务于环境保护，目前环境生物技术面临的任务有：

① 解决基因工程菌从实验室进入模拟系统和现场应用过程中，其遗传稳定性、功能高效性和生态安全性等方面的问题；

② 开发废物资源化和能源化技术，利用废物生产单细胞蛋白、生物塑料、生物肥料以及利用废物生产生物能源，如甲烷、氢气、乙醇等；

③ 建立无害化生物技术清洁生产新工艺，如生物制浆、生物絮凝剂、煤的生物脱硫、生物冶金等；

④ 发展对环境污染物的生理毒性及其对生态影响的检测技术。

现代生物技术的发展，给环境生物技术的纵深发展增添了强大的动力，生物技术无论是在生态环境保护方面，还是在污染预防和治理方面以及环境监测方面，都显示出独特的功能和优越性。

环境生物技术也面临许多难题，而这些难题的解决，依赖于现代生物技术的发展去开辟道路。人们有理由、有信心相信，最终环境问题解决的希望寄托在现代环境生物技术的进展和突破上。

5.2 酶工程基本原理

酶工程是研究酶的生产和应用的一门新的技术性学科，是利用酶的催化作用进行物质转化（合成有用物、分解有害物）的技术，是将酶学理论与化工技术结合而形成的新技术。

酶工程的内容包括：酶的生产与分离纯化、酶分子修饰、酶固定化、酶反应动力学与反应器和酶的应用等方面。

酶工程的主要任务是：通过预先设计，经过人工操作控制而获得大量所需的酶，并通过各种方法使酶发挥其最大的催化功能，即利用酶的特定功能，借助工程学手段为人们提供产品或分解有害物质。

酶工程的目的是：为人们提供产品或以特定的功能来为人类服务。

本节主要介绍酶固定化、固定化酶反应动力学及酶在污染治理中的应用等方面。

5.2.1 酶固定化概念

酶的固定化技术就是通过物理或化学方法将酶束缚在一定区间内制成仍具有催化活性的酶的衍生物即固定化酶（immobilized enzyme）。

酶是生物体为维持自身的生命活动而产生的，它适于在生物体内进行化学反应。但是，作为人类用于生产所需要的催化剂还不够理想。例如，酶在一般情况下，对热、强酸、强碱和有机溶剂等均不够稳定，即使给予合适的条件也会随着反应时间的延续，反应速度逐渐下降最后导致失活。同时，酶也不能反复利用且酶只能在水溶液中使用，不能在有机溶剂中使用。而固定化酶能克服上述的缺点，它像有机化学反应中所使用的固体催化剂一样，同时仍具有生物体内酶一样强的催化活性。固定化酶具有下列优点：

① 可以使反应过程管道化、自动化，产物易从反应液中回收；

② 酶的稳定性有所改进；

③ 酶的使用效率提高。

因此，酶的固定化使酶的应用达到新的水平，可把酶直接应用于化学工业的反应系统。固定化酶的研究不仅具有实用价值，在探索酶的作用机制方面也提供了新的研究途径。

固定化酶的研究开始于 20 世纪 50 年代。1953 年格仑布霍费（Grubhofer）和施莱思（Schleith）将聚氨苯乙烯树脂重氮化，并将羧肽酶、淀粉酶、胃蛋白酶或核糖核酸酶等结合固定到该树脂上，第一次实现了酶的固定化。经过十多年的努力，到了 60 年代后期，固定化酶已经广泛应用于食品、医药和发酵等工业的生产。1969 年日本将固定化氨基酰化酶用于氨基酸生产，这是固定化酶的首次大规模应用。不久，其他许多固定化酶又相继用于工业生产及医学临床检验。1978 年，我国首次使用固定化 5′-磷酸二酯酶生产 5′-核苷酸。到 70 年代初，出现了固定化细胞，细胞的固定化包括微生物细胞、动物细胞、植物细胞或各种细胞器的固定化。1973 年日本千烟一郎首次在工业上成功地用固定化微生物细胞连续生产 L-天冬氨酸，此后细胞的固定化研究在迅猛地发展，近年来，又从静止固定化菌体发展到固定化活细胞（或叫固定化增殖细胞）。

固定化酶和固定化细胞研究的第一阶段主要是载体的开发，固定化方法的研究及其应用技术的开发。目前，第一阶段已基本完成，进入了第二阶段的研究。第二阶段的主要研究内容可归纳如下：

① 在需要辅酶（NAD^+ 或 FAD）或 ATP、ADP、AMP 的酶反应体系的固定化中，辅酶系或 ATP、ADP、AMP 系和其再生系的建立；

② 疏水体系或含水很低的体系里固定化酶的催化反应的研究；

③ 为了防止固定化过程中酶活力下降，添加辅助物的研究；

④ 固定化活细胞的研究。

总之，酶和细胞固定化技术发展迅猛，它的应用将会引起应用酶学及生物工程学的巨大变革。

5.2.1.1 固定化酶的制备

酶的催化活性依赖于酶的空间结构及活性中心。所以在固定化时，要选择适当的条件，力图不使其活性中心的基团受到影响。操作时应尽量在温和条件下进行，避免高温、强酸、强碱处理，以尽量保持酶蛋白天然的高级结构。

酶固定化的方法很多，但没有一种对任何酶都适用的通用方法。目前采用的固定化方法大致可分为 3 类：载体结合法（包括共价结合法、离子结合法、物理吸附法）、交联法和包埋法（包括聚合物包埋法、微胶囊包埋法）。图 5-3 为几种常用的酶固定化方法示意图。

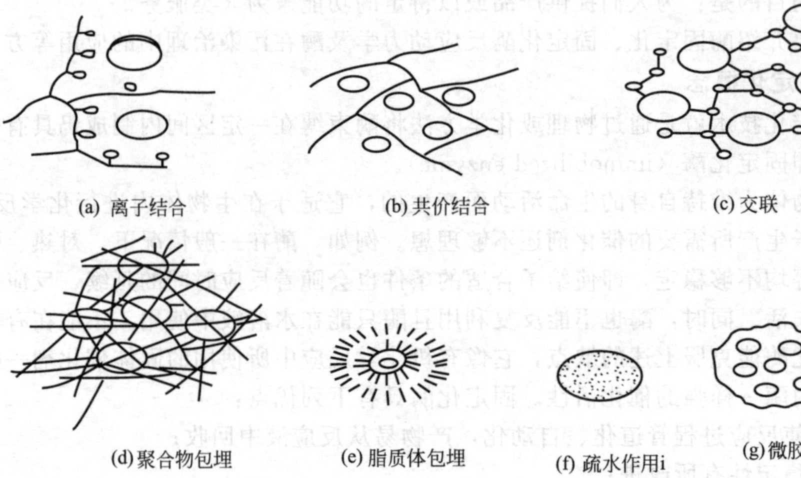

图 5-3　酶固定化方法示意图

上述几种方法也可并用，称为混合法。例如交联和包埋并用，离子结合和包埋并用，共价结合和包埋并用等。现将各种方法的原理及优缺点简要介绍如下。

(1) 载体结合法

载体结合法是用共价键、离子键和物理吸附法把酶固定在纤维素、琼脂糖、左旋糖酐、甲壳质、多孔性玻璃和离子交换树脂等载体的固定化。

① 共价结合法　利用酶蛋白分子中的氨基酸残基与载体上的基团通过化学反应形成共价键而使酶固定化的方法。共价结合的具体方法很多，可分为重氮法、肽法、烷化法和载体交联法等。其中，重氮法最为常用。

共价结合法要求控制条件较苛刻，反应激烈，操作复杂，常常引起酶蛋白的高级结构发生变化，并导致活性中心破坏，难以制得高活力的标准品，有时会使酶原来具有的底物特异性发生变化。但此方法制得的固定化酶的酶分子和载体间结合极牢固，即使用高浓度底物溶液或盐溶液处理也不会使酶分子从载体上脱落。

② 离子结合法　通过离子效应，将酶固定到具有离子交换基团的非水溶性载体上。常用的载体有 DEAF-纤维素、TEAE-纤维素、ECTROLA-纤维素及 DEAE-交联葡聚糖等阴离子交换性载体。

与共价结合法相比较，离子结合法的操作简便，处理条件较温和，酶分子的高级结构和活性中心很少改变，可得到活性较高的固定化酶。但载体和酶分子之间的结合力不够牢固，易受缓冲液种类和 pH 的影响，在离子强度较大的状态下进行反应，有时酶分子会从载体上脱落下。

③ 物理吸附法　是将酶分子吸附到不溶于水的惰性载体上。常用的载体有活性炭、多孔玻璃、酸性白土、漂白土、高岭土、矾土、硅胶、磷酸钙凝胶、羟基磷灰石、淀粉等。其中以活性炭应用最广，例如把吸附有霉菌糖化酶的活性炭装入柱内，以适当流速通入淀粉溶液，流出液中可以获得葡萄糖。

物理吸附法不会明显改变酶分子的高级结构，因此不易使酶分子活性中心受到破坏。其缺点是酶分子与载体的相互作用较弱，被吸附的酶分子极易从载体上脱落。

(2) 交联法

交联法是利用双功能试剂的作用，在酶分子之间发生交联，凝集成网状结构而制成的固定化酶。双功能试剂主要有戊二醛、顺丁烯二酸酐和乙烯共聚物。酶蛋白中游离氨基、酚基、咪唑基及巯基均可参与交联反应。其中以戊二醛法最为常用。戊二醛和酶蛋白的游离氨基形成席夫（Schiff）碱而使酶分子交联。

交联法与共价结合法一样，反应条件比较剧烈，固定化酶的活力较低。又由于交联法制备的固定化酶颗粒较细，此法不宜单独使用，如与吸附法或包埋法联合使用效果好。又由于交联法制备，则可达到加固的良好效果。

（3）包埋法

包埋法是将酶包埋在聚合物凝胶的微细网格中或被半透性的聚合物膜所包围，使酶分子不能从凝胶的网格中或膜中漏出，而小分子的底物和产物则可以自由通过凝胶网格和半透膜。

① 聚合物包埋法　将酶包埋在聚合物的凝胶格中的方法。最常用的凝胶有聚丙烯酰胺凝胶、淀粉凝胶、明胶、海藻胶等，其中以聚丙烯酰胺凝胶为最好。制备时，在酶溶液中加入丙烯酰胺单体和交联剂 N,N'-亚甲基双丙酰胺，在通入氮气的条件下，加聚合反应催化剂四甲基二胺和聚合引发剂过硫酸钾等进行聚合，酶分子便被包埋在聚合的凝胶内。

② 微胶囊法　微胶囊法是以半透性的高聚物薄膜包围含有酶分子的液滴。制备方法有3类：界面聚合法、液中干燥法和相分离法。

界面聚合法是应用亲水性单体和疏水性单体在界面上发生聚合而将酶包围起来。液中干燥法是把酶液在含有高聚物的有机溶剂中进行乳化分散，然后再把该乳化液转移到水溶液中，使之干燥，形成高聚物半透膜而将酶分子包裹起来。相分离法是将聚合物溶解在不与水混溶的有机溶液中，然后将酶乳化分散在此溶液中，再在搅拌下徐徐加入引起相分离的非极性溶剂，聚合物的浓厚溶液将酶液包围，聚合物相继析出，形成半透膜，酶就被包裹在内。

包埋法操作简便，酶分子仅仅是包埋起来而未起化学反应，可用来制备各种固定化酶，一般酶活力较高。但有时在化学聚合反应时，需要在比较苛刻的条件下进行，容易导致酶的失活，所以要设计好包埋条件。另外，此法对作用于大分子底物的酶类不适用。

5.2.1.2 固定化酶的性质

游离酶在水溶液中，酶分子与底物分子同处于液相，几乎是十分邻近的。酶固定化后，酶分子牢固地结合于载体，处于与游离酶不同的微环境中，因此，固定化的结果往往引起酶性质的改变。原因主要来自两方面：一方面是酶本身的变化，主要由于活性中心的氨基酸残基、空间结构和电荷状态发生了变化；另一方面是载体的物理和化学性质的影响，主要由于在固定化酶的周围，形成了能对底物产生立体障碍的扩散层以及静电的相互作用等引起的。固定化酶性质的变化主要表现在以下几方面。

（1）底物特异性的改变

同定化酶的活力一般比天然酶低，其底物特异性也可能发生变化。例如，用羧甲基纤维素作载体，肽法固定化的胰蛋白酶，对高分子底物酪蛋白只显示原酶活力的3%，而对低分子底物苯酰精氨酸-对硝基酰基苯胺的活力保持100%。所以，一般认为酶被固定到载体后可引起立体障碍，使高分子底物与酶分子表面的邻近效应受到干扰，从而显著降低了酶的活性。而低分子底物则受到立体障碍的影响较小，底物分子容易接近酶分子，因而与原酶活力无显著差别。对以低分子物质为底物的酶，经固定化后，多数情况下底物特异性不发生变化，例如真菌的氨基酰化酶固定到DEAE-纤维素上，经和原酶比较表明，它对各种酰化-DL-氨基酸都不产生底物特异性的差异。

（2）最适pH的改变

经固定化后，最适pH有时会发生变化。由带负电载体制备的固定化酶的最适pH比游离酶的最适pH高，而用带正电载体制备的则情况相反，而用不带电的载体，最适pH不变（但也有最适pH改变的例子）。这可能解释为：当酶分子被结合到带负电（或带正电）载体上时，酶蛋白的阳离子（或阴离子）数增多，从而造成固定化酶反应区域的pH值比外部溶液的 pH 值偏酸（或偏碱），这样，造成酶的反应是在比反应液的 pH 偏酸（或偏碱）一侧进行的，从而使最适 pH 值转移到碱性（或酸性）一侧。这种最适 pH 改变而 pH 活性曲线的形状不变的现象，称为最适 pH 的平行移动。但有时也存在 pH 活性曲线改变的情况。

（3）最适温度的变化

酶固定化后，最适温度有时会发生变化。例如，以共价结合法固定化色氨酸酶的最适温度比固定化前高 5～15℃，而以烷化法固定化氨基酰化酶的最适温度则比固定化前有所降低，多数情况下，最适温度并不发生变化。

（4）动力学常数的变化

酶固定化于电中性载体后，固定化酶的表观米氏常数往往比游离酶的米氏常数高，而最大反应速度变小。具有与载体电荷相反的底物由于静电相吸，固定化酶与游离酶相比，表观米氏常数往往减小。若载体与底物有一方不带电，则往往表观米氏常数不变或稍有增加。表观米氏常数的减少，对固定化酶的实际应用是有利的，可使反应更为完全。

（5）稳定性变化

酶固定化后，稳定性普遍增加，主要表现在对热的稳定性及储藏的稳定性增加，且在蛋白质变性剂，如尿素、盐酸胍及有机溶剂中仍保持相当活性，对蛋白水解酶的抵抗性也增加等。这些特性都有利于酶的应用。

5.2.2 固定化酶反应动力学

酶经固定化后，其反应动力学发生显著的变化。固定化酶反应动力学较酶反应动力学复杂得多，影响因素也是多方面的，有些目前还处于研究探讨阶段。本节根据有关文献著作的报道，进行简要介绍。

5.2.2.1 固定化对酶反应系统的影响

通常，大多数酶在固定化后，反应速度有所下降（个别除外）。其原因如下。

① 酶构象改变　由于酶分子在固定化过程中发生了某种扭曲，影响了酶分子的三维结构，导致酶与底物结合能力或酶催化底物转化能力的改变。

② 立体障碍　酶经固定化后，由于载体的存在，给酶的活性部位或调节部位造成了某种空间障碍，干扰与影响了酶与底物或其他效应物的接触。特别是当底物分子量较大时，影响就更大。

③ 微扰效应　由于载体的疏水、亲水及荷电性质，使得紧邻固定化酶的环境区域（称微环境）发生变化，与宏观反应体系不同，对酶产生微扰效应，改变了酶的催化能力及酶对效应物做出调节反应的能力。

④分配效应　由于底物与其他各种效应物（包括 H^+ 与 OH^-）和载体间产生了静电、亲水或疏水之类的相互作用，造成了它们在载体内外侧浓度的不等分配，从而影响酶反应速度。

⑤ 扩散限制　酶固定化后，底物、产物和其他效应物在载体内外之间的迁移扩散速度受到了某种限制，造成了不等分布。扩散限制与这些物质的分子量大小、载体的结构及酶反应性质有关。

扩散限制分为外扩散限制和内扩散限制。外扩散限制是指底物、产物和其他效应物在宏观体系与酶颗粒表面间的扩散受到了限制，此限制主要存在于酶颗粒周围的处于层流状态的液膜（nernst）层。内扩散限制是指在多孔性固定化载体内，底物、产物和其他效应物在载体颗粒表面与载体内的酶活性部位间的扩散受到的限制。就外扩散限制来说，由于催化反应是在底物到酶活性部位以后才进行的，因此底物浓度在液膜层中的不等分布是线性梯度（产物浓度的不等分布也如此，但方向相反）。而就内扩散限制来说，由于催化反应与扩散过程几乎是同时进行的，所以底物在多孔载体内形成一种非线性梯度分布。

以上各种原因是相互交叉、相互关联地存在着的，它们综合在一起决定着固定化酶的动力学性态。其中构象改变、立体障碍及微扰效应是直接影响酶的因素，这些因素对动力学的影响很难加以定量分析和概括，只能通过实验加以测定。它们的消除或改善只有依赖于选择合适的固定化条件、方法和载体。分配效应和扩散限制则是通过底物、产物和效应物在载体内外的不等分布来影响固定化酶的催化反应速度。

这里我们主要讨论分配效应和扩散限制效应对固定化酶动力学的影响。

5.2.2.2 固定化酶反应动力学方程

假定酶被均匀地固定分布于载体内部，在稳定状态下进行不可逆的 S → P 的反应。反应时，外部的流动状况不影响载体内部，底物一边扩散，通过载体内的细孔，一边进行反应，即扩散和反应是同时进行的，底物在转移过程中将逐渐消耗。因此底物浓度的分布以及单位体积载体中酶反应速度也将随载体表面到载体内部的距离的增大而降低，且降低是非线性的。这时，我们可用微分底物衡算导出其反应速度方程。

在微小体积内进行微分底物衡算。因为整个反应系统是处于稳定状态。所以，单位体积底物的改变速度 v'_s 应该等于底物流入速度，即

$$\frac{\partial v_{sx}}{\partial x}+\frac{\partial v_{sy}}{\partial y}+\frac{\partial v_{sz}}{\partial z}=v'_s \tag{5-1}$$

式中　v'_s——单位体积的底物改变速度；

v_{sx}、v_{sy}、v_{sz}——在 x、y、z 轴方向上单位截面积的底物传递速度，称为通量。

根据 Fick 定律，底物在 x、y、z 轴上的通量为

$$v_{sx}=-D'_S\frac{\partial S'}{\partial x},\ v_{sy}=-D'_S\frac{\partial S'}{\partial y},\ v_{sz}=-D'_S\frac{\partial S'}{\partial z} \tag{5-2}$$

式中　D'_S——载体内底物扩散系数；

S'——载体内底物浓度。

将式(5-2) 代入式(5-1) 得

$$D'_S\left(\frac{\partial^2 S'}{\partial x^2}+\frac{\partial^2 S'}{\partial y^2}+\frac{\partial^2 S'}{\partial z^2}\right)=-v'_s \tag{5-3}$$

式(5-3) 为直角坐标系中的反应速度方程式。因为酶被均匀地固定在载体之中，而且，如果载体的形状为平板、圆柱、球状颗粒时，可分别取具有单体截面积的微小长方体、具有单位长度的微小圆环及微小球体来进行微分底物衡算（图 5-4）。当只取 x 轴（即 r 方向）来表示时，上述方程式为

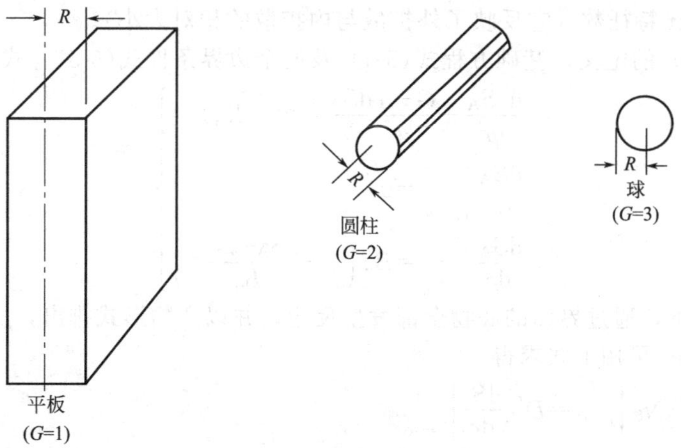

图 5-4　载体的形状

$$D'_S\left(\frac{d^2S'}{dr^2}+\frac{G-1}{r}\frac{dS}{dr}\right)=-v'_s \tag{5-4}$$

G 为形状因子，平板为 1，圆柱为 2，球状颗粒为 3。式(5-4) 为二阶常数微分方程式，为了获得非零解，就需要两个边界条件。第一个边界条件是在球体中心，即

$$\left.\frac{dS'}{dr}\right|_{r=0}=0 \tag{5-5}$$

这个条件下，在 $r=0$ 处浓度分布可定义为对称，同时 $r=0$ 又意味着没有扩散传递。

第二边界条件是在载体的外表面 $r=R$ 处。这时，还需考虑由于分配效应带来的载体和液体界面附近的 S 浓度分布不均匀。我们用分配系数 K_p 来表示靠界面内侧的底物浓度 $[S'_i]$ 和靠外侧的底物浓度 $[S_i]$ 之比，即

$$K_p=\frac{[S_i']}{[S_i]}=\frac{[S'|_{r=R}]}{[S_i]} \tag{5-6}$$

在这个边界上，进入载体表面的通量应该等于进入载体外界液膜层的通量，即

$$D'_S\left.\frac{dS'}{dr}\right|_{r=R}=k_{LS}([S]-[S_i]) \tag{5-7}$$

$$k_{LS}=\frac{D_S}{\delta}$$

式中 k_{LS}——传质系数；

D_S——底物在液体中扩散系数；

δ——液膜层厚度。

将式(5-6) 代入式(5-7) 得

$$D'_S\left.\frac{dS'}{dr}\right|_{r=R}=k_{LS}\left([S]-\frac{[S'|_{r=R}]}{K_p}\right) \tag{5-8}$$

为了便于讨论，进行无量纲化并加以整理。无量纲变量和无量纲参数定义如下

$$S_A=\frac{[S']}{[S]},\ \rho=\frac{r}{R},\ R_S=\left.\frac{v'_s}{v_s}\right|_{S'|S=S_A} \tag{5-9}$$

$$\phi^2=\frac{R^2}{D'_SS}(-v_s),\ Bi=\frac{k_{LB}R}{D'_S} \tag{5-10}$$

式中 S_A——无量纲底物浓度；

ρ——无量纲距离；

R_S——当 $S_A=1$ 时，$R_S=1$ 所确定的无量纲反应速度方程式；

ϕ——Thiele 模数；

Bi——Biot 特征数（它反映了外扩散与内扩散的相对大小）。

根据式(5-10) 的定义，基础方程式(5-4) 及两个边界条件式(5-5)、式(5-8) 可表示为

$$\left.\begin{aligned}&\frac{d^2S_A}{d\rho^2}+\frac{G-1}{\rho}\frac{dS_A}{d\rho}=\phi(-R_S)\\&\left.\frac{dS_A}{d\rho}\right|_{\rho=0}=0\\&\left.\frac{dS_A}{d\rho}\right|_{\rho=1}=Bi\left(1-\frac{[S_A|_{\rho=1}]}{K_p}\right)\end{aligned}\right\} \tag{5-11}$$

在稳定状态下，通过界面的底物全部发生反应，并以产物形式排出，所以，单位体积载体的总反应速度 v_p 可用下式求得

平板：$$v_p=-N_S\Big|_{r=R}=D'_S\left.\frac{dS'}{dr}\right|_{r=R} \tag{5-12}$$

圆柱：$$v_p=-N_S\Big|_{r=R\cdot 2\pi R}=D'_S\left.\frac{dS'}{dr}\right|_{r=R\cdot 2\pi R} \tag{5-13}$$

球形：$v_p=-N_S\Big|_{r=R}\cdot 4\pi R^2=D'_S\dfrac{dS'}{dr}\Big|_{r=R}\cdot 4\pi R^2$ (5-14)

因为不易获得载体内底物浓度，所以解式(5-11) 没有什么意义。最好能只知道溶液中底物浓度 [S] 就可求出实际反应速度。因 [S] 可较容易定量测定。

为了由 [S] 求出实际反应速度，需引入参数 η（有效系数）。酶经固定化后，受载体的影响，其实际反应速度 v_p 往往要比理论预期的反应速度低。通常用有效系数 η 来定量表示载体内部反应的有效程度。即

$$\eta=\frac{v_p}{v_s} \tag{5-15}$$

式中 v_p——单位体积固定化酶的实际反应速度；

v_s——当载体内部浓度等于溶液中浓度时，单位体积固定化酶理论预期反应速度。

从这个定义出发，一般 $0<\eta\ll 1$，但有时也可能出现 $\eta>1$ 的情况。

有效系数 η 的重要性在于它可作为衡量固定化酶有效作用的尺度。因为只要知道溶液中底物浓度 [S]，就可通过 η 来获得固定化酶的实际反应速度，而不需要去测定载体内的底物浓度 S'。η 还可以反应出分配效应及扩散限制效应对实际反应速度的影响程度。所以，只要求出固定化酶的 η，即可据式(5-15) 求得其实际反应速度，即

$$v_p=\eta v_s=\eta\frac{k'_2[E'][S]}{K'_m+[S]}=\eta\frac{V'_m[S]}{K'_m+[S]} \tag{5-16}$$

（为了区别于游离的酶，我们把固定化酶的动力学参数都加“′”）。

根据式(5-15)、式(5-12)、式(5-13)、式(5-14)、式(5-9)、式(5-10) 及式(4-4)，可整理得到下式

$$\eta=\frac{GdS_A}{\phi d\rho}\Big|_{\rho=1} \tag{5-17}$$

因此，可通过上式先求出 η，然后根据式(6-17) 计算实际反应速度。

根据米氏方程

$$-v'_s=\frac{k'_2[E'][S']}{K'_m+[S']} \tag{5-18}$$

这时 $$\phi^2=\phi_1^2\frac{k'}{k'+1},\ R_S=\frac{(k'+1)[S]}{k'+[S]} \tag{5-19}$$

式中 $$\phi_1^2=\frac{k'_2[E']R^2}{K'_m D'_S},\ k'=\frac{K'_m}{[S]} \tag{5-20}$$

ϕ_1 代表速度常数为 k'_2 $[E']/K'_m$ 时一级反应 Thiele 模数。因为式(5-18) 为非线性方程，所以无法得到式(5-11) 与解析解来求 η，只能采用数值解。这时，$\eta=f(\phi_1, k', Bi, K_p)$。当 $Bi\to\infty$时，可应用下列模数 ϕ_A 计算 η

$$\phi_A=\frac{\phi}{G\sqrt{2(k'+1)[K_p-k'\ln(1+K_p/k')]}}$$
$$=\frac{\phi}{G\sqrt{2(k'+1)}\sqrt{K_p/k'-\ln(1-K_p/k')}} \tag{5-21}$$

ϕ_A为广义的 Thiele 模数，ϕ_A较小时（$K_p^2=1$，$\phi<0.3$）

$$\eta\approx\frac{K_p(1+k')}{K_p+k'} \tag{5-22}$$

ϕ_A较大时（$K_p=1$，$\phi_A>2$）

$$\eta\approx\phi_A{}^{-1} \tag{5-23}$$

当 $S' \gg K'_m$ 时，米氏方程为 $-v_s=\frac{k'_2[E']}{K'_m}[S']$，反应为一级。

化学反应。当 $S' \gg K'_m$ 时，米氏方程为 $-v'_s=k'_2[E']$，反应为零级化学反应。在这两种极端情况下，可以解式(5-11) 得到其解析解，由此可求出 η。其结果列入表 5-1。当载体形状不同时，结果不一样。

表 5-1　一级反应和零级反应 η 的解析解①

项　目	平板($G=1$)	圆柱($G=2$)	球($G=3$)
一级反应	$\frac{1}{\eta_1}=\frac{\phi_1}{K_p p \tanh\phi_1}+\frac{\phi_1{}^2}{Bi}$	$\frac{1}{\eta}=\frac{\phi_1 I_0(\phi_1)}{2K_p I_2(\phi_1)}+\frac{\phi_1{}^2}{2Bi}$②	$\frac{1}{\eta}=\frac{\phi_1{}^2}{3K_p(\phi_1\coth\phi_1-1)}+\frac{\phi_1{}^2}{3Bi}$
零级反应	$\eta_0=-\frac{K_p}{Bi}+\sqrt{\frac{K_p{}^2}{Bi^2}+\frac{2K_p}{\phi_0{}^2}}$	$\frac{4}{\phi_0{}^2}=\left(\frac{2}{Bi}+\frac{1}{K_p}\right)\eta_0+\frac{1}{K_p}(1-\eta_0)\ln(1-\eta_0)$③	$\frac{1}{\phi_0{}^2}=-\frac{\eta_0}{3Bi}=\frac{1}{6K_p}[1-(1-\eta_0)^{1/3}]^{1/2}\cdot[2(1-\eta_0)^{1/3}+1]$④

① $K_p/Bi=1$ 时，$\eta_0=1-\left(1-\frac{2K_p}{\phi_0{}^2}\right)^{3/2}$，$\phi_0{}^2=\frac{k'_2[E']R^2}{[S]D'_S}$　$\eta\approx\frac{K_p(1+k')}{K_p+k'}$。

② I_0、I_1分别为零级、一级反应时的容器函数。

③ ϕ_0较大时，$\eta_0=-\frac{K_p}{Bi}+\sqrt{\frac{4K_p}{Bi^2}+\frac{8K_p}{\phi_0^2}}$。

④ $K_p/Bi<\frac{3}{2}$ 且 $K_p/Bi\neq1$ 时，$\eta_0=1-\left[\frac{\frac{1}{2}+\cos\left(\frac{\theta}{3}+\frac{4}{3}\pi\right)}{1-(K_p/Bi)}\right]^3$。

式中　$\theta=\cos^{-1}\left[1-4\left(1-\frac{K_p}{Bi}\right)^2\left(\frac{K_p}{Bi}+\frac{1}{2}\right)-3K_p/\phi_0^2\right]$；

$K_p/Bi=1$ 时，$\eta_0=1-\left(1-\frac{2K_p}{\phi_0{}^2}\right)^{3/2}$。

由表 5-1 和式(5-16) 可求得各种形状固定化酶在一级、零级反应时的实际反应速度 v_p。

5.2.3　酶在污染治理中的应用

酶在废水处理中的应用越来越受到重视，这是因为：

① 难降解有机污染物的排放日益增多，使用传统的化学和生物处理方法已很难达到令人满意的去除效果，这就需要找到一个比现行方法更快捷、更经济、更可靠、更简便的方法；

② 人们已逐渐认识到酶能用来专门处理某些特定的污染物；

③ 生物工程技术的发展使酶的生产成本降低。

大多数废水处理过程可分为物理化学过程和生物处理过程。酶的处理介于二者之间，因为它所参与的化学反应是建立在生物催化剂作用的基础上的。与传统处理过程相比，酶处理有以下几个优点：

① 能处理难以生物降解的化合物；

② 高浓度或低浓度废水都适用；

③ 操作时的 pH 、温度和盐度的范围均很广；

④ 不会因生物物质的聚集而减慢处理速度，处理过程的控制简便易行。

5.2.3.1　含酚废水处理

芳香族化合物，包括酚和芳香胺，属于优先控制污染物（priority pollutant）。石油炼制厂、树脂和塑料生产厂、染料厂、织布厂等很多工业企业的废水中均含有此类物质。大多数芳香族化合物都有毒，在废水被排放前必须把它们去除。很多酶已用于废水处理以取代传统的处理方法。其原因是：

① 酶具有高度选择性，能处理低浓度废水；

② 不易被有生物毒性的物质所抑制；

③ 相对于其他处理方法，酶可在较大污染浓度范围内发挥作用，而且所要求的停留时间也少。

下面介绍几种具体的酶类及其应用。

(1) 过氧化物酶

过氧化物酶（peroxidase）是由微生物或植物所产生的一类氧化还原酶（oxidoreductases）。它们能催化很多反应，但都要求有过氧化物，如过氧化氢（H_2O_2）的存在来激活。过氧化氢首先氧化酶，然后酶才氧化底物。现在研究和应用较多的过氧化物酶有辣根过氧化物酶（horseracish peroxidase，HRP）、木质素过氧化物酶（lignin peroxidase，IIP）及其他酶类。

① 辣根过氧化物酶　辣根过氧化物酶（HRP，EC1.11.1.7）是酶处理废水领域中应用最多的一种酶。有过氧化氢存在时，它能催化氧化很多种有毒的芳香族化合物，其中包括酚、苯胺、联苯胺及其相关的异构体。反应产物是不溶于水的沉淀物，这样就很容易用沉淀或过滤的方法将它们去除。

HRP 特别适于废水处理还在于它能在一个较广的 pH 值和温度范围内保持活性。HRP 的很多应用都集中在含酚污染物的处理方面，使用 HRP 处理的污染物包括苯胺、羟基喹啉、致癌芳香族化合物（如联苯胺、萘胺）等。而且，HRP 可以与一些难以去除的污染物一起沉淀，去除物形成多聚物而使难处理物质的去除效率增大。这个现象在处理含多种污染物的废水时有着重要的实际应用。例如，多氯联苯可以与酚一起从溶液中沉淀下来。HRP 的这个特定的应用还未得到进一步的深入研究。

提高酶的使用寿命和减少处理费用有以下几种方法：选择合适的反应器结构，将酶固定化，使用添加剂（如硼酸钾、明胶、聚乙二醇）防止酶被沉淀的多聚物带走，增加诸如滑石之类的吸收剂的量以防止酶被氧化产物抑制。

② 木质素过氧化物酶　木质素过氧化物酶，也叫木质素酶（ligninase），是 *Phanerochaete chrysosporium* 白腐真菌细胞酶系统的一部分。LIP 可以处理很多难降解的芳香族化合物和氧化多种多环芳烃、酚类物质。LIP 在木质素解聚中的作用已被证实。它的作用机理与 HRP 十分相似。

LIP 的稳定性是它在废水处理应用方面经济和技术可行性的关键因素。LIP 在低 pH 值状态下被抑制。随着 pH 值的升高和在酒精存在情况下培养酶以提高酶的浓度，LIP 的稳定性也提高。去除酚类的优化条件是：酶的浓度高，pH 值大于 4.0，一定用量的过氧化氢。LIP 固定在多孔陶瓷上并不影响它的活性，并表现出降解芳香族物质的良好性能。现在，一种能用于有害废物处理和生产 LIP 的硅膜反应器已研制出来。

③ 植物来源的酶　从西红柿中提取的过氧化物酶可用来使酚类化合物聚合。一些植物的根也可用于污染物的去除。

植物过氧化物酶在处理 2,4-二氯酚浓度高达 850mg/L 的废水时，去除速率与纯的 HRP 差不多。去除速率与反应混合体系的 pH 值、植物原料颗粒大小、原料用量、是否有过氧化氢参与等因素有关。

(2) 聚酚氧化酶

聚酚氧化酶（polyphenol oxidascs）代表另外一类催化酚类物质氧化的氧化还原酶。它们可分为两类：酪氨酸酶和漆酶。它们都需要氧气分子的参与，但不需要辅酶。

① 酪氨酸酶　酪氨酸酶（tyrosinase，EC1.14.18.1），也叫酚酶或儿茶酚酶，催化两个连续的反应：(a) 单分子酚与氧分子通过氧化还原反应形成邻苯二酚；(b) 邻苯二酚脱氢

形成苯醌，苯醌非常不稳定，通过非酶催化聚合反应形成不溶于水的产物，这样用简单的过滤即可去除。酪氨酸酶已成功地用于从工业废水中沉淀和去除浓度为0.01～1.0g/L的酚类。酪氨酸酶用甲壳素固定化后处理含酚废水，2h内去除率达100%。固定化酪氨酸酶可防止被水流冲走及与苯醌反应而失活。固定化酪氨酸酶使用10次后仍然有效。因此，固定酪氨酸酶于甲壳素上可有效去除有毒酚类物质。

② 漆酶　漆酶（laccase）由一些真菌产生，通过聚合反应去除有毒酚类。而且，由于它的非选择性，能同时减少多种酚类的含量。事实上，漆酶能氧化酚类成十分活泼的相应阴离子自由基团。漆酶的去毒功能与被处理的特定物质、酶的来源及一些环境因素有关。

5.2.3.2　造纸废水处理

（1）过氧化物酶和漆酶

木材造纸工业纸浆中含有5～8g/100mL的木质残余物，使得纸浆呈褐色。现在的漂白剂是用氯气或二氧化氯。但漂白操作过程会产生黑褐色废水，包含有对环境有毒有害和致突变的氯化物。在经过使用微生物治理漂白废水后，现正积极考虑使用酶进行治理。辣根过氧化物酶和木质素过氧化物酶已应用于造纸废水脱色。它们的固定化形式的处理效果比游离形式好。LIP作用的机理为：通过将苯环单元催化氧化成能自动降解的阳离子基团而降解木质素。漆酶还可通过沉淀作用去除漂白废水中的氯酚和氯化木质素。

（2）分解纤维素的酶

这类酶主要用于造纸浆和脱墨操作中的污染处理。纸浆和造纸操作中的废水处理产生的污泥纤维素含量高，可用于生产乙醇等能源物质。每生产1t纸大约产生60kg污泥，这样就可得到有经济价值的产品。所使用的酶是由纤维二糖水合酶（EC3.2.1.91）、纤维素酶（EC3.2.1.14）和*β*-葡萄糖酶（EC3 .2.1. 21）组成的混合酶系。脱墨操作中产生的低含量纤维质废物可转化为可发酵的糖类。所使用的酶在高浓度墨存在时不被抑制。

5.2.3.3　含氰废水处理

据估计全世界每年使用的氰化物为300万吨，主要是在化学合成、人造织物、橡胶工业、制药工业、矿石浸取、煤处理、电镀等领域。而且，很多植物、微生物和昆虫也能分泌自己体内的氰化物。因为氰化物是新陈代谢抑制剂，对人类和其他生物有致命的危害，因此处理氰化物非常重要。

（1）氰化物酶

氰化物酶能把氰化物转变为氨和甲酸盐，因此是一步反应历程。*Alcaligenes denitnficans*（一种革兰阴性菌）可产生氰化物酶，该酶有很强的亲和力和稳定性，且能处理浓度低于0.02mg/L的氰化物。

氰化物酶的动力学性能服从米-门方程。氰化物酶的活性既不受废水中常见阳离子（如Fe^{2+}、Zn^{2+}和Ni^{2+}）的影响，也不受诸如醋酸、甲酰胺、乙腈等有机物的影响。其最适pH范围是7.8～8.3。

适合于氰化物酶的反应器有扩散型平板膜反应器，它的优点在于防止酶被大分子冲刷和保护用来固定酶的基质不被破坏。氰化物通过半透膜与膜里面的酶反应，反应产物再渗透回溶液。

（2）氰化物水合酶

氰化物水合酶（EC4.2.1.66），也叫甲酰胺水解酶，能水解氰化物成甲酰胺。这类酶可由很多种真菌获得，它们被固定后有更好的稳定性，更利于含氰废水的处理。

5.2.3.4　食品加工废水处理

食品加工工业是工业废水的主要来源之一。其他工业废水大多是有毒的，必须转化为无毒物质，而食品工业废水易于分解或转化为饲料或其他有经济价值产品。酶可应用于食品工业废水处理，以净化废水并获得高附加值产品。

（1）蛋白酶

蛋白酶（protease）是一类水解酶，在鱼肉加工工业废水处理中得到了广泛应用。蛋白酶能使废水中的蛋白质水解，得到可回收的溶液或有营养价值的饲料。蛋白酶水解蛋白质，首先被水中固体蛋白吸收，酶使蛋白质表面的多肽链解开，然后更紧密的内核才逐渐被水溶解。

一种从 *Bacillus subtilis* 中提取的碱性酶（EC 未知）可用于家禽屠宰场的羽毛处理。羽毛占家禽总重的5%，在其外表坚硬的角质素破坏后，是一种高蛋白的来源。通过 NaOH 预处理、机械破碎和酶的水解，可成为一种高蛋白含量的饲料成分。

（2）淀粉酶

淀粉酶是一种多糖水解酶，多糖转变为单糖和发酵能同时进行，淀粉酶用于含淀粉废水处理，可使大米加工产生的废水中的有机物转化为酒精。淀粉酶还可减少活性污泥法处理废水的时间。

淀粉酶和葡萄糖酶可用于光降解和生物降解塑料的生产。食品加工时产生的奶酪乳浆或土豆废水富含淀粉。首先使用 α-淀粉酶，使淀粉由大分子化合物转变为小分子化合物，再用葡萄糖酶将其变成葡萄糖（多于 90%的淀粉可转变为葡萄糖）。葡萄糖经乳酸菌发酵得到乳酸，用于生产可降解塑料。塑料的降解速度可通过乳酸与其他原料的比例来控制，一般是95%的乳酸和 5%于环境无害的其他原料。

5.2.3.5　微生物酯酶的应用

微生物酯酶（甘油酯水解酶，EC3.1.1.3）在现代生物技术中起着十分重要的作用并获得了广泛的应用。酯酶是生物体内酯类物质（三酰甘油酯）生物转化过程中不可缺少的催化剂。除其生物学意义外，酯酶在食品加工、生物医学、化工及环境保护等众多领域中有着巨大的应用前景。

酯酶具有在液相和非液相（即有机相）界面间起催化作用的独特性能。酯酶界面激活的概念源自于以下事实，即酯酶的催化活性通常依赖于底物的聚集状态。可以认为，酯酶的激活涉及酶的活性部位的暴露和结构变化，这种变化需要在有水包油液滴存在下通过构象的改变来实现。

酯酶的活性与反应体系的表面积有关。最近对几种酯酶的结构研究结果为深入理解其水解活性、界面激活和立体选择性提供了一些思路。酯酶能催化一系列反应，包括水解、醇解、酸解、酯化和氨解等。

尽管对酯酶的研究已有多年，且酯酶可利用微生物发酵大量获得，但酯酶的早期应用仅局限于油脂化学、乳品加工等行业。近年来，酯酶的应用领域不断拓宽，已涉及制药、杀虫剂生产、单细胞蛋白生产、化妆品生产、废物处理及生物传感器等领域。

酯酶广泛存在于自然界的动植物中，尤其在微生物体内，包括细菌、真菌在生物技术领域中，人们更多地关注利用微生物作为酶源的酯酶。大量的微生物可以用来生产酯酶，其中以假丝酵母（*Candida* sp.）、假单胞菌（*Rseudomonas* sp.）和根霉（*Rhizopus* sp.）为其重要的酶源。

酯酶应用于被污染环境的生物修复以及废物处理是一个新兴的领域。石油开采和炼制过程中产生的油泄漏，脂加工过程中产生的含脂废物以及饮食业产生的废物，都可以用不同来源的酯酶进行有效处理。例如，酯酶被广泛地用于废水处理。Dauber 和 Boehnke 研究出一种技术，利用酶的混合物，包括酯酶，将脱水污泥转化为沼气。一项日本专利报道了直接在废水中培养亲脂微生物来处理废水。酯酶的另一重要应用是降解聚酯产生有用物质，特别是用于生产非酯化的脂肪酸和内酯。酯酶在生物修复受污染环境中获得了广泛的应用。一项欧洲专利报道了利用酯酶抑制和去除冷却水系统中的生物膜沉积物。酯酶还用于制造液体肥皂，提高废脂肪的应用价值，净化工厂排放的废气，降解棕榈油生产废水中的污染物等。利用米曲霉（*Asperillus oryzae*）产生的酯酶从废毛发生产胱氨酸，更加显示出了酯酶应用的诱人前景。利用亲脂微生物，特别是酵母菌，从工业废水生产单细胞蛋白，显示了酯酶在废物治理中应用的另一诱人前景。酯酶在环境污染物的治理中的应用总结于表 5-2。

表 5-2 酯酶在环境污染治理中的应用

酯酶来源	处理对象	酯酶来源	处理对象
米曲霉	废毛发	微生物	脱水污泥
假单胞菌	石油污染土壤	微生物	聚合物废物
假单胞菌	有毒气体	微生物	废水
米根酶	棕榈油厂废物	微生物	废食用油
酵母	食品教工废水	微生物	生物膜沉积物

使用酶处理废水主要是通过沉淀或无害化去除污染物。酶也可用于废水预处理，使其在下一流程更易于去除。但是，在应用酶时，要特别注意处理过程中有无有毒物质的产生。因此，在应用酶进行具体实际操作前，一定要对酶反应是否可能产生有毒物进行充分研究。在酶处理过程中产生的固相沉淀物如酚类沉淀物要妥善处置。若用燃烧处理，则必须控制燃烧过程有害气体的产生。最好考虑沉淀物的综合利用。

为了成功地应用酶处理工艺，必须考虑酶的费用。现在由于其分离、纯化和生产的费用，酶的价格仍较高。

高浓度污染物不利于使用酶处理，因为此时酶的用量多，处理费用太高。酶适于低浓度、高毒性污染物质的处理。

来自于很多种植物的微生物酶在一系列的废水处理应用中发挥着重要的作用。酶能作用于特定的难降解污染物，通过沉淀或转化为无害物而把它们去除。它们也可改变特定废水的性能使之更易于后续处理或有利于废物转化为有附加值的产品。

酶处理有着广阔的应用前景。酶反应副产物的特性和稳定化、反应残余物的处理、处理费用问题必须进行深入研究。

5.3 基因工程基本原理

5.3.1 基因工程概述

(1) 基因工程的诞生

现在人们公认，基因工程诞生于 1973 年。但从 20 世纪 40 年代到 70 年代初，现代分子生物学领域的科学家们从理论与技术两个方面为基因工程的产生奠定了坚实的基础。

基因工程的诞生在理论上得益于三大发现：

① Avevy（1934）等的研究成果证明了遗传物质是 DNA 而不是蛋白质，从而解决了遗传信息的来源问题；

② Watson-Crick（1953）的双螺旋结构学说阐明了信息载体 DNA 的复制并解决了信息传递的方式问题；

③ Monod 和 Jacob（1961）提出操纵子学说，Nireberg（1966）等破译了遗传密码，叙述了“中心法则”，解决了遗传信息流向和表达的问题。

基因工程的诞生在技术理论上得益于三大发明：

① Smith 、Wilcox（1970）和 Boyer（1972）等发现了限制性核酸内切酶和 Khorana（1970）等发现了 DNA 连接酶，使 DNA 分子的切割和连接成为可能，从而为基因工程的技术操作奠定了良好的基础；

② Lederberg（1946）发现细菌的F-性因子，以后相继发现和建立了其他外源基因运载体，Cohen（1973）首次将质粒作为基因工程的运载体使用；

③ Baltimore 和 Temin（1970）等发现了逆转录酶，打破了中心法则，使真核基因的制备成为可能。

具备了以上的理论与技术基础，基因工程诞生的条件已经成熟。1972 年 Berg（伯格）等在世界上首次进行了 DNA 的体外重组，得到了包含 SV40 和 λDNA 的重组 DNA 分子。1973 年 Cohen（科恩）等将编码卡那霉素的质粒 DNA 和编码四环素抗性的基因进行重组并转化大肠杆菌，结果转化菌同时表现出了卡那霉素和四环素的双重抗性，至此基因工程技术宣告诞生。随着分子生物学基础技术的发展，随后又出现了杂交技术、序列测定技术、PCR 技术等一系列新技术，从而使基因工程技术日臻完善。

（2）基因工程的定义

基因工程（Genetic engineering）是将不同生物的基因在体外人工剪切组合并和载体（质粒、噬菌体、病毒）DNA 连接，然后转入适当的宿主细胞中进行扩增，并使转入的基因在细胞内表达，产生所需要的蛋白质。目前基因工程的发展极为迅速，为生物学、医学、农学和环境科学等学科的理论研究及工业、农业和人类日常生活都带来了革命性的变化，其意义毫不逊色于有史以来任何一次技术革命，概括起来体现在以下三个方面：

① 用于大规模生产生物分子；

② 改造现有物种及设计构建新物种；

③寻找、分离和鉴定生物体的遗传信息资源。

（3）基因工程的主要内容

集中反映基因工程内容的核心是 DNA 重组技术。概括而言，一个完整的体外 DNA 重组过程主要包括以下步骤：

① 获取目的基因并进行必要的改造；

② 选择合适的载体并加以适当的修饰；

③ 将目的基因与载体连接，获得含有目的基因的重组载体；

④ 将重组载体导入相应细胞（称为宿主细胞）并筛选出含重组 DNA 的细胞，如图 5-5 所示。

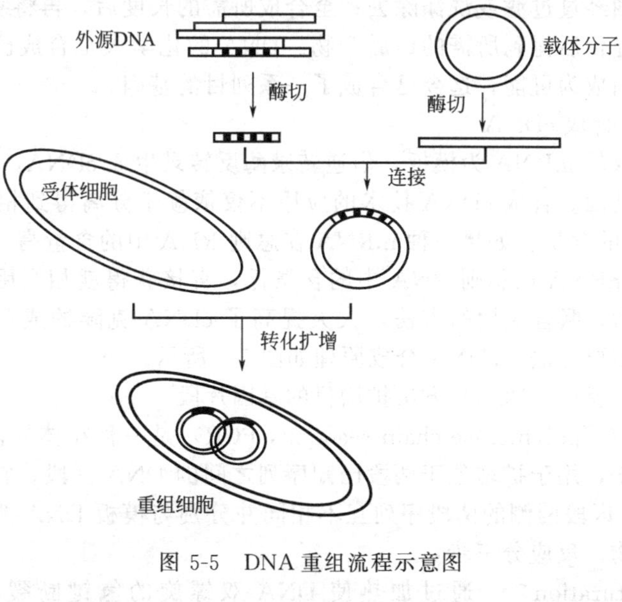

图 5-5 DNA 重组流程示意图

获得含有重组载体的细胞后，通过大量培养重组细胞，可以获得目的基因的大量拷贝或目的基因的表达产物。通常将来自于同一始祖的一群相同分子、细菌、细胞或动物称为克隆，获取大量单一克隆的过程称为克隆化，也称无性繁殖。

广义的重组 DNA 技术不仅包括 DNA 体外重组技术及操作过程，还包括表达产物的后续处理过程和技术，如蛋白质的分离纯化。

5.3.2 目的基因的获得

目的基因是指待检测或待研究的特定基因。目前获得目的基因的方法主要有以下几种。

(1) 从基因组 DNA 中分离

此法适用于结构简单的原核生物中的多拷贝基因，可直接从组织或供体中用理化方法或合适的限制性内切酶将 DNA 消化后分离获得。

① 基因的随机断裂方法　采用一定的理化方法将基因组 DNA 随机断裂，可以得到大小基本一致的 DNA 片段。这些方法有用专一性核酸酶酶解、化学处理或普遍使用的机械切割法。DNA 在溶液状态是呈细长线性分子，刚性强，在受到机械剪切作用时很容易断裂。用超声波处理 DNA 溶液，可得到平均长度在一定范围的 DNA 片段，使用组织捣碎，控制一定的条件，也可以使基因组 DNA 得到可控的剪切，如在 1500r/min 下，捣碎 30min，可以得到平均大小为 8kb 的 DNA 片段。

② 限制性内切酶降解　一般多采用"鸟枪法"，即限制性内切酶部分酶解法。限制性内切酶降解所产生的片段的长短与其识别序列的长短直接相关。理论上讲，一个识别几个碱基的限制酶位点在基因组的分布概率为 $1/4n$(n 为限制性内切酶所识别的特异序列中的核苷酸个数)，因此采用基因组 DNA 进行限制酶的不完全酶解，可以得到长短不一的片段，用于构建基因文库。

(2) 基因的化学合成法

化学合成法是利用自动 DNA 合成仪直接合成基因序列的方法，适合于长度较短的基因，其前提条件是：该基因的核苷酸序列已知。对于较大的基因，可以分段合成 DNA 短片段，再经过 DNA 连接酶作用依次连接成一个完整的基因链。目前核酸的合成方法中，固相合成法是最为常用的。其原理是：首先将寡核苷酸链 3′末端的第 1 个核苷酸先固定在一个不溶性的高分子（例硅胶微粒）上；然后，从此末端开始逐一加上脱氧核苷酸以延长 DNA 链，每延长 1 个核苷酸经历 1 个循环，合成的核苷酸被固定在固相载体上，而过量的未接上的反应物或分解物则经过过滤或洗涤除去；至合成所需的长度后，再将寡核苷酸链从固相载体上洗脱，经分离纯化后得到所需的最后产物。DNA 的化学人工合成已经自动化，使得合成为多肽编码的基因成为可能，迄今已合成了一系列目的基因。

(3) 通过 RNA 合成 cDNA

以从细胞中提取的 mRNA 为模扳，借逆转录酶反转录生成 cDNA，然后进行基因克隆，从而获得某种特定基因。合成 cDNA 技术的应用不仅依赖于分离得到相当纯的 mRNA，而且还取决于 mRNA 的含量。如果一种 mRNA 在总则 RNA 中的含量高，就比较容易提取纯化。反之如果一种 mRNA 在总则 RNA 中的含量低，直接获得就相当困难。近年来采用与聚合酶链反应（PCR）联合应用的方法，大大提高了 cDNA 克隆的成功率，这已经成为目前获得已知基因的主要方法。cDNA 合成原理如图 5-6 所示。

(4) 用聚合酶链反应（PCR）方法扩增目的基因片段

聚合酶链式反应（polymerase chain reaction，PCR）是一种在体外模拟天然 DNA 复制过程的核酸扩增技术，用于扩增位于两段已知序列之间的 DNA 区段。它的基本原理是以分别位于待扩增 DNA 区段两侧的两段序列互不相同并分别与模板 DNA 两条链上的各一段互补的寡核苷酸为引物。反应分三步：

① 变性（denaturation）　通过加热使 DNA 双螺旋的氢键断裂，双链解离形成单链 DNA；

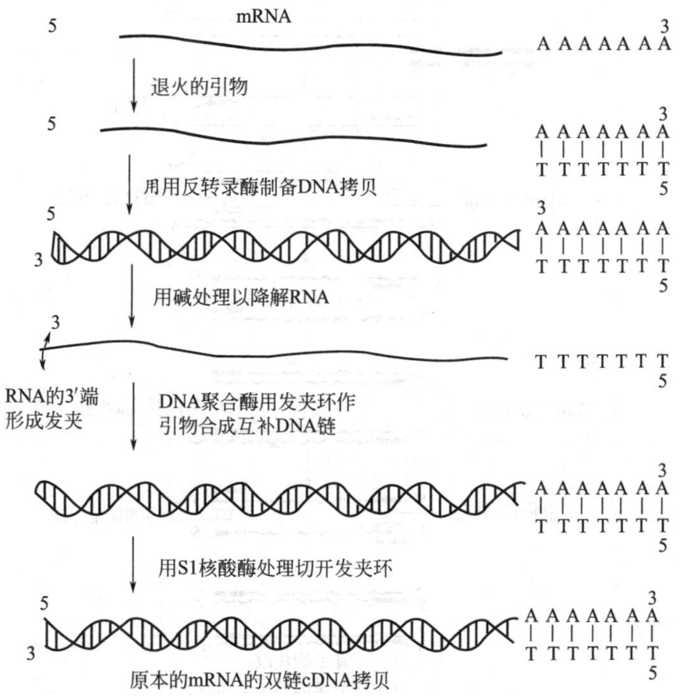

图 5-6 cDNA 合成原理示意图

② 退火（annealling） 随之将反应混合液突然冷却至某一温度，反应体系中物质的量大大过量的引物 DNA 可与其互补的模板在局部形成杂交链；

③ 延伸（extension） 在 DNA 聚合酶、4 种 dNTP 底物及 Mg^{2+} 存在下，催化以引物为起始点的 5′→3′的 DNA 链延伸反应。如此反复进行变性、退火和 DNA 合成的循环，新合成的 DNA 链又成为下一轮循环的模板，这一周而复始的过程每完成一个循环，基本上目的 DNA 就增加 1 倍，使介于两个引物间的特异性 DNA 片段得到了大量复制，数量可达 $2\times10^{6\sim7}$ 拷贝，反应步骤如图 5-7 所示。

正由于 PCR 可以在简便的条件下使目的 DNA 片段在很短时间内迅速得到数量级的扩增，因此 PCR 技术越来越广泛地被运用在生物学、医学、环境监测等研究领域，已成为用途极为广泛的一项生物技术。利用 PCR 技术可以直接从染色体 DNA 或 cDNA 快速简便地获得待克隆的目的基因片段，快速地进行外源基因的克隆操作。PCR 技术扩增目的基因的前提是必须知道目的基因片段两侧或附近的 DNA 序列，并据此合成扩增引物。由 PCR 体外扩增的片段可经克隆做进一步分析用，也可直接纯化作各种探针用。该法也解决了微量基因片段的来源问题。

(5) 基因文库与 cDNA 文库的构建

大部分未知基因不能用上述方法获得，需要先构建文库，再经筛选获得目的基因。文库分为基因文库和 cDNA 文库两种。

基因文库（genomic library）是指含有某种生物体全部基因片段的重组 DNA 克隆群体。构建基因组文库时，先将细胞染色体 DNA 提纯，用限制性内切酶将染色体 DNA 切割成大小不等的许多片段，与同一类载体拼接，继而转入受体菌扩增，这样就构建了含有多个克隆的基因组 DNA 文库。基因组 DNA 文库理论上可以涵盖基因组的全部基因信息。

如果以细胞总 mRNA 为模板，经反转录生成互补 DNA（cDNA），酶切后的 DNA 片段与合适的载体连接，转入受体菌，这样建立的就是 cDNA 文库（cDNA library）。cDNA 文

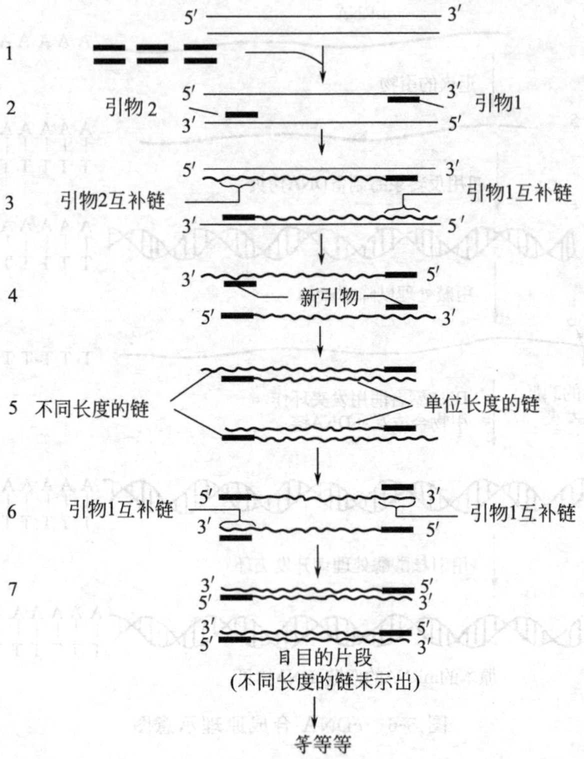

图 5-7 聚合酶链式反应示意图

1—起始材料是双链 DNA 分子；2—反应混合物加热后发生链的分离，然后冷却使引物结合到位于待扩增的靶 DNA 区段两端的退火位点上；3—Taq 聚合酶以单链 DNA 为模板在引物的引导下利用反应混合物中的 dNTPs 合成互补的新链 DNA；4—将反应混合物再次加热，使旧链和新链分离开来，这样便有 4 个退火位点可供引物结合，其中两个在旧链上，两个在新链上（为了使图示简化，在以下略去了起始链的情况）；5—Taq 聚合酶合成新的互补链 DNA，但这些链的延伸是精确地局限于靶 DNA 序列区，因此这两条新合成的 DNA 链的跨度是严格地定位在两条引物界定的区段内；6—重复过程，引物结合到新合成的 DNA 单链的退火位点（同样也可以形成不同长度的链，但为间接起见，图中略去了这些链）；7—Taq 聚合酶合成互补链，产生出两条与靶 DNA 区段完全相同的双链 DNA 片断

库理论上包含了细胞全部 mRNA 信息，可以利用适当方法从 cDNA 文库中筛选出目的 cDNA，这是获取结构基因的主要方法。

基因文库与 cDNA 文库的构建步骤如图 5-8 所示。

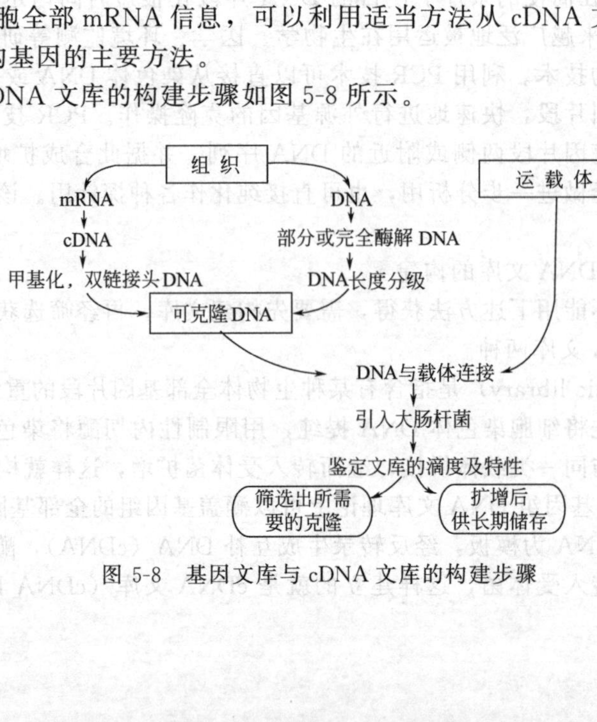

图 5-8 基因文库与 cDNA 文库的构建步骤

5.3.3 基因工程载体

载体是指可以携带目的基因进入宿主细胞的运载工具。基因工程的载体应该符合以下条件：

① 具有自主复制能力，能带动外原基因在宿主细胞内复制和扩增；

② 具有较多的拷贝数，易于分离提纯；

③ 分子质量相对较小，便于操作，并有足够的接纳目的基因的容量；

④ 有供外源基因插入的多个单一限制性核酸内切酶位点，即多克隆位点（MCS），用于目的基因的克隆；

⑤ 有一个或多个筛选标记（如对抗菌素的抗性、营养缺陷型或显色表型反应等）。

按照来源不同，可以将载体分为质粒载体、噬菌体载体、黏粒载体、病毒载体和人工染色体载体等类型；按照用途不同，可将载体分为克隆载体和表达载体。以下简要介绍几类常用的载体。

(1) 质粒载体

质粒是某些细胞中独立于染色体以外的共价闭环的小分子双链 DNA，它具有独立的复制能力，并可在细胞分裂中与染色体一道分配到子细胞中。不同质粒的分子质量大小不同，大的可达数百千碱基对（kb)，小的只有 2～3kb。在革兰阴性和阳性细菌、酵母菌以及其他一些真菌中都发现有质粒的存在。此外，质粒往往携带一些抗性基因，这为重组子的选择提供极大便利。

早期以天然质粒作为载体，现在使用的均为改造过的人工质粒，常用的有：pBR322、pUC 及 pGEM 等多种系列的质粒载体。质粒载体不仅可以用于细菌，也可以用于酵母、哺乳动物细胞及昆虫细胞等，既可用于目的基因的克隆，也可用于目的基因的表达。

pBR322 是经典质粒的代表，它是由 3 个天然质粒的不同部分拼接而成，全长 4.36kb，是环状双链 DNA 分子。在细菌中的拷贝数多，便于制备；有多克隆位点，用于插入外源 DNA 片段；有四环素（Tcr）和氨苄青霉素（Apr）两个抗药性基因标记，缺失抗药性基因的大肠杆菌被 pBR322 质粒转化后便从其获得了抗生素抗性。两个抗生素抗性基因中均含有外源 DNA 克隆位点，插入外源 DNA 后，相应抗性基因即失活。质粒 pBR322 的结构如图 5-9 所示。

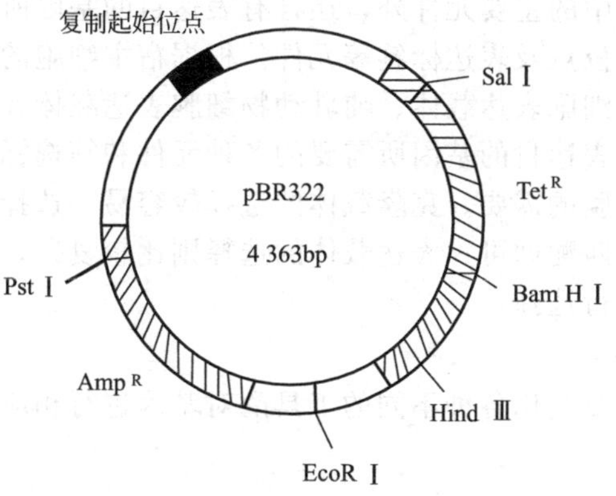

图 5-9 质粒 pBR322 的结构图谱

(2) λ 噬菌体载体

λ 噬菌体的生活周期包括溶菌周期和溶原周期。当 λ 噬菌体侵入大肠杆菌后，可以在细菌内扩增，并使细胞裂解，释放出大量的噬菌体颗粒；也可通过溶原途径，使其 DNA 整合到大肠杆菌的染色体上，以前噬菌体的形式潜伏下来。在某些特定条件下，整合的 λ 噬菌体被切割下来，进入裂解周期，如图 5-10 所示。

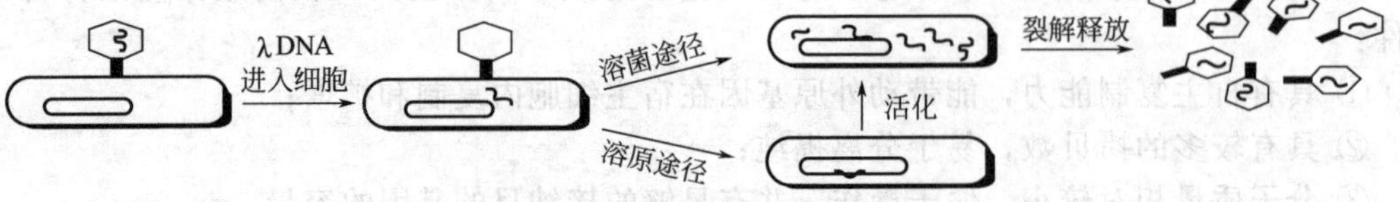

图 5-10 λ噬菌体感染途径

λ噬菌体的基因组 DNA 长约 48kb，在宿主体外与蛋白质结合包装为含有双链线状 DNA 分子的颗粒。由于受到包装效率的限制，其连接目的基因后的总长度应为λ噬菌体基因组总长度的 75%～105%，超过这一范围，重组噬菌体的活力会大大降低。

根据克隆的方式不同，λ噬菌体载体可以分为插入型载体和取代（置换）型载体两类：插入型载体适合克隆 6～8kb 大小的 DNA 片段，常用于 cDNA 的克隆或 cDNA 文库的构建，如 λgt10、λgt11 等；置换型载体可以允许插入长度达 30kb 的外派 DNA 片段，因而适用于基因组 DNA 的克隆及基因组 DNA 文库和 cDNA 文库的构建，典型代表为 EMBL 系列和 Charon 系列载体。

(3) 黏性质粒与人工染色体

黏性质粒（cosmid）又叫柯斯质粒，它是由质粒和λ噬菌体的 cos 黏性末端构建而成的载体系列。黏粒大小为 4～6kb，兼有λ噬菌体和质粒两方面的优点，可以克隆 31～45kb 的外源 DNA 片段，而且能被包装成为具有感染能力的噬菌体颗粒。黏粒主要用于真核细胞基因组文库的构建。

人工染色体是为了克隆更大的 DNA 片段而发展起来的新型载体，其中 YAC（酵母人工染色体）是在酵母细胞中用于克隆外源 DNA 大片段的克隆载体。YAC 可以接受 100～2000kb 的外源 DNA 的插入，是人类基因组计划中物理图谱绘制采用的主要载体。另外还有 BAC（细菌人工染色体）以及目前正在发展的 MAC（哺乳动物人工染色体），这些载体在人类基因组计划和其他基因组项目中起到了关键性作用。

上述载体主要为克隆载体，用于目的基因的克隆、扩增、序列分析及体外定点突变等。为了在宿主细胞中表达外源目的基因，获得大量表达产物而应用的载体被称为表达载体。表达载体除了含有克隆载体中的主要元件外，还含有表达目的基因所需要的各种元件，例如特殊的启动子、核糖体结合位点及表达标签等元件。根据宿主细胞的不同，表达载体可以分为原核细胞表达载体、酵母细胞表达载体、哺乳动物细胞表达载体及昆虫细胞表达载体等，它们分别携带相应宿主细胞表达目的基因所需要的各种元件和筛选标志。

载体的选择应根据实验的需要。克隆载体的选择较容易，选择的余地大，只要注意插入片段的大小与酶切位点相匹配即可；表达载体的选择则比较复杂，可以根据表达宿主种类及后期对表达产物的要求进行选择。

5.3.4 基因工程工具酶

基因工程技术中，需要利用各种不同的工具酶对基因进行相应的加工处理，工具酶包括以下几类。

(1) 限制性核酸内切酶

限制性核酸内切酶，简称为限制酶，是能够识别和切割双链 DNA 中特定核苷酸序列的一类核酸酶。限制性内切酶与甲基化酶共同构成细菌的限制-修饰体系，其功能为限制（切割）外源 DNA 和保护自身 DNA，维持细菌自身遗传性状的稳定。

限制性核酸内切酶，按照其对辅助因子的需求和切割双链 DNA 的特性，可以分为Ⅰ、Ⅱ和Ⅲ型，三种不同的限制性核酸内切酶具有不同的特性（表 5-3）。

表 5-3 三类限制性核酸内切酶的主要特性

项 目	特 性		
	Ⅰ	Ⅱ	Ⅲ
1. 限制性内切酶的蛋白结构	3 种不同的亚基	单一的蛋白	2 种不同的亚基
2. 辅助因子	Mg^{2+}、ATP S-腺苷甲硫氨基	Mg^{2+}	Mg^{2+} ATP
3. 识别序列	特异	特异	特异
4. 切割位点	非特异 （于识别序列前后的 100～1000bp 范围内）	特异 （切于识别序列之中或近处）识别切割同一处	特异 （切点在识别序列之后到二十几个 bp）
5. 与甲基化作用的关系	酶蛋白同时具有甲基化作用	酶蛋白不具有甲基化作用	酶蛋白同时具有甲基化作用

基因工程技术中所用的主要是Ⅱ型限制性内切酶，其特点为：识别与切割特定的核苷酸序列，因而产生特异性切口。Ⅱ型限制性内切酶的识别序列常为 4～6 个核苷酸的回文结构，即同一条单链以中心轴对折可形成互补的双链。限制性内切酶消化后的 DNA 可以形成没有单链突出的末端，称为平端或钝端，如 SmaⅠ；也可以形成有单链突出的所谓黏性末端。黏性末端中有 5′突出的黏性末端，如 BamHⅠ；也有 3′突出的黏性末端，如 ApaⅠ。如图 5-11 所示。

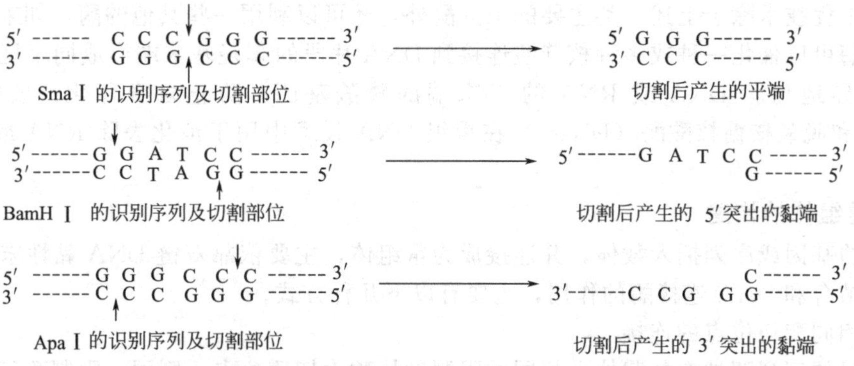

图 5-11 限定性内切酶切割 DNA 产生的 DNA 片段末端

商品化的限制性内切酶的种类、名称及识别序列在各家分子生物学试剂公司的产品目录中都有详细介绍，可以根据自己的克隆策略选用。

（2）DNA 聚合酶

DNA 聚合酶催化以 DNA 为模板合成 DNA 的反应，在基因工程技术中用于 DNA 的体外合成。经常使用的 DNA 聚合酶有大肠杆菌 DNA 聚合酶Ⅰ（全酶）、大肠杆菌 DNA 聚合酶Ⅰ的 Klenow 片段（Klenow 酶）、T4DNA 聚合酶及耐高温 DNA 聚合酶等。这些 DNA 聚合酶的共同特点是，它们都能够把脱氧核糖核苷酸连续地加到双链 DNA 分子引物链的 3′羟基末端上。

① 大肠杆菌 DNA 聚合酶Ⅰ 该酶具有 3 种活性：5′→3′聚合酶活性、5′→3′外切酶活性及 3′→5′外切酶活性。它在分子克隆中主要用于制备供核酸分子杂交用的放射性同位素标记的 DNA 探针。

② Klenow 聚合酶 它是由大肠杆菌 DNA 聚合酶Ⅰ（全酶）经枯草杆菌蛋白酶处理后产生出来的大片段分子。Klenow 聚合酶仍具有 5′→3′聚合酶活性和 3′→5′外切酶活性，但是失去了 5′→3′外切酶活性，主要用于填补经限制酶消化所形成的 DNA 3′末端、合成 cDNA 的第二链及 DNA 序列的测定。

③ 热稳定 DNA 聚合酶 TaqDNA 聚合酶是第一个被发现的热稳定 DNA 聚合酶，分子

质量为65ku，最佳反应温度为70℃。TaqDNA聚合酶主要用于聚合酶链反应（PCR）。

④ 反转录酶 反转录酶又称逆转录酶，是一类特殊的DNA聚合酶，它以RNA为模板，合成DNA。它具有5′→3′聚合酶活性和5′→3′外切酶活性。目前，已经从许多种RNA肿瘤病毒中分离到这种酶，但最普遍使用的则是来源于鸟类骨髓母细胞瘤病毒（AMV）中的反转录酶。在体外以mRNA模板合成cDNA，是反转录酶的最主要用途。

（3）DNA连接酶

DNA连接酶有两种，一种是T4DNA连接酶（T4DNA ligase），是从噬菌体T4感染的大肠杆菌中分离纯化获得的。另一种是大肠杆菌DNA连接酶（*E. coli* DNA ligase），是直接从大肠杆菌中分离纯化的连接酶。这两种连接酶催化连接反应的机制是类似的，都能把双链DNA中1条单链上相邻两核苷酸断开的磷酸二酯键（称之为切口）重新闭合。两种连接酶催化的反应过程，在两个方面有不同，一方面是T4DNA连接酶可以催化平头末端的双链DNA链间的连接，也能催化黏性末端的双链DNA的连接。而大肠杆菌DNA连接酶对平头末端的双链DNA连接的催化效率极低，因此它一般使用于黏性末端连接。另一方面是，T4DNA连接酶催化的反应需要能量因子ATP参与，而大肠杆菌DNA连接酶需NAD辅因子。所以，T4DNA连接酶较大肠杆菌DNA连接酶更为常用。

（4）其他DNA修饰酶

基因工程技术除了上述3类主要的工具酶外，还可以利用一些其他的酶，如末端脱氧核苷酸转移酶可以催化一种或多种核苷酸连接到DNA片段的3′羟基末端形成同聚尾；碱性磷酸酶能特异地切除DNA或RNA的5′末端的磷酸基团，防止自身环化；核糖核酸酶（RNase）和脱氧核糖核酸酶（DNase）在重组DNA技术中用于消化去除RNA或DNA的污染。

5.3.5 重组体的构建

将目的基因或序列插入载体，并连接成为重组体，主要依靠双链DNA黏性末端单链序列的互补结合和DNA连接酶的作用，主要有以下几种方式。

（1）相同酶切位点的连接

如果目的序列两端有与载体上相同的限制性核酸内切酶位点，则同一限制酶切开产生的黏性末端在降低温度（退火）时，能重新配对，在DNA连接酶的催化下，形成3′，5′-磷酸二酯键，将两端点连接起来，构成重组体分子，如图5-12所示。

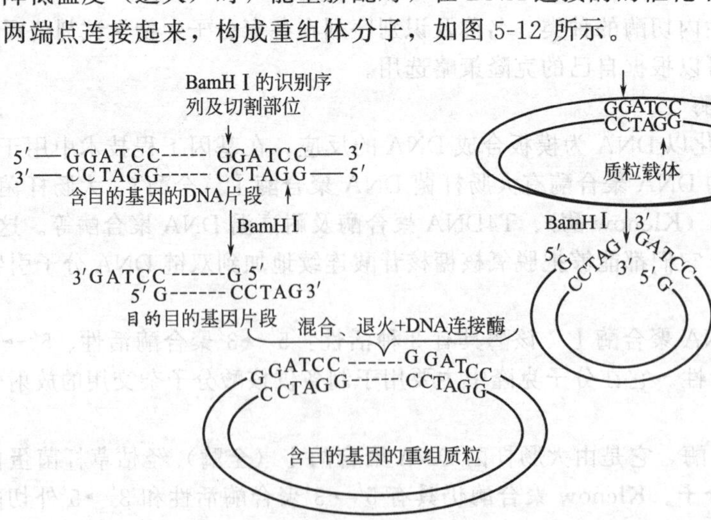

图5-12 同一限制酶切割DNA黏性末端的连接

（2）不同限制酶产生相同黏性末端的连接

不同的限制性核酸内切酶消化，如果产生的DNA的黏性末端相同，也同样可用上述方法连接，如上述识别6bp序列的BamHⅠ和另一识别4bp序列的Sau3AⅠ，切割DNA后都产生5-突出黏性末端GATC，可以互补结合连接，如图5-13所示。

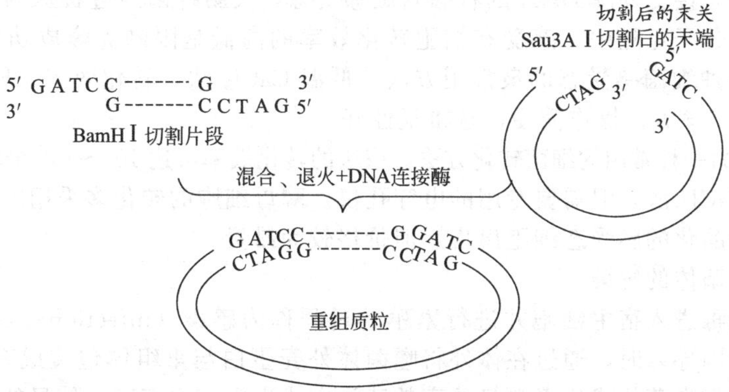

图 5-13 不同限制酶产生相同黏性末端的连接

(3) 平末端连接

T4DNA连接酶也能催化限制性内切酶切割产生DNA平末端的连接。如果目的序列和载体上没有相同的限制性内切酶位点可供利用，用不同的限制性内切酶切割后的黏性末端不能互补结合，则可用适当的酶将DNA突出的末端削平或补齐成平末端，再用T4DNA连接酶连接，但平末端连接要比黏性末端连接的效率低得多。

(4) 同聚物加尾连接

如果要连接的两个DNA片段没有能互补的黏性末端，可用末端转移酶催化，在DNA的3′末端添加一段同聚物序列，例如，一段DNA加上polyG，另一段DNA（载体）加上polyC，这样人工地在DNA两端制造出能互补的共核苷酸多聚物黏性末端，退火后能结合连接，这种方法称为同聚物加层法。

(5) 人工接头连接

对平末端的DNA或载体DNA，也可先连上人工设计合成的脱氧寡核苷酸双链接头，使DNA末端产生新的限制内切酶位点，经内切酶切割后，即可按黏性末端相连。

上述连接方法中以互补黏性末端的连接效率最高，应用最广。当缺乏合适的黏性末端酶切位点可以利用时，就不得不采用平端限制性内切酶制备载体和目的基因片段。平末端连接效率低，并有多拷贝插入及双向插入等缺陷，因此应用受到限制。

5.3.6 重组体DNA导入受体细胞

上述体外重组后的DNA，必须经过一定的方式导入细胞之中进行复制或表达所要研究的目的蛋白产物，DNA重组克隆的意义才能得以体现。重组体DNA转入宿主细胞，包括质粒DNA的转化、重组噬菌体的感染和重组DNA引入哺乳动物细胞转染几种类型。

(1) 重组质粒的转化

转化作用（transformation）普遍地是指微生物通过摄取DNA而实现的基因转移。通过转化进入细胞的DNA可以同宿主菌发生重组，或者进行独立的复制。狭义的转化概念就是指细菌细胞的感受态捕获DNA和复制质粒载体DNA的过程。

① 作为受体细胞的条件

a. 有效受体细胞往往是DNA限制性内切酶缺陷型，使之不能随便切割、破坏重组载体DNA分子，保证了重组DNA分子稳定性。

b. 作为受体细胞，应该不适于人体内生存，以及不适于非培养条件下生存；在非培养条件下，DNA易裂解及受体细胞无法生长等。

c. 质粒载体对寄主专一性，并且这些受体细胞便于监视等。

② 感受态细胞（competent cell）的转化

细菌处于容易接受外源DNA的状态叫做感受态，大肠杆菌经过特殊的处理，可以形成感受态细胞。在分子克隆中，感受态细胞转化效率的高低是限制克隆成功率的一个重要因素。目前制备各种细菌感受态的最常用方法是低温$CaCl_2$法，转化效率一般为$10^6 \sim 10^7$个转化子/μgDNA，该方法操作简便，且重复性好。

电穿孔法是另一种常用的细菌转化方法，该法的转化效率可达$10^9 \sim 10^{10}$个转化子/μg DNA，明显高于低温$CaCl_2$法，但需要专用的电穿孔仪。酵母细胞的转化多采用电穿孔法。

目前已有商品化的感受态细胞出售，但价格较为昂贵。

（2）重组噬菌体的感染

噬菌体或病毒进入宿主细胞并进行繁殖的过程称为感染（infection）。在以重组噬菌体作为载体进行基因导入时，通过在体外将噬菌体外壳蛋白与重组体包装成有活力的噬菌体，重组载体即可依靠噬菌体或病毒自身的高效感染方式进入宿主细菌，使目的基因得以扩增。

（3）真核细胞的基因转染

外源DNA导入动物细胞的过程称为转染（transfection）。依DNA导入的受体细胞的不同，转染可分为生殖细胞转染和体细胞转染，再依转染方式的不同，还可以分为多种不同的转染方法。

5.3.7 重组体的筛选

当将重组DNA转入宿主细胞之后，宿主都不可能百分之百地被转化、感染或转染，必须从大量的菌落和细胞中，筛选出含重组DNA的重组菌落或细胞克隆。到目前为止，已建立起许多的根据重组体的各种不同特征的筛选方法，总的可以把它们分为两大类，即根据重组子遗传重组表型改变的筛选法和分析重组子的结构特征的筛选法。

（1）根据重组体的遗传表型筛选

重组体导入宿主细菌后，载体上的一些筛选标志基因的表达会导致细菌的某些表型改变，从而筛选出阳性重组体。

① 抗生素筛选　大多数克隆载体带有抗生素抗性基因，如抗四环素基因（tetr）、抗氨苄青霉素基因（ampr）等。理论上，只有含有这些重组体的转化细胞才能够在含有相应抗生素的琼脂平皿上生长菌落。但是实际上，自身环化的载体、未酶切完全的载体或非目的基因插入载体形成的重组体也能转化细胞，形成假阳性菌落。

② 互补筛选法　营养缺陷型的互补筛选法包括插入互补和插入失活两种。

a. 插入互补　是指由于外源基因的插入弥补了宿主菌原来的基因缺陷性状，如将亮氨酸自养型的重组质粒转入亮氨酸异养型的大肠杆菌，则转入成功的转化菌可以在缺乏亮氨酸的培养基中生长，而未转入重组质粒的大肠杆菌则不能在这种培养基中生长。

b. 插入失活　是指由于外源基因的插入，使重组体丧失了原来具有的某些特征，如不能合成某种产物，当这种改变有明显的表型变化时，就可以用于鉴别重组体。

（2）根据重组体结构特征的筛选法

由于各种假阳性的存在，往往需要对重组体的分子结构做进一步的筛选和鉴定，常用的方法包括：限制性内切酶酶切鉴定、杂交分析及序列测定等。

① 快速裂解菌落比较重组DNA的大小　对于插入片段比较大的重组DNA，如在pBR322中插入大于0.5kb的片段，可以直接裂解菌落获得质粒DNA，与原载体进行电泳比较大小，根据其电泳迁移率的差别进行鉴定。

② 限制性内切酶酶切鉴定　提取转化子的DNA，用限制性内切酶酶切，根据片段的大

小和酶谱特征与预计的重组DNA的酶谱特征进行比较，即可做出鉴定。

③ 杂交分析　含有外源DNA的重组DNA在一定的条件下能和与外源DNA互补的DNA探针进行互补结合，探针通常带有标记如同位素标记，这样，重组子的DNA就表现出所带的标记信号的特性如放射性，根据此可与非重组子DNA进行区别。

杂交分析是在菌落或噬菌斑筛选中应用广泛的一种筛选技术。筛选时，将生长在琼脂平板上的菌落或噬菌斑保持原位转移到硝酸纤维素薄膜上，经裂解菌落、DNA的碱变性及中和，然后用同位素标记的探针进行杂交。放射性探针使胶片曝光，指示出阳性克隆菌落的所在位置。本方法能进行大规模筛选，一次可筛选上万个菌落或噬菌斑，对于从基因文库中挑选目的重组体，是一项首选的方法。

④ PCR筛选法　外源DNA插入位点的两侧，存在有已知的恒定序列，则可以以两侧的已知序列的DNA片段作为引物，进行扩增。根据是否能扩增出相应的片段进行筛选鉴定。PCR方法还可以对重组序列直接进行测序鉴定。

5.3.8　外源基因在宿主中的表达

将克隆的外源基因转入宿主细胞，最终是为了让外源基因获得表达，产生出相应的编码蛋白。要实现此目的，外源基因必须在调节元件控制下进行转录和表达。基因表达涉及转录和转译两个方面。外源DNA首先要转录出mRNA，然后在核糖体上进行蛋白质的合成，以获得酶、结构蛋白、激素、抗体等各种各样的功能蛋白。在许多条件下，新生的多肽需要经过转译后的加工和修饰，才能成为有功能的活性蛋白。真核和原核细胞在转录的起始与终止，转译前及转译后的加工过程都有很大的区别。

(1) 外源基因在原核细胞中的表达

大肠杆菌是最早采用的原核表达体系，其优点是：宿主遗传背景清楚，培养简单，迅速适应大规模生产。主要缺点是：缺乏适当的翻译后加工机制，真核细胞来源的蛋白质不能进行糖基化修饰，产物常形成不溶性的包涵体。包涵体是外源蛋白与周围杂蛋白或核酸等形成的不溶性聚合体，后续纯化很困难。

影响外源基因表达的因素很多，包括载体中启动子的强弱、RNA的翻译效率、密码子的选择、表达产物的大小、表达方式以及表达产物的稳定性等。

蛋白质的表达方式有多种，有分泌表达、非分泌表达、融合表达和非融合表达等。在实际工作中，要针对相应的外源基因设计相应的表达策略，这里仅介绍一种目前常用的融合蛋白的表达。

融合表达是指将外源目的基因与另一基因构建成融合基因进行表达。融合蛋白由氨基端的原核蛋白、能被蛋白酶等裂解的肽序列以及目的蛋白组成。该表达方式较易获得高效表达，而且融合蛋白通常较天然的外源蛋白稳定，下游纯化也较为方便。融合表达也有一些缺点，有时会在目的蛋白中引入其他氨基酸。近年来，发展出了多种新的融合蛋白表达系统，这些系统常利用一些特殊的短肽（如6个组氨酸的短肽）或者一些特殊的多肽（如谷胱甘肽巯基转移酶，GST）作为融合蛋白的一部分。因为6个组氨酸短肽可以和带有镍离子的琼脂糖珠结合，GST可以与偶联有谷胱苷肽的琼脂糖珠结合，所以可以通过亲和层析技术纯化表达的融合蛋白。

(2) 外源基因在真核细胞中的表达

与原核表达体系相比，真核表达体系具有更多的优越性。依宿主细胞的不同，真核表达系统可分为酵母、昆虫以及哺乳类动物细胞表达系统等。这些表达系统在重组DNA药物、疫苗生产及其他生物制剂的生产上都获得了一些成功，另外在研究各种蛋白质分子在细胞中的功能方面也得到了非常广泛的应用。

利用真核细胞表达外源基因主要有两方面的目的：①研究该基因在细胞中的作用和机

制；②获得足够量的纯化目的蛋白，用于治疗、诊断及结构研究。前者对表达系统的要求较低，只要宿主细胞适合、表达载体相配及载体对细胞功能无影响即可。如果外源蛋白对细胞有毒性，还可以选用诱导型表达载体。后者对表达系统要求较高，要获得足够量的、纯化的目的蛋白，则需要仔细选择表达系统。

哺乳动物细胞无疑是最理想的表达人类基因的系统，应为首选。人源性蛋白在哺乳动物细胞中可以获得与人类最接近的转录和翻译后修饰，因而可以较为精确地折叠成天然构象，具有最理想的活性。中国仓鼠卵巢（CHO）细胞就是在生物技术中应用最广泛的细胞之一。用哺乳动物细胞进行蛋白表达的主要缺点是：表达水平不尽理想，且生产成本高。

酵母是单细胞真菌，也是比较成熟的工业用微生物，由于其易培养、无毒害且生物学特性研究得比较清楚，因此很适合作为基因工程菌。酵母表达系统同时兼有大肠杆菌的表达水平高、易培养、成本低和真核细胞的可以较好折叠及修饰的优点。*Pichia Pastoris* 是目前较常用的一种酵母菌，用该系统表达外源基因，其最高表达水平可以达到12g/L。到目前为止，许多蛋白酶、蛋白酶抑制剂、受体、单链抗体及调节蛋白都在该系统中进行了成功表达。

利用昆虫病毒表达载体与培养的昆虫细胞形成的表达系统是另一种具有较高表达能力的表达系统，也是一种较有发展前景的真核表达系统。

5.3.9 基因工程在环境污染治理中的应用

自 1973 年，Jackson 等首次提出基因可以人工重组，并能在细菌中复制以来，基因工程作为一个新兴的研究领域得到了迅速发展，取得了喜人的成绩。

基因工程基础研究涉及基因工程克隆载体、受体系统、基因组的研究及基因工程新技术的研究。

基因工程的应用研究领域十分广泛，涉及基因工程药物（主要有干扰素类、生长素类、白细胞介素类、胰岛素类及肝炎疫苗等）、基因治疗、转基因植物、转基因动物、环境污染治理等领域，以下主要介绍基因工程在环境污染治理中的应用研究。

随着工业发展，大量的合成有机化合物进入环境，其中很大部分难于生物降解或降解缓慢，如多氯联苯、多氯烃类化合物，其水溶性差，难生物降解，致使在环境中的持留时间长达数年至数十年。

基因工程为改变细胞内的关键酶或酶系统提供了可能，从而可以：

① 提高微生物的降解速率；

② 拓宽底物的专一性范围；

③ 维持低浓度下的代谢活性；

④ 改善有机污染物降解过程中的生物催化稳定性等。

利用对不同底物具有降解活性的酶的组合构建新的复合代谢途径，已应用于卤代芳烃、烷基苯乙酸等的降解。通过引入编码新酶的活性基因，或对现有的基因物质进行改造、重组，构建新的微生物，可用于氯代芳烃混合物的降解。

下面主要介绍基因工程技术应用于提高 2,4,6-三硝基苯（TNT）的降解效率，拓宽微生物双氧合酶对多氯联苯（PCBs）和三氯乙烯（TCE）的底物专一性范围，以及增强微生物的除磷能力等方面的内容。

(1) 设计复合代谢途径

硝基芳香族化合物，如炸药，即 2,4,6-三硝基甲苯（简称 TNT），由于苯环上有强的吸电子基团（—NO_2），因此难以好氧生物降解，有关 TNT 作为微生物唯一碳源的报道极少，并且硝基脱除后形成的甲苯或其他芳香族衍生物难于进一步降解。

最近的研究报道，分离出一株假单胞菌（*Pseudomonoas*），可以利用 TNT 作为唯一氮源，但形成的代谢产物甲苯、氮基甲苯和硝基甲苯不能被进一步降解。因为该微生物不能利用甲苯为碳源生长。将具有甲苯完整降解途径的 TOL 质粒 pWWO-Km 导入该微生物，可以扩展微生物的代谢能力，构建的微生物可以利用 TNT 为唯一碳源和氮源生长，尽管 TNT 能被这种复合降解途径所代谢，但由于硝基甲苯还原形成的氨基甲苯仍然难以被降解。对该微生物进一步修饰，构建新的微生物消除其硝酸盐还原反应，可以使 TNT 完全降解。

（2）拓宽氧化酶的专一性

许多有毒有害有机物，如芳香烃、多氯联苯（PCBs）、氯代烃等，其最初的代谢反应大多由多组分氧合酶催化进行。这些关键酶的底物专一性阻碍了一些有机物的代谢，如多氯联苯的异构体等。如何拓宽这些酶的底物范围以有效降解环境中的这类物质，是环境生物技术领域研究的一个重要方面。

对于多氯联苯-联苯降解菌（*Pseudomonoas Pseudoalcaligenes*）和甲苯-苯降解菌（*Pseudomonoas putida* F1）其最初双氧合酶编码基因的遗传结构、大小和同源性是相似的。然而，*Pseudomonoas Pseudoalcaligenes* 不能氧化甲苯，而 *Pseudomonoas putida* F1 不能利用联苯为碳源生长。将两种双氧合酶不同组分的编码基因“混合”，可以构建复合酶体系，以拓宽其底物专一性（图 5-14）。

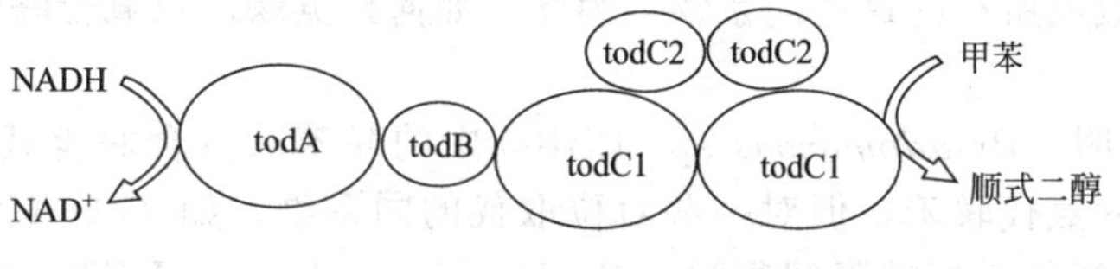

(a) 野生型甲苯双氧合酶的亚单元组分

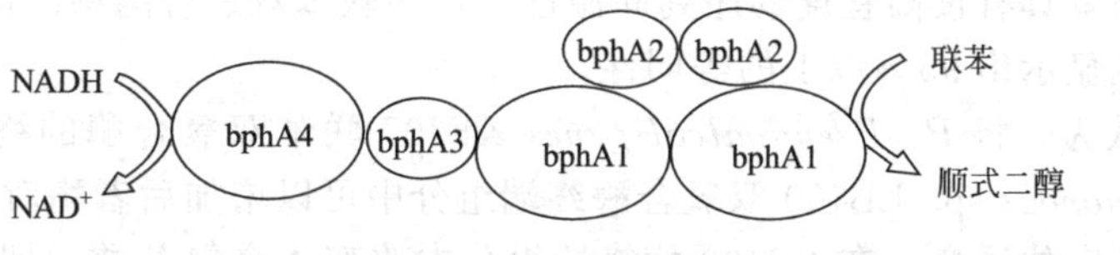

(b) 野生型联苯双氧合酶的亚单元组分(野生型酶有严格的底物专一性)

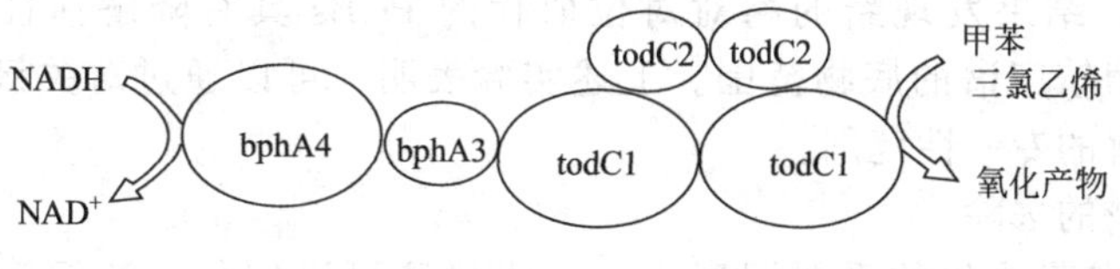

(c) 包含甲苯双氧合酶终端组分(由todC1和todC2编码)和联苯双氧合酶部分组分的杂合酶体系，该体系扩充了对甲苯和二氯乙烯的底物专一性

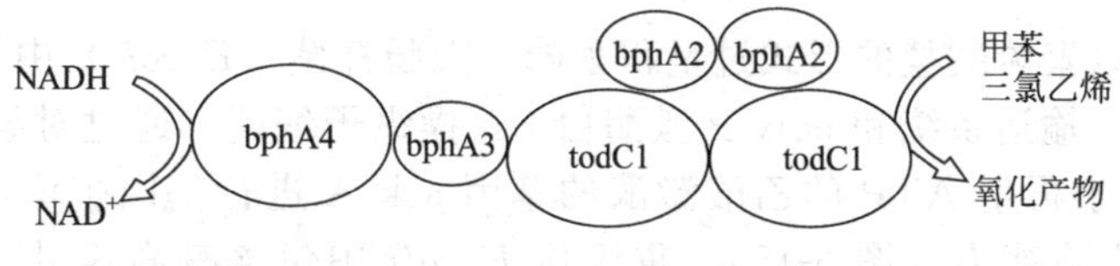

(d) 由氧合酶组分结合构建的杂合酶。该酶由含有甲苯双氧合酶的大亚单位(由todC1编码)和联苯双氧合酶的小亚单位(由bphA2编码)的氧合酶与联苯双氧合酶构建成，具有扩充的底物专一性

图 5-14 甲苯-联苯双氧合酶的复合组成

将编码终端甲苯双氧合酶组分的基因，todC1 和 todC2 导入 *Pseudomonoas Pseudoal-*

caligenes [图 5-14(c)]，可以构建重组菌株，使其能够氧化甲苯并利用其作为生长底物甲苯双氧合酶活性必需的组分铁氧化还原蛋白（FD）及其还原酶，显然可由宿主细胞中的联苯双氧合酶组分提供。

用甲苯双氧合酶中的类似基因代替联苯双氧合酶中的终端铁硫蛋白的亚单元编码基构建杂合多组分双氧合酶 [图 5-14(d)]。这些新的杂合酶既可以氧化甲苯，又可以氧化联苯。由此可以看出，通过取代相关酶中的一些组分，可以改变其底物的专一性。

三氯乙烯（TCE）是一类存在广泛且难以生物降解的有机污染物，某些氧合酶可以进攻该分子，尽管氧化速率通常很低，甲苯双氧合酶对 TCE 具有部分活性，但在催化过程中易失活。*Pseudomonoas Pseudoalcaligenes* 中天然的联苯双氧合酶不能氧化 TCE，但实验发现，构建的包含甲苯双氧合酶大氧合酶亚单元的杂合联苯双氧合酶体系可以氧化 TCE，并且其氧化速率为天然甲苯双氧合酶的 3 倍。这是一个令人振奋、具有十分重要意义的结果，但目前未见进一步深入研究报道。如果复合酶在 TCE 氧化过程中比甲苯双氧合酶更稳定，那么利用这种方法构建出新的酶系统，拓宽其底物专一性，在环境污染物降解应用方面中将大有所为。拓宽联苯双氧合酶底物专一性范围的另一应用是降解多氯联苯（PCBs）。工业用 PCBs 的混合物，如 Aroclors 有 60～80 种同系物。处理受多氯联苯污染的土壤时，要求微生物能降解绝大多数或所有的这些同系物。因此，如何拓宽联苯双氧合酶的底物范围，成为近期研究的热点。

Bopp 的研究表明，*Pseudomonoas* sp. LB400 中的联苯双氧合酶能氧化较广谱的 PCBs 同系物，包括一些六氯代联苯，但对一些对位取代的同系物，如 4,4′氯代联苯、2,4,4′-氯代联苯、2,4,3′,4′-氯代联苯的降解很慢。*P. Pseudoalcaligenes* KF707 中的联苯双氧合酶对 PCBs 的作用范围较窄，但能降解对位取代的同系物。上述两种酶系统的 DNA 完整序列已经知道，并且两者具有很高程度的序列同源性。这些联苯双氧合酶中的两个组分是完全相同的，其他组分也显示出 95%以上的等同性。

Erickson 等认为，将 *P. Pseudoalcaligenes* KF707 联苯双氧合酶的终端组分中的氨基酸引入到 *Pseudomonoas* sp. LB400 双氧合酶终端组分中可以增加后者酶对对位取代的 PCBs 的降解活性。利用定位诱变，在 LB400 酶终端组分中改变 4 个氨基酸，即将区域 335～341 中的 TFNNIRI 改变成 KF707 中的 AINTIRT。当诱变质粒转入到 *E. coli* 细胞后进行 PCBs 同系物专一性分析，结果发现新的酶对对位取代的 PCBs 具有降解活性，并同时保留了 LB400 联苯双氧合酶较广谱的底物范围。上述实验表明，可以通过对关键酶类的基因改造来拓宽其对底物降解的专一性范围。

(3) 增强无机磷的去除

磷是引起水体富营养化的重要因素之一。无机磷可以用化学法沉淀去除，但生物法更为经济。受微生物本身的限制，活性污泥法只能去除城市废水中 20%～40%的无机磷。

有些细菌能够以聚磷酸盐的形式过量积累磷。大肠杆菌（*E. coli*）中控制磷积累和聚磷酸形成的磷酸盐专一输运系统和 poly P 激酶由 pst 操纵子编码。通过对编码 poly P 激酶的基因 ppk 和编码用于再生 ATP 的乙酸激酶的基因 ack A 进行基因扩增，可以有效地提高 *E. coli* 对无机磷的去除能力（图 5-15）。重组体 *E. coli* 中包含有高拷贝数的含有 ack A 和 ppk 基因的质粒，并能高水平地表达相应的酶活性，与缺乏质粒的原始菌株相比，重组体的除磷能力提高 2～3 倍。实验观察到，含有 poly P 激酶和乙酸激酶扩增基因的菌株除磷速率最高。该菌株可在 4h 内，将 0.5mmol/L 的磷酸盐去除约 90%，而对照菌株在相同的时间内仅去除 20%左右。此结果显示，通过基因工程改进酶的活性，在无机污染物如磷的处理方面也大有潜力。

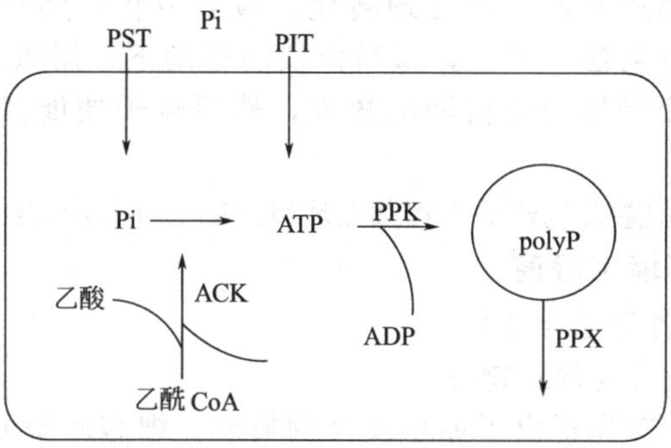

图 5-15 利用基因过程改善 *E. coli* 除磷能力的示意图

Pi—磷酸盐；ACK—乙酸激酶；PIT—低亲和力的磷酸盐转移系统；

PST—专一的磷酸盐转移系统；PPX—胞外聚磷酸盐；CoA—辅酶 A

5.4 微生物细胞工程

5.4.1 细胞工程概述

细胞工程是运用精巧的细胞学技术，有计划地改造细胞遗传结构，从而培育出人们所需要的生物品种或具有某些新性状的细胞群体。

细胞工程主要包括细胞培养、细胞融合、细胞重组及遗传物质转移等四个方面。

(1) 细胞培养

细胞培养是将细胞从生物体内取出，然后在特制的培养容器内给予必要的生长条件，使其在体外继续生长与繁殖。细胞在体外培养的关键在于两个因素：一是营养，即培养基的配方，不同的细胞需要不同的培养基组分；二是生长环境，如温度、pH 等。细胞培养有动物细胞培养，植物的花粉、原生质体的培养等。

(2) 细胞融合

细胞融合是在一定的条件下，将两个或多个细胞融合为一个细胞的过程，又称细胞杂交。

当前，细胞融合已经成为遗传转化试验与研究的最有效手段之一。细胞的融合过程，最初是细胞在促融因子作用下，出现凝集现象，细胞之间的质膜发生粘连，细胞质开始融合，然后在培养过程中，进而发生核融合，形成杂种细胞。现在，不仅动物之间、植物种间可以融合，而且动物和植物细胞之间也可以杂交。

(3) 细胞重组

在体外条件下，运用试验技术从活细胞中分离出各种细胞的结构或组件，再根据需要把它们在不同的细胞之间重新进行装配，成为具有生物活性的细胞。

重组有核移植和细胞器移植。核移植的技术比较简单，主要是借助显微操作仪，在显微镜下用微吸管把一个细胞中的细胞核吸出，直接移到另一个去核的细胞中；细胞器移植则是通过原生质体对已分离纯化的叶绿体的胞饮作用，进行叶绿体移植，或通过微注射、载体转移以及胞饮摄入进行线粒体移植。

(4) 遗传物质转移

遗传物质转移是基因在细胞水平上的转移。目前在动植物中进行基因转移的方法主要是载体法和直接导入法。在双子叶植物如番茄、甜菜、棉花和大豆等中常用载体转移基因的方法，将含有外源基因的根瘤农杆菌与受体原生质体共同培养，或将含有外源基因的质粒和受体原生质体用聚乙二醇处理转化，最后由转化体培育成转化植物。而直接导入法中最常用的是微注射法，即在显微操作仪的帮助下，用微针直接对细胞进行注射，直接将外源基因注入一个受体的受精卵的核内，然后合子便能发育成胚，并进一步发育成为成熟的个体。

本节主要介绍通过细胞融合构建的工程菌在环境污染治理和废弃物资源化方面的应用情况。

5.4.2 细胞融合构建环境工程菌

5.4.2.1 原生质体的制备与融合方法

(1) 原生质体及其融合构建新物种

Weibull 等在 1953 年首先提出了原生质体的概念：细胞质壁分离后去掉细胞壁所余下的那部分结构称为原生质体（protoplast）。原生质体具备原有细胞的全部内部结构与生理性能，但是它完全无细胞壁，失去了细胞的刚性而呈球形，对渗透压十分敏感。

因为去除了细胞壁，所以原生质体比较容易吸收外来的 DNA、蛋白质等，同时，对外界理化因子比较敏感，在原生质体外面仅存原生质膜，在外界理化融合因子的诱导下，不同物种间的原生质体间的质膜相互融合杂交，并在适当的条件下，融合的原生质体再生出细胞壁并恢复原来完整的细胞形态与群落形态，构成具有多种遗传性状的新物种。这样就克服了传统杂交方法所面临的远缘杂交障碍。

(2) 原生质体融合方法

① 亲本的选择　选择两种适合于重组的亲本菌株，选定适宜的遗传标记，如选营养缺陷型或对抗生素具有抗性的菌株作为理想的原生质体融合的亲本菌株材料。

② 原生质体制备　选用适合的酶系，在等渗溶液中溶解细胞壁。对于酶的选择主要取决于对细胞壁成分的了解。例如，真菌的细胞壁成分主要为纤维素和几丁质，因此在制备真菌原生质体时，就应选择纤维素酶；而细菌的细胞壁成分主要为多聚糖，则常常使用溶菌酶。

在原生质体制备时，应根据所选生物材料，对原生质体产率的最佳条件进行摸索，如生物的生理状况、pH 、酶解温度、细胞密度以及酶的浓度等。

③ 原生质体的再生　酶解后得到的原生质体能够在等渗的培养基中重建细胞壁，恢复细胞完整形态，并能生长、分裂的过程称为再生。这是以融合法进行细胞遗传结构改造的前提。一般来说，原生质体比较容易在合适的培养基中再生，但其再生率差距很大，可从百分之几到百分之百。这与菌种、酶解条件以及再生条件有关。在进行原生质体融合实验前，必须做再生实验。

④ 原生质体的融合与融合子的检出　目前常用的诱导原生质体融合的方法有化学诱导法和电融合法。

a. 化学诱导法　常用于细胞融合的化学促融剂是聚乙二醇（PEG），方法是在得到两亲本原生质体后，等量混合两亲本的原生质体，加入适量的 PEG 和钙离子溶液，保温后，洗去多余的 PEG，在选择培养基上筛选出融合子。PEG 的促融机理是 PEG 在相邻原生质体的流动镶嵌型质膜之间形成一种分子桥，沟通两亲本的质膜，改变了质膜的某些性质，并降低了原生质体的表面势能，使质膜上的蛋白质凝聚，形成了容易融合的无蛋白颗粒的磷脂双层区，导致原生质体进一步融合。

b. 电融合法　即借助电场的作用，引发细胞融合。其特点是快速、简便且融合率也高，很有发展前途。其原理是：在交流电场中细胞之间相互粘连处的两极电势能高于细胞表面的其他任何一点。因此，当对电场再施加高强度的瞬时电脉冲时，电势能最高的两细胞接触处的细胞膜首先破裂，脉冲消失后，不同细胞的破裂细胞膜又相互粘连，形成了两细胞的融合子。图 5-16 是电诱导细胞融合原理示意图。

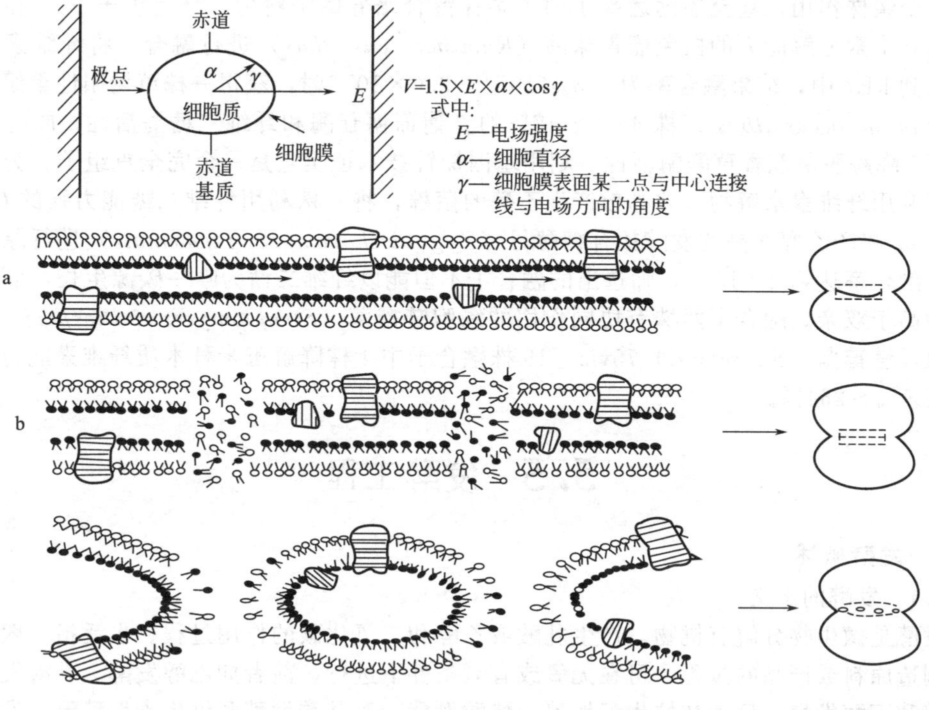

图 5-16 电诱导细胞融合原理示意图

5.4.2.2 原生质体融合构建环境工程菌

原生质体融合技术在环境科学及废水处理研究中的应用始于 20 世纪 80 年代。在生物降解反应中，微生物细胞间的互生现象普遍存在，究其机理，可能是由于微生物间相互提供了彼此生长或发生降解反应所需的某种生长因子，或是由于互补作用形成一个所需降解酶活性很高的反应体系。对于有互生作用的细胞，通过原生质体融合技术，可将多个细胞的优势集中到一个细胞内。

（1）原生质体融合构建苯环化合物降解菌

Pseudomonas alcaligenes CO 可降解苯甲酸酯和 3-氯苯甲酸酯，但不能利用甲苯，*Pseudomonas putida* R5-3 可以降解苯甲酸酯和甲苯，但不能利用 3-氯苯甲酸酯，两菌株均不能利用 1，4-二氯苯甲酸酯，融合后得到可以同时降解上述 4 种化学污染物的融合子 CB1-9。说明通过原生质体融合可以集中双亲的优良性状，并可产生新的性能，这一现象有着极为重要的应用价值。用来自乙二醇降解菌 *Pseudomonas mendciina* 3RE-15 和甲醇降解菌 *Bacillu lentus* 3RM-2 的 DNA，转化至降解苯甲酸和苯的 *Acinetobacter calcoaceticus* T3 的原生质体中，获得的融合菌株 TEM-1 可同时降解苯甲酸、苯、甲醇和乙二醇，降解率分别为 100％、100％、84.2％、63.5 ％，此菌株用于化纤污水处理，对 COD 去除率可达 67.36％，高于三株菌混合培养时的降解能力。

（2）原生质体融合构建纤维素降解菌

两株脱氢双香草醛（DDV）降解菌 *Fusobacterium varium* 和 *Enteroccus foecium*（DDV 是与纤维素相关的有机化合物）在分别作用时，8 天降解 3％～10％的脱氢双香草醛；混合培养时降解率可达到 30％，说明有明显的互生作用存在。将两株菌进行原生质体融合，融合率为 $0.9\times10^{-5}\sim1.3\times10^{-5}$，从中获得 5 株融合子，其降解活力上升 2～4 倍，其中 FE7 菌株降解率高达 80％，利用 Southem DNA 印迹杂交技术进行检测后证实，融合子中确实带有双亲的 DNA 序列。从这一研究可以看出，原生质体融合得到的重组子细胞降解力，不仅高于两个亲株作用，甚至还远远高于两个亲株混合培养的降解力。将重组子 FE7 和革兰阳性具有纤维素分解能力的白色瘤胃球菌（*Ruminococcus albus*）进行融合，将纤维素降解基因引入到 FE7 中，结果融合率为 $3.3\times10^{-7}\sim3.0\times10^{-6}$ 时，获得一株革兰阳性重组子，它具有 *Ruminococcus albus* 亲株 45%～47%的 β-葡萄糖苷酶和纤维二糖酶活性，同时还具有 8% FE7 降解脱氢双香草醛酶活性。利用基因探针技术证实它是一个完全重组子。为了获得能分解利用纤维素水解物、并高效产生乙醇的菌株，将一株利用纤维二糖能力强的 *Candida abtusa* 和产乙醇率高的发酵接合糖酵母（*Zygosaccharomyces fermentati*）进行原生质体融合，融合率达到 2×10^{-7}，筛选出的融合子不但能以纤维二糖为唯一碳源生长，而且产乙醇能力高于双亲。融合了两株有协同作用的绿胞链霉菌（*Streptomyces viridosporus*）TTA 和西康氏链霉菌（*S. setonii*）75viz，19 株融合子中 4 株降解玉米秆木质纤维素能力比亲株高出 155%～264%。

5.5 发酵工程

5.5.1 发酵概述

5.5.1.1 发酵的定义

发酵是微生物分解有机物、产生乳酸或乙醇和二氧化碳的作用过程、也泛指一般利用微生物制造原料或产品的过程，可在无氧或有氧条件下进行。前者如乙醇发酵、乳酸发酵、丙酮发酵和丁醇发酵，后者如抗生素发酵、醋酸发酵、氨基酸发酵和维生素发酵等。发酵依靠微生物体内或体外的酶，将基质包括有机污染物在内的大分子分解成微生物细胞能吸收的小分子化合物，并参与细胞的合成代谢。发酵提供细胞生命活动所需的能量和各种细胞结构物质，建造新的细胞。因此，利用发酵工程的原理与技术，净化处理环境污染物，同时产生有用的产品，可以达到减轻环境污染的目的，同时实现废物资源化，提高整体工艺的效益，降低运行成本。生物发酵技术已应用在环境污染处理的多方面，如有机废物的堆肥过程中的发酵、废纤维素的糖化、蛋白化和乙醇化等。

发酵的微生物类型主要有酵母、霉菌和细菌。

5.5.1.2 发酵工程的基本原理

发酵的基本原理是单一的菌种在培养基中的纯培养，因此所采用的菌种极为重要，培养与保存优良的生产菌种是发酵工艺的首要任务。天然的微生物一般不能满足发酵工业生产的要求，需要从土著菌中进行筛选，或按照人类的意志对其遗传特性进行改造，使它们生产出更多更好的产品。

由于微生物的繁殖迅速，能在短期内获得大量个体，处理比较简单，容易进行形态学、生物化学与分子遗传学的分析，通过微生物的诱变育种、基因重组与遗传工程等方法，可以培育人们所需的各种微生物良种。

发酵工程过程一般可以分成四个阶段。

(1) 发酵原料的预处理

发酵原料很丰富，可以是薯类、谷类，也可以是有机废弃物，如废纤维素等。但微生物都不能直接利用这些发酵原料，通常需要将其粉碎、蒸煮并水解成葡萄糖，以供给微生物利用。

(2) 发酵过程的准备

发酵前必须进行微生物菌种种子的制备与发酵原料的无菌消毒。无菌消毒是种子制备与发酵的必要条件，一般在发酵前将发酵原料装入发酵罐中，通入蒸汽进行高温灭菌，冷却后，在无菌条件下接入菌种，在发酵过程中要绝对保证无杂菌，即没有目标微生物以外的微生物存在，这是发酵成功与否的关键，对于好氧发酵，还需要通入无菌空气。由于微生物生长对环境具有一定的要求，因此，还要调节 pH 和添加必要的营养盐。

在实际生产过程中，为提高罐的利用率，通常先在种子罐中发酵，制备大量的微生物菌种，将其投入到大罐中。

(3) 发酵过程

由于使用的微生物种类不同，代谢规律不一样，因而有厌氧发酵与好氧发酵两种方法。

厌氧发酵是静置发酵，其发酵设备不需供氧，所以设备和工艺都比好氧发酵简单。如乙醇、啤酒、丙酮、丁醇及乳酸发酵等均为厌氧发酵产品。

好氧发酵的过程中需要消耗大量的氧气，以供代谢的需要，如氨基酸发酵、抗生素发酵等。

在生物反应器中，微生物将有机物转化为本身的细胞结构物质，同时生产目标产品。

(4) 产品的分离与纯化

分离与纯化是从发酵液中制取符合质量指标的制品。首先将发酵液进行过滤，离心以除去固体杂质，然后采用吸附法、溶媒萃取法、离子交换法、沉淀法或蒸馏法等，对发酵液中的产品进行进一步的提炼，以得到符合要求的目标产品。

5.5.2 发酵工程在环境污染治理中的应用

(1) 亚硫酸盐纸浆废液乙醇发酵

亚硫酸盐纸浆废液中含有较多的木质素盐和相当数量的糖类，总固形物约 9%～17%，其中有机物占总固形物的 85%～90%。亚硫酸盐纸浆废液中可发酵性糖的来源主要是半纤维素。为了使亚硫酸盐纸浆废液能用于乙醇发酵，必须经过预处理，即通入空气，使有害物质 SO_2 得以挥发，用石灰水等碱性溶液中和废液的酸，pH 调为 5.4～5.5，将中和过程中产生的硫酸钙和亚硫酸钙采用沉降法将其除去。在澄清液中添加氮和磷，然后在发酵罐中加入絮状酵母，并通入空气搅拌，进行乙醇发酵。发酵液流入澄清罐，将沉淀的酵母留在澄清器底部中心，并再回流到发酵罐中，而澄清液送去蒸馏，生产乙醇。

(2) 酵母循环系统

酵母循环系统是指利用酵母菌-活性污泥二段式好氧处理废水的系统。日本西原环境研究所用生产面包的废水进行微生物混合培养，结果分离出了酵母和其他两种微生物。研究人员认为，既然酵母也能有效地处理废水，那么处理后的剩余污泥是酵母的集合体，其中含有大量的蛋白质、维生素和脂肪等多种物质，完全可以用来制作饲料或肥料，从而一举解决了活性污泥法剩余的污泥问题。这样就产生了一种利用酵母的新式食品废水处理系统—— 酵母循环系统。

与细菌活性污泥系统相比较，酵母废水处理系统的性能大大提高。酵母废水处理系统的日处理能力达 10～15BODkg/m^3，是细菌法的 5～7 倍。酵母槽中的酵母浓度高达 10～15g/L，酵母絮体结构呈海绵状，孔径大，非常易于氧气的扩散，因而混合液的溶解氧水平可以降低到 0.3～0.8g/L ，相应的送风量只需活性污泥法的 60%，而海绵状的酵母污泥可在常压下脱水，无需添加药剂。

(3) 废纤维素的资源化

纤维素是生物圈中数量最大的废物，我国每年的主要农林废弃物就有约 7000×10^{-4}，然而其中被利用的不足 2%，这是因为纤维素和半纤维素，特别是木质素难以被微生物分解。因此，寻找能高效分解纤维素的菌种或纤维素酶是废纤维素资源化的关键之一。

目前发现以绿色木霉为发生源的纤维素酶活性很高，并在 1962 年生产该菌的纤维素酶制剂，该株木霉经改进后，其酶活力已经提高了 19 倍，并据此开发了纤维素酶解糖化工艺。该工艺由制酶、原料预处理、水解与糖浆回收三阶段组成，以旧报纸为原料生产葡萄糖，转化率为 50%。据推算，年产 8×10^{-4}t 葡萄糖的成本中，制酶费占 60%，可见提高酶活力，减少酶的消耗量，提高回收率对降低成本具有重要意义。

用纤维素肥料生产单细胞蛋白（SCP）的技术也在不断改进中。一些放线菌菌株能广泛分解纤维素、半纤维素、木质素和淀粉等有机物产生SCP，容积生产效率可达29g/L以上。对纤维素的得率为45%左右，菌体细胞蛋白质含量在60%以上。

利用纤维素生产乙醇，被认为是解决能源危机和减少能源污染的一条有效途径。用混合培育方法可直接将纤维素转化为乙醇，即用热纤梭菌来水解纤维素，同时运用热解糖梭菌把前者不能代谢的戊糖转化为乙醇，从而可以同时将戊糖和己糖转化为乙醇，并使纤维素水解和乙醇发酵结合进行。从原料中得到的乙醇已达到理论最高产量的85%。这种一步转化技术的经济潜力超过了多步流程，应用前景十分明显。

(4) 有机固体废物的快速堆肥

高效、快速的堆肥技术是20世纪60年代以来国内外竞相研究的重点之一。堆肥方法已从传统的露天静态堆肥法向快速堆肥法发展。其中最著名的是达诺式（dano）回转圆筒型发酵仓工艺。其城市垃圾堆肥率达25%～40%。dano工艺是动态工艺，在有机物含量大于40%时，主发酵期为3～4d，甚至可以短到2d，此时垃圾已经无害化处理；后发酵期用10～11d达到完全稳定化，全程共14d，比一般静态发酵法缩短了6d左右，因此可以节省工程投资，提高处理能力。目前国内这项技术的研究实验工作起步不久，有待改进推广。

从自然界中分离筛选一些在新鲜畜粪上能旺盛增殖的嗜粪微生物，用它们接种后，可明显加快发酵进程。向有机肥料中接种白色腐朽菌，有利于难降解的木质素加快分解；也可以对植物性废弃物和城市污泥进行加酶处理，在沼气发酵时的甲烷产量可有大幅度提高。

复习题

1. 什么是生物技术？它包括哪些基本内容？
2. 何谓酶工程？
3. 酶固定化方法有哪些？各有何优缺点？
4. 固定化对酶反应系统有何影响？
5. 酶在环境污染治理中有何应用？
6. 简述基因工程产生的理论基础与技术基础？
7. 基因工程中理想的运载体有什么特点？
8. 简述基因工程中受体细胞的特点？
9. 限制性内切酶与连接酶有什么特点？
10. 何谓PCR技术、cDNA文库、基因文库？
11. 简述基因工程在环境污染治理中的应用。

参考文献

[1] 孔繁翔，尹大强，严国安．环境生物学．北京：高等教育出版社，2000.
[2] 王建龙，文湘华．现代环境生物技术，清华大学出版社，2001.
[3] 宋思扬，楼士林．生物技术概论．北京：科学出版社，2001.
[4] 王建龙．生物固定化技术与水污染控制．北京：科学出版社，2002.
[5] 雄振平．酶工程．北京：化学工业出版社，1989.
[6] 郭勇．酶工程．北京：中国轻工业出版社，1994.
[7] 欧伶．应用生物化学．北京：化学工业出版社．2001.
[8] 冯斌，谢先芝．基因工程技术，北京：化学工业出版社，2000.
[9] 朱玉贤，李毅．现代分子生物学．北京：高等教育出版社，1997.
[10] 焦瑞身．细胞工程．北京：化学工业出版社，1989.
[11] 李艳．发酵工程概论．北京：中国轻工业出版社，1999.

6

水环境污染控制与治理中的生物化学

6.1 污水、废水生物控制与治理生物化学

6.1.1 水的生物化学处理概念

在自然条件下，微生物具有氧化分解有机物并将其转化为无机物的能力。水的生物化学处理法就是在人工条件下，创造有利于微生物生长代谢的环境，使微生物大量繁殖，提高微生物氧化分解有机物的能力，从而达到去除或降低废水中有机污染物的目的。生物处理过程既包括溶解性有机物中的碳被转化为新原生质和二氧化碳的所谓碳氧化过程，也包括不溶性的胶体态有机物被微生物转化，形成不再受微生物新陈代谢活动影响的最终产物，即所谓的稳定化过程，还包括溶解性无机物（如氮和磷）的生物化学转化过程。

微生物对废水中的有机物进行转化的过程是生物氧化过程，故可按照微生物对生长环境中氧的要求不同，将生物处理方法分为好氧生物处理和厌氧生物处理两类。根据处理工艺过程可分为以活性污泥为主的悬浮生长系统和以生物膜为主的附着生长系统。

6.1.2 好氧生物处理生物化学

6.1.2.1 好氧活性污泥法

(1) 活性污泥法的基本流程

活性污泥法是一种应用甚为广泛的废水好氧生物处理技术，其基本流程如图 6-1 所示，由初次沉淀池、曝气池、二次沉淀池、曝气系统以及污泥回流系统等组成。

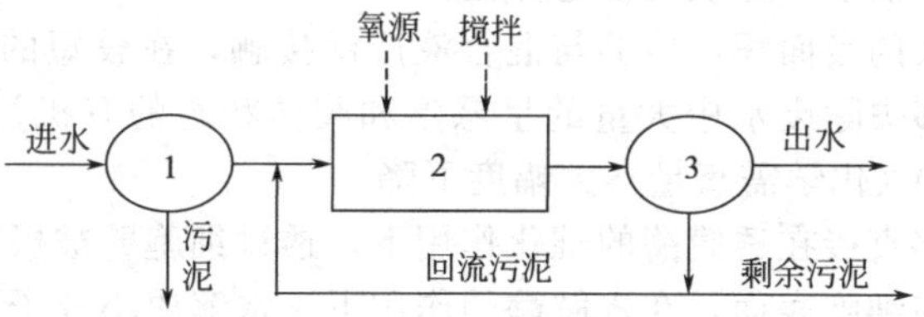

图 6-1 活性污泥法工艺基本流程

1—初次沉淀池；2—曝气池；3—二次沉淀池

(2) 活性污泥法中的微生物

活性污泥水处理中发挥作用的微生物，最大约 1mm 左右，主要以细菌和原生动物为主。但是随着污泥种类的不同，也有真菌类和微小动物出现。

① 细菌 废水中，直接摄取可溶性有机物者以细菌为主。构成活性污泥的细菌群中，有形成菌胶团的生枝动胶菌（*Zoogloea ramigera*），形成丝状体的浮游球衣菌（*Sphaerotilus natans*）。动胶菌属（*Zoogloea*）因为是活性污泥菌胶团的主体而受到重视，其菌体以凝胶状物质包裹成手指状、树枝状、羽状形态而增殖。实际的活性污泥中出现典型的 *Zoogloea* 絮凝体的为数不多。一般而言，大多是以多种类细菌构成的絮凝胶团。球衣菌属（*Sphaerotilus*）形成如剑鞘并列状的透明丝状体，其丝状体中假分枝较多。如果污泥中的

*Sphaerotilus*异常增殖的话，则会引起污泥膨胀（bulking）现象，导致终沉池中固液相不能分离。此外，根据培养试验的结果，污泥中常见细菌种类以无色菌属（*Achromobacter*）、产碱菌属（*Ajlcaligenes*）、芽孢杆菌属（*Bacillus*）、黄细菌属（*Flavobacterium*）为多。对于正常的城市污水的活性污泥，1mg 的 MLSS（混合液悬浮固体）中约含 $2.0\times10^7\sim1.6\times10^8$ 个活菌数（1mL 的活性污泥混合液中有 $10^7\sim10^8$ 个）。

② 原生动物　原生动物与细菌都是在废水中起净化作用的主要成员，并且是污水处理效率的重要指示生物。活性污泥中虽含有多种不同的原生动物，但以纤毛虫占多数，据报道约有 80 种之多。

③ 真菌类　有关活性污泥中真菌类的报道很少，它们通常出现在工业废水的活性污泥中，大多为藻菌类的水节霉属（*Leptomitus*）、毛菌属（*Mucor*），半知菌类的 *Geotrichum*、*Trichoderma*，酵母类的假丝酵母属（*Candida*）、*Phodotorula* 等。

④ 微小后生动物　通常，活性污泥中出现的微小后生动物有轮虫类（*Rotataria*）与线虫类（*Nemstoda*）。常出现的轮虫类有 *Rotaria*、*Philodina*、*Lecane*、*Notommata*、*Lepadella*、*Colurella* 等，但为数不多。线虫类有 *Dorylaimus*、*Rhabdolaimus*、*Rhabditis*、*Diplogaster* 等。而且，这些后生动物常摄食污泥中细菌、原生动物残骸的碎片。

普通的活性污泥混合液 1mL 中的轮虫类个体数约在 100～200 以上，不超过微小动物总数的 5%。贫毛虫类以优势种出现一般仅限于长时间曝气法的情况，如果在 1mL 混合液中出现 500 个以上的话，活性污泥即呈赤褐色。线虫类的出现个数大约在 100～200，很难形成优势增殖。其他的后生动物如腹毛虫类的 *Chaetonotus*、甲壳虫类的 *Moina* 及 *Macrobiotus* 则仅仅是偶尔出现。不管任何场合，这些微小动物在 1mL 混合液中的个体数皆在 100 以下。

（3）活性污泥的净化反应过程

活性污泥系统对有机底物的降解是通过几个阶段和一系列作用完成的。

① 絮凝、吸附作用　在正常发育的活性污泥微生物体内，存在着由蛋白质、碳水化合物和核酸组成的生物聚合物，这些生物聚合物是带有电荷的电介质。因此，由这种微生物形成的生物絮凝体，都具有生物、物理、化学吸附作用和凝聚、沉淀作用，在其与废水中呈悬浮状和胶体状的有机污染物接触后，能够使后者失稳、凝聚，并被吸附在活性污泥表面而被降解。活性污泥的所谓“活性”即表现在这方面。

活性污泥具有很大的表面积，能够与混合液广泛接触，在较短的时间内（15～40min），通过吸附作用，就能够去除废水中大量的呈悬浮和胶体状态的有机污染物，使废水的 BOD（生化需氧量）或 COD（化学需氧量）大幅度下降。

小分子有机物能够直接在透膜酶的催化作用下，透过细胞壁被摄入细菌体内，但大分子有机物则首先被吸附在细胞表面，在水解酶的作用下，水解成小分子再被摄入体内。一部分被吸附的有机物可能通过污泥排放被去除。

活性污泥吸附作用的大小与一系列因素有关。首先是废水的性质、特征。由于活性污泥对呈悬浮和胶体状态的有机污染物吸附能力较强，因而对含有这类污染物多的废水处理效果好。此外，活性污泥应当经过比较充分的再生曝气，使其吸附功能得到恢复和增强，一般应使活性污泥中的微生物进入内源代谢期。

② 活性污泥中微生物的代谢及其增殖规律　活性污泥中的微生物将有机物摄入体内后，以其作为营养加以代谢。在好氧条件下，代谢按两个途径进行（图 6-2）。一为合成代谢，部分有机物被微生物所利用，合成新的细胞物质；一为分解代谢，部分有机物被分解，形成 CO_2 和 H_2O 等稳定物质，并产生能量，用于合成代谢。同时，微生物细胞物质也进行自身的氧化分解，即内源代谢或内源呼吸。当废水中有机物充足时，合成反应占优势，内源代谢不明显；但当有机物浓度大为降低或已耗尽时，微生物的内源呼吸作用就成为向微生物提供

能量、维持其生命活动的主要方式了。

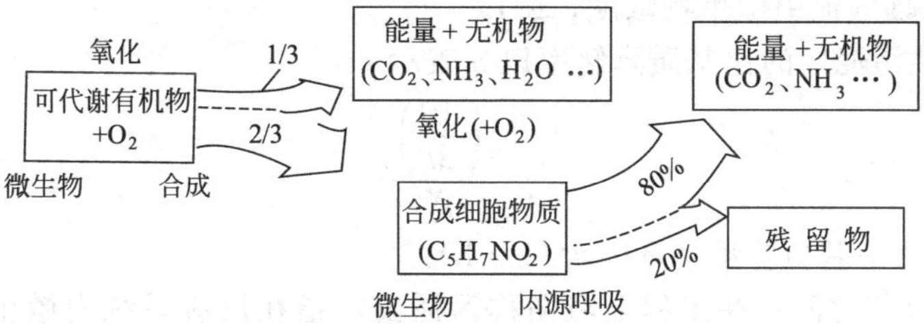

图 6-2 好氧过程中的微生物学机制

微生物增殖、有机物降解、微生物的内源代谢以及氧的消耗等过程，在曝气池内是同步进行的。活性污泥微生物是多属种细菌与多种原生动物的混合群体，但从整体来看其增殖过程是遵循一定规律进行的，分为对数增殖期、减衰增殖期与内源呼吸期。

在湿度适宜、溶解氧充足，而且不存在抑制物质的条件下，活性污泥微生物的增殖速率主要取决于微生物与有机基质的相对数量，即有机基质（F）与微生物（M）的比值（F/M）。它也是影响有机物去除速率、氧利用速率的重要因素。在推流式曝气池内，有机物与活性污泥在数量上的变化规律与间歇培养相同，只是其变化是在从池始端到终端这一空间内进行的。

③ 活性污泥的凝聚、沉淀与浓缩　活性污泥系统净化废水的最后程序是泥水分离，这一过程在二次沉淀池或沉淀区内进行。良好的凝聚、沉降与浓缩性能是正常活性污泥所具有的特性。活性污泥在二次沉淀池的沉降，经历絮凝沉淀、成层沉淀与压缩等过程，最后在池的污泥区形成浓度较高的作为回流污泥的浓缩污泥层。

正常的活性污泥在静置状态下，于 30min 内即可基本完成絮凝沉淀与成层沉淀过程。浓缩过程比较缓慢，要达到完全浓缩，需时较长。影响活性污泥凝聚与沉淀性能的因素较多，其中以原废水性质为主。此外，水温、pH、溶解氧浓度以及活性污泥的有机物负荷也是重要的影响因素。对活性污泥的凝聚、沉淀性能，可用 SVI（污泥指数）、SV（污泥沉降比）和 MLSS 等三项指标共同评价。

（4）活性污泥反应动力学

目前废水生物处理技术界广为接受并得到应用的活性污泥反应动力学是劳伦斯-麦卡蒂（Lawrwnce&McCarty）建立的模式。

① 劳伦斯-麦卡蒂模式的基础概念

a. 劳伦斯-麦卡蒂建议的排泥方式　在废水生物处理过程中，通常有两种剩余污泥排放方式：第一种是传统的排泥方式；第二种是劳伦斯-麦卡蒂推荐的排泥方式，也称完全混合式活性污泥排泥方式，见图 6-3。该排泥方式的主要优点在于减轻二次沉淀池的负荷，有利于污泥浓缩，所得回流污泥的浓度较高。

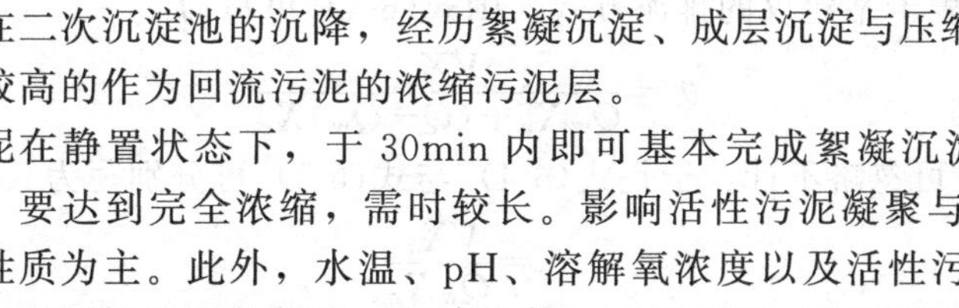

图 6-3 完全混合式活性污泥排放方式

b. 微生物比增殖率和比基质降解率　微生物（活性污泥）的比增殖率以 μ 表示

$$\mu=\frac{\left(\frac{dX}{dt}\right)}{X} \tag{6-1}$$

式中 dX/dt——微生物增值率，g/(L·h)；

X——曝气池中微生物浓度，g/L。

微生物（活性污泥）的比基质降解率以 q 表示

$$q=\frac{\left(\frac{dS}{dt}\right)_u}{X} \tag{6-2}$$

式中 $(dS/dt)_u$——基质降解速率，g/(L·h)。

c. 污泥平均停留时间 在工程上习惯称污泥龄，指在反应系统内微生物从其生成开始到排出系统的平均停留时间，相当于反应系统内的微生物全部更新一次所需要的时间。在工程上，就是反应系统内污泥总量与每日排放的剩余污泥量的比值，以 θ_c 或 t_s 表示，单位为天（d）。

$$\theta_c=\frac{VX}{\Delta X} \tag{6-3}$$

式中 ΔX——每日增殖的污泥（微生物）量，g。

根据图 6-3，θ_c 值可用下式计算

$$\theta_c=\frac{VX_a}{Q_wX_r+(Q-Q_w)X_e} \tag{6-4}$$

式中符号见图 6-3。

如果按劳伦斯-麦卡蒂建议的排泥方式，则式(6-4) 可写为

$$\theta_c=\frac{VX_a}{Q_wX_a+(Q-Q_w)X_e} \tag{6-5}$$

一般 X_e 很低，可忽略不计，于是式(6-4) 与式(6-5) 可分别写为

$$\theta_c=\frac{VX_a}{Q_wX_r} \tag{6-6}$$

$$\theta_c=\frac{V}{Q_w} \tag{6-7}$$

因此，污泥比增殖速率（μ）与污泥平均停留时间（θ_c）互为倒数关系，即

$$\mu=\frac{1}{\theta_c} \quad \theta_c=\frac{1}{\mu} \tag{6-8}$$

② 劳伦斯-麦卡蒂模式的基本方程

a. 第一基本方程 在反应器内，微生物量因增殖而增加，同时又因内源代谢而减少，其综合变化可用下式表示

$$\frac{dX}{dt}=Y\left(\frac{dS}{dt}\right)-K_dX_a \tag{6-9}$$

式中 Y——微生物产率（活性污泥产率），以污泥量/降解的有机基质表示，mg/mg；

K_d——微生物内源代谢作用的自身氧化率，又称衰减系数，d^{-1}；

dX/dt——微生物净增殖速率，mg/(L·d)；

X_a——反应器内微生物浓度，mg/L；

dS/dt——基质利用速率（降解速率），mg/(L·d)。

经整理可得

$$\frac{1}{\theta_c}=Y_q-K_d \tag{6-10}$$

上式为劳伦斯-麦卡蒂第一基本方程，表示的是污泥平均停留时间（θ_c）与产率（Y）、基质比利用速率（q）及衰减系数之间的关系。

b. 第二基本方程 第二基本方程表示的是基质降解速率与曝气池（反应器）内微生物

浓度和基质浓度之间的关系。由于有机基质的降解速率（v）等于其被微生物的利用速率（q），即

$$v=q \tag{6-11}$$

于是，可得

$$\left(\frac{dS}{dt}\right)_u=V_{max}\frac{X_a S}{K_s+S} \tag{6-12}$$

用 q_{max} 值代替 V_{max}，得

$$\left(\frac{dS}{dt}\right)_u=q_{max}\frac{X_a S}{K_s+S}$$

式中 S——反应器内基质浓度，g/L；

q_{max}——单位污泥的最大基质利用速率（在高底物浓度条件下），g/(L·h)；

K_s——半速率系数，其值等于 $q=1/2$ 时的基质浓度，g/L。

6.1.2.2 好氧生物膜法

（1）好氧生物膜法的基本原理

生物膜法和活性污泥法都是利用好氧微生物分解废水中的有机物的方法。它们的基本不同点在于微生物提供的方式不同。在生物膜法中，微生物附着在固体滤料的表面上，在固体介质表面形成生物膜，废水同生物膜相接触而得到处理，所需氧气一般直接来自大气。而在活性污泥法中，微生物是以污泥绒粒的形式分散、悬浮在曝气池的废水中，所需氧气是通过曝气装置提供的。所以生物膜法亦称为生物过滤法。

生物膜法具有以下几个特点：固着于固体表面上的微生物对废水水质、水量的变化有较强的适应性；和活性污泥相比，管理较方便；由于微生物固着于固体表面，即使增殖速度慢的微生物也能生息，从而构成了稳定的生态系。高营养级的微生物越多，污泥量自然就越少。一般认为，生物过滤法比活性污泥法的剩余污泥要少。由于固着于固体表面的微生物量较难控制，因而在运转操作上伸缩性差；又由于滤料表面积小，BOD 容积负荷有限，因而空间效果差；加上多采用自然通风供氧，在生物膜内层往往形成厌氧层，从而缩小了具有净化功能的有效容积。然而由于新工艺新滤料的研制成功，生物膜法作为良好的好氧生物处理技术仍被广泛采用。生物膜净水原理示意图如图 6-4 所示。

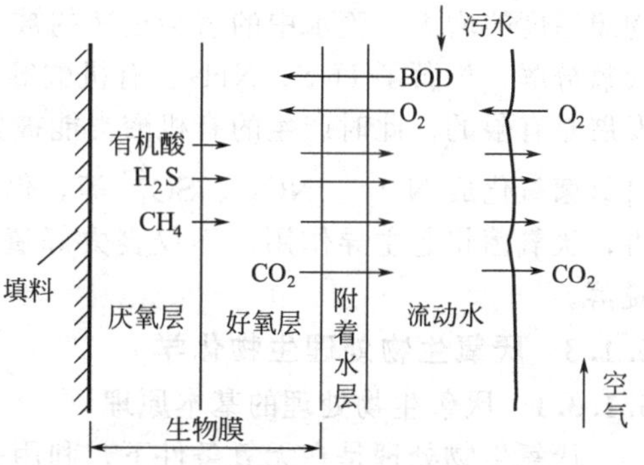

图 6-4 生物膜净水原理示意图

（2）生物膜的形成及特点

在生物膜净化构筑物中，填充了数量相当多的挂膜介质。当有机废水均匀地淋洒在介质表层上后，便沿介质表面向下渗流。在充分供氧的条件下，接种的或原存在废水中微生物就在介质表面增殖。这些微生物吸附废水中的有机物，迅速进行降解有机物的生命活动，逐渐在介质表面形成了黏液状的生长有极多微生物的膜，即称之为生物膜。

随着微生物的不断繁殖增长，以及废水中悬浮物和微生物的不断沉积，使生物膜的厚度不断增加。其结果使生物膜的结构发生了变化。膜的表层和废水接触，由于吸取营养和溶解氧比较容易，微生物生长繁殖迅速，形成了由好氧微生物和兼性微生物组成的好氧层。在其内部和介质接触的部分，由于营养料和溶解氧的供应条件较差，微生物生长繁殖受到限制，好氧微生物难以生活，兼性微生物转为厌氧代谢方式，某些厌氧微生物恢复了活性，从而形成了由厌氧微生物和兼性微生物组成的厌氧层。厌氧层是在生物膜达到一定厚度时才出现的，随着生物膜的增厚和外伸，厌氧层也随着变厚。

在负荷低的净化构筑物内，由于有机物氧化分解比较完全，生物膜的增长速度较慢，好氧层和厌氧层的界限并不明显。但在高负荷的净化构筑内，生物膜增长迅速，好氧层和厌氧层的分界比较明显。生物膜并不是毫无变化地附着在滤料表面上，而是不断地增长、更新、脱落的。造成生物膜不断脱落的原因有：水力冲刷，由于膜增厚而造成质量的增大，原生动物的松动，厌氧层和介质的黏结力较弱等，其中以水力冲刷最为重要。从处理要求看，生物膜的更新脱落是完全必要的。

生物膜是生物处理的基础，必须保持足够的数量才能达到净化的目的。一般认为，生物膜厚度介于 2～3mm 时较为理想，生物膜太厚，会影响通风，甚至造成堵塞。厌氧层一旦产生，会使处理水质下降，而且厌氧代谢产物会恶化环境卫生。

（3）生物膜中的物质迁移

由于生物膜的吸附作用，在其表面有一层很薄的水层，称之为附着水层。附着水层的有机物大多已被氧化，其浓度比滤池进水的有机物浓度低得多。因此，进水池内的废水沿膜面移动大，由于浓度差的作用，有机物会从废水中转移到附着水层中去，进而被生物膜所吸附。同时，空气中的氧在溶入废水中后，继而进入生物膜。在此条件下，微生物对有机物进行氧化分解和同化合成，产生的二氧化碳和其他代谢产物一部分溶入附着水层，一部分析出到空气中去。如此循环往复，使废水中的有机物不断减少，从而得到净化。

在向生物膜细菌供氧的过程中，由于存在着气-液膜阻抗，因而速度甚慢。所以随着生物膜厚度的增大，废水中的氧会迅速的被表层的生物膜所耗尽，致使其深层因氧不足而发生厌氧分解，积蓄了 H_2S、NH_3、有机酸等代谢产物。但当氧的供给充足时，厌氧层的厚度发展是有限的。此时产生的有机酸类能被异氧菌及时地氧化成 CO_2 和 H_2O，NH_3、H_2S 被自氧菌氧化成 NO_2^-、NO_3^-、SO_4^{2-} 等，仍然维持着生物膜的活性。若供氧不足，从总体上讲，厌氧菌将起主导作用，不仅丧失好氧生物分解的功能，而且将使生物膜发生非正常的脱落。

6.1.3 厌氧生物处理生物化学

6.1.3.1 厌氧生物处理的基本原理

厌氧生物处理是在无氧条件下，利用多种厌氧微生物的代谢活动，将有机物转化为无机物和少量细胞物质的过程。这些无机物质主要是大量生物气即沼气和水。

（1）厌氧生物分解有机物的过程

如图 6-5 所示，复杂有机物的厌氧生物处理过程可以分为 4 个阶段。

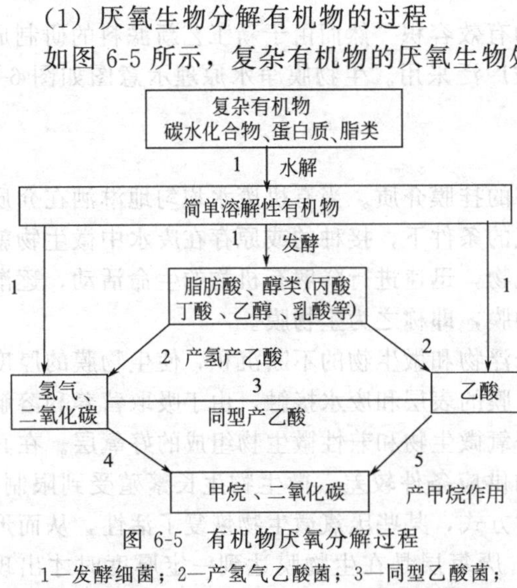

图 6-5 有机物厌氧分解过程

1—发酵细菌；2—产氢气乙酸菌；3—同型乙酸菌；4—利用 H_2 和 CO_2 的产甲烷菌；5—分解乙酸的产甲烷菌

① 水解阶段 复杂有机物首先在发酵性细菌产生的胞外酶的作用下分解为溶解性的小分子有机物。如纤维素被纤维素酶水解为纤维二糖与葡萄糖，蛋白质被蛋白酶水解为短肽及氨基酸等。水解过程通常比较缓慢，是复杂有机物厌氧降解的限速阶段。

② 发酵（酸化）阶段 溶解性小分子有机物进入发酵菌（酸化菌）细胞内，在胞内酶作用下分解为挥发性脂肪酸（VFA），如乙酸、丙酸、丁酸以及乳酸、醇类、二氧化碳、氨、硫化氢等，同时合成细胞物质。发酵可以定义为有机化合物既作为电子受体也作为电子供体的生物降解过程。在此过程中，溶解性有机物被转化为以挥发性脂肪酸为主

的末端产物，因此这一过程也称为酸化。酸化过程是由许多种类的发酵细菌完成的。其中重要的类群有梭状芽孢杆菌（*Clostridium*）和拟杆菌（*Bacteriodes*）。这些菌绝大多数是严格厌氧菌，但通常有约1%的兼性厌氧菌生存于厌氧环境中，这些兼性厌氧菌能够起到保护严格厌氧菌，如产甲烷菌免受氧的损害与抑制的作用。

③ 产乙酸阶段　发酵酸化阶段的产物丙酸、丁酸、乙醇等，在此阶段经产氢产乙酸菌作用转化为乙酸、氢气和二氧化碳。

④ 产甲烷阶段　在此阶段，产甲烷菌通过以下两个途径之一，将乙酸、氢气和二氧化碳等转化为甲烷。其一是在二氧化碳存在时，利用氢气生成甲烷。其二是利用乙酸生成甲烷。利用乙酸的产甲烷菌有索氏甲烷丝菌和巴氏甲烷八叠球菌，二者生长速率有较大差别。在一般的厌氧生物反应器中，约70%的甲烷由乙酸分解而来，30%由氢气还原二氧化碳而来。

利用乙酸：$CH_3COOH \longrightarrow CH_4 + CO_2$

利用氢气和二氧化碳：$4H_2 + CO_2 \longrightarrow CH_4 + 2H_2O$

（2）厌氧消化微生物

① 发酵细菌（产酸细菌）　主要包括梭菌属（*Clostridium*）、拟杆菌属（*Bacteroides*）、丁酸弧菌属（*Butyrivibrio*）、真细菌属（*Eubacterium*）和双歧杆菌属（*Bifidobacterium*）等。

这类细菌的主要功能是先通过胞外酶的作用将不溶性有机物水解成可溶性有机物，再将可溶性的大分子有机物转化成脂肪酸、醇类等。研究表明，该类细菌对有机物的水解过程相当缓慢，pH和细胞平均停留时间等因素对水解速率的影响很大。不同有机物的水解速率也不同，如类脂的水解就很困难。因此，当处理的废水中含有大量类脂时，水解就成为厌氧消化过程的限速步骤。但产酸的反应速率较快，并远高于产甲烷反应。

发酵细菌大多数为专性厌氧菌，但也有大量兼性厌氧菌。按照其代谢功能，发酵细菌可分为纤维素分解菌、半纤维素分解菌、淀粉分解菌、蛋白质分解菌和脂肪分解菌等。

除发酵细菌外，在厌氧消化的发酵阶段，也可发现真菌和为数不多的原生动物。

② 产氢产乙酸菌　近10年来的研究所发现的产氢产乙酸菌包括互营单孢菌属（*Syntrophomonas*）、互营杆菌属（*Syntrophobacter*）、梭菌属（*Clostridium*）、暗杆菌属（*Pelobacter*）等。

这类细菌能把各种挥发性脂肪酸降解为乙酸和H_2。其反应如下

降解乙醇　$CH_3CH_2OH + H_2O \longrightarrow CH_3COOH + 2H_2$

降解丙酸　$CH_3CH_2COOH + 2H_2O \longrightarrow CH_3COOH + 3H_2 + CO_2$

降解丁酸　$CH_3CH_2CH_2COOH + 2H_2O \longrightarrow 2CH_3COOH + 2H_2$

上述反应只有在乙酸浓度低，液体中氢分压也很低时才能完成。

产氢产乙酸细菌可能是绝对厌氧菌或是兼性厌氧菌。

③ 产甲烷细菌　对绝对厌氧的产甲烷菌的分离和研究，是由于20世纪60年代末Hungate开创了绝对厌氧微生物培养技术而得到迅速发展的。产甲烷菌大致可分为两类：一类主要利用乙酸产生甲烷，另一类数量较少，利用氢和CO_2的合成生成甲烷。也有极少量细菌，既能利用乙酸，也能利用氢。

以下是两个典型的产甲烷反应

利用乙酸　$CH_3COOH \longrightarrow CH_4 + CO_2$

利用H_2和CO_2　$4H_2 + CO_2 \longrightarrow CH_4 + 2H_2O$

产甲烷菌都是绝对厌氧细菌，要求生活环境的氧化还原电位在−150～−400mV范围内。氧和氧化剂对产甲烷菌有很强的毒害作用。

产甲烷菌的增殖速率慢，繁殖世代期长，甚至达4～6d，因此在一般情况下产甲烷反应

是厌氧消化的控制阶段。

④ 厌氧微生物群体间的关系　在厌氧生物处理反应器中，不产甲烷菌和产甲烷菌相互依赖，互为对方创造维持生命活动所需要的良好环境和条件，但又相互制约。厌氧微生物群体间的相互关系表现在以下几个方面。

a. 不产甲烷细菌为产甲烷细菌提供生长和产甲烷所需要的基质。

不产甲烷细菌把各种复杂的有机物质，如碳水化合物、脂肪、蛋白质等进行厌氧降解，生成游离氢、二氧化碳、氨、乙酸、甲酸、丙酸、丁酸、甲醇、乙醇等产物，其中丙酸、丁酸、乙醇等又可被产氢产乙酸细菌转化为氨、二氧化碳、乙酸等。这样，不产甲烷细菌通过其生命活动为产甲烷细菌提供了合成细胞物质和产甲烷所需的碳前体和电子供体、氢供体和氮源。产甲烷细菌充当厌氧环境有机物分解中微生物食物链的最后一个生物体。

b. 不产甲烷细菌为产甲烷细菌创造适宜的氧化还原条件。

厌氧发酵初期，由于加料使空气进入发酵池，原料、水本身也携带有空气，这显然对于产甲烷细菌是有害的。它的去除需要依赖不产甲烷细菌类群中那些需氧和兼性厌氧微生物的活动。各种厌氧微生物对氧化还原电位的适应也不相同，通过它们有顺序地交替生长和代谢活动，使发酵液氧化还原电位不断下降，逐步为产甲烷细菌生长和产甲烷创造适宜的氧化还原条件。

c. 不产甲烷细菌为产甲烷细菌清除有毒物质。

在以工业废水或废弃物为发酵原料时，其中可能含有酚类、苯甲酸、氰化物、长链脂肪酸、重金属等对于产甲烷细菌有毒害作用的物质。不产甲烷细菌中有许多种类能裂解苯环、降解氰化物等从中获得能源和碳源。这些作用不仅解除了对产甲烷细菌的毒害，而且给产甲烷细菌提供了养分。此外，不产甲烷细菌的产物硫化氢，可以与重金属离子作用生成不溶性的金属硫化物沉淀，从而解除一些重金属的毒害作用。

d. 产甲烷细菌为不产甲烷细菌的生化反应解除反馈抑制。

不产甲烷细菌的发酵产物可以抑制其本身的不断形成。氢的积累可以抑制产氢细菌的继续产氢，酸的积累可以抑制产酸细菌继续产酸。在正常的厌氧发酵中，产甲烷细菌连续利用由不产甲烷细菌产生的氢、乙酸、二氧化碳等，使厌氧系统中不致有氢和酸的积累，就不会产生反馈抑制，不产甲烷细菌也就得以继续正常的生长和代谢。

e. 不产甲烷细菌和产甲烷细菌共同维持环境中适宜的 pH 值。

在厌氧发酵初期，不产甲烷细菌首先降解原料中的糖类、淀粉等物，产生大量的有机酸，产生的二氧化碳也部分溶于水，使发酵液的 pH 明显下降。而此时，一方面不产甲烷细菌类群中的氨化细菌迅速进行氨化作用，产生的氨中和部分酸；另一方面，产甲烷细菌利用乙酸、甲酸、氢和二氧化碳形成甲烷，消耗酸和二氧化碳。两个类群的共同作用使 pH 稳定在一个适宜范围内。

⑤ 缺氧（anoxic）处理　在没有分子氧存在的条件下，一些特殊的微生物类群可以利用含有化合态氧的物质如硫酸盐、亚硝酸盐和硝酸盐等作为电子受体，进行代谢活动。

a. 硫酸盐还原　在处理含硫酸盐或亚硫酸盐废水的厌氧反应器中，硫酸盐或亚硫酸盐会被硫酸盐还原菌（SRB）在其氧化有机污染物的过程中作为电子受体而加以利用，并将它们还原为硫化氢。SRB 的生长需要与产酸菌和产甲烷菌同样的底物，因此硫酸盐还原过程的出现会使甲烷的产量减少。

根据利用底物的不同，SRB 分为三类，即氧化氢的硫酸盐还原菌（HSRB）、氧化乙酸的硫酸盐还原菌（ASRB）、氧化较高级脂肪酸的硫酸盐还原菌（FASRB）。在 FASRB 中，一部分细菌能够将高级脂肪酸完全氧化为二氧化碳、水和硫化氢；另一些细菌则不完全氧化高级脂肪酸。其主要产物为乙酸。

在有机物的降解中，少量硫酸盐的存在影响不大。但与甲烷相比，硫化氢的溶解度要高很多，每克以硫化氢形式存在的硫相当于 2g COD。因此，处理含硫酸盐废水时，有时尽管有机物的氧化已完成得不错，COD 的去除率却不一定令人满意。

硫酸盐还原需要有足够的 COD 含量，其质量比应超过 1.67。

b. 反硝化　反硝化脱氮反应由脱氮微生物进行。通常脱氮微生物优先选择氧而不是亚硝酸作为电子受体。但如果分子氧被耗尽，则脱氮微生物开始利用硝酸盐，即脱氮作用在缺氧条件下进行。

在实际生物处理过程中，好氧、兼性、厌氧分解分别担任着各自的角色。在人工处理构筑物中，由于具备良好的工程措施，可以选择微生物的种类并控制相应的分解过程。例如，在活性污泥曝气池中具有选择优势的是好氧及兼性细菌，发生的主要分解反应是好氧分解。但在天然或半天然处理设施中，各种分解过程可能顺序发生或同时发生。例如，在固体废弃物的填埋处理过程中，有机物的分解往往最初以好氧分解为主，但在一些氧扩散条件差的位点会发生厌氧分解。因而实际处理过程中发生的生物降解过程原理往往是十分复杂的，远不如理想状态下那么简单。

6.1.3.2　厌氧生物处理的动力学

（1）水解阶段不溶性底物的转化速率

在处理下水道污泥或粪肥的厌氧消化器中，含有相对少的溶解性的可生物降解的化合物。已有研究证实当水力停留时间为 7 天、温度为 35℃时，反应器中溶解性 COD 只占全部可生物降解 COD 的 7%以下。在此条件下，产甲烷速度正比于固体底物的液化速度。因此在由不溶性底物厌氧降解产生甲烷的过程中，水解即是第一级反应，也是限速反应。水解常数 K_p 受到水解温度的极大影响。整个厌氧过程的产气速率（$r_{气}$）等于水解速率（$r_{水解}$），它与可生物降解的不溶性有机物浓度成正比。

$$r_{气}=r_{水解}=K_p\rho \qquad (6\text{-}13)$$

图 6-6 是 Gujer 和 Zehnder 根据他们自己和其他人所做的研究，给出的固体物料水解常数与温度的关系。图中不同的图例表示由不同研究者给出的结果，图右侧“△”还表示了在不同 pH 下不同的水解常数。

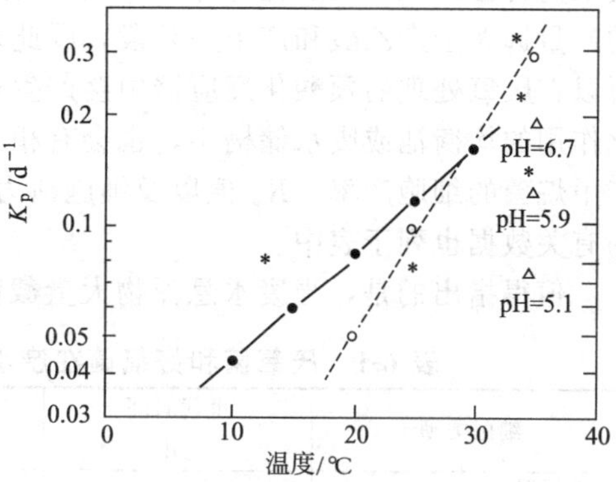

图 6-6　污水中可生物降解的不溶物质的水解常数 K_p 与水解温度的关系

在 20℃以下，水解速度相当慢，特别是类脂在 20℃以下基本上不降解，碳水化合物也降解得相当慢。

（2）溶解性底物的转化速率与细胞产率

溶解性底物的生物转化速率可由莫诺德（Monod）方程表示。假如 U 为比底物利用速率，μ 为细胞增长率，Y 为助细胞产率系数（即在已利用的底物中转化为细胞物质的底物的百分数，在废水处理中 Y 可定义为“g 细胞 COD/去除 gCOD”），则有

$$\mu=YU \qquad (6\text{-}14)$$

莫诺德方程可以表示为

$$U=\frac{K_{max}\rho}{K_s+\rho} \qquad (6\text{-}15)$$

因为 $\mu_{max}=YK_{max}$，而 $\mu=YU$

上式也可写作

$$U=\frac{\mu_{max}\rho}{K_s+\rho} \qquad (6\text{-}16)$$

式中 K_{max}——最大比底物利用速率；

μ_{max}——最大的比细胞增长率；

K_s——底物亲和力常数或半饱和常数，它等于当$U=1/2K_{max}$时的底物浓度；

ρ——底物浓度。

当 $\rho \gg K_s$ 时，$U=K_{max}$，$\mu=\mu_{max}$；而当 $\rho=K_s$ 时 $U=\frac{K_{max}}{K_s}g\rho$，$\mu=\frac{\mu_{max}}{K_b}g\rho_0$

在估计细胞物质的净增长率时，更为精确的方式是把细胞的死亡部分包括在内。假定同期细胞的死亡速率为 b，则

$$\mu=\frac{\mu_{max}\rho}{K_s+\rho}-b \tag{6-17}$$

在泥龄（即污泥在反应器内的停留时间）较长的反应器中，细胞死亡的因素变得较为重要，当 $\rho \gg K_s$ 时，式(6-17) 可简化为

$$\mu=\mu_{max}-b=YK_{max}-b \tag{6-18}$$

在厌氧处理的产甲烷阶段，以挥发性脂肪酸（VFA）形式存在的 COD 被转化为甲烷和细胞物质。假定产生的细胞物质占被转化的 VFA（均以 COD 计）的产率为 Y_m（g 细胞 COD/去除 gCOD），则转化为甲烷的 VFA 的产率为 $1-Y_m$。

在酸化阶段，底物转化为细胞物质和 VFA，假定细胞产率为 Y_a（g 细胞 COD/去除 gCOD），则转化为 VFA 的分值为 $1-Y_a$。以上计算中，底物、VFA、细胞等均按 COD 计。

值得注意的是，废水厌氧处理过程中。废水的特征会极大影响到细胞产率，如果悬浮物在污泥床中积累的量很少，污泥产量主要来自废水酸化和甲烷化阶段产生的细胞物质，此时废水是否已酸化以及酸化部分 VFA 的组成等对污泥产量影响很大。一般讲，酸化阶段污泥的产量远大于产乙酸和产甲烷阶段，因此未酸化废水产生的污泥量会远大于已酸化的废水。所以在厌氧处理的预酸化反应器中会产生相当多的污泥，其产率与酸化程度有关，在起到酸化作用的均衡池或废水储槽中，也会有相当的污泥产生。表 6-1 列出了酸化菌、产乙酸菌和产甲烷菌的细胞产率、K_a 值以及细胞活力与世代时间，作为对照，活性污泥法中的好氧菌的有关数据也列于表中。

值得指出的是，当废水悬浮物大量截留在反应器内会大大增加污泥产量。

表 6-1 厌氧菌和好氧菌在废水生物处理中的动力学参数（30～35℃）

细菌类型	世代时间 /d	细胞产率 /(gVSS/gCOD)	细胞活力 /[gCOD/(gVSS·d)]	K /mmol
活性污泥法				
好氧菌	0.030	0.40	57.8	0.25
厌氧酸化菌	0.125	0.14	39.6	未报告
厌氧产乙酸菌	3.5	0.03	6.6	0.40
产甲烷菌				
嗜氢菌	0.5	0.07	19.6	0.004
甲烷丝菌	7.0	0.02	5.0	0.30
甲烷叠球菌	1.5	0.04	11.6	5.0

6.2 污水、废水深度处理生物化学

6.2.1 生物脱氮生物化学

6.2.1.1 生物脱氮过程和原理

废水中的氮包括无机氮和有机氮两种。无机氮以氨氮（NH_3-N）、硝态氮（NO_3^--N）

和亚硝态氮（NO_2^--N）3种形态存在，主要来源于微生物对有机氮的分解、农田排水以及某些工业废水。有机氮则以蛋白质、多肽和氨基酸为主，来源于生活污水、农业垃圾和食品加工、制革等工业废水。

生物脱氮由硝化作用和反硝化作用共同完成。它是指在微生物的作用下，废水中的氮化合物转化为氮气逸出并返回大气的过程，如图6-7所示。

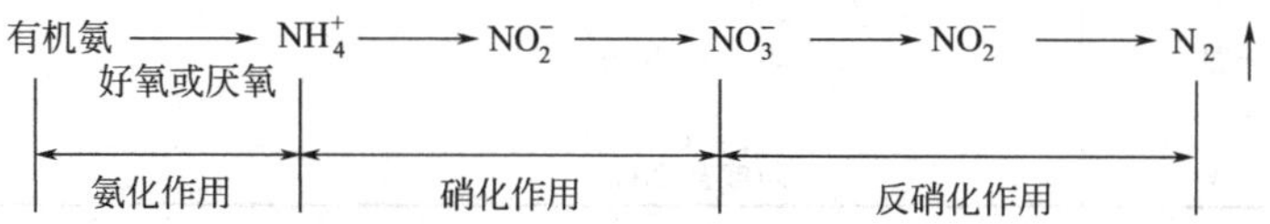

图6-7　废水中的生物脱氮作用

(1) 硝化反应

硝化反应是在好氧状态下，将氨氮转化为亚硝酸盐和硝酸盐氮的过程。硝化反应是由一群自养型好氧微生物完成的，它包括两个基本反应步骤。第一阶段是由亚硝酸菌将氨氮转化为亚硝酸盐，称为亚硝化反应。亚硝酸菌中有亚硝酸单胞菌属、亚硝酸螺旋杆菌属和亚硝化球菌属等。第二阶段则由硝酸菌将亚硝酸盐进一步氧化为硝酸盐，称为硝化反应。硝酸菌有硝酸杆菌属、螺旋杆菌属和球菌属等。这两项反应均需在有氧的条件下进行，常以CO_2、CO_3^{2-}、HCO_3^-为碳源。

亚硝化反应

$$NH_4^+ + 1.5O_2 \xrightarrow{\text{亚硝酸菌}} NO_2^- + 2H^+ + H_2O - \Delta E$$

$$\Delta E = 278.42\text{kJ}$$

硝化反应

$$NO_2^- + 0.5O_2 \xrightarrow{\text{硝酸菌}} NO_3^- - \Delta E$$

$$\Delta E = 278.42\text{kJ}$$

硝化总反应

$$NH_4^+ + 2O_2 \longrightarrow NO_3^- + 2H^+ + H_2O - \Delta E$$

$$\Delta E = 351\text{kJ}$$

研究表明，硝化反应速率主要取决于氨氮转化为亚硝酸氮的反应速率。

由上述反应式计算得知，在硝化反应过程中，将1g氨氮氧化为硝酸盐需要4.57g氧（其中亚硝化反应需耗氧3.43g，硝化反应需耗氧1.14g），同时约需耗7.14g重碳酸盐碱度（以$CaCO_3$计），以平衡硝化产生的酸度。

亚硝酸菌和硝酸菌统称为硝化菌，均是好氧自养菌，只有在溶解氧足够的条件下才能生长。其基本特征见表6-2。由表可见，硝酸菌的世代期长，生长速度慢；而亚硝酸菌世代期较短，生长速度快，较易适应水质水量的变化和其他不利的环境条件。

表6-2　亚硝酸菌和硝酸菌特性比较

项　目	亚硝菌群（椭球或棒状）	硝酸菌（椭球或棒状）	项　目	亚硝菌群（椭球或棒状）	硝酸菌（椭球或棒状）
细胞尺寸/μm	1×1.5	0.5×1.5	需氧性	严格好氧	严格好氧
革兰染色	阴性	阴性	最大比增长速度/(μm/h)	0.04～0.08	0.02～0.06
世代期/h	8～36	12～59	产率系数Y	0.04～0.13	0.02～0.07
自养性	专性	兼性	饱和常数K/(mg/L)	0.6～3.6	0.3～1.7

在硝化反应中，NH_4^+-N向NO_3^--N的转化过程中总氮量未发生变化。氮元素的价态变化见表6-3。

表 6-3 硝化过程中氮元素的价态变化

氮的氧化还原态		
	−Ⅲ	铵离子 NH_4^+
	−Ⅱ	
	−Ⅰ	羟胺 NH_2OH
	0	
	+Ⅰ	硝酰基 NOH
	+Ⅱ	
	+Ⅲ	亚硝酸根 NO_2^-
	+Ⅳ	
	+Ⅴ	硝酸盐 NO_3^-

(2) 反硝化反应

反硝化反应是由一群异养性微生物完成的生物化学过程。它的主要作用是在缺氧（无分子态氧）的条件下，将硝化过程中产生的亚硝酸盐和硝酸盐还原成气态氮（N_2）。反硝化细菌包括假单胞菌属、反硝化杆菌属、螺旋菌属和无色杆菌属等。它们多数是兼性细菌，有分子态氧存在时，反硝化菌氧化分解有机物，利用分子氧作为最终电子受体。在无分子态氧条件下，反硝化菌利用硝酸盐和亚硝酸盐中的 N_5^+ 和 N_3^+ 作为电子受体，O_2^- 作为受氢体生成 H_2O 和 OH^- 碱度，有机物则作为碳源及电子供体提供能量，并得到氧化稳定。

反硝化过程中亚硝酸盐和硝酸盐的转化是通过反硝化细菌的同化作用和异化作用来完成的。异化作用就是将 NO_2^- 和 NO_3^- 还原为 NO、N_2O、N_2 等气体物质，主要是 N_2。而同化作用是反硝化菌将 NO_2^- 和 NO_3^- 还原成为 NH_3-N，供新细胞合成使用，使氮成为细胞质的成分，此过程可称为同化反硝化，反硝化反应中氮元素的转化见表 6-4。

表 6-4 反硝化过程中氮元素的价态变化

氮的氧化还原态			
	−Ⅲ	铵离子 NH_4^+	
	−Ⅱ		N_2 氮气
	−Ⅰ	羟胺 NH_2OH	
	0		
	+Ⅰ	硝酰基 NOH	
	+Ⅱ		
	+Ⅲ	亚硝酸根 NO_2^-	
	+Ⅳ		
	+Ⅴ	硝酸盐 NO_3^-	

反硝化反应式为

$$6NO_3^- + 5CH_3OH \xrightarrow{\text{反硝化菌}} 5CO_2 + 3N_2\uparrow + 7H_2O + 6OH^-$$

在 DO≤0.5mg/L 的情况下，兼性反硝化菌利用污水中的有机碳源（污水中的 BOD 成分）作为氢供给体，将来自于好氧池混合液中的硝酸盐和亚硝酸盐还原成氮气排入大气，同时有机物得到降解。其反应式为

$$2NO_2^- + 6H^+ 6e(\text{氢供给体}) \xrightarrow{\text{反硝化菌}} N_2 + 2H_2O + 2OH^-$$

$$2NO_3^- + 10H^+ + 10e(\text{氢供给体}) \xrightarrow{\text{反硝化菌}} N_2 + 4H_2O + 2OH^-$$

该反应的实质是反硝化菌在缺氧环境中，利用硝酸态盐的氧作为电子受体，将污水中的有机物作为碳源及电子供体，提供能量并得到氧化稳定。

在反硝化过程中，硝酸氮通过反硝化菌的代谢活动有同化反硝化和异化反硝化两种转化途径，其最终产物分别是有机氮化合物和气态氮，前者成为菌体组成部分，后者排入大气。如下所示

$$NO_3^- \begin{cases} \nearrow NO_2^- \rightarrow NH_2OH \rightarrow \text{有机体（同化反硝化）} \\ \searrow NO_2^- \rightarrow N_2O \rightarrow N_2\uparrow \text{（异化反硝化）} \end{cases}$$

当污水中缺乏有机物时，则无机物如氢、Na_2S 等也可以作为反硝化反应的电子供体，而微生物则可以通过消耗自身的原生质进行内源反硝化。

$$C_5H_7NO_2 + 4NH_3^- \longrightarrow 5CO_2 + NH_3 + 2N_2\uparrow + 4OH^-$$

可见，内源反硝化的结果将导致细胞物质的减少，同时还生成 NH_3，因此，不能让内源反硝化占主导地位，而应向污水中提供必需的有机碳源。使用最普遍的有机碳源是较为廉价的甲醇，其反应式为

$$6NO_3^- + 5CH_3OH \xrightarrow{\text{反硝化菌}} 5CO_2 + 3N_2 + 7H_2O + 6OH^-$$

其甲醇投加量的计算如下

$$C = 2.47N_0 + 1.53N + 0.87D$$

式中 C——必需投加的甲醇量，mg/L；

N_0——初始的 NO_3^--N 浓度，mg/L；

N——初始的 NO_2^--N 浓度，mg/L；

D——初始的 DO 浓度，mg/L。

可见，在反硝化过程中，每转化 1g 的 NO_3^--N 需要 2.47g 甲醇，这部分甲醇表现为 BOD_5 是其 1.5 倍，即在还原 1gNO_3^--N 的同时去除了 $1.05 \times 2.47 = 2.6$gBOD_5，以 DO 计，相当于在反硝化过程中“产生”了 2.6g 氧。在反硝化反应中，还原 1mg 硝态氮能产生 3.57mg 碱度（以 $CaCO_3$ 计），而在硝化反应过程中，将 1mg 的 NH_4^+-N 氧化为 NO_3^--N，需消耗 7.14mg 的碱度（以 $CaCO_3$ 计）。所以，在缺氧-好氧的 A_1/O 工艺中，反硝化反应产生的碱度可补偿硝化反应消耗碱度的一半左右。因此，对含氮浓度不高的城市污水或生活污水进行处理时，可不必另外投加碱以调节 pH 值。

6.2.1.2 生物脱氮法反应动力学

生物脱氮反应包含硝化反应和反硝化反应，在两个生化反应过程中，微生物的生长速率与氨氮的氧化速率都可用 Monod 公式来描述。

（1）硝化反应动力学

① 微生物的比增长速度　由硝化反应式可知，氨氮转化为亚硝态氮时所释放的能量大约是亚硝态氮转化为硝态氮时所释放能量的 4～5 倍。所以要想获得相同的能量，所氧化的亚硝态氮的量也必须是氨氮的 4～5 倍。因此，在稳态条件下，生物处理系统中一般不会产生亚硝酸盐的积累。研究表明，在温度低于 20℃时，亚硝化反应和硝化反应 Monod 方程中的饱和常数 K_N 均小于 1mg/L，因此，限制整个硝化反应过程速度的步骤是氨氮转化为亚硝态氮的亚硝化反应过程，其微生物的比增长速率可用下式表示

$$\mu_N = \mu_{N,max}\frac{N}{K_N + N} \tag{6-19}$$

式中 μ_N——亚硝酸菌的比增长速率，d^{-1}；

$\mu_{N,max}$——亚硝酸菌的最大比增长速率，d^{-1}；

K_N——亚硝酸菌氧化氨氮的饱和常数，mg/L；

N——NH_4^+-N 的浓度，mg/L。

硝化菌的动力学参数 μ_N 和 K_N 的值较小，μ_N 值小于 $1d^{-1}$，K_N 值在 1～5 mg/L 之间，当 N 比 K_N 大得多时，可以认为 μ_N 与 N 无关，此时 μ_N 与 N 两者之间呈零级反应，硝化反

应不可能达到很高的硝化程度。

② 氨氮的氧化速率　氨氮的氧化速率直接与亚硝酸菌的增长速率有关，而亚硝酸菌的增长速率与亚硝酸菌的产率系数有关。NH_4^+-N 氧化速率与亚硝氧菌产率系数之间的关系可以表示为

$$q_N=\frac{\mu_N}{Y_N}=q_{N,max}\frac{N}{K_N+N} \tag{6-20}$$

式中　q_N——NH_4^+-N 的氧化速率，gNH_4^+-N/(gVSS·d)；

$q_{N,max}$——NH_4^+-N 的最大氧化速率，gNH_4^+-N/(gVSS·d)；

Y_N——亚硝酸菌产率系数，gVSS/gNH_4^+-N 去除。

由于硝化菌的增殖速率很低，在活性污泥系统中，为了充分进行硝化反应，必须有足够大的污泥龄 θ_c，所以，要求设计污泥龄 θ_c^d 要大于硝化所需的最小污泥龄 θ_c^m，按经验，取值为

$$\theta_c^d \geqslant 3\theta_c^m=\frac{1}{\mu_N}$$

式中　μ_N——硝化菌比增长速率，d^{-1}。

（2）反硝化反应动力学

① 微生物的比增长速度　在反硝化反应中，反硝化菌增长速率和硝酸盐浓度的关系可以用下式来表示

$$\mu_D=\mu_{D,max}\frac{D}{K_D+D} \tag{6-21}$$

式中　μ_D——反硝化菌的比增长速率，d^{-1}；

$\mu_{D,max}$——反硝化菌的最大比增长速率，d^{-1}；

D——NO_3^--N 的浓度，mg/L；

K_D——相对于 NO_3^--N 的饱和常数，mg/L。

同样，对于反硝化过程，污泥龄 θ_c 和反硝化菌净比增长速率之间的关系为：$1/\theta_c=\mu$。只是反硝化菌的比增长速率与一般的好氧异养菌的比增长速率相近，比硝化菌的比增长速率则大得多，因此，生物反硝化反应器所需的污泥龄比硝化反应小得多。

② 硝酸盐的去除速率　硝酸盐的去除速率与反硝化菌的比增长速率可用下式表示

$$q_D=\frac{\mu_D}{Y_D}=q_{D,max}\frac{D}{K_D+D} \tag{6-22}$$

式中　q_D——NO_3^--N 的去除速率，gNO_3^--N/(gVSS·d)；

$q_{D,max}$——NO_3^--N 的最大去除速率，gNO_3^--N/(gVSS·d)；

Y_D——反硝化菌的表观产率系数，g VSS/gNO_3^--N 去除。

考虑到反硝化菌的内源代谢使反硝化菌的净增长速率低于表观增长速率，污泥龄与 NO_3^--N 去除速率的关系可以表示为

$$\frac{1}{\theta_c}=Y_Dq_D-b_D \tag{6-23}$$

式中　b_D——反硝化菌的内源代谢分解系数，d^{-1}。

美国的 EPA 建议

$$b_D=0.04d^{-1}$$

表现产率系数　　$Y_D=0.6\sim1.2gVSS/gNO_3^-$-N

由于在反硝化过程中，碳源有机物的浓度也会影响 NO_3^--N 的去除速率，综合考虑，硝酸盐的去除速率可以用下式表示为

$$q_D = q_{D,max}\frac{D}{K_D + D}\times\frac{S}{K_S + S} \tag{6-24}$$

式中 q_D——NO_3^--N 的去除速率，gNO_3^--N/(gVSS·d)；

$q_{D,max}$——NO_3^--N 的最大去除速率，gNO_3^--N/(gVSS·d)；

S——碳源有机物浓度，mg/L；

K_S——相对于碳源有机物的饱和常数，mg/L；

D——NO_3^--N 的浓度，mg/L；

K_D——相对于 NO_3^--N 的饱和常数，mg/L。

一般饱和常数 K_D 值很小，约为 0.1～0.2mgNO_3^--N/L，对反硝化速率几乎没有影响，即反硝化速率与 NO_3^--N 浓度成零级反应。有人认为当反硝化过程中有充足的有机碳源存在且 NO_3^--N 浓度高于 0.1mg/L 时，反硝化速率与 NO_3^--N 浓度成零级反应，即此时反硝化速度与 NO_3^--N 浓度高低无关。饱和常数 K_S 的值也很小，不同的碳源有机物其 K_S 值也不同。

③ 反硝化动力学公式的讨论 上述反硝化动力学表达式仅适用于单一的可快速降解的碳源有机物作电子供体（如甲醇）。而对于城市污水或工业废水，由于废水的成分比较复杂，既有可以快速降解的碳源有机物，也有不溶或慢速生物降解的有机物，则需要用另外的动力学方程来表达。对此，Barnard 根据不同的碳源有机物，提出反硝化速率存在三个不同的速率阶段。

第一阶段发生在反硝化反应刚开始的 5～15min，此时反硝化速率最快，为 50mg/(L·h)，该阶段反硝化菌利用挥发性脂肪酸和醇类等可快速生物降解的有机物作为碳源进行反硝化。第一阶段利用快速生物降解有机物作碳源，其反硝化速率

$$q_{DN(1)} = 0.72\theta_1^{(T-20)} \quad gNO_3^-\text{-N/(gVSS·d)}$$

式中 θ_1——温度修正系数，取 1.2。

第二阶段自第一阶段结束一直延续到所有外碳源用完为止，反硝化菌以不溶的有机物或复杂的可溶性有机物作碳源，因而反应速率比第一阶段慢，约为 16mg/(L·h)。第二阶段利用慢速生物降解有机物，其硝化速率 $q_{DN(2)}$，可表示为

$$q_{DN(2)} = 0.10\theta_2^{(T-20)} \quad gNO_3^-\text{-N/(gVSS·d)}$$

式中 θ_2——温度修正系数，取 1.04。

第三阶段由于外碳源耗尽，反硝化菌以微生物内源代谢碳源，反硝化速率仅为 5.4mg/(L·h)。第三阶段微生物进行内源反硝化，其反硝化速率 $q_{DN(3)}$ 可表示为

$$q_{DN(3)} = 0.072\theta_3^{(T-20)} \quad gNO_3^-\text{-N/(gVSS·d)}$$

式中 θ_3——温度修正系数，取 1.03。

6.2.1.3 生物脱氮过程的影响因素

生物脱氮的硝化过程是在硝化菌的作用下，将氨态氮转化为硝酸氮。硝化菌是化能自养菌，其生理活动不需要有机性营养物质，它从 CO_2 获取碳源，从无机物的氧化中获取能量。而生物脱氮的反硝化过程是在反硝化菌的作用下，将硝酸氮和亚硝酸氮还原为气态氮。反硝化菌是异养兼性厌氧菌，它只能在无分子态氧的情况下，利用硝酸和亚硝酸盐离子中的氧进行呼吸，使硝酸还原，所以，环境因素对硝化和反硝化的影响并不相同。

(1) 硝化反应的影响因素

① 有机碳源 硝化菌是自养型细菌，有机物浓度不是它的生长限制因素，故在混合液中的有机碳浓度不应过高，一般 BOD 值应在 20mg/L 以下。如果 BOD 浓度过高，就会使增殖速度较高的异养型细菌迅速繁殖，从而使自养型的硝化菌得不到优势而不能成为优占种

属，严重影响硝化反应的进行。

② 污泥龄　为保证连续流反应器中存活并维持一定数量和性能稳定的硝化菌，微生物在反应器中的停留时间即污泥龄应大于硝化菌的最小世代时间，硝化菌的最小世代时间是其最大比增长速率的倒数。脱氮工艺的污泥龄主要由亚硝酸菌的世代时间控制。因此污泥龄应根据亚硝酸菌的世代时间来确定。实际运行中，一般应取系统的污泥龄为硝化菌最小世代时间的三倍以上，并不得小于3～5d，为保证硝化反应的充分进行，污泥龄应大于10d。

③ 溶解氧　氧是硝化反应过程中的电子受体，所以，反应器内溶解氧的高低必将影响硝化的进程，一般应维持混合液的溶解氧浓度为2～3mg/L，溶解氧浓度为0.5～0.7mg/L是硝化菌可以承受的极限。有关研究表明，当DO＜2mg/L时，氨氮有可能完全硝化，但需要过长的污泥龄，因此，硝化反应设计的溶解氧浓度≥2mg/L。

对于同时去除有机物和进行硝化反硝化的工艺，硝化菌约占活性污泥的5%左右，大部分硝化菌将处于生物絮体的内部。在这种情况下，溶解氧浓度的增加将会提高溶解氧对生物絮体的穿透力，从而提高硝化反应速率。因此，在污泥龄短时，由于含碳有机物氧化速率的增加，致使耗氧速率增加，减少了溶解氧对生物絮体的穿透力，进而降低了硝化反应速率；相反，在污泥龄长的情况下，耗氧速率较低，即使溶解氧浓度不高，也可以保证溶解氧对生物絮体的穿透作用，从而维持较高的硝化反应速率。所以，当污泥龄降低时，为维持较高的硝化速率，则相应地提高溶解氧的浓度。

④ 温度　温度不但影响硝化菌的比增长速率，而且影响硝化菌的活性。硝化反应的适宜温度范围是20～30℃。表6-5列出了不同温度下亚硝酸菌的最大比增大速率μ_N值，从表中可以看出，μ_N值与温度的关系服从Arrhenius方程，即温度每升高10℃，μ_N值增加一倍。在5～35℃的范围内，硝化的反应速率随温度的升高而加快，但达到30℃时增加幅度减少，因为当温度超过30℃时，蛋白质的变性降低了硝化菌的活性。当温度低于5℃时，硝化细菌的生命活动几乎停止。

表6-5　不同温度下亚硝酸菌的最大比增长速率

温度/℃	μ_N/d^{-1}	温度/℃	μ_N/d^{-1}
10	0.3	30	1.2
20	0.65		

⑤ pH值　硝化菌对pH值的变化非常敏感，最佳pH值的范围为7.5～8.5，当pH值低于7时，硝化速率明显降低，当pH值低于6或高于9.6时，硝化反应将停止进行。由于硝化反应中每消耗1g氨氮要消耗碱度7.14g，如果污水氨氮浓度为20mg/L，则需消耗碱度143mg/L。一般地，污水对于硝化反应来说，碱度往往是不够的，因此，应投加必要的碱量，以维持适宜的pH值，保证硝化反应的正常进行。

⑥ C/N比　在活性污泥系统中，硝化菌只占活性污泥微生物的5%左右，这是因为与异养型细菌相比，硝化菌的产率低，比增长速率小。而BOD_5/TKN值的不同，将会影响到活性污泥系统中异养菌与硝化菌对底物和溶解氧的竞争，从而影响脱氮效果。一般认为处理系统的BOD负荷低于0.15gBOD_5/(gMLSS·d)，处理系统的硝化反应才能正常进行。

⑦ 有害物质　对硝化反应产生抑制作用的有害物质主要有重金属，高浓度的NH_4^+-N、NO_x^--N络合阳离子和某些有机物。有害物质对硝化反应的抑制作用主要有两个方面：一是干扰细胞的新陈代谢，这种影响需长时间才能显示出来；二是破坏细菌最初的氧化能力，这种影响在短时间里即会显示出来。一般来说，同样的毒物对亚硝酸菌的影响比对硝酸菌的影响强烈。对硝化菌有抑制作用的重金属有Ag、Hg、Ni、Cr、Zn等，毒性作用由强到弱，当pH值由较高到低时，毒性由弱到强。而一些含氮、硫元素的物质也具有毒性，如硫脲、

氰化物、苯胺等，其他物质如酚、氟化物、ClO_4、K_2CrO_4、三价砷等也具有毒性，一般情况下，有毒物质主要抑制亚硝酸菌的生长，个别物质主要抑制硝酸菌的生长。

(2) 反硝化反应的影响因素

① 有机碳源　反硝化菌为异养型兼性厌氧菌，所以反硝化过程需要提供充足的有机碳源，通常以污水中的有机物或者外加碳源（如甲醇）作为反硝化菌的有机碳源。碳源物质不同，反硝化速率也将不同。表 6-6 列出了一些碳源物质的反硝化速率。

表 6-6　不同碳源的反硝化速率

碳　源	反硝化速率/[gNO_3^--N/(gVSS·d)]	温度/℃
啤酒废水	0.2～0.22	20
甲醇	0.12～0.90	20
挥发废酸	0.36	20
生活污水	0.03～0.11	1527
内源代谢产物	0.017～0.048	1220

目前，通常是利用污水中有机碳源，因为它具有经济、方便的优点。一般认为，当污水中的 BOD_5/TN 值＞3～5 时，即可认为碳源是充足的，不需外加碳源，否则应投加甲醇（CH_3OH）作为有机碳源，它的反硝化速率高，被分解后的产物为 CO_2 和 H_2O，不留任何难以降解的中间产物，其缺点是处理费用高。

② pH 值　pH 值是反硝化反应的重要影响因素，反硝化过程最适宜的 pH 值范围为 6.5～7.5，不适宜的 pH 值会影响反硝化菌的生长速率和反硝化酶的活性。当 pH 值低于 6.0 或高于 8.0 时，反硝化反应将受到强烈抑制。由于反硝化反应会产生碱度，这有助于将 pH 值保持在所需范围内，并可补充在硝化过程中消耗的一部分碱度。

③ 温度　反硝化反应的适宜温度为 20～40℃。低于 15℃时，反硝化菌的增殖速率降低，代谢速率也降低，从而降低了反硝化速率。温度对反硝化速率的影响可用阿累尼乌斯方程表示

$$q_{D(T)}=q_{D(20)}\cdot\theta^{(T-20)}$$

式中　$q_{D(T)}$——温度为 T℃时的反硝化速率，gNO_3^--N/(gVSS·d)；

$q_{D(20)}$——温度为 20℃时的反硝化速率，gNO_3^--N/(gVSS·d)；

θ——温度系数，一般 θ=1.03～1.15，设计时可取 θ=1.09。

研究结果表明：温度对反硝化反应的影响与反硝化设备的类型有关，表 6-7 中列出了不同温度对几种反硝化构筑物反硝化速率的影响。由表 6-7 看出，温度对生物流化床反硝化的影响比生物转盘和悬浮活性污泥要小得多。当温度从 20℃降到 5℃时，为达到相同的反硝化效果，生物流化床的水力停留时间提高到了原来的 2.1 倍，而采用生物转盘和活性污泥法，水力停留时间则分别为原来的 4.6 倍和 4.3 倍。

表 6-7　温度不同构筑物反硝化速率的影响

温度/℃	$C_0$①(mg/L)	C_e①(mg/L)	水力停留时间/min		
			生物流化床	生物转盘	悬浮活性污泥法②
20.0	20.0	1.0	7	46	59
5.0	20.0	1.0	15	213	256

① C_0 和 C_e 分别为进、出水的 NO_3^--N 浓度。

② SRT=9d，MLVSS=2500mg/L。

研究结果还表明：硝酸盐负荷率高，温度的影响也高；反之，则温度影响低。

④ 溶解氧　反硝化菌是兼性，既能进行有氧呼吸，也能进行无氧呼吸。含碳有机物好氧生物氧化时所产生的能量高于厌氧反硝化时所产生的能量，这表明，当同时存在分子态氧

和硝酸盐时，优先进行有氧呼吸，反硝化菌降解含碳有机物而抑制了硝酸盐的还原。所以，为了保证反硝化过程的顺利进行，必须保持严格的缺氧状态。微生物从有氧呼吸转变为无氧呼吸的关键是合成无氧呼吸的酶，而分子态氧的存在会抑制这类酶的合成及其活性。由于这两方面的原因，溶解氧对反硝化过程有很大的抑制作用。一般认为，系统中溶解氧保持在0.5mg/L以下时，反硝化反应才能正常进行。但在附着生长系统中，由于生物膜对氧传递的阻力较大，可以容许较高的溶解氧浓度。

6.2.2 生物除磷生物化学

6.2.2.1 微生物除磷原理与过程

(1) 微生物除磷原理

生物除磷通常指的是在活性污泥或生物膜法处理废水之后进一步利用微生物去除水体中磷的技术。该技术主要利用聚磷菌等一类细菌，过量地、超出其生理需要地从废水中摄取磷，并将其以聚合态储藏在体内，形成高磷污泥而排出系统，从而实现废水除磷的目的。

聚磷菌是一种适应厌氧和好氧交替环境的优势菌群，在好氧条件下不仅能大量吸收磷酸盐合成自身的核酸和ATP，而且能逆浓度梯度地过量吸收磷合成储能的多聚磷酸盐。

聚磷菌能够过量摄磷的原因可以解释如下。废水除磷工艺中同时存在的发酵产酸菌，能为其他的积磷菌提供可利用的基质。处于厌氧和好氧交替变化的生物处理工艺中，在厌氧条件下，聚磷菌生长受到抑制，为了生长便释放出其细胞中的聚磷酸盐（以溶解性的磷酸盐形式释放到溶液中），同时释放出能量。这些能量可用于利用废水中简单的溶解性有机基质时所需。在这种情况下，聚磷菌表现为磷的释放，即磷酸盐由微生物体内向废水的转移。当上述微生物继而进入好氧环境后，它们的活力将得到充分的恢复，并在充分利用基质的同时，从废水中大量摄取溶解态的正磷酸盐，在聚磷菌细胞内合成多聚磷酸盐，如具有环状结构的三偏磷酸盐和四偏磷酸盐 $M_nP_nO_{3n}$ 以及具有线状结构的焦磷酸盐和不溶性结晶聚磷 $M_{n+2}P_nO_{3n}$、具有横联结构的过磷酸盐等，并加以积累。这种对磷的积累作用大大超过了微生物正常生长所需的磷量，可达细胞质量的6%～8%。而且有研究证明聚-3-羟基丁酸盐比聚-3-羟基戊酸盐更能够影响聚磷菌的好氧摄磷。聚磷菌在厌氧条件下不但能分解外界的有机物，还能通过分解体内的聚磷来获取生长繁殖所需的能量。

图6-8为聚磷菌利用乙酸基质在厌氧和好氧条件下的代谢过程。在厌氧条件下，积磷菌

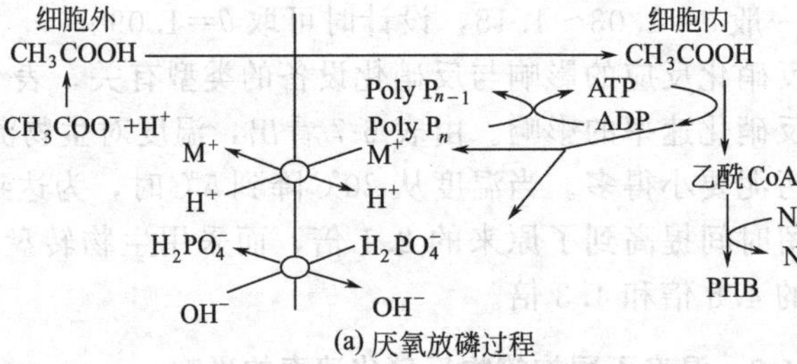

(a) 厌氧放磷过程

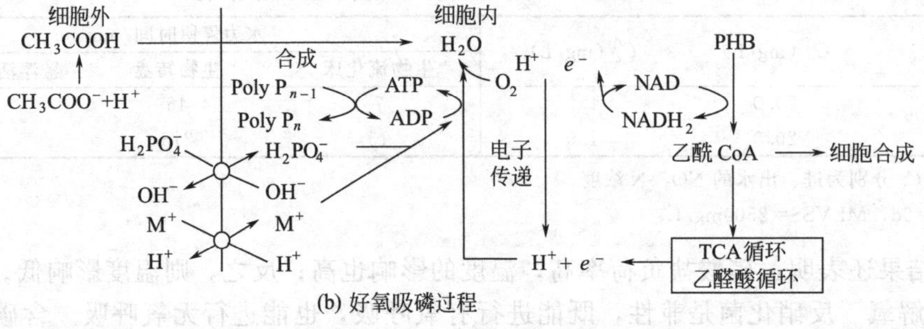

(b) 好氧吸磷过程

图 6-8 代谢过程

将体内储藏的聚磷分解，产生的磷酸盐进入液体中（放磷），同时产生的能量可供积磷菌在厌氧条件下生理活动之需；另一方面用于主动吸收外界环境中的可溶性脂肪酸，在菌体内以聚β-羟丁酸（PHB）的形式储存。细胞外的乙酸转移到细胞内生成乙酰 CoA 的过程也需要耗能，这部分能量来自菌体内聚磷的分解，聚磷分解会导致可溶性磷酸盐从菌体内的释放和金属阳离子转移到细胞外。

在好氧条件下，积磷菌体内的 PHB 分解为乙酰 CoA，一部分用于细胞合成，大部分进入三羧酸循环和乙醛酸循环，产生氢离子和电子；从 PHB 分解过程中也产生氢离子和电子，这两部分氢离子和电子经过电子传递产生能量，同时消耗氧。产生的能量一部分供积磷菌正常的生长繁殖，另一部分供其主动吸收环境中的磷，并合成聚磷，使能量储存在聚磷的高能磷酸键中，这就导致菌体从外界吸收可溶性的磷酸盐和金属阳离子进入体内。

过量除磷主要是生物作用的结果，但是生物过量除磷并不能解释所有的生物除磷行为。Vacker 和 Milbury 的研究结果表明，生物诱导的化学除磷可以作为生物除磷的补充。他们提出了在生物除磷系统中磷的脱除可能包括 5 种途径：生物过量除磷、正常磷的同化作用、正常液相沉淀、加速液相沉淀以及生物膜沉淀等。

（2）聚磷微生物

一般聚磷微生物可以分为三大类，即不动细菌属、具有硝化或反硝化能力的聚磷菌以及假单胞菌属（*Pseudomonas*）和气单胞菌属（*Aerodomonas*）等其他聚磷菌。

不动细菌，如乙酸钙不动杆菌（*Acinetbacter calcoa ceticus*）和鲁氏不动杆菌（*Alwoffi*），其外观为粗短的杆状，革兰染色阴性或略紫色，对数期细胞大小 1～1.5μm，杆状到球状，静止期细胞近球状，以成对、短链或簇状出现；而试验也发现硝化杆菌属（*Nitrobacter* sp.）、反硝化球菌（*Nitrococcus denitrificans*）和亚硝化球菌（*Nitrosococcusf*）等也能超量吸磷；其他聚磷菌主要有假单胞菌属（*Pseudomonas*）、气单胞菌属（*Aerodomonas*）、放线菌属（*Microthrir*）和诺卡菌属（*Nocardia*）等，如氢单胞菌（*Hydrogenomonas* sp.）、孢囊假单胞菌（*Pseudomanas vesicularis*）、沼泽红假单胞菌（*Rhodopseudomonas palustris*）以及产气杆菌（*Aerobacter aerogenes*）等。

聚磷菌一般只能利用低级脂肪酸（如乙酸等），而不能直接利用大分子的有机基质，因此大分子物质需降解为小分子物质。如果降解作用受到抑制，则聚磷菌难以利用放磷中产生的能量来合成聚-β-羧基丁酸盐（PHB）颗粒，因而也难以在好氧阶段通过分解 PHB 来获得足够的能量过量地摄磷和积磷，从而影响系统的处理效率。

（3）除磷过程

废水的生物除磷工艺过程中通常包括两个反应器：一个是厌氧放磷；另一个为好氧吸磷。图 6-9 和图 6-10 分别为活性污泥法生物除磷的工艺流程和在工艺过程中厌氧放磷和好

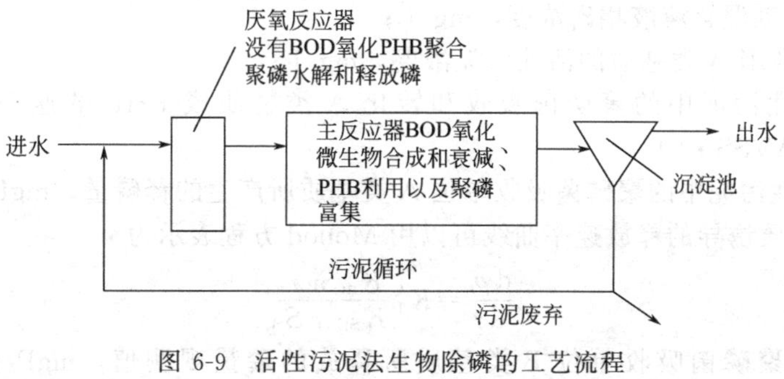

图 6-9 活性污泥法生物除磷的工艺流程

氧吸磷的生化机理。

① 厌氧放磷　污水生物处理中，主要是将有机磷转化称正磷酸盐，聚合磷酸盐也被水解成正盐形式。废水的微生物除磷工艺中的好氧吸磷和除磷过程是以厌氧放磷过程为前提的。在厌氧条件下，聚磷菌体内的 ATP 水解，释放出磷酸和能量，形成 ADP，即

$$ATP+H_2O \longrightarrow ADP+H_3PO_4+能量$$

试验证明，经过厌氧处理的活性污泥，在好氧条件下有很强的吸磷能力。

② 好氧吸磷　在好氧条件下，聚磷菌有氧呼吸，不断地从外界摄取有机物，ADP 利用分解有机物所得的能量进行磷酸合成 ATP，即

$$ADP+H_3PO_4+能量 \longrightarrow ATP+H_2O$$

$$ATP+H_2O \longrightarrow ADP+H_3PO_4+能量$$

其中大部分磷酸是通过主动运输的方式从外部环境摄取的，这就是所谓的“磷的过量摄取”现象。活性污泥法生物除磷的生化机理如图 6-10 所示。

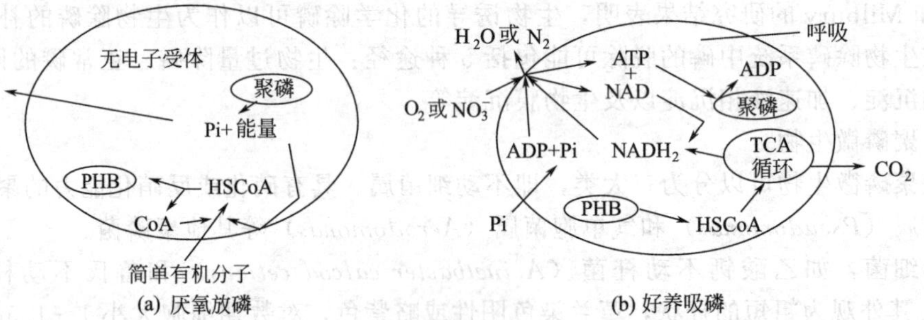

图 6-10　活性污泥法生物除磷的生化机理

6.2.2.2　生物除磷反应动力学

人们根据基质与除磷微生物混合后出现的响应方式把能诱导磷释放的基质划分成三类。A 类：甲酸、乙酸和丙酸等低分子有机酸。B 类：甲醇、乙醇、柠檬酸和葡萄糖等。C 类：丁酸、乳酸和琥珀酸等。这三类都属于可快速降解的 COD(S_{bs})。

其中 A 类基质存在时放磷速度较快，污泥初始的线性放磷系由 A 类基质诱导所致。放磷速度与 A 类基质浓度无关，仅与活性污泥的浓度和微生物的组成有关，所以 A 类基质诱导的厌氧放磷呈零级动力学反应，见式（6-25）。B 类基质必须在厌氧条件下转化成 A 类基质后才能被聚磷菌利用，从而诱导磷的释放。因此诱导放磷的速度主要取决于 B 类基质转化成 A 类基质的速度，其反应方程见式（6-26）。C 类基质能否引发磷的释放则与污泥中微生物组成有关。在用该基质驯化后，其诱导的厌氧放磷速度与 A 类基质相近。

A 类基质导致的磷的厌氧释放的零级反应方程为

$$\frac{d\rho_t}{dt}=K_P K_{PA} x_a \tag{6-25}$$

式中　ρ_t——t 时刻混合液液相磷浓度，mg/L；

x_a——能利用 A 类基质的活性污泥浓度，mg/L；

K_{PA}——活性污泥中的聚磷菌吸收和转化 A 类物质成 PHB 的速率常数，mgCOD/(gAVSS·h)；

K_P——活性污泥中的聚磷菌吸收单位 A 类基质所产生的释磷量，mgP/mgCOD。

其中 B 类基质诱导的释放速率曲线可以用 Monod 方程表示为

$$\frac{d\rho_t}{dt}=K'_P\frac{K_m S_B x_a}{K_{SB}+S_B} \tag{6-26}$$

式中　K'_P——聚磷菌吸收单位 B 类基质所释放的磷量观测值，mgP/mgCOD（为 0.3

mgP/mgCOD 左右)；

K_m——B类基质在厌氧状态下的最大转化速率，mgCOD/(gBVSS·h)；

K_{SB}——半速率常数，mgCOD/L。

所以混合液中磷的释放速率可以表示为

$$\frac{d\rho_u}{dt}=K_P K_{PA} x_a+K'_P\frac{K_m S_B x_a}{K_{SB}+S_B} \quad (6\text{-}27)$$

又因为磷吸收是以磷释放为前提的，如果在选定的停留时间内，磷都是有效释放的，那么好氧条件的磷的吸收能力可以表示为

$$\rho_u=K_u\Delta\rho \quad (6\text{-}28)$$

式中 ρ_u——吸磷能力，mg/L 进水；

K_u——单位有效释磷产生的吸磷能力（2.0mg/mg)；

$\Delta\rho$——厌氧释磷量，mg/L 进水。

6.2.2.3 影响除磷的因素

（1）溶解氧

生物除磷工艺中厌氧段的厌氧条件十分重要，因为它会影响聚磷菌的释磷能力及其利用有机底物合成 PHB 的能力。由于氧的存在，会促成非聚磷菌的需氧生长消耗有机底物，使发酵产酸得不到足够的营养来产生短链脂肪酸供聚磷菌使用，导致聚磷菌的生长受到抑制。所以厌氧阶段的溶解氧浓度应控制在 0.2mg/L 以下。

为了最大限度地发挥聚磷菌的摄磷作用，必须在好氧阶段供给足够的溶解氧，以满足聚磷菌的需氧呼吸，一般溶解氧的浓度应控制在 1.5～2.5mg/L 范围内。

（2）基质种类

聚磷菌对不同有机基质的吸收是不同的。如图 6-11 所示，在脱磷系统的厌氧区，聚磷菌首先优先吸收分子量较小的低级脂肪酸类物质，然后才吸收可迅速降解的有机物，最后再吸收复杂难降解的高分子有机基质。废水中所含有机基质种类对磷的释放有很大影响。

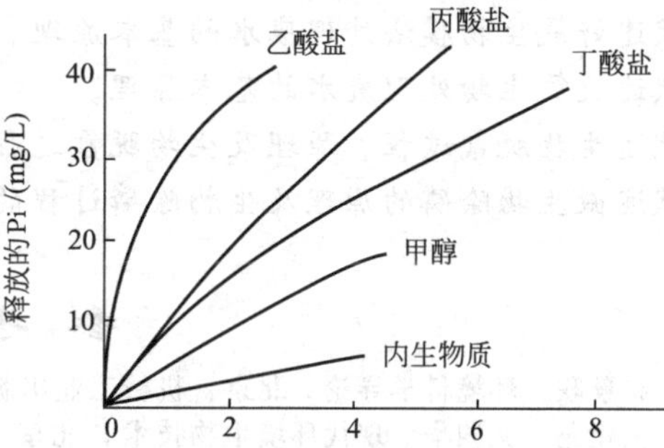

图 6-11 基质种类与磷释放的关系

（3）碳磷比（C/P）

废水生物除磷工艺中各营养组分之间的比例关系也是影响聚磷菌及其摄磷效果的一个不可忽视的方面。要提高脱磷系统的除磷效率，就要提高原水中挥发脂肪酸在总有机底物中的比例，至少应提高可迅速降解有机基质的含量。就进水中 BOD_5 与 TP 的比例条件而言，聚磷菌在厌氧阶段中释放磷时产生的能量主要用于其吸收溶液中可溶性低分子基质并合成 PHB 而储存在其体内，以作为其在厌氧环境中生存的基础。因此进水中有无足够的有机基质提供聚磷菌合成足够的 PHB 是关系到聚磷菌能否在厌氧条件下生存的重要原因。为了保证脱磷效果，进水中的 BOD_5/TP 至少应在 15 以上，一般在 20～30。

（4）亚硝酸盐和硝酸盐浓度

亚硝酸盐浓度高低对活性污泥法除磷过程中缺氧吸磷段有一定的影响。Meinhold 等的试验表明：在亚硝酸盐浓度较低的情况下（大约 4～5mg NO_2^--N/L)，对缺氧吸磷过程无危害；但当亚硝酸盐的浓度高于 8mg/L 时，缺氧吸磷被完全抑制，好氧吸磷也产生严重抑制。在该试验条件下，临界亚硝酸盐的浓度为 5～8 mgNO_2^--N/L。

由于聚磷菌中的气单胞菌属具有将复杂高分子有机底物转化为挥发性脂肪酸的能力，所

以在除磷过程中存在着气单胞菌→发酵产酸→聚磷之间的连锁关系。而其中气单胞菌是否能够充分发挥其以发酵中间产物为电子受体而进行的发酵产酸能力，是决定其他聚磷菌能否正常发挥其功能的重要因素。但是气单胞菌能否充分发挥这种发酵产酸的能力，取决于废水的水质情况。实际表明，气单胞菌也是一种能利用硝酸盐作为最终电子受体的兼性反硝化菌，而且只要存在 NO_3^-，其对有机基质的发酵产酸作用就会受到抑制，从而也就抑制了聚磷菌的释磷和摄磷能力及 PHB 合成能力，结果导致系统的除磷效果下降甚至被破坏。为了保证厌氧段的高效释磷能力，一般应将 NO_3^- 浓度控制在 0.2mg/L 以下。

(5) 污泥龄

污泥龄的长短对污泥摄磷作用及剩余污泥的排放有直接的影响。泥龄越长，污泥含磷量越低，去除单位质量的磷需消耗的 BOD 较多。此外，由于有机质的不足会导致污泥中磷“自溶”，降低除磷效果；泥龄越短，污泥含磷量越高，污泥产磷量也越高。还有，泥龄短有利于控制硝化作用的发生和厌氧段的充分释磷。因此，一般宜采用较短泥龄，为 3.5～7d。但泥龄的具体确定应考虑整个处理系统出水中 BOD 或 COD 要求。与活性污泥除磷法相比较，质量传递效果对生物膜除磷法的影响更加显著。因此，要促进生物膜法除磷效果，需要对生物膜载体进行必要的反冲洗，使生物膜比较薄。

此外，研究发现改变活性污泥法厌氧阶段中废水的 pH 值也可以提高间歇式序批反应器的除磷效果。

复 习 题

1. 什么是水的生物化学处理？
2. 试述耗氧活性污泥的净化反应过程。
3. 试述好氧活性污泥法处理废水的基本原理及基本流程。
4. 试述好氧生物膜法处理废水的基本原理。
5. 试述厌氧生物处理废水的基本原理。
6. 试述生物脱氮过程、原理及生物脱氮过程的影响因素。
7. 试述微生物除磷的原理及生物除磷过程的影响因素。

参 考 文 献

[1] 赵景联．环境科学导论．北京：机械工业出版社，2005.
[2] 王建龙，文湘华．现代环境生物技术．北京：清华大学出版社，2001.
[3] 陈欢林．环境生物技术与工程．北京：化学工业出版社，2003.
[4] 袁园，赵由才．环境工程化学．北京：化学工业出版社，2003.
[5] 伦世仪．环境生物工程．北京：化学工业出版社，2002.
[6] 唐玉斌．水污染控制工程．哈尔滨：哈尔滨工业大学出版社，2006.
[7] 罗志腾．水污染控制工程微生物学．北京：北京科学技术出版社，1988.
[8] 刘雨．生物膜法污水处理技术．北京：中国建筑工业出版社，2000.
[9] 贺延龄．废水的厌氧生物处理．北京：中国轻工业出版社，1999.
[10] 马文漪，杨柳燕．环境微生物工程．南京：南京大学出版社，1999.
[11] 叶常明．水污染理论与控制．北京：学术书刊出版社，1989.
[12] 任南琪，马放．污染控制微生物学原理与应用．北京：化学工业出版社，2003.

7

有害有机物微生物降解中的生物化学

7.1 微生物降解概述

7.1.1 微生物降解的基本概念

微生物降解就是通过微生物作用将有机物降解成小分子化合物的过程。

随着化学工业的发展和化学品的广泛使用，大量的人工合成有机化合物通过各种途径进入环境。这些化合物中有一部分是能够被水或土壤中的微生物很快地进行生物降解的，然而也有很多化合物，由于其化学结构和特性与天然有机物不同，目前还没有发现能够有效分解这类化合物的微生物体系，因而使这类化合物在环境中表现出生物难降解的特性，由此导致这类化合物在环境中长期滞留。因其中有些化合物毒性很大，甚至可能是"三致"化合物，故将对环境和人类健康造成威胁。围绕着这一环境问题进行的各种研究工作中，难降解化合物的降解研究始终是很重要的一个方面。

在有机污染物生物降解研究中，很重要的一点是有机污染物的生物降解究竟能进行到怎样的程度，Mausnet 等曾根据有机污染物生物降解的进行程度将生物降解分为三种（或者说是三个阶段），即

a. 初级生物降解（primary biodegradation）是指有机污染物在微生物的作用下，母体化合物的化学结构发生变化，并改变了原污染物分子的完整性，即有机污染物本来的结构发生部分变化。

b. 环境容许的生物降解（environmentally acceptable biodegradation）是指可除去有机污染物的毒性或者人们所不希望的特性，例如在表面活性剂的降解过程中那种使表面活性剂失去起泡性能的降解作用，或者是在有毒有机污染物降解过程中使其降低或完全去除对水生生物毒性的降解作用。

c. 最终生物降解（ultimate biodegradation）指有机污染物通过生物降解，从有机物向无机物转化，完全被降解成 CO_2、水和其他无机物，并被同化为微生物的一部分。例如在聚乙烯醇（PVA）的生物降解中就明显地存在着这三个降解阶段（图 7-1 和图 7-2）。

比较图 7-2 中 PVA 浓度和 COD_{Cr} 值两条随时间变化的曲线可以发现，在反应开始阶段，PVA 浓度迅速下降，PVA 曲线下降的斜率明显大于 COD_{Cr} 曲线。这是由于 PVA 的初级生物降解所造成的，PVA 的大分子被生物降解，失去原有的物理、化学性质，但其产生的降解产物仍保留着 COD_{Cr} 值，大约 10 小时后，PVA 浓度的下降趋于缓慢而 COD_{Cr} 在继续下降，PVA 浓度与 COD_{Cr} 的比值有回升趋势，这是初级生物降解产物继续生物降解乃至彻底矿化的结果。在整个 PVA 生物降解的过程中，关键是大分子断裂成小分子的速度，在此过程中胞外酶起着重要作用。

初级生物降解反应（半衰期为 0.23 天左右）较最终生物降解反应（半衰期为 0.5～18 天）要快得多。两者的生物降解速率的差别随有机化合物的不同而不同，一般为几倍到十几倍。这是有机化合物生物降解的一般规律。

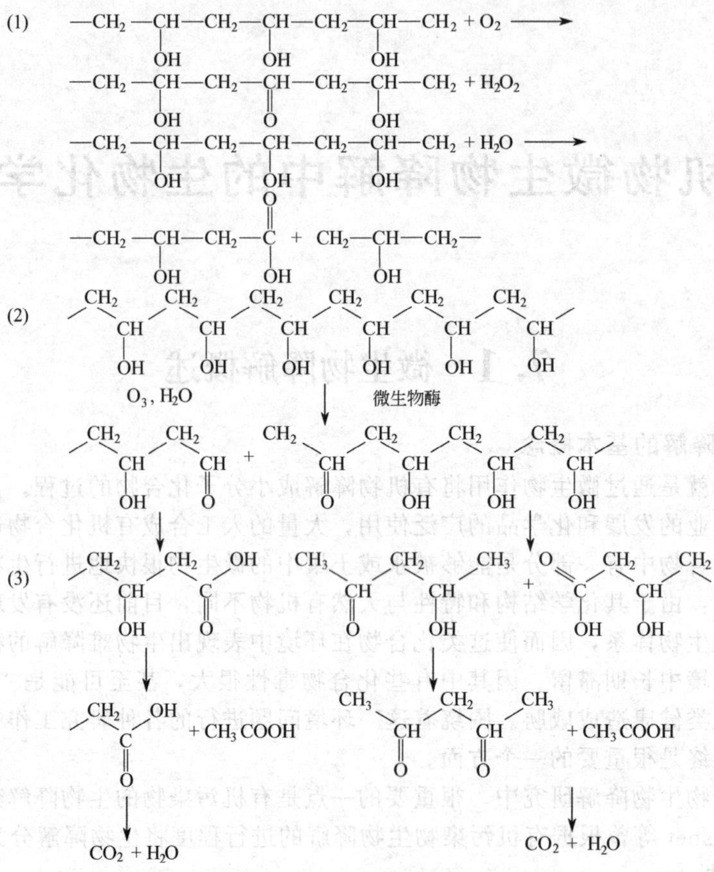

图 7-1 聚乙烯醇的生物降解中的三个阶段

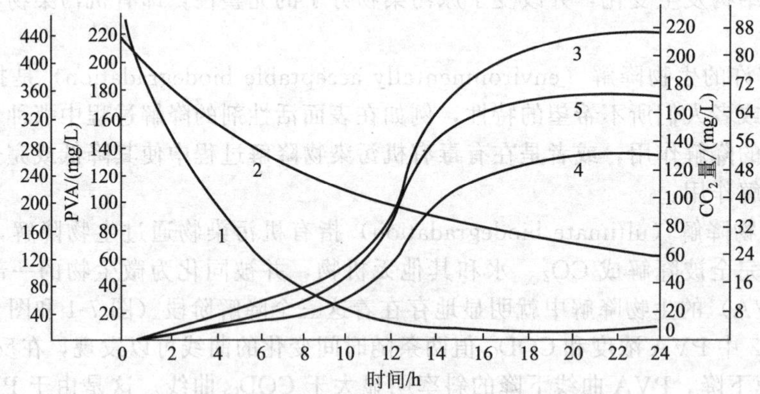

图 7-2 2h 中 PVA 生物降解进程和矿化度的变化

1—PVA 浓度；2—COD$_{Cr}$；3—CO_2；4—PVA 的矿化度；5—COD$_{Cr}$的矿化度

从环境保护的观点来看，总是希望有机污染物能完全降解，尽管这种完全降解比较困难，而且也很难实际验证。

7.1.2 微生物降解有机污染物的作用

污染物在环境中的降解有多种途径，由于生物的作用而引起的污染物的分解或降解，即为生物降解。在生物降解中，作用最大的生物类群是微生物。微生物在环境中与污染物发生相互作用，通过其代谢活动，会使污染物发生氧化反应、还原反应、水解反应、脱羧基反应、脱氨基反应、羟基化反应、酯化反应等多种生理生化反应。这些反应的进行，可以使绝大多数的污染物质，特别是有机污染物质发生不同程度的转化、分解或降解，有时是一种反应作用于污染物质，有时会是多种反应同时作用于一种污染物质或者作用于污染物质转化的不同阶段。微生物在环境中的几种主要的生物化学降解转化作用有以下几种类型。

(1) 氧化作用

包括Fe、S等单质的氧化，NH_3、NO_2等化合物的氧化，也包括一些有机物基团的氧化，如甲基、羟基、醛等。在环境中，这些氧化作用大都是由微生物引起的，如氧化亚铁硫杆菌 *Thiobacilius ferrooxidans* 对亚铁的氧化，铜绿假单胞杆菌 *Pseudomonas aenurinosa* 对乙醛的氧化，以及亚硝化菌和硝化菌对氨的氧化作用等。氧化作用普遍存在于各种好氧环境中，是最常见的也是最重要的生物代谢活动。

① 醇的氧化　醋化醋杆菌（*Acetobacteraceti*）将乙醇氧化为乙酸，氧化节杆菌（*Arthrobacterozydans*）将丙二醇氧化为乳酸。

② 醛的氧化　铜绿假单胞菌（*Pseudompnas aeruginosa*）将乙醛氧化为乙酸。

③ 甲基的氧化　铜绿假单胞菌将甲苯氧化为安息香酸。表面活性剂的甲基氧化主要是亲油基末端的甲基氧化为羧基的过程。

④ 氨的氧化　亚硝化单胞菌属（*Nitrosomonas*）可进行此反应。

⑤ 亚硝酸的氧化　硝化杆菌属（*Nitrobacter*）可进行此反应。

⑥ 硫的氧化　氧化硫硫杆菌（*Thiobacillus thiooxidans*）可进行此反应。

⑦ 铁的氧化　氧化亚铁硫杆菌（*Thiobacillus ferrooxidans*）可进行此反应。

⑧ β-氧化　脂肪酸，ω-苯氧基烷酸酯和除草剂的生物降解。

⑨ 氧化去烷基化　*N* 去烷基化：烷基氨基甲酸酯、苯基脲、有机磷杀虫剂可进行此反应。*C* 去烷基化：二甲苯、甲苯和甲氧氮化物可以进行此反应。

⑩ 硫醚氧化　三硫磷、扑草净的氧化降解。

⑪ 过氧化　艾氏剂和七氯可被微生物过氧化。

⑫ 苯环羟基化　尼古丁酸，2,4-D和苯甲酸等化合物可通过微生物的氧化作用使苯环羟基化。

⑬ 芳环裂解　苯酚系列的化合物可在微生物的作用下使环裂解。

⑭ 杂环裂解　五元环（杂环农药）和六元环化合物的裂解。

⑮ 环氧化　对于环戊二烯类杀虫剂来说，其生物降解作用机制包括脱卤、水解、还原和羟基化作用，但是环氧化作用是生物降解的主要机制。

(2) 还原作用

包括高价铁和硫酸盐的还原、NO_3^- 的还原、羟基或醇的还原等，还原作用与氧化作用所存在的环境不同，还原作用需要缺氧或者厌氧（无氧）的环境。有些还原作用是氧化作用的逆过程，但有些则不是逆过程，如 NH_3 被氧化为 NO_3^-，而 NO_3^- 被还原为 N_2。

① 乙烯基的还原　如大肠杆菌（*Escherichia coliform*）可将延胡索酸还原为琥珀酸。

② 醇的还原　如丙酸羧菌（*Clostridium propionicum*）可将乳酸还原为丙酸。

③ 醌类的还原　醌类可以被还原成酚类。

④ 芳环羟基化　苯甲酸盐在厌氧条件下可以羟基化。

⑤ 双键还原作用。

⑥ 三键还原作用。

(3) 基团转移作用

① 脱羧作用　有机酸是普遍存在于受有机污染的各种环境中，通过脱羧基直接使有机

酸分子变小（脱羧基减少一个碳原子，形成一个 CO_2 分子）。连续的脱羧基反应可以使有机酸得到彻底的降解。一些小分子（短链）的有机酸经脱羧基作用很快得到降解。如戊糖丙酸杆菌（*Propionibacterium pentosaceum*）可使琥珀酸等羧酸转为丙酸。尼古丁酸和儿茶酸也可进行脱羧反应。

② 脱氨基作用　使带有氨基（$—NH_2$）的有机物质脱除氨基，并能得到进一步的降解。主要是在蛋白质降解方面作用很大。构成蛋白质的氨基酸的降解必须先经脱氨基作用，然后才像普通有机酸一样经过脱羧基作用等得到进一步的降解。如丙氨酸可在腐败芽孢杆菌（*Bacillus putrificus*）作用下脱氨基而成为丙酸。

③ 脱卤作用　常见于农药的生物降解，是某些脂肪酸生物降解的起始反应，若干氯代烃农药的生物降解也有此种反应。

④ 脱烃反应　常见于某些有烃基链接在氮、氧或硫原子上的农药。

⑤ 脱氢卤　可发生此反应的典型化合物为 γ-BHC 和 p',p'-DDT 等。

⑥ 脱水反应　如芽孢杆菌属（*Bacillus*）可使甘油脱水为丙烯醛。

(4) 水解作用

水解作用是一种很基本的生物代谢作用，许多种微生物可以发生水解作用，水解作用在处理一些有机大分子时，经常会用到水解作用这一特殊的生物化学反应，使有机大分子转化为很小的分子，甚至接近其他生物或者其他反应所要求的污染物质特征。

① 酯类的水解　多种微生物可发生此反应。

② 氨类也可被许多微生物水解。

③ 磷酸酯水解。

④ 腈水解。

⑤ 卤代烃水解去卤　卤代苯甲酸盐、苯氧基乙酸盐、芳草枯等可通过水解进行降解。

(5) 酯化作用

羧酸与醇发生酯化反应。如 *Hansenula anomola* 可将乳酸转变为乳酸酯。

(6) 缩合作用

如乙醛可在某些酵母的作用下缩合成 3-羟基丁酮。

(7) 氨化作用

如丙酮酸可在某些酵母作用下发生氨化反应，生成丙氨酸。

(8) 乙酰化作用

如克氏梭菌（*Clostridium kluyueri*）等可进行乙酰化作用。

(9) 双键断裂反应

偶氮染料在厌氧菌的作用下，先发生脱氯反应生成两个中间产物，再经好氧过程才进一步生物降解。

(10) 卤原子移动

卤代苯、2,4-D 等污染物降解时可进行此反应。

由于微生物种类极其多，因此，具有丰富多样的代谢类型，迄今已知的数十万种污染物（主要为有机污染物）中不能被微生物降解的很少，甚至可以说，目前不能被微生物降解的有机物的存在并不能说明肯定没有这种微生物，只是人们还没有发现或者还没有认识。另一方面，由于微生物结构简单，个体或者群体有很强的变异性，在微生物与污染物发生相互作用的同时，微生物会对污染物的存在做出反应和生理调节而发生变异，或者在污染物的诱导作用下发生变异。这样就有了更多的机会通过变异而降解那些难降解或者不可降解的有机污染物。目前有许多研究者在定向地进行富集培养和驯化环境微生物。微生物的共代谢作用使微生物在污染物质降解方面有了更广泛的作用。由此可知，环境污染物，特别是有机污染物的生物降解在机理、功能与资源等方面都具有巨大的潜力。

7.1.3 污染物生物降解的动力学

在评价微生物系统降解有机物质的能力时，需要了解系统的动力学。所谓动力学是指标靶化合物的微生物降解速率。由于生物系统包含许多不同的微生物，每种微生物又有不同的酶系，因此经常用总的速率常数来描述降解速度。这个常数一般在试验室模拟测定。

通过研究基质浓度与降解速率之间的关系，提出两类常用的经验模式。这两类模式是：

① 幂指数定律（power rate law） 不考虑微生物生长的基质降解模式；

② 双曲线定律（hyperbolic rate law） 考虑微生物生长的基质降解模式。

7.1.3.1 幂指数定律

在基质降解过程中，如果不考虑微生物生长这一因素，可以用幂指数定律来描述基质降解速率（反应速率）与基质浓度的关系。

根据幂指数定律，降解速率与基质浓度 n 次幂成正比

$$-\frac{\mathrm{d}S}{\mathrm{d}t}=kS^n \tag{7-1}$$

式中 S——基质浓度；

k——生物降解速率常数；

n——反应级数。

反应可以是零级反应，即反应速率与任何基质浓度无关，即式(7-1) 可以用下式表示

$$-\frac{\mathrm{d}S}{\mathrm{d}t}=kS^0=k \tag{7-2}$$

对式(7-2) 积分，速率定律的形式为

$$S_{\mathrm{t}}-S_0=-kt \tag{7-3}$$

式中 S_0——基质的起始浓度；

S_{t}——任意时间 t 的基质浓度。

在单一的反应物转变为单一的生成物的情况下，或在基质浓度很高的情况下，可考虑零级反应。

如果基质浓度很低，又不了解系统的动力学关系的情况下，可以假定 n 为 1，即一级反应关系。一级反应为反应速率与基质浓度成正比。由于降解速率取决于基质浓度，而基质浓度又随时间而变化，因此在一级反应中基质浓度随时间的变化在普通坐标图上得不到像零级反应那样的线性结果［图 7-3(a)］。而在半对数坐标图上，即对浓度 S 取对数会得到线性结果［图 7-3(b)］。

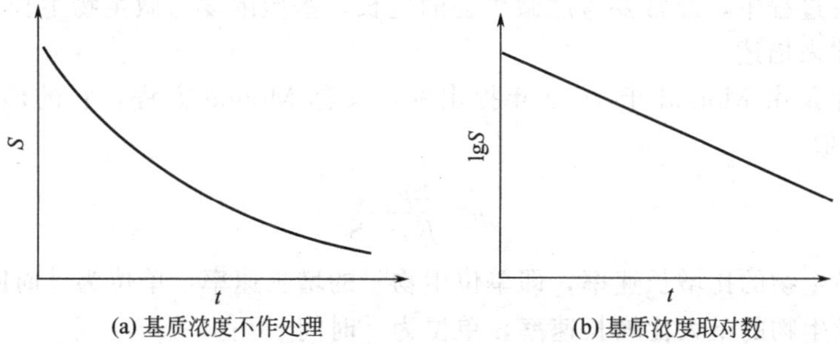

(a) 基质浓度不作处理 (b) 基质浓度取对数

图 7-3 基质浓度随时间以一级反应速率消失

在一级反应中，式(7-1) 可以下式表示

$$-\frac{dS}{dt}=kS^1=kS \qquad (7\text{-}4)$$

对方程（7-4）积分，得到速率的积分形式

$$S_t=S_0 e^{-kt} \qquad (7\text{-}5)$$

或

$$\ln\left(\frac{S_t}{S_0}\right)=-kt \qquad (7\text{-}6)$$

根据 $\ln\frac{S_t}{S_0}$ 和时间 t 的斜率即可以求出 k 值。

原始基质浓度降解一半所需要的时间称为半衰期。半衰期（$t_{1/2}$）为

$$t_{1/2}=\ln(2/k) \qquad (7\text{-}7)$$

现在已经测定出不同基质条件下一些有机化合物的半衰期，这些数据对于评价它们的生物处理性是十分重要的。表 7-1 根据有机物在环境中的半衰期对它们的生物降解性进行分类。当然，它们的生物降解性与环境因素有很大的关系。

表 7-1 有机物的生物降解作用与半衰期

类 别	半 衰 期	类 别	半 衰 期
生物降解快	1～7d	生物降解慢	4～24 周
生物降解较慢	7～28d	抗生物降解	6～12 月

在多种基质的混合废水中，每种基质的去除虽以恒速进行（零级反应），不受其他基质的影响，但基质的总去除量则为每个单一基质去除量之和，所以一般可以认为整个系统的动力学循环为一级反应关系。

反应还可以是二级反应，即反应速率与基质浓度的二次方成正比。式(7-1）可以用下式表示

$$-\frac{dS}{dt}=kS^2 \qquad (7\text{-}8)$$

式(7-8）的积分形式为

$$\frac{1}{S_t}-\frac{1}{S_0}=kt \qquad (7\text{-}9)$$

在下列反应中，反应会呈二级反应

$$2A(\text{反应物})\longrightarrow P(\text{产物}) \qquad (7\text{-}10)$$

在不同的环境中反应级数不同，可以根据特定的一组浓度 S 和时间 t 的实验数据，根据式(7-3)、式(7-6）和式(7-9）来判断其反应级数。

7.1.3.2 双曲线定律

在基质降解过程中，经常要考虑微生物的生长，基质浓度与微生物生长速率之间关系可以用双曲线定律来描述。

双曲线定律是由 Monod 于 1949 年提出的，又称 Monod 方程，它的形式与 Michaelis-Menten 方程类似。

$$\mu=\frac{S\mu_{max}}{K_s+S} \qquad (7\text{-}11)$$

式中 μ——微生物的比增长速率，即单位生物量的增长速率，单位为［时间］$^{-1}$；

μ_{max}——微生物的最大比增长速率，单位为［时间］$^{-1}$；

K_s——饱和常数，当 $\mu=\mu_{max}/2$ 时所对应的基质浓度。

图 7-4 显示了基质浓度与微生物种群增长速率之间的关系。基质浓度较低时，微生物的比增长速率随基质浓度的增加而线性增加；在基质浓度较高时，比增长速率接近最大值，微

生物的比增长速率与基质浓度无关。微生物对基质的降解作用以及微生物的生长都要靠各种各样酶的催化作用，所以 Monod 方程的数学表达式形式和 Michaelis-Menten 方程是一致的。所不同的是：用 μ 代替 v，μ_{max} 代替 v_{max}，以及用 K_s 代替 K_m。

K_s 也代表微生物与支持其生长的有机营养物质的亲和力，数值越小，细菌对该分子的亲和力越大。

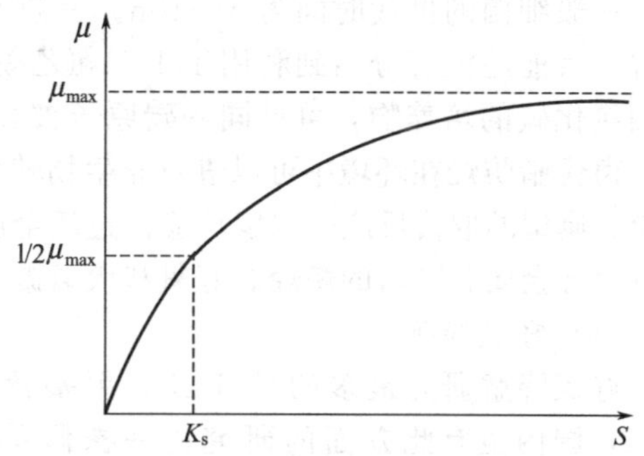

图 7-4　基质浓度与微生物比增长速率之间关系——双曲线方程

K_s 值的跨度相当大。对一种细菌来说，不同的基质有不同的 K_s；对同一种基质来说，K_s 值与细菌菌株有关，甚至同一个菌株在低浓度有一个 K_s 值，在高浓度有另一个 K_s 值。一些 K_s 值见表 7-2。

表 7-2　某些细菌或水样的 K_s 值

基　质	微生物或样品	K_s 值/(mg/L)	基质	微生物或样品	K_s 值/(mg/L)
葡萄糖	黄杆菌 1	0.0071	木糖	溶纤维丁酸弧菌	55
	黄杆菌 2	29,1314	间甲酚	天然水	0.0006～0.0018
	河水	26	氯苯	天然水	0.0010～0.0051
谷氨酸盐	气单胞菌	0.163,1.3	NTA	天然水	0.060～0.170
麦芽糖	溶纤维丁酸弧菌	2.1	苯酚	废水	1.3～270

由表 7-2 的数据可以看出 K_s 的差别很大，似乎无规律可循。但是可以看到营养富集环境中的细菌比低有机成分的生境中的细菌有较高的 K_s 值。从表 7-2 还可以看到在天然水中代谢的微生物可以迅速代谢加入的分子。应当指出，在培养基加入的碳源的浓度远远高于表 7-2 所列的 K_s 值。

7.2　典型有害有机污染物微生物降解的生物化学

7.2.1　卤代烃类微生物降解的生物化学

卤代有机化合物是一类非常重要的化合物，被广泛地应用于工业、农业、农药、有机合成。由于应用广泛，因此，卤代有机化合物进入环境的机会也就很大，途径也很多。概括起来，环境中的卤代有机物主要来自人工应用、自然生成和人工条件下的有机物卤化。

卤代有机化合物中卤代脂肪烃和卤代芳香族化合物是最重要的两类。而卤元素中最重要的是氯，其次是溴和氟。环境最重要的卤代有机化合物是氯化脂肪烃和氯化芳香烃，如三氯甲烷、多氯联苯等。

7.2.1.1　卤代脂肪烃的降解

卤代脂肪烃广泛用于工业溶剂、清洗剂、气雾推进剂和化工合成的中间体。主要是 C_1 和 C_2 脂肪烃，其上氢原子被一个或多个卤原子取代。

最常见的卤原子是氯，主要有二氯甲烷、氯仿、四氯化碳、二氯乙烯、三氯乙烯、四氯乙烯。卤代脂肪烃引起的地下水、地表水和土壤的污染很普遍。三氯乙烯（TCE）是地下水中的常见污染物，氯代脂肪烃容易挥发，因此在土壤和地表水中较少，但是如果污染基模抑制其挥发时，则会在基模中持留，而且可持留很长时间，因为它们有相当稳定的抗生物降解性。含 1 个氯或 2 个氯的氯代脂肪烃在适合的条件下可以作为生长基质供微生物生长，如果有多个氯时则需要补充其他生长基质才能被微生物降解。

所有 1-单氯-正脂肪烷（C_1～C_{12}）均可以降解并可以作为碳源和能源供纯培养微生物生

长，一般细菌的世代时间为5～10h。一般来说，末端氯代脂肪烃比次末端氯代脂肪烃易于降解。目前还没有分离到利用1,1-二氯乙烷、1,1,1-三氯乙烷、1,1,2-三氯乙烷、三氯甲烷和四氯化碳的培养物，可见同一碳原子被2个或3个氯原子取代可以阻止好氧降解。

卤代脂肪烃在环境中可以进行非生物转化，例如在水中的取代反应、脱氢脱卤反应和还原反应。典型的取代反应是水解反应。过渡金属如Ni、Fe、Cr和Co可以还原卤代脂肪烃，产物为氧化态金属和脱卤的烷烃。好氧和厌氧微生物都已经用于卤代脂肪烃的降解和环境修复。

(1) 好氧降解

好氧降解研究最多的是TCE。甲基营养菌在有甲烷和天然气存在的情况下可以降解TCE，国内也有此方面的研究；一株假单胞菌（G-4）在有苯酚等化合物存在时可降解TCE。氨氧化菌欧洲亚硝化单胞菌（*Nitrosomonas europaea*）可降解卤代脂肪烃。据报道，荚膜甲基球菌（*Methylococcus capsulatus*）在甲烷存在时，可以将氯甲烷、溴甲烷转化为甲醛，二氯甲烷转化为CO，三氯甲烷转化为CO_2。因此，可以认为甲烷营养菌对污染的蓄水层是很有前途的生物修复菌。

一般来说，降解的敏感性和分子中氯原子的数目呈负相关。例如，氯乙烯最容易好氧降解，而四氯乙烯最具抗性。

目前，人们对卤代脂肪烃好氧降解的了解还不完全，只知道它们最初的氧化作用由单加氧酶或双加氧酶催化。由于单加氧酶和双加氧酶的特异性较低，所以它们的降解可以与脂肪烷烃和芳烃降解使用相同的加氧酶系。降解需要有代谢基质（甲烷、甲苯/酚或氨）存在，因此这种降解是一种共代谢作用。

(2) 厌氧降解-还原性脱卤

最初研究的是卤代脂肪烃的好氧降解，近年来才研究其厌氧降解。厌氧条件下的降解过程称为还原性脱卤作用，卤原子从分子中逐个脱去并被氢原子取代。在厌氧条件下有机化合物脱卤在热力学上是有利的。

脱卤作用取决于分子的氧化还原电位，而这又是由卤-碳键强度决定的。键强度越高，卤原子越难脱去。键强度与卤原子的类型和数目有关，也与卤代分子的饱和程度有关。一般来说，溴和碘取代物比氯取代物的键强度低，易于脱卤。氟取代物比氯取代物键强度高，难于脱卤。随着分子的饱和程度下降，键强度增加。因此，饱和化合物（烷烃类）比不饱和化合物（烯、炔烃类）的还原性脱卤敏感。在卤代烯烃厌氧代谢中，其脱卤速率由快到慢依次是：四氯乙烯、三氯乙烯、1,2-二氯乙烯和氯乙烯。前面的氧化状态高于后者。

以前认为氯代烯烃，例如四氯乙烯（PCE）和TCE，不能生物降解，但是后来的研究表明它们不仅可以生物转化，而且比生物转化的速率要高。在产甲烷的条件下，以乙酸作为碳源富集微生物同生菌，可以生物转化C_1和C_2卤代烃（TCE、四氯化碳和1,1,1-TCA即三氯乙酸）为二氧化碳和甲烷。

一些卤代脂肪烃的厌氧生物降解见表7-3。

表7-3 某些卤代脂肪烃的厌氧生物降解

化合物	微生物
氯仿	产甲烷富集培养物
四氯化碳	产甲烷富集培养物、甲烷杆菌、脱硫杆菌、梭菌、反硝化富集培养物、假单胞菌（反硝化）
1,2-二氯乙烷	厌氧同生菌
二氯甲烷	厌氧同生菌、产乙酸同生菌
氟利昂	反硝化富集培养物
1,1,1-三氯乙烷	反硝化富集培养物、硫酸还原富集培养物、产甲烷富集培养物、梭菌
三氯乙烯(TCE)	厌氧同生菌
四氯乙烯(PCE)	产甲烷富集培养物
氯乙烯	厌氧同生菌

7.2.1.2 脱卤反应机制

氯代脂肪烃化合物的微生物代谢关键步骤是脱卤反应。催化这一反应的酶可以直接作用于 C-Cl 键，或不直接作用于 C-Cl 键，而和氧结合形成不稳定的中间物。

目前在好氧细菌中发现 5 种脱卤机制（图 7-5）。

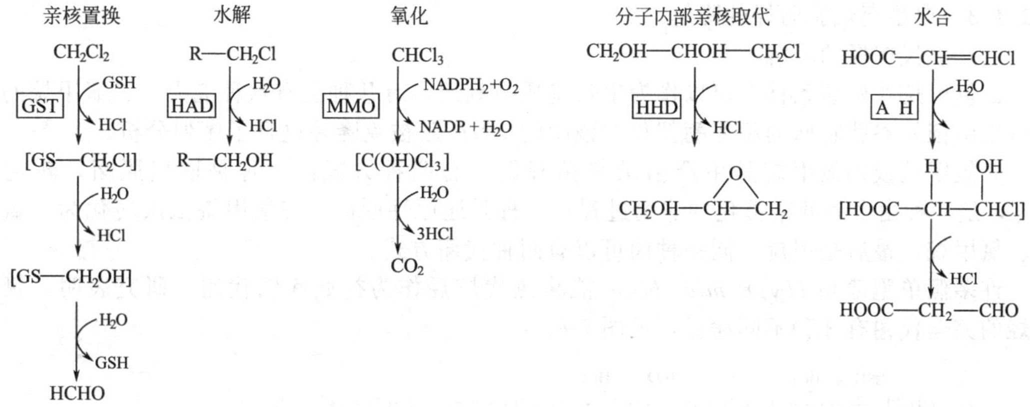

图 7-5 细菌培养物对卤代烃的脱卤机制

（1）亲核置换

有谷胱甘肽转移酶（GST）参与，形成谷胱甘肽和卤代脂肪烃共价结合的中间物，最后脱卤。例如生丝微菌在二氯甲烷基质中脱氯就是这种方式，脱氯的产物是甲醛。

（2）水解

水解脱卤酶参与氯代脂肪烷烃的脱卤反应，其反应产物是对应的醇。这类氯代脂肪烷烃有 2-氯代羧酸、1-氯代正烷烃、α,ω-二氯正烷烃、α,ω-氯代醇以及其他相关化合物。例如，自养黄杆菌 GJ10 以 1,2-二氯乙烷为唯一碳源，在两种不同的水解脱卤酶作用下经过两次水解脱氯作用，生成产物乙醇酸，然后进入中央代谢途径，见图 7-6。

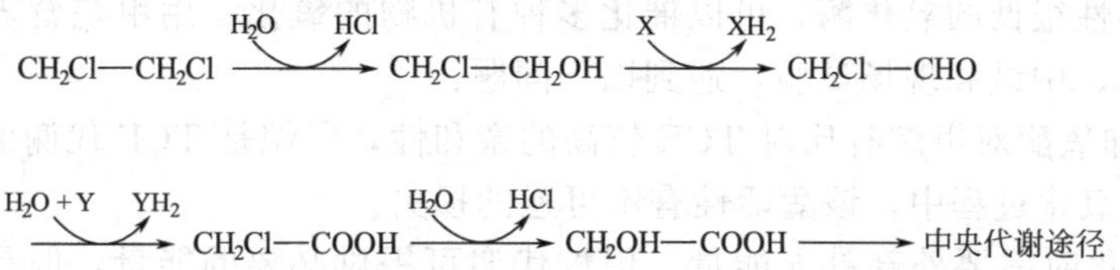

图 7-6 自养黄杆菌对 1,2-二氯乙烷的脱卤代谢途径

（3）氧化

由单加氧酶催化，需要还原性辅助因子或细胞色素，分子氧中的一个氧原子与基质结合，另一个氧原子形成水。单加氧酶反应在性质上是亲电反应而不是亲核反应，因此这种氧化反应为结构上对亲核取代反应不敏感的化合物的降解提供了另一种途径。氯仿在这种方式下氧化产生不稳定的中间物。

（4）分子内部亲核取代

由单加氧酶或双加氧酶催化，形成环氧化物，然后再脱去氯。如反-1,2-二氯乙烯在甲基营养细菌作用下的降解（图 7-7）。

（5）水合

具有不饱和键的卤代烃水合后脱卤。例如 3-氯代丙烯酸水合脱氯形成丙醛酸。

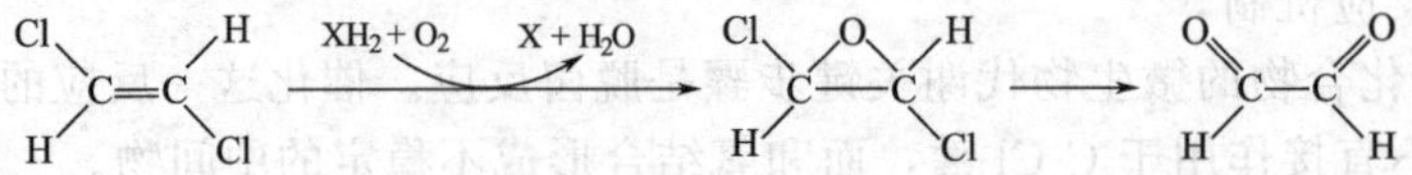

图 7-7 反-1,2-二氯乙烯在甲基营养细菌作用下的降解

7.2.1.3 典型卤代脂肪烃的降解

(1) 氯代烷烃的降解

二氯甲烷在好氧条件下可以作为生长基质被利用，有几种菌有这种能力。二氯甲烷的脱氯可以由依靠谷胱甘肽的脱氢酶催化，该酶的DNA已被克隆并进行了序列分析。

三氯甲烷或四氯甲烷是由严格厌氧菌降解，有两种方式：一种是取代脱卤，转化为CO_2，是一种由金属卟啉催化的非酶过程；一种是还原性脱卤，三氯甲烷依次转化为二氯甲烷、氯甲烷，最后是甲烷。同一种菌可以有两种代谢方式。

许多假单胞菌和 *Hyphomicrobium* 能将氯代烷烃作为初始底物代谢。研究表明，氯代烷烃的完全代谢有 3 种不同途径，见图 7-8。

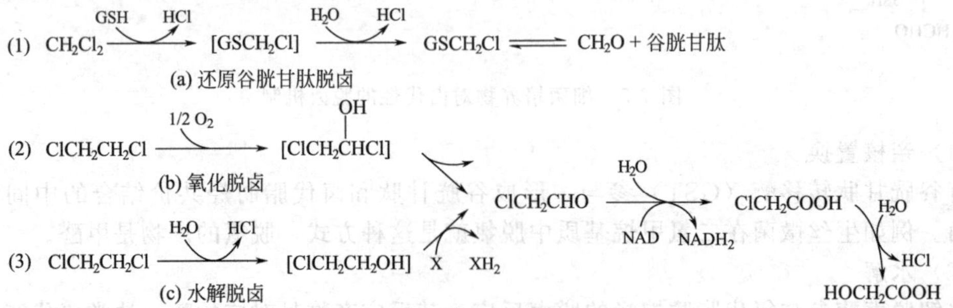

图 7-8 氯代烷烃的微生物降解

(2) 氯代烯烃的降解

三氯乙烯（TCE）的降解已有很多的研究。甲烷营养菌可以氧化 TCE，因为甲烷单加氧酶是一个特异性很低的氧化酶，可以催化多种有机物的氧化。用甲烷营养菌降解 TCE 的研究经过了小试、中试和现场试验，遇到以下问题：

① 甲烷单加氧酶对甲烷有比对 TCE 较高的亲和性，甲烷是 TCE 代谢的竞争性抑制剂。

② 在 TCE 氧化过程中，该酶活性有不可逆的损失。

③ TCE 氧化时需要外部补充能量。甲烷代谢可提供必要的能量，但是由于和 TCE 竞争所以不能选作能源。在实验室内已成功将甲酸选作能源。

除甲烷单加氧酶可以氧化 TCE 以外，还有氨单加氧酶、异戊二烯氧化酶、丙烷单加氧酶、甲苯-邻-单加氧酶和甲苯双加氧酶等。上述酶系都需要有适当的诱导物存在时才合成，但它们可能是有毒有机物。现已获得一株洋葱假单胞菌的组成性突变株，含有甲苯-邻-单加氧酶，这个菌株的甲苯单加氧酶不需要诱导物存在就可以起作用。

TCE 的氧化作用产物取决于最初氧化作用的机制。单加氧酶作用产生 TCE 环氧化物，然后自发地水解为二氯乙酸、乙醛酸、甲酸和 CO（图 7-9）；而双加氧酶作用最初产 TCE-环氧化合物和 1,2-二羟基-TCE，然后重排形成甲酸和乙醛酸。前者由甲烷营养菌氧化，最后产物为其他菌所利用。在这个过程中，有少量副产物三氯乙醛，后者是由假单胞菌作用，两者均不能使四氯乙烯共代谢。

四氯乙烯在产甲烷条件下还原性脱卤，经过四个步骤产生乙烯，降解的中间物为三氯乙烯、顺/反-二氯乙烯和氯乙烯（图 7-10）。

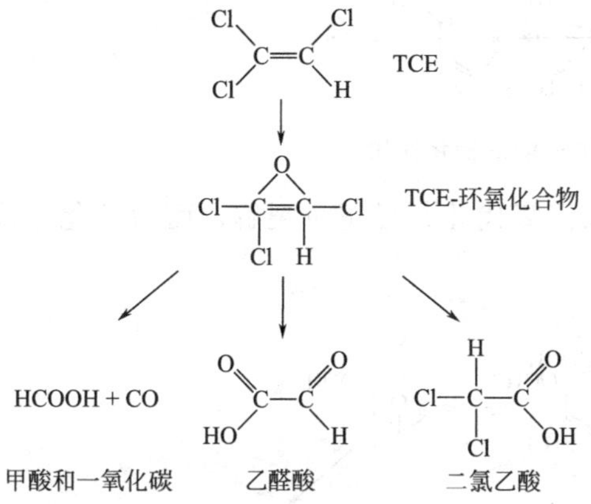

图 7-9 甲烷营养菌对三氯乙烯（TCE）的好养共代谢

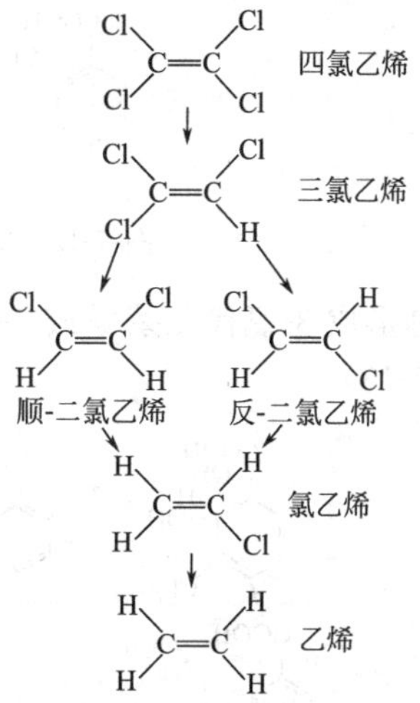

图 7-10 在产甲烷同生菌作用下四氯乙烯的厌氧顺次脱氯

后来的研究证明，不在产甲烷的条件下，只要有足够的甲醇存在该过程就可以进行。研究还表明从四氯乙烯到氯乙烯，这类溶剂具有生物修复上的潜力，但在现场这个过程很少能完成，经常会有一些中间物（如氯乙烯）的积累。氯乙烯在好氧条件下可以作为生长基质供微生物利用，但容易挥发，在生物反应器中处理较困难。

7.3.1.4 卤代芳烃的降解

卤代芳烃的降解性取决于卤原子的性质、数目和位置。卤代物为溴和碘时比氯容易降解，为氟时比氯难降解。一般来说，好氧降解性随卤原子的数目增加而下降，但厌氧脱卤则相反。

（1）卤代苯的细菌氧化

一般而言，卤代苯对细菌的氧化作用不是很敏感。然而某些卤代苯可以被细菌气化，可用图 7-11 说明。

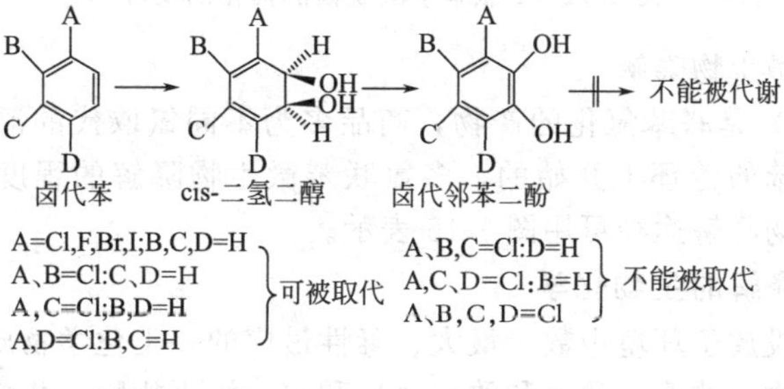

图 7-11 卤代苯的微生物降解

（2）氯代苯甲酸的降解

虽然氯代苯甲酸不会引起环境问题，但是它们常常被作为研究对象。这是由于它们溶于水、没有毒性，而且是研究卤代芳香族化合物脱卤机制的理想模型。

① 2-氯苯甲酸的降解　在双加氧酶催化下，2-氯苯甲酸降解的第一步反应是去除氯生成儿茶酚，如图 7-12。

② 3-氯苯甲酸的降解　它和 2-氯苯甲酸的降解完全不同。在双加氧酶的作用下第一步

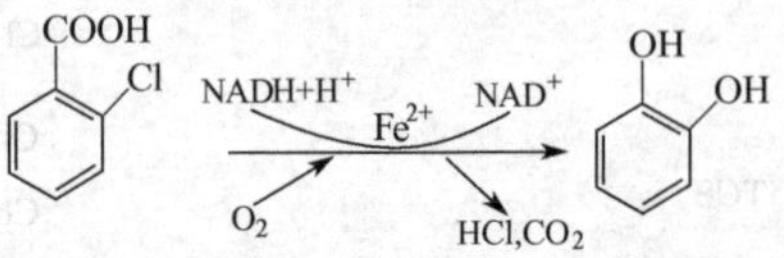

图 7-12 2-氯苯甲酸双加氧酶的催化作用

不是脱氯而是形成 3-氯代儿茶酚或 4-氯代儿茶酚。氯代儿茶酚正位裂解，而后环化形成内酯脱氯（图 7-13）。

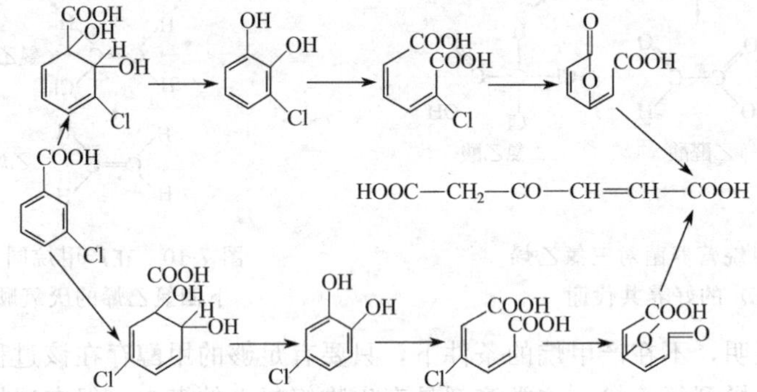

图 7-13 3-氯苯甲酸的细菌降解

③ 4-氯苯甲酸的降解　在降解反应的第一步就脱去氯，被水中的羟基取代。该脱卤反应是经水解反应除去苯环中的氯的仅有的例子。酶是双成分酶系统，反应在 ATP 的作用下形成 4-氯苯甲酰 CoA 酯作为中间物（图 7-14）。

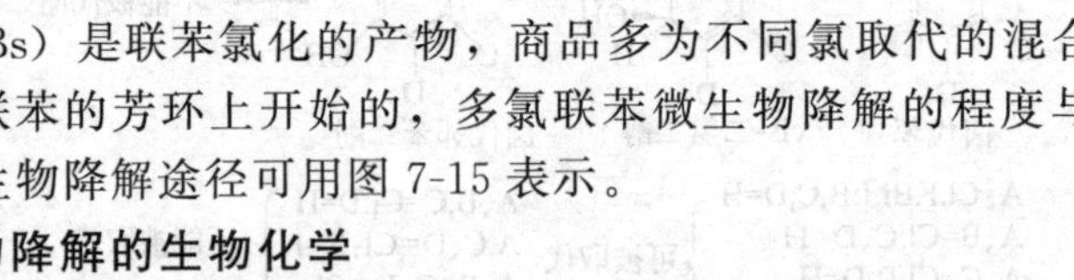

图 7-14 4-氯苯甲酸脱卤酶催化的反应

（3）多氯联苯的微生物降解

多氯联苯（PCBs）是联苯氯化的产物，商品多为不同氯取代的混合物。多氯联苯的微生物降解首先是从联苯的芳环上开始的，多氯联苯微生物降解的程度与其结构和微生物有关，多氯联苯的微生物降解途径可用图 7-15 表示。

7.2.2 农药微生物降解的生物化学

农药是人们主动投放于环境中数量最大、毒性最广的一类化学物质，有的农药具有诱变性，有的甚至是三致物（致癌、致畸和致突变）和内分泌干扰物。化学合成的农药一般都比较稳定，能在土壤中停留较长时间，甚至高达十年以上，由于一些常用农药生物降解困难，在环境中的大量积累，造成了严重的环境污染。农药的微生物降解，就是通过各种微生物的作用将大分子有机物分解成小分子化合物的过程。在生态系统中，微生物对农药的分解起着重要的作用。它对外来化合物降解或转化所具有的巨大潜力，一直是国内外的研究热点，对降解农药的研究始于 20 世纪 40 年代末，至今已取得了很大进展，表现在降解农药的微生物种类不断被发现，降解机理日趋深入，降解效果稳定提高等方面。故近年来各国均在开展微生物对化学农药微生物降解的研究。

（1）苯氧乙酸的微生物降解

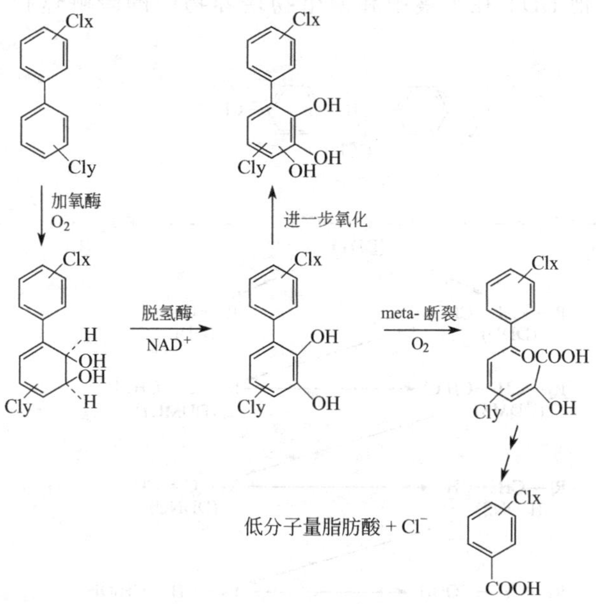

图 7-15　PCBs 的微生物降解

苯氧乙酸是一大类除草剂，2,4-D 是其中常用的一种。经研究，降解苯氧乙酸的细菌有假单胞菌属（*Pseudomonus*）、棒状杆菌属（*Corynebacterium*）、诺卡菌属（*Nocardia*）、枝动菌属（*Mycoplana*）、真菌类有黑曲霉（*A. niger*）。其降解途径如图 7-16 所示。

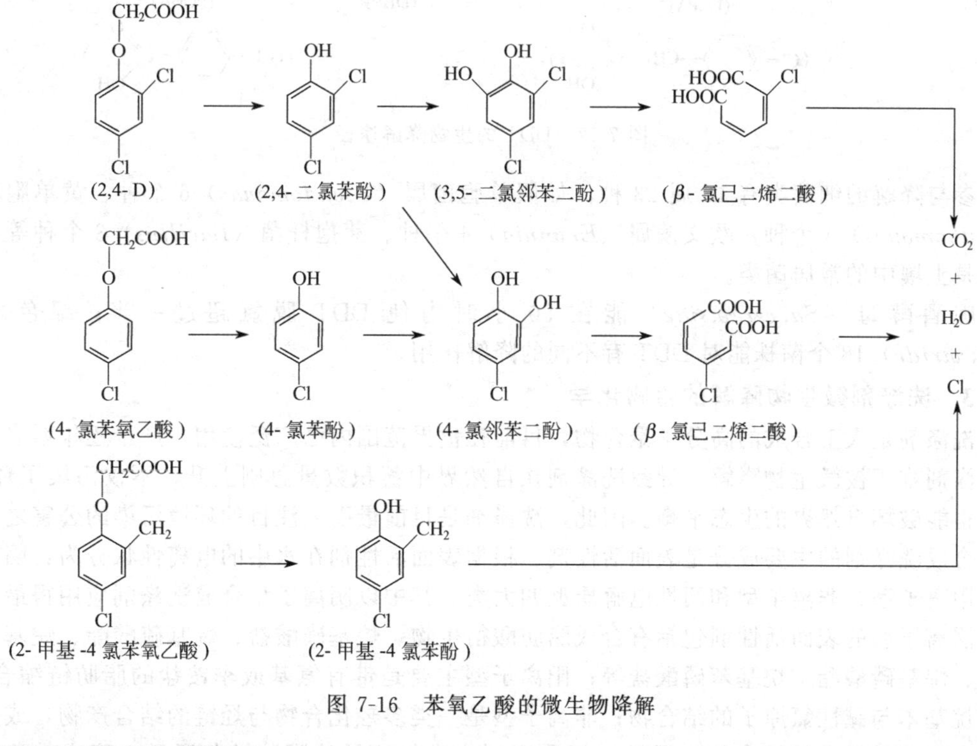

图 7-16　苯氧乙酸的微生物降解

(2) DDT 的生物降解

DDT 在土壤中的平均半排出期为三年，其中 5%～10% 在使用后十年仍留在土壤内，近年的研究取得了一些新进展。

A. W. A. Brown 把 DDT 在土壤中和微生物培养物中的降解途径做了以下归纳，如图7-17所示。

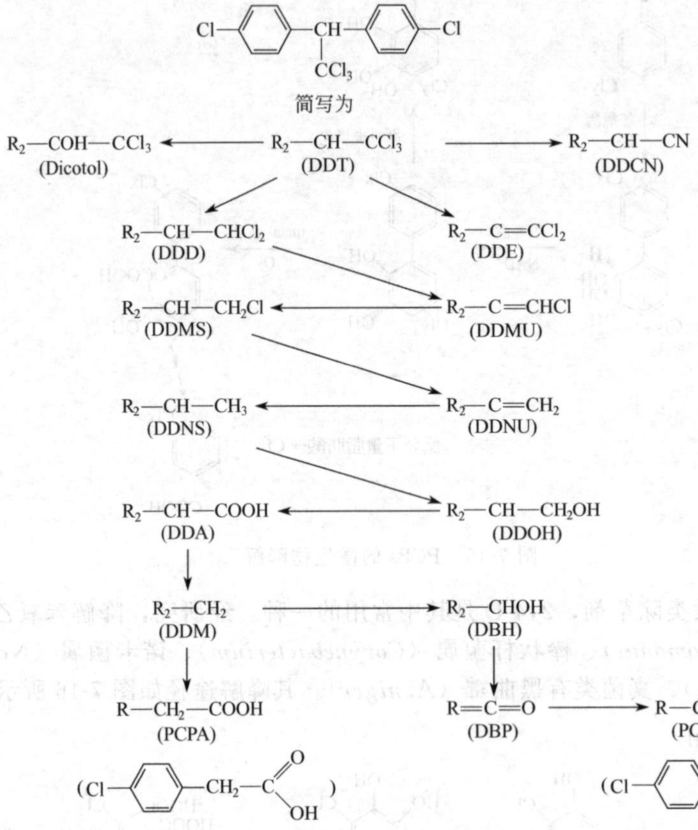

图 7-17 DDT 的生物降解途径

参与降解的细菌类有 10 属 23 种，如假单胞菌属（*Pseudomonas*）6 个种、黄单胞菌属（*Xanthomonas*）4 个种，欧文菌属（*Erwinia*）4 个种、芽孢杆菌（*Bacillus*）3 个种等。这些都是土壤中的常居菌类。

啤酒酵母（*Sa. cerevisiae*）能在 50 小时内使 DDT 脱氯超过一半；绿色木霉（*Tri. viride*）18 个菌株能对 DDT 有不同的降解作用。

7.2.3 洗涤剂微生物降解的生物化学

洗涤剂是人工合成的高分子聚合物，目前在世界范围内已广泛使用，产量逐年增多。由于洗涤剂难于被微生物降解，导致洗涤剂在自然界中蓄积数量急剧上升，不仅污染了环境，而且也能破坏自然界的生态平衡。因此，洗涤剂是目前最引人注目的环境污染的公害之一。

合成洗涤剂的主要成分是表面活性剂。根据表面活性剂在水中的电离性状分为：阴离子型、阳离子型、非离子型和两性电解质型四大类。其中以阴离子型合成洗涤剂应用得最为普遍。阴离子型的表面活性剂包括有合成脂肪酸衍生物、烷基磺酸盐、烷基硫酸酯、烷基苯磺酸盐、烷基磷酸酯、烷基苯磷酸盐等；阳离子型主要是带有氨基或季铵盐的脂肪链缩合物，也有烷基苯与碱性氯原子的结合物；非离子型是一类多羟化合物与烃链的结合产物，或是脂肪烃和聚氧乙烯酚的缩合物；两性电解质型则为带氮原子的脂肪链与羟酰、硫或磺酸的缩合物。

合成洗涤剂基本成分除了表面活性剂外还含多种辅助剂，一般为三聚磷酸盐、硫酸钠、碳酸钠、羟基甲基纤维素钠、荧光增白剂、香料等，有时还有蛋白质分解酶。家庭用的洗涤剂通称洗衣粉，有粉剂、液剂、膏剂等形式。我国现在主要产品属阴离子型烷基苯磺酸钠型洗涤剂，一般称中性洗涤剂，对环境的污染最为严重。

洗涤剂的种类很多，一般都很难被微生物降解，最难被微生物降解的是带有碳氢侧链的分子结构 ABS 型，这种洗涤剂不能被微生物降解的原因是碳氢侧链中有一个 4 级碳原子（即直接和 4 个碳原子相连的碳原子），结构如下

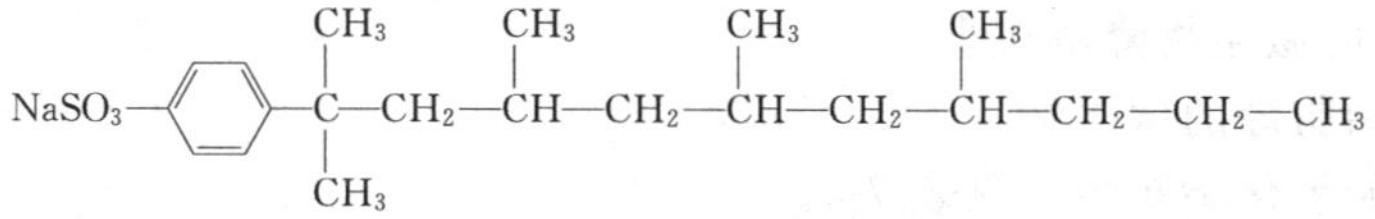

4 级碳原子的链十分稳定，对化学反应和生物反应都有很强的抵抗性，因此 ABS 很难被生物降解。

为使合成洗涤剂易为生物所降解，人们改变了合成洗涤剂的结构，制成易被微生物分解的（软型）洗涤剂，其代表为直链烷基苯磺酸盐（LAS）。

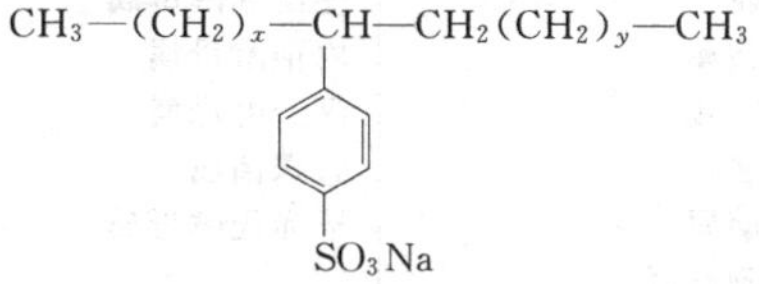

由于去掉了 4 级碳原子，并利用了侧链的碳氢化合物，其直链部分易于分解的特点，使 LAS 较易为生物降解，而且在一定的范围内，碳原子数愈多，其分解速度也愈快。LAS 的降解过程中，首先烷基末端的甲基被氧化成羧酸，再经 β-氧化，每次减少两个碳，最终生成苯丙酸、苯乙酸或安息香酸的磺酸盐，然后进行脱磺化作用。途径如下，苯环经过一羟基或二羟基化后开裂而被降解。

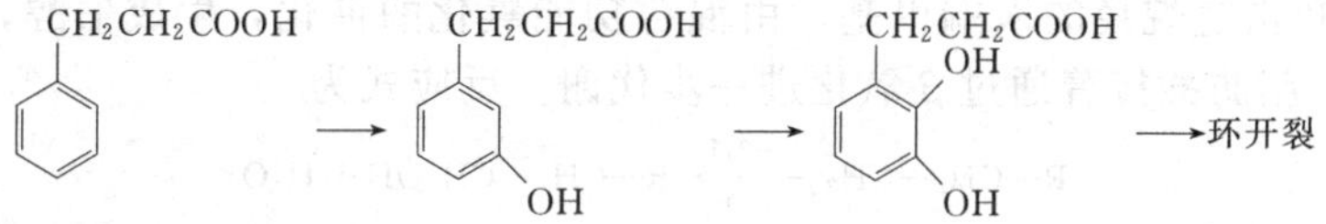

7.2.4 石油污染物微生物降解的生物化学

7.2.4.1 石油污染物概述

石油是重要的能源物质，在石油开采、运输、加工、使用等过程中均可能产生对环境的污染。据统计，由于战争、海难及其他事故，每年都有数千甚至上万吨石油泄漏到海中。此外，也不乏石油泄漏问题引起水体、土壤等污染的例子。这类问题在世界范围引起了科学界广泛关注。

石油是一类物质的总称，主要是碳链长度不等的烃类物质，最少时仅含一个碳原子。例如石油天然气中的甲烷，最多时，碳链长度可超过 24 个碳原子，这类物质常常是固态的，例如沥青。从气体、液体到固体，各种物质组分的物理化学性质相差很远。同时，不同物质的生物可降解性也相差很大，有的物质具有很好的可生物降解性，但有的则很难降解，进入环境中可残留很长时间，造成一种长期的污染。

石油中的主要成分是烷烃类物质，但石油污染物则十分复杂。石油的主要成分并不是石油污染的主要物质，当然，溢油污染时主要是以烷烃类为主要成分，但是造成长期污染的是那些成分复杂的物质。许多因石油污染而检测出的环境污染物质大多是经过环境转化后的产物。例如卤化产物，卤化过程使得污染物的稳定性、生物毒性等都发生变化。

石油中的元素以碳和氢为主，其中碳占 83%～87%，氢占 11%～14%，含有少量硫（0.06%～8.0%）、氮（0.02%～1.70%）和磷（0.08%～1.82%）。石油中还含有极少量的金属元素，如钒、铁、铜等。石油组分中，不同组分的分子量相差很大，从几十到几千。总

的来说石油是不溶于水的，但能与水形成稳定的乳状液，特别是在低浓度范围，许多物质都能溶入水中。

进入环境中的石油，由于生物学的和某些非生物学的机制（主要是光化学氧化）而逐步降解。大量研究表明，在自然界净化石油污染的综合因素中，微生物降解起着重要作用。我国沈（阳）抚（顺）灌区 20 余万亩水稻田，主要以炼油厂含油废水灌溉，历时 40 余年，未发现石油显著积累和经常性的损害，主要是由于在石油污灌区形成的微生物生态系的降解作用。

7.2.4.2 脂肪烃的微生物降解机理

（1）能降解脂肪烃的微生物

许多微生物能氧化脂肪烃，见表 7-4。

表 7-4 能氧化脂肪烃的细菌和酵母菌

细菌		酵母菌	
无色杆菌	不动细菌属	甲丝酵母属	红酵母属
放射菌属	气单胞菌属	隐球酵母属	糖酵母属
产碱菌属	节细菌属	德巴利酵母属	新月酵母菌
芽孢杆菌属	贝内克菌属	内孢酵母属	锁掷酵母菌
短杆菌属	棒状杆菌属	汉逊酵母属	掷孢酵母菌
黄杆菌属	甲基菌属	念珠菌属	球似酵母菌
甲基菌属	甲基球菌属	毕赤氏酵母属	毛孢子菌属
甲基孢囊菌属	甲基单胞菌属		
甲基弯曲菌属	小单胞菌属		
分枝杆菌属	诺卡菌属		
假单胞菌属	螺菌属		
弧菌属			

（2）链烷烃的微生物降解

① 微生物攻击链烷烃的末端甲基，由混合功能氧化酶催化，生成伯醇，再进一步氧化为醛和脂肪酸，脂肪酸接着通过 β-氧化进一步代谢。反应式为

$$R—CH_2—CH_3 \xrightarrow[+O_2]{+2H} R—CH_2—CH_2OH + H_2O$$

$$\downarrow -2H$$

$$\beta\text{-氧化} \longleftarrow R—CH_2COOH \xleftarrow[+H_2O]{-2H} R—CH_2—CHO$$

② 有些微生物攻击链烷烃的次末端，在链内的碳原子上插入氧。这样，首先生成仲醇，再进一步氧化，生成酮，酮再代谢为酯，酯键裂解生成伯醇和脂肪酸。醇接着继续氧化成醛、羧酸，羧酸则通过 β-氧化进一步代谢。反应式如下

$$R—CH_2—CH_2—CH_3 \xrightarrow[-H_2O]{+O_2+2H} R—CH_2—\underset{}{\overset{OH}{\overset{|}{CH}}}—CH_3$$

$$\downarrow -2H$$

$$R—CH_2—O—\overset{O}{\overset{\|}{C}}—CH_3 \xleftarrow[+O_2+2H]{-H_2O} R—CH_2—\overset{O}{\overset{\|}{C}}—CH_3$$

$$\downarrow +H_2O$$

$$R—CH_2—OH + CH_3COOH$$

$$\downarrow -2H$$

$$R—CHO \xrightarrow[-2H]{+H_2O} R—COOH \longrightarrow\longrightarrow \beta\text{-氧化}$$

（3）脂环烃的微生物降解

能够利用脂环烃的微生物极少，而且活性弱，氧化能力差。其主要特征是脂环烃一般不能作为微生物所利用的碳源。在环境污染物中，用于脂环烃的有机物也比较少。一般降解过程是，脂环通过酶氧化作用，生成环醇、环酮，再氧化成ε-羟基己酸，如果是脂环酸则氧化为庚二酸使环开裂，然后再通过β-氧化进一步降解。

如环己烷由混合功能氧化酶的羟化作用生成环己醇，后者脱氢生成酮，再进一步氧化，一个氧插入环而生内酯，内酯开环，一端的羟基被氧化成醛基，再氧化成羧基

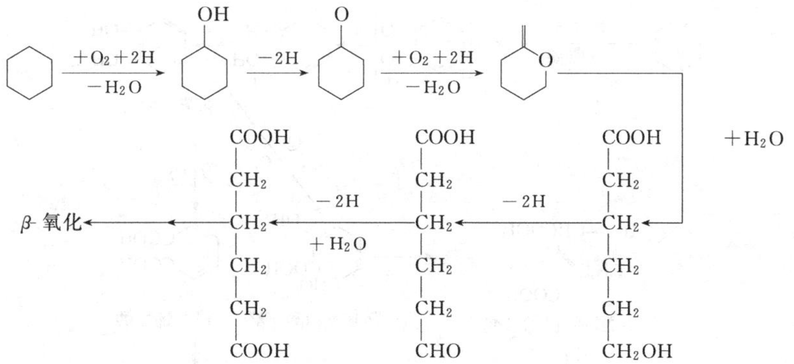

脂环化合物通常不能用作微生物生长的唯一碳源，除非它们有足够长的脂族侧链。虽然已发现能够在环己烷上生长的微生物，但更常见的是能转化环己烷为环己酮的微生物不能内酯化和开环，而能将环己酮内酯化和开环的微生物却不能转化环己烷为环己酮。可见微生物之间的互生关系和共代谢在环烷烃的生物降解中起着重要作用。

（4）烯烃的微生物降解途径

烯烃生物氧化途径研究得较多并已确认是末端烯烃。末端烯烃的氧化产物随初始进攻的位置（甲基或双键）而变化。可生成：（a）ω-不饱和醇或脂肪酸；（b）伯醇或仲醇或甲基酮；（c）1,2-环氧化物；（d）1,2-二醇（图 7-18）。

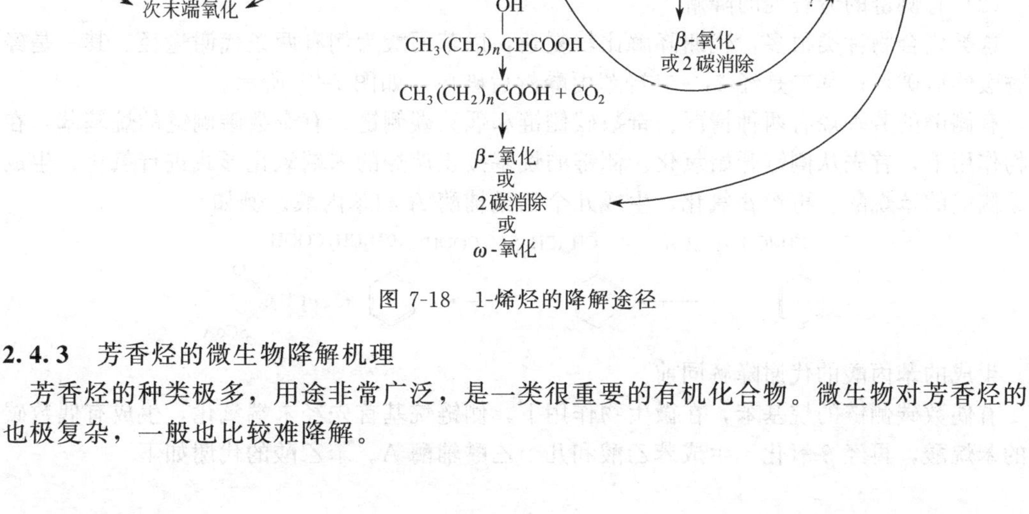

图 7-18 1-烯烃的降解途径

7.2.4.3 芳香烃的微生物降解机理

芳香烃的种类极多，用途非常广泛，是一类很重要的有机化合物。微生物对芳香烃的作用也极复杂，一般也比较难降解。

（1）单环芳烃的微生物降解机理

苯是芳香烃中基础物质和基本骨架，也难被微生物降解，但研究较早。芳香烃被微生物降解的共同特点是首先生成邻苯二酚。然后有两条途径继续降解，其一是经 β-己二烯二酸、β-酮己二酸生成琥珀酸和乙酰辅酶 A；其二是经过 α-羟基黏糠酸半醛，最后生成乙酸和丙酮酸。如图 7-19 所示。微生物接受苯系化合物典型的方式就是利用氧分子作辅基，在双氧酶作用下，使苯环断裂。这些代谢物可以进入三羧酸循环再进一步代谢降解。

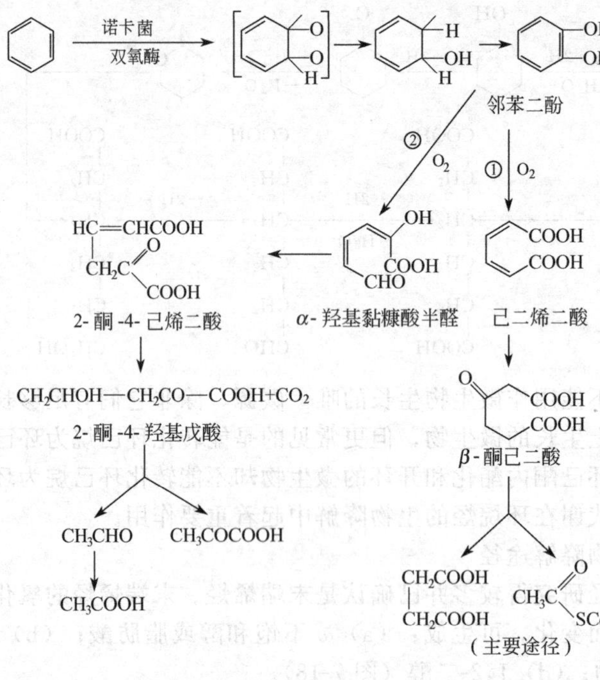

图 7-19 单环芳烃的微生物降解途径

甲苯、二甲苯是最简单的烷基苯，也是重要的化工原料。在环境污染物中是最常见的有机化合物。它们和其他的多甲基芳香烃类，都是比较难被微生物降解的。多甲基芳香烃的降解，研究得也比较少。一般认为，它们在微生物作用下，先通过辅氧作用，其中一个甲基被氧化，而其余的甲基不被氧化；另一种情况则是先在苯环上导入羟基，然后再氧化成羧酸。例如，甲苯和二甲苯在诺卡菌作用下降解途径，如图 7-20 所示。

（2）有侧链的芳香烃的降解

这类化合物种类很多，代谢降解比较复杂，以苯丙酸为例有两条代谢途径。其一是经安息香酸然后破坏；其二是经 2,3-二羟苯丙酸然后破坏。如图 7-21 所示。

有侧链的芳香烃有两种情况：奇数碳侧链和偶数碳侧链。有奇数碳侧链的烷基苯，在微生物作用下，首先从侧链开始氧化。侧链的烷基按正烷烃的末端氧化形式进行氧化，生成奇数碳侧链的苯烷酸。再经 β-氧化，生成几个乙酰辅酶 A 和苯丙酸。例如

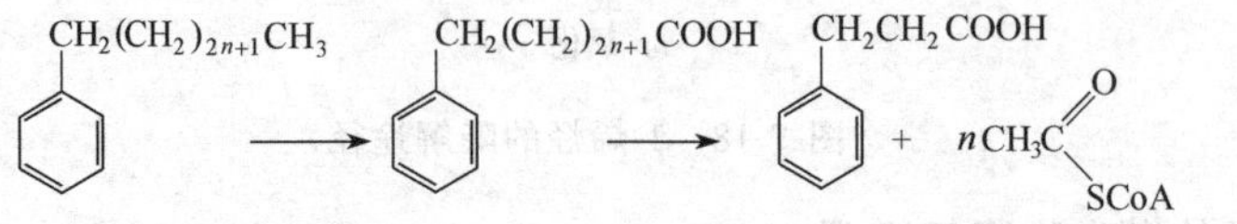

生成的苯丙酸的代谢降解同前。

有偶数碳侧链的烷基苯，在微生物作用下，侧链烷基首先经末端氧化，生成有偶数碳侧链的苯烷酸，再经 β-氧化，生成苯乙酸和几个乙酰辅酶 A。苯乙酸的代谢如下

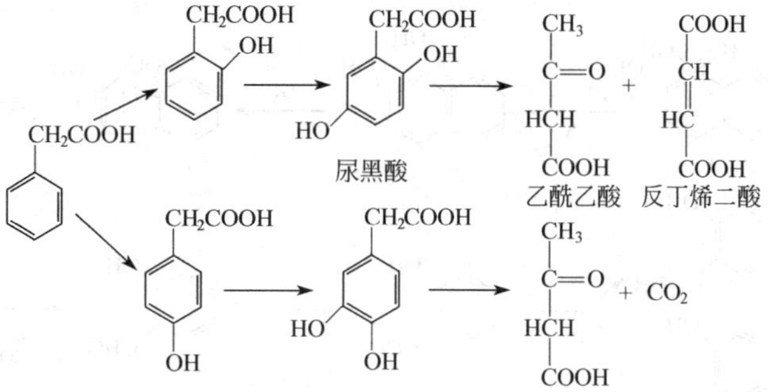

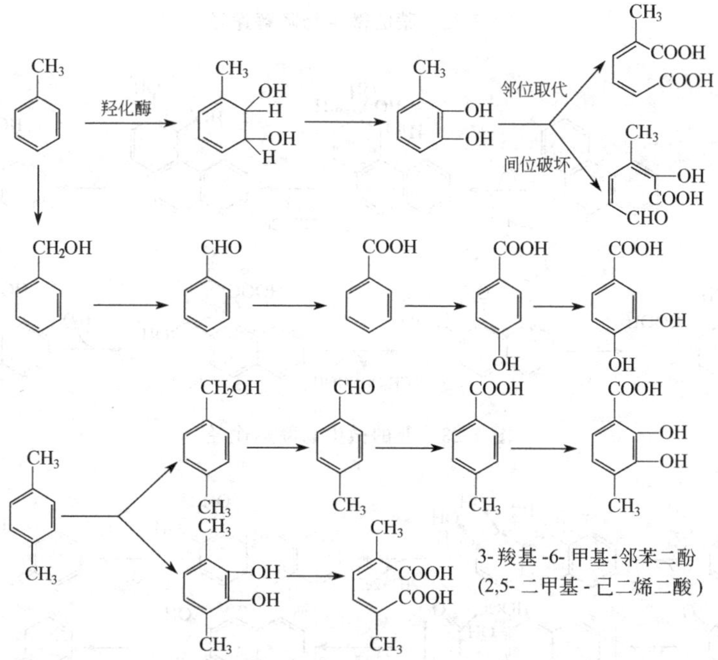

图 7-20 烷基苯的微生物降解途径

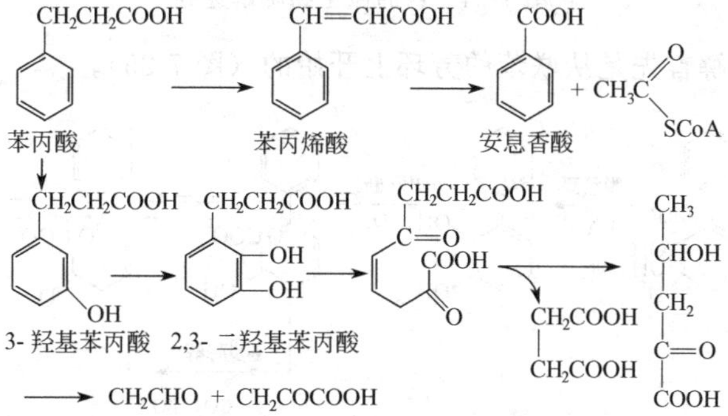

图 7-21 侧链的芳香烃的降解途径

(3) 多环芳烃的微生物降解机理

多环芳烃的生物降解，先是一个环二羟基化、开环，进一步降解为丙酮酸和 CO_2，然后第二个环以同样方式分解。萘、菲、蒽的细菌氧化可用图 7-22、图 7-23、图 7-24 表示。

(4) 联苯的微生物降解

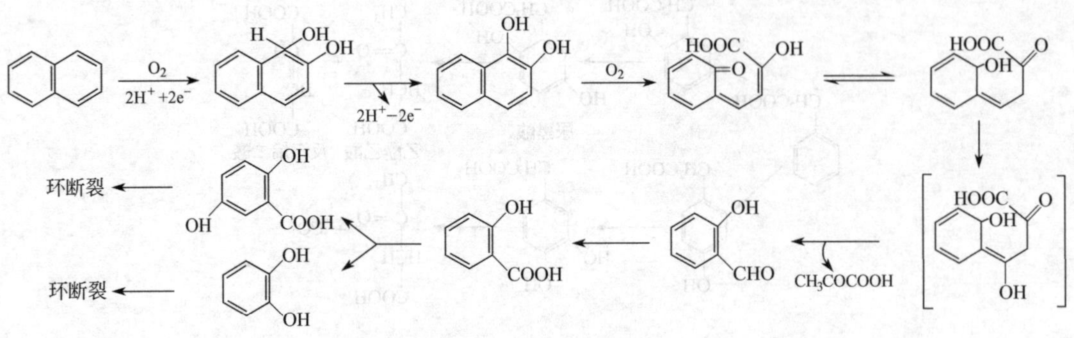

图 7-22 萘的微生物降解途径

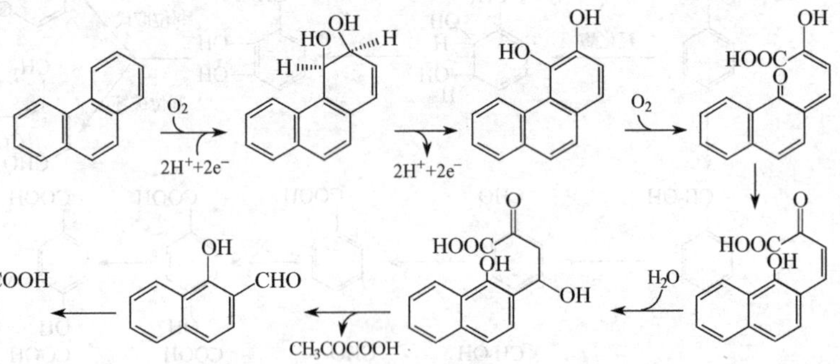

图 7-23 菲的微生物降解途径

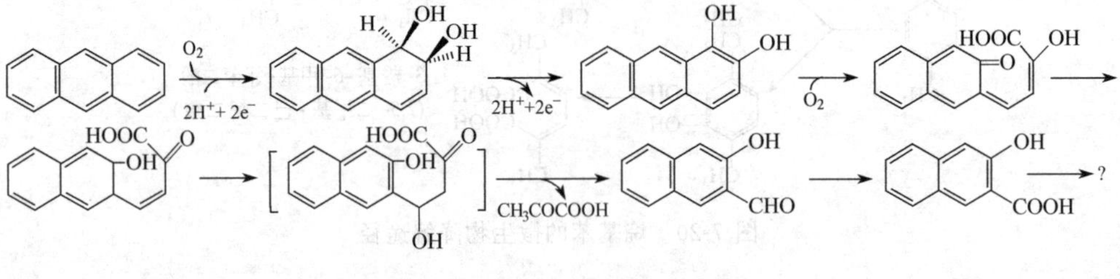

图 7-24 蒽的微生物降解途径

联苯的微生物降解首先是从联苯的芳环上开始的（图 7-25）。

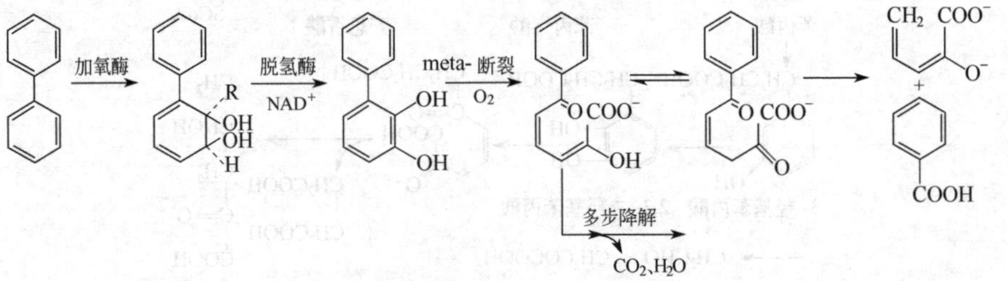

图 7-25 联苯的微生物降解途径

7.2.4.4 限制污染油生物降解的因素

影响微生物降解石油的因素有很多，油本身的毒性和抗性组分就限制了其生物降解，其他限制因子主要是温度、营养、供氧、油污的物理状态及降解菌的有无等。

海水温度低，影响烃类溶解和微生物分解，对海洋污染油的降解是一个重要的限制因子。无机营养尤其氮和磷不足，影响微生物生长和代谢活动，这可以通过补加营养得以解决。当然，营养物要以可溶于油的形式补加。油浮于液面，使液面下环境缺氧，而石油的生物降解是需氧过程，故需通气充氧。初次发生油污染的水域或陆地，往往缺乏降解菌，需给以接种。

降解石油烃化合物的微生物温度适应范围很广，既有嗜冷微生物，又有嗜热微生物，而主要的则是中温微生物，温度范围在0～70℃之间，这些微生物各自的温度适应范围是不可以改变的。

海洋环境、河口环境和淡水环境中生长着对不同盐度适应要求不同的微生物群落，这些微生物各自在相应的环境中可以取到较好的降解作用，但如果将它们所适应的环境进行改变，则可能导致降解活性的丧失。

复　习　题

1. 什么是微生物降解？
2. 微生物对有机污染物有哪些降解作用？
3. 在评价微生物系统降解有机物质的能力时，有哪些系统动力学？
4. 试述卤代烃类有机物质微生物降解的生物化学机理。
5. 试述石油污染物微生物降解的生物化学机理。

参　考　文　献

[1]　赵景联．环境修复原理与技术．北京：化学工业出版社，2006.
[2]　王建龙，文湘华．现代环境生物技术，清华大学出版社，2001.
[3]　夏北成．环境污染物生物降解．北京：化学工业出版社，2002.
[4]　陈玉成．污染环境生物修复工程．北京：化学工业出版社，2003.
[5]　马文漪，杨柳燕．环境微生物工程．南京：南京大学出版社，1999.
[6]　徐亚同．污染控制微生物工程．北京：化学工业出版社，2001.
[7]　陈欢林．环境生物技术与工程．北京：化学工业出版社，2003.
[8]　伦世仪．环境生物工程．北京：化学工业出版社，2002.

8 工业污染物微生物治理中的生物化学

8.1 造纸废水微生物治理中的生物化学

8.1.1 造纸废水概述

制浆造纸工业废水主要包括蒸煮废液、制浆中段废水和抄纸废水三大类。

蒸煮废液是制浆蒸煮过程中产生的超高浓度废液，包括碱法制浆的黑液和酸法制浆的红液。我国目前大部分造纸厂所排放的黑液是制浆过程中污染物浓度最高、色度最深的废水，呈棕黑色。它几乎集中了制浆造纸过程90%的污染物，其中含有大量木质素和半纤维素等降解产物、色素、戊糖类、残碱及其他溶出物。每生产1t纸浆约排黑液10t，其特征是pH值为11～13，BOD为34500～42500mg/L，COD为106000～157000mg/L，SS为3500～27800mg/L。亚铵法制浆废液呈褐红色，故又称红液，杂质约占15%，其中钙、镁盐及残留的亚硫酸盐约占20%，木素磺酸盐、糖类及其他少量的醇、酮等有机物约占80%。

制浆中段废水是经黑液提取后的蒸煮浆料在洗涤、筛选、漂白以及打浆中所排出的废水。这部分废水水量较大，每吨浆约产生50～200t中段废水。中段废水的污染量约占8%～9%，吨浆COD负荷310kg左右，含有较多的木质素、纤维素等降解产物，有机酸等有机物，以可溶性COD为主。一般情况下其水质特征为pH 7～9，COD 1200～3000mg/L，BOD 400～1000mg/L，SS 500～1000mg/L。

抄纸废水又称白水，是在纸的抄造过程中产生的，主要含有细小纤维和抄纸时添加的填料、胶料和化学品等，这部分废水的水量较大，每吨纸产生的白水量为100～150t，其污染物负荷低，以不溶性COD为主，易于处理，在回收纤维的同时可以回用处理后的水，一般白水的COD仅为150～500mg/L，SS为300～700mg/L，pH为6～8。

8.1.2 造纸废水微生物处理中的生物化学法原理

由于高分子质量的COD可生化性差，所以对废纸造纸废水直接进行生化处理是不合适的。目前，已经提出了几个指标判断能否进行生化处理，例如若$BOD_5/COD_{Cr}>0.16$，即肯定能生化处理；若$BOD_5/COD_{Cr}<0.12$，则不能进行生化处理。研究表明，废水经物理化学法一级处理后，其$BOD_5/COD_{Cr}=0.14\sim0.17$，适合于生化处理。

8.1.2.1 厌氧微生物处理中的生物化学法原理

厌氧微生物处理是利用兼性厌氧菌和专性厌氧菌在无氧的条件下降解有机污染物的处理技术。在厌氧生物处理过程中，复杂的有机化合物被降解和转化为简单、稳定的化合物，同时释放能量，其中大部分能量以甲烷的形式出现。石灰草浆蒸煮废液、石灰法稻草浆浓废液、碱法制浆废水等都具有pH、COD、色度高而BOD_5/COD_{Cr}较低等特点，所以直接好氧生化困难很多，厌氧法则较有前途。目前一大批高效的厌氧生物处理工艺和设备相继出现，包括有厌氧生物滤池、上流式厌氧滤池、升流式厌氧污泥床（UASB)、厌氧流化床（AFB)、厌氧附着膜膨胀床（AAFEB）以及厌氧浮动生物膜反应器（AFBBR）和厌氧折流板反应器（ABR）等。

（1）厌氧微生物种类

在废水的厌氧处理过程中，废水中的有机物经大量微生物的共同作用，被最终转化为甲烷、二氧化碳、水、硫化氢和氨。在此过程中，不同的微生物的代谢过程相互影响，相互制约，形成复杂的生态系统。

对制浆造纸废水降解的厌氧微生物主要是细菌，分为产酸细菌和甲烷细菌二大类。产酸细菌主要由专性厌氧菌和兼性厌氧菌组成，专性厌氧菌有梭状芽胞菌属、拟杆菌属、双歧杆菌属等，对有机物降解起主要作用。兼性厌氧菌主要为严格厌氧细菌创造有利于生长的厌氧条件，包括假单胞菌属、芽孢杆菌属、链状菌属、黄杆菌属产碱菌属、埃希菌属和产气杆菌属等。甲烷细菌是产甲烷阶段的主要细菌，种类不同，有多种形态，在生理上具有非常相似的高度专一性。

（2）厌氧微生物处理机理

造纸废水中有机物的厌氧降解过程可以分为四个阶段。

① 水解阶段　高分子有机物因相对分子质量巨大，不能透过细胞膜，因此不可能为细菌直接利用。因此它们在第一阶段被细菌胞外酶分解为小分子。例如纤维素被纤维素酶水解为纤维二糖与葡萄糖。这些小分子的水解产物能够溶解于水并透过细胞膜为细菌所利用。

② 发酵（或酸化）阶段　在这一阶段，上述小分子的化合物在发酵细菌（即酸化菌）的细胞内转化为更为简单的化合物并分泌到细胞外。这一阶段的主要产物有挥发性脂肪酸（简写作 VFA）、乳酸、二氧化碳、氢气、氨、硫化氢等。与此同时，酸化菌也利用部分物质合成新的细胞物质，因此未酸化废水厌氧处理时产生更多的剩余污泥。

以葡萄糖酵解为例

$$C_6H_{12}O_6 + 2NAD^+ + 2ADP + 2Pi \longrightarrow 2CH_3COCOOH + 2NADH + 2H^+ + 2ATP + 2H_2O$$

经过酵解，一个分子葡萄糖可氧化分解产生 2 个分子丙酮酸。

丙酮酸在厌氧条件下可以被厌氧微生物转化形成许多种代谢产物，由于无氧条件，这些中间产物不能进一步气化成 CO_2 和水而在环境中积累。这种生物学过程，就是人们常说的发酵，如

乙醇发酵

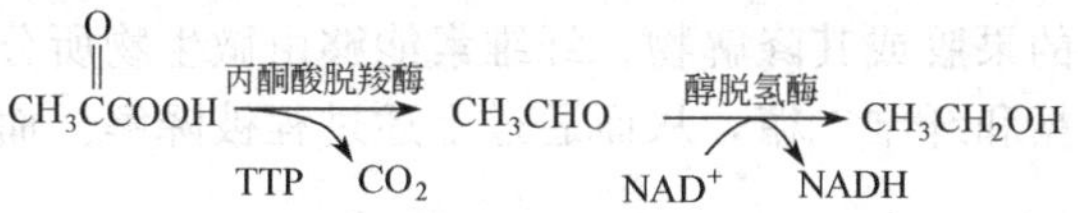

乳酸发酵

除此之外，丙酮酸还能发酵成乙酸、丙酸等。

发酵阶段反应式

$$C_6H_{12}O_6 + 2H_2O + 2NAD^+ \longrightarrow 2CH_3COO^- + 2H_2 + 2CO_2(aq) + 2NADH + 4H^+$$

$$C_6H_{12}O_6 + 2NADH + 2H^+ \longrightarrow 2CH_3CH_2COO^- + 2H_2O + 2NAD^+ + 2H^+$$

$$C_6H_{12}O_6 + 2NADH + 2H^+ \longrightarrow 2CH_3CH_2OH + 2H_2 + 2CO_2(aq) + 2NAD^+$$

③ 产乙酸阶段　在此阶段，上一阶段的产物被进一步转化为乙酸、氢气、碳酸以及新的细胞物质。

a. 产氢产乙酸过程　在厌氧消化器内脂肪酸的积累主要是丁酸、丙酸，乙酸可被食乙酸产甲烷菌直接利用生成甲烷，而丁酸和丙酸则必须由产氢产乙酸菌分解为乙酸和氢才能被产甲烷菌利用。

$$CH_3CH_2COO^- + 2H_2O \longrightarrow CH_3COO^- + 3H_2 + CO_2(aq)$$

$$CH_3CH_2CH_2COO^- + 2H_2O \longrightarrow 2CH_3COO^- + 2H_2 + H^+$$

$$CH_3CH_2OH + H_2O \longrightarrow CH_3COO^- + 2H_2 + H^+$$

b. 同型产乙酸过程　除了产氢产乙酸菌，还有一类产乙酸菌能使用氢作为电子供体将二氧化碳还原为乙酸，此即同型产乙酸过程。

$$2CO_2(aq) + 4H_2 \longrightarrow CH_3COO^- + 2H_2O + H^+$$

④ 产甲烷阶段　这一阶段里，乙酸、氢气、碳酸、甲酸和甲醇等被转化为甲烷、二氧化碳和新的细胞物质。

在厌氧消化过程中，70%以上的甲烷来自乙酸的降解

$$CH_3COO^- + H^+ \longrightarrow CH_4 + CO_2$$

在反应中，乙酸中的羧基从乙酸分子中分离，甲基最终转化为甲烷，羧基转化为二氧化碳。在中性溶液中，二氧化碳以碳酸氢盐的形式存在。

另一类产甲烷的微生物是能由氢气和二氧化碳形成甲烷的细菌（可称作嗜氢甲烷菌）。在反应器正常条件下，它们形成占总量30%的甲烷。

$$4H_2 + CO_2 \longrightarrow CH_4 + 2H_2O$$

此外，大约一半嗜氢甲烷菌也能利用甲酸，这个过程可以直接进行

$$4HCOO^- + 4H^+ \longrightarrow CH_4 + 3CO_2 + 2H_2O$$

甲醇的降解在自然界的生态系统中并非十分重要，但在厌氧处理含甲醇废水时它的作用相当重要。

$$4CH_3OH \longrightarrow 3CH_4 + CO_2 + 2H_2O$$

以上各阶段的反应式联合，即可得到有机物厌氧降解总反应式

$$C_6H_{12}O_6 \longrightarrow 3CH_4 + 3CO_2$$

除以上这些过程之外，当废水含有硫酸盐时还会有硫酸盐还原过程。

$$8[H] + SO_4^{2-} \longrightarrow H_2S + 2H_2O + 2OH^-$$

(3) 其他有机物厌氧降解途径

在制浆造纸工业废水中也含有相当多的纤维素、半纤维素及其在制浆过程中的降解产物，另外也含有一定量的果胶或其降解物。纤维素能够由微生物所分泌的胞外纤维素酶水解为单糖和二糖，即葡萄糖和纤维二糖，从而通过上述过程被降解。而其他物质也有类似的降解途径。

① 果胶的厌氧降解　果胶是一种由1,4-β键连接的并在羧基部分不同程度地甲氧基化的半乳糖醛多聚体。

含果胶的有机残体物质，首先由果胶降解菌分泌原果胶酶将有机物质中的原果胶水解成可溶性果胶，使有机残体物质细胞离析，可溶性果胶经果胶甲基酯酶水解成果胶酸，果胶酸再由多缩半乳糖酶水解成半乳糖醛酸，其过程如下

原果胶＋H_2O ⟶ 可溶性果胶＋多缩戊糖

可溶性果胶＋H_2O ⟶ 果胶酸＋甲醇

果胶酸＋H_2O ⟶ 半乳糖醛酸

② 木质纤维素的厌氧降解　木质纤维素也称半纤维素。半纤维素的构成为多缩戊糖（木糖和阿拉伯糖）、多缩己糖（半乳糖、甘露糖）以及多缩糖醛酸（葡萄糖醛酸和半乳糖醛酸）等。

半纤维素进入厌氧环境中后，易为许多厌氧细菌所水解。这些厌氧细菌分泌的半纤维素酶和多缩糖酶依次将半纤维素水解为单糖和糖醛酸，被吸收后发酵成各种产物，包括乙酸、丁酸、甲酸、乙醇、H_2、CO_2 等。

$$半纤维素 \xrightarrow[H_2O]{半纤维素酶} 多缩糖类 \xrightarrow[H_2O]{多缩糖酶} 单糖+糖醛酸$$

$$\longrightarrow 乙酸、丁酸、甲酸、乙醇、H_2、CO_2 等产物$$

③ 木素的降解　木素是一类由苯丙烷单元通过醚键和碳碳键连接成的复杂无定形高聚物。有关厌氧降解木质素的微生物的研究不多，然而已分离到两种类型的能分解芳香族化合物的细菌：一类是能运动的革兰阴性杆菌，与利用氢的细菌协作可完成降解，其产物是甲酸、乙酸、二氧化碳和氢：另一类是不要求利用氢的细菌的协作，单独降解环状化合物的革兰阴性无芽孢的杆状厌氧菌。

植物纤维原料中含有的三大组分是纤维素、半纤维素和木素。制浆中添加化学品的主要目的就是破坏木素与纤维素之间的连接，并使木素溶于蒸煮液中，因此木素降解物是制浆废液中最重要的成分。在化学制浆或半化学和化机浆制浆中，不可避免地有半纤维素的溶出，半纤维素比纤维素的稳定性弱，易于部分地溶于蒸煮液中。在化学浆、半化学浆中，木素占有很高比例，如黑液中木素可以占到总 COD 的 50%左右。木素是带有芳香结构的立体网状聚合物，它属于难生物降解的化合物。因此含有高浓度木素的废水难以在厌氧处理中达到很高的去除率。半纤维素是多种单糖形成的聚合物，制浆过程中半纤维素以单糖或低聚糖形式进入废水中。原料中的少量纤维素在制浆中也会以葡萄糖及其寡聚物形式进入废水中，纤维素、半纤维素的降解产物也会形成有机酸。它们在厌氧处理过程中是易于降解的。

8.1.2.2　好氧微生物处理

造纸工业中污染物浓度较低的废水一般可用好氧生物处理法以减少其中的 BOD_5，同时还可以消除对水生物的毒性。降低其发泡性，减少由于废水中无机涂料填加剂而产生的浊度，消除接纳水体中黏泥的产生。但此法对废水颜色的去除效果不大。

制浆造纸工业废水中最普通的好氧生物处理法包括：大型储存氧化塘系统、曝气稳定塘系统、不同改进型活性污泥系统及土地处置系统等。此外，对于规模较小的造纸厂，生物转盘、生物滴滤池、接触氧化等好氧生物系统也有不同程度的应用。

(1) 好氧微生物种类

好氧微生物主要是细菌、真菌、藻类、原生动物等。

活性污泥中好氧细菌是专性好氧菌，主要组成菌包括肠杆菌科的大肠杆菌、产气气杆菌、变形杆菌等，其中菌胶团细菌是细菌类中的主要成分，具有巨大的表面积和一定的黏性，可以在短时间内吸附大量悬浮有机物质和 30%～90%的重金属离子，因而使细菌充分发挥出氧化分解的作用。另一类丝状真菌因会引起活性污泥密度下降而漂浮出水面流走，使处理效果下降，属有害细菌。对活性污泥影响最大的丝状真菌有球衣细菌、贝氏硫菌、产硫细菌等。真菌不是活性污泥中的正常区系，仅少量存在，除丝状真菌外，还有酵母细胞、霉菌。藻类的种类和数量在活性污泥中很少，主要是因为活性污泥与废水搅动厉害，不便于藻类进行光合作用所致，但在推流式曝气系统中因有良好的透光条件能正常生长。活性污泥中的优势微型动物都是纤毛类原生动物。目前发现有 228 种，在活性污泥中有一定的净化、絮聚、澄清作用。

生物膜系统中较早发现的细菌是生枝动胶菌，其后发现了占优势的黄杆菌属和芽孢杆菌属。在一般的生物膜系统中，主要组成菌有好氧的芽孢杆菌属、不动杆菌属、专性厌氧的脱硫菌属、假单胞菌属、产碱杆菌属、黄杆菌属、无色杆菌属、微球菌属以及动胶菌属，这些菌粘连在一起，构成生物膜的菌胶团，从而完成对有机物的彻底分解。另一类丝状细菌在生物膜中也起着重要作用，主要是由球衣细菌、贝氏硫菌、产硫细菌等组成，对出水起着很强的过滤作用，其中球衣细菌对有机物质的降解能力特别强。生物膜系统中的真菌比活性污泥中多，生物滤池中有 30%左右是真菌。在生物膜中出现数量较多净化能力较强的真菌主要有镰刀霉属、瘤孢霉属、腐霉属、曲霉属、木霉属、地霉属、节水霉属、酵母霉属、假丝酵母属、德巴利酵母属、毕赤氏酵母属、红酵母属等。生物膜系统中的藻类比较多，如绿球藻属、席藻属、颤藻属、毛枝藻属等，但对废水的净化作用不大。生物膜系统中含有原生动物很多，主要有独缩虫属、钟虫属、累枝虫属、针管虫属、尖毛虫属、豆形虫属等。这些原生动物的优势种属随生物膜营养物质和其他环境条件的变化而更替，可以作为水处理程度的指示生物。

(2) 好氧微生物处理机理

有机物在好氧条件下的降解与厌氧降解途径既有类似之处，也有不同。对于造纸废水中主要的物质：纤维素和半纤维素，两种途径都是先水解成葡萄糖。

葡萄糖的有氧氧化分两个阶段进行。第一阶段是由葡萄糖生成丙酮酸，在细胞液中进行。第二阶段是上述过程中产生的 $NADH+H^+$ 和丙酮酸在有氧状态下，进入线粒体中，丙酮酸氧化脱羧生成乙酰 CoA 进入三羧酸循环，进而氧化生成 CO_2 和 H_2O，同时 $NADH+H^+$ 等可经呼吸链传递，伴随氧化磷酸化过程生成 H_2O 和 ATP。

葡萄糖酵解、丙酮酸有氧脱羧和三羧酸循环的详细反应过程见第 4 章糖代谢部分，将三个阶段的反应式联合，即可得到有机物好氧降解总反应式

$$C_6H_{12}O_6+6O_2+36ADP+36H_2PO_4 \longrightarrow 6CO_2+6H_2O+36ATP$$

8.1.2.3 其他污染物降解途径

(1) 树脂的降解

CTMP 废水中松脂酸和脂肪酸可用活性污泥接种长喙壳菌的方法除去，产物为二氧化碳和水。

(2) 芳香化合物的降解

能降解芳香化合物的微生物很多，其中白腐菌具有很强的降解能力。芳香化合物的降解主要包括芳烃和酚类、氯代酚类两大类物质的降解等。芳烃的降解以发生开环反应为特征，生成羧酸和醛，然后进入 EMP 和 TCA 循环，开环反应可由过氧化物酶催化。酚类、氯代酚类的降解是一般先进行取代基的脱除反应，再进行开环反应。

(3) 含硫化合物的降解

含硫化合物主要是苯丙烷单体磺酸盐、含硫烷烃类化合物等，一般是发生脱磺酸基或 S 基反应。如苯丙烷单体磺酸盐先发生侧链氧化反应，然后再发生芳香环羟化和环开裂反应，含硫烷烃类化合物则进行 β-氧化作用。

好氧和厌氧处理系统可用于处理所有类型的制浆造纸厂废水，但厌氧法不宜用于处理硫酸盐漂白浆废水，因为它对厌氧菌有毒性；用厌氧法处理高浓度废水时，残留的 COD_{Cr} 高，仍需要进一步处理；先厌氧处理再经好氧处理，处理效果比较理想，因为它可以充分发挥厌氧和好氧法处理的优点；将物理化学法和生物法相结合并使工艺最佳化，可长期解决制浆造纸废水的处理问题；如何去除 AOX 和氯化苯酚物质仍需要进一步研究。

8.2 染料废水微生物治理中的生物化学

8.2.1 染料废水概述

染料废水主要来源于染料及染料中间体生产行业，由各种产品和中间体结晶的母液、生产过程中流失的物料及冲刷地面的污水等组成。

我国染料工业具有小批量、多品种的特点，大部分是间歇操作，废水间断性排放，水质水量变化范围大。染料生产流程长，产品收率低，废水组分复杂、浓度高［COD 为 $(1\sim10)\times10^4$ mg/L］、色度深（500～500000 倍）。废水中的有机组分大多以芳烃及杂环化

合物为母体，并带有显色基团及极性基团。废水中还含有较多的原料和副产品，如卤化物、硝基物、苯胺、酚类等，以及无机盐如 NaCl、Na_2SO_4、Na_2S 等。由于染料生产品种多，并朝着抗光解、抗氧化、抗生物氧化方向发展，从而使染料废水处理难度加大。

染料废水的特点：一是 COD 高，而 BOD/COD 值较小，可生化性差；二是色度高，且组分复杂。COD 的去除与脱色有相关性，但脱色问题困难更大。

8.2.2 染料废水微生物处理中的生物化学原理

8.2.2.1 好氧生物处理原理

染料废水经好氧生物处理后，其中一部分有机物被氧化分解成无机物，另一部分有机物被合成细菌细胞。细菌颗粒较大，具有良好的凝聚性能，可以絮凝成更大絮状体，并借助沉淀法或气浮法从经处理后的废水中去除。好氧生物处理对 BOD 去除效果明显，一般可达 80%左右，但色度和 COD 去除率不高，尤其如 PVA 等化学浆料、表面活性剂、溶剂及匹布碱减量技术的广泛应用，不但使印染废水的 COD_{Cr}，达到 2000～3000mg/L，而且 BOD_5/COD_{Cr} 也由原来的 0.4～0.5 下降到 0.2 以下，单纯的好氧生物处理难度越来越大，出水难以达标；此外，好氧法的高运行费用及剩余污泥处理或处置问题历来是废水处理领域没有解决好的一个难题。

（1）活性污泥法

活性污泥是一种由无数细菌和其他微生物组成的絮凝体。其表面有一多糖类黏质层，具有巨大的比表面积。对废水中呈悬浮状和胶状的有机颗粒有强烈的氧化能力。利用这种活性污泥的吸附和氧化作用，去除废水中有机污染物质的方法，称活性污泥法。该方法是好氧生物处理的一种主要方法，广泛用于城市污水和工业废水处理。以往印染废水的生物处理工艺主要也是采用这种方法。

在活性污泥系统中，有机物的净化过程，分为吸附、生物氧化和絮凝沉淀三个阶段。其中前两阶段在曝气池内进行，后一阶段在二沉池内完成。

① 活性污泥吸附阶段　如前所述，活性污泥是一种絮凝体，具有巨大的表面积，一旦与废水接触，对污水中呈悬浮状和胶状的有机颗粒立即产生强烈的吸附作用。在良好的混合条件下，这种吸附一般在 10～20min 内完成，表现出初期废水中的 BOD 和 COD 浓度大幅度下降，由于吸附历时很短多数被吸附的有机物来不及被氧化分解，当活性污泥表面吸满了有机颗粒达到吸附饱和后，其吸附能力随之消失，转入有机物的生物氧化阶段。

② 生物氧化阶段　被活性污泥吸附和吸收的有机物，在细菌内外酶的作用下，经过氧化和合成两个过程，使有机物得以降解。活性污泥微生物处于缺乏营养的饥饿状态，重新呈现活性，恢复吸附能力，所以又称活性污泥再生。再生污泥经二沉池分离后，回流入曝气池继续对废水中的有机物进行吸附和氧化。

③ 生物絮凝沉淀阶段　进入二沉池的混合液中的活性污泥颗粒仍然较细，但因它本身具有良好的凝聚性能，可以很快絮凝成较大的絮凝体，加速其沉淀过程。二沉池中的泥水分离是活性污泥系统的最后一道工序，其工作好坏直接影响处理效果与出水水质，因此二沉池的设计应给予足够重视。

（2）生物膜法

污水的生物膜处理法是与活性污泥法并列的一种污水好氧生物处理技术。这种处理法的实质是使细菌和其他菌类微生物和原生动物、后生动物一类的微型动物附着在滤料或某些载体上生长繁育，并在其上形成膜状生物污泥——生物膜。污水与生物膜接触，污水中的有机污染物，作为营养物质被生物膜上的微生物所摄取，污水得到净化，微生物自身也得到繁衍增殖。

生物膜法工艺是 20 世纪 50～60 年代开始出现的，近年来，该工艺在水处理领域又取得了重大进展。在印染废水处理中，生物膜法的应用工艺主要有接触氧化法、生物转盘法和生物滤床法等。

① 接触氧化法　接触氧化技术是在池内充填填料，已经充氧的污水浸没全部填料，并以一定的流速流经填料。在填料上布满生物膜，污水与生物膜广泛接触，在生物膜上微生物新陈代谢功能的作用下，污水中有机污染物得到去除，污水得到净化，因此，生物接触氧化处理技术称为“淹没式生物滤池”。

生物接触氧化处理技术的另一项技术实质是采用与曝气池相同的曝气方法，向微生物提供其所需要的氧，并起到搅拌与混合作用，这样，这种技术有相当于在曝气池内充填供生物栖息的填料，又称为“接触曝气法”，是介于活性污泥法与生物滤池两者之间的生物处理技术。

② 生物转盘法　生物转盘是 20 世纪 60 年代由原联邦德国开创的一种污水生物处理技术，它具有一系列的优点，在国际范围内得到广泛的应用。当前，生物转盘处理技术已被公认为是一种净化效果好、能源消耗低的生物处理技术。

生物转盘处理系统中除核心装置生物转盘外，还包括污水与处理设备和二次沉淀池。二次沉淀池的作用是去除经生物转盘处理后的污水所挟带的脱落生物膜。

生物转盘由盘片、接触氧化槽、转轴及驱动装置组成。

接触反应槽内充满污水，转盘交替和空气与污水相接触。经过一段时间后，在转盘上即附着一层栖息着大量微生物的生物膜。微生物的种属组成逐渐稳定，其新陈代谢功能也逐步发挥出来，并达到稳定的程度，污水中的有机污染物为生物膜所降解。生物膜逐级增厚，在其内部形成厌氧层，并开始老化。老化的生物膜在污水水流与盘面之间产生的剪切力的作用下剥落，剥落的破碎生物膜在二次沉淀池内被截留，生物膜脱落所形成的污泥密度较高、易于沉淀。

③ 生物滤池法

a. 生物滤池的基本概念　生物滤池是以土壤自净原理为依据，在污水灌溉的实践基础上，经较原始的间歇砂滤池和接触滤池而发展起来的人工生物处理技术。

污水长时间以滴状喷洒在块状滤料层的表面上，在污水流经的表面上就会形成生物膜，到生物膜成熟后，栖息在生物膜上的微生物摄取流经污水中的有机物作为营养，从而使污水得到净化。

进入生物滤池的污水，必须经过预处理，去除原污水中的悬浮物等可能堵塞滤料的污染物，并使水质均化。滤料上的生物膜，不断脱落更新，脱落的生物膜随处理水流出。

b. 生物滤池的净化机理　通过布水装置流到滤池表面的废水以滴流的形式下落，一部分被吸附于滤料表面，成为呈薄膜状的附着水层，另一部分则以薄层状流过滤料，成为流动水层并从上层流向下层，最后排出池外。

滤料间隙的空气不断地向流动水层转移，使流动水层保持充足的溶解氧，下层废水中又含有丰富的有机物质，因此，流动水层具有使好氧微生物繁殖活动的良好条件。

废水连续滴流，在滤料表面上即生成生物膜并逐渐成熟。生物膜成熟的标志是：生物膜沿滤池深度垂直分布，生物膜上有细菌和各种微生物相组成的生态系，有机物的降解功能等都达到了平衡和稳定状态。

有机物的降解是在生物膜表层的厚度约为 2mm 的好氧性生物膜内进行的。在好氧性生物膜内栖息着大量的细菌、原生动物和后生动物，形成了有机污染物→细菌→原生动物（后生动物）的食物链，通过细菌的代谢活动，有机物被降解，使附着水层得到净化。流动水层与附着水层相接触，在传质作用下，流动水层中的有机污染物传递附着水层，从而使流动水层在流动过程中逐步得到净化。好氧微生物的代谢产物 H_2O 及 CO_2，通过附着水层传递给流动水层。

生物膜成熟后，微生物仍不断增殖，厚度不断增加，在超过好氧层的厚度后，其深部即转变为厌氧状态，形成厌氧膜，厌氧性代谢产物 H_2S、NH_3 等通过好氧性膜排出膜外。当厌氧性膜还不够厚时，好氧性膜仍然能够保证净化功能，但当厌氧性膜过厚时，代谢物过多，两种膜间失去平衡，好氧性膜上的生态系统遭到破坏，生物膜成老化状态从而脱落（自然脱落），再行开始增长新的生物膜。在生物膜成熟后的初期，微生物代谢旺盛，净化功能最好，在膜内出现厌氧状态时，净化功能下降，而当生物膜脱落时，降解效果最差。

8.2.2.2 厌氧生物处理原理

染料废水中有机物的厌氧分解过程可分两阶段进行，即酸性发酵阶段和碱性发酵阶段。在酸性发酵阶段中，废水中复杂的有机物在产酸细菌作用下分解成较简单的有机物，如各种有机酸和醇类以及 CO_2、NH_3、H_2S 等。由于有机酸大量积累，废水 pH 值下降，有机物的厌氧分解首先是在酸性条件下进行，故称酸性发酵阶段。在碱性发酵阶段中，因 NH_3 对有机酸的中和作用，pH 值逐渐上升，甲烷菌开始活动。并把第一阶段分解产物有机酸和醇类分解成 CH_4 和 CO_2，随着有机酸的迅速分解，pH 值迅速上升，有机物的最终厌氧分解是在碱性条件下进行，故称为碱性发酵。

上述有机物的厌氧分解过程，可用图 8-1 表示。

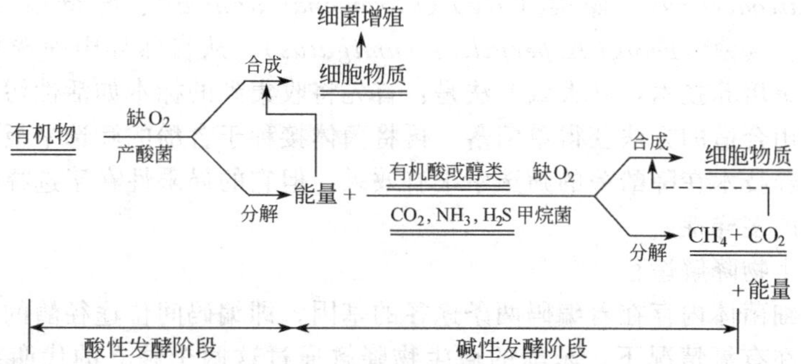

图 8-1 有机物厌氧代谢模式

从图可知，为了保证废水中有足够数量的细菌以达到预期的处理效果，废水中的有机物应具有一定的浓度。实践证明，采用好氧生物处理时，废水中的 BOD_5 浓度一般应控制在 100～500mg/L 范围内为宜。

此外，在整个好氧分解过程中，必须源源不断地供给足够的氧气，以保证细菌氧化有机物需要的能量。

废水经好氧分解生物处理后，其中一部分有机物被氧化分解成无机物，另一部分有机物被合成为细菌细胞。细菌颗粒较大，具有良好的凝聚性能，可以絮凝成更大的絮状体，并借助沉淀法或气浮法从经处理后的废水中去除。

8.3 冶金废水微生物治理中的生物化学

8.3.1 冶金废水概述

冶金工业包括黑色冶金（钢铁）和有色冶金两大类。

在钢铁工业中，其生产过程包括采选、烧结、炼铁、炼钢、轧钢等生产工艺。钢铁工业用水量很大，每炼一吨钢，约用水 200～250m^3 水。废水中主要含有酸、碱、酚、氰化物、石油类和重金属等有害物质。

在有色金属工业从采矿、选矿到冶炼，以致成品加工的整个生产过程中，几乎所有工序都要用水，都有废水排放。按废水中所含有的污染物主要成分，有色金属冶炼废水也可以分为酸性废水、碱性废水、重金属废水、含氰废水、含油废水和含放射性废水等。

8.3.2 冶金废水的微生物治理中的生物化学原理

8.3.2.1 含酚废水

含酚废水如不经处理直接排放会对人体、水体、鱼类、农作物、环境等带来严重危害。首先，酚类物质能与生物体的蛋白质结合使其变性，最终引起组织损伤、坏死和引起生物中毒，人类长期饮用被酚污染的水会引起头晕、贫血以及各种神经系统病症；用未经处理的含酚废水（Ar-OH ＞50～100mg/L）直接灌溉农田，会使农作物枯死和减产等。含酚废水的治理技术研究受到了国内外水处理技术工作者的广泛重视。

目前，清除工业废水中苯酚的方法包括：微生物降解、萃取、活性炭吸附和化学氧化等，其中微生物降解法不仅经济、安全，而且处理的污染物阈值低、残留少、无二次污染，其应用前景看好，为此国内外学者对如何利用微生物清除废水中的酚及其衍生物进行了大量的研究。

（1）降酚菌的筛选

近几十年的研究表明，许多微生物经长时间的驯化后具有降解苯酚的能力。如某些细菌（*Acinetobacter calcoaceticus*）藻类（*alga Ochromonas danica*）、酵母菌（*Yeast t richosporoncutaneum*）、真菌（*Fungi Aspergillus fumigatus*）。从自然界中筛选具有降酚能力的菌株大多采用富集培养技术，其大致方法是：首先将收集到的标本如活性污泥于富集培养基中增菌；然后选用合适的方法获得单菌落；再将菌体接种于含酚的筛选平板中获得苯酚降解菌。尽管富集培养技术在降酚菌的筛选中很有效果，但它的局限性在于选择效率低，不能正确反映代谢类型的多样性。

（2）苯酚的生物降解途径

一般来说，细菌体内存在着编码两条途径的基因，即编码间位途径酶的基因和编码邻位途径酶的基因。在有氧情况下，苯酚的微生物降解通过这两个独立的代谢系统进行，如图8-2所示。邻位途径产生β-酮基己二酸中间产物，间位途径产生α-酮基己二酸中间产物，最后均形成三羧酸循环的中间物。

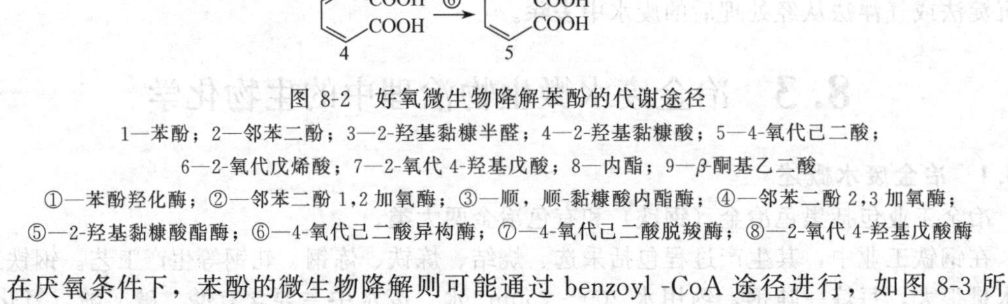

图 8-2 好氧微生物降解苯酚的代谢途径

1—苯酚；2—邻苯二酚；3—2-羟基黏糠半醛；4—2-羟基黏糠酸；5—4-氧代己二酸；6—2-氧代戊烯酸；7—2-氧代4-羟基戊酸；8—内酯；9—β-酮基乙二酸

①—苯酚羟化酶；②—邻苯二酚1,2加氧酶；③—顺，顺-黏糠酸内酯酶；④—邻苯二酚2,3加氧酶；⑤—2-羟基黏糠酸酯酶；⑥—4-氧代己二酸异构酶；⑦—4-氧代己二酸脱羧酶；⑧—2-氧代4-羟基戊酸酶

在厌氧条件下，苯酚的微生物降解则可能通过benzoyl-CoA途径进行，如图8-3所示。

其代谢的第一步是 Kolbe -Schmitt 羧化反应，将苯酚羧化为 4 -羟基苯甲酸。

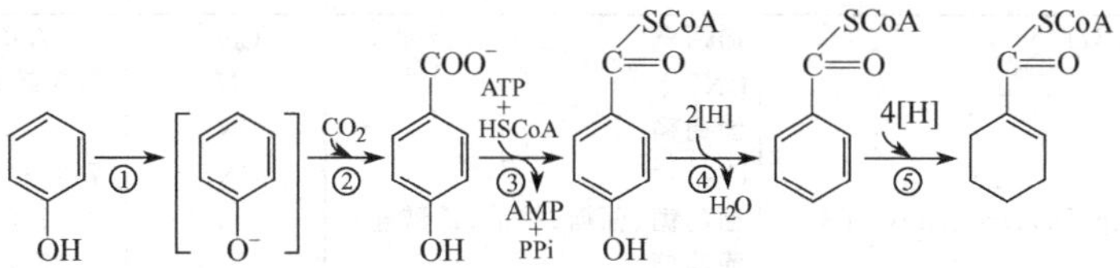

1　　2　　3　　4　　5　　6

图 8-3　厌氧微生物降解苯酚的代谢途径

1—苯酚；2—苯氧负离子；3—4-羟基苯甲酸；4—4-羟基苯甲酸辅酶 A；
5—苯甲酸辅酶 A；6—环己烯甲酰辅酶 A；
①，②—苯酚羧化酶系统；③—4-羟基苯甲酰辅酶 A 合成酶；
④—4-羟基苯甲酰辅酶还原酶；⑤—苯甲酰辅酶还原酶

8.3.2.2　含氰废水

氰化合物毒性很大，在生物体内可以抑制细胞色素氧化酶，阻碍血液对氧的运输，使生物体缺氧窒息死亡。急性中毒可感到恶心、呕吐、头昏、耳鸣、全身乏力、呼吸困难，甚至出现痉挛、麻痹等。

目前，已发现许多摄取氰为碳源和氮源的细菌，某些细菌在其新陈代谢中分解氰化物的能力已经是不容置疑的事实。能分解氰化合物的微生物有假单胞杆菌属、诺卡菌属（*Nocardia*）、茄病镰刀霉（*Fusarium sloani*）、绿色木霉（*Trichoderma viride*）等。

微生物可以从氰化物中取得碳、氮养料，有的微生物甚至以其作为唯一的碳源和氮源，在其代谢过程中将氰化物转化为二氧化碳、氨或甲酸、甲酰胺等，从而使含氰化物废水具有可生物降解性，生物法能够克服对金属氰络合物脱除不彻底、产生余氯等缺点，但存在处理浓度低、承受负荷小等问题。

无机氰的降解途径

$$HCN \longrightarrow HCNO \longrightarrow \begin{cases} NH_3 \longrightarrow NO_2 \longrightarrow NO_3 \\ HCOOH \longrightarrow CO_2 + HO_2 \end{cases}$$

（1）氰化物降解菌的种类

近年来，国内外在氰化物降解菌方面做了大量工作，筛选、分离出了包括诺卡菌（*Nocardia*）、荧光假单胞菌 NCIMB11764（*Pseudomonas fluorescens* NCIMB11764）、木糖氧化产碱菌木糖氧化亚种 PF3（*A lcaligenes xylosoxidans* subsp. *denit rif ica -ns* PF3）、恶臭假单胞菌（*Pseudomonas putida*）、施氏假单胞菌 AK61（*Pseudomonas st utzeri* AK61）、腐皮镰孢菌（*Fusarium solani*）、尖镰孢 N -10（*Fusariumox ysporum* N -10）、短小芽孢杆菌（*Bacill uspumilus*）、隐球菌属 *Humicol us* MCN2（*Cryptococ 2 cus humicol us* MCN2）、产酸克雷伯菌（*Klebsiellaox ytoca*）等 20 个属，计 50 多种菌株。

（2）氰化物降解菌的生理生化特性

氰化物降解菌的生理生化特性研究表明，不同的氰化物降解菌的生理生化特性是不同的，几种氰化物降解菌的生理生化特性见表 8-1。

从表可以看出，除腐皮镰孢菌外，大多数菌株都属于有机营养型，生长 pH 为中性或偏碱性、生长温度为中温。腐皮镰孢菌在酸性、中性和偏碱性条件下都可以生长。荧光假单胞菌 NCIMB11764 和尖镰孢 N -10 菌株在好氧和厌氧条件下均可生长，而其他的菌株只能在好氧条件下生长。

表 8-1 氰化物降解菌的生理生化特性

菌 种	碳 源	氮 源	最适宜 pH	最适宜温度/℃
P. fluorescens NCIMB11764	葡萄糖	CN^-	7.0	30
P. putida	CN^-	CN^-	7.5 或 9.5	25
P. stutzeri AK61	葡萄糖	CN^-	7.5	30
B. pumtius	CN^-	CN^-	7.4～10.5	30
A. xylosoxidans subsp. *Dentirificans* PF3	葡萄糖、蔗糖、甘油、乙酸盐	CN^-	7.5	25
F. oxysporum N-10	葡萄糖	TCN	7.2	30
C. humicolus MCN2	葡萄糖	CN^-	7.5	25
K. oxytoca	葡萄糖	CN^-	7.0	30
	CN^-	CN^-	9.2～10.7	30
F. solant	葡萄糖	CN^-	4、7	30

(3) 氰化物生物降解的方式

① 氰化物的生物去除方式　微生物对氰化物降解的生物化学过程是比较复杂的，主要有 4 种主要的去除方式：(a) 同基质的化学反应；(b) 生物吸附作用；(c) 生物代谢作用；(d) 脱除 (stripping)。在这 4 种途径中，代谢和脱除作用是主要的，90 %的氰化物是以这两种方式去除的，而吸附所起作用较小。

② 氰化物生物转化机制　不同菌株对氰化物的转化机制不同，形成不同的转化产物。

a. 将氰化物分解为二氧化碳和氨

(Ⅰ) $$HCN + O_2 + NADH + H^+ \longrightarrow NH_3 + CO_2 + NAD^+$$

(Ⅱ) $$HCN + 2H_2O \longrightarrow NH_3 + HCOOH$$

$$NH_3 + HCOOH + NAD^+ \longrightarrow NH_3 + CO_2 + NADH + H^+$$

能以这种方式转化氰化物的菌株包括：荧光假单胞菌 NCIMB11764 、恶臭假单胞菌等。

b. 将氰化物分解为二氧化碳、氨或甲酸、氨或甲酰胺

(Ⅰ) $$HCN + O_2 + NADH_2 \longrightarrow NH_3 + CO_2 + NAD^+$$

(Ⅱ) $$HCN + 2H_2O \longrightarrow NH_3 + HCOOH$$

(Ⅲ) $$HCN + H_2O \longrightarrow HCONH_2$$

按此方式转化氰化物的菌株包括：施氏假单胞菌 AK61 、荧光假单胞菌 NCIMB11764 等

8.3.2.3 酸性废水

酸性水是水、氧气、细菌、矿物质共同作用且随时间推移而酸度增大的结果。

酸性废水综合治理是一个宏大的系统工程，自采场排水到达标排放，经历了一个十分复杂的处理过程，水量水质不断发生变化，在酸性水库的调节下，处理废水量保持总体动态平衡。下面以细菌堆浸回收铜治理酸性废水为例简要说明其机理。

酸性废水，不仅含有多种金属离子，而且还含有可观的氧化亚铁硫杆菌。氧化亚铁硫杆菌浸出铜，其机理主要表现为直接和间接两种作用，一是靠细菌细胞内特有的氧化酶氧化催化黄铜矿，破坏矿物的晶格结构，使矿物中的铜酸化成硫酸铜形式进入浸出液中，二是细菌氧化矿物中的硫和铁，使其形成硫酸与硫酸高铁溶液，从而进一步促使硫化铜氧化和浸出矿物中的铜。

其反应式为

$$4CuFeS_2 + 2H_2SO_4 + 17O_2 \longrightarrow 4CuSO_4 + 2Fe_2(SO_4)_3 + 2H_2O$$

$$CuFeS_2 + 2Fe_2(SO_4)_3 \longrightarrow CuSO_4 + 5FeSO_4 + 2S$$

$$4FeSO_4 + 2H_2SO_4 + O_2 \longrightarrow 2Fe_2(SO_4)_3 + 2H_2O$$

$$2S + 2H_2O + 3O_2 \longrightarrow 2H_2SO_4$$

8.3.2.4 重金属废水

微生物对重金属离子具有一定的适应性，并在重金属化合物环境中生长、代谢。其代谢

产物或细胞自身的一些还原物将氧化态的毒性金属离子还原为无毒性或低毒性的沉淀，通过微生物氧化还原以及甲基化、去甲基化等作用实现重金属离子价态之间的转变及无机态和有机态之间的转化，实现有毒有害的金属元素转化为无毒或低毒赋存形态的重金属离子或沉淀物，从而达到水体或生态环境的污染治理目的。微生物对重金属的转化作用与代谢和质粒所携带的抗性因子有关，所谓质粒是指菌体内一种环状的DNA分子，是染色体以外的遗传物质。通过移植具有一定抗性因子质粒到宿主细胞可使宿主获得质粒所具有的性状。

微生物法处理重金属根据其处理原理的不同可以分为两类：吸附法和生物还原处理。

(1) 微生物对重金属的吸附

微生物对重金属的吸附主要有两种形式：主动吸附和被动吸附。研究结果表明，微生物处理重金属废水过程中被动吸附是微生物对金属吸附的主要形式，包括细胞表面覆盖的胞外多糖（EPS）、细胞壁上的磷酸根、羧基、氨基等基因以及胞内的一些化学基因与金属间的结合，其机理包括络合、螯合、离子交换、无机微沉淀等而与生物活性无关。应该指出的是，微生物对重金属离子的吸附是可逆的。静电吸引共价结合在吸附过程中都起着重要作用，离子半径和金属的最大吸附之间存在线性关系，有毒重金属离子与细胞物质具有很强的结合能力。可以代替细胞物质结合的 Ca^{2+}、Mg^{2+} 和 H^{+}，同时在微生物表面含有重金属离子发生反应的各种活性基团，这些活性基团来自磷酸盐、胺、蛋白质和各种碳水化合物，其分子内含有N、P、S和O等电负性较大的原子和基团，与金属离子发生螯合或络合作用，如细胞壁上纤维素的羰基在海藻 *Sargassum natams* 菌体吸附金属的时候起作用。此外，重金属离子能在细胞壁上或细胞内形成无机微沉淀。它们以磷酸盐、硫酸盐、碳酸盐或氢氧化合物等形式通过晶核作用在细胞壁上或是细胞内部沉淀下来，据报道 *Saccharomyces cerevisiae* 细胞能使铀以针状纤维层的外形沉积在细胞表面。

(2) 生物还原的处理

① 硫酸盐生物还原处理重金属的原理

a. 代谢阶段　可以简单地将SRB的代谢过程分为3个阶段：分解代谢、电子传递、氧化，如图8-4所示。

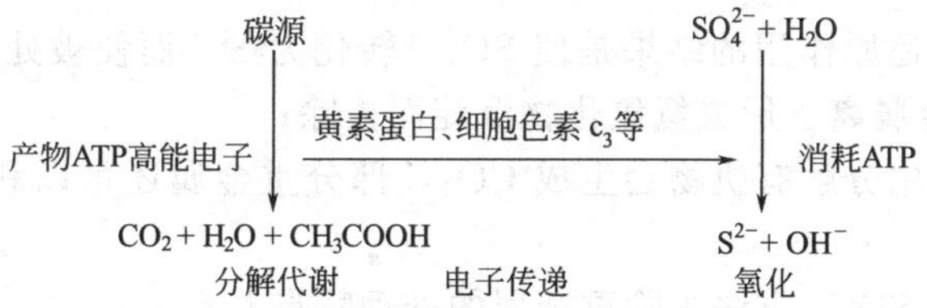

图8-4　SRB分解代谢过程

在分解代谢的第一阶段，有机物碳源的降解是在厌氧状态下进行的，同时通过“基质水平磷酸化”产生少量ATP；第二阶段中，前一阶段释放的高能电子通过SRB中特有的电子传递链（如黄素蛋白、细胞色素 c_3 等）逐级传递，产生大量的ATP；在最后阶段中，电子被传递给氧化态的硫元素，并将其还原为 S^{2-}，此时，需要消耗ATP提供能量。从这一过程可以看出，有机物不仅是SRB的碳源，也是其能源，硫酸盐（或氧化态的硫元素）仅作为最终电子受体起作用。即SRB利用 SO_4^{2-} 作为最终电子受体，将有机物作为细胞合成的碳源和电子供体，同时将 SO_4^{2-} 还原为硫化物。

b. SRB所利用的基质碳源　以往认为SRB仅利用有限的基质作为有机碳源和电子供体，如乳酸盐、丙酸盐、反丁烯二酸、苹果酸、乙醇、甘油，个别也利用葡萄糖和柠檬酸盐，最后形成醋酸和 CO_2 作为终产物。近 20 余年来，由于选用不同碳源的培养基，SRB 利用的有机碳源和电子供体的种类不断扩大，发现 SRB 还能利用乙酸、丙酸、丁酸和长链脂肪酸及苯甲酸等，对其作用的认识也不断深化。SRB 在利用多种多样的化合物作为电子供体时表现出了很强的能力和多样性，迄今发现可支持其生长的基质已超过 100 种。另外，SRB 除了能利用单一有机碳化物作为碳源和能源（化能有机生长）外，还可利用不同的物质分别作为碳源和能源。近来许多研究结果表明，在有硫酸盐存在的条件下，SRB 能以厌氧消化器中最常见的挥发有机酸（主要是乙酸、丙酸、丁酸、氯酸）为电子供体来还原硫酸盐。不同的污泥来源，不同的驯化条件得到的生态系统中利用各种碳基质的 SRB 的分布必然有较大差别，从而表现为污泥对于各种碳源具有不同的消化能力，进而影响到它们对硫酸盐的还原速率。据研究报道，SRB 利用乳酸、丙酸、丁酸的硫酸盐还原速率依次降低。

c. 还原反应　在厌氧条件下，SRB 通过异化硫酸盐还原作用将 SO_4^{2-} 还原为 H_2S。废水中的重金属离子可以和 H_2S 反应生成溶解度很低的金属硫化物沉淀，从而重金属得以去除。SO_4^{2-} 的还原反应发生在初级厌氧阶段。只有当电子供体和有机碳源投加到无机废水中时，SO_4^{2-} 生物还原才可发生。初级厌氧阶段的反应如下。

(a) 发酵。有机分子如蔗糖转化为乳酸。

$$C_{12}H_{22}O_{11}+H_2O \longrightarrow 4CH_3CHOHCOOH \tag{1}$$

发酵反应对于随后的 SO_4^{2-} 还原是必不可少的。因为 SRB 只可利用发酵产物如乳酸和丙酮酸盐等作为碳源。

(b) 细菌呼吸。如 SRB 利用乳酸产生乙酸。

$$CH_3CHOHCOOH+SO_4^{2-} \longrightarrow CH_3COO^-+HCO_3^-+H_2S \tag{2}$$

反应式(2) 还可表示为

$$2C+SO_4^{2-}+2H_2O \longrightarrow H_2S+2HCO_3^- \tag{3}$$

综上，SO_4^{2-} 生物还原法处理重金属的途径主要体现在以下三个方面：

a. 废水中的重金属离子与 SRB 还原 SO_4^{2-} 生成的 H_2S 反应生成难溶固体硫化物而得以转化去除，这是 SO_4^{2-} 生物还原法处理重金属的主要途径；

b. SRB 对 SO_4^{2-} 还原作用的结果是使 SO_4^{2-} 转化为 S^{2-} 而使被处理废水的 pH 值升高。pH 值升高有利于重金属离子形成氢氧化物沉淀而去除；

c. SRB 代谢过程中分解有机物会生成 CO_2，部分重金属还可以和 CO_3^{2-} 反应转化成不溶性的碳酸盐而去除。

② SRB 生物还原 SO_4^{2-} 方法去除重金属的处理特点

a. 可处理的重金属种类多　多数重金属硫化物的溶解度很小，因而本方法可用于处理多数常见的重金属废水。

b. 处理潜力大　用于重金属废水处理的物质为 SRB 的代谢产物 H_2S，H_2S 的消耗不会影响 SRB 的代谢活性。因而只要控制处理的条件就可以使 SRB 不断地还原 SO_4^{2-} 生成 H_2S，用于废水中重金属的处理。

c. 处理彻底且工艺稳定　重金属硫化物的溶度积一般都很小，因而重金属的去除率很高。

d. 以废治废　SRB 还原 SO_4^{2-} 所需的碳源和能源物质可以来自于其他有机废水或是在无机废水中添加含碳有机物，反应所需的 SO_4^{2-} 在多数重金属废水中都大量存在（多数重金属都以 SO_4^{2-} 的形式存在于废水中）。

8.4 燃料微生物脱硫预防治理中的生物化学

8.4.1 燃料中的硫概述

燃料中的硫通常以有机硫和无机硫两种形式存在。无机硫主要为含硫化物和硫酸盐，在沥青煤中其含量可占总质量的 6%；低硫煤中硫含量小于 1%，高硫煤中可高达 6%。我国西部大多为高硫煤。有机硫的成分主要为噻吩类物质，如二苯并噻吩是化石燃料中含量最高、难降解的有机硫化物的典型代表。由于在化石燃料加工与燃烧过程中常常生成 H_2S，因此，国内外学者通常以 FeS_2、DBT、H_2S 为模型来表征无机硫、有机硫及其工业脱除方法等。

(1) 煤中硫的存在形式

含硫煤炭的化学结构模型如图 8-5 所示，主要以无机硫和有机硫两种形式存在，其中无机硫占 60%～70%，主要有硫铁矿硫（S_{LR}）和硫酸盐硫（S_{LY}），常以 $CaSO_4$、$BaSO_4$、$FeSO_4$、$Fe(SO_4)_3$ 等形式存在；有机硫种类多，结构复杂，但含量较低。有机硫常以噻吩基、巯基、单硫链和多硫链等官能团形式存在。有机硫与煤中的有机质结合为一体，分布均匀，用物理方法不易脱除。

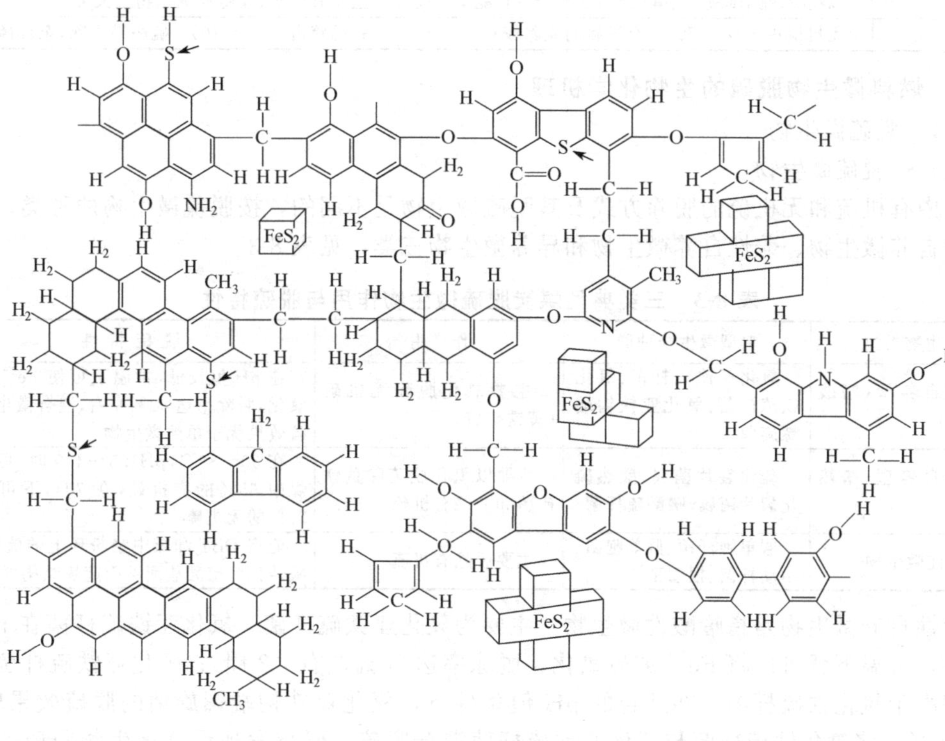

图 8-5 煤炭中的有机硫和无机硫的存在形式

(2) 石油中硫的存在形式

石油中硫的含量及存在形式与其来源和种类有关，根据 78 种原油的总硫分析结果，总硫量为 0.03%～7.89%，其中大部分为有机硫，占总硫的 50%～70%；少量的元素硫、H_2S、FeS_2 等溶解或悬浮在油中，硫醇大部分为低分子量。一般情况下，重油和沥青中的含硫量较高，可占总质量的 6%左右。原油中的硫含量虽差异较大，但硫的存在形式大致类似，有硫醇、硫化物和噻吩三大类，其中主要为噻吩类有机物，其衍生物有苯并噻吩、二苯并噻吩、苯并二氢噻吩等是高硫原油的主要成分，其结构如图 8-6 所示。煤炭及原油中硫的存在形式比较参见表 8-2。

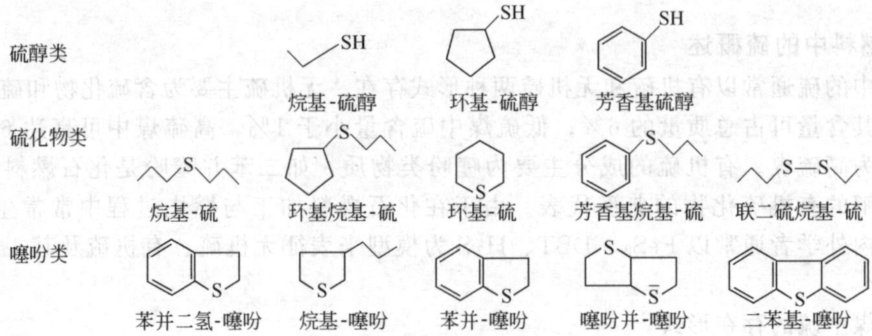

图 8-6 石油中存在的各种有机硫

表 8-2 煤炭和原油中硫的存在形式比较

存在形式比较	煤炭中的硫	原油中的硫
无机硫	大多数为黄铁矿硫化物(FeS_2、FeS)，$CaSO_4$、$BaSO_4$、$FeSO_4$、$Fe_2(SO_4)_3$ 等硫酸盐硫，微量的元素硫	大多数为金属硫化物和硫代硫酸盐等，H_2S、FeS_2 等溶解或悬浮状态的硫化物，少量元素硫
有机硫	以噻吩、巯基或硫醇、单硫链和多硫链等官能团形式	主要有硫醇、噻吩和硫化物三大类
比较	无机硫占 60%～70%，有机硫的脱除较难	有机硫占 50%～70%，硫醇易去除，杂环硫较难

8.4.2 燃料微生物脱硫的生物化学机理

8.4.2.1 脱硫微生物

(1) 煤脱硫微生物

煤中有机硫和无机硫的脱除方式及其脱硫微生物是不同的，按脱硫微生物的种类，可分为专性自养微生物、兼性自养微生物和异养微生物三类，见表 8-3。

表 8-3 三类典型煤炭脱硫微生物作用与脱硫特性

微生物类型	典型微生物种群	作用	脱硫特性
专性自养型(嗜酸微生物)	氧化亚铁硫杆菌、氧化铁硫杆菌、氧化亚铁钩端螺旋菌	主要氧化脱除无机硫(黄铁矿硫)	在 pH 值较低，常温下可使 Fe^{2+} 或硫氧化，脱除率达 80%左右，混合微生物脱硫效果优于单纯微生物
兼性自养型(嗜热微生物)	硫化裂片菌属、酸热硫化裂片菌属、嗜酸硫杆菌	主要以氧化脱硫除黄铁矿硫和一些有机硫	在 60～80℃，pH1.5～4.0 时，可脱除煤中 65%的有机硫，在 70℃下可脱除 75%的无机硫
异养性微生物	假单胞杆菌、假单胞菌、不动杆菌、根瘤菌	主要脱除有机硫	能将 DBT 和煤中噻吩环上的硫脱除，硫转化为硫酸盐而不引起煤结构的变化

专性自养微生物是指嗜酸性微生物，主要为氧化亚铁硫杆菌。氧化亚铁硫杆菌在 pH 值较低时，常温下就可以将 Fe^{2+} 或硫氧化，脱除率达 80%左右 (2 周)；氧化亚铁硫杆菌的脱硫率稍高于氧化铁硫杆菌；在适合的 pH 值条件下，氧化亚铁钩端螺旋菌的脱硫效果较好，可达 85%。将氧化铁硫杆菌与氧化亚铁硫杆菌混合脱硫，研究发现混合微生物脱硫效果要好于单纯微生物。将氧化亚铁钩端螺旋菌和氧化亚铁硫杆菌混合脱硫，脱硫率达 90%。可见氧化亚铁硫杆菌在氧化煤中不同硫化物时起着至关重要的作用。

兼性自养微生物为嗜热微生物，如硫化裂片菌属、酸热硫化裂片菌属、嗜热硫杆菌。硫化裂片菌属在 60～80℃、pH 为 1.50～4 时，可脱除煤中 65%的有机硫；在 70℃下可脱除 75%的黄铁矿硫。

异养微生物能将 DBT 和煤中噻吩环上的硫脱除，转化为硫酸盐而不引起煤结构变化的一类微生物，如假单胞菌属、不动杆菌、根瘤菌、假单胞菌 CB1 等。通过基因工程分离出

的假单胞菌 *CoalBug*-1，有机硫脱除率达 18%～47%。CB1 的脱除率取决于煤的类型、煤与微生物量的比率以及煤粒的大小。太平洋研究所在 CB1 的基础上研制出 CB2 改良菌种，在 pH 为 7.5 时可将硫化物氧化成元素硫，然后再氧化成硫酸盐硫。

微生物对无机硫化物的还原作用，目前认为有两种方式：一种是同化型硫酸盐还原作用，先由微生物把硫酸盐变成还原态的硫化物，然后再固定到蛋白质等成分中的还原方式；另一种是异化型硫酸盐还原作用，是在厌氧条件下，将硫酸盐还原成硫化氢。其作用过程主要靠脱硫弧菌属、脱硫肠状菌属等一些异养型或混合营养型的硫酸盐还原菌来实现。

（2）石油脱硫微生物

美国气体技术研究所的 Kilbane 首次分离得到了能够选择性催化 DBT 类含硫化合物的 C—S 键的断裂而不改变分子的碳氢结构的玫瑰色红球菌 IGTS7 和 IGTS8，该菌能将 DBT 中的 C—S 键打开，有效脱除二苯并噻吩结构中的有机硫，并不影响该有机物的热值；另外红球菌属细菌等，也可将 DBT 的 C—S 切断代谢为 2-羟基联苯。这种可通过将 DBT 中的 C—S 键切断脱除有机硫，而不损失其热值的方法被称为“4S”选择性脱硫途径，即亚砜/砜/硫酸盐/磺酸盐途径。这类微生物还包括红球菌细菌 UM3 和 UM9、红色红球菌属细菌 DI 和 NI36、棒杆菌属 SYI 等。表 8-4 列出了用于原油脱硫的部分微生物及其脱硫途径与特色。

表 8-4　部分脱硫微生物对原油脱硫的途径与特色

细菌类群	假单胞菌、不动杆菌、根瘤菌和拜叶林克氏菌	玫瑰色红球菌和红平红球菌	棒杆菌属细菌 SY1，棒杆菌属 sp. P32C1	红球菌细菌 UM3，UM9，NI-36；嗜热菌 A11-2；诺卡菌 CYKS1 和 CYKS2	短杆菌、节杆菌
脱硫途径	破坏 DBT 碳架	选择性断裂 DBT 的 C—S 键，“4S”途径	经 DBP-HBPS-2HBP 脱硫	切断 DBT 的 C—S 键	直接氧化 DBT 的 C—S 键
脱硫特色	不能释放出硫原子	不影响有机物热值	以 DBT 为唯一硫源，可脱出碳氢化合物和柴油 DBT 中的硫	代谢产物为 2-羟基联苯	将 DBP-亚砜、DET-砜转化为苯甲酸酯和硫酸盐

8.4.2.2　微生物脱硫途径及机理

（1）无机硫的脱除机理

在有水和氧存在下，黄铁矿可氧化为 SO_4^{2-} 和 Fe^{3+}，但速率非常慢。在某些细菌作用下，此过程大大加快。其中可能有两种途径，一是直接途径

$$4FeS_2 + 15O_2 + 2H_2O \xrightarrow{\text{细菌}} 2Fe_2(SO_4)_3 + 2H_2SO_4$$

二是间接途径，微生物先将存在的少量 Fe^{2+} 氧化为 Fe^{3+}，Fe^{3+} 再与 FeS_2 作用，生成 SO_4^{2-} 和单体 S，如下所示

$$FeS_2 + 14Fe^{3+} + 8H_2O \longrightarrow 15Fe^{2+} + 2SO_4^{2-} + 16H^+$$

$$FeS_2 + 2Fe^{3+} \longrightarrow 3Fe^{2+} + S\downarrow$$

目前有较多证据支持直接途径。

Tributsch 等对此提出了生化分子机理。T. f 菌利用某种酶在硫化物表面断开化学键，形成脱除或转移硫的载体，此种酶可被 T. f 菌循环使用。

（2）有机硫的脱除机理

研究 DBT 降解的模型反应发现其反应机理是由于微生物酶的作用，有以下几种途径。

① 以碳代谢为中心的 Kodama 途径　如图 8-7 所示。

② 以硫代谢为中心的 4S（sulphoxide sulphone sulponate sulphate）途径　对不同菌株，4S 途径并不完全相同，但共同点都是对 C—S 键作用。

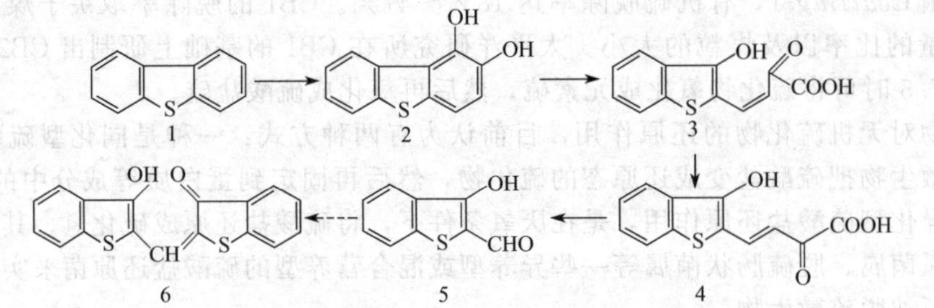

图 8-7 Kodama 途径

1—二苯并噻吩（DBT）；2—1,2 二羟基二苯并噻吩；3—顺 4-[2-(3-羟基)-苯噻吩基]-2-氧-3-丁烯酸（cio-HTOB）；4—反-4-[2-(3-羟基)-苯噻吩基]-2-氧-3-丁烯酸（trans-HTOB）；5—3-羟基-2-甲酰基-苯噻吩（HFBT）；6—3-氧-{2-[(3′-羟基)-苯噻吩基]-亚甲基}-二氢苯噻吩（OHTMD）

如 IGTS8 菌被认为有两条脱硫途径，如图 8-8 所示。

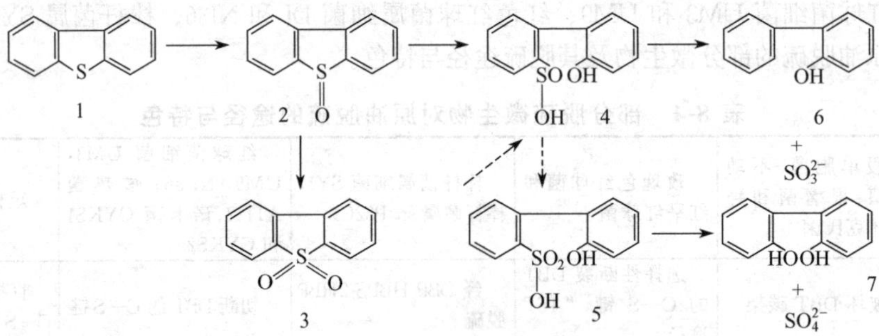

图 8-8 IGTS8 菌的 4S 途径

1—DBT；2—DBT-亚砜；3—DBT-砜；4—2′-羟基联苯基-2-亚磺酸；5—2′-羟基联苯基-2-磺酸；6—2-羟基联苯（2-HBP）；7—2,2′-二羟基联苯（DHBP）

此外还有一种直接氧化 DBT 的 C—S 键生成苯甲酸酯的途径。

Holland 对微生物脱有机硫提出了两种生化分子机理。一是芳烃化合物的同系化，然后转至细胞内；二是芳环在胞外解离，转化为可溶物进入细胞内。其区别在于前者是微生物与不溶性基质的相互作用，后者则要求微生物必须具有一定的胞外酶。

由以上反应途径可知，DBT 中的硫经过四步氧化，最终生成 SO_4^{2-}、SO_3^{2-} 和 2,2′-二羟基联苯或 2-羟基联苯。4S 途径对碳原子骨架不发生降解，燃料热值损失较小。而在 Kodama 途径中，微生物以 DBT 中的碳为代谢原料，使其芳环结构分解造成燃料的含碳量大为下降而损失较大热值。

8.4.2.3 生物降解有机硫的机理

(1) 有氧脱硫机理

据报道，硫酸盐还原酶可以在无氧操作的条件下脱去矿石燃料中的硫，并可以阻止生成某些碳氢氧化物和酸性化合物，所生成的硫化氢气体也可被综合利用。但是，即使硫酸盐还原菌的生长条件能很好控制，但由于其对 DBT 脱硫产率不高，无氧脱硫的工业应用价值不大。

在有氧操作条件下，有很多种微生物可选择性地脱除 DBT 中的硫并将其转化为亚硫酸盐和硫酸。*Rhodococcus* IGTS8 是典型的有工业应用前景的微生物，能将 DBT 中的硫转化为羟基联苯、亚硫酸盐和硫酸。IGTS8 脱硫遵循两条不同的有氧代谢途径：稳定生长态细胞条件下，第一个途径是通过氧化将 DBT 转化为 DBT 亚砜和 DBT 砜，而后 DBT 砜进一步被亚硫酸水解酶转化为 HBP 和亚硫酸盐；第二个途径是 DBT 砜被磺酸水解酶诱导氧化为

2-羟基联苯和亚磺酸苯盐后，进一步转化为 HBP 和硫酸盐。除了 *Rhodococcus* IGTS8 脱硫途径被深入研究与了解外，其他脱硫微生物，如红色球菌属、红球菌属、土壤杆菌 MC501、分枝杆菌、诺卡菌以及细胞色素 450 单加氧酶等都是在有氧途径进行脱硫的。尽管在脱硫微生物菌筛选方面的研究已相当深入，但目前尚未发现高选择性脱除汽油噻吩硫的微生物，脱硫技术还有待进一步发展。

（2）酶生物催化剂的脱硫机理

红球菌属 ECRD-1 在将大部分 DBT 中的硫脱除后，会以脱除 DBT 中硫相同的速度进行 4,6-二乙基二苯并噻吩脱硫。红球菌属 DBT 脱硫酶对底物特异性比较宽，可以把烷基或芳香族替代基团的 DBT 衍生物脱硫为相应的单酚。其反应速率与相应的替代基团有关；但原始的红球菌属 IGTS8 脱硫酶对噻吩和苯并噻吩几乎没有活性；另一方面，石油中的硫通常以多种不同组分存在。天然的红球菌属生物催化剂速度慢，稳定性不够，对硫的选择性也太窄，因此，研制具有能降解不同硫组分的生物催化剂，提高对噻吩硫的脱除效率其意义非常重要。

大多数的石油化学过程在高温和高压下进行，在没有找到合适的催化剂而将原料冷却到生物处理的过程是不现实的。某些嗜高热的酶可以在 100℃以上生存，有稳定的延长期，增大压力会更稳定，但目前尚不清楚其热稳定性的基础。

（3）dsz 基因脱硫机理

人们对红色红球菌属 IGTS8 和红球菌属株 X309 等已在分子水平上进行了较为详细地研究。在 IGTS 菌株中，存在 1 个 120kb 的线状质粒，3 个基因（dszA、dszB、dszC）负责 DBT 的脱硫催化，这些基因已被克隆及测序，相应的表达产物也已被分离纯化出来。

在 IGTS 菌株中，在 1 个大的质粒上有 4kb 基因相关，由 1 个操纵子和 3 个基因（dszA、dszB、dszC）构成，在同 1 个启动子控制下按相同方式翻译为 3 个蛋白质 dszA、dszB、dszC。在细胞质中，尽管 dszB 表达为启动子，但它的浓度还是低于 dszA 和 dszC 几倍，这些基因已被克隆、测序。目前已证明某些保存的天然 dsz 基因型菌株是 dsz 结构基因和插入片段的混合杂交的结果。

红球菌属里，在核黄素还原酶的支持下，通过细胞质的单加氧酶作用，实现 DBT→DBT 亚砜→DBT 砜的 dsz 脱硫途径。dszC 独特的催化转化作用，被确认为硫化物/亚砜单加氧酶，蛋白质序列分析表明其和乙酰辅酶 A 脱氢酶具有同源性，其质量约为 7.47×10^{17} mg。首先，它催化 2 个连续的黄素单加氧酶反应；其次，以 $FMXH_2$ 为底物，dszC 利用 FAD 或结合核黄素还原酶，是像甲烷加氧酶一样复杂的加氧酶；第三，dszC 把 DBT 氧化成砜，而核黄素单加氧酶和其他某些相关酶则将 DBT 氧化成砜的氧化物。在此途径中，dszA 也被认为是 DBT5，5-氧化单加氧酶，也可利用底物 $FMXH_2$ 将砜催化转化为亚磺酸盐，其反应速度比 dszC 快 5～10 倍；而 dszB 被证明为是一种芳香族磺化酸水解酶，用于对水分子的亲核攻击，在亚磺酸盐上形成 2-HBP，这是一条非常规的速度限制性反应途径。

dszA、dszB、dszC、dszD 为 4 种生物催化剂，在这些催化剂的作用下 DBT 最终被氧化成硫酸盐或者亚硫酸盐。在存在硫酸盐、硫化物、甲硫氨酸、半胱氨酸等物质时，邻苯基苯酚 dsz 脱硫酶的活性会受到很强的抑制；在红球菌属里，硫化物不抑制酶，而会抑制 dsz 基因序列的启动子或翻译水平的硫合成；2HBP 的积聚也会抑制菌体生长和脱硫。因此，从工业应用的角度，需要寻找某些能耐 2-HBP 的变异株，或者当形成 2-HBP 前可停止生物脱硫，以防止亚硫酸盐的形成。目前，dsz 途径已被建议应用于石油的脱硫及其相关产品生产与精制。

8.5 化石燃料微生物脱氮预防治理中的生物化学

化石燃料中的含氮化合物在燃烧过程中形成的氮氧化合物可导致空气污染，形成酸雨，并且在原油提炼过程中导致催化剂中毒而影响产量。因此，利用微生物降解化石燃料中的含氮化合物以解决上述污染问题十分重要。

8.5.1 化石燃料中的芳香氮化合物

原油是各种有机分子的混合物，包括烷烃、芳烃和含硫、含氮的杂环芳香族化合物。含硫和含氮芳香族化合物的存在会影响和限制原油的应用。

原油中的含氮化合物分为两类：一类为非碱性分子，包括吡咯、吲哚，但它们大多与咔唑的烷基衍生物混合；另一类是碱性分子，大部分是吡啶和喹啉的衍生物（图 8-9）。

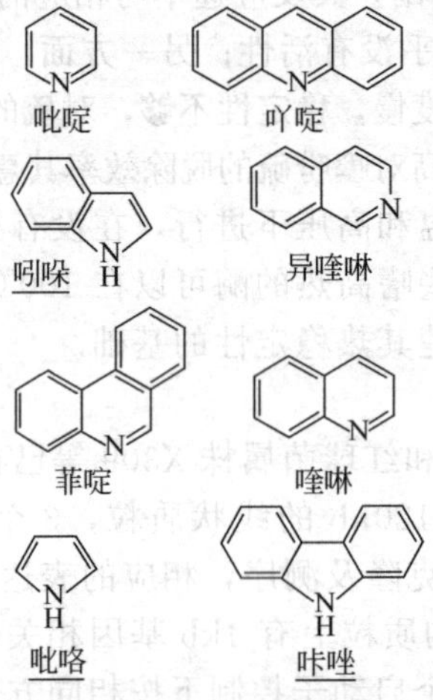

图 8-9 化石燃料中常见的含氮杂环芳香化合物（下划线者为非碱性物质）

原油中总含氮量平均约为 0.3%，其中非碱性化合物占 70%～75%。鉴于现有高质量低沸点的原油在减少，目前已有用高氮低挥发性油来替代的趋势。

从页岩沉积层中产生的经干馏而得到的石油通常含有高浓度的氮化合物（含氮量达 0.5%～2.1%）。页岩油生产过程中产生的废物也会严重污染环境。研究发现，*Pseudomonas aeruginosa* 可以降解页岩油中的喹啉和甲基喹啉，同时保持燃料中碳氧化合物的热值。这种方法提高了页岩油质量，保留了它们的燃烧值，而且可以清除那些可能产生环境污染的物质。

由煤产生的液体化石燃料也有和页岩同样的问题，其中含大量的氮污染物（氮的总含量为 1%～2%，主要是有机氮），它们也同样可以用微生物法脱氮，不过目前研究较少。

土壤和地下水经常被石油中的杂环芳烃和木材防腐剂污染。咔唑是煤焦油、杂酚油中的主要含氮杂环芳香化合物。咔唑也是一种非常有用的工业原料，可用于染料、药品、杀虫剂、塑料等行业，同时它的使用也会引起环境污染。

从环境中去除这种芳香氮化合物的主要机理是微生物转化。

8.5.2 含氮污染物的微生物脱氮的生物化学机理

利用微生物去除原油中的含氮芳香化合物可以在常温常压下进行，目前关于微生物降解含氮化合物的研究主要集中在降解石油中的非碱性化合物，特别是咔唑及其烷基衍生物方面，一是因为它们是氮的主要成分，二是碱性氮化合物可以很容易地利用苯萃取除去。

氮芳香族的微生物转化可以从几个方面减轻对催化剂的破坏作用。咔唑可以完全代谢为二氧化碳并部分转化为微生物菌体，或转换成邻氨基苯甲酸或其他中间产物。这些化合物对催化剂的破坏作用比氮化合物的破坏作用要小，而且许多极性中间产物可以容易地萃取除去。

关于生物降解含氮芳香族化合物的研究报道不多。已有的研究表明：可以从废水污泥和被各种废水和烃污染的土壤、煤和页岩液化工厂分离出能够降解石油中含氮物质的微生物。能降解咔唑及其烷基衍生物的几种假单胞菌已分离出来。有报道，一些其他微生物也能使非碱性含氮化合物矿化，包括 *Bacillus*、*Xanthomonas*、*Burkholderia*、*Comamona*、*Beijerinkia*、*Mycaobacterium*、*Serratia* 等。

大多数含氮化合物降解的生物化学途径没有得到深入研究，微生物代谢咔唑和喹啉的可能途径如图 8-10 和图 8-11 所示。

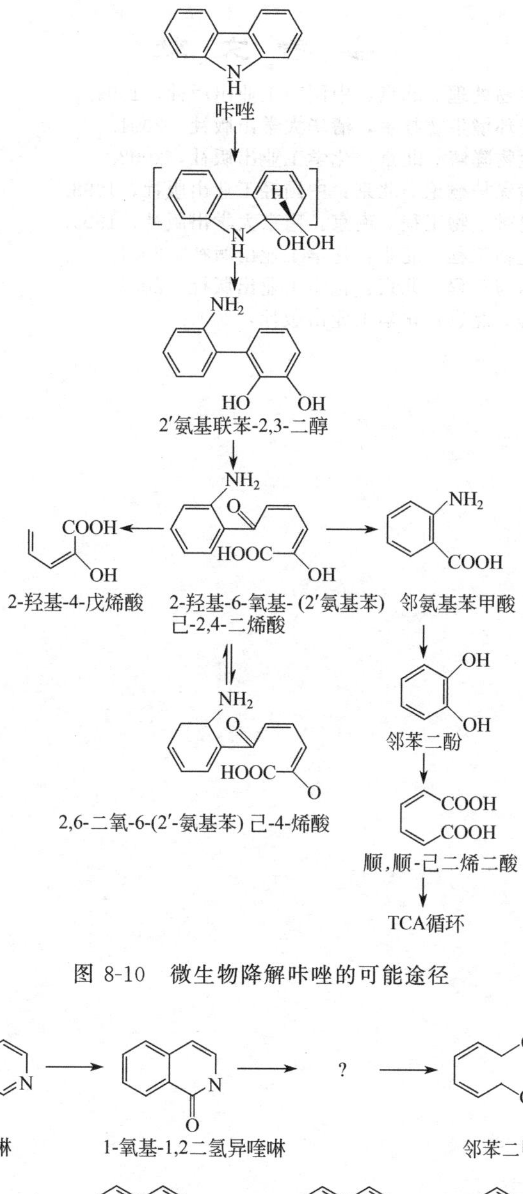

图 8-10 微生物降解咔唑的可能途径

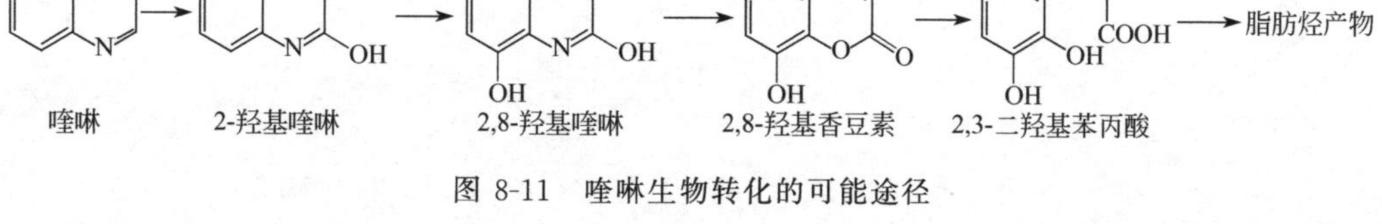

图 8-11 喹啉生物转化的可能途径

复 习 题

1. 试述造纸废水微生物处理中的生物化学法原理。
2. 试述染料废水微生物处理中的生物化学原理。
3. 试述苯酚微生物降解的途径。
4. 微生物对氰化物有哪几种生物化学降解过程?
5. 试述生物降解无机硫的生物化学机理。
6. 试述生物降解有机硫的生物化学机理。

参 考 文 献

[1] 贺延龄. 废水的厌氧生物处理. 北京：中国轻工业出版社，1999.
[2] 王建龙，文湘华. 现代环境生物技术，清华大学出版社，2001.
[3] 夏北成. 环境污染物生物降解. 北京：化学工业出版社，2002.
[4] 林开荣. 造纸工业环境保护概论. 北京：中国轻工业出版社，1998.
[5] 马文漪，杨柳燕. 环境微生物工程. 南京：南京大学出版社，1999.
[6] 徐亚同. 污染控制微生物工程. 北京：化学工业出版社，2001.
[7] 陈欢林. 环境生物技术与工程. 北京：化学工业出版社，2003.
[8] 伦世仪. 环境生物工程. 北京：化学工业出版社，2002.

9

污染环境微生物修复的生物化学原理

9.1 污染环境微生物修复概念

微生物修复是利用微生物催化降解有机污染物，从而修复被污染环境或消除环境中的污染物的一个受控或自发进行的过程，这是狭义的定义。也可以表述为：微生物修复是利用土著的、引入的微生物和微生物制剂及其代谢过程，或其产物进行的消除或富集有毒物的生物学过程。

微生物修复的目的是去除环境中的污染物，使其浓度降至环境标准规定的安全浓度之下，从而消除或减弱环境污染物的毒性，减少污染物对人类健康和生态系统的风险。这项技术的创新之处在于它精心选择、合理设计操作的环境条件，促进或强化在天然条件下本来发生很慢或不能发生的降解或转化过程。

环境微生物修复技术主要由三方面的内容组成：

① 利用土著微生物代谢能力的技术；

② 活化土著微生物分解能力的方法；

③ 添加具有高速分解难降解化合物能力的特定微生物（群）的方法。

微生物修复技术是在人为强化的条件下，用自然环境中的土著微生物或人为投加外源微生物的代谢活动，对环境中的污染物进行转化、降解与去除的方法。微生物有其容易发生变异的特点，随着新污染物的产生和数量的增多，微生物的种类可随之相应增多，显现出更加多样性。这使其又有别于其他生物，在环境污染治理中，微生物的作用更独树一帜。

9.2 污染环境微生物修复的机理

受污染的环境中有机物除少部分是通过物理、化学作用被稀释、扩散、挥发及氧化、还原、中和而迁移转化外，主要是通过微生物的代谢活动将其降解转化。因此，在微生物修复中首先需考虑适宜微生物的来源及其应用技术。其次，微生物的代谢活动需在适宜的环境条件下才能进行，而天然污染的环境中条件往往较为恶劣，因此我们必须人为提供适于微生物起作用的条件，以强化微生物对污染环境的修复作用。

9.2.1 用于生物修复的微生物

（1）土著微生物

由于微生物的种类多、代谢类型多样，“食谱”广，凡自然界存在的有机物都能被微生物利用、分解。例如，假单胞菌属的某些种，甚至能分解 90 种以上的有机物，可利用其中的任何一种作为唯一的碳源和能源进行代谢，并将其分解。对目前大量出现，且数量日益上升的众多人工合成有机物，虽说它对微生物是“陌生”的，但由于微生物有巨大的变异能力，这些难降解甚至是有毒的有机化合物，如杀虫剂、除草剂、增塑剂、塑料、洗涤剂等，都已陆续地找到能分解它们的微生物种类。据报道，能够降解烃类的微生物有 70 多个属、

200 余种，其中细菌约有 40 个属。可降解石油烃的细菌即烃类氧化菌广泛分布于土壤、淡水水域和海洋。

天然的水体和土壤是微生物的大本营，存在着数量巨大的各种各样微生物，在遭受有毒有害的有机物污染后，可出现一个天然的驯化选择过程，使适合的微生物不断增长繁殖、数量不断增多。另外，有机物的生物降解通常是分步进行的，整个过程包括了多种微生物和多种酶的作用，一种微生物的分解产物可成为另一种微生物的底物，在有机污染物的净化过程中我们还可以看到生物种群的这一生态演替，我们可据此来判断净化的阶段和进程。由于土著微生物降解污染物的巨大潜力，因此在生物修复工程中充分发挥土著微生物的作用，不仅必要而且有实际的可能。

(2) 外来微生物

在废水生物处理和有机垃圾堆肥中已成功地用投菌法来提高有机物降解转化的速度和处理效果，如应用珊瑚色诺卡菌来处理含腈废水，用热带假丝酵母来处理油脂废水等。因此，在天然受污染的环境中，当合适的土著微生物生长过慢，代谢活性不高，或者由于污染物毒性过高造成微生物数量反而下降时，可人为投加一些适宜该污染物降解的与土著微生物有很好相容性的高效菌。目前用于生物修复的高效降解菌大多系多种微生物混合而成的复合菌群，其中不少已被制成商业化产品。如光合细菌（*Photosynthetic bacteria*，缩写为 PSB），这是一大类在厌氧光照下进行不产氧光合作用的原核生物的总称。目前广泛应用的 PSB 菌剂多为红螺菌科（*Rhodos pirllaceae*）光合细菌的复合菌群，它们在厌氧光照及好氧黑暗条件下都能以小分子有机物为基质进行代谢和生长，因此对有机物有很强的降解转化能力，同时对硫、氮素的转化也起了很大的作用。

目前国内有很多高校科研院所和生物技术公司有 PSB 菌液、浓缩液、粉剂及复合菌剂出售，经应用于水产养殖水体及天然有机物污染河道的治理已显示出一定的成效。

(3) 基因工程菌

自然界中的土著菌，通过以污染物作为其唯一碳源和能源或以共代谢等方式，对环境中的污染物具有一定的净化功能，有的甚至达到效率极高的水平，但是对于日益增多的大量人工合成化合物，就显得有些不足。采用基因工程技术，将降解性质粒转移到一些能在污水和受污染土壤中生存的菌体内，定向地构建高效降解难降解污染物的工程菌的研究具有重要的实际意义。

20 世纪 70 年代以来，发现了许多具有特殊降解能力的细菌，这些细菌的降解能力由质粒控制。到目前为止，已发现自然界所含的降解性质粒多达 30 余种，主要有 4 种类型：假单胞菌属中的石油降解质粒，能编码降解石油组分及其衍生物，如樟脑、辛烷、萘、水杨酸盐、甲苯和二甲苯等的酶类；农药降解质粒，如 2,4-D、六六六等；工业污染物降解质粒，如对氯联苯、尼龙寡聚物降解质粒等；抗重金属离子的降解质粒。

利用这些降解质粒已研究出多种降解难降解化合物的工程菌，ChaPracarty 等为了消除海上溢油污染，将假单胞菌中不同菌株的 CAM、OCT、SAL、NAH 四种降解性质粒结合转移至一个菌株中，构建成一株能同时降解芳香烃、多环芳烃、萜烃和脂肪烃的“超级细菌”。该菌能将天然菌要花一年以上才能消除的浮油缩短为几个小时，从而取得了美国的专利权。在污染治理工程菌的构建上，是第一块里程碑。

A. Khan 等从能降解氯化二苯的 *Pseudomenas putida* OV83 中分离出 3-苯儿茶酚双加氧酶基因，和 PCP13 质粒结合后转入 E. coli 中表达。F. Rojo 等利用基因工程技术将降解氯化芳香化合物和甲基芳香化合物的基因组合到一起，获得的工程菌可同时降解这两种物质。

生存于污染环境中的某些细菌细胞内存在着抗重金属的基因，已发现抗汞、抗镉、抗铅等多种菌株。但是这类菌株生长繁殖并不迅速，把这种抗金属基因，转移到生长繁殖迅速的受体菌中，组成繁殖率高，富集金属速度快的新菌株，可用于净化重金属的废水。我国中山大学生物系将假单胞菌 R4 染色体中的抗镉基因，转移到大肠杆菌 HB101 中，使得大肠杆菌 HB101 能在 100mg/L 的含镉液体中生长，显示出有抗镉的遗传特征。R. J. Kleno 等从自然环境中分离到一株能在 5～10℃水温中生长的嗜冷菌-恶臭假单胞菌 *Pseudomonas putida* Q5，将嗜温菌 *Pseudomonas pawl* 所含的降解质粒 TOL 转入该菌株中形成新的工程菌 Q5T，该菌在温度低至 0℃时仍可利用 1000mg/L 的甲苯为唯一碳源正常生长，在实际应用中价值很高。

瑞士 Kulla 分离到两株分别含有两种可降解偶氮染料质粒的假单胞菌，应用质粒转移技术获得了含有两种质粒、可同时降解两种染料的脱色工程菌。

尼龙寡聚物在化工厂污水中难以被一般微生物分解。已发现黄杆菌属、棒状杆菌属和产碱杆菌属具有分解尼龙寡聚物的质粒。但上述三个属的细菌不易在污水中繁殖。而污水中普遍存在的大肠杆菌又无分解尼龙寡聚物的质粒。冈田等成功地把分解尼龙寡聚物的质粒 POAD 基因移植到大肠杆菌内，使后者获得了该遗传性状。

要将这些基因工程菌应用于实际的污染治理系统中，最重要的是要解决工程菌的安全性的问题，用基因工程菌来治理污染势必要使这些工程菌进入到自然环境中，如果对这些基因工程菌的安全性没有绝对的把握，就不能将它应用到实际中去，否则将会对环境造成可怕的不利影响。目前在研制工程菌时，都采用给细胞增加某些遗传缺陷的方法或是使其携带一段“自杀基因”，使该工程菌在非指定底物或非指定环境中不易生存或发生降解作用。美、日、英、德等经济发达国家在这方面做了大量的研究，希望能为基因工程菌安全有效地净化环境提供有力的科学依据。科学家们对某些基因工程菌的考察初步总结出以下几个观点：基因工程菌对自然界的微生物和高等生物不构成有害的威胁，基因工程菌有一定的寿命；基因工程菌进入净化系统之后，需要一段适应期，但比土著种的驯化期要短得多；基因工程菌降解污染物功能下降时，可以重新接种；目标污染物可能大量杀死土著菌，而基因工程菌却容易适应生存，发挥功能。当然，基因工程菌的安全有效性的研究还有待深入。但是它不会影响应用基因工程菌治理环境污染目标的实现，相反会促使该项技术的发展。

9.2.2 微生物对有机污染物的修复机理

9.2.2.1 微生物基质代谢的生理过程

异生素作为基质的代谢基本过程和其他化合物的代谢相似，可能包括如下过程：向基质接近，对固体基质的吸附，分泌胞外酶，可渗透物质的吸收和胞内代谢。通常采用的方法是用单一菌种在高浓度纯品下进行的间歇式培养，这种方法虽然很重要，但会掩盖自然界的很多真相。

（1）向基质接近

生物体要降解某种基质必须先与之接近。接近意味着：微生物处于这种物质的可扩散范围之内，胞外酶处于这种物质可扩散范围之内，或微生物处于细胞外消化产物的扩散距离之内。因此，混合良好的液体环境（湖泊、河流、海洋）与基本不相混合的固体环境（土壤、沉积物）之间有很大差别，后者存在着运动扩散的障碍。在土壤中，相差几厘米就会有很大的差别。

某些细菌和其他微生物表现出朝向基质的趋向性。许多丝状真菌表现为朝向基质生长。例如担子菌垂幕菇属（*Hypholoma*）和原毛平革菌属（*Phanerochaete*）能够“探查”环境，找到没有接种过的木块，然后在其上定殖。

（2）对固体基质的吸附

吸附作用对于保证化合物代谢是必不可少的。纤维素消化需要有物理附着。菌的分离过程中发现细菌与固体基质之间有非常紧密的结合。

(3) 胞外酶的分泌

不溶性的多聚体，不论是天然的（如木质素）还是人工合成的（如塑料）都难降解。不能降解的原因之一是分子太大。生物采取的办法就是分泌胞外酶将其水解成小分子量的可溶性产物。但是由于下面一些原因使胞外酶的活动不能奏效：胞外酶被吸附、胞外酶变性、胞外酶蛋白生物降解以及产物被与之竞争的生物所利用。

(4) 基质的跨膜运输过程

当前已知的环境污染物达数十万种，其中大部分是有机化合物，微生物能够降解、转化这些物质，降低其毒性或使其完全无毒化，微生物降解有机物有两种方式：第一，通过微生物分泌的胞外酶降解；第二，污染物被微生物吸收到微生物细胞内后，由胞内降解。微生物从胞外环境中吸收摄取物质的方式主要有主动运输、被动扩散、促进扩散、基团扩散、基团转位、胞饮作用等。

① 主动运输　微生物在生长过程中所需要的各种营养物质主要以主动运输（active transport）的方式进入细胞内部。主动运输需要消耗能量，因而可以逆物质浓度梯度进行。它也需要载体蛋白的参与，因而对被运输的物质有高度的立体专一性。被运输物质与相应的载体蛋白之间存在着亲和力，并且这种亲和力在膜内外大小不同，在膜外表面亲和力大，在膜内表面亲和力小，因而通过亲和力大小的改变使它们之间能发生可逆的结合和分离，从而完成物质的运输。

在主动运输中，载体蛋白的构型变化需要能量。能量通过两条途径影响到污染物的运输：第一，直接效应，通过能量的消耗，直接影响到载体蛋白的构型变化，进而影响运输；第二，间接效应，即能量引起膜的激化过程，再影响载体蛋白的构型变化。主动运输所消耗的能量因微生物的不同而有不同的来源，在好氧微生物中，能量来自于呼吸能；在厌氧微生物中，能量来自化学能 ATP；而在光合微生物中，能量来自于光能，这些能量的消耗都可以使胞内质子向胞外排出，从而建立细胞膜内外的质子浓度差，使膜处于激化状态，即在膜上储备了能量，然后在质子浓差消失的过程中（即去激化）伴随物质的运输。

② 被动扩散　被动扩散（passive transport）是微生物吸收营养物质各种方式中最简单的一种。不规则运动的营养物质分子通过细胞膜中的含水小孔，由高浓度的胞外向低浓度的胞内扩散，尽管细胞膜上含水小孔的大小和性状对被动扩散的营养物分子大小有一定的选择性，但这种扩散是非特异性的，物质在扩散运输的过程中既不与膜上的分子发生反应，本身的分子结构也没有发生任何变化，扩散的速度取决于细胞膜两边该物质浓度差，浓度差大则速度大，浓度差小则速度小，当细胞膜内外的物质浓度相同时，该物质运输的速度降低为零，达到动态平衡。因为扩散不消耗能量，所以通过被动扩散而运输的物质不能进行逆浓度梯度的运输。

细胞膜的存在是物质扩散的前提，膜主要有双层磷脂和蛋白质组成，并且膜上分布有含水孔，膜内外表面为极性表面，中间有一疏水层。因此影响扩散的因素有被吸收的物质的相对分子质量、溶解性（脂溶性或水溶性）、极性，pH 值、离子强度与温度等，一般情况下，相对分子质量小、脂溶性、极性小和温度高的物质容易吸收，反之则不容易吸收。

扩散不是微生物吸收物质的主要方式，以这种方式吸收的主要是水、某些气体、甘油和某些离子等少数物质。在水中的溶解性有机物能否扩散穿过细胞壁，是由分子的大小和溶解度所决定的。目前认为低于 12 个碳原子的分子一般可以通过细胞壁和细胞膜进入细胞。

③ 促进扩散　与被动扩散类似，促进扩散（accelerative diffusion）在运输过程中不需要消耗能量，物质本身在分子结构上也不会发生变化，不能进行逆浓度运输，运输速度取决于细胞膜内外两边的浓度差，但促进扩散需要借助于位于细胞膜上的一种载体蛋白参与物质运输。并且每一种载体蛋白只运输相应的物质，这是该方式与被动扩散方式的重要区别，即

促进扩散的第一个特点。促进扩散的第二个特点是对被运输物质有高度的立体结构专一性，载体蛋白与被运输物质间存在一种亲和力。并且这种亲和力在细胞膜的内外表面随物质的浓度不同而不同，在物质浓度高的细胞膜的一边亲和力大，在物质浓度低的细胞膜一边的亲和力小，通过这种亲和力的大小的变化，载体蛋白与被运输物质之间发生可逆的结合与分离，形成物质穿过细胞膜的运输过程。载体蛋白能够加快物质的运输，而其本身在此过程中又不发生变化，因而它类似于酶的作用特性，所以有人将此类载体蛋白称为透过酶，只有在环境中存在需要运输的物质时，运输这种物质的透过酶才合成。促进扩散方式多见于真核微生物中，例如通常在厌氧的酵母菌中，某些物质的吸收和代谢产物的分泌是通过这种方式完成的。

④ 基团转位 基团转位（functional groups transference）是另一类类型的主动运输，在物质运输过程中，除了物质分子发生化学变化外，其他特点都与主动运输相同。目前的研究表明，基团转位主要存在于厌氧微生物对单糖、双糖及其衍生物以及核苷酸和脂肪酸的运输。在好氧微生物中还未发现有这种方式。

⑤ 胞饮作用 假丝酵母摄取烷烃的途径是胞饮作用（pinocytosis），其可能机制包括：第一，通过疏水表面突出物的作用把烷烃吸附到细胞表面，如多糖-脂肪酸复合物；第二，烷烃通过孔和沟穿透坚硬的酵母细胞壁，而聚集在细胞质表面；第三，通过未修饰烷烃的胞饮作用把烷烃转移到细胞内的烷烃氧化部位，如内质网，微体及线性体。用十六烷培养的解脂假丝酵母和十四烷培养的热带假丝酵母，烷烃可能储存于细胞质内烃类包含体中，这种烃类包含是烷烃培养的细菌的典型特征。

(5) 细胞内代谢

一旦异生素进入细胞，就可以通过周边代谢途径被降解。这类代谢通常是有诱导性的，并且有些是由质粒编码的。初始代谢产物通常汇集到少数一些中央代谢途径之中，如在芳香族化合物的代谢中，通过β-酮己二酸盐途径，所产生的双官能团化合物进入中央代谢途径。

基质生物降解，除去完全矿化或共代谢作用外，还可以有溢流代谢物产生，它们可以被其他生物作为代谢基质或作为共代谢基质所利用。甚至像葡萄糖这样的基质在间歇式培养大肠杆菌的生长过程中都会有乙酸盐暂时积累，何况像异生素这样的难降解物质更会有溢流代谢物产生。

另外还会有终死产物、副反应产物和致死性代谢物产生。终死产物，如芳香化合物上的甲基氧化产生的甲醇，会短暂地积累。终死产物本身就是持久性的，如多聚儿茶酚。副反应产生的产物，如果可以被其他生物利用将是有益的，但如不被利用就会是有害的，例如卤代酚由微生物的甲氧化反应形成，有很强的生物积累潜力并且有毒。致死性代谢物，典型的例子是氟代乙酸盐，是由氟取代的基质通过酶促反应形成，它抑制三羧酸循环。这种致死性的后果可以通过突变作用避免产生，这样有机体不形成致死代谢物或可以抵抗致死代谢物。不幸的是，这样的突变将产生不能代谢氟代盐的有机体。

9.2.2.2 污染物质的生物迁移转化途径

污染物进入环境中会通过各种途径发生迁移与转化，自然力与生物的作用是污染物发生迁移转化的最重要的力量，而稀释扩散、降解、沉积、生物富集等是转化的最主要的途径。转化可以发生在某个环境中，或者不同的环境之间，或者生物体内，或者在生物体与环境之间。总之，是在环境、污染物与生物三者构成的复合系统中的多向转化。

(1) 污染物质的扩散迁移

污染物质从污染源排放进入环境中，由于存在的浓度梯度，污染物质必然在环境中发生扩散，从污染源的高浓度区域向周围的低浓度区域扩散。在不受任何其他环境因子影响的条件下，扩散过程依赖于污染物质的分压差或者浓度差，但是，这种作用力是很有限的，从污染源向周围环境扩散需要克服环境阻力，当环境阻力与因浓度梯度差引起的扩散力达到平衡时，扩散就不再继续进行，因此污染就被局限在一个有限的空间里。但是，实际上污染物进入环境后，作用于污染物的环境因素很多，影响污染物扩散的因素主要是环境介质的运动。如排放进入大气环境中的污染物会随风力或者空气的流动而扩散，介质运动的速度对扩散的速度和范围影响很大。以某个固定污染源而言，局部环境中污染物的浓度与风速（或平均风速）成反比。向水环境中排放水污染物质，其扩散受水的流速以及流态的影响，而受污染水体环境中污染物质的浓度除了受流速与流态的影响外，还与流量有密切的关系。流量越大，污染物质被稀释扩散的速率越快。

污染物质在不同类型的介质中扩散度有显著的差别，一般而言，在空气中扩散度比水中的扩散度大得多，在固体中的扩散则更难，扩散度以扩散系数表示。例如氨在空气中的扩散系数为 $3\times10^{-5}\,m^2/s$，而在水中的扩散系数为 $3\times10^{-9}\,m^2/s$，相差竟达 10000 倍，以固体与液体相比，其差异将达 100 万倍以上。扩散不只与介质有关，还与介质的环境参数有关。如温度、压力等，在扩散系数的计算式中，温度是一个与扩散系数成正比的变量，且是与温度的幂指数成正比，负压力则是一个成反比例的变量。污染物质在水中的扩散系数则是与温度成线性正比关系，而与水的黏度成反比，另一方面还与污染物分子的动力学半径成反比。多孔介质是一种非常重要的环境工程介质，因此，污染物质在多孔介质中的传质扩散也很重要。

多孔介质中，因为污染物质扩散的路径变得弯弯曲曲，同时污染物质的携带介质也只是整个传质扩散系统中的一部分，因此在多孔介质中污染物质的扩散系数与孔隙率和孔隙弯曲度有关。孔隙率即表示另一种携带污染物质的介质在系统中所占的比例，例如空气在多孔介质中的比例，或者水的比例。实际上污染物质在多孔介质中的扩散系数是多孔介质的孔隙中另一介质的扩散系数，再加上多孔介质的阻力。如在污水处理系统中的填料，实际上是忽略污染物质在填料中的扩散，而只考虑填料中的污水的传质作用。

(2) 吸附与沉积

吸附过程在污染物质的转移过程中会普遍发生，如气体污染物质被悬浮颗粒的吸附，污染物质的胶体颗粒被微生物细胞的吸附等。吸附有时是靠电荷的吸引，有时靠黏力或者碰撞。吸附就是在两相介质的界面上发生的沉淀，包括吸持和吸收。吸持是指污染物从一种介质向固体介质表面的迁移运动，吸收是指污染物质到达固相表面后，由于静电、络合、化学键或沉淀作用等与表面的黏着作用。

一种作为载体的介质，对某种污染物质的吸附是有限的，很快就会达到饱和。当载体表面所吸附的污染物质达到饱和后，仍然有吸附过程继续发生，但在吸附过程发生的同时，必须有解吸附过程发生，当解吸附速率与吸附速率相等时，吸附就达到了一个动态平衡，称为吸附平衡。吸附平衡与固相介质表面特性和液相（或气相）中被吸附物质的浓度有关。表面特性，如电荷多少、基团有无等，对吸附的影响很大。被吸附的污染物质分子间吸引力较大时，会影响吸附过程的发生，污染物质浓度越高，吸附现象越容易发生。关于不同的吸附过程，可用吸附等温线描述。因为吸附表面和被吸附物质之间的特性差异，使得两相中的浓度变化规律不一。如亲脂性溶质在亲脂性表面的吸附与亲脂性溶质在亲水性表面吸附的吸附平衡动态过程不相同。

土壤或沉积物是污染物质发生吸附的重要介质。污染物质进入土壤或沉积物环境中，污染物质与土壤中的矿物质和有机质发生一系列的生物学反应和物理、化学反应，随着各种反应的不断进行，水相中的污染物质浓度下降，土壤或沉积物中的污染物浓度增加。这些经过吸附被“固定”在土壤或沉积物中的污染物质在一定的条件下，还可以被释放出来，重新变成为“有效态”的污染物。

污染物质的沉积主要是指污染物质从液相中转移至沉积物固相中。污染物发生沉积有几种途径，一是污染物质在液相中扩散运动至与沉积物相遇，而被沉积物吸附；二是污染物质自身形成的胶体粒子沉降至沉积物中；三是污染物在液相中被悬浮颗粒物吸附，然后随悬浮颗粒物沉积到沉积物中；四是污染物在液相中与其他化学物质形成沉淀物而沉降。

沉积是污染物质从有效态转为缓效态的一个重要过程，也是环境自净能力的一个表现或者环境容量的一个部分。总之，污染物质的沉积有利于水环境的净化，虽然这些被沉积的污染物质仍然在水体环境中，但毕竟在水体中不呈溶解状的有效态。如果将沉积搅起，则沉积在沉积物中的污染物质还可以再溶出，但仍然有大部分是被沉积物牢固吸附的。沉积在沉积物中的污染物质，由于沉积物的物理化学环境不同，会发生不同的转化或者降解。沉积物中的典型环境是厌氧环境。

(3) 微生物对污染物质的吸收

吸收过程与吸附过程不同，吸收是生物的主动过程，当生物与污染物质同处某一介质中，互相具有接触的机会。生物体在与污染物质接触的过程中，主动以某种方式获取该物质。一般而言，污染物质必须通过细胞膜方能被微生物细胞吸收。

污染物质透过细胞膜是一种生物转运过程，生物转运有主动转运和被动转运。被动转运是指细胞膜本身不起主动的作用，也不消耗细胞的代谢能量，常常是由细胞膜的浓度高的一侧向浓度低的一侧扩散转运，或称滤过过程。一些较小的水溶性物质可以通过被动转运的方式透过细胞膜。而主动转运是一种特殊的转运，这种转运过程发生在细胞膜上的蛋白质载体上，载体有一个特殊的结构正好与污染物质的空间构象吻合，载体结合污染物质。结合后将污染物质转运到膜的另一侧，并释放出来，载体蛋白质又恢复原状，继续转运新的污染物分子。一些体外酶也具有这种主动转运的功能。主动转运的效率不受被转运物质浓度的影响，但其转运必须消耗能量，这个过程可以逆浓度梯度转运。一些大分子污染物只能通过主动转运的方式进入微生物细胞内。

大部分被吸收的物质可以在微生物细胞体内进行代谢，污染物质可以在代谢过程中发生某种变化，被降解、被氧化、被还原、被脱除某些取代基等。吸收的逆过程是排泄，细胞吸收某种污染物质并经过代谢以后，其代谢物必须被再转运至细胞体外。吸收、代谢与排泄构成一个完整的代谢过程，大多数时候污染物质就在这个过程中被降解。

(4) 污染物质的降解与累积

在环境系统中，污染物可通过多种途径得到不同程度的降解，有物理降解、化学降解、生物降解。某种污染物质在环境中的降解也不止一条途径，有时会是不同途径的联合作用，且污染物质的降解也不是在一次降解过程中完全矿化，往往需要一个较长的降解过程，特别是一些有机大分子和人工合成有机物。不同的降解途径中，生物降解是最重要的途径之一，往往是污染物质的最终降解途径。

污染物的生物降解途径是因生物活动对污染物质的代谢所引起的污染物质分子结构的变化，例如乙酸经生物氧化成为甲酸和二氧化碳。对环境中污染物质具有降解作用的生物可以广泛地包括所有有生命活动的生物，如植物、动物、微生物，其中更为重要的是微生物，因为微生物的生存环境、分布特征和种类多样等方面的特点使得其备受关注。

污染物的生物降解既可以在生物体内进行，也可以在生物体外进行。微生物通过吸收污染物质进入细胞体内，在一系列酶促反应的作用下进入某个代谢过程，从而转化为另一种物质或者某种中间产物，然后再释放到细胞体外，使污染物质获得某种程度的降解。然而，微生物还可以通过分泌一些体外（或者胞外）酶，当环境中污染物质被微生物细胞吸附或者污染物质与细胞相对运动而接触时，胞外酶与污染物质发生作用，使污染物质在物理或化学特性方面发生变化，达到降解或者转化的目的。

生物降解有机化合物的难易程度首先决定于生物体本身的特性，同时也与有机物的结构特征有关，结构简单的有机物先被降解，结构复杂的有机物后降解。影响生物降解的因素主要有如下几个方面。

① 脂肪族和环状化合物较芳香族化合物容易被生物降解。

② 不饱和脂肪族化合物一般是可生物降解的，但有些不饱和脂肪族化合物（如苯代亚乙基化合物）有相对不溶性，影响生物降解的程度。如果有机化合物分子的主链上除碳元素外还有其他元素，就会增加对生物降解的抵抗力。

③ 有机化合物分子的大小对生物降解能力有重要影响。聚合物和复合物的分子能抵抗生物降解。

④ 具有取代基团的有机化合物，其异构体的多样性可能影响生物降解能力。

⑤ 增加或去除某一功能团会影响有机化合物的生物降解程度，如卤代作用能抵抗生物降解。

污染物在环境中经过稀释、扩散、迁移、转化和降解等多种不同的过程，仍然有一部分残存于环境中，或者是经转化或降解后的产物存留在环境中。当环境系统不断地接纳污染物质，而迁移、转化或降解又总是不彻底时，污染物质就会在环境中积累。环境污染，特别是逐渐恶化的环境都是因为污染物质的不断积累而引起的。因污染物质的积累而使得环境容量日渐缩减，也就等于环境资源被占用，而出现环境资源的短缺。因此，环境污染物质在环境中的积累是环境污染的根源之一，当然造成积累的根源是污染物质的排放量超过环境的承载力。

生物体在环境中吸收污染物质，虽然污染物质会在体内经过代谢而降解，或者将污染物质排泄出体外，但是，由于某些污染物质具有与生物体细胞的亲和性，例如亲脂性物质，将有一部分污染物质残留在生物体内，大多是一些脂溶性的难降解的有机化合物。由于长时间的降解和排泄量小于吸收量，所以生物体内就会出现某些污染物质的积累。

(5) 污染物质的生物富集

污染物质在生物体内可以造成积累，当生物体内的积累达到一定程度时，其概念就转化为富集，但是富集已不再是生物（或微生物）从环境中吸收与排泄的量的差异，更重要的是通过污染物质在食物链上的浓缩而引起的生物体内的污染物质的高浓度积累。生物富集常用浓缩系数或者富集系数来描述，即指生物体内某种污染物质的浓度与它所生存的环境中该物质的浓度的比值。

在一个较均匀的环境介质中，环境中污染物的浓度与生物体内污染物质浓度之间可构成一定的平衡关系，也就是生物体吸收环境中的某种污染物质与排出该污染物质的量经过一定的时间以后，可以达到某种动态平衡。此后浓缩系数不再增大，当然允许在一定范围内波动。这种处于动态平衡时的浓缩系数称为平衡浓缩系数。描述某种生物对某种污染物质的浓缩系数时，应该采用达到动态平衡时的浓缩系数。该系数能表明这类生物对某污染物质的生理代谢能力。

获取生物浓缩系数的方法有两种：一是在人工控制的环境中饲养试验动物，在达到一定长的时间后，测试动物体内的污染物浓度与受控环境中污染物浓度的比值；另一种方法是直接调查某个较稳定的自然环境中生物体内的污染物浓度与环境介质中同类污染物质的浓度比值。

不同种类的生物，由于其生活习性和生理代谢过程的差异，对相同污染物质的浓缩系数差别较大，达到平衡浓缩系数的时间也不相同。对于同一种生物而言，不同的器官和组织，对同一种污染物质的平衡浓缩系数以及达到平衡时的时间都可以有很大的差别。因此，在描述生物体的污染物质的积累过程时，需要指明是整体还是某个器官组织。

在生态系统中，处于不同营养级上的生物之间存在着一种超低营养级上的生物体内所富集的污染物质再经过更高营养级上的生物的富集，使浓缩系数呈几何级数增大，体内或者某组织内污染物质浓度特别高，有文献称经过食物链的富集为生物放大，使高营养级生物常有数百万倍的浓缩。

在某些食物链上也曾发现，处于食物链中层的生物体内的某种污染物质的浓度或者说浓缩系数大于高一层次的生物体内的浓度。这是因为生物体本身对该物质的代谢速率所引起的。由于高营养级生物在代谢过程中降解该污染物的速率较大，所以导致高营养级生物的浓缩系数小于低营养级生物的浓缩系数的现象发生。

(6) 污染物质的生物转化

污染物质在环境中的转化是污染物质降解的关键过程，特别是一些大分子难降解有机物，要经过一系列的转化过程方可达到降解。生物转化是大分子难降解有机物在环境中发生转化的最重要的过程。例如，纤维素在环境中一般的微生物都不能直接利用，纤维素是由数个葡萄糖分子聚合而成，必须由特定微生物分泌特定的酶作用于葡萄糖分子间的糖苷键，形成链更短的葡萄糖多聚物或纤维二糖或者葡萄糖。

9.3 污染环境微生物修复中的生物化学原理

9.3.1 土壤污染微生物修复中的生物化学原理

通过利用营养和其他化学品来激活微生物，使它们能够快速分解和破坏污染物。其作用原理是通过为土著微生物提供最佳的营养条件及必需的化学物质，保持其代谢活动的良好状态，实现微生物修复。可以说，现今的微生物系统的修复能力主要受控于天然土著微生物的降解能力。然而，针对特殊污染点中的特殊污染物的降解，许多研究者也对外源微生物进行了很多相关调查，其中包括对遗传工程微生物的研究，旨在通过利用外源微生物来强化生物修复。作为一种生物放大手段，这种过程可能会进一步扩大生物修复系统处理污染物的能力范围。

不论是土著微生物，还是外源微生物，对微生物修复工程或技术而言，要使污染物的降解达到理想要求，掌握微生物降解的机理十分重要。为了保证微生物修复系统的正常运行，污染物降解过程中需要必需的营养补充，这是所有微生物降解的共同特点。微生物过程是否产生副产物是生物修复是否成功运行的一个重要特征。

9.3.1.1 污染物的微生物分解与固定

(1) 污染物的微生物分解　自然界中的微生物种类繁多，有巨大的开发潜力。实际上，几乎所有有机污染物甚至许多无机污染物都可以被微生物降解。如果能够很好地开发利用自然界中的微生物资源，用正确的手段来刺激特异的微生物种属，使被利用的微生物的活性最大限度地得到激发，微生物修复的应用前景将远远超出今天的能力范围。正如所知，微生物可以利用污染物进行生长与繁衍。转移或降解有机污染物是微生物正常的活动或行为。有机污染物对微生物生长有两个基本的用途：

a. 为微生物提供碳源，这些碳源是新生细胞组分的基本构建单元；

b. 为微生物提供电子，获得生长所必需的能量。

微生物通过催化产生能量的化学反应获取能量，这些反应一般使化学键破坏，使污染物的电子向外迁移，这种化学反应称为氧化-还原反应。其中，氧化作用是使电子从化合物向外迁移过程，氧化-还原过程通常供给微生物生长与繁衍的能量，氧化的结果导致氧原子的增加和（或）氢原子的丢失；还原作用，则是电子向化合物迁移的过程，当一种化合物被氧化时这种情况可发生。在反应过程中有机污染物被氧化，是电子的丢失者或称为电子捐献者，获得电子的化学品被还原，是电子的接受者（图 9-1）。电子接受体在产生能量的氧化-还原反应中接受电子被还原。通常的电子接受体为氧、硝酸盐、硫酸盐和铁，是细胞生长的最基本要素，通常被称为基本基质。这些化合物类似于供给人类生长和繁衍必需的食物和氧。

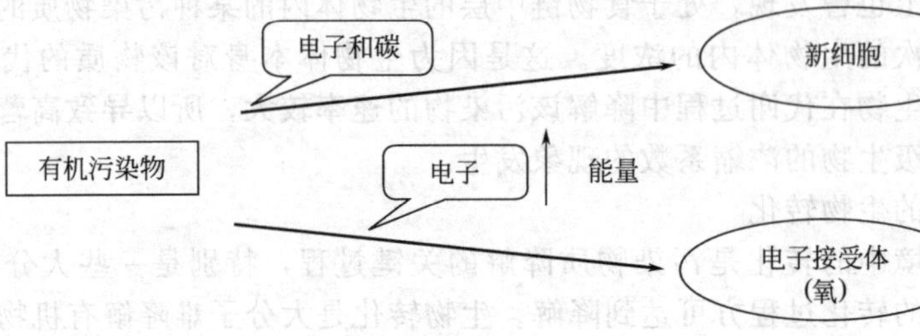

图 9-1 微生物在降解污染物过程中获得它们自身生长和繁殖的能量
[获得能量的方法是打破化学键并从污染物中转移电子到电子接受体（氧）中，它们将投资的能量与获得的电子和碳结合产生更多的新细胞]

许多微生物是在微尺度上的有机体，能够通过对食物源的降解作用生长与再生，这些食物源也包括有害污染物，它们都是利用氧分子作为电子接受体。这种借助于氧分子的力量破坏有机化合物的过程被称为好氧呼吸作用。在好氧呼吸作用过程中，微生物利用氧分子将污染物中的部分碳氧化为二氧化碳，而利用其余的碳产生新细胞质。在这个过程中，氧分子减少，水分子增加。好氧呼吸作用（微生物利用氧作为电子接受体的过程）的主要副产物是二氧化碳、水以及微生物种群数量的增加。

(2) 微生物对污染物的固定

微生物除了将污染物降解转化为毒性小的产物以及彻底氧化为二氧化碳和水之外，还可改变污染物的移动性，其方法是将这些污染物固定下来。这是一个十分有效的战略方法。微生物固定污染物的最基本方法有以下 3 种。

① 生物屏障法　微生物可以吸收疏水性有机分子，可以使微生物在污染物迁移过程中阻止或减慢污染物的运移，这一概念有时被称为生物屏障。

② 氧化还原沉淀法　具有还原或氧化金属能力的微生物种属，通过微生物的氧化-还原作用使金属产生沉淀，如二价铁被氧化为三价铁（$Fe^{2+} \rightarrow Fe^{3+}$），形成 $Fe(OH)_3(s)$ 沉淀，或 SO_4^{2-} 还原为硫化物 S^{2-} 后与 Fe^{2+} 生成 FeS(s)，或与 Hg^{2+} 结合生成 HgS(s)，六价铬（Cr^{6+}）还原形成三价铬（Cr^{3+}）后形成氧化铬、硫化物和硫酸盐沉淀，可溶性铀还原为不可溶性铀（U^{4+}）后可形成氧化铀（UO_2）沉淀。

③ 键合法　微生物可降解键合在金属上并与金属保持在溶液中的有机化合物，被释放的键合金属可产生沉淀而固定下来。

在微生物降解或固定污染物的过程中，会引起周围环境的变化。当进行生物修复评价时，了解这一变化十分重要。

9.3.1.2 微生物基础代谢活动的变异

微生物除了通过好氧呼吸作用转化、降解污染物外，在整个降解过程中也包括利用变异微生物转化污染物。变异允许微生物在异常环境（如地下水）下繁衍并降解有毒物质或降解对其他微生物无益的化合物。

(1) 厌氧呼吸作用

许多微生物可以在无氧条件下利用厌氧呼吸过程得以生存。厌氧呼吸作用过程是指微生物利用化合物而不是利用氧作为电子接受体的过程。常见的可从中获取氧的基质为硝酸盐、硫酸盐和铁。在厌氧呼吸作用中，硝酸盐（NO_3^-）、硫酸盐（SO_4^{2-}）、金属离子如铁

(Fe^{3+})、锰(Mn^{4+})等都可以起到与氧相同的作用，即从降解的污染物中接受电子。厌氧呼吸作用利用无机化合物作为电子接受体。除了生成新的细胞质外，厌氧呼吸的副产物有氮气(N_2)、硫化氢气体(H_2S)、还原态金属和甲烷气(CH_4)，具体产生哪些副产物主要取决于电子接受体的供给情况。

好氧微生物利用某些金属污染物作为电子接受体。例如，最近研究显示，一些微生物可利用可溶性铀(U^{6+})作为电子接受体，将可溶性铀(U^{6+})还原为不可溶性铀(U^{4+})。在此条件下，微生物使铀产生沉淀，从而降低地下水中铀的浓度和移动性。

(2) 无机化合物作为电子给予体

除了利用无机化学品进行厌氧呼吸的微生物外，还有一些微生物利用无机分子作为电子给予体。以无机组分作为电子给予体的例子很多，如氨离子(NH_4^+)、亚硝酸盐(NO_2^-)、还原性 Fe^{2+}、还原性 Mn^{2+} 以及 H_2S。当这些还原性无机组分被氧化，例如分别氧化为 NO_2^-、NO_3^-、Fe^{3+}、Mn^{4+} 和 SO_4^{2-} 时，电子转移给电子接受体(通常为 O_2)，为细胞合成提供能量。多数情况下，电子给予体为无机分子的微生物必须从大气二氧化碳中获得碳(一种固定二氧化碳的过程)。

(3) 发酵

发酵是一种在无氧环境中重要的代谢作用。发酵(微生物利用有机化合物作为电子接受体，同时又作为电子给予体的过程。将化合物转换为发酵产物——有机酸、乙醇、氢和二氧化碳)不需要外来电子接受体。因为有机污染物本身既是电子接受体，也是电子给予体。通过一系列由微生物催化的内部电子迁移活动，有机污染物被转化为无害化合物，这种化合物就是发酵产物。乙酸盐、丙酸盐、乙醇、氢和二氧化碳都是代表性的发酵产物。发酵产物可以进一步被其他细菌降解，最终转化为二氧化碳、甲烷和水。

(4) 共代谢与二次利用

共代谢是一种生物降解作用过程。为了降解污染物，微生物需要与其他支持它们生长的化合物或基本基质共存来完成降解过程。在某些情况下，微生物可以通过转移反应转移污染物。这些转移反应对细胞并不产生益处。这种无益的生物转移被称为二次利用。共代谢就是一种典型而重要的二次利用过程。在共代谢过程中，污染物的转化是一个附带反应，它是由正常细胞代谢或特殊脱毒反应中被酶催化的反应。例如，在氧化甲烷的过程中，一些细菌可以降解在其他情况下很难降解的有氯代基团的溶剂。这是因为当微生物氧化甲烷的过程中产生了某种附带的能破坏氯代溶剂的酶。这种有氯代基团的溶剂本身不能提供微生物生长的基质，而甲烷充当了电子给予体。甲烷是微生物的主要食物来源。而有氯代基团的溶剂是次级基质，因为它不能为细菌生长提供基质。除甲烷外，甲苯和酚也被作为初级基质刺激氯代溶剂的共代谢。

(5) 还原脱卤作用

微生物代谢作用中的另一种变异为还原脱卤作用。在卤代有机污染物的脱毒污染土壤修复原理与方法中还原脱卤(另一种生物降解过程，微生物催化反应引起有机化合物上的卤素原子被氢原子所取代。这一反应导致在有机化合物中净增加两个电子)具有潜在重要性。在这一作用中，微生物催化一种取代的反应，使污染物分子上的卤素原子被氢原子所取代。这个反应使污染物分子增加两个电子使污染物被还原。为使还原脱卤反应进行，除了卤代污染物以外，还必须有另外一种物质作为电子给予体参与其中。这些参与还原脱卤的电子给予体可以是氢，也可以是低相对分子质量有机化合物(乳酸盐、乙酸盐、甲醇或葡萄糖)。多数情况下，还原脱卤反应不产生能量，它是一种附带的通过消除毒性物质而对细胞产生有益作用的一种反应。然而，研究者也发现了一些使细胞从这一代谢活动中获取能量的例子。

9.3.1.3 微生物的营养需求

微生物细胞是由相对固定的元素组成。典型的细菌细胞组成为50%碳，14%氮，3%磷，2%钾，1%硫，0.2%铁，0.5%钙、镁和氯。如果这些细胞基本构建的任何一种元素出现短缺的话，那么微生物群落中的营养竞争就可能限制整个微生物群落的生长，进而减缓污染物去除的速率。微生物是环境中普遍存在的生物类群。即使在温泉和极地等极端条件下也可以发现它存在。生活环境的差异使它们具有各自不同的生活特点，但不论是何种微生物都需要从环境中取得物质和能量以维持其生长和繁殖。因此，生物修复系统必须要有很好的营养供需设计，以保证在自然环境不能提供足够营养条件下，及时为微生物提供适当浓度、适当营养比的营养物质，使微生物保持足够的降解活性。在有机物生物降解的同时，微生物获得了物质和能量。虽然对生物个体来说这一过程引起的有机物消耗非常微小，但微生物数量极大，因此可以迅速使有机物降解。微生物所需要的营养可以分为两大类：一是大量营养元素，如氮、磷、钾等；二是微量营养元素，如微量金属（铁、镁、锌、铜、钴、镍和硼）以及维生素等。

（1）大量营养元素

在一般情况下，有机碳都比较丰富，特别是大部分有机物本身可作为碳源，因而不需要添加碳源。只有在那些需要用共代谢方式进行难降解污染物处理时，才考虑投加碳源。投加的碳源一般是那些能促进共代谢的化合物，如2,4-二甲基对硫磷和甲基对硫磷的降解中投加葡萄糖，PCBs的降解中投加联苯。对土壤污染处理的营养比，研究结果不尽相同，但最为常见的投加比例为（碳：氮：磷）100：10：1或120：10：1。由于土壤性质的差别，土壤组成的复杂性及其他影响因素，如氮的固定、储存以及可能的吸附等，也会导致施加肥料的降解促进作用不明显。

（2）无机盐及微量元素

铁是微生物细胞内过氧化氢酶、过氧化物酶、细胞色素与细胞色素氧化酶的组成元素，是微生物生长所必需的组分。微生物生长过程中，缺铁将会使机体内的某些代谢活性降低，严重时会使其完全丧失。此外，微生物的生长也需要微量元素。没有这些微量元素微生物生长不但不健康，而且其活性也会受到一定的抑制。因为，微量元素是多种酶的成分。酶能加速生化反应、有机物质的合成，分解及代谢的所有化学反应中都有酶的参与。酶的成分中缺少某些微量元素时，其活性就会下降。例如，缺铜时，含铜的酶——多酚氧化酶和抗坏血酸氧化酶活性明显降低。酶的活化是非专一性的和多样化的。同一种微量元素能活化不同的酶。在酶促过程中，微量元素有多种作用。某一种微量元素起结构作用或起功能作用。某些微量元素能定向地增加对分子氮的固定。70多年前，钼有细菌固定分子氮的重要作用被科学家所证实。嫌气性固氮菌需要铝也被后来的研究所证实。研究还发现，固氮菌在纯营养时发育很差，在不补充铂的情况下不能吸收大气中的氮。成土母质是进入土壤中微量元素的主要来源。虽然土壤形成的漫长过程中，原始岩石化学元素进行了一定的再分配，但是，岩石的微量元素的特殊性质和化学特性都会在土壤中长久保持。成土母质中微量元素越多，土壤中的微量元素也越多。地下水作用活跃地区的成土母质，受潜育层形成的沼泽化过程影响，与具有正常湿度的母质相比，在微量元素含量上具有某些差别。沙土潜育化可导致活性态锰和钴的积累，壤土潜育化可引起活性态锰、铜的积累。在一个地区范围内，微量元素含量大体上保持由沙土向黏土母质增长的规律。此外，微量元素含量也随土壤中有机物质的增加而增加。施用有机肥不但可以丰富土壤中大量元素的含量，也可以丰富土壤中微量元素的含量。因此，有人提议在生物修复过程中应根据情况适当考虑微量元素的配给问题。

9.3.2 地下水污染修复中的生物化学原理

地下水微生物修复是利用微生物降解地下水中的污染物，将其最终转化为无机物质。

在地下水微生物修复中，可以采用的微生物从其来源可分为土著微生物、外来微生物和基因工程菌。地下水中的土著微生物主要包括细菌、放线菌、真菌、藻类和原生动物5种类型。其中，最主要的是细菌，其数量比其他相加之和还多，经验分子式多表示为$C_5H_7O_2N$。许多地下水中的土著微生物可以降解很多天然或人工合成的污染物。同时，由于土著微生物对环境的适应性强且在污染过程中已经历一段自然驯化期，因而是生物降解的首选菌种，只有当本地菌种不能获得较好的修复效果时，才考虑外加菌种。基因工程菌是采用细胞融合技术等遗传工程手段将多种降解基因转入同一微生物中而培养出来的菌种。目前，这一工作在实验室中已获得重大突破，但基因工程菌引入地下后可能与土著菌激烈竞争，使它们的应用受到限制。按照营养特征，这些土著微生物、外来微生物和基因工程菌可分为好氧、厌氧、兼氧和自氧微生物。

在地下水微生物修复过程中，微生物利用污染物质作为自身生长繁殖的基质。在微生物的代谢过程中，大多数污染物被微生物利用来获得生长、繁殖所需的碳源及能量，从而达到去除污染物的目的。但是，某些污染物不能作为微生物生长繁殖的唯一碳源和能源，只有当存在另外一些能被微生物利用的比较容易降解的物质作为营养基质，污染物质作为第二基质或者称为共代谢基质才能同时被微生物降解，微生物不能从这类污染物质的降解中获得碳源和能源。污染物的降解并不能支持微生物的生长，相反还经常对微生物产生毒性抑制作用。污染物经过共代谢后产生的中间产物通常被其他共存微生物利用，有利于整个微生物生态群体的生存。大量研究表明，许多难降解有机物都是通过共代谢途径开始生物降解并被逐渐降解为最终产物。例如，受三氯乙烯（TCE）污染的地下水生物修复系统中，是以酚、甲苯、甲烷、甲醇作为碳源，同时提供溶解氧，经过处理系统后地下水中TCE得到相当大程度的降解，到第509天，全部转化为乙烯。另外，异氧微生物和真菌的生长除需要碳源及能源之外，还需要一系列营养物质。最常见的无机营养物质是N、P、S及一些金属元素等。地下水环境中，这些物质可以通过矿物溶解获得，一般环境条件都能够满足这些要求。

由于微生物在地下环境中的广泛存在性，许多情况下，对生物降解影响最大的环境因素是电子受体的可获得性。在污染物生物降解过程中，需要电子受体以便不断接受污染物分子降解所产生的活性电子，维持反应进行。电子受体不同，微生物的代谢方式也不同（表9-1）。好氧菌只能利用O_2作为电子受体，其接受电子后还原为水。污染物分子放出电子最终转化成为二氧化碳。在厌氧状态下，厌氧菌利用的电子受体依次是NO_3^-、NO_2^-、MnO_2、Fe^{3+}、SO_4^{2-}、CO_2，被还原为N_2、Mn^{2+}、Fe^{2+}、H_2S和CH_4等。

表9-1 主要微生物降解类型

类型	电子供体	电子受体	最终产物
好氧呼吸	有机物	O_2	CO_2、H_2O
	NH_4^+	O_2	NO_2^-、NO_3^-、H_2O
	Fe^{2+}	O_2	Fe^{3+}
	S^{2-}	O_2	SO_4^{2-}
厌氧呼吸	有机物	NO_3^-	N_2、CO_2、H_2O、Cl^-
	有机物	SO_4^{2-}	S^{2-}、H_2O、CO_2、Cl^-
	H_2	SO_4^{2-}	S^{2-}、H_2O
	H_2	CO_2	CH_4、H_2O
发酵	有机物	有机物	简单有机物、CO_2、CH_4

不同类型的电子受体参与生物降解反应需要相应的氧化还原电位。好氧反应需要在比较高的氧化还原电位条件下进行，而厌氧反应需要在比较低的氧化还原电位条件下进行（图9-2）。其中，以分子氧作为电子受体的生物降解反应速度最快。因此，向土壤和地下水供应氧气和氮磷营养，可以加速生物降解修复过程。

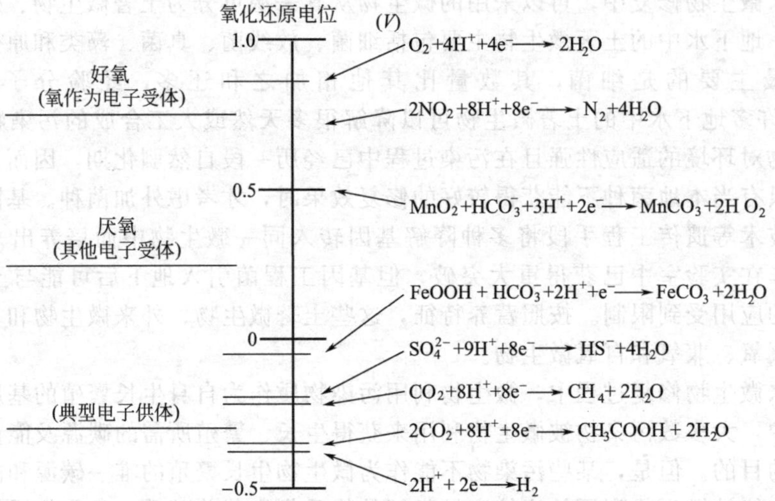

图 9-2 不同类型的电子受体参与生物降解过程的次序

在好氧微生物反应过程中，起主要作用的酶是加氧酶，又分为单加氧酶和双加氧酶；在厌氧微生物反应过程中，起主要作用的是还原脱氢酶。这些酶往往控制着细菌细胞的整个反应节奏，故又称为“关键酶”。一般还原状态的有机物比较容易进行好氧分解，例如石油烃类，而氧化状态比较高的有机物容易进行厌氧反应，例如多氯取代的化合物更容易通过厌氧过程得到降解。共代谢可以是好氧、厌氧或者自养性质等。土壤和地下水中的一些细菌在无氧条件下，利用硝酸根或者亚硝酸根，将有机物降解，而硝酸根经亚硝酸根最后还原为氮气。

土壤结构对于微生物修复技术应用的可行性和效率的影响最大。一般来说，非黏附性、比较松散的土层例如沙子和卵石层，比较有利于微生物修复技术发挥作用；而比较密实的土层，例如黏土层，不利于生物修复技术的应用。其中渗透率是一个比较关键的衡量参数。渗透率高，有机物、水分和微生物营养以及电子受体等容易传递和输送，有利于微生物生长和对污染物的降解。高渗透率，还有利于防止微生物过度生长所引起的孔隙阻塞。因为随着有机物降解过程的进行，微生物细胞开始分裂繁殖，如果不及时迁移，就容易阻塞土层孔隙；在降解过程中，可能产生不溶性的金属氧化物或者氢氧化物颗粒，也会阻塞土层孔隙。影响最大的是亚铁离子，其在厌氧条件下呈溶解状态，而在好氧条件下，很容易被氧化为不溶性的氢氧化铁，形成沉淀。研究发现，微生物生长和有机物的降解活动可能导致土层渗透率降低达 1000 倍以上。一般认为，土层渗透系数在 10^{-4} cm/s 以上比较适合采用生物修复技术。

污染物在土壤和地下水中以不同形态存在，其对微生物的影响也各不相同。对于微生物来说，能够直接吸收的是溶解性污染物，因此污染物总浓度并不重要，重要的是溶解性浓度，或者有效浓度。当存在两种或者两种以上显著不同类型的微生物群落时，由于其降解动力学不同，彼此相互消长，使得宏观或者总的降解速率不断地波动。对于包气带土层，湿度对于微生物活性的影响非常大，影响有机物可利用性、气体传输、污染物毒性效应、微生物等。

微生物修复在很大程度上还取决于地下水的环境因素，主要包括温度、pH 值、盐度等。一般认为微生物所处环境的 pH 值应保持在 6.5～8.5 的范围内，保证微生物的活性。温度对微生物活性影响显著，20～35℃是普通微生物最适宜的温度，随着温度的下降，微生物的活性也下降，在 0℃时微生物活动基本停止。但温度一般是不可控的因素，应将季节性温度的变化考虑进去。

9.3.3 大气污染的微生物修复原理

9.3.3.1 无机废气的生物修复

(1) 煤的微生物脱硫

煤炭中的硫分主要包括有机硫、无机单质硫、黄铁矿（FeS_2）以及少量的硫酸盐硫。其中，相比有机硫、无机硫和黄铁矿硫较易去除。煤的生物脱硫原理是：利用某些嗜酸耐热菌在生长过程中消化吸收 Fe^{3+}、S^- 等的作用，从而促进黄铁矿硫的氧化分解与脱除。早期的研究主要利用 *Thiobacillus ferrooxidans* 自养菌在几天时间里将黄铁矿氧化分解成铁离子和硫酸，硫酸溶于水中而排出，该方法可去除约 90%的无机硫，使某些煤的含硫量降至 1%以下。虽然该方法脱硫效率较高，但缺点是处理的时间较长，并要求较大的反应器容积和较细的煤炭粒径。煤的微生物脱硫总反应可以用下式描述

$$2FeS_2 + 7.5O_2 + H_2O \longrightarrow 2Fe^{3+} + 4SO_4^{2-} + 2H^+$$

上式实际上表示了细菌脱硫过程的两种作用形式：直接作用和间接作用的形式。细菌直接侵袭黄铁矿、白铁矿表面就是直接作用，直接作用的生成物可以加速氧化还原反应的溶解过程，生成物为高价铁离子和硫酸根。直接作用过程生成的三价铁离子可以作为强氧化剂作用于黄铁矿使二价铁再生，然后在细菌的作用下将二价铁氧化为三价铁，另外生成的单质硫由细菌氧化为硫酸，这一系列循环式氧化还原反应成为间接作用。这两个过程同时作用，促进了黄铁矿中硫的氧化溶解。

生物脱硫的焦点主要集中在菌种的开发上，研究用于煤脱硫的细菌涉及喜高温嗜酸型、嗜热型、自养型及异养型等多种细菌。目前研究的重点放在四组微生物上：硫杆菌属、硫化杆菌、大肠杆菌和假单细胞菌属，但菌种开发研究方面还存在着问题。

煤的微生物脱硫具有反应条件温和、对煤质损害小、能脱除煤中的大部分硫、而且处理量大、不受场地限制等优点，其成本与某些分选技术相当，应用前景十分广阔。但该方法要溶解黄铁矿需花 1～2 周的时间，煤粒要求细小。同时国际研究机构的实验显示，该方法的技术可行性虽已无障碍，但该方法能耗较高，所需场地较大，经济可行性较差，不适应工业脱硫的需要。

为提高脱硫效率，近年来研究人员把煤的物理选煤技术之一的浮选法和微生物处理相结合，即把煤粉碎成微粒与水混合，并将微生物加入溶液中，让微生物附着在黄铁矿表面，使其表面变成亲水性，能溶于水。在浮选中其难以附着在气泡上，下沉至底部，从而把煤和黄铁矿分开。由于它仅处理黄铁矿的表面，因此脱硫时间只需数分钟即可，从而大幅度缩短了处理时间，可脱除无机硫约 70%。另外，该法在把煤中的黄铁矿脱硫时，灰分也可同时沉底，所以也具有脱去灰分的优点。

我国在煤的微生物脱硫方面的研究起步较晚，20 世纪 80 年代中期后，我国一些研究人员在利用微生物进行煤脱硫（包括有机硫）方面开展了一些基础研究工作。从松藻煤矿分离到氧化亚铁硫杆菌，在 pH 1.55～1.70 的条件下，利用浸出法可使黄铁矿硫的去除率达到 86.11%～95.16%。

(2) 微生物法脱氮

① 微生物净化 NO_x 过程

采用微生物净化 NO_x 废气的思路是建立在用微生物净化有机废气、恶臭以及用微生物进行废水反硝化脱氮获得成功的基础上的。由于 NO_x 是无机气体，其构成不含有碳元素，因此微生物净化 NO_x 的原理是：适宜的脱氮菌在有外加碳源的情况下，利用 NO_x 作为氮源，将 NO_x 还原为最基本无害的 N_2，而脱氮菌本身获得生长繁殖。其中 NO_2 先溶于水中形成 NO_3^- 及 NO_2^- 再被生物还原为 N_2，NO 则被吸附在微生物表面后直接被生物还原为 N_2。

② 脱氮菌及菌种培养

无色杆菌属、产碱杆菌属、杆菌属、色杆菌属、棒杆菌属等是异养脱氮菌，有些是专性好氧菌，有的是兼性厌氧菌，它们在好氧、厌氧或缺氧条件下，利用有机基质进行脱氮。

另有少数专性和兼性自养菌也能还原氮氧化物，如硫杆菌属中的脱氮硫杆菌利用无机基质作为氢供体，能在厌氧条件下，利用NO作为氢受体将处于还原价位的含硫化合物氧化。

各种脱氮菌的最初培养一般都是用含硝酸盐、有机碳基质的培养基在厌氧或缺氧并保证合适的温度和酸碱条件下培养3周至1个月，然后用于下一步的挂膜或用NO_x进行驯化。

微生物的存在形式可分为悬浮生长系统和附着生长系统两种。悬浮生长系统即微生物及其营养物配料存在于液相中，气体中的污染物通过与悬浮液接触后转移到液相中而被微生物所净化，其形式有喷淋塔、鼓泡塔等生物洗涤器。附着生长系统废气在增湿后进入生物滤床，通过滤层时，污染物从气相转移到生物膜表面并被微生物净化。

国外采用生物法脱氮系统都是针对NO不容易溶于水的特性进行的研究，这些实验表明适宜的脱氮菌在有碳源且合适的环境条件下，可以将NO作为最终的电子受体被还原为N_2。悬浮生长和附着生长两套系统在脱氮方面各有优缺点，前者相对来说微生物的环境条件及操作条件容易控制，但NO_x中NO占据较大的比例，不易溶于水，因此净化效率相对较低。目前，生物废气净化技术尚有工业化报道，多限于实验室研究阶段。

综上所述，NO_x控制技术一般都存在投资大、原料消耗高、操作费用高等问题，所以有必要对现有技术进行改造或开发新的、效率高且综合效益好的氮氧化物控制技术。根据我国的情况，对于固定源燃烧排放的NO_x治理技术有两个可能的发展趋势：一是改进燃烧过程以控制NO_x的排放；二是发展脱硫脱氮一体化技术。对工业生产过程排放源而言，应该从全过程控制的要求出发，推行清洁生产、尽量减少尾气中NO_x的含量，同时搞好末端治理，选用高性能的吸附剂和催化剂，不断提高吸收效率，降低设备投资和运行费用。

9.3.3.2 有机废气的微生物修复原理

有机废气微生物修复是利用微生物以废气中的有机组分作为其生命活动的能源或其他养分，经代谢降解，转化为简单的无机物（CO_2、水等）及细胞组成物质。

用生物反应器处理有机废气，一般认为主要经历如下几个步骤。

① 废气中的有机物同水接触并溶于水中，也就是说，使气相中的分子转移到水中；

② 溶于水中的有机物被微生物吸收，吸收剂被再生复原，继而再用以溶解新的有机物；

③ 被微生物细胞所吸收的有机物，在微生物的代谢过程中被降解、转换成为微生物生长所需的养分或CO_2和H_2O。

废气生物处理所要求的基本条件，主要为水分、养分、温度、氧气（有氧或无氧）以及酸碱度等。因此，在确认是否可以应用生物法来处理有机废气时，首先应了解废气的基本条件。如废气的温度太低不行，太高也不行；如果气体过于干燥，必须在微生物上加水，以保持一定的水分；废气中富含氧的话，则应采用好氧微生物处理，反之，则应采取厌氧微生物法处理。

根据微生物在工业废气处理过程中存在的形式，可将其处理方法分为生物洗涤法（悬浮态）和生物过滤法（固着态）两类，其中生物过滤法中包括生物滴滤池法。

(1) 生物洗涤法

生物洗涤法是利用微生物、营养物和水组成的微生物吸收液处理废气，适合于吸收可溶性气态物。吸收了废气的微生物混合液再进行好氧处理，去除液体中吸收的污染物，经处理后的吸收液再重复使用。在生物洗涤法中，微生物及其营养物配料存在于液体中，气体中的污染物通过与悬浮液接触后转移到液体中从而被微生物所降解，其典型的形式有喷淋塔、鼓泡塔和穿孔板塔等生物洗涤器。

生物洗涤法的反应装置由一个吸收室和一个再生池构成，如图 9-3 所示。生物悬浮液（循环液）自吸收室顶部喷淋而下，使废气中的污染物和氧转入液相，实现质量传递，吸收了废气中组分的生物悬浮液流入再生反应器（活性污泥池）中，通入空气充氧再生。被吸收的有机物通过微生物作用，最终被再生池中的活性污泥悬浮液从液相中除去。生物洗涤法处理工业废气，其去除率除了与污泥的浓度、pH、溶解氧等因素有关外，还与污泥的驯化与否、营养盐的投加量及投加时间有关。当活性污泥浓度控制在 5000～10000mL/L、气速小于 $20m^3/h$ 时，装置的负荷及去除效率均较理想。日本一铸造厂采用此法处理含胺、酚和乙醛等污染物的气体，设备由两段吸收塔、生物反应器及辅助装置组成。第一段中，废气中的粉尘和碱性污染物被弱酸性吸收剂去除；第二段中，气体与微生物悬浮液接触，每个吸收器配一个生物反应器，用压缩空气向反应器供氧，当反应器效率下降时，则由营养物储槽向反应器内添加特殊营养物，装置运行 10 多年来一直保持较高的去除率（95%左右）。

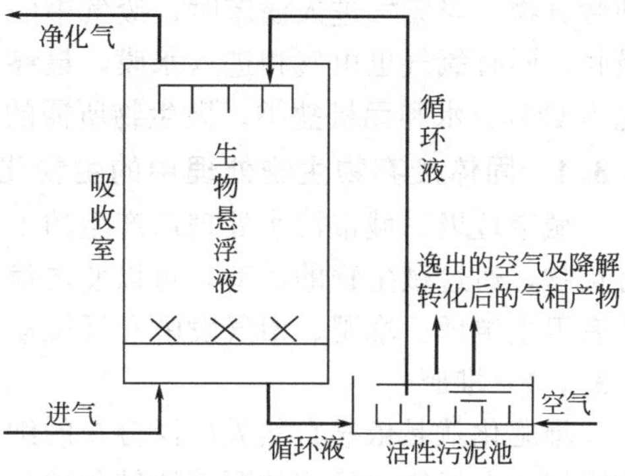

图 9-3 生物洗涤法处理工业废气装置

生物洗涤法中气、液两相的接触方法除采用液相喷淋外，还可以采用气相鼓泡。一般，若气相阻力较大可用喷淋法，反之液相阻力较大时采用鼓泡法。鼓泡与污水生物处理技术中的曝气相仿，废气从池底通入，与新鲜的生物悬浮液接触而被吸收。由此，许多文献中将生物洗涤法分为洗涤式和曝气式两种。与鼓泡法处理相比，喷淋法的设备处理能力大，可达到 $60m^3/(m^2 \cdot min)$，从而大大减少了处理设备的体积。喷淋净化气态污染物的影响因素与鼓泡法基本相同。

生物洗涤方法可以通过增大气液接触面积，如鼓泡法中加填料，以提高处理气量；或在吸收液中加某些不影响生物生命代谢活动的溶剂，以利于气体吸收，达到去除某些不溶于水的有机物的目的。

（2）生物过滤法

生物过滤法最早出现在联邦德国。1959 年，在联邦德国的一个污水处理厂建立了一个填充土壤的生物过滤床，用于控制污水输送管散发的臭味。美国 1990 年通过的《清洁空气法修订案》严格限制了 189 种危险空气污染物（其中 70%是挥发性有机物）的排放，这促进了包括生物过滤法在内的废气控制技术的研究和应用，大规模的生物过滤装置开始建立起来，用以处理各种污染气体。

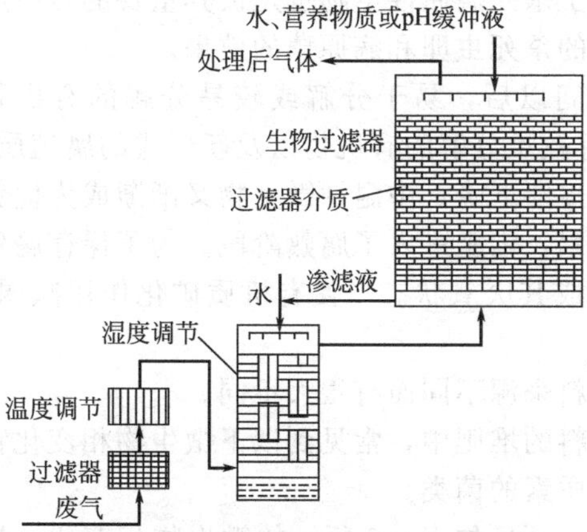

图 9-4 生物过滤法修复废气装置

生物滤池具体由滤料床层（生物活性填充物）、砂砾层和多孔布气管等组成。多孔布气管安装在砂砾层中，在池底有排水管排除多余的积水，如图 9-4 所示。

废气首先经过预处理，包括去除颗粒物和调温调湿，然后经过气体分布器进入生物过滤器。生物过滤器中填充了有生物活性的介质，一般为天然有机材料，如堆肥、泥煤、骨壳、木片、树皮、印泥土等，有时候也混用活性炭和聚苯乙烯颗粒。填料均含有一定水分，填料表面生长着各种微分物。当废气进入滤床时，废气中的污染物从气相主体扩散到介质外层的水膜而被介质吸收，同时氧气也由气相进入水膜，最终介质表面所附的微生物消耗氧气而把污染物分解转化为 CO_2、水和无机盐类。微生物所需的营养物质则由介质自身供给或外加。

9.3.4 固体废弃物生物处理中的生物化学原理

城市垃圾、城市污水处理厂产生的干污泥和农业废弃物三大类固体废弃物都含有大量的有机物，通过微生物的活动，可以使之稳定化、无害化、减量化和资源化，其主要的处理方法有卫生填埋、堆肥、沼气发酵和纤维素废物的糖化、蛋白质化、产乙醇等。

9.3.4.1 堆肥

堆肥化就是依靠自然界广泛分布的细菌、放线菌、真菌等微生物，有控制地促进可被生物降解的有机物向稳定的腐殖质转化的生物化学过程。堆肥化的产物称为堆肥。根据处理过程中起作用的微生物对氧气要求的不同，堆肥可分为好氧堆肥法（高温堆肥）和厌氧堆肥两种。

（1）好氧堆肥法

好氧堆肥法是在有氧的条件下，通过好氧微生物的作用使有机废弃物达到稳定化，转变为有利于作物吸收生长的有机物的方法，本质上是基质微生物的发酵过程，可以用下式表示

$$[C、O、H、N、S、P]+O_2 \xrightarrow[\text{细菌、真菌、放线菌}]{\text{好氧微生物}} CO_2+N_2O+NO_3+SO_4^{2-}+\text{简单有机物}+\text{更多的微生物}+\text{热量}$$

堆肥的微生物学过程如下。

① 发热阶段　堆肥堆制初期，主要由中温好氧的细菌和真菌，利用堆肥中容易分解的有机物，如淀粉、糖类等迅速增殖，释放出热量，使堆肥温度不断升高。

② 高温阶段　堆肥温度上升到50℃以上，进入了高温阶段。由于温度上升和易分解的物质的减少，好热性的纤维素分解菌逐渐代替了中温微生物，这时堆肥中除残留的或新形成的可溶性有机物继续被分解转化外，一些复杂的有机物如纤维素、半纤维素等也开始迅速分解。

由于各种好热性微生物的最适温度互不相同，因此随着堆温的变化，好热性微生物的种类、数量也逐渐发生着变化。在50℃左右，主要是嗜热性真菌和放线菌，如嗜热真菌属、嗜热褐色放线菌、普通小单胞菌等。温度升至60℃时，真菌几乎完全停止活动，仅有嗜热性放线菌与细菌在继续活动，分解着有机物。温度升至70℃时，大多数嗜热性微生物已不适应，相继大量死亡或进入休眠状态。

高温对于堆肥的快速腐熟有重要作用，在此阶段中堆肥内开始了腐殖质的形成过程，并开始出现能溶解于弱碱的黑色物质。同时，高温对于杀死病原性生物也是极其重要的，一般认为，堆温在50～60℃，持续6～7d，可达到较好的杀死虫卵和病原菌的效果。

③ 降温和腐熟保肥阶段　当高温持续一段时间以后，易于分解或较易分解的有机物（包括纤维素等）已大部分分解，剩下的是木质素等较难分解的有机物以及新形成的腐殖质。这时，好热性微生物活动减弱，产热量减少，温度逐渐下降，中温性微生物又渐渐成为优势菌群，残余物质进一步分解，腐殖质继续不断地积累，堆肥进入了腐熟阶段。为了保存腐殖质和氮素等植物养料，可采取压实肥堆的措施，造成其厌氧状态，使有机质矿化作用减弱，以免损失肥效。

堆肥中微生物的种类和数量，往往因堆肥的原料来源不同而有很大不同。

对于农业废弃物，以一年生植物残体为主要原料的堆肥中，常见到以下微生物相变化特征：细菌、真菌→纤维分解菌→放线菌→能分解木质素的菌类。

在以城市污水处理厂剩余污泥为原料的堆肥中，可见如表9-2所示的微生物相变化。堆肥堆制前的脱水污泥中占优势的微生物为细菌，而真菌和放线菌较少。在细菌的组成中，一

个显著特征是厌氧菌和脱氮菌相当多，这与污泥含水量多、含易分解有机物多、呈厌氧状态有关。

表 9-2 污泥堆肥中的微生物相 单位：($\times10^5$/g 干土)

微生物种类	堆制天数/d		
	0	30	60
好氧性细菌	801	192	113
厌氧性细菌	136	1.8	0.97
放线菌	10.2	5.5	3.7
真菌类	8.4	16.5	0.36
氨化细菌	34	240	44
氨氧化细菌	<43	14	0.37
亚硝酸氧化菌	0.08	>0.003	0.003
脱氮菌	1300	9900	200
好氧性细菌/放线菌	78.5	349	30

经 30d 堆制后（期间经过 65℃高温，后又维持在 50℃左右），细菌数有了减少，但好氧性细菌比原料污泥只是略有减少，仍保持着每克物质 10^7 个的数量级，厌氧性细菌比原料污泥减少了大约 100 倍，真菌数量并没有明显增长，氨化细菌和脱氮菌却有明显的增加，说明堆肥中发生着硝化和反硝化过程，这与堆肥污泥中既存在着适于硝化细菌活动的有氧微环境，也存在着适于脱氮菌活动的无氧微环境有关。

堆制到 60d，可见各类微生物的数量都下降了，但此时，好氧性细菌仍然占优势，真菌和放线菌较少。

从以上分析中可知，剩余污泥堆肥中一般都是细菌占优势。

城市垃圾的堆肥中，与污泥堆肥一样是细菌占优势，但与污泥堆肥相比放线菌更少。另外还出现在腐熟初期丝状菌增加，随后又减少的现象。由于对植物有害的微生物不少是丝状菌，因此堆肥中丝状菌的减少是很重要的。

(2) 厌氧堆肥法

厌氧堆肥法是在不通气的条件下，将有机废弃物（包括城市垃圾、人畜粪便、植物秸秆、污水处理厂的剩余污泥等）进行厌氧发酵，制成有机肥料，使固体废弃物无害化的过程。堆肥方式与好氧堆肥法相同，但堆内不设通气系统，堆温低，腐熟及无害化所需时间较长。然而，厌氧堆肥法简便、省工，在不急需用肥或劳力紧张的情况下可以采用。一般厌氧堆肥要求封堆后一个月左右翻堆一次，以利于微生物活动使堆料腐熟。

(3) 影响堆肥效果的因素

① 微生物的种类 堆肥时形成温度高低和速度快慢，是多种微生物综合作用的结果，其中高温纤维分解菌起着更为重要的作用。马粪等含有大量的高温纤维分解菌，所以堆肥时加入一定量的骡马粪，或已腐熟的堆肥上，可以增加大量的高温纤维分解菌。加入的量一般约为 10%～20%。

② 堆料中要有足够的有机物 碳与氮应有适宜的比例，一般为 30∶1 或 40∶1。根据各地的经验，一般以加入粪便 20%～40%为宜。

③ 保持适当通风和水分 需氧微生物分解有机物时，必须在有氧的情况下进行。因此，必须保持堆内适当的空气流通。堆内水分一般为 50%～70%。

④ 保持适宜的 pH 值 纤维分解菌等一般在中性和弱碱性环境中分解有机物的作用最强烈。为了减少酸性的影响，可用 2%石灰调节。但对施用于碱性土壤的堆肥，不宜加入石灰。

⑤ 堆面泥封 厌气性堆肥堆面泥封对保温、保湿、保肥、防蝇等都有很大作用。泥封

厚度一般为 7cm 左右。也可用塑料薄膜替代泥封。

9.3.4.2 卫生填埋

卫生填埋法始于 20 世纪 60 年代，它是在传统的堆放基础上，从环境免受二次污染的角度出发而发展起来的一种较好的固体废弃物处理法，其优点是投资少，容量大，见效快，因此广为各国采用。

卫生填埋主要有厌氧、好氧和半好氧三种。目前因厌氧填埋操作简单，施工费用低，同时还可回收甲烷气体，而被广泛采用。好氧和半好氧填埋分解速度快，垃圾稳定化时间短，也日益受到各国的重视，但由于其工艺要求较复杂，费用较高，故尚处于研究阶段。

卫生填埋是将垃圾在填埋场内分区分层进行填埋，每天运到填埋场的垃圾，在限定的范围内铺散为 40～75cm 的薄层，然后压实，一般垃圾层厚度应为 2.5～3m。一次性填埋处理垃圾层最大厚度为 9m，每层垃圾压实后必须覆土 20～30cm。废物层和土壤覆盖层共同构成一个单元，即填埋单元，一般一天的垃圾，当天压实复土，成为一个填埋单元。具有同样高度的一系列相互衔接的填埋单元构成一个填埋层。完成的卫生填埋场由一个或几个填埋层组成。当填埋到最终的设计高度以后，再在该填埋层上层盖一层 90～120cm 的土壤，压实后就得到一个完整的卫生填埋场。

(1) 填埋坑中微生物的活动过程

① 好氧分解阶段　随着垃圾填埋，垃圾孔隙中存在着大量空气也同样填埋入其中，因此开始阶段垃圾只是好氧分解，此阶段时间的长短取决于分解速度，可以由几天到几个月。好氧分解将填埋层中氧耗尽以后进入第二阶段。

② 厌氧分解不产甲烷阶段　在此阶段，微生物利用硝酸根和硫酸根作为氧源，产生硫化物、氮气和二氧化碳，硫酸盐还原菌和反硝化细菌的繁殖速度大于产甲烷细菌。当还原状态达到一定程度以后，才能产甲烷，还原状态的建立与环境因素有关，潮湿而温暖的填埋坑能迅速完成这一阶段而进入下一阶段。

③ 厌氧分解产甲烷阶段　此阶段甲烷气的产量逐渐增加，当坑内温度达到 55℃左右时，便进入稳定产气阶段。

④ 稳定产气阶段　此阶段稳定地产生二氧化碳和甲烷。

(2) 填埋场渗沥水

垃圾分解过程中产生的液体以及渗出的地下水和渗入的地表水，统称为填埋场渗沥水。渗沥水的性质主要取决于所埋垃圾的种类。渗沥水的数量取决于填埋场渗沥水的来源、填埋场的面积、垃圾状况和下层土壤等。

为了防止渗沥水对地下水的污染，需在填埋场底部构筑不透水的防水层、集水管、集水井等设施将产生的渗沥水不断收集排出。对新产生的渗沥水，最好的处理方法为厌氧、好氧生物处理；而对已稳定的填埋场渗沥水，由于已经历厌氧发酵，使其可生化的有机物的含量减少到最低点，再用生物处理其效果不明显，最好采用物理化学处理方法。渗沥水除采用传统方法进行处理外，在旱季或干旱地区还可采用渗沥水再循环的方法，用于喷洒灌溉、地面流水灌溉等方法，使渗沥水被蒸发或被植物吸收。渗沥水再循环的优点在于能加速垃圾稳定作用和省略水处理系统。

(3) 填埋场气体收集

垃圾填埋以后，由于微生物的厌氧发酵，产生甲烷、二氧化碳、氨、一氧化碳、氢气、硫化氢、氯气等气体。填埋场的产气量和成分与被分解的固体废物的种类有关，并随填埋年限而变化。由于填埋场中存在着许多不能控制因素，所以用各种方式进行估算的结果与实际情况偏离很大。填埋场产气范围每公斤挥发性有机固体约为 0.013～0.047m^3。甲烷发酵最旺盛期间通常在填埋后的 5 年内。填埋场气体一般含有 40%～

50%的二氧化碳和30%～40%的甲烷以及其他各种气体。因此，填埋场的气体经过处理以后可以作为能源加以利用。

9.3.4.3 厌氧发酵（消化）

不管是作物秸秆、树干茎叶、人畜粪便、城市垃圾，还是污水处理厂的污泥，都是厌氧发酵的原料。在发酵过程中，废物得到处理，同时获得能源。在我国农村，沼气发酵不仅作为农业生态系统中的一个重要环节，处理各类废弃物来制成农家肥，而且获得生物质能用来照明或作为燃料。城市污水处理厂的污泥厌氧消化使污泥体积减小，产生的甲烷用来发电，降低处理厂的运行费用。

固体废弃物的厌氧发酵（消化）过程影响因素如下。

① 有机物投入量　在厌氧发酵罐（或称为消化罐）中，从搅拌时液体的流动性，搅拌动力的关系考虑，发酵原料液的固形物浓度的极限约为10%～12%，污水处理厂污泥是2%～5%，家畜粪尿是2%～8%，其他有机废水中的固形物浓度极限是8%。适宜的有机物投入量根据菌体的性质、发酵温度等决定。如对于单槽方式的发酵法，猪粪作为基质时，中温发酵的有机负荷是2kg(VS)/(m^3·d)～3kg(VS)/(m^3·d)，高温发酵的有机负荷是5kg(VS)/(m^3·d)～6kg(VS)/(m^3·d)，固形物中有机物含量通常是60%～80%，甲烷发酵后是35%～45%。

② 营养　为了使甲烷发酵顺利进行，碳氮比和碳磷比是重要因素，产生甲烷的最佳碳氮比是12～16。

③ 粒度　希望粒度小，因为发酵过程是在可溶性有机物中进行的。

④ 发酵温度　厌氧发酵分为中温发酵和高温发酵，中温发酵控制在30～37℃，高温发酵控制在50～58℃。

⑤ 发酵槽的搅拌　为了使发酵槽内充分混合并使浮渣充分破碎，在发酵罐内必须进行适当的搅拌。搅拌方式有泵循环、机械搅拌、浮渣破碎机、气体搅拌等。

⑥ 厌氧状态　由于厌氧微生物对氧很敏感，因此发酵槽希望完全密闭。

⑦ 加温　由于厌氧发酵需要适宜温度，因此必须加温。虽然中温和高温发酵对有机物处理能力的比是（1∶2.5）～（1∶3）左右，但是发酵温度要根据原料的特性、发酵装置所在地区的气温、发酵槽的运行费用来决定。

⑧ 平均滞留时间　厌氧发酵的基质需要一定的平均滞留时间。如果平均滞留时间小于菌体的最小世代时间时，从发酵槽流出的菌体大于其繁殖速率，发酵就难于维持。

⑨ pH的影响　在产酸阶段是兼性厌氧菌起作用，pH值的容许范围是4.0～4.5。在兼性厌氧菌群和专性厌氧菌群共栖的系统，pH值在6.4～7.2范围之内。对于两相式发酵的甲烷发酵槽中pH值在6.5～7.5之间最适宜。

复习题

1. 什么叫环境微生物修复？环境微生物修复的特点是什么？
2. 用于环境微生物修复的微生物类型有哪些？
3. 试述微生物基质代谢的生理过程。
4. 试述污染物质在微生物修复中的迁移转化途径。
5. 试述微生物在土壤生物修复过程中的生物化学作用。
6. 论述微生物强化法、生物通风法和泵出生物法的工艺原理。
7. 论述污染地下水环境微生物修复中的生物化学原理。
8. 论述有机废气的微生物修复类型和原理。

参考文献

[1] 赵景联．环境修复原理与技术．北京：化学工业出版社，2006.

[2] 陈玉成．污染环境生物修复工程．北京：化学工业出版社，2003.

[3] 夏北成．环境污染物生物降解．北京：化学工业出版社，2002.

[4] 沈德中．污染环境的生物修复．北京：化学工业出版社，2002.

[5] 孔繁翔，尹大强，严国安．环境生物学．北京：高等教育出版社，2000.

[6] 王建龙，文湘华．现代环境生物技术，清华大学出版社，2001.

[7] 徐亚同等．污染控制微生物工程．北京：化学工业出版社，2001.

[8] 张京来，王剑波，常冠钦等．环境生物技术及应用，化学工业出版社，2002.

[9] 陈坚．环境生物技术，中国轻工业出版社，1999.

[10] 熊治廷．环境生物学，武汉大学出版社，2000.

[11] 周启星，宋玉芳等．污染土壤修复原理与方法．北京：科学出版社，2004.

[12] 张从，夏立江．污染土壤生物修复技术．北京：中国环境科学出版社，2000.

[13] 马放．环境生物技术．北京：化学工业出版社，2003.

[14] 金相灿 主编．湖泊富营养化控制和管理技术．北京：化学工业出版社，2001.

[15] 张锡辉．水环境修复工程学原理与应用．北京：化学工业出版社，2002.

[16] 朱亦仁 编著．环境污染治理技术．北京：中国环境科学出版社，1996.

10

环境毒理生物化学

10.1 环境毒理学概述

10.1.1 环境毒理学概念

环境毒理学是研究环境污染物，特别是有毒化学污染物对生物有机体，尤其是对人体的损害作用及其机理的科学。环境毒理学的任务不仅要研究有毒环境污染物对生物个体的损害作用，而且要研究对生物群体、生态系统，甚至特定环境下的整个生物社会的损害作用及其防治对策。环境毒理学属于环境科学的范畴，也是生物科学和毒理学的分支学科。毒理学是研究物理、化学和生物因素，特别是化学因素对生物机体的损害作用及其机理的科学。

环境毒理学的研究对象是对各种生物特别是对人体产生危害的各种有毒环境污染物，包括物理性、化学性及生物性污染物，环境化学污染物为主要研究对象。

环境毒理学的主要研究任务是研究有毒环境污染物对人体的损害作用及其机理，探索环境污染物对人体健康损害的早期检测指标和生物标记物，从而为制定环境卫生标准和防治环境污染对人体健康的危害提供理论依据和措施。此外，还依据有毒环境污染物对其他生物包括动物、植物、微生物等生物个体、种群及生态系统甚至在特定环境中的整个生物社会的危害，研究其损害作用及其机理、早期损害指标及防治理论和措施。环境毒理学最终任务是保护地球生物圈内包括人类在内的各种生物的生存和持续健康的发展。

目前环境毒理学研究的主要内容是：①环境毒理学的概念、理论和方法；②有毒环境污染物在人体内的吸收、分布、转化和排泄及对人体的一般毒性作用与机理；③有毒环境污染物及其转化产物对人体的致突变、致癌变、致畸变等的特殊毒性作用与机理；④外境污染物的毒性评定方法，包括急性、亚急性和慢性毒性试验，代谢试验，蓄积试验，繁殖试验，迟发神经毒试验，以及各项致突变试验、致癌试验、致畸变试验等；⑤各种有毒污染物对人体损害作用的早发现、早防治的理论和措施。此外，环境污染物在其他生物包括动物、植物、微生物中的吸收、转运、代谢转化、排出体外，毒性作用的规律和预防措施，也被列入环境毒理学研究的主要内容。

10.1.2 环境有毒化学物质

(1) 有毒化学物质概念

当今世界，科学技术飞速发展。商品生产给人类的物质文明不断增添光彩。在丰富的物质世界中，化学品生产规模的扩大尤为迅速，人类的文明促使化学品的家庭成员不断发展。据估计，人类财富的50%来源于化学品，绝大部分化学品是低毒的（或称无毒的），它们给人类带来巨大的利益与享受，但实践多次重复证明，少数化学品能给生态环境和人体健康带来严重危害。由于化学品种类繁多，它们对环境及人体健康的影响要通过大量的科学实验才能获得证实。因此，众多的化学品究竟怎样来划分哪些是属于有毒的至今尚无确切的定义和统一的概念。一般认为某种化学物质接触或进入机体以后，损害机体的组织器官，并能在组织与器官内发生化学或物理化学作用，从而破坏了机体的正常生理功能，引起机体功能性或器质性病理改变，具于这种作用的化学物质，称为有毒化学物质或者称为有毒化学品。

(2) 有毒化学物质分类

根据毒性物质的总效应，可以把有毒化学物质分为诱变剂、致病物和致畸剂；根据毒性物质的化学性质可以把它们分成元素有毒物、有机有毒物和放射性有毒物等；按毒性物质的来源可以分为大气污染物、水污染物、土壤污染物、食品添加剂、农药污染物和溶剂。

据美国《化学文摘》中登记的化学物质已达 600 万种之多，并且正以每周 6000 种的速度增加着，而且大部分是自然界中未发现的新化合物。1973 年美国职业卫生研究所列出的有毒物质有 25043 种，据估计已有 96000 种化学物质进入人类环境。各国从对于如此众多的污染物中优先选择了一些潜在危害性大的有毒污染物作为环境优先控制污染物。

10.2 环境有毒物质在生物体内的转运和代谢

10.2.1 有毒化学物质进入人体途径

有毒化学物质进入人体的主要途径是经口摄食、呼吸道和肺吸入和皮肤吸收；次要的途径是直肠、生殖道以及药物注射进入。有毒物进入人体的途径见图 10-1。

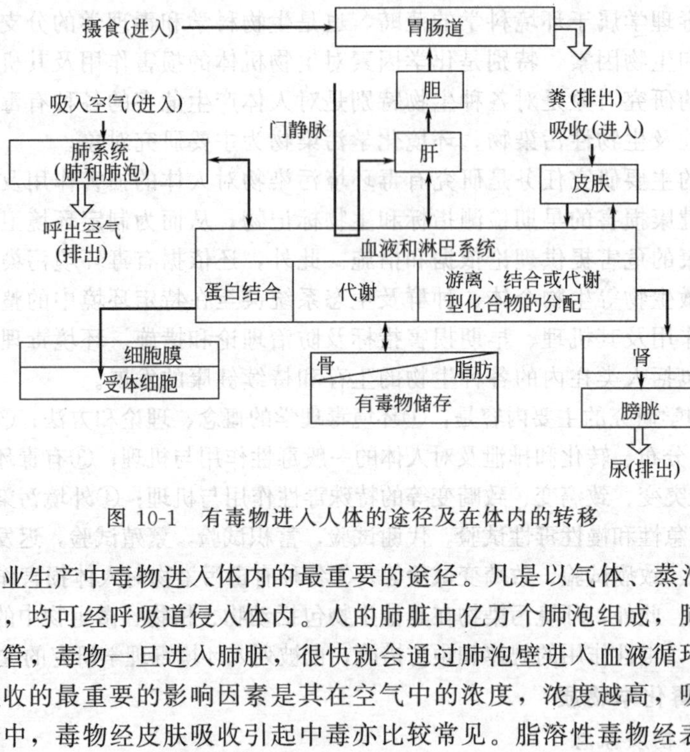

图 10-1 有毒物进入人体的途径及在体内的转移

呼吸道是工业生产中毒物进入体内的最重要的途径。凡是以气体、蒸汽、雾、烟、粉尘形式存在的毒物，均可经呼吸道侵入体内。人的肺脏由亿万个肺泡组成，肺泡壁很薄，壁上有丰富的毛细血管，毒物一旦进入肺脏，很快就会通过肺泡壁进入血液循环系统而被运送到全身。呼吸道吸收的最重要的影响因素是其在空气中的浓度，浓度越高，吸收越快。

在工业生产中，毒物经皮肤吸收引起中毒亦比较常见。脂溶性毒物经表皮吸收后，还需兼有水溶性，才能进一步扩散和吸收，所以水和脂能溶解的物质（如苯胺）易被皮肤吸收。

在工业生产中，毒物经消化道吸收多半是由于个人卫生习惯不良，手沾染的毒物随进食、饮水或吸烟等而进入消化道和呼吸道，进入呼吸道的难溶性毒物被清除后，可经由咽部被咽下而进入消化道。

10.2.2 有毒化学物质在体内的分布

有毒化学物质被吸收后，随血液循环（部分随淋巴液）分布到全身。当在作用点达到一定浓度时，就可发生中毒。毒物在体内各部位的分布是不均匀的，同一种毒物在不同的组织和器官分布量有多有少。有些毒物相对集中于某组织或器官中，例如铅、氟主要集中在骨质，苯多分布于骨髓及类脂质。

毒物吸收后受到体内生化过程的作用，其化学结构会发生一定改变，称之为毒物的生物转化。其结果可使毒性降低（解毒作用）或增加（增毒作用）。毒物的生物转化可归结为氧化、还原、水解及结合。经转化形成的毒性代谢产物排出体外。

毒物在体内可经转化或不经转化而排出。毒物经肾、呼吸道及消化道途径排出，其中经肾随尿排出是最主要的途径。尿液中毒物浓度与血液中的浓度密切相关，常通过测定尿中毒物及其代谢物，以监测和诊断毒物的吸收和中毒。

毒物进入体内的总量超过转化和排出总量时，体内的毒物就会逐渐增加，这种现象就称为毒物的蓄积。此时毒物大多相对集中于某些部位，并对这些蓄积部位可产生毒害作用。毒物在体内的蓄积是发生慢性中毒的根源。

10.2.3　环境有毒物质代谢

水溶性高的有毒物质，例如能离子化的羧酸，比较容易通过排泄系统从生物体内清除出去，一般不需要生物酶来参与代谢。而对于难溶于水的亲脂性有毒化合物，一般需要生物酶来参与代谢过程。有酶参与的有毒物代谢生物化学反应有两种基本类型：第一类反应和第二类反应。

（1）第一类反应

第一类反应是酶催化下的氧化、还原和水解等反应，这些反应使亲脂性有毒分子改性，加上极性基团如羟基—OH、巯基—SH、羟胺基—NH(OH) 和环氧基—C—O—C—等，转化为衍生物（一级代谢物），增加水溶性和反应活性。未改性之前，亲脂性有毒物分子容易透过含脂类物质的细胞膜，与脂蛋白结合，并容易在体内传输。经过第一类反应改性后的衍生物，增加亲水性官能团，其溶解度增加了；更重要的是，衍生物容易与生物体的内源底物材料相配结合，有利于再通过第二类反应把有毒物从体内清除出去。

第一类反应通常是由单细胞色素 P450 氧化酶参与进行的，这类酶含 NADPH 细胞色素 C 还原酶和细胞色素 P450 氧化酶。下面列出的是由这些酶进行的最重要的反应类型。环氧化反应是将一个氧原子加合在一个双键上

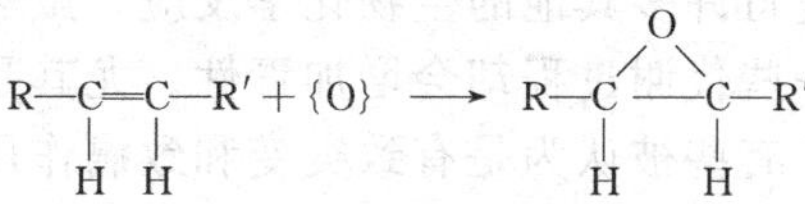

芳香族化合物的羟基化反应涉及一个芳香环的环氧化作用，然后重排成酚

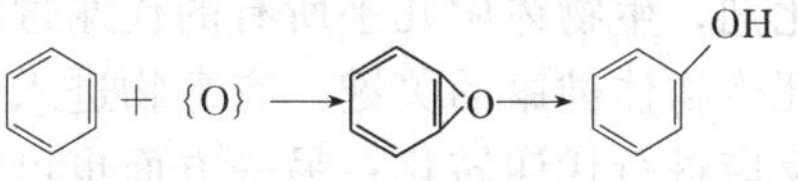

脂肪族化合物的羟基化反应是将一个—OH 基团连接在脂肪族化合物上

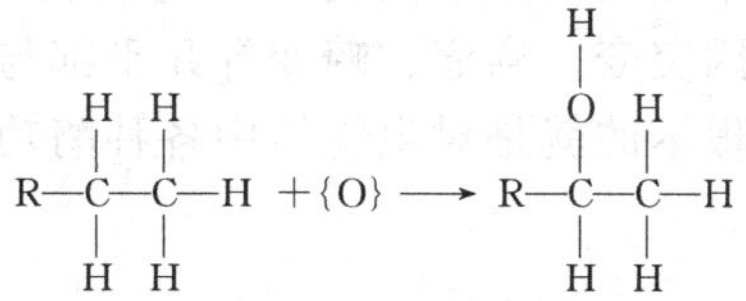

N、O 或 S 脱烷基反应包括下列各类反应

$$R{-}NH{-}CH_3+\{O\}\longrightarrow R{-}NH_2+CH_2O$$

$$R{-}O{-}CH_3+\{O\}\longrightarrow R{-}OH+CH_2O$$

$$R{-}S{-}CH_3+\{O\}\longrightarrow R{-}SH+CH_2O$$

脱硫作用涉及用氧取代硫的反应

$$R_2P(=S)—X + \{O\} \longrightarrow R_2P(=O)—X + \{S\}$$

硫的氧化反应是将氧原子加成到有机硫化物分子的硫原子上

$$R—S—R' + \{O\} \longrightarrow R—S(=O)—R'$$

(2) 第二类反应

第二类反应通常是指在专一性强的各种转移酶催化作用下，生物体内某些内源物结合剂与第一类反应的衍生物进行结合反应，生成结合产物（二级代谢物），而结合产物的极性（亲水性）一般有所增强，有利于排出体外。容易结合的衍生物基团包括羧基（—COOH）、羟基（—OH）、卤素原子（F、Cl、Br 和 I）、环氧基（—C—O—C—）、氨基（$—NH_2$）等。经过第二类反应的结合产物一般比原来的有毒物质毒性更小、亲脂性更低、极性更高、水溶性更强以及排泄更容易。主要的结合剂和催化酶包括葡萄糖酸苷（UDP 葡萄糖苷转移酶）、硫酸盐（硫转移酶）以及乙酰基（乙酰转移酶）。其中最常见的结合产物是葡萄糖苷酸衍生物。

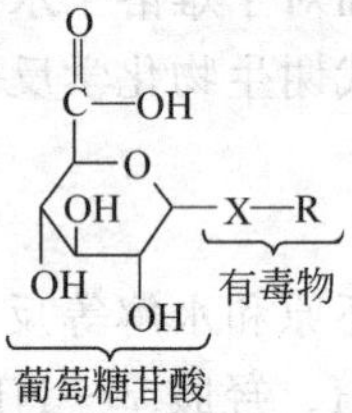

结构式中的—X—R 代表与葡萄糖酸苷结合的有毒物质，而 R 代表有机基团部分。例如，如果被结合的是酚，则 HXR 为 HOC_6H_5，X 为氧原子 O，R 代表苯环基团 C_6H_5。以上两类反应主要在肝脏内进行，但是也可以在肾脏、肠、肺、脑和皮肤等处进行。一般而言，经过第一类反应生成的衍生物结构和性质变化相对比较小；而第二类反应的产物与母体化合物很不相同。应该指出，不是所有的有毒物的代谢都需要经历第一类反应和第二类反应，有些物质经过第一类反应就能直接从体内排泄出去；或者有些物质已经有适合于结合的官能团，不必先经过第一类反应，而直接进行第二类反应。有毒物质和其他外来物质在体内除了进行上述反应外，还可进行许多其他的生物化学反应。虽然这些反应一般可用于解毒和促进有毒物质的清除，但有一些代谢过程却会增加毒性。尤其是，芳香族和含 C═C 双键化合物的环氧化代谢衍生物中，有些被认为是有致突变和致癌作用的。

10.2.4 环境有毒物干扰酶功能的机制

酶是主要的生物化学催化剂，生物体中几乎所有的代谢过程都与酶的催化密切相关，因此，酶功能的正常作用是保证生物体健康的关键。有毒物进入生物体后，一方面在酶的催化作用下通过第一类和第二类反应进行代谢转化；另一方面也可干扰酶的正常作用，对酶的活性和数量等有影响，有些严重中毒将使某些酶的活性完全丧失，导致生物体死亡。可以说，各种疾病，包括严重疾病如基因突变、癌症、畸变等几乎都与酶功能的干扰有关。因此，有毒物对生物体的中毒效应，最根本的就是对生物体中各种酶功能的干扰。酶的干扰机制主要有以下几种类型。

(1) 重元素与酶结合

亲硫重金属离子，特别是 Hg^{2+}、Pb^{2+} 和 Cd^{2+}，能与酶结构中的巯基中的硫原子结合。

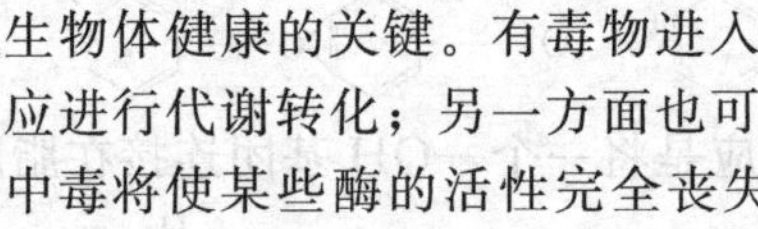

以亚砷酸盐形式存在的三价砷 As(Ⅲ) 也能与酶中的巯基作用，可形成一个非常稳定的五元环结构。

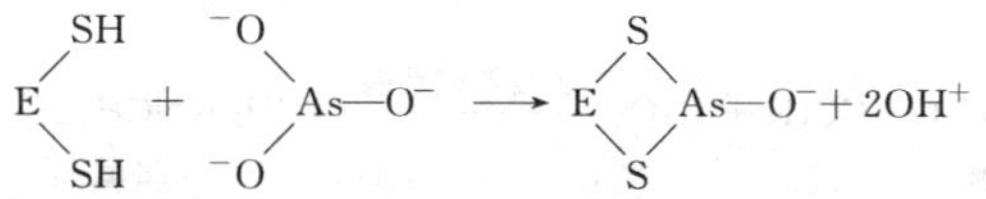

由于—SH 基团一般在酶的活性部位，被这些重元素结合会使酶功能受损，使许多酶的活性受到破坏，尤其是对于在柠檬酸循环中参与产生细胞能量的那些酶更容易受到影响。干扰亚铁血红素（取代卟啉和 Fe^{2+} 的配合物，存在于血红蛋白和细胞色素中）的合成是铅的最重要的生物化学效应之一。铅能与血红素整个合成过程中几种关键的酶结合，抑制这些酶的功能，结果造成代谢过程中中间产物的积累。其中一个中间产物是 2-氨基酮基己二酸，通过丙氨酸脱水酶的催化作用，它被转化为 3-丙酸基-4-乙酸基-5-氨甲基吡咯。

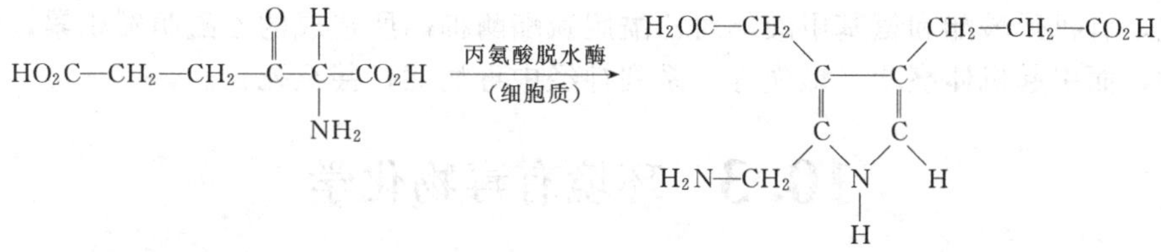

2-氨基-3-酮基己二酸　　　　3-丙酸基-4-乙酸基-5-氨甲基吡咯

由于铅与丙氨酸脱水酶结合抑制了以上转化功能，因此，造成了 2-氨基-3-酮基己二酸积累，而不是形成合成亚铁血红素所需要的 3-丙酸基-4-乙酸基-5-氨甲基吡咯，导致大量 2-氨基-3-酮基己二酸从尿中排泄。铅也能抑制亚铁血红素合成中的其他步骤。最后的结果是减少血红蛋白以及其他呼吸色素（例如需要亚铁血红素的细胞色素）的合成。因此，铅最终使有机体不能利用氧和葡萄糖生产能量来维持生命。

（2）其他金属取代金属酶中的金属

含有金属离子的酶称为金属酶，酶分子中的金属离子可以被另一种电荷相同和大小相似的金属离子取代因而抑制酶的活性。锌是一种常见的金属酶的组分。Cd^{2+} 与 Zn^{2+} 之间化学性质很相似，非常容易取代酶中的 Zn^{2+}，但是与镉结合的酶并不具有相应的功能，这就是镉产生毒性的普遍原因。可被 Cd^{2+} 抑制的酶有三磷酸腺苷酶、L-醇脱氢酶、淀粉酶、碳酸酐酶、羧肽酶和谷氨酸草酰乙酸转氨酶等。

（3）配位体与金属酶中的金属配位

有些配位体能与金属酶中的金属形成配合物，从而抑制金属酶的活性。例如，在含镁的酶中，F^- 可与 Mg^{2+} 配位，因而抑制抑制酶的活性。高铁细胞色素氧化酶是在线粒体内氧化磷酸化过程中产生的最后一种细胞色素，它以特殊的方式来参与 ATP 的合成，其反应的顺序如下

$$\text{步骤 I：Fe(III)-氧化酶} + \text{还原剂} \longrightarrow \text{Fe(II)-氧化酶} + \text{还原剂氧化产物}$$

$$\text{步骤 II：Fe(II)-氧化酶} + 2H^+ + \frac{1}{2}O_2 \xrightarrow[\text{ADP}+\text{Pi}\rightarrow\text{ATP}]{} \text{Fe(III)-氧化酶} + H_2O$$

反应式中“Fe(Ⅲ)-氧化酶”是代表高铁细胞色素氧化酶，“Fe(Ⅱ)-氧化酶”是代表亚铁细胞色素氧化酶，R 表示无机磷酸盐。氰离子 CN^- 能与高铁细胞色素氧化酶中的 Fe(Ⅲ) 络合，抑制第 1 步反应中电子转移，从而抑制 ATP 的合成。

（4）有机化合物与酶的共价结合

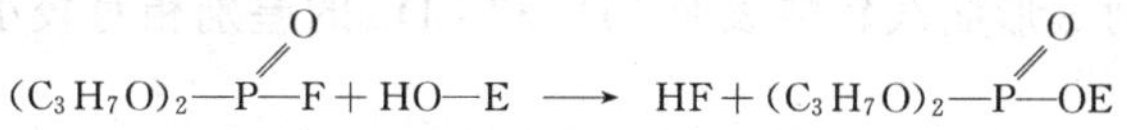

二异丙基磷酰氟　乙酰胆碱酯酶　　磷酰化的乙酰胆碱酯酶，无活性

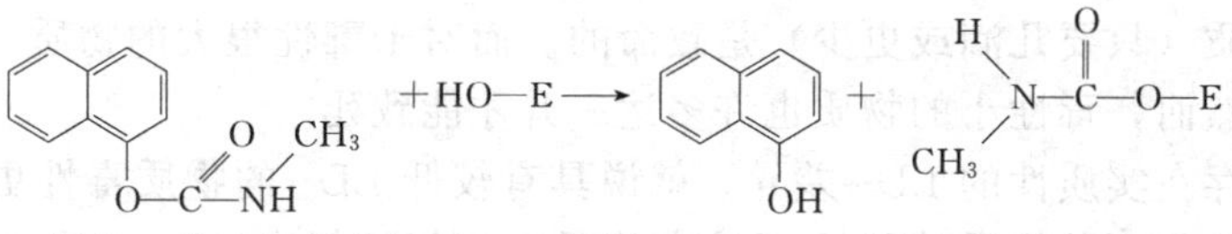

N-甲基(*α*-萘氧基)甲酰胺　　　乙酰胆碱酯酶　　　氨基甲酰胺乙酰胆碱酯酶，无活性

$$(CH_3)_3\overset{+}{N}CH_2CH_2O-\overset{O}{\overset{\|}{C}}CH_3+H_2O\xrightarrow{\text{乙酰胆碱酯酶}}(CH_3)_3\overset{+}{N}CH_2CH_2OH+CH_3COOH$$

乙酰胆碱　　　　　　　　　　　　　　　　胆碱

有机化合物与酶的共价结合也可造成酶功能的抑制。这种结合通常发生是酶的活性部位羟基上。典型的例子是神经毒气二异丙基磷酰氟（DFP）和氨基甲酸酯与乙酰胆碱酯酶的结合。

以上结合对乙酰胆碱酯酶活性造成不可逆的抑制，使之不能执行原有催化乙酰胆碱水解的功能。乙酰胆碱是一种神经传递物质，在神经冲动的传递中起着重要作用。正常的神经冲动中重要的一个步骤就是冲动的休止需要通过乙酰胆碱的水解来实现。

因此，有机磷酸酯和氨基甲酸酯对乙酰胆碱酯酶抑制所造成的乙酰胆碱积累，将使神经过分刺激，而引起机体痉挛、瘫痪等一系列神经中毒病症，甚至死亡。

10.3 环境有毒物化学

10.3.1 有毒物剂量和相对毒性

(1) 有毒物剂量

有毒物对生物体的效应差异很大。定量地来说，这些差异包括能观察到的毒性发作的最低水平，有机体对有毒物小增量的敏感度，对大多数生物体发生最终效应（特别是死亡）的水平。生物体内的一些重要物质，如营养性矿物质，存在最佳的量范围，过高或过低都可能有害。以上提到的因素可以用剂量-效应关系来描述，该关系是毒物学最重要的概念之一。剂量是一种数量，通常指一种生物体单位体重暴露的有毒物的量。效应是暴露某种有毒物对有机体的反应。为了定义剂量-效应关系式，需要指定一种特别的效应，如生物体的死亡，还要指定效应被观察到的条件，如承受剂量的时间长度。考虑一种指定的效应，为一群同类生物体。在相对低的剂量水平，该类生物体没有效应（例如全部活着），而在更高的剂量所有生物体表现出效应（例如全部死亡）。在以上两种情况之间，存在一个剂量范围，一些生物体以特定的方式产生效应，而其他生物体则没有，因此可以定义出一条剂量-效应曲线。剂量-效应关系与生物种类和应变能力、组织类型以及细胞群类等有关。图 10-2 给出了一般化的剂量-效应曲线图。用相同方式把某一毒物给同一群实验动物投入不同剂量，用累积死亡百分数对剂量的常用对数作图，就能得到剂量-效应曲线。S 形曲线的中间点对应的剂量是杀死 50% 目标生物体的统计估计剂量，定义为 LD_{50}。实验生物体死亡 5%（LD_5）和 95 %（LD_{95}）的估计剂量通过在曲线上分别读 5% 和 95% 死亡的剂量水平。得到 S 形曲线较陡表明 LD_5 和 LD_{95} 的差别相对较小。

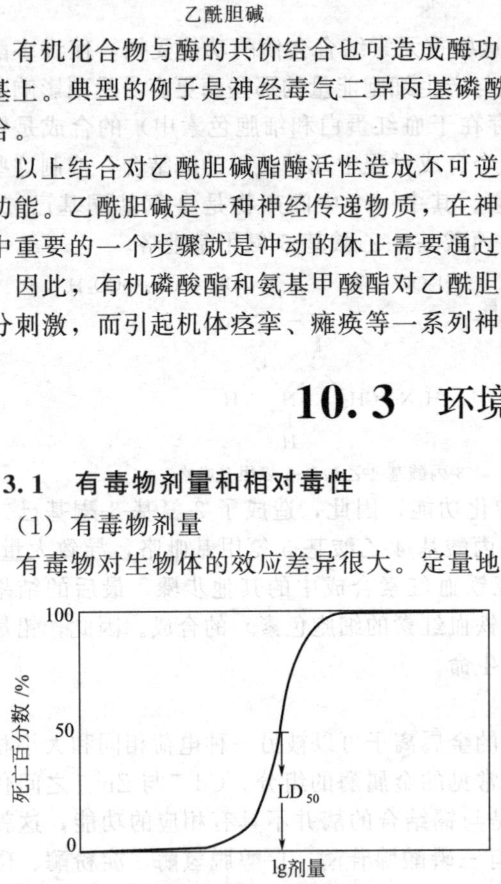

图 10-2　剂量-效应曲线

（其中效应为死亡，纵坐标为生物体累积死亡的百分数）

(2) 相对毒性

表 10-1 列出了描述对人体有害的不同物质毒性等级。根据一个平均大小的人的致命剂量，尝试剧毒物质（只要几滴或更少）是致命的。而对于毒性很大的物质，一茶匙的量也许有同样的作用。然而，毒性小的物质也许多达一升才能致死。

当两种物质存在实质性的 LD_{50} 差异，就说具有较低 LD_{50} 的物质毒性更大。这样的比较必须假定进行比较的两种物质的剂量-效应曲线具有相似的斜率。

表 10-1 毒性等级和一些物质的毒性

毒性等级	对应剂量/(mg/kg)	LD_{50}/(mg/kg)	举例
无毒	$>1.5\times10^4$	$10^4\sim10^5$	邻苯二甲酸二-2-乙基-己酯
低毒	$5\times10^3\sim1.5\times10^4$	$10^3\sim10^4$	氯化钠
中等毒性	500～5000	$10^2\sim10^3$	氯丹
很毒	50～500	$10^0\sim10^2$	柏拉息昂
非常毒	5～50	$10^{-2}\sim10^0$	河豚毒素
剧毒	<5	$10^{-2}\sim10^{-5}$	二噁英、肉毒杆菌素素

到现在为止，毒性被描述为极端作用，即有机体的死亡，显然这是不可逆的暴露后果。在大多数情况下，亚致死或可逆作用表现得更重要，这在药物治疗中常见。暴露于登记药剂剂量的死亡情况比较罕见，但是其他作用，无论是有害的还是有益的却很常见。根据药物性质的不同，药物改变生物过程，因此潜在的危害几乎总是存在。建立药物剂量的考虑主要是为了发现具有足够治疗效果而没有不希望的副作用。一种药物的剂量-效应曲线能被建立，通过逐渐加大剂量，从无作用水平到有作用、有害，甚至到致死量水平。该曲线斜率低则表示该药物具有较宽的有效剂量范围和安全范围。这一术语应用于其他物质如杀虫剂，在设计杀虫剂时，总是希望在杀死目标物种和危害有益物种之间有很大的剂量差异。

10.3.2 有毒物联合作用

生物体可能受到多种有毒物质侵害，这些有毒物对机体同时产生的毒性，有别于其中任一单个有毒物对机体引起的毒性。多种（两种或两种以上）有毒物，同时作用于机体所产生的综合毒性作用称为有毒物的联合作用，包括协同作用、相加作用和对抗作用等。下面以死亡率作为毒性指标分别进行讨论。假定两种有毒物单独作用的死亡率分别为 M_1 和 M_2，则联合作用的死亡率为 M。

（1）协同作用

多种有毒物联合作用的毒性，大于其中各个有毒物成分单独作用毒性的总和。在协同作用中，其中某一毒物成分能促进机体对其他毒物成分的吸收加强、降解受阻、排泄迟缓、蓄积增多或产生高毒代谢物等，使混合物毒性增加。如四氯化碳与乙醇、臭氧与硫酸气溶胶等。两种有毒物协同作用的死亡率为 $M>M_1+M_2$。

（2）相加作用

多种有毒物联合作用的毒性，等于其中各毒物成分单独作用毒性的总和。在相加作用中，其中各毒物成分之间均可按比例取代另一毒物成分，而混合物毒性均无改变。当各毒物成分的化学结构相近、性质相似、对机体作用的部位及机理相同时，其联合的结果往往呈现毒性相加作用。如丙烯腈与乙腈、稻瘟净与乐果等。两种有毒物相加作用的死亡率为 $M=M_1+M_2$。

（3）对抗作用

多种有毒物联合作用的毒性小于其中各毒物成分单独作用毒性的总和。在对抗作用中，其中某一毒物成分能促进机体对其他毒物成分的降解加速、排泄加快、吸收减少或产生低毒代谢物等，使混合物毒性降低。如二氯乙烷与乙醇，亚硝酸与氰化物，硒与汞，硒与锡等。两种有毒物对抗作用的死亡率为 $M<M_1+M_2$。

10.3.3 严重毒作用机制

（1）致突变作用

生物细胞内 DNA 发生改变从而引起的遗传特性突变的作用称为致突变作用。这种突变可以传至后代。具有致突变作用的污染物质称为致突变物。致突变作用分为基因突变和染色体突变两类。基因突变是 DNA 碱基对的排列顺序发生改变。它包含碱基对的转换、颠换、插入和缺失四种类型（图 10-3）。

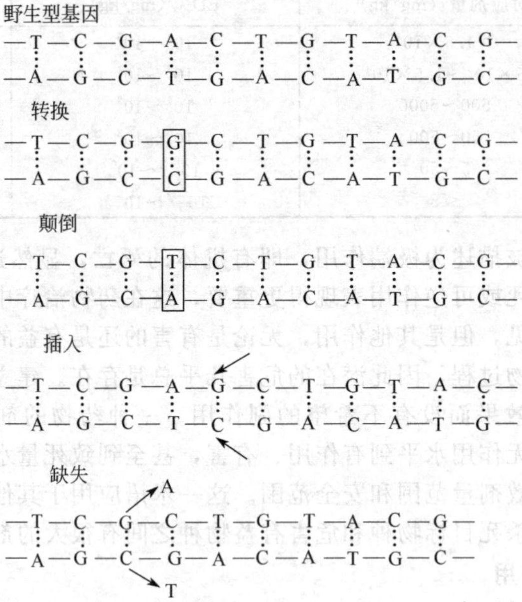

图 10-3 基因突变的类型

A—腺嘌呤；G—鸟嘌呤；T—胸腺嘧啶；C—胞核嘧啶

转换是同型碱基之间的置换，即嘌呤碱被另一嘌呤碱取代，嘧啶碱被另一嘧啶碱取代。如亚硝酸可使带氨基的碱基 A、G 和 C，脱氨而变成带酮基的碱基。于是可以引起一种如下的碱基对转换。

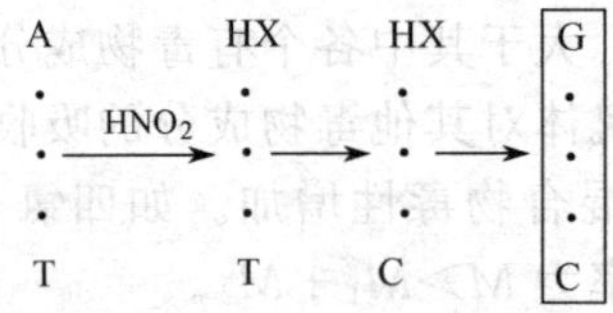

其中 A、G、T、C 意义同图 10-3，HX 为次黄嘌呤。即在 DNA 复制时 A 被 HX 取代，而后因 HX 较易同 C 配对及 C 又更易与 G 配对，所以进一步复制时就出现图 10-3 中转换部分所示的 G …… C 对。

颠倒是异型碱基之间的置换，就是嘌呤碱基为嘧啶碱基取代或反之亦是。颠倒和转换统称碱型置换，所致突变称为碱型置换突变。

插入和缺少分别是 DNA 碱基对顺序中增加和减少一对碱基或几对碱基，使遗传代码格式发生改变，自该突发点之后的一系列遗传密码都发生错误。这两种突变统称为移码突变。如吖啶类染料处理细胞时，很容易发生移码突变。

细胞内染色体是一种复杂的核蛋白结构，主要成分是 DNA。在染色体上排列着很多基因。若其改变只限于基因范围，就是上述的基因突变。而若涉及整个染色体，呈现染色体结构或数目的改变，则称为染色体畸变。

染色体畸变属于细胞水平的变化，这种改变可用普通光学显微镜直接观察。基因突变属于分子水平的变化，不能用上法直接观察，要用其他方法来鉴定。一个常用的鉴定基因突变的试验，是鼠伤寒沙门菌-哺乳动物肝微粒体酶试验（艾姆斯试验）。

突变本来是人类及生物界的一种自然现象，是生物进化的基础，但对于大多数机体个体往往有害。如人和哺乳动物的性细胞如果发生突变，可以影响妊娠过程，导致不孕和胚胎早期死亡等；体细胞的突变，可能是形成癌肿的基础。因此，致突变作用是毒理学和毒理化学中的一个很重要的课题。

常见的具有致突变作用的有毒物包括：亚硝胺类、苯并［a］芘、甲醛、苯、砷、铅、烷基汞化合物、甲基硫磷、敌敌畏、百草枯、黄曲霉素 B_1 等。

（2）致癌作用

体细胞不受控制的生长现象称为癌症。化合物致癌作用过程见图 10-4。能在动物和人体中引起致癌的物质称为致癌物。致癌物根据性质可分为化学（性）致癌物、物理性致癌物（如 X 射线、放射性核素氡）和生物性致癌物（如某些致癌病毒）。据估计，人类癌症 80%～85%与化学致癌物有关，在化学致癌物中又以合成化学物质为主。因此，化学品与人类癌症的关系密切，受到多门学科和公众的极大关注。

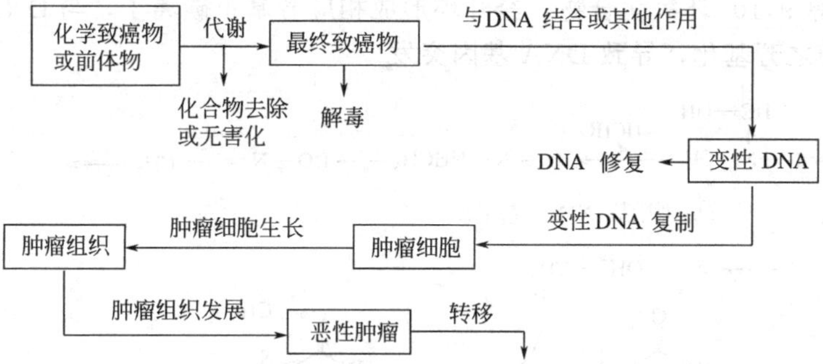

图 10-4 致癌物或其前体物导致癌症的过程

化学致癌物的分类方法很多。按照对人和动物致癌作用的不同，可分为确证致癌物、可疑致癌物和潜在致癌物。确证致癌物是经人群流行病调查和动物实验均已确定有致癌作用化学物质。可疑致癌物是已确定对试验动物致癌作用，而对人致癌性证据尚不充分的化学物质。潜在致癌物是对试验动物致癌，但无任何资料表明对人有致癌作用的化学物质。到 1978 年为止，确定为动物致癌的化学物质达到 3000 种，以后每年都有数以百计的新致癌物被发现。目前，确认为对人类有致癌作用的化学物质有 20 多种，如苯并［a］芘、二甲基亚硝胺、2 -萘胺、砷及其化合物、石棉等。

化学致癌物根据作用机理，可分为遗传毒性致癌物和非遗传毒性致癌物。遗传毒性致癌物细分为：直接致癌物，即能直接与 DNA 反应引起 DNA 基因突变的致癌物，如双氯甲醚；间接致癌物，又称前致癌物，它们不能与 DNA 反应，而需要机体代谢活化转变，经过近致癌物至终致癌物后，才能与 DNA 反应导致遗传密码修改，如苯并［a］芘、二甲基亚硝胺等。大多数目前已知的致癌物都是前致癌物。

非遗传毒性致癌物不与 DNA 反应，而是通过其他机制，影响或呈现致癌作用的物质。包括促癌物，可使已经癌变细胞不断增殖而形成瘤块，如巴豆油中的巴豆醇二酯、雌性激素乙烯雌酚等，免疫抑制剂硝基咪唑硫嘌呤等；助致癌物可加速细胞癌变和已癌变细胞增殖成瘤块，如二氧化硫、乙醇、儿茶酚、十二烷等，促癌物巴豆醇二酯同时也是助致癌物；固体致癌物，如石棉、塑料、玻璃等可诱发机体间质的肿瘤。

此外，还有其他种类致癌物。例如，铬、镍、砷等若干重金属的单质及其无机化合物对动物是致癌的，有的对人也是致癌的。根据临床病例及流行病学研究结果，无论是服用大量砷进行治疗，还是职业上的接触者，砷化合物都可引起皮肤癌。

化学致癌物的致癌机制非常复杂，仍在研讨之中。关于遗传毒性致癌物的致癌机制，一般认为有两个阶段。第一是引发阶段，即致癌物与 DNA 反应，引起基因突变，导致遗传密码改变。大部分环境致癌物都是间接致癌物，需通过机制代谢活化，经近致癌物阶段，由后者来引发。如果细胞中原有修复机制对 DNA 损伤不能修复或修而不复，则正常细胞便转变成突变细胞。第二是促长阶段，主要是突变细胞改变了遗传信息的表达，增殖成为肿瘤，其中恶性肿瘤还会向机体其他部位扩展。

在引发阶段中直接致癌物或间接致癌物的终致癌物，都是亲电的性质活泼物质，能通过烷基化、芳基化等作用与 DNA 碱基中富电的氮或氧原子，以共价相结合而引起 DNA 基因突发。这是引发阶段的始发机制。如可以认为，二甲基亚硝胺通过混合功能氧化酶催化氧化成活性中间产物 *N*-亚硝基-*N*-羟甲基甲胺，再经几步化学转化失去甲醛，最后产生活泼的亲电甲基正碳离子 CH_3^+，而与 DNA 碱基中富电的氮（或氧）原子相结合，使之烷基化，导致 DNA 基因突发。关于苯并［*a*］芘致癌的始发机制，可认为主要是经混合功能氧化酶催化氧化成相应的 7,8 -环氧化物，再由水化酶作用形成相应的 7,8 -二氢二醇，而后酶促氧化成 7,8 -二氢二醇-9,10 -环氧化合物，经开环形成相应芳基正碳离子，与 DNA 碱基中氮（或氧）相结合，使之芳基化，导致 DNA 基因突发。

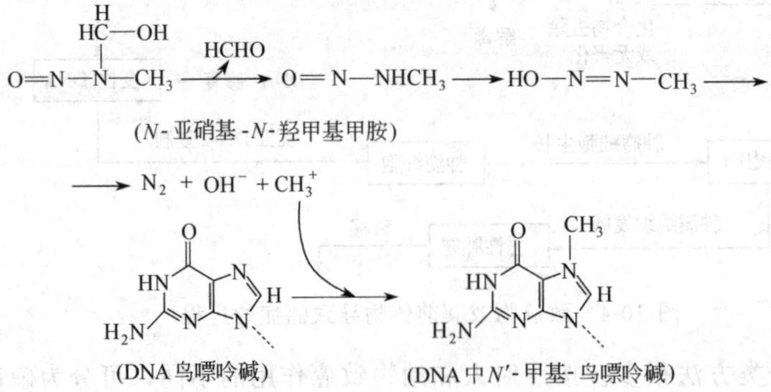

（3）致畸作用

具有致畸作用的有毒物质称为致畸物。人或动物胚胎发育过程中由于各种原因所形成的形态结构异常，称为先天性畸形或畸胎。遗传因素、物理因素（如电离辐射）、化学因素、生物因素（如某些病毒），母体营养缺乏营养分泌障碍等都可引起先天性畸形，并称为致畸作用。

到 20 世纪 80 年代初期，已知对人的致畸物约有 25 种，对动物的致畸物约有 800 种。其中，社会影响最大的人类致畸物是“反应停”（酞胺哌啶酮）。它曾于 20 世纪 60 年代初在欧洲及日本被用于妊娠早期安眠镇静药物，结果导致约一万名产儿四肢不完全或四肢严重短小。另外，甲基汞对人致畸作用也是大家熟知的。不同的致畸物对于胚胎发育各个时期的效应，往往具有特异性。因此它们的致畸机制也不完全相同。一般认为致畸物生化机制可能有以下几种：致畸物干扰生殖细胞遗传物质的合成，从而改变了核酸在细胞复制中的功能；致畸物引起了染色体数目缺少或过多；致畸物抑制了酶的活性；致畸物使胎儿失去必需的物质（如维生素），从而干扰了向胎儿的能量供给或改变了胎盘细胞壁的通透性。

10.4 环境有毒物质的生物化学效应

有毒物质在体内进行代谢转化均需靠酶催化来进行，但酶的活性部位和结构对能抑制酶活性、干扰酶正常功能的毒物特别敏感。因此，有毒物质对酶功能将会产生不容忽视的有害影响。下面就常见毒物的生物化学效应做一简单介绍。

10.4.1 金属有毒物质的生物化学效应

（1）砷的生物化学效应

砷的化学性质和磷相似，因此，砷可以干扰某些有磷参与的生化反应。例如，砷酸盐对羟基和硫醇基缺乏亲和力，它不能抑制任何酶系统，因此毒性较大，但 $AsSO_4^{3-}$ 却可抑制三磷酸腺苷 ATP 合成（图 10-5）。当砷酸根存在时，就能替代磷酸根，产生 1-砷酸基-3-磷酸甘油酸酯而不是 1,3-二磷酸甘油酸酯，代替磷酸化作用而发生砷酸基水解，生成 3-磷酸甘油酸酯及砷酸根，使反应中没有 ATP 生成。

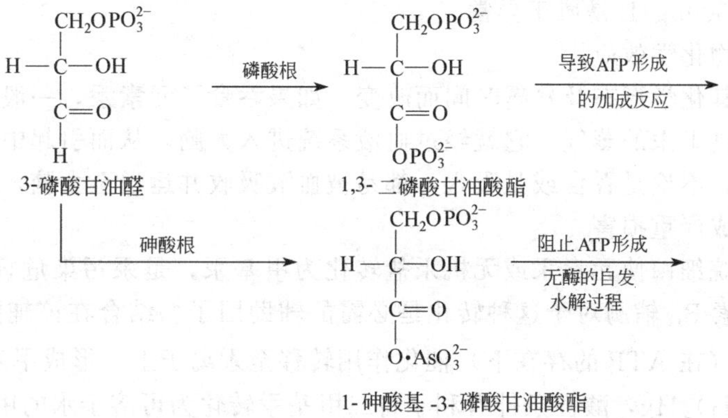

图 10-5 砷在 ATP 产生中对磷酸化反应的干扰

高浓度的无机砷化合物会凝固蛋白质，这种危害可能是砷与维持蛋白质二级结构和三级结构的二硫键反应引起的，也可能归因于与蛋白质活性部位反应。

已知的砷的三种主要生物化学效应是蛋白质的凝固、与辅酶的络合及对 ATP 合成的抑制。

对于砷中毒的常用解毒剂，是含有硫基基团并能与砷酸根结合的化合物。其中之一是 2,3-二巯基丙醇（BAL）（在下面还将介绍 BAL 可作为铅中毒的解毒剂），BAL 可从蛋白质中除去砷酸根，并恢复正常的酶功能。

（2）铅的生物化学效应

铅的主要生化效应是干扰亚铁血红素的合成，此外铅的摄入影响中枢神经系统、消化道和肾等。铅对中枢神经系统的损害是通过对脑细胞和神经的未知生化效应来实现，这种效应可引起因抽搐造成的疲劳和头痛、脑麻痹、失明和智力迟钝等。铅抑制肾脏从排泄前的原尿中再吸收葡萄糖、磷酸根和氨基酸等，从而造成肾功能受损。

铅和钙的化学性质相似，因此铅能在骨骼中积蓄。储存在骨骼中的铅可与磷酸根结合重新游离出来，当迁移到软组织时能产生毒性作用。

铅的一些损害作用是可恢复的。如对血红素合成的抑制，只要暴露的时间不长，当铅被除去后，影响立刻逆向进行。整合剂用于治疗铅中毒，还可用 CaEDTA 及 BAL（2,3-二硫基丙醇）等处理十分有效。

铅对机体的损害，如抑制亚铁血红素的合成，只要接触铅的时间不太长，一旦铅被去除后这些损害是可以恢复的。螯合剂可用于铅中毒的治疗。除了用 EDTA 钙作解毒剂外，还可使用 BAL 来处理铅的中毒。BAL 是抗路易斯毒气剂的缩写。在第一次世界大战时曾用它作为含砷毒气的解毒剂。BAL 与铅形成一种络合物，这种络合物是无害的，而且可以通过肾脏和肝脏排泄出去

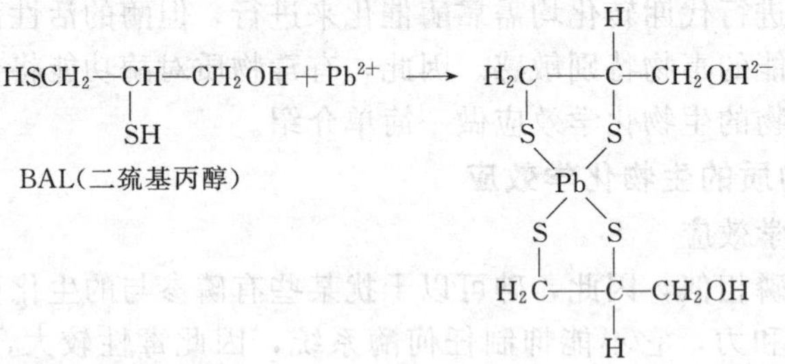

据报道，美国人体内铅的平均含量从 1976～1980 年之间几乎下降了 37%。这个变化与在同一时期汽油的含铅量降低了 55%是一致的。对 64 个地区 27801 人进行的广泛调查表明，1980 年平均血铅含量为 92μg/L，而在 1976 年为 146μg/L。美国疾病控制中心认为人体血铅含量超过 300μg/L 是属于异常。

（3）汞的生物化学效应

汞的毒性随其化学形态及暴露时间而改变。如果吞食了元素汞，一般可能排泄而无严重毒害，但如果吸进了汞的蒸气，它就经过血液系统进入大脑，从而引起中枢神经系统严重损害。对于甲基汞，不论是吞食或是吸入，都易被血液吸收并运送至大脑，并在脑组织中滞留几个月之久，造成严重损害。

通过厌氧甲烷细菌使元素汞或无机汞盐转化为甲基汞，是汞污染危害最大的问题之一。含 Co(Ⅲ) 维生素 B_{12} 辅酶对于这种转化是必需的辅助因子。结合在该辅酶中钴上的甲基被甲基钴胺素的酶（在 ATP 的存在下）催化作用转移至汞离子上，形成甲基汞离子 CH_3Hg^+ 或二甲基汞 $(CH_3)_2Hg$，酸性条件有利于将二甲基汞转化为可溶于水的甲基汞。

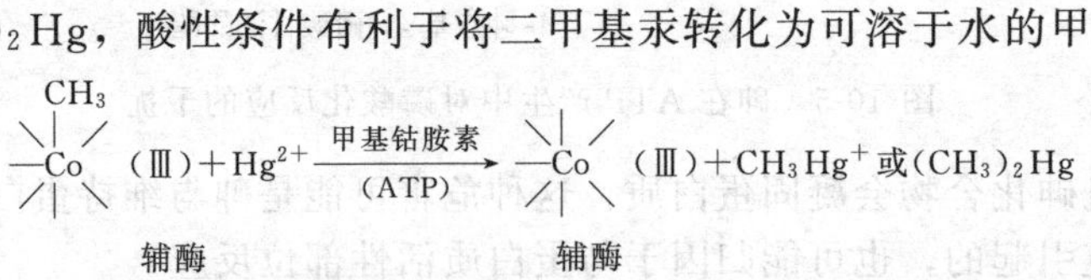

甲基汞通过浮游生物进入食物链，并被鱼富集。烷基汞很容易溶于有机物中，特别易溶于细胞膜或脑组织的类脂里，碳-汞共价键不容易破坏，使得烷基汞化合物能通过胎盘屏障进入胎儿组织，毒害胎儿，这种现象可能是由于烷基汞能透过细胞膜而其他汞化合物则没有这一特性之故。

汞对硫有较强的亲和力，因此汞与蛋白质包括酶中的—SH 基很容易结合，也能与含有—SH 基的血红蛋白和血清白蛋白结合。

汞与细胞膜结合，会抑制糖穿过细胞膜的主动输送，使钾对细胞膜的透性增加，造成运输给脑细胞的糖分不足，导致脑细胞能量缺乏，钾透性增加则会影响脑神经冲动的传递。汞对细胞膜的影响细节尚不清楚，所能损害的酶亦尚未一一识别。由于许多含有—SR 基团的酶都会被抑制，所以准确确定每一种效应有困难。

10.4.2 有毒无机化合物的生物化学效应

(1) 氰化物的生物化学效应

氰化物与一氧化碳及亚硝酸根离子不同，它不会干扰细胞对氧的接受过程。但是，它能抑制促进线粒体中利用氧产生 ATP 的氧化酶。在此过程中，氰化物与高铁细胞色素氧化酶结合，其顺序如下。

步骤Ⅰ

$$\text{Fe(Ⅲ)-氧化酶}+\text{还原剂}\longrightarrow\text{Fe(Ⅱ)-氧化酶}+\text{还原剂被氧化的产物}$$

步骤Ⅱ

$$\text{Fe(Ⅱ)-氧化酶}+2H^{+}+\frac{1}{2}O_2\xrightarrow{ADP\nearrow\ ATP+Pi}\text{Fe(Ⅲ)-氧化酶}+H_2O$$

其中，Fe(Ⅲ)-氧化酶表示高铁细胞色素氧化酶；Fe(Ⅱ)-氧化酶表示亚铁细胞色素氧化酶，Pi 为无机磷。

实际上 Fe(Ⅲ)-氧化酶是葡萄糖氧化释放出的电子最终受体，所生成的 Fe(Ⅱ)-氧化酶能把电子传递给氧，再通过氢离子反应产生水，并在该过程中制造出高能 ATP 。氰化物却能通过与高铁细胞色素氧化酶中 Fe(Ⅲ) 结合而产生干扰，抑制步骤Ⅰ中的电子传递，从而抑制利用氧制造 ATP 的总过程。

氰化物解毒的代谢途径，是通过与硫代硫酸盐或胶体硫的反应，转化氰化物为毒性较小的硫氰酸盐

$$CN^{-}+S_2O_3^{2-}\xrightarrow{\text{硫氰酸酶}}SCN^{-}+SO_3^{2-}$$

这个反应被硫氰酸酶（也叫做线粒体硫转移酶）催化。虽然在血液中没有发现这种酶，但这种酶丰富地存在于肝和肾组织中。因此，硫代硫酸盐可作为氰化物中毒的一种解毒剂。通常以静脉注射方式解毒。

氰化物也可用亚硝酸根离子来解毒，而亚硝酸根本身是一种有毒物质。这个解毒过程在下面中讨论。

(2) NO_2^- 离子的生物化学效应

NO_2^- 离子能影响血红蛋白，是由于 NO_2^- 离子能氧化血红蛋白［HbFe(Ⅱ)］中 Fe(Ⅱ) 产生高铁血红蛋白［HbFe(Ⅲ)］。

$$\text{HbFe(Ⅱ)}\xrightarrow{NO_3^-}\text{HbFe(Ⅲ)}$$

这种褐色物质不能携带氧，因而能导致组织缺氧有时引起死亡。高铁血红蛋白的产生是可逆的，并且有两种酶系统能把 HbFe(Ⅲ) 还原成 HbFe(Ⅱ)，其中一种为高铁血红蛋白心肌黄酶，可与辅酶 NADH 结合。如果婴幼儿缺少这种辅酶，就显著地增加了他们对亚硝酸盐的中毒。

在前面我们提到，亚硝酸盐能有效地应用于氰化物解毒。这是因为高铁血红蛋白 HbFe(Ⅲ) 易与氰化物结合，逆转了氰化物与高铁细胞色素氧化酶［HbFe(Ⅲ)-氧化酶］的反应，即从氰化高铁细胞色素氧化酶中把氰离子夺走，再生高铁细胞色素氧化酶。发生这种反应是因为在 HbFe(Ⅲ)-氧化酶中的铁是+3 氧化态。当氰化物中毒病人用亚硝酸钠静脉注射或吸入亚硝酸戊酯的方法进行治疗时，可产生高铁血红蛋白，即用下面的反应表示高铁细胞色素氧化酶与氰根离子分开。

$$\text{HbFe(Ⅲ)}+\text{Fe(Ⅲ)-氧化酶—CN}\longrightarrow\text{HbFe(Ⅲ)—CN}+\text{Fe(Ⅲ)-氧化酶}$$

然后再用硫代硫酸盐处理，以除去氰化物

$$\text{HbFe(Ⅲ)—CN}+S_2O_3^{2-}\longrightarrow SCN^{-}+\text{HbFe(Ⅲ)}+SO_3^{2-}$$

1978 年 6 月，中国癌症学会专家通报，中国食道癌的高发率与土壤中硝酸盐和亚硝酸

盐高含量有相关性，其他因素是土壤中存在某些真菌和 Mo 的缺乏。在中国的一些地区，食道癌的发病率是每年 15 人/15 万人，为美国平均水平的 45 倍。

已证明在人体小肠上部好氧部位可从有机化合物合成硝酸盐和亚硝酸盐，这个发现对于提出亚硝酸盐对人类的致癌起了重要的支持作用。因为这样合成的亚硝酸根，在肠道下段呈相对酸性环境的结肠和盲肠里有可能形成致癌化合物。

(3) 一氧化碳的生物化学效应

一氧化碳对吸入它的高等动物有毒性，这种毒性是由于 CO 与血红蛋白中的血红素部分反应生成碳氧血红蛋白

$$O_2Hb + CO \rightleftharpoons COHb + O_2$$

正常情况下，含四个铁的血红素分子与四个氧分子结合生成一个单独的血红蛋白分子，血红蛋白在肺部获得氧气，并以氧合血红蛋白方式携带到组织的毛细血管中使 O_2 释放。在这种组织中，CO_2 溶解在血浆中，并运送至肺部释放出。CO 与 O_2 在大小和形状上均较类似，所以很容易与血红蛋白结合。血红蛋白分子的四个血红素基团中任何一个与 CO 结合都会干扰氧气的输送。碳氧血红蛋白不能像氧合血红蛋白那样很快离解，阻止了氧气的释放和 CO_2 吸收。组织无氧气供给，就丧失了正常生理功能，不能进行蛋白质、核酸和脂类的合成，这是因为没有氧化的磷酸化作用，糖酵解不能提供生物分子合成所需要的能量。

由于碳氧血红蛋白的形成产生的另一危害是血液中二氧化碳的积蓄会导致酸度增加。细胞由于厌氧酵解积累了丙酮酸、乳酸和其他酸，产生了导致酸中毒的条件，更增加细胞接受氧气的困难，而且酸度的增加，使蛋白质变性或失去活性，也可导致细胞直接中毒。碳氧血红蛋白的形成是可逆的。当停止暴露于 CO 而迅速给予充足的氧气时，CO 中毒的效应便可解除。但如果超过几分钟时间没有给细胞提供足够的氧化，则将产生永久性的脑损害。

(4) 二氧化硫的生物化学效应

二氧化硫有窒息性气味，是气态污染物中毒性较小的一种，但它若与大气中小颗粒相结合，就会大大提高了它的危害性。

在二氧化硫浓度很高（几百 mL/m^3）的空气中，它易溶解在上呼吸道组织所含的水中。但当 SO_2 浓度为 $1mL/m^3$ 或更小时，95%或更多的 SO_2 也要进入呼吸道和肺部。用含放射性 S 的 SO_2 对动物进行试验，发现吸入 SO_2 会迅速地分布到全身，通过呼吸道排出吸入的 SO_2 则相当慢，需要 1 周或更长的时间，这是因为部分气体与蛋白质相结合。SO_2 在肺中也可能被氧化形成硫酸，它能引起细胞的水解和脱水作用。硫酸形成局部低 pH 可使氨基酸中的羧基质子化，破坏了蛋白质的静电力和氢键，从而导致蛋白质变性。

10.4.3 农药的生物化学效应

农药的生物化学作用是十分重要的，之所以重要有几个原因。首先是农药必须通过其对靶生物（欲除去的生物体）的生物化学作用才能发挥农药的特定功能。其次，农药对非靶生物体中的生物化学变化产生了农药的有害副作用。最后，生物化学过程是使农药进行降解和去除毒性的主要机制。

显然，用有限篇幅来详细讨论农药的生物化学作用是不可能的。这里只能简要地讨论几个主要方面。

对 DDT 的生物效应可能比对任何其他农药引起更多注意。尽管对 DDT 的生物效应进行了很多研究，但这个广泛应用的农药对靶昆虫和非靶动物的生物化学作用的确切模式至今仍未完全了解。像许多杀虫剂一样，DDT 也是作用于中枢神经系统。与其他氯代烃一样，DDT 也能溶解在类脂质和脂肪组织中，并累积在神经细胞周围的脂肪膜内。这就干扰了神经脉冲沿轴突的传递，神经轴突是连接神经细胞的突出物。可以相信，靶生物被杀死的原因就是中枢神经系统破坏的结果。

对有机磷农药干扰神经脉冲沿轴突传递的毒性，已了解得比较清楚。为了了解产生毒性的机理，这就需要知道，轴突细胞膜对钾离子的渗透比对钠离子的渗透更容易。结果，在轴突内部的 K^+/Na^+ 比大大高于在轴突外部的 K^+/Na^+ 比，导致细胞膜两边大约有 60mV 的电位差。在神经脉冲传递过程中会释放出乙酰胆碱，它黏附在轴突末端的细胞膜上。这就增加了细胞膜对 Na^+ 的渗透率，引起电位的逆转。当神经脉冲通过神经后，又允许 K^+ 渗透过细胞膜，逆转的电位又恢复如前了，这一作用是由乙酰胆碱酯酶催化的乙酸胆碱降解而完成的。

$$\underset{\text{乙酰胆碱}}{(CH_3)_3N^+{-}CH_2{-}CH_2{-}O{-}\overset{\overset{\displaystyle O}{\|}}{C}{-}CH_3} + H_2O \xrightarrow{\text{乙酰胆碱酯酶}}$$

$$\underset{\text{胆碱}}{(CH_3)_3N^+{-}CH_2{-}CH_2{-}OH} + \underset{\text{乙酸}}{CH_3CO_2H}$$

有机磷农药或其他物质如神经毒气可以抑制乙酰胆碱酯酶的酶催化作用，导致乙酸胆碱的积累。这种积累会引起肌肉、神经以及有机体其他部分的过度兴奋，最后导致痉挛、麻痹和死亡。有机磷杀虫剂的这种作用，会由于酶中磷酸酯的释放或新胆碱酯酶的产生而逆转。这样即可解除有机磷酸酯农药的毒性，即使在没有乙酰胆碱酯酶的情况下，还可使用拮抗药物来阻碍乙酰胆碱的释放，从而阻止神经脉冲的产生。阿托品就是这种拮抗药物，阿托品本身也是一种毒品。

杀虫剂氨基甲酸酯同样能与乙酰胆碱酯酶反应。

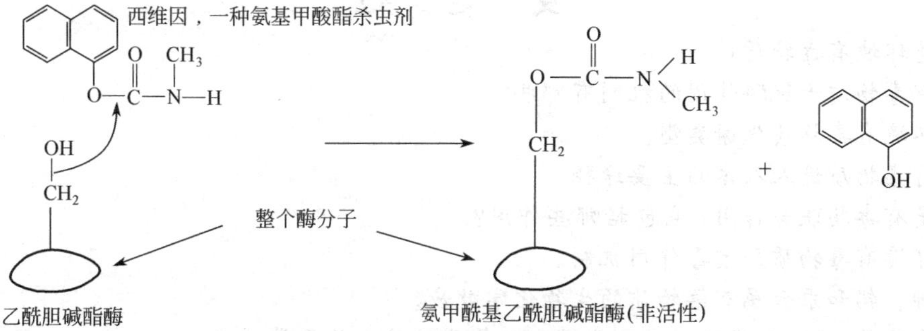

产生的氨甲酰基乙酰胆碱酯酶比有机磷酸酯产生的含磷酸的胆碱酯酶更容易被分解。所以，氨基甲酸酯杀虫剂是乙酰胆碱酯酶的可逆性抑制剂。

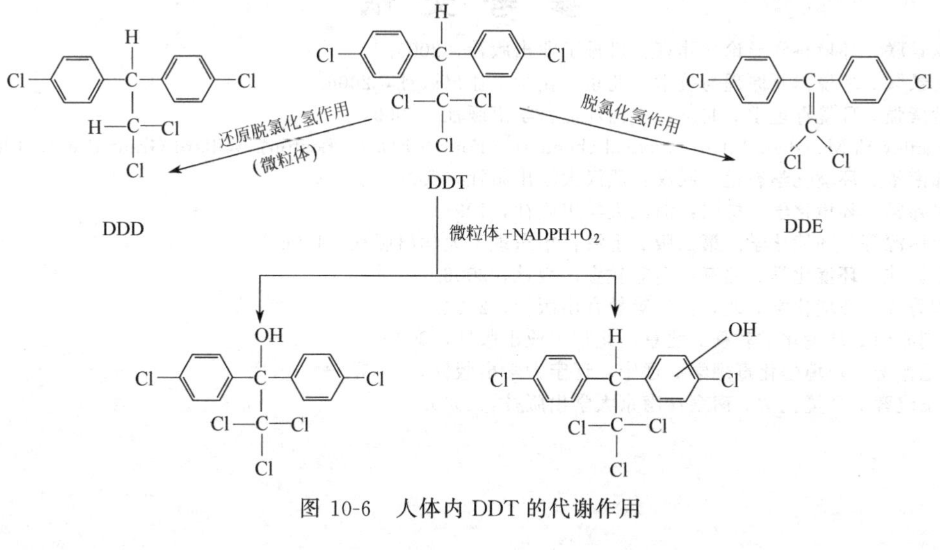

图 10-6 人体内 DDT 的代谢作用

农药可被靶生物体和非靶生物体代谢，有多种代谢途径。例如，在人体中 DDT 的代谢非常缓慢，DDT 的代谢产物能随尿液排出体外，有些农药代谢产物本身就是农药，可在环境中保持很长时间。图 10-6 是人体内 DDT 的代谢作用。

显然，艾氏剂、狄氏剂和其他氯代烃也能被代谢，代谢方式类似于 DDT 的代谢，在代谢过程中，艾氏剂可被氧化为狄氏剂，狄氏剂对鱼的毒性甚至比艾氏剂还大。这个例子就阐明了一个重要问题，在有些情况下，污染物在环境中被生物体代谢转变而产生毒性更大的化学物质。

磷酸酯和氨基甲酸酯比氯代烃类的杀虫剂更容易被分解为无毒的代谢产物。磷酸酯（硫代磷酸酯）降解的一条途径是水解，由酯酶进行催化水解。例如，对硫磷水解产生乙醇、硫代磷酸和硝基酚。

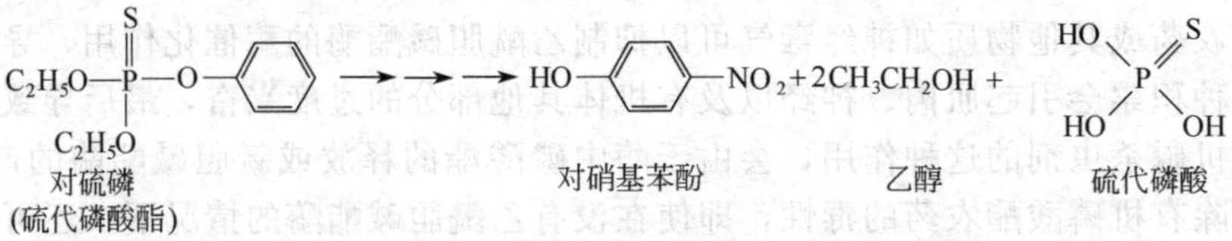

磷酸酯也可被氧化酶（微粒体酶）催化而氧化降解。对硫磷的酶促氧化同水解一样，也产生对硝基酚。氨基甲酸酯的降解也可以通过酯酶类和含氧微粒体酶的催化作用完成。

复 习 题

1. 什么是环境有毒物质？
2. 环境有毒物质干扰酶作用的机制有哪些？
3. 阐述环境有毒物质代谢类型。
4. 阐述有毒物质进入人体的主要途径。
5. 什么是有毒物联合作用？它包括哪些作用？
6. 阐述环境有毒物质严重毒作用机制。
7. 试述砷、铅和汞金属有毒物质的生物化学效应。
8. 试述氰化物、NO_2^- 离子、一氧化碳和二氧化硫的生物化学效应。
9. 有机磷农药中毒有什么特点？

参 考 文 献

[1] 赵景联．环境科学导论．北京：机械工业出版社，2005.
[2] 赵景联．环境修复原理与技术．北京：化学工业出版社，2006.
[3] 孟紫强．环境毒理学．北京：中国环境科学出版社，2000.
[4] Stanley E. Manahan. Environmenyal chemisty（Fourth ED.）. Boston：Willard Grant Press，1984.
[5] 邓南圣．环境化学教程．武汉：武汉大学出版社，2006.
[6] 樊邦棠．环境化学．杭州：浙江大学出版社，1991.
[7] 何燧源等．环境化学．第二版．上海：华东理工大学出版社，1996.
[8] 戴树桂．环境化学．北京：高等教育出版社，2006.
[9] 陶秀成．环境化学．北京：高等教育出版社，2004.
[10] 刘兆荣．环境化学教程．北京：化学工业出版社，2004.
[11] 毛德寿．环境生化毒理学．辽宁：辽宁大学出版社，1986.
[12] 王晓蓉．环境化学．南京：南京大学出版社，2000.